IT-gestütztes Ressourcen-
und Energiemanagement

T0236639

Lizenz zum Wissen.

Sichern Sie sich umfassendes Technikwissen mit Sofortzugriff auf tausende Fachbücher und Fachzeitschriften aus den Bereichen: Automobiltechnik, Maschinenbau, Energie + Umwelt, E-Technik, Informatik + IT und Bauwesen.

Exklusiv für Leser von Springer-Fachbüchern: Testen Sie Springer für Professionals 30 Tage unverbindlich. Nutzen Sie dazu im Bestellverlauf Ihren persönlichen Aktionscode C0005406 auf
www.springerprofessional.de/buchaktion/

Jetzt
30 Tage
testen!

Springer für Professionals.
Digitale Fachbibliothek. Themen-Scout. Knowledge-Manager.

- Zugriff auf tausende von Fachbüchern und Fachzeitschriften
- Selektion, Komprimierung und Verknüpfung relevanter Themen durch Fachredaktionen
- Tools zur persönlichen Wissensorganisation und Vernetzung

www.entschieden-intelligenter.de

Springer für Professionals

 Springer

Jorge Marx Gómez · Corinna Lang
Volker Wohlgemuth

Herausgeber

IT-gestütztes Ressourcen- und Energiemanagement

Konferenzband zu den 5. BUIS-Tagen

15. Tagung der Fachgruppe Betriebliche Umweltinformationssysteme der Gesellschaft für Informatik e.V.

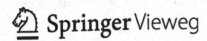

Springer Vieweg

Herausgeber
Jorge Marx Gómez
Department für Informatik
Abt. Wirtschaftsinformatik I
Universität Oldenburg
Oldenburg, Deutschland

Volker Wohlgemuth
Betriebliche Umweltinformatik
HTW Berlin
Berlin, Deutschland

Corinna Lang
Standort Bernburg
Hochschule Anhalt
Bernburg, Deutschland

ISBN 978-3-642-35029-0   ISBN 978-3-642-35030-6   (eBook)
DOI 10.1007/978-3-642-35030-6

Die Deutsche Nationalbibliothek verzeichnet diese Publikation in der Deutschen Nationalbibliografie;
detaillierte bibliografische Daten sind im Internet über http://dnb.d-nb.de abrufbar.

Springer Vieweg
© Springer-Verlag Berlin Heidelberg 2013
Das Werk einschließlich aller seiner Teile ist urheberrechtlich geschützt. Jede Verwertung, die nicht
ausdrücklich vom Urheberrechtsgesetz zugelassen ist, bedarf der vorherigen Zustimmung des Verlags.
Das gilt insbesondere für Vervielfältigungen, Bearbeitungen, Übersetzungen, Mikroverfilmungen und
die Einspeicherung und Verarbeitung in elektronischen Systemen.

Die Wiedergabe von Gebrauchsnamen, Handelsnamen, Warenbezeichnungen usw. in diesem Werk
berechtigt auch ohne besondere Kennzeichnung nicht zu der Annahme, dass solche Namen im Sinne
der Warenzeichen- und Markenschutz-Gesetzgebung als frei zu betrachten wären und daher von
jedermann benutzt werden dürften.

Gedruckt auf säurefreiem und chlorfrei gebleichtem Papier

Springer Vieweg ist eine Marke von Springer DE. Springer DE ist Teil der Fachverlagsgruppe
Springer Science+Business Media
www.springer-vieweg.de

Unterstützer

 CEWE COLOR AG & Co. OHG
Meerweg 30–32
26133 Oldenburg

 The New Desktop IT Trading AG
Haselriege 13
26125 Oldenburg

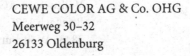 KISTERS AG
Charlottenburger Allee 5
52068 Aachen

Dr. h.c. Peter Waskönig
Eichenstraße 17
26683 Saterland

 OFFIS e.V.
Escherweg 2
26121 Oldenburg

 AquaEcology GmbH & Co. KG
Marie-Curie-Straße 1
26129 Oldenburg

 BÜFA GmbH & Co. KG
Stubbenweg 40
26125 Oldenburg

ecco ecology + communication
Unternehmensberatung GmbH
Auguststraße 88
26121 Oldenburg

SAP AG
University Alliances EMEA
Dietmar-Hopp-Allee 16
69190 Walldorf

Volkswagen AG
Brieffach 1575
38436 Wolfsburg

INPLUS GmbH
Therese-Giehse-Platz 6
82110 Germering

CX4U AG
Theaterwall 10
26122 Oldenburg

Hellmann Worldwide Logistics GmbH & Co. KG
Elbestraße 1
49090 Osnabrück

Erfahrungsaustauschkreis „Umweltschutz"
c/o Oldenburgische Industrie- und Handelskammer
Moslestraße 6
26122 Oldenburg

IMBC GmbH
Chausseestraße 84
10115 Berlin

NOWIS Nordwest-Informationssysteme GmbH &
Co. KG
Mittelkamp 110–118
26125 Oldenburg

 WeSustain GmbH
Poststraße 19
21614 Buxtehude

 Brille24 Handel GmbH
Ritterstraße 14–15
26122 Oldenburg

 Verkehr und Wasser GmbH
Felix-Wankel-Straße 9
26125 Oldenburg

Inhaltsverzeichnis

Teil I

Green IT & Energieeffizienz

Lastgangbezogene Prioritätsregeln für eine Produktionsplanung bei der Veredelung von Glasprodukten

Jürgen Sauer, Serge Alexander Runge und Tim Bender

Zusammenfassung

Derzeit steigen die Strompreise auch im Industriekundensegment von Jahr zu Jahr an, weshalb bei den energieintensiven Industriezweigen wie beispielsweise der Glasindustrie der Kostendruck wächst, unter welchem sie in Deutschland wettbewerbsfähig produzieren können. Gleichzeitig nimmt mit dem deutlichen Anziehen der Strompreise bei vielen produzierenden Unternehmen auch der Energiekostenanteil an den Produktionskosten insgesamt zu. Darum gewinnt es an Bedeutung unter Berücksichtigung der typischen Optimierungsziele (wie zum Beispiel Maximierung der Anlagenauslastung, Minimierung der Durchlaufzeiten, etc.) zu einer unter energiewirtschaftlichen Aspekten erweiterten Produktionsplanung für die Weiterverarbeitung und Veredelung von Glasprodukten zu kommen. Dabei soll aus dem Bereich der Wirtschaftsinformatik ein erster Lösungsansatz vorgestellt werden, welcher den Lastgang im Fertigungsbereich auf der Grundlage von Auftragsverarbeitungsdaten implizit vorhersagen lässt und Prioritätsregeln für eine Optimierung der elektrischen Leistungsaufnahme nach Maßgabe verschiedener liefervertraglicher Rahmenbedingungen ergibt. Für ein solches Optimierungskalkül sollen die Denkanstöße aus den Bereichen der Lastbeeinflussung (Demand-Response) und Nachfragebieterverfahren (Demand-Side-Bidding) einbezogen werden. Im Ergebnis der angestrebten algorithmischen Lösung der Ablaufplanung wird neben der

J. Sauer · T. Bender
Carl von Ossietzky Universität Oldenburg, Oldenburg, Deutschland

S. A. Runge (✉)
Forschungsbereich Energieinformatik, Energie-Forschungszentrum Niedersachsen (EFZN),
Am Stollen 19A, 38640 Goslar, Deutschland
e-mail: serge.runge@efzn.de

J. Marx Gómez et al. (Hrsg.), *IT-gestütztes Ressourcen- und Energiemanagement*,
DOI: 10.1007/978-3-642-35030-6_1, © Springer-Verlag Berlin Heidelberg 2013

Lastgangprognose auch eine Kostenauswertung zu erstellen sein, welche unterschiedliche Kostenarten, insbesondere aber auch die eventuellen Liefervertragsstrafen aufschlüsselt.

Schlüsselwörter

IKT für Smart Grid • Produktionsplanung und –steuerung • Industrielles Lastmanagement • Lastganganalyse • IT for Green • Glasindustrie

1.1 Planungsentscheidungen mit Berücksichtigung des Lastgangverhaltens

Mit dem Ausbau der Nutzung erneuerbarer Energiequellen und der Integration dezentraler Erzeugungsanlagen vollzieht sich gegenwärtig ein bedeutender Wandel in der Landschaft der Stromerzeugung. Dennoch wird auch heute noch ein Großteil der elektrischen Energie herkömmlich in großangelegten Kraftwerksbetrieben produziert, von der Übertragungsnetzebene in die Verteilungsnetzebene weitergeleitet und von dort die Letztverbraucher beliefert (Wolter und Reuter 2005). Zu den Letztverbrauchern zählen seit jeher Privathaushalte, kleinere und größere Betriebe in Gewerbe, Handel und Dienstleistungen sowie Industriebetriebe. Aufgrund ihres Mengengerüsts gibt es insbesondere für große Gewerbebetriebe und Industriebetriebe entsprechende Beratungsansätze und typischerweise auch den Abschluss von Sonderverträgen mit speziellen Tarifen für die Belieferung mit Strom (Müller 2001). Mit dem Abschluss eines Sondervertrages zur Vollversorgung sind energieintensive Industrieunternehmen wie beispielsweise aus der Glasindustrie bestrebt, sich möglichst langfristig gute Konditionen für den Strombezug zu sichern. Zumeist sind dann bei Sondervertragskunden die liefervertraglichen Rahmenbedingungen der Ausgangspunkt für Maßnahmen im Bereich des industriellen Lastmanagements. Über verschiedene Tarifmerkmale wie zum Beispiel eine dynamische Bepreisung kann den jeweiligen Gegebenheiten der Erzeugungslandschaft und den Möglichkeiten für die Kraftwerks- und Speichereinsatzplanung Rechnung getragen werden (Appelrath et al. 2012). Zusätzlich wird in der Regel durch den Stromlieferanten im Rahmen von Lieferprogrammen vermittelt, dass auch bei der Netznutzung den Beschränkungen der Übertragungs- und Verteilungskapazitäten Beachtung zukommt. Letzteres wird im Einzelfall über Rahmenverträge zwischen Stromlieferanten und Netzbetreibern bezüglich der Netznutzung zur Belieferung von Letztverbrauchern motiviert und kann beispielsweise zu Tarifen mit Lastbegrenzung führen.

Bei der Aushandlung von Stromlieferverträgen gewinnt derzeit unter anderem die Festlegung über die Minimal- und Maximalgrenzen der Leistungsaufnahme an Bedeutung. Außerdem ist es aus Lieferanten- wie auch aus Netzbetreibersicht interessant, die Reaktion eines Industriebetriebs auf kurzfristige Tarifanreize einplanen und sich ein bestimmtes Lastgangverhalten mit Abweichungen in geringem Ausmaß zusichern zu lassen (Nabe et al. 2009). Dieses kann in Bezug auf die elektrische Leistungsaufnahme in energieintensiven Produktionsbetrieben zu Beschränkungen des Anlageneinsatzes führen. Aus betriebswirtschaftlicher Perspektive ist es zunächst üblich geworden, zum Beispiel eine Maximallastgrenze unterhalb der sonst üblichen Lastspitzen zu wählen und relativ niedrig vertraglich festzulegen, weshalb zum Beispiel ein Parallelbetrieb bestimmter Produktionsanlagen mit zeitweise sehr hoher Leistungsaufnahme auszuschließen ist. In vielen Unternehmen kann bei Eintreten eines in dieser Hinsicht vertragskritischen Parallelbetriebs derzeit nur ad hoc mit Abschaltungen der Produktionsanlagen und -maschinen reagiert werden. Mit einer solchen leittechnischen Verriegelung werden allerdings die Produktionslinien zeitweise unterbrochen, wodurch dann zumeist bis dato unreflektierte Mehrkosten im Produktionsumfeld entstehen.

Selbst innerhalb einer Branche wie der Glasindustrie kann das Stromverbrauchsverhalten einzelner Industriebetriebe sehr unterschiedlich ausfallen. Auch wenn mehrere Industrieendkunden den gleichen Jahresverbrauch aufweisen, kann der typische Lastverlauf stark variieren. Im Bereich der kontinuierlichen Herstellungsprozesse der Glasindustrie wie zum Beispiel dem Schmelzen von Rohstoffgemengen und dem Ausarbeiten des Glases sind in der Regel keine auffälligen Lastschwankungen zu erwarten. Sehr viel eher treten kritische Lastausschläge bei den anschließenden Fertigungsbereichen zu Tage, in welchen beispielsweise das Glas ausgehend von seiner Scheibenform weiter verarbeitet und zu gewünschten Glasprodukten veredelt wird (Umweltbundesamt 2001). Letztlich fällt eine Weiterverarbeitung von Glas mit Zuschnitten und Wölbungen, Vorspannen und Beschichtungen bis hin zu Qualitätsprüfungen ebenfalls wie die vorausgegangenen Schmelzprozesse sehr energieintensiv aus, da es sich bei vielen dieser Fertigungsschritte um Hochtemperaturprozesse handelt.

Dieser Beitrag stellt erste Lösungsansätze vor, bei der Ablaufplanung für den Bereich der Produktveredelung in der Glasindustrie hinsichtlich liefervertraglicher Beschränkungen und Anreize eine Lastgangbewertung zu integrieren. Dabei sollen die operativen und wirtschaftlichen Vorteile von impliziten Lastganganalysen und Lastgangmanagement aufgezeigt werden, um Pönale aus Stromlieferverträgen zu vermeiden und somit die Energiekosten zu senken.

1.2   Von der herkömmlichen zur energiebezogenen Produktionsplanung

In der Vergangenheit hat es viele Optimierungsansätze für die Ablaufplanung von Produktions- und Logistikprozessen aus den Forschungsgebieten des Operations Research und der Künstlichen Intelligenz gegeben. Für die Begründung wirtschaftlicher Entscheidungen werden im Operations Research zunächst mathematische

Modelle und Strukturen entwickelt, die als Basis für rechnerbasierte Verfahren zur Entscheidungsfindung dienen. Eine Planung und Optimierung von Produktionsprozessen wird in aller Regel in sukzessiv erfolgende Teilaufgaben zerlegt; bei den eher kurzfristigen Planungsaufgaben werden Reihenfolgen für die Bearbeitung von Aufträgen gebildet und es wird eine detaillierte zeitliche Verteilung der Aufträge auf einzelne Verarbeitungsstationen vorgenommen. Das Vorgehen bei der Belegungsplanung richtet sich stark an den zugrundeliegenden Gegebenheiten im Produktionsbereich aus, wodurch Art und Schwierigkeit der zu lösenden Probleme maßgeblich durch die Produktionsform beeinflusst wird (Sauer 2004).

Bei herkömmlichen Problemen der Ablaufplanung werden bezüglich der Maschinen- und Auftrags-Charakteristik lediglich zeitliche Vorgaben gemacht. Entsprechend können bei der Optimierung keine Kosten, sondern nur zeitorientierte Kriterien berücksichtigt werden. Einige Beispiele für Optimierungsziele sind die Minimierung der Durchlaufzeit, Vermeidung einer Terminabweichung, etc. Typischerweise erfolgt eine Zielsetzung in den Industrieunternehmen über einen wie auch immer gewichteten Durchschnittswert dieser Zielgrößen. Es wird dazu eine durchlaufzeitbezogene Optimierung von einer kapazitäts- oder terminorientierten Optimierung unterschieden. Bei der kapazitätsorientierten Optimierung spielt die Auslastung der Produktionsanlagen eine größere Rolle, was zum Beispiel durch entsprechende Gewichtung des Kriteriums Minimierung der Leerlaufzeit erreicht werden kann. Die zeitorientierten Optimierungsziele können als Ersatzziele herhalten, um die Kostengröße zu minimieren. Unter Kostengesichtspunkten finden nun mehr und mehr auch die Energiekosten Einzug in die Produktionsplanung (Böning und Rochow 2012).

Häufig lässt sich mit Hilfe adäquater Heuristiken der Suchraum für die Planungs- und Optimierungsverfahren drastisch eingrenzen, sodass der Material- und Geräteeinsatz unter Zuordnung von Betriebsmitteln, einschließlich Bedienpersonal, effizient lösbar wird, wenn die einzelnen Verarbeitungsvorgänge bereits operational in der Frage der Betriebsmittelanforderungen und ihrer zeitlichen Ausdehnung bekannt sind. Zur Lösung des Ablaufplanungsproblems werden oft fertigungssystemtechnische Einschränkungen (z. B. Kapazitäten an den Verarbeitungsstationen) als harte Nebenbedingungen und Betriebserfahrungswerte bzw. Auftragspräferenzen als weiche Nebenbedingungen festgelegt. Bei energetischen Ressourcen wird meist angenommen, dass sie prinzipiell unbeschränkt verfügbar sind. Es gibt allerdings auch schon Ablaufplanungsprobleme mit Berücksichtigung von energiebezogenen Beschränkungen für die Zuordnung von Aufträgen an Verarbeitungsstationen (Erschler und Lopez 1990). Eine interessante Spielart ist auch die Produktionsplanung mit stufenweise schaltbaren Aufträgen, bei denen die elektrische Leistungsaufnahme innerhalb einer oberen und unteren Grenze liegen muss (Artigues et al. 2010).

Das wesentliche Ziel der vorgestellten Arbeiten besteht darin, den Bereich der Ablaufplanung über die bisher geläufigen rein material- und zeitbezogenen Optimierungsziele hinaus um zusätzliche lastgangbezogene Optimierungsziele zu erweitern. Dazu bietet es sich an, eine weitere weiche Beschränkung hinsichtlich des

Lastgangverlaufes einzuführen und geeignete Heuristiken zur Konstruktion optimierter Ablaufpläne zu formulieren.

Wie Abb. 1.1 veranschaulicht, könnte dies durch Hinzumischen von Prioritätsregeln zur energiebezogenen Planung passieren, die jeweils mit den Optimierungszielen korrespondieren und sich für eine integrierende Zielstellung gewichten lassen. Eine spannende Forschungsfrage für derartige Lösungen mit Konstruktionsheuristiken ist, ob auf diese Weise verlässlich eine Verbesserung der Ablaufpläne bezüglich der Gesamtbetriebskosten erzielt werden kann. Der Ausblick könnte auch darauf liegen, in welcher Gewichtung die zusätzlichen lastgangbezogenen Prioritätsregeln eingehen soll-ten oder womöglich die energiewirtschaftlichen Aspekte generell überbetont werden. Denn die herkömmlichen Optimierungsziele verhalten sich in Bezug auf den Einsatz materieller Ressourcen wie auch die Terminierung relativ wohl zueinander, was unter anderem eine additive oder multiplikative Verknüpfung der elementaren Prioritätsregeln zu übergeordneten Konstruktionsheuristiken erlaubt.

Im Rahmen der Arbeiten soll ein Planungssystem entwickelt werden, das eine Abweichung zur Lastgangvorgabe oder -prognose über mehrere Zeitschritte hinweg fest-stellen und bewerten lässt. Hierbei soll die elektrische Leistungsaufnahme unterschied-licher Verarbeitungsstationen differenziert nach Betriebszuständen wie Anfahrbetrieb

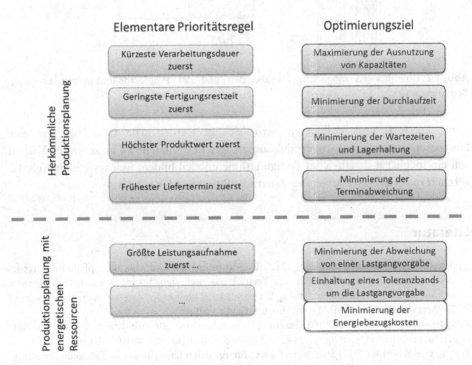

Abb. 1.1 Überblick zu geläufigen Optimierungszielen und korrespondierenden Prioritätsregeln in der Produktionsplanung

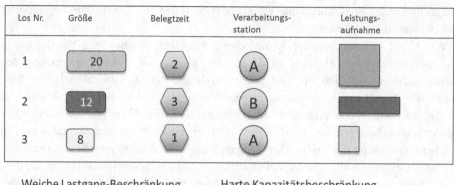

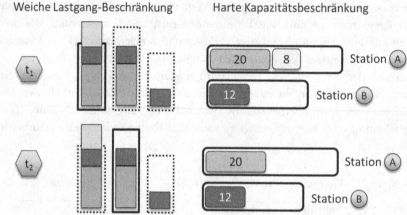

Abb. 1.2 Überblick zu möglichen Eingabedaten und der Problemdefinition mit Lastgang-Beschränkungen

sowie Leerlauf- und Vollbetrieb berücksichtigt werden. Die Grundlage für eine Simulation der Lastgänge von Produktionsanlagen und -maschinen im zeitlichen Verlauf soll ein möglichst detailreiches Fertigungslinienmodell bilden, welches wie in Abb. 1.2 skizziert mit Auftragsverarbeitungsdaten angefüttert werden kann.

Literatur

Appelrath HJ, Kagermann H, Mayer C (2012) Future Energy Grid Migrationspfade ins Internet der Energie. Deutsche Akademie der Technikwissenschaften. http://www.acatech.de/fileadm in/user_upload/Baumstruktur_nach_Website/Acatech/root/de/Material_fuer_Sonderseiten/ E-Energy/acatech_STUDIE_Future-Energy-Grid_WEB.pdf

Artigues C, Lopez P, Haït A (2010) The energy scheduling problem: industrial case-study and constraint propagation techniques. Int J Prod Econ. doi:10.1016/j.ijpe.2010.09.030

Böning C, Rochow P (2012) Sparen nach Plan: Energieorientierte Fabrik- und Belegungsplanung. Energieorientierte Fabrik- und Belegungsplanung. In: phi – Produktionstechnik Hannover informiert, PZH-Verlag, 13. Jg, H 2, S 4–5

Erschler J, Lopez P (1990) Energy-based approach for task scheduling under time and resources constraints. In: Proceedings of the 2nd International Workshop on Project Management and Scheduling, Compiègne, 20–22 Juni 1990

Müller L (2001) Handbuch der Elektrizitätswirtschaft: Technische, wirtschaftliche und rechtliche Grundlagen, 2. Aufl. Springer, Berlin

Nabe C, Beyer C, Brodersen N, Schäffler H, Adam D, Heinemann C, Tush T, Eder J, de Wyl C, vom Wege JH, Mühe S (2009) Einführung von lastvariablen und zeitvariablen Tarifen. Bundesnetzagentur für Elektrizität, Gas, Telekommunikation, Post und Eisenbahnen. http://www.bundesnetzagentur.de/cae/servlet/contentblob/153298/publicationFile/6483/EcosysLastvariableZeitvariableTarife19042010pdf.pdf

Sauer J (2004) Intelligente Ablaufplanung in lokalen und verteilten Anwendungsszenarien. Vieweg+Teubner Verlag, Wiesbaden

Umweltbundesamt (2001) Integrierte Vermeidung und Verminderung der Umweltverschmutzung (IVU) – Merkblatt über beste verfügbare Techniken in der Glasindustrie, Berlin. http://www.bvt.umweltbundesamt.de/sevilla/kurzue.htm

Wolter D, Reuter E (2005) Preis- und Handelskonzepte in der Stromwirtschaft: Von den Anfängen der Elektrizitätswirtschaft zur Einrichtung einer Strombörse. Deutscher Universitäts-Verlag, Wiesbaden

Referenzmodell für eine branchenorientierte Energieeffizienzsoftware für KMU

Andrea Meyer

Zusammenfassung

Die Umsetzung von Maßnahmen für die Energieeffizienz ist gerade in kleinen und mittelständischen Unternehmen (KMU) keine leichte Aufgabe. Jenseits des aktuellen Tagesgeschäfts, besitzen KMU selten die personellen und auch nicht die benötigten finanziellen Mittel, um Energieeffizienzmaßnahmen strukturiert und zielführend umzusetzen. Mit einem Anteil von über 99,6 % aller Unternehmen (IfM 2012) sind sie aber wichtige Träger der Wirtschaft in Deutschland. Was diese KMU benötigen, sind Werkzeuge, um diese umfangreiche Aufgabe neben dem Tagesgeschäft zu bewältigen. Standardsoftware kann eine Lösung sein, jedoch sollte bei deren Entwicklung darauf geachtet werden, dass diese eine hohe Affinität zu den relevanten Unternehmensanforderungen hat. Branchenorientierte Software stellt einen Bezug zu der jeweiligen Umgebung her und eignet sich für diese Problemstellung, da die Schnittmengen innerhalb einer Branche am größten sind. Durch die Ermittlung dieser Anforderungen und eine enge Zusammenarbeit mit den Unternehmen kann ein Produkt mit hoher Praxisrelevanz entwickelt werden. Im Projekt ReMo Green sollen in branchenspezifischen Energieeffizienznetzwerken die Anforderungen an eine Software für die Energieeffizienz ermittelt, in ein Referenzmodell übertragen und schließlich eine Software entwickelt werden, die allen KMU dieser Branche zur Verfügung gestellt wird.

Schlüsselwörter

Referenzmodellierung • KMU • Energieeffizienz • Branchenorientiert • Anforderungsanalyse

A. Meyer (✉)
IMBC GmbH, Chausseestraße 84, 10115 Berlin, Deutschland
e-mail: andrea.meyer@imbc.de

J. Marx Gómez et al. (Hrsg.), *IT-gestütztes Ressourcen- und Energiemanagement*,
DOI: 10.1007/978-3-642-35030-6_2, © Springer-Verlag Berlin Heidelberg 2013

2.1 Notwendigkeit der Energieeffizienz für KMU

Bedingt durch fortschreitende Verknappung von Rohstoffen sowie durch den vermehrten Einsatz von derzeit noch teurerem Strom aus regenerativen Quellen sind Energieeffizienzmaßnahmen für Unternehmen, insbesondere für KMU, wichtiger denn je. Rund 13 % der Gesamtkosten in verarbeitenden Unternehmen sind Energiekosten (Prognos 2010, S.17). Energieeffizienz kann somit in Unternehmen mit energieintensiven Prozessen sehr schnell zu einer existenzbedrohenden Frage werden.

Neben der Optimierung von Personalkosten und Materialeinsatz ist Energie ein dritter relevanter Kostenfaktor in Unternehmen, zumal ihr Anteil an den Betriebskosten mit den aktuellen Entwicklungen auf dem Energiemarkt ständig steigt. Diesen Kostendruck gilt es abzufedern und auszugleichen. Deshalb ist eine stärkere Auseinandersetzung mit dem Thema Energieeffizienz und deren Integration in den betrieblichen Alltag unabdingbar. So kann es auch gelingen, negative Umweltauswirkungen erheblich zu verringern, sodass neben der Einsparung von Kosten ein wertvoller Beitrag für den Umweltschutz geleistet wird.

2.2 Das Projekt „ReMo Green – Energieeffizienz für Berliner KMU"

Kleine und mittelständische Unternehmen in Deutschland beschäftigen meist weniger als 20 Mitarbeiter (Prognos et al. 2010, S.13). Damit fehlt es zunächst an personellen Ressourcen aber auch an finanziellen Mitteln, um einen wichtigen, bisher deutlich vernachlässigten Bereich zu fördern. Energieeffizienz gehörte bislang nicht zu den Kernkompetenzen in KMU, zumal das Tagesgeschäft dominiert und alle Ressourcen im Unternehmen vereinnahmt. Erfahrungen mit KMU zeigen, dass dort selten detaillierte Kenntnisse über die Energieverbräuche vorliegen. Das liegt einerseits an dem vermeintlich nachgeordneten Stellenwert der Energieeffizienz aber auch an fehlender Kompetenz und fehlenden (Software-)Werkzeugen, um notwendige Daten zu sammeln und zu analysieren. Weiterhin fehlt den Unternehmen eine fundierte (Daten-)Basis, anhand derer Maßnahmen für die Energieeffizienz ab- und eingeleitet werden können, obwohl abhängig von der Ausgangssituation in den Unternehmen, dem Zustand der vorhandenen Anlagen und den Produktionsbedingungen 25 % der Gesamtenergiekosten, durch Energieeffizienzmaßnahmen eingespart werden können (Prognos 2006, S. 94).

Das Projekt „ReMo Green" greift diese Mängel bezüglich Energieeffizienzmaßnahmen in KMU auf. In sogenannten Energieeffizienznetzwerken wird mit den Unternehmen gemeinsam daran gearbeitet, die Energiesituation dort zu verbessern, ein Bewusstsein für die Energieeffizienz zu schaffen und die Anforderungen an eine Energieeffizienzsoftware zu ermitteln und umzusetzen. Der Aufbau dieser Netzwerke erfolgt branchenorientiert. Grund dafür ist die Tatsache, dass sich innerhalb einer Branche aufgrund ähnlicher Fertigungsstrukturen die umfassensten Schnittmengen für

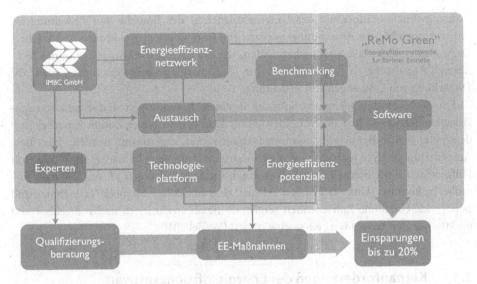

Abb. 2.1 Projektablauf ReMo Green (*Quelle* Eigene Darstellung)

die Ermittlung von Einsparpotenzialen finden lassen, da dort die Produkte, Anlagen und Prozesse miteinander vergleichbar sind.

Die Abb. 2.1 stellt den Ablauf und die Zusammenhänge innerhalb des Projekts dar. Ausgehend von dem Netzwerkinitiator wird das Energieeffizienznetzwerk etabliert und moderiert und so ein Informations- und Erfahrungsaustausch innerhalb dieses Netzwerks bestehend aus Unternehmen und Experten angeregt. Regelmäßige Treffen der Netzwerkunternehmen zu aktuellen Themen der Energieeffizienz motivieren die Kooperationspartner und informieren über für sie wichtige Themen.

Die im Netzwerk festgelegten und in der Abb. 2.1 dargestellten Aufgaben unterstützen direkt den Entwicklungsprozess des Referenzmodells und deren Umsetzung in einer Energieeffizienzsoftware. Eine Technologieplattform für die Energieeffizienz, welche Managementwerkzeuge für den Energiebereich eines Unternehmens bereithält, bildet die Basis für die Ermittlung und Ausschöpfung von Energieeffizienzpotenzialen in den Unternehmen und somit auch für die Definition der Kernanforderungen an die Energieeffizienzsoftware.

Die Durchführung eines Energieeffizienzbenchmarkings in dem Netzwerk führt einerseits dazu, dass die Unternehmen durch Gegenüberstellung der eigenen Energiesituation (Energieverbräuche, Energieerzeugung, Energiekosten) mit „klassenbesten" Unternehmen die Möglichkeit haben, relevante Maßnahmen für die Erhöhung der Energieeffizienz zu adaptieren, andererseits werden dadurch grundlegende Informationen für das zu entstehende Referenzmodell gesammelt.

Viele Softwareprojekte haben gezeigt, dass neben der Kenntnis der einzelnen Werkzeuge für die Energieeffizienz auch die technische und produktionsbezogene

Ausgangssituation innerhalb der Unternehmen und der Branche von Bedeutung ist, um eine noch höhere Anwendungsrelevanz einer Energieeffizienzsoftware zu erreichen. Dazu sind zunächst alle technischen Daten, wie die des Maschinenparks und der technischen Ausrüstung zu erfassen. Weiterhin sind Energieeingangsrechnungen sowie die Darstellung von Lastgängen von Bedeutung.

Für den Einsatz einer neuen Software in einem bislang noch weitgehend vernachlässigten Bereich sollten die einzelnen Anforderungen in enger Zusammenarbeit mit den potenziellen Benutzern zusammengetragen und abgestimmt werden. Für diese Anforderungsanalyse wurde ein semi-strukturierter Interview-Leitfaden entwickelt, mit Hilfe dessen die Unternehmen die gewünschten Anforderungen an die Software formulieren konnten. Untersuchungen belegen, dass mit dieser Methode Teilnehmer und Befragende eine hohe Zufriedenheit zeigen, da sie als strukturiert, nachvollziehbar und praktisch in der Anwendung eingeschätzt wird (Weßel 2010).

2.3 Kernanforderungen der Energieeffizienzsoftware

Zur Unterstützung der Befragungsaktion sind Szenarien erarbeitet worden, die die Notwendigkeit von Energieeffizienzmaßnahmen und der Praxisrelevanz darstellen. Diese Szenarien wurden bei den Befragungen eingesetzt, um den Interviewpartnern einen leichteren Einstieg in das Gesprächsumfeld zu ermöglichen. Diese Szenarien stützen sich auf zuvor ermittelte Kernanforderungen an Energieeffizienzmaßnahmen (vgl. in Abb. 2.2). Diese Kernanforderungen erschließen sich aus langjähriger Erfahrung in der Arbeit in diesem Bereich, sind also ein induktiv-empirisches Grundgerüst.

Erste Begehungen in den Unternehmen haben gezeigt, dass nur äußerst lückenhafte Informationen über die Energieverbräuche erhoben und vorgehalten werden. Die

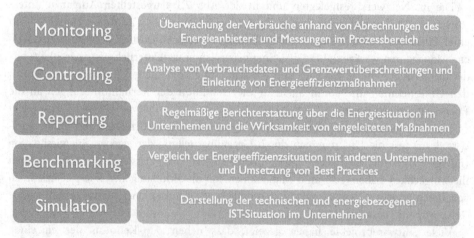

Abb. 2.2 Fünf Kernanforderungen für die Energieeffizienz (*Quelle* Eigene Abbildung)

Abrechnung des Energieversorgers ist meist die einzige Referenz auf etwaige Verbräuche. Eine Überprüfung dieser Abrechnungen oder ein Vergleich mit vergangenen Abrechnungszeiträumen findet nicht statt. Aus diesem Grund gibt es keine detaillierten Kenntnisse, wie Verbräuche zustande kommen und wie diese reduziert werden können. Deshalb ist es geboten, in den Unternehmen ein Energiemonitoring zu implementieren, um alle Verbrauchswerte zu erfassen und darstellen zu können. Allein die Transparenz dieser Daten kann zu einer daraus oft resultierenden Anpassung des Nutzerverhaltens führen, die Energiekosten einspart ohne eine konkrete technische Maßnahme für die Steigerung der Energieeffizienz ergriffen zu haben. Zu beachten bleibt allerdings der Umfang und die Art der aufzunehmenden Daten. Zuvor vorliegende Daten müssen durch kontinuierliche Messungen an Anlagen und Maschinen ergänzt werden, sodass eine mobile Messtechnik erforderlich wird. Diese Messungen zeigen die Lastenverteilung an und geben so ein zeitnahes Abbild der Verbräuche im Unternehmen, sodass die Verantwortlichen unmittelbar in der Lage sind Maßnahmen vorzunehmen, die beispielsweise die Lastenverteilung positiv beeinflussen (bspw. Optimierung von Maschinenroutinen). Maßnahmen dieser Art sind von einem besonderen Gewicht, da viele Stromanbieter erst ab einer bestimmten Verbrauchsgröße diese Daten für den Verbraucher zur Verfügung stellen, diese aber durch KMU nur selten erreicht wird. Hinzu kommt, dass diese Lastgänge der Energieversorger nicht zeitnah abrufbar und erst mit erheblicher Verzögerung verfügbar sind, sodass die Lastspitzen und deren Entstehung nur noch schwer nachvollziehbar sind. Im worst case führen diese Lastspitzen zur nächsthöheren Abrechnungsstufe des Energieversorgers und ziehen somit höhere Kosten für die Energiebereitstellung nach sich.

Die Befragung der Unternehmen ließ deutlich werden, wie Kennzahlen strukturiert ermittelt und ausgewertet werden. Eine Software für die Unterstützung der Energieeffizienzsteigerung sollte also in der Lage sein, Hinweise oder Empfehlungen für geeignete Maßnahmen im Unternehmen vorzuschlagen. Eine solche Software verhindert ein willkürliches Durchführen von Einzelmaßnahmen und stellt sicher, dass zielführend auf ein ganzheitliches Energiemanagement zugesteuert werden kann und ein kontinuierlicher Verbesserungsprozess motiviert wird. Diese Form des Controllings lässt eine höhere Motivation der Teilnehmer erwarten.

Die wichtigste, sich aus der Befragung der Netzwerkunternehmen ergebende Forderung an die Software ist die einer (automatisierten) Bereitstellung von (ad hoc) Reports und Berichten. Damit soll das Ziel einer umfassenden Transparenz gefördert werden. Hier werden sowohl die (Verbrauchs-)Daten aus dem Monitoring zusammengefasst sowie die Effekte der Maßnahmen zur Steigerung der Energieeffizienz dokumentiert. Damit ist die Möglichkeit verbunden Vergleiche zu vergangenen Berichtszeiträumen anzustellen, intern über die Erfolge von Energieeffizienzmaßnahmen zu informieren und eigene Mitarbeiter zu motivieren. Nicht selten sind auch Dritte an diesen Daten interessiert. Beispielsweise haben Berufsverbände, Innungen oder Statistische Landesämter bereits energiebezogene Daten bei den Unternehmen erhoben. Diese Daten könnten ebenfalls durch das zu erstellende Softwaresystem zur Verfügung gestellt werden.

Eine weitere Anforderung an eine Energieeffizienzsoftware ist eine IT-technische Unterstützung, um branchenbezogene Kennzahlen mit Hilfe eines Benchmarkings zu generieren, die es den Netzwerkunternehmen ermöglicht, ihre Energieeffizienzleistungen mit denen anderer Unternehmen bzw. des Branchendurchschnitts zu vergleichen. Gefordert wird, dass dieses Benchmarking möglichst über einfache Unternehmensvergleiche mit Hilfe von Kennzahlen hinaus gehen soll. Hier sollen durch konsequente und zielorientierte Suche neue Methoden und Verfahren zur Adaptierung und Implementierung von Energieeffizienzmaßnahmen ermittelt werden. Damit können Kostensenkungen in vielen Unternehmensbereichen erzielt werden und Produkte mit sensitiven Eigenschaften in ihrer Qualität gesteigert werden.

Eine notwendige Voraussetzung zur Erfüllung der bisher genannten Anforderungen und damit eine grundlegende Funktion der zu entwickelnden Software ist die Erfassung der Einzelverbräuche im Maschinenpark der Unternehmen. Häufig liegen dazu keine Angaben vor. Konkrete Messungen an den Anlagen werden aus Zeit- und Kostengründen sowie aus Mangel an Personal nicht durchgeführt. Um dennoch zu nachvollziehbaren Vorschlägen für Energieeffizienzmaßnahmen zu gelangen, ist die Simulation der Energieverbräuche im gesamten Anlagenpark notwendig. Diese soll durch IT-gestützt durchgeführt und durch Änderungen im Anlagenregister der Stammdaten für die Benutzer individuell anpassbar sein.

Die genannten Kernanforderungen beschreiben den Rahmen einer möglichen Energieeffizienzsoftware für KMU. Sie bilden die Grundlage des Referenzmodells für eine branchenbasierte Energieeffizienzsoftware. Im Ergebnis soll diese Software die Unternehmen dabei unterstützen, Verbräuche detailliert und zeitnah zu erfassen und Potenziale zur Einsparung zu erkennen, um entsprechende zielgerichtete Maßnahmen einzuleiten und anschließend den Erfolg dieser Maßnahmen zu bewerten.

2.4   Standardisierung der Anforderungen

Die in den Interviews ermittelten Individualanforderungen an eine Energieeffizienzsoftware müssen in einem zweiten Schritt in der Weise verallgemeinert werden, dass sie für alle KMU derselben Branche gelten können. Hierzu bietet sich das Verfahren der Referenzmodellierung an. Referenzmodelle können im Grundsatz mit der Klassenbildung der objektorientierten Programmierung verglichen werden. Sie sind idealtypische Muster für zu implementierende Sachverhalte und beschreiben die vorherrschenden Strukturen, Funktionen und Abläufe innerhalb eines Sachverhalts. Sie lassen sich so für Standardisierung der Aufgaben zur Steigerung der Energieeffizienz innerhalb einer Branche einsetzen. Grundlage für diesen Prozess ist die Verfügbarkeit eines geeigneten Kennzahlensystems für den Energiebereich, das die Unternehmenssituation, die zu behandelnden Einzelgrößen und eine zuvor entwickelte Zielstruktur, die sich aus den fünf Kernanforderungen ergibt, abbildet.

Die relevanten Kennzahlen für das Energie-Controlling und die jeweiligen Energieeffizienzziele lassen sich aus den Unternehmensbefragungen ableiten. Die möglicherweise geringe Zahl der teilnehmenden Unternehmen (fünfzehn) relativiert sich dadurch, dass sie einen repräsentativen Querschnitt im KMU-Bereich der Branche darstellen. Dies kann beispielsweise an der Unternehmensgröße der teilnehmenden Unternehmen verdeutlicht werden. Neben Unternehmen, die mit ca. 180 Mitarbeitern zu den größeren KMU zählen, haben auch Unternehmen mit fünf oder weniger Mitarbeitern teilgenommen. Das „Mittelfeld" war vergleichsweise stark ausgeprägt. So ist sichergestellt, dass die Unterschiede in der Unternehmensgröße, welche das wichtigste Differenzierungsmerkmal in dieser Branche darstellt, mit hinreichender Genauigkeit berücksichtigt werden. Die Produktpalette als zweiter Einflussfaktor ist bei diesem Unternehmensquerschnitt weitgehend homogen.

Die in den Untersuchungen ermittelten Kennzahlen wurden in weiterer Gesprächs-runden in den Unternehmen zur Diskussion gestellt und weiter ausformuliert. In diesen Befragungen wurden zusätzlich zahlreiche individuelle Spezialanforderungen erfasst, die im Verlauf des Standardisierungsprozesses hinsichtlich ihrer Relevanz geordnet werden mussten. Für den Prozess der Referenzmodellierung bedeutet das, dass Anforderungen mit geringerer Gewichtung im Auswahlprozess vernachlässigt werden. Beispielsweise ist die Anforderung einer automatisierten Berichterstattung an Dritte (z. B. das Statistische Landesamt) nur von einem der fünfzehn Unternehmen genannt worden. Diese Anforderung gilt somit als vernachlässigbar und wird im weiteren Prozess der Anforderungsanalyse nicht berücksichtigt. Völlig ausgeschlossen bleiben Anforderungen, die den Rahmen des Funktionsbereichs einer Software zur Förderung von Energieeffizienzmaßnahmen übersteigen (bspw. Carbon Footprint von Produkten). Wie oft in diesem Zusammenhang beschrieben (Dyckhoff et al. 2011), konnte auch hier kein perfektes d. h. alle Anforderungen vollumfänglich erfüllendes Zielsystem erreicht werden, was im Sinne der Referenzmodellierung auch nicht wünschenswert ist.

2.5   Vorteile dieser Vorgehensweise

Durch die Entwicklung einer branchenorientierten Software kann sichergestellt werden, dass die implementierten Funktionen besser an die unternehmerische Wirklichkeit angepasst werden als bei branchenunabhängiger Standardsoftware. In ihrer Herstellung bleibt sie günstiger als beispielsweise Individualsoftware und ist kurzfristiger verfügbar. Für den Anwender ergibt sich der Vorteil, dass in einer anspruchsvollen branchenorientierten Softwarelösung faktisch das Know-how einer gesamten Branche „mitgeliefert" wird. Weiterhin kann durch die Entwicklung eines Referenzmodells für eine Standardsoftware im Energieeffizienzbereich von Unternehmen ein Erfahrungswissen aufgebaut werden, das auf verschiedene Branchen adaptierbar ist. Durch die hier eingeschlagene Vorgehensweise der Entwicklung von Szenarien und der Ermittlung von Basisanforderungen an die Energieeffizienz, sind Ergebnisse erarbeitet worden, die auch für viele KMU in anderen Branchen relevant sind und somit die Entwicklung von Energieeffizienzsoftware in weiteren Branchen wesentlich erleichtert.

2.6   Ausblick

Die betriebliche Umweltinformatik ist seit langem gefordert die Zusammenarbeit mit der Praxis zu intensivieren. Dies gilt insbesondere in Bezug auf KMU, die den weitaus größten Teil der deutschen Wirtschaft darstellen. Die Entwicklung und Bereitstellung von Softwareprodukten der Betrieblichen Umweltinformatik für Unternehmen dieser Größe ist in der Vergangenheit aus vielerlei Gründen vernachlässigt worden. Die hier erarbeitete Vorgehensweise hat ein Referenzmodell für die branchenorientierte Energieeffizienz zum Ergebnis. Damit ist eine Grundlage gegeben, Energieeffizienzsoftware für unterschiedliche Branchen mit einem vergleichsweise geringen Aufwand bereitstellen zu können, da sich durch die Festlegung der fünf Kernanforderungen für kleine und mittelständische Unternehmen, dieses Modell auf andere Branchen leicht adaptieren lässt.

2.7   Zusammenfassung

Es werden die Vorteile der Entwicklung einer branchenbezogenen Energieeffizienzsoftware mit Hilfe der Referenzmodellierung und deren Umsetzung im Projekt „ReMo Green – Energieeffizienz für Berliner KMU" beschrieben. Die Energieeffizienz ist neben der Effizienz des Personal- und Materialeinsatzes die dritte wichtige Kostenkategorie in KMU. KMU sind die tragende Säule der deutschen Wirtschaft. Allerdings sind ihre zeitlichen, finanziellen und personellen Kapazitäten – insbesondere im Vergleich zu Großunternehmen – erheblich eingeschränkt. Deshalb benötigen diese Unternehmen Hilfestellung bei der Realisierung adäquater Energieeffizienzmaßnahmen. Jenseits von Informationen und Beratung muss ihnen aber auch ein leistungsfähiges, aber einfach zu bedienendes Werkzeug zur Verfügung gestellt werden, mit Hilfe dessen KMU ihren Energieumsatz optimieren können. Die Bereitstellung einer solchen Software hat branchenabhängig zu erfolgen, um möglichst umfassende Schnittmengen abdecken zu können.

Empirische Erhebungen haben ergeben, dass Energieeffizienz mit fünf Kernanforderungen beschrieben werden kann: Monitoring, Controlling, Reporting, Benchmarking und Simulation. Diese Kernanforderungen werden durch Referenzmodellierung verallgemeinert, sodass im Ergebnis ein Standardsoftwaresystem zur Verfügung steht, das allen relevanten Individualanforderungen von KMU einer Branche Rechnung trägt.

Danksagung   Das Projekt ReMo Green und die daraus entstandenen Erkenntnisse wurden im Rahmen des EFRE (Europäischer Fond für regionale Entwicklung) gefördert. Die Autorin bedankt sich bei der Senatsverwaltung Berlin und dem EFRE für die Unterstützung.

Literatur

Dykhoff H, Souren R, Elyas A (2011) Betriebstypenspezifische Referenzdatenmodelle strategischer Kennzahlensysteme der Entsorgungswirtschaft: Eine neue Entwicklungsmethodik für Branchenlösungen. Wirtschaftsinformatik 53(2):63–73

IfM Bonn (2012) Kennzahlen zum Mittelstand 2010/2012 in Deutschland. Institut für Mittelstandsforschung Bonn. http://www.ifm-bonn.org/index.php?id=99. Zugegriffen: 20. Feb 2013

Prognos AG, Seefeldt F, Wünsch M, Michelsen C, Baumgartner W et al (2006) Potenziale für Energieeinsparung und Energieeffizienz im Lichte aktueller Preisentwicklungen, S 94. http://www.bmwi.de/BMWi/Redaktion/PDF/Publikationen/Studien/studie-prognos-energieeinsparung,prope rty=pdf,bereich=bmwi,sprache=de,rwb=true.pdf. Zugegriffen: 20. Feb 2013

Prognos AG, Thamling N, Seefeldt F, Glöckner U (2010) Rolle und Bedeutung von Energieeffizienz und Energiedienstleistungen in KMU: Endbericht. http://www.prognos.com/filea dmin/pdf/publikationsdatenbank/Prognos_Rolle_und_Bedeutung_von_Energieeffizienz_ und_Energiedienstleistungen_in_KMU.pdf. Zugegriffen: 20. Feb 2013

Weßel C (2010) Semi-strukturierte Interviews im Software-Engineering – Indikationsstellung, Vorbereitung, Durchführung und Auswertung – Ein Fall-basiertes Tutorium. In: Fähnrich K, Franczyk B (Hrsg) Informatik 2010. Beiträge der 40. Jahrestagung der Gesellschaft für Informatik e.V., Band 2, Leipzig, Deutschland, 27 September–1 Oktober 2010, S 927–937

Branchenorientierte und IT-gestützte Energieeffizienz und Benchmarking in KMU-Netzwerken

Iria Àlvarez

Zusammenfassung

Heutzutage sind KMU angehalten, eine Reihe von Anforderungen zu erfüllen, sowohl um ihre eigene wirtschaftliche Sicherheit aufgrund ständig steigender Energiepreise zu gewährleisten, als auch um einen Beitrag zum Umweltschutz leisten zu können. Ihnen ist derzeit noch nicht bewusst, inwiefern IT-Technologie für die erfolgreiche Bewältigung dieser Aufgaben hilfreich sein kann. Um das Bewusstsein zu steigern sind Energieeffizienznetzwerke ein geeigneter Ausgangpunkt. Die Zusammenarbeit mit branchengleichen Unternehmen sowie Know-How-Trägern wie fachspezifischen Instituten kann eine schnellere Entwicklung und einen schnelleren Einsatz geeigneter IT-Lösungen für die Verbesserung der Energieeffizienz und die Umsetzung eines Energiemanagementsystems fördern. Das Projekt „ReMo Green-Energieeffizienz für Berliner Betriebe" unterstützt Berliner KMU bei der Erreichung ihrer Energieeffizienzziele. Im Rahmen der Kooperation in Energieeffizienznetzwerken, werden ein Referenzmodell für Energiemanagementwerkzeuge bzw. eine Referenzstandardsoftware für Energieeffizienz entwickelt. Das im Projekt vorgesehene Energie-Benchmarking spielt bei dem Energieeffizienzlernprozess im Unternehmen eine bedeutende Rolle. Die am Netzwerk teilnehmenden Unternehmen können durch den Vergleich mit anderen KMU ihre Stärken und Schwächen bezüglich der Energieeffizienz erkennen und gegebenenfalls Optimierungsmaßnahmen ergreifen.

I. Àlvarez (✉)
Institut für Informationsmanagement, IMBC GmbH, Chausseestraße 84, 10115 Berlin, Deutschland
e-mail: iria.alvarez@imbc.de

J. Marx Gómez et al. (Hrsg.), *IT-gestütztes Ressourcen- und Energiemanagement*,
DOI: 10.1007/978-3-642-35030-6_3, © Springer-Verlag Berlin Heidelberg 2013

Schlüsselwörter

IT-gestütztes Energiemanagement • Benchmarking • Energieeffizienznetzwerk • KMU

3.1   Motivation

Die drei Säulen der aktuellen europäischen Energiepolitik sind Nachhaltigkeit, Versorgungssicherheit und Wettbewerbsfähigkeit. 2008 hat sich die Europäische Union auf die Einhaltung von energiepolitischen Zielen geeinigt. Diese enthalten eine ambitionierte Zielvorgabe bis 2020, die als „20 20 20-Ziele"[1] bezeichnet werden.

Die kostengünstigste Lösung, um dieses Ziel ohne Verringerung der wirtschaftlichen Aktivität zu erreichen, ist die Verbesserung der Energieeffizienz sowohl in Gebäuden als auch in der Industrie (BMU 2010).

Die deutsche Wirtschaft ist stark durch kleine und mittelständische Unternehmen geprägt. Mehr als 99 % der Unternehmen in Deutschland gehören zu dieser Kategorie (IfM-Bonn 2013). Die Sektoren Industrie, Gewerbe, Handel und Dienstleistungen haben mit rund 44 % einen bedeutenden Anteil am gesamten deutschen Endenergieverbrauch (IHK-Berlin 2013).

In diesen Unternehmen liegt der Anteil der Energiekosten an den Gesamtkosten durchschnittlich bei 5 % (Thamling et al. 2010), aber einige Unternehmen, z. B. aus dem Metallverarbeitungssektor, sind sehr energieintensiv und der Anteil der Energiekosten an den Gesamtkosten kann bis zu 20 % betragen (Thamling et al. 2010). Das Potenzial zur Energieeinsparung der Unternehmen liegt zwischen 5 und 20 % (Thamling et al. 2010). Die Probleme, die die Ausschöpfung dieses Potenzials in der Industrie verhindern, liegen grundsätzlich in einem schwachen Bewusstsein für die potenziellen Vorteile und in den hohen Investitionskosten.

Das Projekt „ReMo Green-Energieeffizienz für Berliner Betriebe" unterstützt Berliner KMU bei der Erreichung ihrer Energieeffizienzziele. Im Rahmen der Kooperation in Energieeffizienznetzwerken, werden ein Referenzmodell für Energiemanagementwerkzeuge bzw. eine Referenzstandardsoftware für Energieeffizienz entwickelt und ein branchenbezogenes Energie-Benchmarking durchgeführt.

---

[1] Im Rahmen des „20 20 20 bis 2020" sollen die EU-Treibhausemissionen um 20% reduziert werden, der Gesamtanteil an erneuerbaren Energien soll auf 20% steigen und die Energieeffizienz um 20% erhöht werden.

3.2   Hindernisse für die Steigerung der Energieeffizienz in KMU durch die Umsetzung eines Energiemanagementsystems

Die Umsetzung eines Energiemanagementsystems ermöglicht den KMU den Energieverbrauch kontinuierlich zu senken, langfristig Energiekosten einzusparen und einen Beitrag zur Verringerung der Treibhausgasemissionen zu leisten. Die Zertifizierung von Energiemanagementsystemen erfolgt nach der DIN EN ISO 50001, die im März 2012 in Kraft getreten ist. Jedoch hat diese Norm einige Mängel und Schwächen in der praktischen Anwendung; dies betrifft insbesondere KMU aufgrund ihrer begrenzten Management-Kapazitäten. Für kleine Unternehmen ist ein Energiemanagementsystem außerdem ein überdimensionierter Ansatzpunkt für eine erste Auseinandersetzung mit der Energieeffizienz. Ein Energiemanagement wird in KMU als Ziel betrachtet und nicht als Mittel für mehr Energieeffizienz. Eine Reihe von Voraussetzungen müssen in KMU vorzeitig erfüllt werden, um die Umsetzung eines Energiemanagementsystems in vollem Umfang zu ermöglichen. Die von der KMU eingesetzte Vorgehensweise ist mit einem zielorientierten Reifegradmodell vergleichbar, das schrittweise zu der Umsetzung eines integrierten und lebenden Energiemanagements führt.

Ein angemessener Ansatzpunkt für diesen Prozess ist die Zusammenstellung von grundlegenden Informationen über den Energieverbrauch des Unternehmens. Der stellt schon in KMU ein ernsthaftes Hindernis und dieser erschwert extrem in erster Linie die Identifizierung von Möglichkeiten zur Energieeinsparung und zur Folge die spätere Umsetzung eines Energiemanagementsystems.

KMU verfügen weder über ausreichendes Know-how noch über personelle Fachkapazitäten für die Auseinandersetzung mit Energiefragen. Aber das größte Hindernis für die Identifikation, Planung und Umsetzung von Energieeinsparmaßnahmen in KMU sind die unzureichenden Finanzmittel (Thamling et al. 2010). Mit solchen Beschränkungen bleibt die Investition in ein Softwareprodukt zur Unterstützung der Verbesserung der Energieeffizienz und seine Nutzung unerfüllt.

Traditionell sind KMU konservativ hinsichtlich Veränderungen in dem vorliegenden betrieblichen Prozessablauf, die die Produktionssicherheit in Frage stellen können. Aber die Betrachtung der Energieeffizienz des Produktionsprozesses zielt auf die Optimierung des Energieeinsatzes. Dafür müssen nicht umfangreiche Veränderungen vorgenommen werden um die vorhandenen Energieeinsparpotenziale ausschöpfen zu können.

In KMU sind üblicherweise keine Strukturen für Energieeffizienz vorhanden, weder in der betrieblichen Ebene, noch in der technischen Ebene und keinesfalls in der IT-Ebene. Aufgrund des Mangels an Know-how, Personal und Zeit zeigen die Unternehmen eine gewisse Bereitschaft für die Nutzung von IT-Lösungen, die die Unternehmen in einer sehr praktischen, visuellen und wenig aufwendigen Art und Weise bei der Betrachtung der Energieeffizienz unterstützen.

Daher kann die erwartete Inanspruchnahme der geplanten IT-Lösungen in KMU als Mittel betrachtet werden. Dafür werden die Unternehmen in die Implementation und Nutzung einer solchen IT-Unterstützung der Energieeffizienz eingeführt.

3.3   Lösungen zur Steigerung der Energieeffizienz in KMU

Um die genannten Hindernisse zu überwinden, können branchengleiche Unternehmen sich in Energieeffizienznetzwerke einbinden und in einem Energieeffizienzprojekt wie „ReMo Green" zusammenarbeiten. Im Rahmen dieses branchenorientierten Netzwerks werden ein Referenzmodell für Energiemanagementwerkzeuge bzw. eine Standardsoftware für Energieeffizienz entwickelt und ein Energie-Benchmarking durchgeführt.

Das Referenzmodell gibt Anweisungen für die Steigerung der Energieeffizienz in KMU aus gleichen Branchen mit dem Ziel der Umsetzung eines Energiemanagementsystems. In Unternehmen ist die Energienutzung im Allgemeinen sehr vielfältig. Anders als bei den Querschnittstechnologien[2] kann der Energieeinsatz für Produktions- oder Verarbeitungstechnologien stark branchenabhängig sein und gegebenenfalls einen großen Anteil des gesamten Energieverbrauchs im Unternehmen ausmachen. Deshalb arbeitet das Projekt „ReMo Green" gezielt auf die Verbesserung der Energieeffizienz in dem Produktionsprozess hin. Der Bereich der energetischen Gebäudesanierung birgt ein großes Potenzial auf Energieeinsparung für Unternehmen, die ihre eigenen Büroräume und Industriehallen besitzen. Aber die meisten kleinen und mittleren Unternehmen im Netzwerk sind zur Miete in Geschäftsgebäuden untergebracht und deshalb ist der Freiraum für das Ergreifen gebäudetechnischer Maßnahmen extrem reduziert.

Der branchenbedingte Fokus des Projektes „ReMo Green" schließt branchenfremde Aspekte nicht aus, wenn diese als Standard für eine Branche betrachtet werden können.

Die Durchführung eines Energie-Benchmarkings innerhalb eines Netzwerks ist nur dann möglich, wenn die geeigneten betrieblichen Energiekennzahlen ermittelt sind. Durch das Benchmarking haben die Unternehmen die Möglichkeit konsequent und zielorientiert nach neuen energieeffizienten Handlungsweisen zu suchen und von dem Besten zu lernen. Ohne die IT-Unterstützung lassen sich die eben genannten Aktivitäten sehr schwer realisieren (Abb.3.1).

---

[2] Zu den Querschnitttechnologien gehören: Heizungstechnik, Warmwassertechnik, Beleuchtung, Klimatechnik, Lüftungstechnik, Drucklufttechnik, Kühlung- und Kältetechnik, elektrische Antriebe (Pumpen, Motoren etc.), Fördertechnik und Informations- und Kommunikationstechnologien.

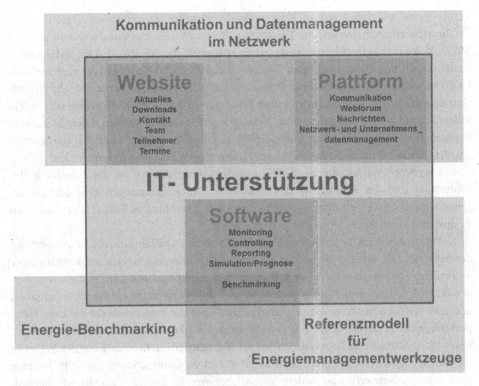

Abb. 3.1 IT-Unterstützung der Energieeffizienzaktivitäten (*Quelle* Eigene Abbildung)

3.4 IT-gestützte Kooperation in branchenorientierten Energieeffizienznetzwerken

Unternehmensnetzwerke und vor allem Energieeffizienznetzwerke sind seit über 30 Jahren bekannt. Die Idee des Energieeffizienznetzwerks kommt aus der Schweiz. 1987 wurde das erste seiner Art in Zürich gegründet, mit dem Ziel der Reduzierung der Energiekosten durch regelmäßigen Erfahrungsaustausch zwischen den Unternehmen und mit der Hilfe von Experten aus dem operativen Energiebereich.

Derzeit gibt es etwa 25 aktive regionale Netzwerke in ganz Deutschland. Die Teilnehmer dieser Netzwerke gehören zu verschieden Branchen.

Bei dem Projekt „ReMo Green" bietet sich die Kooperation in branchenbezogenen Energieeffizienznetzwerken aufgrund der starken Branchenabhängigkeit des Produktionsprozesses als ein geeigneter Modus Operandi an.

Branchenorientierte Energieeffizienznetzwerke unterstützen die Unternehmen bei der Identifizierung, Umsetzung und Überwachung von Maßnahmen zur Energieeffizienz. Innerhalb eines Energieeffizienznetzwerks sind Unternehmen der gleichen Branche in der Lage, Erfahrungen miteinander auszutauschen und auf diese Weise die gegenseitigen

Lernprozesse zu erleichtern und Energieziele schneller zu erreichen. Durch diesen Erfahrungsaustausch werden die Kosten für die Suche und Entscheidungsfindung von Maßnahmen zur Energieeinsparung stark reduziert (Rocha 2010). Der Erfahrungsaustausch im branchenorientierten Energieeffizienznetzwerk ist effektiver und wertvoller als in Netzwerken verschiedener Branchen, weil die Produktionsprozesse sehr ähnlich sind und die Probleme und entwickelten Lösungen in Bezug auf die Energie sehr wahrscheinlich mit allen Unternehmen im Netzwerk geteilt werden können. Diese branchenbezogenen Lösungen für mehr Energieeffizienz können auch auf andere Unternehmen aus den gleichen Branchen, die nicht zum Netzwerk gehören, übertragen werden.

Ein weiterer Vorteil für die teilnehmenden Unternehmen ist die Erhöhung der Motivation und der Kompetenz der Mitarbeiter durch Schulungen über Energieeffizienzthemen. Diese Schulungen werden je nach Qualifikationsbedarf der einzelnen Branchen und einzelnen Unternehmen entwickelt.

Die Aktivitäten im Netzwerk und im Unternehmen werden von einem Arbeitsteam durchgeführt. Das Arbeitsteam besteht aus einem Netzwerkmanager, einem Energiemanager und einem Softwareentwickler. Die Aktivitäten und die Kommunikation im Netzwerk werden durch Informationstechnologien unterstützt. Eine Webseite für die Projektorganisation und eine Netzwerkplattform werden eingerichtet. Über die Projektwebseite sind die Netzwerkmitglieder in der Lage mit den verschiedenen Projektansprechpartnern zu kommunizieren. Eine aktualisierte Liste mit den Netzwerkmitgliedern steht immer auf der Webseite zur Verfügung. Die Netzwerker haben freien Zutritt zu Informationen über alle Termine rund um das Netzwerk und andere Veranstaltungen. Es besteht auch die Möglichkeit, dass die Netzwerker Infomaterial, Projektinformationen oder in den Veranstaltungen gehaltene Vorträge herunterladen. Die Netzwerkplattform unterstützt die Kommunikation zwischen den Netzwerkmitgliedern und ermöglicht das Netzwerk- und Unternehmensdatenmanagement. Die Unternehmensdatenbank besteht im Wesentlichen aus unternehmensbezogenen, technischen und energiebezogenen Daten. Der Zugang zu dieser Datenbank ist für registrierte Mitglieder des jeweiligen Unternehmens beschränkt. Jedes Mitgliedsunternehmen im Netzwerk hat Zugriff auf die eigenen Daten (Becker et al. 2011).

Die unternehmensbezogenen Daten dienen dazu, das Unternehmen zu charakterisieren. Ausgewählte betriebswirtschaftliche Daten, wie z. B. die Herstellungskosten, die Anzahl der Produkte und der Umsatz, werden beispielsweise als Bezugsgrößen für die Energiekennzahlen angewendet und nicht als absolute Größen dargestellt. Die energiebezogenen Daten werden als Energiegrößen für die Energiekennzahlen benutzt. Außerdem sind zusätzliche Informationen zur Organisation und zur verwendeten Technik notwendig. Hierzu zählen Unternehmensdokumentationen wie z. B.: Unternehmensberichte, Grundrisse der Gebäude und Organisationspläne; Technische Dokumentation wie z. B.: Anlageneigenschaften, Instandhaltungspläne, Anlage- und Betriebsanleitungen, Arbeitsanweisungen und Prozessinformationen; Energetische Dokumentationen wie z. B.: Berichte der Energieträgerlieferanten, Energierechnungen, Stromlastgänge, vorhandene Messergebnisse, Energiebilanzen und Energieflussbilder (Regen 2012).

Abb. 3.2 Nutzergruppe der Netzwerkplattform (*Quelle* Eigene Abbildung)

All diese Informationen werden in der Plattform gespeichert, verwaltet und jedem Unternehmen zur Verfügung gestellt. Jedes Unternehmen besitzt einen eigenen Benutzernamen und ein Passwort, um sich auf der Plattform einloggen zu können und zu den eigenen Daten und Ergebnissen Zugang zu haben.

Die Nutzergruppe der Netzwerkplattform besteht aus Netzwerkbetreiber und Unternehmensnutzer. Die Nutzer jeder Gruppe werden in der Abb. 3.2 dargestellt.

Die funktionalen und nicht funktionalen Anforderungen an die Netzwerkplattform wurden von den Netzwerkbetreibern diskutiert und definiert um die Netzwerkplattform gestalten zu können. Die funktionalen Anforderungen an die Netzwerkplattform sind hier zusammengefasst:

- Unterstützung der Kommunikation zwischen den Netzwerkpartnern inkl. voll funktionalem Webforum
- Ermöglichung des Managements der Unternehmensdaten
- Erstellung eines Administratorbackends für die Erfassung und Aufarbeitung der in den Unternehmen gesammelten Informationen und Stammdaten sowie die Bereitstellung von Berichten
- Erstellung von Funktionalitäten für das Benutzermanagement, inkl. Profilen und Authentifikationsmodell
- Umsetzung eines internen Nachrichtensystems mit automatischem Emailversand

Die nicht funktionalen Anforderungen an der Netzwerkplattform sind im Wesentlichen:

- die Verfügbarkeit der Plattform für alle Nutzer
- die Sicherheit der Daten
- die Zugänglichkeit und Erreichbarkeit der Plattform durch eine webbasierten Implementation und ein Webbrowser

- die Interoperabilität und Kompatibilität
- die Skalierbarkeit der Netzwerkplattform
- die Usability und Bedienbarkeit, die möglichst intuitiv durch eine einfache Benutzeroberfläche erfolgen soll

3.5   Entwicklung eines Referenzmodells für Energiemanagementwerkzeuge und einer branchenorientierten Standardsoftware für Energieeffizienz

Das operative Energiemanagement nach der DIN EN ISO 50001 folgt dem PDCA-Zyklus (Plan-Do-Check-Act). Der PDCA-Zyklus bildet den Rahmen für eine kontinuierliche Verbesserung der Prozesse und/oder Systeme. Aber das ist nur Theorie. In der Praxis werden die relevanten Inhalte der einzelnen Schritte des Verfahrens nicht vorgesehen, aber frei gewählt und sind deshalb nicht geeignet und nicht konkret genug für den Einsatz in KMU. Die Anforderungen an ein Energiemanagementsystem werden in der DIN EN ISO 50001 sehr unübersichtlich beschrieben und die Anleitung zur Anwendung der internationalen Norm bietet keine zusätzlichen und nützlichen Informationen. Die wichtigsten Anforderungen an ein Energiemanagementsystem sind die Identifizierung des Top-Managements und eines Beauftragten für das Management, die Definition einer Energiepolitik, die Durchführung und Dokumentation eines Energieplanungsprozesses, die Einführung und Umsetzung des Planungsprozesses, die Überprüfung der Ergebnisse von Überwachung, Messung und Analyse und die Managementbewertung (Norm 2011).

Um diese Anforderungen zu erfüllen, ist ein Referenzmodell für Energiemanagementwerkzeuge zu entwickeln.

Referenzmodelle werden verwendet, um typische branchenspezifische Prozesse und Strukturen (unter „Common Practice" bekannt) zu beschreiben und haben die Eigenschaft von allgemeiner Gültigkeit (in diesem Fall für dieselbe Branche) zu sein. Das bedeutet, dass die Aspekte, die nicht als Standard für eine Branche betrachtet werden können, auch nicht zum Referenzmodell gehören. Referenzmodellierung ist die Suche nach einem Standard. Um die Heterogenität zwischen Unternehmen gleicher Branche zu überwinden und die speziellen Anforderungen des Unternehmens erfüllen zu können, kommt die Anwendungsphase zum Einsatz, wobei Referenzmodelle den Vorteil der leichten Modifikation und Anpassung haben (Delfmann 2006).

Ein Referenzmodell ist eine Empfehlung, die für die Entwicklung spezifischer Modelle für konkrete Unternehmen verwendet werden kann. Das Referenzmodell schildert allgemeine Lösungsansätze für abstrakte Typen von Problemen (in diesem Fall die Umsetzung eines Energiemanagementsystems), die für eine Branche gültig sind und bietet einen Ausgangpunkt für die Modellierung konkreter Sachverhalte im Unternehmen.

Die Referenzmodellierung ist in zwei Hauptphasen geteilt: die Konstruktion und die Anwendung des Referenzmodells (Dyckhoff et al. 2011). Die Konstruktion eines Referenzmodells für Energiemanagementwerkzeuge fängt mit der Analyse von

Fallstudien und der betrieblichen energetischen Realität des Unternehmens innerhalb einer Branche an. Dies erfolgt (in jedem Unternehmen) durch die Erfassung der Daten, die für die Umsetzung eines Energiemanagements nötig sind. Die Sammlung der energetischen Daten ist in drei Ebenen gegliedert, je nach ausgewählten Bilanzgrenzen. Erstmals werden allgemeine Daten erfasst, um einen Überblick über den energetischen Zustand des Unternehmens zu bekommen. Im Folgenden steht der Produktionsprozess (die „Black Box") im Mittelpunkt. Wenn möglich werden auch Daten der technischen Gebäudeausstattung erfasst, um diese im Zusammenhang mit dem Produktionsprozess zu sehen. Die Nutzung einer in dem Produktionsprozess verursachten Abwärme für die Heizung der Geschäftsräume ist ein Beispiel dafür.

Im letzten Schritt der Datenerfassung werden alle technischen Daten von den einzelnen Maschinen gesammelt und Messungen durchgeführt, um herauszufinden, ob diese unter optimalen Bedingungen arbeiten (Wieß 2010). Dann folgt die Strukturierung und die Organisation dieser Daten, die eine Analyse ermöglichen.

Aus der Analyse der Daten werden die typischen Schwachstellen in den Querschnittstechnologien, in dem Produktionsprozess, in der Organisations- bzw. in der Managementebene und in der Mitarbeiterqualifizierung identifiziert (s. Abb. 3.3).

Sobald die energetische Datenbank etabliert, strukturiert und analysiert ist, können Maßnahmen zur Energieeinsparung vorgeschlagen und das Energiekennzahlensystem entwickelt werden. Damit kann die Standardisierung initiiert werden. Der Standardisierungsprozess ist die Suche nach Gemeinsamkeiten mit dem Ziel der Definition eines Standards, einer Referenz oder des „Common Practice" einer Branche.

Sobald der Standard definiert ist, sind die Unternehmen in der Lage, diesen anzupassen, um neue oder geänderte Anforderungen zu erfüllen oder ihn als Ausgangspunkt zu verwenden, um ein angemessenes Energiemanagementmodell zu entwickeln.

Parallel zur Entwicklung des Referenzmodells für das Energiemanagement, wird die Referenzmodellierung wieder in Anspruch genommen mit dem Ziel der Entwicklung eines

Abb. 3.3 Phasen der Entwicklung eines Referenzmodells (*Quelle* Eigene Abbildung)

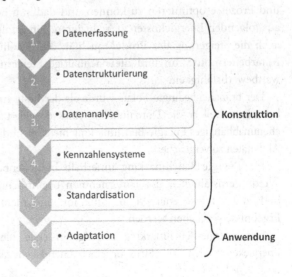

branchenbasierten Energieeffizienzsoftwaretools. Der Entwicklungsprozess hängt sehr stark von den Anforderungen der Unternehmen ab. Deshalb spielt die Zusammenarbeit mit den Netzwerkpartnern eine bedeutende Rolle in der Softwareanforderungsanalyse.

Durch die Durchführung von Interviews werden die technischen und organisatorischen Rahmenbedingungen in den Unternehmen sowie die sich daraus ergebenden Anforderungen an die Energieeffizienzsoftware erfasst. Ziel ist daher, grundlegende Daten für die Referenzmodellierung und die Standardisierung der Softwareanforderungen zu sammeln (Sommerville 2012). Die fünf allgemeinen Anforderungen oder Funktionalitäten, die zum Softwarekern gehören sind: Energiemonitoring, Energiecontrolling, Energiereporting, Simulation/Prognose und Benchmarking.

Das Energiemonitoring beschäftigt sich mit der kontinuierlichen Erfassung und Aufbereitung der Energieverbräuche und der Energiekosten. Sobald die Daten strukturiert und aufbereitet sind, ist Aufgabe des Energiecontrollings die Analyse dieser Daten und das Vorschlagen von Energieeinsparmaßnahmen. Die Ergebnisse aus dem Energiecontrolling werden in einem Energiereport zusammengefasst und dokumentiert. Der Energiereport soll so bildlich wie möglich sein und zeitlich und inhaltlich flexibel abgerufen werden können. Die Funktionalität der Simulation ist in der Lage künftige Energieverbräuche und Energiekosten zu prognostizieren und Energieeinsparung bzw. Amortisationszeit der zu ergreifenden Maßnahmen zu berechnen. Das Benchmarking spielt eine sehr wichtige Rolle nicht nur als Softwarefunktionalität, sondern auch als Treiber für den Lernprozess zwischen den an dem Benchmarking teilnehmenden Unternehmen.

3.6   IT-gestützte Benchmarking

Die Durchführung eines außerbetrieblichen Energie-Benchmarkings ermöglicht es den Unternehmen sich miteinander zu vergleichen, um die energiebezogenen Aktivitäten und Prozesse optimieren zu können und dadurch den Energieverbrauch und die daraus folgenden Energiekosten zu reduzieren. Ein erfolgreiches Benchmarking ermöglicht auch die Steigerung der Produktqualität, die Erhöhung der Kundenzufriedenheit und Mitarbeitermotivation und die nachhaltige Steigerung der gesamten Unternehmenswettbewerbsfähigkeit.

Der branchenbedingte Fokus wurde als der beste Ansatz für ein Energie-Benchmarking betrachtet, weil er die Durchführung eines detaillierten Vergleichs ermöglicht. Ein branchenunabhängiges Energie-Benchmarking bietet nicht die Möglichkeit, produktionsbezogene Aktivitäten zu vergleichen.

Ein Energie-Benchmarking innerhalb branchenbezogener Netzwerke wird nie die Wettbewerbsfähigkeit der Unternehmen beeinträchtigten, weil die Unternehmen nur in Bezug auf ihre energetische Situation und nicht auf ihre betriebswirtschaftlichen Ergebnisse verglichen werden.

Das Energie-Benchmarking benötigt in erste Linie die Definition von geeigneten Energiekennzahlen. Die Struktur einer Energiekennzahl besteht aus Energieverbräuchen oder Energiekosten (in einer bestimmten Zeitspanne), die in Bezug zu einer Vergleichsgröße gesetzt sind. Die Auswahl von der Bezugsgröße spielt die wichtigste Rolle, um eine geeignete Vergleichbarkeit schaffen zu können. Je ähnlicher die Prozesse und die Produktpalette sind, desto mehr und bessere Informationen bietet die Kennzahl (Kapusta et al. 2010). So ist die Durchführung eines Energie-Benchmarkings innerhalb einer Branche die beste Option für zuverlässige Ergebnisse.

Die Auswahl der Energiekennzahlen ist, unter anderem, von den zur Verfügung gestellten Daten abhängig. Die Daten werden von der Software erfasst. Mit der Funktionalität des Benchmarkings werden die Kennzahlen berechnet und verglichen. Kennzahlen müssen für alle Unternehmen im Netzwerk angemessen und gleich gültig sein. Einige der Kennzahlen, die für das Energie-Benchmarking verwendet werden können und die für alle Branchen gültig sind, sind in der Tab. 3.1 zusammengefasst.

Je nach Branche müssen branchenbezogene Energiekennzahlen definiert werden. Diese bieten den Unternehmen die Möglichkeit sich unter produktionsbezogenen Bedingungen zu vergleichen und nicht nur unter betrieblichen Bedingungen, wie es bei allgemeingültigen Energiekennzahlen der Fall ist. Für die Druckindustrie zum Beispiel sind in der Tab. 3.2 dargestellte Kennzahlen zu berechnen.

Aus dem Vergleich der berechneten Energiekennzahlen aller Unternehmen ergibt sich ein „Best Practice" der Branche. Zu diesem Zeitpunkt sind die Unternehmen in der Lage, sich innerhalb der Branche zu positionieren und zu eruieren, was die höher positionierten Unternehmen besser machen und gegebenenfalls, Maßnahmen in Anspruch zu nehmen, um ihre Energieeffizienz zu verbessern.

Tab. 3.1 Allgemeingültige Energiekennzahlen (*Quelle* Eigene Abbildung)

Energiekennzahl	Einheit
Energieverbrauch/Mitarbeiter	kWh/Mitarbeiter
Gesamtenergieverbrauch/Umsatz	kWh/Tausend Euro
Verbrauch pro Energieträger/Gesamtenergieverbrauch	kWh/kWh (%)
Energieverbrauch/Betriebsfläche	kWh/m^2 Fläche
Energiekosten/Gesamtkosten	Euro/Euro (%)
Energiekosten/Herstellungskosten	Euro/Euro (%)

Tab. 3.2 Branchenbezogene Energiekennzahlen für die Druckindustrie (*Quelle* Eigene Abbildung)

Energiekennzahl	Einheit
Energieverbrauch/Papierverbrauch	kWh/kg, t
Energieverbrauch/verarbeitetes Papier	kWh/kg, t
Energieverbrauch/produzierte Einheit einer Produktgruppe (z. B.: Kalender, Flyer, Visitenkarte…)	kWh/Produkt
Energieverbrauch/gedruckte Papierbogen	kWh/m^2 Papierbogen

Die kontinuierliche Ermittlung und Gegenüberstellung dieser Energiekennzahlen schafft eine zuverlässige Basis für den Erfolg eines Energie-Benchmarkings. Durch die kontinuierliche Bewertung von diesen Energiekennzahlen werden Schwachstellen aufgedeckt und Lernpotenziale geschaffen.

3.7 Zusammenfassung

Energieeffizienznetzwerke und branchenbezogene Referenzmodelle bieten den kleinen und mittleren Unternehmen einen Ausgangspunkt für die Auseinandersetzung mit Umwelt- und Energiefragen und der Umsetzung von Maßnahmen in diesem Zusammenhang. Branchenorientierte IT – Lösungen unterstützen die Unternehmen bei der Entscheidungsfindung und der erfolgreichen Umsetzung dieser Maßnahmen.

Energie-Benchmarking wird als effizientes Werkzeug der Energieeffizienzsoftware eingesetzt. Das Vorhandensein solcher branchenbezogener Software im Unternehmen erleichtert erheblich die Bereitstellung von vergleichbareren Informationen und die Realisierung des Benchmarkings. Das Ziel ist es, eine branchenbezogene Energiekennzahlen-Datenbank zu schaffen, mit Zielwerten aus der „Best Practice", die als Orientierung und Motivation für andere teilnehmende Unternehmen dienen.

Danksagung Das Projekt „ReMo Green – Energieeffizienz für Berliner Betriebe" (Projektnummer EFRE-WV-1) wird durch den Europäischen Fond für regionale Entwicklung (EFRE) und die Senatsverwaltung für Wirtschaft, Technologie und Forschung in Berlin gefördert.

Literatur

Becker T, Dammer I, Howaldt J, Loose A (2011) Netzwerkmanagement. Mit Kooperation zum Unternehmenserfolg. Springer
BMU (2010) Prognose zur Senkung des Primärenergiebedarfs durch höhere Effizienz in Deutschland von 2010 bis 2050. Bundesministerium, Focus, Nr. 17, 26. April 2010, S 69
Delfmann P (2006) Adaptive Referenzmodellierung. Methodische Konzepte zur Konstruktion und Anwendung wiederverwendungsorientierter Informationsmodelle. Logos Verlag, Berlin
Dyckhoff H, Souren R, Elyas A (2011) Betriebstypischen Referenzdatenmodelle strategischer Kennzahlensysteme der Entsorgungswirtschaft. Gabler Verlag
IfM Bonn (2013) Kennzahlen zum Mittelstand 2010/2012 in Deutschland. Institut für Mittelstandsforschung Bonn. http://www.ifm-bonn.org/index.php?id=99. Zugegriffen: 11. Feb 2013
IHK-Berlin (2013) Energieeffizienz in Industrie und Gewerbe. Industrie- und Handelskammer Berlin. http://www.ihk-berlin.de/innovation/energie/814988/Energieeffizienz_in_Industrie_und_Gewerbe_index.html. Zugegriffen: 11. Feb 2013
Kapusta F, Stamberger S (2010) KMU-Initiative zur Energieeffizienzsteigerung Begleitstudie: Kennwerte zur Energieeffizienz in KMU. Ausgabe Januar 2011. Wien 2010
Norm (2011) Energiemanagementsysteme – Anforderungen mit Anleitung zur Anwendung (ISO 50001:2011); Deutsche Fassung EN ISO 50001:2011. Beuth
Regen S (2012) Energiemanagement in der betrieblichen Praxis

Rocha M (2010) Masterarbeit im Studiengang "Environmental Management" – Management natürlicher Ressourcen. Introduction and Implementation of the LEEN Energy Management System for the network oriented companies

Sommerville I (2012) Software Engineering, 9. aktualisierte Aufl. Pearson Verlag

Thamling N, Seefeldt F, Glöckner U (2010) Rolle und Bedeutung von Energieeffizienz und Energiedienstleistungen in KMU. Auftraggeber: KfW Bankengruppe. Prognos AG, Berlin

Wieß M (2010) Datenauswertung von Energiemanagementsystemen: Datenerfassung, Messwertdarstellung und -interpretation, Kennwerte zur Energieverteilung. Praxisbeispiele. Publicis Publishing

Kommunikation von Umweltkennzahlen im Smart Grid und deren Integration in die verteilte Wirkleistungsplanung

Jörg Bremer und Michael Sonnenschein

Zusammenfassung

Der Sektor der elektrischen Energieversorgung befindet sich derzeit am Beginn eines technologischen Umbruchs bezüglich zukünftiger Erzeugungsstrukturen und deren Steuerungsansätzen. Der steigende Anteil kleiner, verteilter und individuell konfigurierter Erzeuger wird dazu führen, diese zusammen mit steuerbaren Verbrauchern und Speichern zu Verbünden zusammenzuschließen, um einerseits das Steuerungsproblem für einen jederzeitigen Lastausgleich auf einem handhabbaren Niveau zu halten und andererseits Marktmechanismen zu integrieren. Virtuelle Kraftwerke sind eine frühe, wenn auch (bezüglich Zusammensetzung) unflexible Form solcher Ansätze, mit denen der Anteil integrierbarer regenerativer Energien erhöht werden soll. Zukünftig sind eher dynamisch (re-) konfigurierte, smarte und von Agenten kontrollierte Verbünde zu erwarten. Um hier von einer grünen Technologie zu sprechen, dürfen Umweltaspekte bei der Lastplanung nicht vernachlässigt werden. Individuelle Handlungsoptionen der Einheitenagenten haben auch individuelle Umweltauswirkungen zur Folge, sodass eine Kommunikation bezüglich einer umweltbewussten Gesamtplanung unumgänglich scheint. Hierfür müssen mögliche Fahrpläne einer elektrischen Anlage individuell mit Kennzahlen bezüglich der Umweltwirkung annotiert werden. Technisch ist dies sicherlich möglich, die Frage stellt sich nach den Inhalten. Welche Information muss zur

J. Bremer (✉) · M. Sonnenschein
Department für Informatik, Carl von Ossietzky Universität Oldenburg,
Ammerländer Heerstr. 114–118, 26129 Oldenburg, Deutschland
e-mail: joerg.bremer@informatik.uni-oldenburg.de

M. Sonnenschein
e-mail: Sonnenschein@informatik.uni-oldenburg.de

J. Marx Gómez et al. (Hrsg.), *IT-gestütztes Ressourcen- und Energiemanagement,*
DOI: 10.1007/978-3-642-35030-6_4, © Springer-Verlag Berlin Heidelberg 2013

Planungszeit zu einem gegebenen Lastgang verfügbar sein und wie kann von den verschiedenartigen Einheiten abstrahiert werden? Über geeignete Kennzahlen und deren Integration soll hiermit eine Diskussion gestartet werden.

Schlüsselwörter
Umweltkennzahlen • Smart Grid • Wirkleistungsplanung • Verteilte Optimierung

4.1 Einleitung

Ein effizientes Management einer stetig wachsenden Anzahl an dezentralen Energiesystemen ist unverzichtbar, um die Transition des derzeitigen, zentral gesteuerten Energieversorgungssystems hin zu einem dezentralisierten Smart Grid zu ermöglichen. Es seien an dieser Stelle bevorzugt diejenigen, eher kleinen Energiesysteme betrachtet, die ohne ein Bundling mit anderen Anlagen ihrer oder anderer Art, bzw. mit ebenfalls kleinen Verbrauchern oder so genannten Prosumern (Einheiten, die sowohl als elektrische Erzeuger als auch als Verbraucher auftreten können; z. B. Speicher) allein keinen nennenswerten Betrag leisten könnten. Gegebenenfalls können an einem solchen Verbund auch zusammengesetzte Einheiten (etwa ein Haushalt) partizipieren, weshalb im Folgenden der allgemeinere Begriff Einheit Verwendung findet.

Solche Einheiten müssen sich mit anderen gruppieren, sowohl um gemeinschaftlich an einem Energiemarkt bestehen zu können (bzw. überhaupt teilnehmen zu dürfen), als auch um gemeinsam eine hinreichend große Zahl an Freiheitsgraden für eine sinnvolle Steuerung zu erreichen. Als gemeinsam gesteuerter Verbund stellen sie sodann ein flexibles Energiesystem mit hinreichend Marktpotenzial dar.

Für das Management eines solchen Einheitenverbundes muss in regelmäßigen Abständen folgendes Optimierungsproblem gelöst werden: Gegeben ist ein Wirkleistungsprodukt welches für einen gegebenen zukünftigen Zeitrahmen (in n diskrete Zeitintervalle unterteilt) eine Wirkleistungsvorgabe macht. Vorgegeben ist für jedes Zeitintervall die mittlere zu erbringende Wirkleistung bzw. (äquivalent dazu) die im jeweiligen Intervall zu erbringende Energiemenge. Gesucht ist eine Partition dieses Gesamtlastgangs, die eine Aufteilung auf die beteiligten Einheiten in dem Verbund derart vornimmt, dass

- die Summe aller Einzellastgänge der Einheiten möglichst genau den gewünschten Produktlastgang ergibt.
- Individuelle Kosten für die Erbringung der einzelnen Lastgänge minimiert werden.
- Kennzahlen zur Zuverlässigkeit bzw. als Maß für verbleibende Freiheitsgrade zur Verbesserung der Versorgungsqualität führen.

Als weitere Herausforderung kommt die Fairness der Aufteilung hinzu. Umweltkennzahlen spielen derzeit bei der Bewertung von Lösungskandidaten keine Rolle. Für die Bestimmung einer optimalen Partition, muss für jede der beteiligten Einheiten genau ein Lastgang (als

Fahrplan) aus dem jeweiligen individuellen, Einheiten-spezifischen Suchraum ausgewählt werden. Ein Schedulingalgorithmus (unabhängig davon, ob es sich um ein zentrales oder ein verteiltes Verfahren handelt) muss also wissen, welche Lastgänge von einer Einheit in dem fraglichen Zeitraum erbracht (gefahren) werden können und welche aufgrund von Constraintverletzungen nicht umgesetzt werden können. Daher muss der Suchraum mit den realisierbaren Lastgängen von einer Einheit effizient und standardisiert kommuniziert werden können. Eine Möglichkeit für die Suchraummodellierung wurde beispielsweise in (Bremer et al. 2011a) vorgestellt.

Soll die Auswahl konkreter Fahrpläne aus den Suchräumen auch nach Umweltgesichtspunkten erfolgen, so muss jeder einzelne Fahrplan in dem Suchraum mit entsprechenden Umweltinformationen verknüpft sein. So erlauben solche Kennzahlen beispielsweise Rückschlüsse auf individuelle CO_2-Emissionen einzelner Fahrpläne. Analog gilt dies auch für andere Kennzahlen und Kostenfaktoren, die aber hier nicht weiter betrachtet werden. Dass dies mit dem zuvor genannten Modell möglich ist wurde bereits in (Bremer et al. 2011a) gezeigt. Mögliche Wege zu Sicherstellung der Interoperabilität bezüglich der Umweltkennzahlen wurden in (Bremer 2012) aufgezeigt.

Jede dezentrale Energieanlage (z. B. Mini-BHKW im häuslichen Bereich) ist zur Erfüllung eines bestimmten Zwecks konstruiert. Meist kann dieses Ziel aber auf verschiedenen Wegen erreicht werden. Allgemein gilt dies für verschiedenste steuerbare elektrische Anlagen im Smart Grid Umfeld. O.B.d.A wird in dieser Arbeit meist am Beispiel des BHKW motiviert, wobei die Schlussfolgerungen immer auch auf weitere Anlagen zutreffen dürften. Im Falle des BHKW ist meist die Wärmeerzeugung von der Nutzung durch einen thermischen Pufferspeicher zeitlich entkoppelt. Hierdurch wird es möglich, die Wärmemenge, die für die nähere Zukunft benötigt wird, um ein Haus (sowie Warmwasser) auf einer gegebenen Temperatur zu halten, mit verschiedenen Produktionsprofilen zu erzeugen. Hierdurch ergeben sich zeitgleich auch verschiedene elektrische Lastgänge. Jedes dieser alternativen Erzeugungsprofile ist nun ein Lösungskandidat mit individuellen Auswirkungen auf die Umwelt; beispielsweise durch statische Verluste von zusätzlich zwischengespeicherter Wärme. Werden die Lastgänge im Suchraummodell geeignet mit entsprechenden Umweltinformationen annotiert, so kann ein Optimierungsverfahren hiervon Gebrauch machen und die Gesamtumweltauswirkungen des Verbundes zu minimieren versuchen. Dies ist technisch (im Sinne der mathematischen Suchraummodellierung) möglich. Offen sind jedoch die Fragen, welche Umweltkennzahlen erfasst (bzw. aus Messdaten abgeleitet) werden sollten und wie diese im Rahmen der Optimierung am sinnvollsten eingesetzt werden können.

Untersuchungen betrachten bisher üblicherweise die Umweltwirkung des Smart Grid als Ganzem (NETL 2011) z. B. bei der Erhöhung des Anteils erneuerbarer Energien oder bei der Unterstützung von mehr Energiebewusstsein seitens der Verbraucher (Rapp et al. 2011b), von erneuerbarer Energien im Allgemeinen (Nitsch et al. 2004) oder aber die einer Technologie als solcher, unabhängig von konkreter Erzeugung einzelner Anlagen. Ein Beispiel für letzteres sind Untersuchungen zum Vogelschlag bei Windenergieanlagen

(Peters et al. 2007). Dies sind Effekte, die über die Vielzahl der Anlagen und über eine längere Zeitdauer gemittelt sind und erlauben keine individuelle Verbesserung durch wiederholte Wahl jeweils kurzfristig bester Alternativen. Sie werden hier nicht weiter betrachtet.

In dieser Arbeit stehen die unterschiedlichen Umweltwirkungen einzelner Anlagen durch die Variabilität verschiedener Betriebsweisen im Vordergrund. Insgesamt ergeben sich in diesem Forschungsfeld verschiedene offene Problem- und Fragestellungen, die in diesem Diskussionspapier zur Diskussion gestellt werden sollen; beispielsweise:

- Die Heterogenität der an einem Verbund beteiligten Anlagen führt dazu, dass bestimmte Umweltindikatoren nicht auf alle Anlagen angewandt werden können. Hieraus ergibt sich für jeden Verbund auch ein individuell zusammengesetzter Katalog von zu bestimmenden Kennzahlen.
- Hieraus leitet sich direkt die Frage nach einer geeigneten Aggregation der verschiedenen Kennzahlen eines Verbundes ab, um möglichst nur ein Nebenziel für die Verringerung der negativen Umweltwirkung in die Optimierung integrieren zu müssen.
- Letztlich müssen die individuellen Kennzahlen in eine Bewertung des Verbundes integriert werden. Welche Vorgehensweise hier die beste ist, ist ebenfalls eine offene Frage. Sowohl Aggregation als auch Integration müssen automatisiert und unabhängig von der tatsächlichen Zusammensetzung der Indikatorenmenge erfolgen können.
- Welche Rolle spielt der Grad der mathematischen/ wertlichen Genauigkeit der übermittelten Werte? Wie nachvollziehbar können/ müssen die Werte sein?

Dieser Bericht soll zunächst für diese noch relativ neue Problemstellung an sich sensibilisieren und hat somit eher die Absicht eine Diskussion über die Thematik anzustoßen als Antworten zu liefern.

Die weitere Ausarbeitung gliedert sich daher in einen Überblick über mögliche Umweltkennzahlen im Smart Grid Umfeld und eine Rekapitulation von Möglichkeiten der Modellierung, bevor deren Einsatz innerhalb von Optimierungsansätzen näher betrachtet werden kann.

4.2 Modellierung von Umweltkennzahlen für die Lastplanung

Eigentlich erfassen Umweltkennzahlen (wie z. B. CO_2-Emissionen, Wasser oder Energiefußabdruck, o. ä.) die Umweltwirkung von Unternehmen oder Organisationen. So gesehen sind sie ein Maß, welches die Performanz bei der Erreichung eines Unternehmensziels in Bezug auf die Umwelt reflektiert (Hrebíček et al. 2007). Bis dato gibt es kein allgemeines Beschreibungsmodell für den standardisierten Austausch von Umweltkennzahlen auf semantischer Ebene. Für die Ebene von Unternehmen bzw. Organisationen wurde ein erstes auf einer speziell entwickelten Ontologie beruhendes

Konzept für einen Beschreibungsstandard jedoch bereits vorgeschlagen (Meyerholt et al. 2010). Eine mögliche Erweiterung für den Anwendungsfall Smart Grid wurde in (Bremer 2012) vorgeschlagen.

Ein anvisierter Anwendungsfall dort ist die Unterstützung umweltfreundlicher Produktentwicklung. Nun kann aber ein virtuelles Kraftwerk oder auch ein dynamisch gebildeter Verbund von elektrischen Einheiten als Produzent eines Wirkleistungsproduktes (oder eines Systemdienstleistungsproduktes wie Regelleistung o. ä.) gesehen werden, sodass eine grundsätzliche konzeptionelle Verwandtschaft der Vorgänge gegeben ist. Produkt ist im Smart-Grid-Fall ein Lastgang, der aus Einzelteilen (Einzellastgänge) von einer Menge von Zulieferern zusammengesetzt wird. Ein Algorithmus hierfür kann sich ähnliche Fragen bzgl. umweltfreundlicherer Alternativen bezüglich der Einzelteile stellen wie die Beschaffungsabteilung bei der Produktplanung im Rahmen eines Designprozesses beim produktionsintegrierten Umweltschutz. Gehen Umweltindikatoren in die Bewertung eines Verbundes ein, so können auch verschiedene Zulieferer hinsichtlich ihrer Wirkung verglichen und bei der Beschaffung berücksichtigt werden.

Auf technischer Ebene sind grundlegende Fragestellungen bereits angegangen. Wege zur effizienten Kommunikation in Unternehmen, insbesondere aber auch im Smart Grid Umfeld, wo eine automatisierte Weiterverarbeitung aufgrund der kurzen Zeitfristen den Grad der Interoperabilitätsanforderungen noch weiter erhöht, sind vorhanden. In vielen Bereichen im Unternehmensumfeld sind auch die inhaltlichen Fragen nach dem Was zur Gesamtprozessbetrachtung kommuniziert werden sollte bzw. muss bereits angegangen. Beispiele hierfür sind: Die Rohstoffbeschaffung in der Lebensmittelbranche (z. B. Dada et al. 2010), der Transport durch komplexere Logistikketten (Rapp et al. 2012) oder aber die umweltverträgliche Vermittlung in der Biomasselogistik (Rapp et al. 2011a).

Die Frage nach geeigneten Umweltinformationen für Lastgangplanungsszenarien ist jedoch noch neu (abgesehen von ihrer technischen Betrachtung) und derzeit weitgehend offen.

4.3   Umweltkennzahlen in Lastplanungsszenarien

Bevor konkrete Umweltszenarien betrachtet werden können, soll an dieser Stelle zunächst kurz das betrachtete Planungsproblem umrissen werden:

In zukünftigen elektrischen Netzen ist ein Paradigmenwechsel bezüglich der Steuerung der Erzeugung (und in Zukunft auch des Verbrauchs) zu erwarten, um die enorme Vielzahl kleiner, verteilter und individuell konfigurierter Anlagen (Photovoltaik, BHKW, Windenergiekonverter, usw.) und ihre fluktuierenden Lastprofile zu beherrschen (Sonnenschein et al. 2011). Erwartet wird, dass in einem Selbstorganisationsansatz einzelne Einheiten durch Agenten vertreten sich selbsttätig zu aktiven Koalitionen zusammenfinden, um sowohl Wirkleistungs- als auch Systemdienstleistungsprodukte marktbasiert zu handeln (Nieße et al. 2012; Sonnenschein et al. 2012).

Das Planungsproblem, welches hier vorrangig betrachtet werden soll, lässt sich wie folgt beschreiben: Eine heterogene Menge von steuerbaren, dezentralen Erzeugern (bspw. Mikro-KWK Anlagen) und steuerbaren Verbrauchern (bspw. adaptive Kühlgeräte) soll in enger Zusammenarbeit mit (in den Verbund) integrierten Speichern ihre individuellen Fahrpläne für einen gegebenen Zeithorizont so aufeinander abstimmen, dass der Summenlastgang einen gewünschten Wirkleistungsverlauf annimmt. Einschränkungen bzgl. der Realisierbarkeit einzelner Fahrpläne müssen hierbei ebenso berücksichtigt werden wie individuelle Präferenzen und die Kosten oder der Nutzen der einzelnen Alternativen für die jeweiligen Einheiten. Zu diesen Kosten sind in umweltfreundlichen Koordinationsansätzen auch die unterschiedlichen Umweltauswirkungen der beteiligten Einheiten zu zählen.

Der Suchraum, in dem nach dem Optimum gesucht wird ergibt sich durch die Überlagerung der einzelnen Handlungsspielräume der verschiedenen Einheiten. Der Begriff Handlungsspielraum bezeichnet hierbei die Menge der verschiedenen, alternativen Lastgänge (Erzeugung und/oder Verbrauch), die eine Einheit für einen gegebenen Zeitrahmen fahren könnte ohne hierbei gegebene Restriktionen (Leistungsbeschränkungen, Pufferspeicherfüllstand o.ä.) zu verletzen. Jeder dieser alternativen Lastgänge wird unterschiedliche Auswirkungen auf die Umwelt nach sich ziehen. Daher erlaubt ein solcher Handlungsspielraum auch immer die Entscheidung für eine umweltfreundlichere Variante im Rahmen des Produktdesigns beim Aufbau des Gesamtlastgangs.

Dieser Raum realisierbarer, alternativer Lastgänge muss im Rahmen einer verteilten Optimierung möglichst allen am jeweiligen Verfahren beteiligten Einheiten in geeigneter Form zur Verfügung stehen, da er Teil des Gesamtsuchraums ist. Das gleiche gilt für die Zuordnung von privaten Indikatoren (z. B. Kosten oder Präferenzen aber eben auch Umweltindikatoren) zu den verschiedenen Lastgängen. Andernfalls sind globale Optimierungsziele kaum zu erreichen. Im Rahmen dezentraler Verfahren entsteht zudem die Frage, wie der hierfür notwendige Kommunikationsaufwand minimiert werden kann. Derzeitige Ansätze gehen davon aus, dass ein solcher Verbund von Einheiten in Smart Grid Szenarien keine dauerhafte Einrichtung (wie beispielsweise die klassischen virtuellen Kraftwerke) ist, sondern sich dynamisch mittels Selbstorganisation zur einmaligen Aufgabenerfüllung zusammenfindet (Nieße et al. 2012). Anschließend reorganisiert sich der Gesamtpool aller Einheiten neu und findet sich erneut zu Verbünden für weitere Wirkleistungsplanungen in einem gemeinsamen Markt zusammen. Dies bedeutet aber auch, dass ständig Einheiten – oder genauer: Agenten, welche diese Einheiten informationstechnisch vertreten – zusammenarbeiten, welche sich möglicherweise unbekannt sind, sich aber dennoch über individuelle Umwelteffekte austauschen müssen, um als globales Ziel die Gesamtminimierung von negativen Umweltauswirkungen zu erreichen.

Die Fragestellung nach der idealen Arbeitsteilung bei der Wirkleistungsbereitstellung innerhalb eines (volatilen oder statischen) Verbundes von Einheiten und somit die Frage nach der optimalen Aufteilung eines Gesamtlastgangs auf Fahrpläne für die einzelnen Einheiten wirft verschiedene Detailfragen auf. Die Aufteilung der Fahrpläne muss so erfolgen, dass die technischen Rahmenbedingungen jeder einzelnen Einheit bzgl. der

Realisierbarkeit gewahrt werden. Um dies zu erreichen, ist in allen bekannten Ansätzen eine zentrale Modellierung in die Optimierung integriert. Ein solches Vorgehen hat aber einige Nachteile:

- Änderungen im Profil einer Einheit ziehen Änderungen im zugehörigen Modell nach sich. Im zentralen Fall ist hiervon auch das Optimierungsmodell betroffen.
- Die Zusammensetzung eines Verbundes von dezentralen Einheiten kann nicht dynamisch verändert werden ohne auch Änderungen am zentralen Modell vorzunehmen.
- Die direkte Integration einer großen Anzahl von Einheitenmodellen in die Optimierung ist problematisch in Bezug auf die Performanz.
- Eine zentrale Modellierung erlaubt schwerlich eine individuelle Abschätzung der Umweltwirkung basierend auf aktuellen (vor Ort) Gegebenheiten.

Einen eleganten Ansatz bietet hier die dezentrale Modellierung der Einheiten. Bei einem solchen Ansatz werden die Mengen von realisierbaren Lastgängen, die eine Einheit als Alternativen jeweils anbieten kann, durch ein Meta-Modell des Zustandsraums der Lastgänge und seiner Constraints beschrieben. Dieses Vorgehen bietet diverse Vorteile:

- Jede (neue) Einheit, die eine solche standardisierte Modellierung verwendet, kann einschließlich mitmodellierter Kennzahlen (on-the-fly) in ein hierauf arbeitendes Optimierungsprotokoll integriert werden.
- Während der Optimierung müssen keine individuellen Einheitenconstraints mehr berechnet werden; diese sind in dem Meta-Modell bereits implizit enthalten.
- Die dezentrale Modellierung erleichtert die Verwendung verteilter Optimierungsverfahren.
- Eine dezentrale Einheitenmodellierung verteilt die Rechenlast und führt zu einer deutlichen Steigerung der Performanz während der Optimierung.
- Insbesondere können aber auch Kennzahlen zu den einzelnen Fahrplänen lokal ermittelt und in das Modell integriert werden. Somit stehen auch notwendige Umweltinformationen zur Verfügung.

An dieser Stelle stellt sich zunächst die Frage, welche Umweltkennzahlen in den zuvor skizzierten Planungsszenarien auftreten und eine Rolle spielen. Viele Kennzahlen lassen sich direkt oder indirekt auf die Effizienz der Betriebsweise und damit auf den Primärenergieeinsatz zurückführen. Ob dies jedoch die Verwendung der Effizienz als gemeinsame Kennzahl erlaubt ist noch fraglich. Inwieweit hieraus beispielsweise Treibhausgasemissionen abgeleitet werden können, ist auch individuell zu ermitteln. Als zweite große Gruppe kommen Nachhaltigkeitskennzahlen für soziale bzw. gesundheitliche Aspekte z. B. durch Lärmemissionen o. ä. in Betracht.

Im Folgenden sollen einige Beispiele für typische Umweltfaktoren näher beschrieben werden.

Statische Verluste sind Verluste aus Speichern infolge unvollständiger Isolierung. Ein solcher Effekt ist vor allem bei thermischen Speichern zu beobachten. Durch das Temperaturgefälle zur Umwelt geht durch die Isolierung stetig Energie verloren. Dies gilt für Warmwasserspeicher bei einem BHKW ebenso wie bei zusätzlich heruntergekühlten Gefrieranlagen.

Umwandlungsverluste entstehen immer dann, wenn eine Energieform in eine andere umgewandelt wird. Dies ist beispielsweise bei der Zwischenspeicherung der Fall. Ein Speicher hat nie 100 % Wirkungsgrad, daher geht sowohl beim Laden eines Speichers Energie verloren (z. B. Verluste beim Pumpen in ein Speicherkraftwerk) als auch bei der Rückwandlung in elektrische Energie beim Entladen.

Variable Effizienz kommt bei unterschiedlicher Betriebsweise ebenfalls zum Tragen. Als Beispiel hierfür mag eine modulierende Mikro-KWK Anlage dienen. Ein Beispiel für eine Kennlinie einer leistungsabhängigen Gesamteffizienz ist in der nachfolgenden Abb. 4.1 dargestellt.

Der Vorteil einer solchen Anlage ist, dass sie mit unterschiedlichen elektrischen Leistungsstufen betrieben werden kann und sich somit sehr gut bedarfsgerecht steuern lässt. Allerdings führt ein Betrieb unterhalb Maximallast zu einer geringeren Effizienz und damit mehr Primärenergieeinsatz (CO_2-Emissionen). Unterschiedliche Modelle weisen auch unterschiedliche Kennlinien auf, sodass durch geschickte Aufteilung der Gesamtlast auf die Einheiten ein verringerter Primärenergieverbrauch bei gleichem Gesamtlastgang erreicht werden kann.

Erhöhter Verschleiß spielt häufig bei fluktuierender Betriebsweise eine Rolle. Ein Beispiel hierfür sind zusätzliche (Kalt-)Starts eines BHKW verursacht durch mehrfach unterbrochenen Betrieb. Dies führt neben einem erhöhten Verbrauch (durch mehrfaches Anlassen und Warmlaufen) zu einem erhöhten Betriebsmittelverbrauch (z. B. Schmiermittel) und ggf. auch zu vorzeitigem Verschleiß und vorzeitig notwendig werdenden Wartungen (Thomas 2007). Während letzteres (ohnehin schwierig zu quantifizieren) eher den monetären Zusatzkosten zuzurechnen ist, gehört ersteres in die Kategorie Ineffizienz und hat

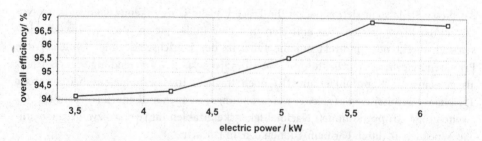

Abb. 4.1 Zusammenhang zwischen Gesamteffizienz und Leistungsoutput; nach (Thomas 2007), verändert

Umweltwirkung. Als Kennzahl böte sich hier ein Faktor an, welcher im Nachgang während der Optimierung zu einer Minimierung solcher Fluktuationen im Betrieb führt.

Dies sind nur einige einführende Beispiele. Betrachtet werden müssen in diesem Zusammenhang gegebenenfalls auch energetische Betrachtungen der IT sofern sich Prozesse in ein Energiemanagement integrieren lassen. Zudem können neben konkreten Indikatoren könnten auch Äquivalenzen oder Auswirkungen auf die Wirksamkeit betrachtet werden.

Alles in allem sind mögliche Umweltwirkungen häufig speziell für einen bestimmten Typ Anlage typisch und gegebenenfalls auch für die individuelle technische Einbettung einer Einheit vor Ort. Die Berechnung solcher Kennzahlen ist deshalb am einfachsten durch die auf die Einheit spezialisierte Modellierung der Anlage durch den kontrollierenden Agenten vorzunehmen; wodurch sich die Notwendigkeit der Kommunikation im Rahmen der Algorithmik bereits ableitet. Generell fehlt es derzeit aber an umfangreichen Erhebungen zu Modell-spezifischen Umweltkennzahlen für verschiedene Typen und Systeme.

Ein zusätzliches Problemfeld ergibt sich möglicherweise durch die fluktuierende, kontinuierliche Reorganisation der Verbünde. Die kurzfristig betrachtete Betriebsweise einer Einheit für die nähere Zukunft hat höchstwahrscheinlich auch Einfluss auf die Möglichkeiten (Freiheitsgrade der Einheit) danach und somit auch auf erreichbare Minimierungen negativer Auswirkungen über längerfristige Zeiträume. Anders gesagt, sollten Umweltkennzahlen für solche Einheiten immer Einheiten-spezifisch berechnet werden und beispielsweise auch Verluste berücksichtigen, die erst später in den nachfolgenden Verbünden zum Tragen kommen. Andernfalls würde z. B. das besonders starke Herabkühlen eines Gefrierhauses für den aktuellen Verbund nur teilweise berücksichtigt, da statische Verluste erst für den nächsten Verbund zum Tragen kommen. Dies ist im Übrigen speziell eine Eigenschaft der Nachhaltigkeitskennzahlen. Eine verbundübergreifende Betrachtung sollte definitiv Bestandteil zukünftiger Arbeiten sein.

4.4 Integration in die Optimierung

Abschließend muss an dieser Stelle noch der konkrete Einbezug kommunizierter Umweltindikatoren in den Optimierungsprozess diskutiert werden.

4.4.1 Integration auf algorithmischer Ebene

Ein Vorgehen zur prinzipiellen Integration in das Vorgehen bei der Lastplanung wurde in (Bremer et al. 2011b) bereits vorgestellt. Abb. 4.2 gibt einen Überblick über den Prozess inklusive Ontologieerweiterung nach (Bremer 2012) für den zentralistischen Fall. Das Grundprinzip ist aber unverändert auf verteilte und auf selbstorganisierte Ansätze übertragbar.

Ein üblicher Ablauf wird die folgenden Schritte beinhalten: Jeder Agent erstellt zunächst ein Suchraummodell für die von ihm verantwortete Einheit anhand eines Verhaltensmodells, welches Vorhersagen über die Durchführbarkeit von Fahrplänen

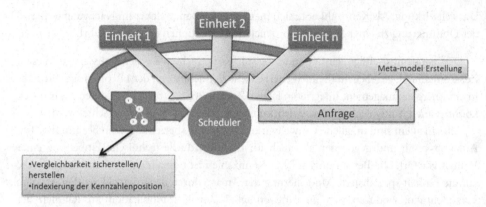

Abb. 4.2 Ontologie-basierte Kodierung und Übertragung von DER-Umweltkennzahlen

und somit die Erstellung einer Trainingsmenge erlaubt. Für jeden dieser Fahrpläne, die für das Training des Suchraummodells verwendet werden, können zunächst individuelle, Einheiten-spezifische (Umwelt-)Kennzahlen je Fahrplan berechnet werden. Mit der Trainingsmenge kann sodann das Modell trainiert werden (durch Supportvektor Domain Description), wodurch sowohl der Unterraum der realisierbaren Lastgänge (Funktions-Domain des Einheitenmodells) als auch der funktionale Zusammenhang zwischen Fahrplan und den Kennzahlen gelernt und im Modell kodiert werden kann. Gleiches gilt für andere Kennzahlen und Kostenarten.

Anschließend existiert je Einheit ein Suchraummodell, welches sehr effizient Lösungskandidaten (realisierbare Fahrpläne) für ein (prinzipiell) beliebiges Optimierungsverfahren liefert. Auch für die Koalitionsbildung sind diese Informationen bereits dienlich. Zu jedem Fahrplan steht eine Menge von Kennzahlen zur Verfügung, die in der Zielfunktion des Verfahrens individuell als Nebenbedingung verwendet werden kann. Somit wird es möglich, vordringlich das eigentliche Optimierungsziel (möglichst genau die notwendige Wirkleistung erreichen) zu bearbeiten, aber aus der Paretofront diejenige Wirkleistungslösung zu wählen, welche zudem die am wenigsten negative Umweltwirkung hat.

Ein solches Modell erlaubt zwar je Suchraum (z. B. für einen Tag oder auch für kürzere Wirkleistungsproduktzeiträume) lediglich eine 1:1 Beziehung zwischen Lastgang und der Menge der kodierten Umweltkennzahlen, da Lastgang und zugehörige Kennzahlen in einem gemeinsamen Vektorraum definiert sind, einheiten- und suchraumübergreifend sind jedoch verschiedene Kennzahlenmengen möglich. Jede Einheit kann eine eigene (Teil-)Menge von Kennzahlen kommunizieren und diese auch individuell variieren, falls notwendig.

4.4.2 Abgeleiteter Forschungsbedarf

Für die Zukunft scheint es somit vordringlich, zunächst die folgenden Fragen anzugehen. Ziel soll es ja sein, die negative Gesamtumweltwirkung eines Verbundes von verschiedenen Einheiten (dauerhaft) zu minimieren. Vordringlich ist hierbei die

Wirkung durch die Planung. Hiervon unbeeinflusste Wirkung welche durch die bloße Bereitstellung der Leistung verursacht wird, sollte separat für die Verbundbildung berücksichtigt werden. Eine andere Sichtweise wäre die Minimierung negativer Einflüsse jeder einzelnen Anlage, was aber lediglich eine Unterscheidung auf Modellierungsebene, nicht aber auf Zielebene ist. Welcher Ansatz letztlich die größeren Potenziale bietet, kann ohne eingehendere Simulationsstudien schwerlich entschieden werden.

Wie bereits gesehen, treffen nicht alle Kennzahlen auf alle Einheiten zu, oder sind zumindest Anlagen-spezifisch angepasst. Hier stellt sich noch die Frage, wie verschiedene Kennzahlen entweder auf eine festgelegte Menge von Kennzahlenklassen zurückgeführt oder aber geeignet ineinander umgerechnet werden können, um gemeinsam als Optimierungsziel (oder Menge von Zielen) genutzt werden zu können. Gegebenenfalls müssen zusammen mit den Kennzahlen entsprechende Hinweise zur Integration mit übermittelt werden. Es wäre zudem zu prüfen, inwieweit vorhandene Katalogisierungen bzw. Kategorisierungen von Kennzahlen (z. B. GRI) hierher übertragbar sind.

Mathematisch ist es nicht zwingend erforderlich, dass alle Kennzahlen von allen Einheiten vorliegen müssen; wenn jedoch ein solches Zugeständnis soweit degeneriert, dass beinahe jede Einheit ihre eigenen Umweltnebenziele mitbringt so wird das Problem aufgrund der vielen Nebenziele schwerer lösbar. Hier ist entweder ein geeigneter Kompromiss gefragt oder aber Umweltziele werden nicht als Optimierungsziel sondern als Nebenbedingung einbezogen. Ein Einheitenagent müsste in diesem Fall über einen Filtermechanismus verfügen, der solche Fahrpläne welche gegebene Schranken bei Umweltindikatoren überschreiten von vornherein nicht als Alternativen für den Modelllernmechanismus in Betracht zieht. Hierdurch werden aber Freiheitsgrade für das Hauptziel des Lastausgleichs aufgegeben; ein Nachteil, der vermutlich deutlich schwerer wiegt. Simulationsstudien sind hier erforderlich. Ein Austausch darüber, wie umweltfreundlich die Einheit sich verhalten hat, kann dennoch gewünscht sein. Ein standardisiertes Format ist auch hier erforderlich.

Schließlich stellt sich noch die Frage nach der Prioritätensetzung. Hier kann zum einen eine Gewichtung zwischen verschiedenen Kennzahlen zum Einsatz kommen, zum anderen wäre aber die Aufteilung zwischen möglichst guter Annäherung an den gewünschten Lastgang und Umweltwirkung ebenfalls zu entscheiden. Auch persönliche Präferenzen des Nutzers spielen hier eine Rolle.

4.5   Fazit

Ziel dieses Artikels war es, einen ersten Überblick über die Problematik der Integration von Umweltkennzahlen innerhalb von Wirkleistungsplanungsszenarien im zukünftigen Smart Grid zu geben und die wichtigsten Merkmale zusammenzufassen. Primäres Ziel war die Initiierung einer Diskussion über die Frage, welche Umweltindikatoren in Lastplanungsszenarien im zukünftigen Smart Grid kommuniziert werden sollten, um automatisiert in die Algorithmik übernommen zu werden. Welche Umweltwirkungen lassen sich durch verbesserte Lastplanungsoptimierung wie minimieren?

Die Umweltwirkung einzelner Einheiten kann vermutlich als gering angesehen werden. Schließen sich allerdings Verbünde mit möglicherweise tausenden solcher Anlagen zusammen, so darf hier sicherlich ein lohnendes Potenzial für die Verbesserung der Umweltbilanz erwartet werden.

Danksagung Der Forschungsverbund "Smart Nord" dankt dem Niedersächsischen Ministerium für Wissenschaft und Kultur für die Förderung im Rahmen des Niedersächsischen Vorab (ZN 2764).

Literatur

Bremer J, Rapp B, Sonnenschein M (2011a) Encoding distributed search spaces for virtual power plants. In: IEEE Symposium Series in Computational Intelligence 2011 (SSCI 2011), Paris, France

Bremer J, Rapp B, Sonnenschein M (2011b) Including environmental performance indicators into kernel based search space representations. In Information Technologies in Environmental Engineering (ITEE 2011)

Bremer J (2012) Ontology based description of DER's learned environmental performance indicators. In: von Brian Donnellan, Peças Lopes J, Martins J, Filipe J (Hrsg) Proceedings of the 1st international conference on Smart Grids and Green IT Systems – SmartGreens, April 2012. SciTePress, Porto, Portugal, S 107–112

Dada A, Staake T, Fleisch E (2010) Reducing environmental impact in procurement by integrating material parameters in information systems: The example of apple sourcing. In AMCIS 2010 Proceedings

Hřebíček J, Misařová P, Hyršlová J (2007) Environmental key performance indicators and corporate reporting. In: Environmental accounting and sustainable development indicators (EA-SDI 2007) Univerzita Jana Evangelisty Purkyně, S 978–980

Meyerholt D, Marx Gómez J, Dada A, Bremer J, Rapp B (2010) Bringing sustainability to the daily business: The oepi project. In Proceedings of the Workshop "Environmental Information Systems and Services – Infrastructures and Platforms"

NETL (2011) Environmental impacts of Smart Grid. Technischer Report DOE/NETL-2010/1428. National Energy Technology Laboratory, Office of Strategic Energy Analysis and Planning, Januar 2011

Nieße A, Lehnhoff S, Tröschel M, Uslar M, Wissing C, Appelrath H-J, Sonnenschein M (2012) Market-based self-organized provision of active power and ancillary services: an agent-based approach for smart distribution grids. In 2012 IEEE workshop on complexity in engineering (IEEE COMPENG 2012), Aachen

Nitsch J, Krewitt W, Nast M, Viebahn P, Gärtner S, Pehnt M, Reinhardt G, Schmidt R, Uihlein A, Barthel C, Fischedick M, Merten F (2004) Ökologisch optimierter Ausbau der Nutzung erneuerbarer Energien in Deutschland. Forschungsbericht FKZ 901 41 803. Stuttgart, Heidelberg, Wuppertal

Peters W, Morkel L, Köppel J, Köller J (2007) Berücksichtigung von Auswirkungen auf die Meeresumwelt bei der Zulassung von Windparks in der Ausschließlichen Wirtschaftszone. Endbericht eines Forschungsvorhabens, gefördert aus Mitteln des Bundesumweltministeriums (FKZ 0329949). Unter Mitarbeit von Wippel K, Hagen Z, Treblin M, mit einem Beitrag von Bach L, Rahmel U

Rapp B, Bremer J, Sonnenschein M (2011a) Sustainable, multi-criteria biomass procurement – a game theoretical approach. In: von Paulina Golinska, Fertsch M, Marx Gómez J (Hrsg) Proceedings of the 5th international ICSC symposium on Information Technologies in environmental engineering, Sep. 2011, Springer, S 341–354

Rapp B, Solsbach A, Mahmoud T, Memari A, Bremer J (2011b) It-for-green: Next generation cemis for environmental, energy and resource management. In: Pillmann W, Schade S, Smits P (Hrsg) EnviroInfo 2011 – Innovations in sharing environmental observation and information, Proceedings of the 25th EnviroInfo conference 'Environmental Informatics', Shaker Verlag, S 573–581

Rapp B, Vornberger J, Renatus F, Gösling H (2012) An integration platform for IT-for-Green: integrating energy awareness in daily business decisions and business systems. In: von Brian Donnellan, Peças Lopes J, Martins J, Filipe J (Hrsg) Proceedings of the 1st international conference on Smart Grids and Green IT Systems (SmartGreens 2012) , Apr. 2012, SciTePress – Science and Technology Publications S 226–231

Sonnenschein M, Rapp B, Bremer J (2011) Demand Side Management und Demand Response (Neufassung). In: Beck H-P, Buddenberg J, Meller E, Salander C (Hrsg) Handbuch Energiemangement. 31. Erg.-Lfg., Dezember 2011, Beitrag 10620

Sonnenschein M, Appelrath H-J, Hofmann L, Kurrat M, Lehnhoff S, Mayer Ch, Mertens A, Uslar M, Nieße A, Tröschel M (2012) Dezentrale und selbstorganisierte Koordination in Smart Grids. VDE-Kongress 2012 – Intelligente Energieversorgung der Zukunft

Thomas B (2007) Mini-Blockheizkraftwerke: Grundlagen, Gerätetechnik, Betriebsdaten. Vogel Buchverlag, Würzburg

Green IT im KMU

5

Frank Dornheim und Katja Moede

Zusammenfassung

Im Projekt „Green IT in Rechenzentren" wird eine Software entwickelt, mit welcher der Energieverbrauch von Unternehmen auf Geräteebene erfasst werden soll. Eines der Ziele ist ein hoher Grad von Automatismus des Systems, um Betriebs- und Personalkosten zu minimieren. Ungeachtet der automatischen Datenerfassungsmöglichkeiten sollen manuelle Erweiterungen bzw. Korrekturen ohne Expertenwissen möglich sein. Eine der Hauptanforderungen, die identifiziert wurde, ist, dass das System möglichst keine Neuinvestitionen beim produktiven Einsatz im Netzwerk führen darf. Speziell KMU erklärten in verschiedenen Interviews, dass hohe Anschaffungskosten einen limitierenden Faktor für einen Einsatz im Unternehmen darstellen. Daraus resultierend liegt das Hauptaugenmerk auf Anpassungen am Systemdesign, um den Spannungsbereich zwischen hoher Datengenauigkeit und Datenvolumen zu erreichen. Die Sensordaten können mit Grenzwerten definiert werden, um bei Abweichungen verschiedene Aktionen automatisch auszuführen, wie Alarmierung oder Generieren von Nachrichten. Aus den Leitungs- und Energiedaten werden verschiedene Auswertungsprofile für die grafische Darstellung des Energieverbrauchs, Leistungsaufnahme, Temperatur, Strom, Spannung, etc. generiert. Auch andere Ressourcen wie Festplatten, CPU oder Arbeitsspeicher auf Komponentenebene können überwacht und ausgewertet werden. Das Administrieren und Konfigurieren der Software erfolgt über ein rollenbasiertes Benutzerkonzept, in welchem der Zugriff für verschiedene Personengruppen geregelt ist. Die Software leistet einen bedeutenden Beitrag, um die Energieflüsse im Unternehmen transparenter

F. Dornheim · K. Moede (✉)
IMBC GmbH, Chausseestraße 84, 10115 Berlin, Deutschland
e-mail: katja.moede@imbc.de

F. Dornheim
e-mail: frank.dornheim@imbc.de

J. Marx Gómez et al. (Hrsg.), *IT-gestütztes Ressourcen- und Energiemanagement,*
DOI: 10.1007/978-3-642-35030-6_5, © Springer-Verlag Berlin Heidelberg 2013

darzustellen. Es stellt ein umfassendes Werkzeug für die Erfassung von Energiedaten von IT-Komponenten dar, um mögliche Energieeinsparungspotentiale zu erkennen. Das Management wird darin bestärkt IT-Komponenten aus ökologischer und ökonomischer Sicht zu bewerten sowie Maßnahmen und daraus resultierenden Nutzen zu beurteilen.

Schlüsselwörter

Green IT • Energieeffizienz • Software und Messsystem

5.1   Ausgangssituation

Bei der Ermittlung von Energiedaten für die Informations- und Kommunikationstechnik gilt es, in vielen Unternehmen verschiedene Herausforderungen zu meistern. Häufig wird eine genauere Betrachtung der einzelnen Energieverbräuche nicht durchgeführt, da davon ausgegangen wird, dass die Datenerhebung nur über spezielle Messungen und Expertenwissen durchgeführt werden kann. Günstige handelsübliche Messgeräte, die für den Heimgebrauch konzipiert sind, arbeiten oft ungenau und die Erhebung aller Daten im Unternehmen ist sehr zeitaufwendig. Professionelle Messvorrichtungen sind häufig komplex und kostenintensiv, haben allerdings eine höhere Genauigkeit und Schnittstellen für die Datenübernahme.

Ein Teil der heutigen Informationstechnik ist ausgestattet mit integrierten Messmitteln (Sensoren) zum Beispiel für die Ermittlung des Energieverbrauchs. Diese Sensoren werden in Unternehmen kaum oder nur unzureichend verwendet. Bei der Betrachtung der Server können über integrierte Sensoren verschiedene Messgrößen abgefragt werden wie Energieverbrauch, Stromaufnahme, Temperatur, Spannung oder Netzteilstatus, etc. Eine Möglichkeit, die Sensordaten abzufragen, stellt IPMI (Intelligent Platform Management Interface) dar, eine offene und standardisierte Schnittstelle. Auf dieser Grundlage lassen sich die Energiedaten permanent erheben und auswerten, um bspw. Lastspitzen zu identifizieren.

Datenerfassung erfolgt in vielen KMU noch mit Tabellenkalkulationsprogrammen, die ab einem (un-)bestimmten Datenvolumen eine Tendenz aufweisen, unübersichtlich und instabil zu werden. Auch geht ein Anspruch auf Vollständigkeit verloren, da nicht davon ausgegangen werden kann, dass die Daten die gesamte IT-(Infra)-Struktur des Unternehmens abbilden.

5.2   Projektüberblick

Im Rahmen des Projektes 'ReMo Green – Referenzmodellierung zur Steigerung der Energieeffizienz im KMU' wird das Teilprojekt 'Green IT im KMU' in der IMBC GmbH bearbeitet. Das Projekt hat eine Laufzeit vom 01.01.2012 bis zum 28.02.2014 und wird durch die Europäische Union (EFRE – Europäischer Fond für regionale Entwicklung) unterstützt und finanziert. Um eine praxisnahe Software zu entwickeln, wurde eine ausführliche Anforderungsanalyse durchgeführt und darin Standards, Anforderungen sowie Technologien erfasst.

Die zu entwickelnde Software soll sämtliche Energieverbraucher und deren Energieflüsse im Rechenzentrum weitestgehend automatisch erfassen. Stellt eine Komponente keine entsprechende Schnittstelle oder ein Protokoll bereit, müssen die Daten manuell erhoben und in das System eingepflegt werden. Durch das permanente automatische Monitoring wird der Datenbestand laufend aktualisiert.

Dabei umfasst die Software verschiedene Facetten, wie automatische Erfassung von Verbrauchsgeräten, optionale manuelle Datenerfassung, Datenspeicherung und Auswertung. Die Software ist frei skalierbar, sodass sie auch in großen Unternehmen oder Behörden eingesetzt werden kann.

Eine der identifizierten zentralen Anforderungen ist, dass die Datenaufnahme und das Monitoring die zu überwachenden Systeme nur minimal belasten darf. Weiterhin ist die Akzeptanz des KMU stark von dem Implementations- sowie monetären Aufwand und für das Discovery und Monitoring der IT-Komponenten abhängig.

Sämtliche Daten werden, wo es technisch möglich ist, im laufenden Tagesgeschäft automatisch durch die Software erhoben, sodass kein großer zusätzlicher zeitlicher oder personeller Aufwand anfällt. Mithilfe der permanenten Datenerhebung und -verfügbarkeit werden die Energieflüsse im Unternehmen transparent. Eine verursachungsgemäße Verteilung der Energiekosten auf die entsprechenden Kostenstellen wird vereinfacht und u. U. der Fixkostenblock reduziert.

5.3   Elemente der Software

Zur Veranschaulichung der drei Grundelemente der Softwarelösung wurde das unendliche Dreieck gewählt, siehe Abb. 5.1 3-Säulen des Projektes. Dieses symbolisiert, dass die Daten nicht einmalig erhoben werden, sondern vielmehr einem kontinuierlichen

Abb. 5.1 3-Säulen des Projektes (*Quelle* eigene Darstellung)

Reporting
analysis and evaluation
substitution
saving suggestions

Data Aquisition
monitoring System
operating hours
discovery

Management System
start/ stop devices
changing Prameter
control VMs

Verbesserungsprozess unterliegen müssen. Nach einer Erfassung und dem Monitoring werden die Daten ausgewertet und die Energieflüsse im Unternehmen transparent dargestellt.

Auf dieser Grundlage lassen sich hohe Energieverbrauchswerte schnell identifizieren und Maßnahmen einleiten. Durch eine erneute Auswertung lässt sich analysieren, ob sich die durchgeführten Veränderungen positiv auf die Unternehmen auswirken.

5.4   Discovery

Das Discovery-Modul sucht in frei definierbaren Zeitintervallen zyklisch (normalerweise ein bis zwei Mal täglich) nach neuen Geräten. Wird ein neues Gerät an das Netzwerk angeschlossen, wird dieses erkannt und analysiert. Sollte ein bereits überwachtes Gerät im Unternehmen „umziehen", wird diese Veränderung ebenfalls durch das System erkannt, ohne dass ein neues Gerät angelegt werden muss (s. Abb. 5.2).

Das Discovery-Modul unterstützt verschiedene standardisierte Schnittstellen und Protokolle, wie zum Beispiel IPMI, SNMP (Simple Network Management Protocol)

Abb. 5.2 Discovery-Modul zur automatischen Erfassung von IT-Komponenten (*Quelle* eigene Darstellung)

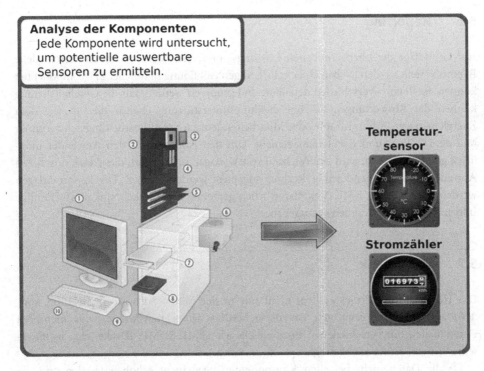

Analyse der Komponenten
Jede Komponente wird untersucht, um potentielle auswertbare Sensoren zu ermitteln.

Temperatur-sensor

Stromzähler

Abb. 5.3 Analyse der Komponenten (*Quelle* eigene Darstellung)

und WMI (Windows Management Instrumentation). Durch die Unterstützung dieser Protokolle können viele Geräte analysiert werden, ohne zusätzliche Software auf den Komponenten zu installieren.

Nicht nur das Netzwerk wird permanent auf Veränderungen untersucht, auch die Komponenten werden zyklisch analysiert, um Veränderungen an der Hardware festzustellen (s. Abb. 5.3).

Energiedaten von IT-Komponenten ohne integrierte Messmittel oder Sensoren müssen jedoch weiterhin manuell erhoben werden.

5.5   Monitoring

Das Monitoring-Modul erhebt die Daten von den identifizierten Sensoren. Dazu ist es notwendig, die sensorspezifischen Abfragen in einer höheren Frequenz durchzuführen. Das Monitoring-Modul nutzt ebenfalls die Protokolle IPMI, SNMP und WMI, um die Sensor-Daten zu erheben.

5.6   Reporting

Auf Grundlage der oben erhobenen Leistungs- und Energiedaten können verschiedene
Reports erstellt werden. Neben einer vollständigen Abbildung sämtlicher IT-Komponenten
können die Reports verschieden detailliert und gruppiert werden. Für die Geschäftsleitung
können die Auswertungen als Entscheidungsunterstützung ebenso dienen, wie dem
Energiemanager, Administrator oder Mitarbeiter, je nach deren Bearbeitungsschwerpunkt
und dem Rollen- und Rechtemanagement. Um den Aufwand für den Anwender möglichst gering zu halten, wird eine Vielzahl von Vorlagen mitgeliefert, die jedoch durch den
Anwender (entsprechend seiner Rechte) angepasst werden können. Die Reportvorlagen
werden erst noch mit KMU-Verantwortlichen gemeinsam entwickelt, um aussagekräftige
Informationen und Graphen auszugeben.

5.7   Datenbank

Das Herzstück des Projektes liegt nicht nur in der reinen Softwareentwicklung, sondern auch der dazugehörigen Datenspeicherung. Die Daten werden aus mehreren
Datenquellen mit verschiedenen Protokollen, wie IPMI, SNMP, iDrake, etc., in unterschiedlichen Formaten abgefragt.

   Da die Daten nicht bei allen Komponenten permanent erhoben werden und die
Datenbasis (logisch und physisch) verteilt sein kann, ist eine konsistente Datenhaltung
nicht ohne weiteres möglich. Im Abschn. 5.9 Abschätzung des Datenvolumens wird auf
die Problematik genauer eingegangen.

5.8   Dimensionierung des Datentransfervolumens

Die Erhebung von umweltrelevanten Daten gehört in seltenen Fällen zu den
Kernprozessen eines Unternehmens. Folglich muss die Erhebung der Sensordaten die
vorhandenen Ressourcen des KMU schonen.

   Sollten durch die Datenerhebung die Prozesse des Unternehmens gestört (z. B. durch
Überlastung der Netzwerkkomponenten) oder im größeren Umfang Investitionen benötigt werden, ist davon auszugehen, dass die Bestrebungen zum Einsatz dieses Systems
eingestellt werden.

   Es wurden während der Anforderungsanalyse die limitierenden Faktoren für den Einsatz
eines Systems mit dem Ziel der Erhebung von Energiedaten in Unternehmen untersucht.

   Für die Datenerhebung konnten unter anderem die nachfolgenden limitierenden
Faktoren bestimmt werden:

- Die Kapazitäten, Daten im Netzwerk des KMU zu manipulieren/transportieren stellen einen limitierenden Faktor dar.

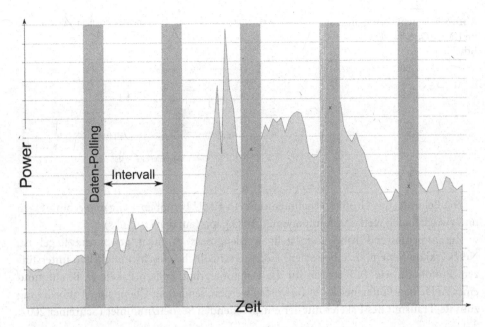

Abb. 5.4 Diskrete Energie-Sensor-Abfrage (*Quelle* eigene Darstellung)

- Die erhobenen Daten eines Sensors sind diskret. Wird der Zeitraum zwischen den Abfragen der Sensoren zu groß, können größere Abweichungen zwischen erfassten- und reellen Werten hervorgerufen werden (s. Abb. 5.4).

Um einen Überblick über die zu erwartenden Datenübertragungsraten der Netzwerkkomponenten zu erhalten, wurde eine, aufgrund der geringen Anzahl an Teilnehmern, nicht repräsentative Umfrage im Dezember 2012 durchgeführt. Die Ergebnisse werden jedoch als Indikator gewertet.

In dieser Umfrage wurden Daten über den Aufbau und die Kapazitäten der Netzwerkinfrastruktur in 23 Unternehmen ermittelt. Von den 23 Unternehmen stammen nach „Der neuen KMU-Definition",

- 21 aus der Kategorie Klein- und Mittelständische-Unternehmen,
- ein Großunternehmen und
- eine Behörde.

In summa besitzt keines der Unternehmen eine homogene Struktur, daher sind Mehrfachnennungen vorhanden.

Wie der Abb. 5.5 zu entnehmen ist, werden 10 MBit Verbindungen nicht mehr eingesetzt. Der Großteil der Unternehmen benutzt 1 Gigabitverbindungen. Fünf Unternehmen betreiben 100 Mega- und 1 Giga-Bit Verbindungen im Mischbetrieb.

Abb. 5.5 Datenübertragungsrate im KMU (*Quelle* eigene Erhebung)

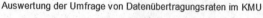

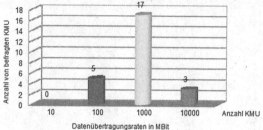

Die Behörde, das Großunternehmen und ein KMU betreiben 1 Gigabitverbindungen und zwischen den Netzwerkkomponenten 10 Gigabit (auf den UpLinks).

Zusammenfassend kann festgestellt werden, dass es nicht gegen die Regel ist, Netzwerkkomponenten zu betreiben, die unterschiedliche Geschwindigkeiten unterstützen. Protokolle, wie TCP sorgen für die Datenintegrität. Sollten Pakete (z. B. aufgrund eines zu kleinen Pufferspeichers) verworfen werden, sendet der Client eine Aufforderung zum Re-Transmit des Paketes mit der entsprechenden Sequenznummer (Schreiner 2007, S. 117).

Je mehr Netzwerkkomponenten an dem Datentransport zwischen Sensor und Datenspeicher beteiligt sind, umso höher ist die Wahrscheinlichkeit, dass eine Komponente bereits durch andere Systeme belastet ist, oder mit einer geringeren Transportgeschwindigkeit arbeitet. Mögliche Ergebnisse sind abhängig vom Hersteller: Discards (Gil 2005), no Resource Packet Drops, etc.

5.9 Abschätzung des Datenvolumen

In Unternehmen wächst in den letzten Jahren die Anzahl an Geräten, die IP-fähig sind, schnell an. Dabei werden viele der Hardwarekomponenten von den Angestellten nicht wahrgenommen. Bereits bei mittelständischen Unternehmen können so mehrere Hundert und in großen Unternehmen mehrere zehntausend Datenquellen existieren.

In den befragten Unternehmen wurde bisher keine vollständige Erhebung zu den installierten Energieverbrauchern durchgeführt. Die Mitarbeiter konnten nur über eine Anzahl spekulieren.

Daher wurde für eine erste Dimensionierung einem Maximalwert von 100.000 Datenquellen festgelegt. Jede Datenquelle besitzt mehrere Sensoren, wiederum wird initial von 8 Sensoren pro Gerät als Berechnungsgrundlage ausgegangen.

Mit der Prämisse ergibt sich eine maximale Datenmenge von 66 TB (100.000 * 8 * 1 KB/Sekunde oder 800 MB/Sekunde) täglich. Auch unter Hilfe von Deduplizierungs- bzw. Kompressionstechniken ergibt sich eine Datenmenge, die nur schwer durch zentralisierte Datenbanksysteme gespeichert werden kann.

Auf Grundlage dieser Abschätzung werden die Datenbanken bei den am Test beteiligten Unternehmen segmentiert, mit dem Ziel die erhobenen Sensordaten über wenige
Netzwerkkomponenten zu transportieren.

Literatur

Europäische Kommission (2006) Die neue KMU-Definition Benutzerhandbuch und Mustererklärung.
    http://ec.europa.eu/enterprise/policies/sme/files/sme_definition/sme_user_guide_de.pdf
Gil J (2005) Data packet loss in a queue with limited buffer space. http://people.maths.ox.ac.uk/breward/
    motorola.pdf. Zugegriffen: 12 Februar 2013
Schreiner R (2007) Computernetzwerke – Von den Grundlagen zu Funktionen und Anwendungen.
    Hanser, München

Simulation der Smart Grid Integration eines modernen Bürogebäudes am Beispiel von IBM-Schweiz

6

Nikolaus Bornhöft, Lorenz Hilty und Sutharshini Rasathurai

Zusammenfassung

Die Entwicklung von Smart Grids ermöglicht die Einführung dynamischer Stromtarife, etwa mit sich stündlich ändernden Preisen. Diese können der zeitlichen Abhängigkeit von Angebot und Nachfrage nach elektrischer Energie und Netzkapazität Rechnung tragen, dadurch Lastspitzen vermeiden und die Nutzung fluktuierender erneuerbarer Energiequellen begünstigen. Wir stellen ein Simulationsmodell vor, das den hohen Strombedarf für die Beheizung und Kühlung moderner Bürogebäude im Kontext dynamischer Strompreise untersucht. Das Modell erlaubt die Simulation von Szenarien, in denen vorhandene thermische Energiespeicher (Warm- und Kaltwassertanks) durch eine angepasste Steuerung und Regelung gezielt für die Smart-Grid-Integration genutzt werden. Das Modell wurde im Rahmen einer Diplomarbeit an der Universität Zürich in Zusammenarbeit mit IBM-Research entwickelt und am Beispiel des Gebäudes von IBM-Schweiz erprobt. Insbesondere wurden die Einsparpotentiale abgeschätzt, die eine Anpassung der Steuerung der bestehenden Anlage unter der Annahme dynamischer Strompreise bietet. Im Modell konnte unter diesen Annahmen für den untersuchten Sommermonat Juni eine Einsparung von 31 % der Energiekosten erreicht werden.

N. Bornhöft (✉)
Institut für Informatik, Universität Zürich, Binzmühlestrasse 14, CH-8050 Zürich, Schweiz
e-mail: nikolaus.bornhoeft@empa.ch

L. Hilty
Empa, Swiss Federal Laboratories for Materials Science and Technology, Abteilung Technologie und Gesellschaft, Institut für Informatik, Universität Zürich, Zürich, Schweiz
e-mail: Lorenz.Hilty@empa.ch

S. Rasathurai
IBM Schweiz, Abteilung Strategic Outsourcing Delivery, Institut für Informatik, Universität Zürich, Zürich, Schweiz
e-mail: sutha87@googlemail.com

J. Marx Gómez et al. (Hrsg.), *IT-gestütztes Ressourcen- und Energiemanagement,*
DOI: 10.1007/978-3-642-35030-6_6, © Springer-Verlag Berlin Heidelberg 2013

Schlüsselwörter

Smart-Grid • Demand Shaping • HVAC • Simulation • DESMO-J

6.1 Einleitung

Bei der modernen Energieversorgung spielen Smart Grids eine zunehmend wichtigere Rolle. Sie integrieren alle beteiligten Akteure wie Erzeuger, Verbraucher und Netz-Betriebsmittel zu einem System mit aufeinander abgestimmter Kommunikation und Kontrolle (Smart Grids European Technology Platform 2010). Die Koordination der Komponenten kann u.a. durch Preissignale erfolgen, wobei die Preise für elektrische Energie sich kurzfristig auf Basis des aktuellen Angebots und der aktuellen Nachfrage bilden. Der Vorteil dynamischer Tarife besteht darin, dass im gesamten System ein einfach zu verstehendes Signal existiert, das zumindest bei einem funktionierenden Markt für ein Gleichgewicht sorgt. So sind Stromtarife denkbar, bei denen schwankende Einkaufspreise an der Strombörse vom Versorger an den Endverbraucher weitergegeben werden. (Gantenbein et al. 2012)

Das Heizen und Kühlen von Gebäuden ist jener Teil des Gesamtenergieverbrauchs, in dem die größten ungenutzten Einsparungspotenziale durch intelligentere Steuerung und Regelung liegen (Hilty et al. 2006). Die Nutzung dieser Potenziale wird heute im Kontext der Nachhaltigkeit von Smart Homes diskutiert (für einen Überblick siehe Blumendorf 2013). Einige Ansätze stützen sich auf einen massiven Ausbau der Sensorik in Gebäuden (Li et al. 2013) oder beziehen die dezentrale Erzeugung von elektrischer Energie mit ein (Price et al. 2013). Die hier vorgestellte Studie hat einen engeren Fokus, indem sie für ein existierendes Gebäude die Einsparpotenziale allein durch die Modifikation der Steuerstrategie (also einer reinen Softwarekomponente) und die daraus resultierende gezieltere Nutzung der thermischen Speicherkapazitäten im Gebäude auslotet. Es werden keine zusätzlichen Sensoren, Aktoren oder sonstigen Hardwarekomponenten eingebaut und keine baulichen Veränderungen vorgenommen. Wir setzen einzig voraus, dass das Steuerungssystem über den Stromtarif informiert ist.

Moderne kombinierte Heiz- und Kühlanlagen wie die im Bürogebäude von IBM-Schweiz in Zürich-Altstetten nutzen die Abwärme von Kältemaschinen. Außerdem verfügen sie über Wassertanks zur Zwischenspeicherung der erzeugten Wärme und Kälte.

In Zusammenarbeit mit dem IBM-Forschungslabor, Rüschlikon haben wir ein Simulationsmodell entwickelt, um zu untersuchen, inwieweit eine Anpassung des bestehenden Systems und seiner Steuerung in der Lage ist, durch die gezielte Nutzung der vorhandenen thermischen Speicher den Bezug elektrischer Energie in Zeiten niedriger Strompreise zu verlagern. Die dadurch mögliche Einsparung von Energiekosten zum Betrieb des Gebäudes schafft einen Anreiz zur Verschiebung des Verbrauchs in Zeiten mit größerem Angebot und geringerer Nachfrage, was zu einer Entlastung des Stromnetzes führt und die Nutzung fluktuierender regenerativer Energien zur Stromerzeugung begünstigt. Die Verwendung der Simulationstechnik erlaubt dabei die Untersuchung komplexer Hypothesen und Szenarien bezüglich der Steuerung und des Stromtarifs (s. Abb. 6.1).

Zur Untersuchung der vorliegenden Fragestellung haben wir uns für die diskrete Ereignissimulation entschieden, da sämtliche externe Größen wie die Änderung des Strompreises und die nichtlinearen Änderungen interner Größen wie das Erreichen der maximalen Ladung eines Speichers als diskrete Ereignisse formuliert werden können.

Zur Modellierung wurde das Simulationsframework DESMO-J (Discrete Event Simulation and Modeling in Java) verwendet. DESMO-J bietet eine Infrastruktur zur Planung, Durchführung und Auswertung von Experimenten und liefert dem Modellierer Komponenten zur Modellerstellung, die Funktionen zur Interaktion als Teil der Simulationsinfrastruktur enthalten. Die Gestaltung der modellspezifischen Funktionen wird jedoch dem Modelldesigner überlassen (Page und Kreutzer 2005).

Die für die Modellierung benötigten Verbrauchsdaten wurden in Form von Zeitreihen mit der Automationssoftware der Firma Comsys Bärtsch AG gewonnen, die das Realsystem (das Heiz- und Kühlsystem im untersuchten Gebäude) steuert und regelt. Diese Daten sowie die Spezifikationen der technischen Anlagen wurden von IBM-Schweiz für eine Masterarbeit an der Universität Zürich zur Verfügung gestellt (Rasathurai 2012).

Wir analysierten je ein Sommer- und ein Winter-Szenario, das aus Realdaten abgeleitet wurde. Für beide Szenarien wurden die Sparpotentiale der Anpassung der Steuerung sowohl bei bestehendem als auch bei einem hypothetischen dynamischen Stromtarif

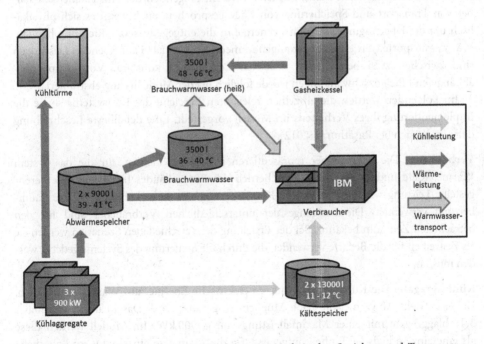

Abb. 6.1 Relevante Wärme- und Kälte Produktions-, Verbrauchs- Speicher- und Transportprozesse des Realsystems

untersucht. Dem dynamischen Tarif wurden die tatsächlichen Spotmarktpreise des betrachteten Zeitraums zugrunde gelegt, so dass wir annehmen können, dass die Variabilität im Tages- und Wochenverlauf realistisch ist.

6.2   Modellierung des bestehenden Systems

Zur Untersuchung des Systems wurde ein deterministisches Modell gewählt. Die Varianz in den Originaldaten wird dabei durch den Untersuchungszeitraum von jeweils einem Monat pro Szenario bei hoher Dichte von Beobachtungswerten berücksichtigt. Eine große Varianz weisen dabei der zeitabhängige Bedarf an Heißwasser, Wärme und Kälte, sowie die Spotmarktpreise für elektrische Energie auf. Die Lastgänge für die Bedarfe werden auf 15-minütige Intervalle abgebildet, die Spotmarktpreise für elektrische Energie auf die von der Börse vorgegebenen Intervalle von einer Stunde. Zur Entwicklung des Simulationsmodells wurden zunächst alle relevanten Komponenten des Systems identifiziert und in ein konzeptuelles Modell abgebildet. Die Komponenten dienen der Produktion, dem Verbrauch oder dem Transport von Wärme. Im Modell wurden einige Vereinfachungen vorgenommen. So wird von konkreten Temperaturniveaus abstrahiert und direkt der aus Temperaturdifferenzen resultierende Wärmetransport modelliert. Aus den Spezifikationen der Speicher mit Minimal- und Maximaltemperatur wurden deren Speicherkapazitäten bestimmt. Hier wird im Folgenden der Anschaulichkeit halber von Transport und Speicherung von Kälte gesprochen, auch wenn es sich physikalisch um die Übertragung von Wärmeenergie in die entgegengesetzte Richtung handelt. Wärmetransporte werden als linear angenommen, d. h. die dabei auftretenden Leistungen sind zwischen zwei betrachteten diskreten Zeitpunkten konstant. Von temperaturabhängigen Effizienzschwankungen wurde folglich bei der Modellierung abstrahiert.

Im Folgenden werden die einzelnen relevanten Bereiche des Realsystems sowie die Implementierung ihres Verhaltens im Modell vorgestellt. Eine detaillierte Beschreibung dazu findet sich bei Rasathurai (2012).

Verbraucher: Die Verbraucher repräsentieren jene Komponenten, für die das System Wärme, Kälte und Warmwasser zum Betrieb des Bürogebäudes bereitstellt. Die bereitgestellte Leistung wird primär für die Klimatisierung, die Serverkühlung und die Raumheizung verwendet. Die Lastgänge der unterschiedlichen Verbraucher sind für den betrachteten Zeitraum bekannt. Bei der Erstellung der verschiedenen Szenarien werden sie als Zeitreihen für die Bedarfe verwendet, die durch die Steuerung des Systems gedeckt werden müssen.

Kühlaggregate: Die Kühlaggregate nutzen elektrische Energie, um Wasser abzukühlen. Dabei entsteht Abwärme, die nach Möglichkeit genutzt wird. Das Realsystem umfasst 3 Kühlaggregate mit einer Maximalleistung von je 900 kW. Im Modell werden diese als eine einzige logische Einheit aufgefasst. Da die Aggregate einzeln zu- und abschaltbar sind und nur oberhalb einer Minimalleistung betrieben werden können, ist die Gesamtleistung zwischen 150 kW und 2700 kW regelbar.

Speicher: Die Speicher dienen dazu, Wasser bei einer bestimmten Temperatur verfügbar zu halten. Aufgrund der Temperaturdifferenz mit einem anderen Medium kann der Speicher benutzt werden, um dieses aufzuwärmen oder abzukühlen. Die Speicher werden im Modell durch ihre Wärmekapazität beschrieben. Sie ergibt sich aus der Maximal- und der Minimaltemperatur, der (konstanten) Wassermasse im Speicher und der spezifischen Wärmekapazität von Wasser. Bei der „Leerung" eines Wärmespeichers verändert sich seine Temperatur von der festgelegten Maximal- zur Minimaltemperatur, bei der „Leerung" eines „Kältespeichers" geschieht das Umgekehrte. Die Kältespeicher, Abwärmespeicher und ein Brauchwarmwasserspeicher werden wie im Realsystems vorhanden modelliert. Der vorhandene zweite Brauchwarmwasserspeicher für heißes Wasser (48–66 °C) wird dagegen nicht explizit als Entität abgebildet. Er hat für das Modell nur eine geringe Bedeutung, da die gespeicherte Energie auf Grund der hohen Temperatur vorwiegend durch den Gasheizkessel bereitgestellt werden muss und der Preis für Erdgas nicht vom Verbrauchszeitpunkt abhängt.

Energieflüsse: Neben der Zufuhr von elektrischer Energie betrachten wir den Transport von Wärmeenergie von einer Komponente des Systems in eine andere. Dies geschieht entweder indirekt über den Einsatz von Wärmetauschern oder direkt durch den Transport von Brauchwasser zur anderen Komponente. Im Modell werden die Flüsse von Wärme und Kälte vereinfachend als konstante Leistungsabgabe über einen Zeitraum zwischen zwei diskreten Ereignissen abgebildet. Sie sind durch die Kapazitäten der Speicher begrenzt. Darüber hinaus besteht für den Abwärmespeicher eine Beschränkung der Leistungsaufnahme. Sie spiegelt die maximale Leistung der Wärmetauscher zwischen den Kühlaggregaten und den Abwärmespeichern wider. Für die Versorgung mit Warmwasser besteht darüber hinaus die Beschränkung, dass nur ein bestimmter Anteil der benötigten Wärmeleistung durch gespeicherte Abwärme bereitgestellt werden kann. Dadurch wird der Unterschied zwischen der Temperatur im Brauchwasserspeicher und der benötigten Temperatur bei den Verbrauchern ausgedrückt.

Kühltürme: Die Kühltürme dienen der Abgabe von Wärmeenergie an die Umgebung. Sie wurden nicht als Entitäten im Modell abgebildet und repräsentieren den Fluss von Wärme aus dem System aufgrund erschöpfter Speicherkapazitäten, also wenn Abwärme produziert wird, während die Abwärmespeicher vollständig geladen sind.

Gasheizung: Die Gasheizung dient zum Aufheizen von Wasser. Bedarfe nach Raumheizung und Warmwasser werden zunächst immer mit gespeicherter Abwärme aus den Kühlaggregaten gedeckt. Eine darüber hinaus gehende Nachfrage wird durch die Gasheizung befriedigt.

Steuerung: Die Steuerung des Systems bestimmt aufgrund eines Satzes von Regeln, zu welcher Zeit welche Teile der Anlage mit welcher Leistung betrieben werden.

Im Modell geht es dabei insbesondere darum, unter welchen Bedingungen die Kühlaggregate (Wärmepumpen) mit welcher Leistung betrieben werden. Dabei werden aktuelle und erwartete Verbräuche und Strompreise sowie Speicherstände und die Leistung der Wärmepumpen berücksichtigt.

6.3　Implementierung

Das Modell wurde im prozessorientierten Modellierungsstil erstellt. Die persistenten Einheiten des Modells wie die Speicher, Kältemaschinen und die Gasheizung wurden daher in DESMO-J als SimProcess abgebildet. Das zentrale Element des Modells ist der Steuerungsprozess. Er wird mittels externalEvents über veränderte Bedarfe und Strompreisänderungen informiert. Zusätzlich senden die Speicher die Information über das Erreichen von Maximal- und Minimalständen an den Steuerungsprozess.

In Abhängigkeit der Ladestände der Speicher, der aktuellen Bedarfe, der aktuellen und zukünftigen Strompreise und der Maximalleistung der Kühlaggregate bestimmt der Steuerungsprozess gemäß der hinterlegten Strategie die Betriebsleistung der Kühlaggregate. Des Weiteren aktiviert er die abhängigen Flüsse und initiiert ein etwaiges Zuheizen mit Erdgas.

Eine Besonderheit des Modells ist die Abbildung von Flussänderungen durch diskrete Ereignisse. Es werden für einen Speicher der zugehörige Ladestand, eine aktuelle Laderate und ein Zeitstempel definiert, um den Energiezu- und abfluss und die daraus resultierende Temperaturänderung abzubilden. Wenn ein Ereignis einen Zufluss zum Speicher zur Folge hat, wird der Zeitstempel auf die aktuelle Simulationszeit gesetzt. Außerdem wird das Ereignis, dass der Speicher vollständig geladen sein wird, für den vorausberechneten Zeitpunkt in der Ereignisliste vorgemerkt. Wird der Ladevorgang des Speichers durch ein anderes Ereignis unterbrochen, führt der Speicher ein Update seines Ladestandes aus und entfernt das Ereignis der vollständigen Ladung wieder aus der Ereignisliste. Für weiterführende Informationen zur Modellierung in DESMO-J sei auf Page und Kreutzer (2005), zum Modell selbst auf Rasathurai (2012) verwiesen.

6.4　Ergebnisse

Wir haben drei Hauptszenarien simuliert, von denen jedes wiederum die erwähnten Sommer- und Winterszenarien als Varianten enthielt. Zunächst wurde der Ist-Zustand rekonstruiert. Dieser wurde zur Validierung des Modells an den empirischen Daten verwendet und dient darüber hinaus als Referenz für die beiden anderen Szenarien (6.4.1 Referenzszenario). Danach wurde ein Szenario mit einer neuen Steuerung und dem aktuell gegebenen Tarif (Hoch-/Niedertarif) untersucht (6.4.2 Szenario I). Zuletzt untersuchten wir ein Szenario mit sowohl der neuen Steuerung als auch einem hypothetischen, am Spotmarkt orientierten „Smart Grid"-Tarif (6.4.3 Szenario II).

6.4.1　Referenzszenario: Ist-Zustand

In der Simulation bestimmt – wie in der Realität – der Bedarf der verschiedenen Verbraucher im Gebäude das Geschehen.

Im Rahmen der bestehenden Steuerstrategie wird „gespeicherte Kälte" zur Deckung der Kühlbedarfe verwendet. Sinkt der Speicherstand auf etwa 50 %, aktiviert die aktuelle Steuerung die Kühlaggregate und lädt die Kältespeicher bis auf etwa 75 % ihrer Kapazität. Die Abwärme wird teilweise genutzt. Im Untersuchungszeitraum im Dezember 2011 betrug die Rate, mit der Energie über die Wärmetauscher im Abwärmespeicher gespeichert wurde durchschnittlich 50 kW, im Juni durchschnittlich 145 kW.

Der aktuell genutzte Stromtarif ist „ewz.naturpower" (ewz 2012) der Elektrizitätswerke Zürich. Er enthält einen Hochtarif von montags bis samstags, 6–22 Uhr und einen Niedertarif in der restlichen Zeit. Zusätzlich fallen Kosten für die höchste 15-minütige Verbrauchsspitze an.

Zur Validierung des Modells wurden die simulierten Energieverbräuche mit den realen Verbrauchsdaten verglichen. Für Dezember 2011 ergab die Simulation einen Stromverbrauch von 45.789 kWh, gegenüber einem realen Verbrauch von 43.397 kWh. Den simulierten Abwärme- und Gasverbräuchen von 30.603 kWh und 144.289 kWh stehen Realwerte von 35.142 kWh und 139.776 kWh gegenüber.

Für Juni 2012 berechnete das Simulationsmodell einen Stromverbrauch von 101.485 kWh, eine Abwärmenutzung von 31.371 kWh und ein Gasverbrauch von 12.939 kWh. Diesen Werten stehen Realwerte eines Stromverbrauchs von 92.216 kWh, einer Abwärmenutzung von 30.638 kWh und eines Gasverbrauchs von 13.680 kWh gegenüber.

Das Modell scheint das bestehende System damit recht präzise nachzubilden. Die Abweichungen resultieren vermutlich aus den erwähnten Idealisierungen und Vereinfachungen.

6.4.2   Szenario I: Neue Steuerstrategie

Um die Sparpotentiale variabler Strompreise zu nutzen, müssen die Speicher bei niedrigen Preisen geladen und bei hohen Preisen nutzbringend entladen werden. Die neue Steuerstrategie sieht vor, die Kühlaggregate intensiv zu nutzen, wenn die nächste Strompreisänderung vorhersehbar eine Erhöhung sein wird. So sollen der aktuelle Kältebedarf direkt gedeckt und die Kältespeicher soweit möglich geladen werden. Falls der Strompreis bei der nächsten Änderung sinken wird, soll zur Deckung der Bedarfe zunächst gespeicherte Energie verwendet werden. Erst, wenn die Kältespeicher erschöpft sind, werden die aktuellen Bedarfe durch Betrieb der Kältemaschinen gedeckt. Die Strategie setzt also ein Minimum an Information über die Preisentwicklung voraus (steigend/sinkend).

Bestandteil dieser Strategie ist es auch, die Kapazitäten der Speicher nominell zu erhöhen, soweit es die technischen Spezifikationen zulassen. Die verwendeten Temperaturbereiche wurden wie folgt vergrößert:

- Kältespeicher von 11–12 °C auf 5–12 °C (Kapazität von 30,23 kWh auf 211,68 kWh)
- Heißwasser-Speicher von 36–40 °C auf 36–41 °C (Kapazität von 16,28 kWh auf 20,35 kWh)

In Szenario I wird diese neue Steuerstrategie auf den bestehenden Stromtarif angewendet.

6.4.3 Szenario II: Dynamische Strompreise

Der zu untersuchende Stromtarif ist, ebenso wie der aktuell genutzte ein zeitvariabler Tarif. Im aktuellen Tarif vollziehen die unterschiedlichen Preise für Tag- und Nachtstrom die wirklichen zeitabhängigen Kosten des Stromanbieters nur ungenau nach. Ein zeitvariabler Tarif mit stündlich wechselnden Preisen, der sich an Spotmarktpreisen orientiert, würde die jeweilige Knappheit der elektrischen Energie differenzierter wiedergeben.

Da jedoch für den Endverbraucher in unserem Fall noch keine dynamischen Stromtarife angeboten werden, haben wir einen hypothetischen dynamischen Tarif konstruiert. Die Grundlagen dafür bilden der aktuell gewählte Tarif (ewz 2012) und die Preise an der Europäischen Strombörse in Leipzig (eex 2012). Dort finden Auktionen über die Bereitstellung und Abnahme elektrischer Energie über den Zeitraum einer bestimmten Stunde des Folgetages (z. B. 13–14 Uhr) statt (Madlener und Kaufmann 2002). Nach Abschluss der Stromauktionen kennt der Stromanbieter die zeitabhängigen Marktpreise. Er könnte nun theoretisch mit einem dynamischen Stromtarif die Preise antizipieren und die Endverbraucher über die konkreten Strompreise des Folgetages informieren.

Auf Basis der Durchschnittspreise pro kWh, die vom Versorger an der Börse bezahlt wurden, und den Durchschnittspreisen, die der Endverbraucher zu zahlen hatte, ergibt sich der Faktor für die zusätzlich anfallenden Kosten durch Transport, Gewinnmargen der Händler etc. Zur Simulation mit dynamischen Strompreisen wurden die tatsächlichen Spotmarktpreise des Beobachtungszeitraums verwendet und mit dem Faktor für den Endverbraucherpreis multipliziert. Szenario II nimmt diesen dynamischen Stromtarif zur Grundlage und wendet die gleiche erweiterte Steuerstrategie wie in Szenario I an.

6.5 Simulationsergebnisse

Die Simulaltionsresultate für die oben definierten Szenarien sind in Abb. 6.2 dargestellt. Dort sind die durchschnittlichen Energiekosten in CHF je Monat für die drei Szenarien angegeben. Die Ergebnisse zeigen, dass insbesondere im Sommer, wenn ein großer Bedarf an Kühlung besteht, sowohl durch die Anwendung der neuen Steuerstrategie (17 %), als auch durch die neue Steuerstrategie bei dynamischen Preisen (31 %) erhebliche Einsparpotentiale bestehen.

Im Winter dagegen ist die Einsparung durch das Erzeugen von Kälte und Abwärme zu Zeiten mit niedrigeren Strompreisen weniger groß und beträgt insgesamt etwa 10 %, die sich bereits in Szenario I einstellen.

6.6 Fazit

Eine effiziente Steuerstrategie von Kältemaschinen in Kombination mit der Zwischenspeicherung von Wärme und Kälte könnte die Energiekosten des Bürogebäudes von IBM-Schweiz signifikant senken, wenn der Stromtarif wie in der Simulation angenommen

Abb. 6.2 Simulationsergebnisse; Energiekosten in CHF/Monat

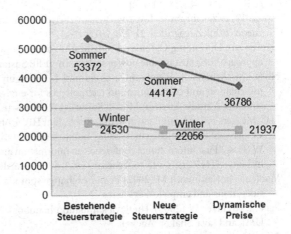

dynamisiert würde. Diese Sparpotentiale ergeben sich daraus, dass der Betrieb der Kältemaschinen in die Zeiten relativ niedriger Strompreise verschoben wird. Dieser Effekt wird durch die Erweiterung der Kapazität der Speicher durch Erweiterung der zulässigen Temperaturbereiche wesentlich verstärkt.

Die Sparpotentiale stellen sich insbesondere in den Sommermonaten ein, da zu dieser Zeit der Bedarf an Kälte, die mittels elektrischer Energie produziert wird, besonders groß ist. Ein Teil dieser Potentiale ergibt sich dabei bereits bei bestmöglicher Ausnutzung des günstigen Nachtstroms durch die neue Steuerung. Eine Ausnutzung von weiteren – durch den an der Börse orientierten Stromtarif bedingten – Phasen günstigen Stroms führt zu einer zusätzlichen Ersparnis. Möglicherweise könnten weitere Effizienzpotentiale erschlossen werden, wenn der Zeithorizont für die Ladestrategie des Speichers erweitert würde.

Eine genauere Betrachtung der Leistungscharakteristik der Wärmepumpe unter Berücksichtigung des Auslegungspunktes und der jahreszeitlich wechselnden Außentemperatur könnte zu einer besseren Abwärmenutzung führen und dadurch insbesondere in den Wintermonaten weitere Einsparungen ermöglichen.

Einschränkend ist dabei anzumerken, dass die Funktion der Speicher als Puffer gegen Ausfälle erhalten bleiben muss.

Auch wenn das bestehende Modell eine gute Abschätzung der Sparpotentiale der Anlage durch das Zwischenspeichern von Wärme und Kälte bei dynamischem Stromtarif aufzeigt, könnte ein detaillierteres Modell noch präzisere Erkenntnisse liefern. Des Weiteren hängt dabei viel von der tatsächlichen Ausgestaltung zukünftiger dynamischer Tarife ab.

Literatur

Blumendorf M (2013) Building sustainable smart Homes. In: Hilty L, Aebischer B, Andersson G, Lohmann W (Hrsg) First international conference on information and communication technologies for sustainability, ETH Zürich, 14.–16. February 2013, S 151–158. doi:10.3929/ethz-a-007337628

eex (2012) European Energy Exchange. http://www.eex.com/de/. Zugegriffen: 21. Dez 2012 ewz (2012) ewz.naturpower. http://www.stadt-zuerich.ch/content/ewz/de/index/energie/stromprodukte-zuerich.html. Zugegriffen: 21. Dez 2012

Gantenbein D, Binding C, Jansen B, Mishra A, Sundström O (2012) EcoGrid EU: An Efficient ICT approach for a sustainable power system. In: IEEE SustainIT, Pisa, Italy, 4.–5. Okto 2012

Hilty LM, Arnfalk P, Erdmann L, Goodman J, Lehmann M, Wäger P (2006) The relevance of information and communication technologies for environmental sustainability – a prospective simulation study. Environ Modell Softw 21(11):1618–1629. doi:10.1016/j.envsoft.2006.05.007

Li C, Meggers F, Li M, Sundaravaradan J, Xue F, Lim HB, Schlueter A (2013) Bubblesense: wireless sensor network based intelligent building monitoring. In: Hilty L, Aebischer B, Andersson G, Lohmann W (Hrsg) First international conference on information and communication technologies for sustainability, ETH Zürich, 14.–16. February 2013, S 159–166. doi:10.3929/ethz-a-007337628

Madlener R, Kaufmann M (2002) Power exchange spot market trading in Europe: theoretical considerations and empirical evidence

Page B, Kreutzer W (2005) The Java simulation handbook: simulating discrete event systems with UML and Java. Shaker, Aachen

Price BA, van der Linden J, Bourgeois J, Kortuem G (2013) When looking out of the window is not enough: informing the design of in-home technologies for domestic energy microgeneration. In: Hilty L, Aebischer B, Andersson G, Lohmann W (Hrsg) First international conference on information and communication technologies for sustainability, ETH Zürich, 14.–16. February 2013, S 73–80. doi:10.3929/ethz-a-007337628

Rasathurai S (2012) Improving on the electricity costs of office buildings by optimal Smart Grid integration. Master's thesis, Universität Zürich, Zürich

Smart Grids European Technology Platform (2010) Smart Grids – strategic deployment document for European electricity networks of the future

Adaption der Design Stucture Matrix Methode für die Komponentenauswahl von IT-Infrastrukturen

Peter Krüger und Hans-Knud Arndt

Zusammenfassung

IT-Infrastruktur ist ein wesentlicher Faktor für die Effizienz von IT-Systemen hinsichtlich eines umweltgerechten und ökologisch nachhaltigen Betriebs. Früh wirken in der Systementwicklung nicht-funktionale Anforderungen, inklusive Vorgaben durch Umweltrichtlinien oder Selbstverpflichtungen, auf die Systemgestaltung ein. Die Komponentenauswahl bedarf aufgrund der vielfältigen Anforderungen einer methodischen Unterstützung. In diesem Artikel wird die Adaption der Design Structure Methode als Hilfsmittel für die Komponentenauswahl für IT-Infrastruktur unter Einbeziehung der funktionalen und nicht-funktionalen Anforderungen vorgestellt. Es werden die Voraussetzungen für die Anwendung der Methode beschrieben und die für die Auswahl von IT-Infrastrukturkomponenten relevanten Domänen identifiziert. An der zentralen Domäne "Baugruppe" hängen die Domänen "nicht-funktionale Eigenschaft", "abstrakte Funktion" und "COTS-Komponente". Es wird ein Systemgraf erstellt mit dem anschließend die Multiple Domain Matrix instanziiert wird und der Ablauf der Komponentenauswahl dargelegt wird. Die Komponentenauswahl bedient sich der in den Abhängigkeitsmatrizen gespeicherten Informationen. In einer exemplarischen Darstellung einer Domain Mapping Matrix wird der Zusammenhang zwischen den Elementen der Domänen "Baugruppe" und "nicht-funktionale Eigenschaft" gezeigt.

Schlüsselwörter

IT-Infrastruktur • Design Structure Matrix • Systementwicklung

P. Krüger (✉)
Volkswagen AG, Berliner Ring 2, 38440 Wolfsburg, Deutschland
e-mail: peter.krueger6@volkswagen.de

H.-K. Arndt
Otto-von-Guericke-Universität Magdeburg, Magdeburg, Deutschland
e-mail: hans-knud.arndt@iti.cs.uni-magdeburg.de

J. Marx Gómez et al. (Hrsg.), *IT-gestütztes Ressourcen- und Energiemanagement*,
DOI: 10.1007/978-3-642-35030-6_7, © Springer-Verlag Berlin Heidelberg 2013

7.1 Einleitung

Angesichts immer schnellerer Technologiezyklen, Verknappung von Rohstoffen sowie endlicher fossiler Brennstoffe und den damit einhergehenden steigenden Energiekosten (vgl. Harmon et al. 2010) ist die Berücksichtigung von Umweltaspekten bei der Gestaltung von informationstechnischen Systemen ein mehr und mehr bedeutender Faktor in der Systementwicklung. Daher ist es wichtig, in der Systemgestaltung diesen gestiegenen Anforderungen Rechnung zu tragen. Dies kann durch den Einsatz geeigneter Methoden gefördert werden, die bei der Umsetzung der Anforderungen unterstützen und auf die Systemgestaltung einwirken.

7.1.1 Problemstellung und Lösungsansatz

Die Erhaltung der Wettbewerbsfähigkeit von Organisationen durch schnellere Bereitstellung von IT-Lösungen (Informationstechnik) fordert eine Beschleunigung des Systementwicklungsprozesses nach industriellem Vorbild. Das Aufbauen von IT-Infrastrukturen als Basis für darauf aufsetzende Anwendungssysteme lässt sich jedoch nur schwerlich industrialisieren. Der Ansatz der Produktlinienentwicklung, wie er beispielsweise in der Softwareentwicklung eingebracht wird (vgl. Clements et al. 2009; Bühne et al. 2004), bietet für individuelle Anforderungen aufgrund der vorgegebenen Variationspunkte wenig Flexibilität. Ein Vergleich zum Automobil- bzw. Anlagenbau könnte folgendermaßen lauten: Eine IT-Infrastruktur wird nicht wie ein Automobil mehrfach mit geringfügigen, überschaubaren Änderungsmöglichkeiten in Serie gebaut, sondern gleicht eher dem Bau einer Industrieanlage, deren Planung individuell ist, die Fertigung jedoch mit Standardkomponenten erfolgt. Bei der Entwicklung von IT-Infrastrukturen lautet die Herausforderung, zu den gegebenen Anforderungen die passende Komponentenauswahl in transparenter und konsistenter Weise zu treffen. Das heißt, gibt es keine unterstützende Methode für die Komponentenauswahl, wird vielfach die Auswahl anhand von Expertenwissen getroffen. Dieses Vorgehen hat u. a. Nachteile aufgrund der Intransparenz der Entscheidungen, der Bindung von Wissen an Personen sowie kapazitive Grenzen beim Bewältigen steigender Anforderungen in kürzerer Zeit. Das Treffen einer Komponentenauswahl bedeutet nicht nur nach funktionalen Aspekten zu entscheiden, sondern auch die Umsetzung von nicht-funktionalen Anforderungen, wie Qualitätseigenschaften oder Rahmenbedingungen, umzusetzen (vgl. Pohl 2008; Robertson 1999).

Eine etablierte Methode die die verschiedenen Anforderungen in eine Produktstruktur überführen kann, kommt aus dem Maschinenbau und heißt *Design Structure Matrix* (DSM). In diesem Artikel wird diese Methode vorgestellt und durch das Schaffen von Rahmenbedingungen für die Komponentenauswahl im Kontext der IT-Infrastrukturen angepasst und angewandt.

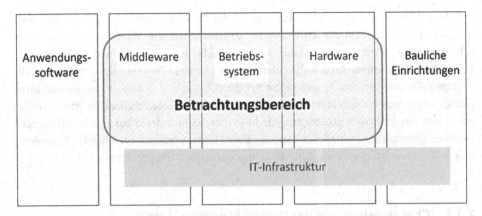

Abb. 7.1 Betrachtungsbereich für IT-Infrastrukturen

7.1.2   IT-Infrastruktur

Das datenverarbeitende Rückgrat einer Organisation ist die Infrastruktur der Informationstechnik. IT-Infrastruktur besteht aus verteilten und konkreten IT-Ressourcen, welche die Grundlage für die Geschäftsanwendungen bilden. Diese Ressourcen sind Plattformtechnologien, etwa Serverhardware oder Betriebssystem, aber auch Netzwerk- und Telekommunikationstechnologien sowie Basissoftware, z. B. Middleware (vgl. Duncan 1995). Der Ausdruck „IT-Infrastruktur" kann verschieden verstanden werden. Zum einen werden aus technischer Sicht die Bestandteile zum Ausführen der Anwendungssysteme fokussiert, etwa Gebäude, Hardware- oder Softwarebestandteile. Zum anderen wird das Informationsmanagement mit seinen organisatorischen Strukturen und Mitarbeitern als Erweiterung der technischen Sicht verstanden (vgl. Patig 2011). IT-Infrastrukturen bieten zahlreiche Möglichkeiten IT-Systeme nachhaltig und umweltgerecht zu erschaffen und zu betreiben. Aus technischer Sicht von IT-Infrastrukturen hat die physikalische Hardware, der Aufbau von Rechenzentren und die Wahl der Softwarekomponenten Einfluss auf die Erzeugung von Abwärme und folglich auf die Emission von Treibhausgasen (vgl. Krüger et al. 2012). Für die Adaption einer Auswahlmethode von IT-Infrastrukturkomponenten wird in diesem Artikel der Fokus auf die Bereiche *Middleware, Betriebssystem, Hardware* (siehe Abb. 7.1) gesetzt.

7.2   Methodik der DSM

Die DSM Methode entwickelt sich seit den 1960iger Jahren beständig weiter und erfuhr auf dem Gebiet der Produktentwicklung eine weite Verbreitung. Sie wurde disziplinübergreifend u. a. für Produktgestaltung, Projektplanung und -verwaltung sowie für die Organisationsentwicklung eingesetzt (vgl. Guenov et al. 2005). Eine weitere Verbreitung erfährt die Methode auf den Gebieten der Software-Entwicklung und IT-Systementwicklung (vgl. Sosa 2008; Sangal et al. 2005). Im Kontext der IT-Systementwicklung kann die DSM-Methode für mehrere Anwendungszwecke eingesetzt werden. Zum einen ist es möglich, mit ihr die Struktur einer Matrix mittels verschiedener Algorithmen zu analysieren. Beispielhaft für bekannte Analysealgorithmen seien hier das *Clustering*, das *Banding* und die *Triangularisierung* genannt. Insbesondere bei der Analyse von Systemstrukturen und ihren Komponentenbeziehungen können Optimierungen an der Systemarchitektur erzielt werden oder Muster in der Systemstruktur aufgedeckt werden. Zum anderen lassen sich Beziehungen zwischen Elementen verschiedener Matrizen über Matrixoperationen ableiten (vgl. Danilovic et al. 2007). Diese Möglichkeit soll für die Komponentenauswahl genutzt werden.

7.2.1 Charakterisierung der Design Structure Matrix

Für das Akronym DSM gibt es verschiedene, synonyme Ausschreibungen. Sie können *Design Structure Matrix* oder *Dependency Structure Matrix* lauten. Weitere Begriffe sind Einflussmatrix, Intra-Domänen Matrix oder Adjazenzmatrix. Sie alle beschreiben die Beziehungen der Elemente einer Domäne zueinander. Eine Domäne kann in diesem Fall allgemein ein System sein. Eine DSM ist eine quadratische Matrix mit $n \times n$ Elementen. Die Beziehungen der Elemente werden in Binärmatrizen durch $\{0,1\}$ beziehungsweise in gewichteten Matrizen durch numerische Werte dargestellt. Ein Selbstbezug der Elemente wird in der Regel ausgeschlossen. Die Hauptdiagonale der Matrix wird von links oben nach rechts unten ausgegraut, siehe Formel (7.1). Für die Lesbarkeit der Beziehungsrichtung muss eine Leserichtung für die Elemente in Zeile und Spalte vereinbart werden. Im europäischen Raum ist die Richtung *Zeile* → *Spalte* etabliert (vgl. Lindemann et al. 2009).

$$
DSM = \begin{array}{c} \\ a \\ b \\ c \\ d \\ e \\ f \end{array} \begin{array}{c} a\ b\ c\ d\ e\ f \\ \left[\begin{matrix} \blacksquare & 0 & 1 & 0 & 0 & 0 \\ 1 & \blacksquare & 0 & 0 & 1 & 0 \\ 0 & 0 & \blacksquare & 1 & 1 & 0 \\ 0 & 0 & 0 & \blacksquare & 0 & 0 \\ 0 & 0 & 1 & 0 & \blacksquare & 0 \\ 0 & 1 & 0 & 0 & 0 & \blacksquare \end{matrix} \right] \end{array} \quad DMM = \begin{array}{c} \\ \alpha \\ \beta \\ \gamma \\ \delta \\ \varepsilon \end{array} \begin{array}{c} a\ b\ c\ d\ e\ f\ g\ h \\ \left[\begin{matrix} 1 & 0 & 1 & 0 & 0 & 0 & 0 & 0 \\ 1 & 0 & 0 & 0 & 1 & 1 & 1 & 0 \\ 0 & 0 & 0 & 1 & 1 & 0 & 1 & 0 \\ 0 & 0 & 0 & 1 & 0 & 1 & 1 & 0 \\ 0 & 0 & 1 & 0 & 0 & 0 & 0 & 0 \end{matrix} \right] \end{array} \quad (7.1)
$$

Die *Domain Mapping Matrix* (DMM), auch Inter-Domänen Matrix oder Inzidenzmatrix genannt, ist im Gegensatz zur DSM eine rechteckige Matrix mit $m \times n$ Elementen. Hier werden die Beziehungen von Elementen aus zwei verschiedenen Domänen abgebildet (vgl. Danilovic et al. 2007). Die Beziehungsdarstellung und Leserichtung ist gleich der DSM. Eine beispielhafte DMM ist in Formel (7.1) dargestellt. DSM und DMM finden u. a. Anwendung im House of Quality, einer Methode des Quality Function Deployments. Dort werden Elemente verschiedener Domänen mittels Matrizen in Korrelation gebracht, um Beziehungen und Gewichtungen von Qualitätsmerkmalen zu evaluieren (vgl. Usher et al. 1998).

Mit der *Multiple Domain Matrix* (MDM) werden alle betrachteten Domänen in Beziehung gesetzt (siehe Abb. 7.2). Die MDM ist ähnlich der DSM eine quadratische

Abb. 7.2 Beispielhafte MDM

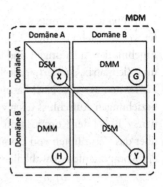

Matrix und jede Domäne stellt ein Element dar. Mit diesem Ordnungsrahmen können indirekte Beziehungen zwischen den Elementen der jeweiligen Domänen abgeleitet werden (vgl. Maurer et al. 2007).

7.2.2 Ableitung indirekter Beziehungen

In Lindemann et al. (2009) werden sechs Möglichkeiten zur Ableitung von Beziehungen zwischen den Elementen der Matrizen vorgeschlagen. Nachfolgend werden die Matrixoperationen zur Berechnung von indirekten Beziehungen korrespondierend zur Abb. 7.2 vorgestellt. Dabei dient immer eine Matrix oder ein Satz an Matrizen als Ausgangsinformation und über Matrixoperationen, z. B. Multiplikation und Transponieren von Matrizen, wird eine Zielmatrix berechnet, siehe Tab. 7.1.

Tab. 7.1 Ableitung von indirekten Elementebeziehungen (in Anlehnung an Lindemann et al. (2009)), siehe Abb. 7.2

Anwendungsfall	Quellmatrix	Zielmatrix	Matrixoperation	Nebenbedingung
Fall 1: Ableitung einer DSM aus einer DMM	G	X	$X = G \cdot G^T$	wobei $G^T \triangleq H$
	G	Y	$Y = G^T \cdot G$	wobei $G^T \triangleq H$
Fall 2: Ableitung einer DSM aus einer DMM (invertierte Beziehungsrichtung)	H	X	$X = H^T \cdot H$	wobei $H^T \triangleq G$
	H	Y	$Y = H \cdot H^T$	wobei $H^T \triangleq G$
Fall 3: Ableitung einer DSM aus zwei DMM	G, H	X	$X = G \cdot H$	
	G, H	Y	$Y = H \cdot G$	
Fall 4: Ableitung einer DSM aus einer DMM und einer DSM	G, Y	X	$X = G \cdot Y \cdot G^T$	wobei $G^T \triangleq H$
	G, X	Y	$Y = G^T \cdot X \cdot G$	wobei $G^T \triangleq H$
Fall 5: Ableitung einer DSM aus einer DMM und einer DSM (invertierte Beziehungsrichtung)	H, Y	X	$X = H^T \cdot Y \cdot H$	wobei $H^T \triangleq G$
	H, X	Y	$Y = H \cdot X \cdot H^T$	wobei $H^T \triangleq G$
Fall 6: Ableitung einer DSM aus zwei DMM und einer DSM	G, H, Y	X	$X = G \cdot Y \cdot H$	
	G, H, X	Y	$Y = H \cdot X \cdot G$	

Indirekte Beziehungen zwischen DMM können über *Connectivity Maps* (CM) abgeleitet werden, siehe Formel (7.2). Der Algorithmus ist in Yassine et al. (2003) beschrieben. Das Ergebnis der Ableitungen sind keine direkten Beziehungen der Elemente zwischen der Quell- und Zielmatrix, sondern indirekte Beziehungen, die sich über gemeinsame Verbindungen zu Elementen aus den Nachbarmatrizen ergeben. Trotzdem geben die abgeleiteten Elementebeziehungen Aufschluss über Verbindungen, die für die Systemgestaltung hilfreich sein können, z. B. bei der Komposition bzw. Dekomposition von Systembestandteilen. Ebenso kann über das Verknüpfen von Domänen eine Beziehung zu Komponenten abgeleitet werden, die der Komponentenauswahl dient.

$$DMM_1 = \begin{matrix} & a_1\ a_2 \\ i_1 \\ i_2 \\ i_3 \end{matrix} \begin{bmatrix} 1\ 0 \\ 0\ 0 \\ 0\ 1 \end{bmatrix} \quad DMM_2 = \begin{matrix} & a_1\ a_2 \\ e_1 \end{matrix} \begin{bmatrix} 0\ 1 \end{bmatrix} \quad CM(DMM_{1,2}) = \begin{matrix} & i_1\ i_2\ i_3 \\ e_1 \end{matrix} \begin{bmatrix} 0\ 0\ 1 \end{bmatrix}$$

$$(7.2)$$

7.3 Vorbedingungen für Methodenadaption

Für die Anwendung der DSM-Methode im Kontext der Systementwicklung von IT-Infrastrukturen sind Voraussetzungen zu schaffen. Die bereits erwähnten Domänen zur Beschreibung der IT-Infrastrukturkomponenten müssen im Vorfeld identifiziert und definiert sein. Zudem muss die Datenbasis für die bisherige Komponentenauswahl erzeugt bzw. in die Matrizen überführt werden.

7.3.1 Baugruppe und Komponentenrepository

Um die Komponenten gezielt in der Systemgestaltung einsetzen zu können, muss bekannt sein, welche Komponenten verfügbar sind. Ferner müssen Zusatzinformationen wie Komponenteneigenschaften oder Lebenszyklusbetrachtung für eine Auswahl verfügbar sein (vgl. Krüger und Dürr 2012). Vor dem Hintergrund schnell verfügbarer Komponenteninformationen bietet es sich an, alle relevanten Informationen in einer Datenbasis zu konsolidieren und zu pflegen. Ein sogenanntes Komponentenrepository bietet diese Datenbasis. Eine Auswahl an Daten des Repositorys muss zur Verwendung durch die DSM-Methode in Matrizen überführt werden. Der Umfang wird durch die identifzierten Domänen bestimmt. Danach stellt jede Komponente ein Element in der Matrix dar. Zudem werden Abhängigkeiten der Komponenten zueinander in der DSM abgebildet. Dazu wird eine Zwischenschicht etabliert, die hier Baugruppe (BG) genannt wird. Das hat den Zweck, Komponenten logisch zu aggregieren. Der Vorteil bei der Entkopplung der Auswahl von der Komponentenebene besteht in der einfacheren Pflege der Abhängigkeiten und Eigenschaften auf Baugruppenebene. Desweiteren kann durch die Vorgabe von Komponentensätzen die Standardisierung der IT-Landschaft unterstützt werden sowie Architekturvorgaben in die Komponentenauswahl eingebracht werden. Die Zuordnung, durch welche Eigenschaften die Anforderungen bedient werden, erfolgt auf der Ebene der Baugruppen.

7.3.2 Domänen der IT-Infrastruktur

Wie in Kap. 7 eingeführt, setzt sich die in diesem Artikel betrachtete IT-Infrastruktur aus Hardware- und Softwarebestandteilen zusammen. Diese Bestandteile werden auch als Komponenten bezeichnet, denn sie sind modulare Teile eines Systems, kapseln ihren Inhalt sowie ihr Verhalten, und sind für ihre Umgebung über definierte Schnittstellen zugänglich (vgl. Behrens et al. 2006). Für die Verwendung des Komponentenbegriffs in dieser Arbeit wird unterstellt, dass Komponenten für IT-Infrastruktur vorwiegend als COTS-Komponente bezogen werden. COTS steht dabei für *commercial off-the-shelf* und zeigt an, dass es sich um Kaufkomponenten handelt, die über Drittanbieter eingekauft werden und nicht eigenentwickelt sind. Wie im vorherigen Abschnitt beschrieben, ist die Ebene der Baugruppen der zentrale Punkt, an dem funktionale und nicht-funktionale Eigenschaften von Komponenten, durch Repräsentation in einer Baugruppe, mit den funktionalen und nicht-funktionalen Anforderungen zusammengeführt werden. Zur einfacheren Zuordnung der Baugruppen zu den Anforderungen, werden ihre Eigenschaften ebenfalls durch funktionale Eigenschaften und nicht-funktionale Eigenschaften charakterisiert. Nicht-funktionale Eigenschaften (NFE) umfassen alle Qualitätsattribute, umweltbezogene Eigenschaften, Compliance-Eigenschaften usw. Die funktionalen Eigenschaften werden als abstrakte Funktion (AF) beschrieben. Eine AF ist eine technologieunabhängige Beschreibung der Baugruppenfunktionalität. Für die Komponentenauswahl sind folgende Aspekte relevant:

- funktionale und nicht-funktionale Anforderungen stellen Eingangsinformationen für die Komponentenauswahl dar,
- Baugruppen können Eigenschaften repräsentieren, die die funktionalen sowie nicht-funktionalen Anforderungen erfüllen,
- eine Baugruppe aggregiert einen logischen Satz von Komponenten,
- Baugruppen können Abhängigkeiten zu anderen Baugruppen haben.

Die Zusammenhänge der identifizierten Domänen *AF, BG, COTS, NFE* sind in Abb. 7.3 als Systemgraf dargestellt.

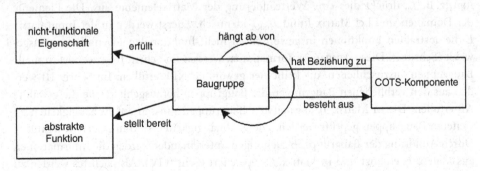

Abb. 7.3 Systemgraf der Domänenbeziehungen

7.4　Komponentenauswahl mit DSM

Die Komponentenauswahl wird durch Anwendung der DSM-Methode getroffen. Initial wird für das Anwendungsgebiet der IT-Infrastruktur die MDM instanziiert. Ist dieser Ordnungsrahmen gesetzt und die Matrizen mit Elementebeziehungen befüllt, folgt die Durchführung der Auswahl durch Ausführung von Matrixoperationen.

7.4.1　Instanziieren der MDM

Anhand der identifizierten Domänen wird folgende MDM instanziiert (7.3):

$$
\begin{array}{c}
\begin{array}{cccc} NFE & AF & BG & COTS \end{array} \\
\begin{array}{c} NFE \\ AF \\ BG \\ COTS \end{array}
\left[\begin{array}{cccc}
A & B & C & D \\
E & F & G & H \\
I & J & K & L \\
M & N & O & P
\end{array}\right]
\end{array}
\quad \text{mit:}
\begin{array}{l}
I = BG \times NFE \\
J = BG \times AF \\
K = BG \times BG \\
L = BG \times COTS
\end{array}
\qquad (7.3)
$$

Im nächsten Schritt wird der Inhalt der Elemente- und Domänenbeziehungen ausgestaltet. Die Matrizen K und L beinhalten die Informationen aus dem Komponentenrepository und bilden zusammen mit den Matrizen I und J die Datenbasis für die Durchführung der Komponentenauswahl. Die Matrizen $A = \text{NFE} \times \text{NFE}$ sowie $F = \text{AF} \times \text{AF}$ dienen als Elementespeicher für die Inputmatrix $E = \text{AF} \times \text{NFE}$. Sie enthalten Domänenelemente, jedoch sind keine Beziehungen der Elemente gesetzt.

7.4.2　Durchführung der Komponentenauswahl

In Tab. 7.2 sind korrespondierend zur instanziierten MDM, Formel (7.3), die notwendigen Schritte zum Erzeugen der Komponentenauswahl dargelegt. Eine instanzierte Matrix wird mit einem Großbuchstaben bezeichnet, z. B. J. Ist dem Buchstaben ein Index zugefügt, z. B. J_a, drückt dies eine Werteänderung der Matrixelemente aus. Die Elemente der Domänen sind bei Matrix J und J_{Index} identisch. Zuerst werden in der Inputmatrix E die abstrakten Funktionen in gewünschten nicht-funktionalen Eigenschaften ausgewählt (Schritt I). Diese Ausgangsinformationen werden im Schritt II verwendet, um alle Baugruppen auszuschließen, die keine der gewählten NFE erfüllen. Im Schritt III werden aus den verbliebenen Baugruppen die Baugruppen herausgefiltert, die die gewählte AF erfüllen. Die in Matrix J_b abgeleiteten Baugruppen müssen auf Abhängigkeiten zu weiteren Baugruppen geprüft werden. Diese Abhängigkeiten sind in Matrix K definiert. Durch Auflösung der Baugruppenbeziehungen untereinander werden die Informationen aus Matrix J_b ergänzt und in Matrix J_c gepeichert (Schritt IV). Als nächstes werden zu den gefilterten Baugruppen die zugehörigen COTS-Komponenten ermittelt (Schritt V).

Tab. 7.2 Durchzuführende Operationen zur Komponentenauswahl

Schritt	Operation	Bemerkung
I	Inputmatrix E befüllen	Beziehung für AF × NFE definieren
II	$J_a = CM(I, E)$	
III	$J_b = J \cdot J_a$	
IV	J_c: rekursive Auflösung der BG-Anhängigkeiten aus K zu J_b	
V	$H_a = CM(J_c, L)$	
VI	$L_a = CM(J_b, H_a)$	Alle COTS und BG zu E

Durch Schritt VI werden abgeleitete Baugruppen mit ihren Komponenten in direkter Beziehung dargestellt. Das Ergebnis sind eine oder mehrere Baugruppen, die die geforderten Eigenschaften (funktional, nicht-funktional) aus der Inputmatrix E erfüllen.

7.4.3 Exemplarische Darstellung

Für eine beispielhafte Darstellung der Beziehungen von Domänenelementen werden die Domäne *Baugruppe* und *nicht-funktionale Eigenschaft* gewählt. Eine fiktive Aufstellung der Elemente ist in Formel (7.4) dargestellt und deren Beziehungsinformationen sind in Matrix I gespeichert. Diese Informationen dienen als Basisinformationen für die Komponentenauswahl (siehe Tab. 7.2). Die gesetzten Beziehungen drücken aus, welche nicht-funktionalen Eigenschaften eine Baugruppe erfüllt. Die nicht-funktionalen Eigenschaften aus der Perspektive Nachhaltigkeit können sein *Energieeffizienz, Platzbedarf, Wartbarkeit, Performanz, Erweiterbarkeit*. Die Baugruppe *Itanium HP-UX* ist bei den gewählten Eigenschaften *Platzbedarf, Wartbarkeit, Performanz* korrespondierend und würde für weitere Auswahlschritte verwendet werden. Die hier aufgeführten Domänenelemente sind exemplarisch und können beliebig geändert werden.

$$I \quad \begin{array}{r} \text{x86 Windows Server} \\ \text{x86 RHEL} \\ \text{pSeries RHEL} \\ \text{Itanium HP-UX} \end{array} \begin{bmatrix} \text{Energieeffizienz} & \text{Platzbedarf} & \text{Wartbarkeit} & \text{Performanz} & \text{Erweiterbarkeit} \\ 1 & 0 & 1 & 0 & 0 \\ 1 & 0 & 0 & 0 & 1 \\ 1 & 1 & 0 & 0 & 0 \\ 0 & 1 & 1 & 1 & 0 \end{bmatrix} \tag{7.4}$$

7.5   Zusammenfassung

In diesem Artikel wurde die Methode der Design Structure Matrix für den Kontext der Komponentenauswahl von IT-Infrastrukturen adaptiert. Es wurden Rahmenbedingungen beschrieben sowie die Durchführung der Methode dargelegt. Mit dieser Arbeit ist eine Basis geschaffen, die DSM Methode weiter für die Komponentenauswahl zu etablieren. Die exaktere Einordnung in den Systementwicklungsprozess, insbesondere die Schnittstelle zwischen Anforderungen und Inputmatrix sind zu diskutieren, da von der Qualität der erhobenen Anforderungen die Präzision der Eingangsinformationen abhängt. Ausblickend ist eine Erweiterung des Anwendungsgebietes durch Einbeziehung weiterer Domänen denkbar. Insbesondere für den Aspekt Nachhaltigkeit bietet sich die Möglichkeit, umfassendere Eigenschaftsdefinitionen für Baugruppen festzulegen und somit die Komponentenauswahl stärker auf den Umweltaspekt auszurichten.

Danksagung   Diese Arbeit ist im Rahmen des Doktorandenprogramms der VOLKSWAGEN AG und in Zusammenarbeit mit der Arbeitsgruppe Managementinformationssysteme der Fakultät für Informatik, Otto-von-Guericke-Universität Magdeburg entstanden.

Literatur

Behrens J, Giesecke S, Jost H, Matevska J, Schreier U (2006) Architekturbeschreibung. In: Reussner R, Hasselbring W (Hrsg) Handbuch der Software-Architektur. dpunkt-Verl., S 35–64

Bühne S, Halmans G, Lauenroth K, Pohl K (2004) Variabilität in Software-Produktlinien. In: Böckle G, Knauber P, Pohl K (Hrsg) Software-Produktlinien. dpunkt-Verl., S 13–24

Clements P, Northrop L (2009) Software Product Lines: Practices and Patterns, 7. Aufl. Addison-Wesley

Danilovic M, Browning TR (2007) Managing complex product development projects with design structure matrices and domain mapping matrices. Int J Proj Manag 25(3):300–314

Duncan NB (1995) No access capturing flexibility of information technology infrastructure: a study of resource characteristics and their measure. J Manag Inf Syst 12(2):37–57

Guenov MD, Barker SG (2005) Application of axiomatic design and design structure matrix to the decomposition of engineering systems. Syst Eng 8(1):29–40

Harmon R, Demirkan H, Auseklis N, Reinoso M (2010).From green computing to sustainable IT: developing a sustainable service orientation. In: Proceedings of the 43rd Hawaii international conference on system sciences 2010

Krüger P, Dürr C (2012) Neue Wege in der IT-Standardisierung durch Product-Lifecycle-Management. In: ERP Management 2012.3, S 47–49

Krüger P, Urban T, Siegling A, Zimmermann R, Arndt H-K (2012) Conceptual methods to design sustainable it infrastructures – standardization, consolidation, and virtualization. In: Arndt H-K, Knetsch G, Pillmann W (Hrsg) Proceedings of the EnviroInfo 2012, Shaker, S 607–616

Lindemann U, M Maurer, Braun T (2009) Structural complexity management: an approach for the field of product design. Springer

Maurer M, Lindemann U (2007) Facing multi-domain complexity in product development. In: CiDaD Working Paper Series 03.1

Patig S (2011) IT-Infrastruktur. http://www.enzyklopaedie-der-wirtschaftsinformatik.de/wi-enzyk-lopaedie/lexikon/daten-wissen/Informationsmanagement/ IT-Infrastruktur

Pohl K (2008) Requirements Engineering: Grundlagen, Prinzipien, Techniken, 2., korrigierte Aufl. dpunkt-Verlag

Robertson S (1999) Mastering the requirements process. Addison-Wesley

Sangal N, Jordan E, Sinha V, Jackson D (2005) Using dependency models to manage complex software architecture. In: Johnson RE, Gabriel RP (Hrsg) Proceedings of the 20th annual ACM SIGPLAN. Association for computing machinery, S 167–176

Sosa ME (2008) A structured approach to predicting and managing technical interactions in software development. Res Eng Des 19(1):47–70

Usher JM, Roy U, Parsaei HR (1998) Integrated product and process development: methods, tools, and technologies. Wiley

Yassine A, Whitney D, Daleiden S, Lavine J (2003) Connectivity maps: modeling and analysing relationships in product development processes. J Eng Des 14(3):377–394

Energiemonitoring im IKT-Umfeld Standards und Trends

8

Gregor Drenkelfort, Thorsten Pröhl, Koray Erek,
Frank Behrendt und Rüdiger Zarnekow

Zusammenfassung

Steigender Energiebedarf der Informations- und Kommunikationstechnologie (IKT) auf der einen und stark steigende Energiepreise auf der anderen Seite, zwingen zu einer immer energieeffizienteren Nutzung der IKT. Um die Effizienz der Energienutzung bewerten zu können, ist eine umfassende Überwachung des Energiebedarfs der IKT-Infrastruktur (Energiemonitoring) notwendig. Die Quellen des Energiebedarfs der IKT liegen im Rechenzentrum, in der Büro- und in der Netzwerkumgebung. Für das Energiemonitoring der Komponenten in diesen drei Bereichen existieren viele Standards und Protokolle sowie freie und kommerzielle Software-Lösungen. Hier ist besonders das Rechenzentrum hervorzuheben, wo das IKT-Monitoring (z. B. Server, Switche und Storage) auf das Gebäudemonitoring (z. B. Kälteanlagen, Pumpen und Umluftklimaschränke) trifft. Dieser Artikel stellt die Möglichkeiten des Energiemonitorings im IKT-Umfeld vor. Der Fokus

G. Drenkelfort (✉) · F. Behrendt
Energieverfahrenstechnik und Umwandlungstechniken regenerativer Energien Fakultät III, Institut für Energietechnik, Technische Universität Berlin, Fasanenstr. 89, 10623 Berlin, Deutschland
e-mail: g.drenkelfort@tu-berlin.de

F. Behrendt
e-mail: frank.behrendt@tu-berlin.de

T. Pröhl · K. Erek · R. Zarnekow
Institut für Technologie und Management, Technische Universität Berlin, Berlin, Deutschland
e-mail: t.proehl@tu-berlin.de

K. Erek
e-mail: koray.erek@tu-berlin.de

R. Zarnekow
e-mail: ruediger.zarnekow@tu-berlin.de

J. Marx Gómez et al. (Hrsg.), *IT-gestütztes Ressourcen- und Energiemanagement*,
DOI: 10.1007/978-3-642-35030-6_8, © Springer-Verlag Berlin Heidelberg 2013

liegt dabei auf der Darstellung von Standards und Trends im Rechenzentrum, der Büro-
und Netzwerkumgebung. Weiterhin werden Kriterien vorgestellt, die bei der Auswahl
eines Energiemonitoringsystems (EMS) angewandt werden können. Schließlich werden
bestehende kommerzielle EMS für das IKT-Umfeld im Überblick vorgestellt.

Schlüsselwörter

Energiemonitoring • Informations- und Kommunikationstechnologie (IKT) • IKT-
Energiemonitoringsysteme • Green IT

8.1   Einleitung

Stark steigende IKT-Energiebedarfe in Kombination mit zunehmenden Energiepreisen verlangen von den Verantwortlichen in wachsendem Maße eine Überwachung und Steuerung
des Energiebedarfs der eingesetzten IKT-Infrastruktur. Als Quellen des IKT-Energiebedarfs
wird in Anlehnung an (Stobbe et al. 2009) zwischen den Bereichen Rechenzentrum, Büro-
und Netzwerkumgebung unterschieden. Unter der Netzwerkumgebung ist hier nicht das
Netzwerk innerhalb des Rechenzentrums, sondern das Netzwerk, welches Rechenzentrum
und Büroumgebung miteinander verbindet, gemeint. Es wird zwischen direktem und peri-
pherem (bzw. indirektem) IKT-Energiebedarf unterschieden. Der direkte Energiebedarf
ist die Energie, die eine IKT-Komponente zum Betrieb benötigt. Da IKT-Komponenten
nur Strom zum direkten Betrieb erfordern, entspricht der direkte Energiebedarf dem
Strombedarf. Unter dem peripheren IKT-Energiebedarf wird im Folgenden der zusätzliche Energiebedarf verstanden, der für den ordnungsgemäßen Betrieb der IKT-Systeme
notwendig ist. Dazu zählen bspw. der Energiebedarf des Kühlsystems (Kältemaschinen,
Umluftklimaschränke) sowie die Verluste der Strombereitstellung. Energiemonitoring
umfasst die Überwachung der Energiebedarfe der Komponenten aus den drei genannten
Bereichen und wird für diesen Beitrag wie folgt definiert:

Energiemonitoring
Als Energiemonitoring wird ein Prozess verstanden, der entweder dauerhaft oder
in bestimmten Zeitintervallen Energiebedarfsdaten bzw. energierelevante Daten
erhebt und diese an ein zentrales System übermittelt. Das Zeitintervall muss dabei
so gewählt werden, dass für das Energiemanagement nötige Daten (wie z. B. Lastspitzen im Stromverbrauch) enthalten sind und diese bei der Erhebung nicht „über-
sprungen" werden.

Im Rahmen dieses Artikels werden nur physische Komponenten thematisiert, virtuelle Maschinen werden nicht betrachtet.[1] Dieser Artikel geht den folgenden Forschungsfragen nach:

- Welche Standards und Trends sind im Energiemonitoring zu identifizieren?
- Was muss bei der Auswahl eines EMS berücksichtigt werden?

Zu Beginn des Artikels werden die Standards und Trends beim Energiemonitoring in den Bereichen Rechenzentrum, Büro- und Netzwerkumgebung aufgezeigt. Kriterien zur Auswahl von EMS schließen sich an. Darauf folgt ein kurzer Überblick von bestehenden kommerziellen Energiemonitoringsystemen und Systemen, die sich prinzipiell dafür eignen. Dem Artikel liegt als Forschungsmethodik eine Kombination aus einem Literature Review und die Analyse von zehn Expertengesprächen zu Grunde.

8.2   Standards und Trends im Energiemonitoring

Für das Energiemonitoring werden Daten zum Energiebedarf einzelner IKT-Komponenten erfasst. Prinzipiell kann dabei zwischen direkter und indirekter Messung des Energiebedarfs unterschieden werden. Bei der direkten Messung wird der Energiebedarf (i. d. R. Strom) direkt mit einem Messgerät bestimmt. Bei der indirekten Messung hingegen werden Verbrauchsdaten aus dem zu überwachenden Gerät ausgelesen. Dabei kann man zwei Möglichkeiten unterscheiden:

1. Direkt von einem geräteinternen Sensor gemessener Energiebedarf.
2. Aus Verbrauchsprofilen über andere Daten des Geräts (z. B. CPU-Auslastung, Drehzahlen bei Pumpen) berechneter Energiebedarf.

In den folgenden Abschnitten werden die Standards und Trends des Energiemonitorings in den Bereichen Rechenzentrum, Büro- und Netzwerkumgebung dargestellt.

8.2.1   Rechenzentrum

Ein Rechenzentrum erbringt IT-Dienstleistungen, wofür IKT-Komponenten, wie z. B. Server, Speichersysteme, Router und Switche, benötigt werden. Damit der Betrieb der IKT-Komponenten dauerhaft möglich ist, verfügen die meisten Rechenzentren über

---

[1] Insbesondere ist dieses Thema in Rechenzentren aufgrund der wachsenden Bedeutung von virtuellen Systemen relevant. Um den Energiebedarf dieser virtuellen Systeme bestimmen zu können, müssen Leistungs- und Energiebedarfsdaten kombiniert werden. Ein mögliches Modell wird hierfür in (Kansal et al. 2010) beschrieben.

Kühlsysteme und Systeme zur Absicherung bei Stromausfall, wie z. B. Anlagen zur unterbrechungsfreien Stromversorgung (USV) und Netzersatzanlage (NEA). Diese notwendigen Systeme werden zur Gebäudetechnik und nicht zur IKT gezählt (Dittmar und Schaefer 2009; Merz et al. 2007). Prinzipiell treffen im Rechenzentrum zwei verschiedene Monitoringansätze aufeinander: Die Welt der IT, deren Monitoring vorrangig IP-basiert über das Netzwerk des Rechenzentrums (RZ) läuft und die Gebäudetechnik, die oftmals über Feldbusse (Standards zur Datenübertragung) an Speicherprogrammierbare Steuerungen (SPS) angebunden ist, welche die Steuerung der Anlagen und Geräte, wie bspw. Kühlsysteme, übernimmt (Merz et al. 2007).

8.2.1.1 Standards und Trends beim IKT-Monitoring im Rechenzentrum

Das Monitoring der IKT-Komponenten dient klassischerweise dem Verfügbarkeits-Monitoring. Dabei sind auch Steuerungsmöglichkeiten für die Administratoren der IT vorgesehen, um in die Systeme eingreifen zu können. Häufig kommt das Simple Network Management Protocol (SNMP) zum Einsatz. Dieses Protokoll verlangt einen Agenten auf dem zu überwachenden System und einen Manager, der die Daten der Agenten einsammelt. Das Protokoll spezifiziert die Kommunikation, der Inhalt wird über die sog. MIB (Message Information Base) festgelegt. Die MIBs werden von den Geräteherstellern definiert und müssen zur Verfügung stehen, damit eine SNMP-Überwachung von Geräten möglich ist. Ein Vorteil von SNMP ist die weite Verbreitung. Auf diversen Geräten ist SNMP implementiert oder kann per Software (z. B. durch Agenten auf Servern) nachträglich hinzugefügt werden. Die Spezifikation von SNMP und den MIBs wird über Request for Comments (RfC) geregelt, ein Überblick zur Technologie ist bspw. in (Stallings 1999) zu finden. Neben SNMP ist bei Windows-Servern häufig die aktivierte Windows Management Instrumentation (WMI) anzutreffen (Microsoft 2012). Dabei handelt es sich um die Microsoft Implementierung des Common Information Model (CIM). Mit der WMI ist das Monitoring und Management von verteilten IT-Systemen auf Windows-Basis ohne Agenten (im Gegensatz zu SNMP) möglich. Nachteil dieser Technologie ist die Begrenzung auf die Windows-Welt (Microsoft 2012). Für das IKT-Monitoring wird oft Open-Source-Software eingesetzt. So ist Nagios in der Industrie als Monitoring-Software weitverbreitet und bietet Möglichkeiten u. a. zur SNMP- und WMI-Überwachung an (Nagios 2012). Die Recherche zeigt, dass viele Hersteller von IKT-Komponenten und Geräten, die im Serverraum zum Einsatz kommen, eigene (teilweise proprietäre) Monitoringsysteme anbieten. Diese übernehmen die Überwachung der Geräte vorwiegend über das Protokoll SNMP. Ein übergeordnetes EMS kann seine Daten sowohl aus den einzelnen Geräten als auch aus den Monitoringsystemen beziehen, da diese i. d. R. Schnittstellen in Form von Application Programming Interfaces (APIs) oder Webservices anbieten.

Das agentenbasierte Monitoring über SNMP weist einen entscheidenden Schwachpunkt auf: Es ist der Zugriff auf die zu überwachende Ressource nötig und es muss dauerhaft ein Agent installiert werden. Bei Komponenten, wie z. B. intelligenten Stromverteilleisten (englisch: PDU, Power Distribution Unit, deutsch: intelligente R-NSUV,

Rack-Niederspannungsunterverteilung) ist dieser Zugriff unkritisch. Oft haben die RZ-Verantwortlichen allerdings keinen Zugriff auf die Betriebssysteme der zu überwachenden Geräte. Um in Zukunft auch ein Monitoring und ggf. eine Steuerung solcher Systeme zu ermöglichen, haben die Hersteller einen neuen Standard zum Monitoring und Management von verteilten IKT-Systemen ausgehandelt. Dieser Standard heißt IPMI (Intelligent Platform Management Interface). Dieses System wird auf Hardwareebene spezifiziert. I. d. R. besitzt ein System einen eigenen BMC (Baseboard Management Controller), der über eine eigene IP-Adresse und Stromversorgung verfügt. Dieser BMC hat Zugriff auf die internen Sensoren des zugehörigen Hauptsystems und kann über den eigenen Netzwerkanschluss Zustandsinformationen kommunizieren, ohne in das Hauptsystem einzugreifen (Krenn 2012). IPMI wurde bereits von einigen Herstellern implementiert. Die IPMI Umsetzung von Hewlett Packard (HP) ist bspw. HP-ILO (HP Integrated Lights-Out).

8.2.1.2 Standards und Trends beim Monitoring der Gebäudetechnik

Die speicherprogrammierbaren Steuerungen, die die Steuerung der einzelnen Geräte und Anlagen übernehmen, sind wiederum an einen Gebäudeleitrechner angebunden, der die Informationen der einzelnen Anlagen zusammenführt. Dieser Rechner verfügt i. d. R. über viele Schnittstellen zu den eingesetzten Feldbussen (z. B. Profibus, ModBUS, BACNet, LON etc.) und zur Anbindung von Geräten über IP. Die Einrichtung der Anlagen und der Steuerung wird i. d. R. von Firmen der entsprechenden Gewerke (z. B. Kältetechnik-, Mess-, Steuer- und Regelungstechnik-Spezialisten) übernommen (Merz et al. 2007).

Die historische Entwicklung der Gebäudetechnik und der zugehörigen Gebäude-leittechnik (GLT) bedingte die Entwicklung von sehr vielen und unterschiedlichen Feldbussen zur Anbindung der Anlagen und Geräte (Merz et al. 2007). In den letzten Jahren gibt es auch im Bereich der Gebäudetechnik die Bestrebung, diese Entwicklung aufzubrechen und mit einheitlichen Standards zu arbeiten. Hier sind vor allem LON und BACNet zu nennen. Dies sind offene, IP-basierende Protokolle, mit denen in Zukunft die Anlagen der Gebäudetechnik an die GLT angebunden werden sollen. Aufgrund der langen Nutzungsdauer gebäudetechnischer Anlagen, ist hier jedoch mit einer langen Übergangszeit (10–15 Jahre) zu rechnen (Merz et al. 2007).

8.2.1.3 Monitoringlandschaft im RZ – Herausforderungen für ein übergeordnetes Energiemonitoring

Wie bereits erwähnt, müssen die Daten aus den einzelnen Geräten bzw. aus den einzelnen Monitoringsystemen in ein übergeordnetes Energiemonitoringsystem aggregiert werden. Hervorzuheben ist, dass bei Umluftklimaschränken (ULK) und bei unterbrechungsfreien Stromversorgungen (USV) bereits heute über SNMP Kommunikationsmöglichkeiten mit der IT-Welt existieren. Dies ist darauf zurückzuführen, dass die Informationen über den Zustand der Klimatisierung und der Stromversorgung im Serverraum für die IT-Administration wichtige Größen hinsichtlich ihres Verfügbarkeitsmonitorings sind.

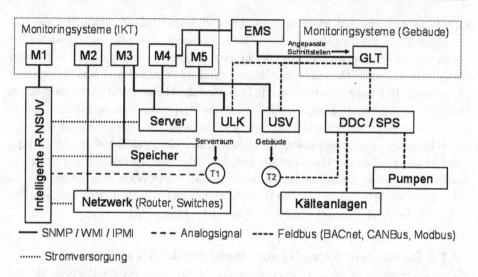

Abb. 8.1 Monitoring-Landschaft im Rechenzentrum mit übergeordnetem Energiemonitoring-system (*Quelle* Schödwell et al. 2012)

Ein Energiemonitoringsystem im Rechenzentrum muss demnach immer sowohl die IKT-Komponenten als auch die gebäudetechnischen Anlagen erfassen. Eine typische RZ-Monitoring-Landschaft mit einem übergeordneten Energiemonitoringsystem ist beispielhaft in Abb. 8.1 dargestellt.

8.2.2 Büroumgebung

Die Büroumgebung setzt sich aus den IKT-Endgeräten zusammen. Hierunter fallen beispielsweise die Desktop-PCs, Thin Clients und Drucker.

8.2.2.1 Standards und Trends beim Energiemonitoring in der Büroumgebung

In der Büroumgebung ist – vom Einsatz von Thin Clients abgesehen – kein richtiges Monitoring etabliert. In der Regel kommen dort keine zentralisierten Monitoringsysteme zum Einsatz. Oft werden von der IT-Organisation auf den Systemen Software-Lösungen zur Fernwartung installiert bzw. der Remote-Zugriff aktiviert, um die Bereitstellung neuer Software oder die Erledigung von Helpdesk-Anfragen zu ermöglichen (Hephaestus Books 2011).

Prinzipiell sind aber ähnliche Ansätze wie beim Monitoring im Rechenzentrum (IKT) möglich. Sowohl SNMP als auch WMI können für diese Aufgabe genutzt werden. IPMI ist relativ aufwendig zu realisieren, daher ist fraglich, ob diese Technologie bei Low-Cost-Geräten, wie Bürorechnern, zum Einsatz kommen wird. Energiemonitoring wird bisher

selten in Büroumgebungen eingesetzt, da die meisten Büroanwendungen für keine nennenswerte Auslastung auf dem Zielsystem sorgen und somit der Energiebedarf weitgehend konstant ist (Berl und de Meer 2011). Das Energiemonitoring der Büroumgebung kann bspw.
durch die Software von der Firma JouleX realisiert werden. Dabei werden die Geräte über
einen Verzeichnisdienst in das EMS eingebunden. Über WMI bzw. über ein Benutzerkonto
bei Unix/Linux-Systemen (Kommunikation über SSH) werden relevante Daten abgerufen und in Energiebedarfe umgerechnet. Dabei verwendet JouleX ein Rating-System zur
Bewertung der Datenqualität (vgl. direkt und indirekt bestimmte Energiebedarfe).

8.2.3 Netzwerkumgebung

Die Netzwerkumgebung besteht u. a. aus Switchen und Routern. Momentan setzt
sich IP-Telefonie am Markt durch, weshalb die Netzwerkgeräte in Zukunft auch den
Telefonverkehr abwickeln werden.

8.2.3.1 Standards und Trends beim Energiemonitoring in der Netzwerkumgebung

Die Router und Switche der Netzwerkumgebung werden derzeit häufig über SNMP überwacht. Dabei gibt es für gängige Modelle von Routern und Switchen sowohl proprietäre Monitoring-Software, wie z. B. Cisco Prime LAN Management Solutions, aber auch
Open-Source-Software, wie bspw. Nagios. Der Fokus liegt derzeit auf der Überwachung des
Durchsatzes und der Einhaltung von Latenzzeiten, um bspw. Service Level Agreements (SLAs)
einhalten zu können (Cisco 2012b; Nagios 2012).

Das Energiemonitoring und -management der Netzwerkumgebung wird zunehmend
wichtiger. Über das Netzwerk sind beispielsweise Informationen zum Status der Geräte
abrufbar. Teilweise wird der Energiebedarf von Endgeräten, die über PoE (Power over
Ethernet) versorgt werden, direkt gemessen. Cisco hat hierzu das Energy Wise-Protokoll
entwickelt, das sowohl ein Energiemonitoring als auch eine Steuerung (Zustände: An,
Aus, Standby) von Netzwerkgeräten ermöglichen soll. Insbesondere im Management von
IP-Telefonen ergeben sich hier interessante Möglichkeiten. JouleX hat bereits das Cisco
EnergyWise-Protokoll implementiert. Da Cisco Marktführer im Bereich Netzwerk ist, kann
erwartet werden, dass das EnergyWise-Protokoll in diesem Bereich zum De-facto-Standard
für das Energiemonitoring wird (Cisco 2012a).

8.3 Energiemonitoringsysteme

Es existiert eine große Anzahl an Energiemonitoringsystemen. Energiemonitoringsysteme
stellen dabei Systeme aus Hard-(Sensoren) und Softwarekomponenten dar. Es handelt
sich um (teilweise) freie bzw. quelloffene Software, aber auch um kommerzielle Tools.
Im folgenden Abschnitt werden Kriterien zur Klassifizierung von EMS vorgestellt. Die

Auflistung der Kriterien erhebt keinen Anspruch auf Vollständigkeit, die Gewichtung ist vom spezifischen Szenario abhängig.

8.3.1 Kriterien zur Auswahl eines Energiemonitoringsystems

Die Auswahl eines geeigneten Energiemonitoringsystems ist ein komplexer Prozess, da diese immer individuelle, auf die konkrete IKT-Landschaft angepasste Lösungen darstellen. Allgemeine Empfehlungen bzw. Bewertungskriterien sind daher schwierig und können nur im Kontext der jeweiligen Anforderungen gelöst werden. Ein Kriterienkatalog zur Bewertung von Energiemonitoring wurde z. B. in (Stanley und Koomey 2009) für Rechenzentren entwickelt. Dabei werden vor allem die folgenden Aspekte berücksichtigt:

- Topologie des Systems
- Messungen und Messsensoren
- Datenauswertung und –export
- Dokumentation
- Aufwand, welcher sich in Konfiguration und Kosten unterteilt
- Support

In den Expertengesprächen wurde deutlich, dass insbesondere bei der Einbindung in übergeordnete Managementsysteme zusätzlich noch die nachfolgenden Kriterien zu beachten sind.

Anbindungsmöglichkeiten Wie können die zu überwachenden IKT-Komponenten in das System eingebunden werden? Wie werden andere Daten (von Servern oder anderen IKT-Komponenten) eingebunden?

Datenqualität der Energiemonitoringsysteme Wie werden die Daten erhoben? Werden diese nur abgefragt oder können sie auch vom System selbst (z. B. durch Messungen) ermittelt werden?

Datenaufbereitung Wie können die Daten im System aufbereitet werden? Können Kennwerte gebildet werden?

Exportmöglichkeiten Wie können die Daten in ein übergeordnetes Managementsystem übergeben werden? Einfacher Export über CSV bzw. XML? APIs oder direkt über das zugrundeliegende Datenbankmanagementsystem (DBMS)?

Standardkonformität Wie hält sich das System an Standards, z. B. bei der Anbindung und dem Export der Daten?

Kosten Wie setzen sich die Kosten für das System zusammen? Sind diese transparent?

8.3.2 Kommerzielle Energiemonitoringsysteme

Am Markt existiert eine große Anzahl von Energiemonitoringsystemen. Die Systeme lassen sich prinzipiell in zwei Gruppen einteilen, die im Folgenden beschrieben werden.

Tab. 8.1 Übersicht von Energiemonitoringsystemen

EMS	Bereich[a]	Link/Quelle
Avocent (Data Center Planner, DSView & Rack Power Management)	RZ	(Avocent 2012)
CA (ecoMeter & ecoDesktop & Nimsoft[b])	RZ, B, N	(CA Technologies 2012)
deZem – Energiecontrolling	RZ, B	(deZem 2012)
IBM Tivoli Monitoring for Energy Management	RZ	(IBM 2012)
IT-Backbone GmbH	RZ	(IT Backbone 2012)
JouleX Energy Manager	RZ, B, N	(JouleX 2012)
Cob-Web (proRZ)	RZ, (B)	(SecuRisk (proRZ) 2012)
PRTG Netzwerk Monitor	N, (RZ)	(Paessler 2012)
Raritan (DCTrack & Power IQ)	RZ	(Raritan 2012)
Rittal RiZone	RZ	(Rittal 2012)
Nagios XI	RZ, N	(Nagios 2012)

[a] RZ = Rechenzentrum, B = Büroumgebung, N = Netzwerkumgebung
[b] Nimsoft Unified Manager und Monitoring wurde von CA aufgekauft

Reine Energiemonitoringsysteme Diese Systeme sind speziell zur Erhebung von Energiebedarfen entwickelt worden. Sie dienen vorwiegend dem Zweck der Energiebedarfsermittlung bzw. Bestimmung der Energieeffizienz der IKT.

Monitoringsysteme, die um Fähigkeiten zur Energiebedarfsbestimmung erweitert wurden Diese Systeme wurden für klassische Monitoring-Aufgaben im IKT-Umfeld entwickelt. Beispielhaft ist hierfür die Verfügbarkeits- und Auslastungsüberwachung von Komponenten zu nennen. Um sich neue Marktfelder zu erschließen, wurden diese Systeme um die entsprechenden Auswertungsfunktionen bzgl. des Energiebedarfs erweitert.

Beispiel für ein reines EMS ist JouleX, ein aus anderer Software entwickeltes EMS ist RiZone der Firma Rittal. Tab. 8.1 liefert eine Übersicht kommerzieller EMS.

8.4 Zusammenfassung und Ausblick

Eine Vielzahl von Lösungen zum Energiemonitoring physischer IKT-Komponenten existiert am Markt. Für IKT-Komponenten sind die wichtigsten Ausprägungen das agentenbasierte Monitoring, die direkte Messung über externe Messtechnik und das Abfragen interner Sensoren, wie es z. B. über IPMI möglich ist.

Bei Rechenzentren, die in Deutschland nach (Dittmar und Schaefer 2009) ca. 1,8 % des Gesamtstrombedarfs verursachen, kommt zusätzlich noch der periphere Energiebedarf hinzu, der traditionell über die Gebäudeleittechnik erfasst werden kann.

Während die Integration des Monitorings der Gebäudetechnik und der IKT mittlerweile große Fortschritte macht, ist eine der großen Herausforderungen eines übergeordneten

Energiemonitorings die Verknüpfung der Auslastungsdaten (z. B. CPU, RAM und Disk I/O.) der einzelnen IKT-Komponenten mit den Energiebedarfsdaten der zugehörigen physischen Systeme.

Literatur

Avocent (2012) Data center management software. http://avocent.com/Products/Category/Data_Center_Management_Software.aspx. Zugegriffen: 13. Dez 2012

Berl A, de Meer H (2011) An energy consumption model for virtualized office environments. Future Gener Comput Syst 27:1047–1055

CA Technologies (2012) CA ecoMeter. http://www.ca.com/us/products/detail/ca-ecometer.aspx. Zugegriffen: 13. Dez 2012

Cisco (2012a) Cisco EnergyWise technology. http://www.cisco.com/en/US/products/ps10195/index.html. Zugegriffen: 13. Dez 2012

Cisco (2012b) Cisco prime LAN management solution – Products & Services. http://www.cisco.com/en/US/products/ps11200/index.html. Zugegriffen: 13. Dez 2012

deZem (2012) Energiecontrolling – klar und direkt. http://www.dezem.de/. Zugegriffen: 13. Dez 2012

Dittmar L, Schaefer M (2009) Electricity demand modeling of german data centers: dealing with uncertainties. Schriftenreihe Innovationszentrum Energie Band 1. http://opus.kobv.de/tuberlin/volltexte/2009/2417/

Hephaestus Books (2011) Articles on remote desktop, including: Citrix Systems, Independent Computing Architecture, Technical Support, Remote Desktop protocol, Citrix Xenapp, Linux Terminal Server Project, Nx Technology, Citrix Winframe, Pxes, Citrix Online. Hephaestus Books

IBM (2012) Tivoli monitoring for energy management. http://www-01.ibm.com/software/tivoli/products/monitor-energy-management/. Zugegriffen: 13. Dez 2012

IT Backbone (2012) Produkt- und Herstellerneutrale Leistungen für Nachhaltige IT. http://www.it-backbone.com/. Zugegriffen: 13. Dez 2012

JouleX (2012) JouleX – enterprise energy management solutions. http://www.joulex.net/solutions/. Zugegriffen: 13. Dez 2012

Kansal A, Zhao F, Liu J, Kothari N, Bhattacharya A (2010) Virtual machine power metering and provisioning. In: ACM symposium on cloud computing

Krenn T (2012) IPMI Grundlagen – Wiki. http://www.thomas-krenn.com/de/wiki/IPMI_Grundlagen. Zugegriffen: 13. Dez 2012

Merz H, Hansemann T, Hübner C (2007) Gebäudeautomation: Kommunikationssysteme mit EIB/KNX, LON und BACnet. Carl Hanser Verlag

Microsoft (2012) Windows management instrumentation. http://msdn.microsoft.com/en-us/library/windows/desktop/aa394582(v=vs.85).aspx. Zugegriffen: 13. Dez 2012

Nagios (2012) Nagios – the industry standard in IT infrastructure monitoring and alerting. http://www.nagios.com/. Zugegriffen: 13. Dez 2012

Paessler (2012) PRTG Netzwerkmonitoring. www.de.paessler.com/prtg. Zugegriffen: 13. Dez 2012

Raritan (2012) Data center infrastructure management. http://www.raritan.com/products/data-center-infrastructure-management/. Zugegriffen: 13. Dez 2012

Rittal (2012) RiZone – monitoring & management software for IT infrastructure. http://www.rittal.com/products/it-solutions/rizone/. Zugegriffen: 13. Dez 2012

Schödwell B, Drenkelfort G, Erek K, Zarnekow R, Behrendt F (2012) Auf dem Weg zu einem ganzheitlichen, quantitativen Bewertungsansatz für Energiemonitoring-Systeme in Rechenzentren. In: Proceedings zur Informatik

SecuRisk (pro RZ) (2012) RZ-Energiemanagement. http://www.securisk.de/de/Leistungsspektrum/ rzenergiemanagement.php. Zugegriffen: 13. Dez 2012

Stallings W (1999) SNMP, SNMPv2, SNMPv3, and RMON 1 and 2. Addison-Wesley Professional

Stanley JR, Koomey J (2009) The science of measurement: improving data ceter performance with continous monitoring and measurement of site infrastructure. Tech. Rep.

Stobbe L, Nisse NF, Proske M, Middendorf A (2009) Abschätzung des Energiebedarfs der weiteren Entwicklung der Informationsgesellschaft. Tech. Rep., Fraunhofer IZM

Angewandtes Semantisches Metamodell von Rechenzentren für Green IT

9

Ammar Memari

Zusammenfassung

Rechenzentren können als greifbares Internet verstanden werden. Sie führen alle großen Berechnungen und Dienste des Internets und Unternehmen auf kontrollierte Art und Weise durch. Dies führt zu der Tatsache, dass die Optimierung solcher Berechnungen in Rechenzentren geschehen muss, egal ob es sich um die Optimierung von Operationen, Ausführungsgeschwindigkeit, Energieverbrauch oder Umweltbelastung handelt. Rechenzentren haben in den letzten Jahren in Größe und Komplexität zugenommen. Dies hat zu einer entsprechenden Ausweitung des Energieverbrauchs geführt und dessen Überwachung verkompliziert. Erfolgreiche Modellierung von Rechenzentren ist ein wesentlicher Faktor für eine erfolgreiche Überwachung und Steuerung. Mit dem kontinuierlichen Wachstum in Größe und Komplexität, und mit dem Aufkommen von Virtualisierung, benötigen Rechenzentren bessere Tools, die die wachsenden Verwaltungsaufgaben ausführen können. Ein semantisches Modell kann hierbei eine zentrale Rolle spielen. In diesem Beitrag stellen wir die Grundlage für die Ausarbeitung dieses Modells vor, mit Berücksichtigung von Qualitätsaspekten wie Standardisierung, (Wieder-) Verwendbarkeit und Integrierbarkeit. Am Ende zeigen wir einen Teil des entwickelten Modells.

Schlüsselwörter

Green IT • Rechenzentrum • Semantische Modellierung • Ontologien • Messungen

A. Memari (✉)
Universität Oldenburg, Ammerländer Heerstr., 114–118, 26129 Oldenburg, Deutschland
e-mail: memari@wi-ol.de; ammar.memari@offis.de

J. Marx Gómez et al. (Hrsg.), *IT-gestütztes Ressourcen- und Energiemanagement*,
DOI: 10.1007/978-3-642-35030-6_9, © Springer-Verlag Berlin Heidelberg 2013

9.1   Einleitung

Das zu entwickelnde Modell sollte nicht nur beschreibend und ableitbar, sondern auch integrierbar sein. Das Modell soll die Integration der beschriebenen Rechenzentren sowohl in wissenschaftliche Frameworks wie BUIS (Betriebliches Umweltinformationssystem) (Allam et al. 2011), als auch in industrielle Infrastrukturstandards wie zum Beispiel das Smart Grid erlauben. Daher sind standardisierte Modellierungsspezifikationen in unserem Beitrag verwendet worden. Basierend auf Lexika, Taxonomien und andere Arten von Metamodellen, die bereits in dem Gebiet existieren. Wir nähern uns in diesem Beitrag einem breiteren, stärker formal-deskriptivem und integrierbarem Metamodell, das in der standardisierten Sprache von Ontologien geschrieben wird.

Der Rest des Beitrags ist wie folgt aufgebaut: Im nächsten Abschnitt geben wir eine Übersicht einiger Ontologien aus der Literatur, die auf die eine oder andere Weise für unseren Ansatz verwendet wurden. Danach präsentieren wir bestehende industrielle Richtlinien und Best Practices. Darauf folgend beschreiben wir den Weg zu unserer Ontologie gemäß der vorgestellten Empfehlungen. Am Ende geben wir einen Einblick, wie dieses Metamodell für die flexible Erzeugung von Toolboxen und Bausteinen für ein ausführbares operatives Modell angewendet werden kann.

9.2   Ontologien

Eine Ontologie ist eine explizite Spezifikation einer Konzeptualisierung (Gruber 1993). Wir haben uns aus mehreren Gründen entschieden, unser Metamodell in Form einer Ontologie zu erstellen:

- Standardisierung: Eine Ontologie ist eine standardisierte Darstellung, obwohl verschiedene Sprachen – wie die Web Ontology Language (OWL), Resource Description Framework/Schema (RDF/RDFS), Knowledge Interchange Format (KIF), etc. – für die Darstellung ihrer Syntax verwendet werden. Diese Sprachen sind leicht austauschbar und bilden daher keine Barriere für die Integration von Ontologien, die in unterschiedlichen Sprachen geschrieben sind.
- Anwendbarkeit: Eine wachsende Zahl von Anwendungen verfügen über Ontologie-Annotationen, weshalb eine größere Anwendbarkeit unseres Metamodells durch eine ontologische Repräsentation erzielt wird. Darüber hinaus wählen wir eine XML-basierte Sprache (OWL) für unsere Ontologie, sodass wir eine hohe Unterstützung bei Design-, Überwachung-, und Optimierungstools haben.
- Einschließlichkeit: Eine Ontologie ist eine umfassende Art der Darstellung. Es lassen sich auch andere Formen von Metamodellen, wie Hierarchien und Lexika, darin abbilden.

Wir untersuchen in diesem Abschnitt Ontologien aus der Literatur in drei Hauptkategorien: Top-Level-Ontologien sind diejenigen, die Definitionen für allgemeine Begriffe bieten und als Grundlage für die spezifischeren Domain-Ontologien (Niles und Pease 2001) dienen. Mid-Level-Ontologien kommen direkt darunter und sind etwas spezifischer. Low-Level-Ontologien sind die domainspezifischen Ontologien, die Begriffe und Beziehungen eines bestimmten engen Bereichs definieren.

Zum Beispiel haben die Autoren Germain-Renaud et al. (2011) ihre low-level „Green IT" Domain-Ontologie entsprechend der mid-level „Beobachtung und Messung"-Ontologie von Kuhn und Werner (2009) gebaut, die wiederum in Übereinstimmung mit der DOLCE grundlegende Ontologie von Borgo und Masolo (2009) gebaut geworden ist.

9.2.1 Top-level

Borgo und Masolo (2009) charakterisieren diese Stufe der *grundlegenden* Ontologien als diejenigen, die (i) einen großen Umfang haben, (ii) sehr wiederverwendbar in verschiedenen Modellierungsszenarien sind, (iii) philosophisch und konzeptionell begründet sind, und (iv) semantisch transparent und (deshalb) reich axiomatisiert sind.

Zwei Ontologien, die unter die gleiche Top-Level-Ontologie gehören, sind leichter zu integrieren. Daher finden wir es wichtig, nicht von Null bei der Definition unserer Top-Level-Begriffe zu starten, sondern auf bestehende Artefakte aufzubauen. Dabei können wir uns auf unsere Domäne konzentrieren und sicherstellen, dass unsere Arbeit sich gut integriert, indem sie in Übereinstimmung mit bekannten Top-Level-Ontologien steht.

9.2.1.1 SUMO

Eine der größten freien Top-Level-Ontologien ist die Suggested Upper Merged Ontology (SUMO) (Niles und Pease 2001). Sie ist im Besitz von der IEEE und enthält mehr als 25000 reich definierte Begriffe, Mappings zu dem WordNet-Lexikon (Princeton University 2010), und eine große Anzahl von Domain-Ontologien darunter. Diese Eigenschaften machen SUMO eine sehr attraktive Top-Level-Ontologie, um darauf aufzubauen. Unter den Ontologien in Übereinstimmung mit SUMO und zudem interessant für unsere Forschung sind: Communication Ontology, Distributed Computing Ontology, Economy Ontology und die Engineering Components Ontology.

SUMO wurde in einer Bottom-up-Weise gebaut, auf Basis von bestehenden öffentlich-zugänglichen ontologischen Inhalten (Niles und Pease 2001a). Wurzelknoten von SUMO ist die „Entity", die sich in „Abstract" und „Physical" gliedert, die dann weiter geteilt sind, sodass der obere Teil dieser Ontologie wie folgt aussieht:

- Entity:
  - Physical: Object, ContentBearingPhysical, Process, PhysicalSystem.
  - Abstract: Quantity, Attribute, SetOrClass, Relation, Proposition, Graph, GraphElement, Model, ProcessTask.

9.2.1.2 DOLCE

Die DOLCE-Ontologie unterscheidet sich von SUMO, indem sie Grundbegriffe aus philosophischer anstatt praktischer Sicht behandelt. Im Gegensatz zu SUMO wurde der Aufbau von DOLCE durch einen Top-down-Ansatz durchgeführt. Autoren argumentieren, dass sie großen Wert auf Interoperabilität legt, vor allem mit anderen ontologischen Systemen (Borgo und Masolo 2009). DOLCE definiert vier Top-Level-Kategorien von *particulars*:

- *Endurants* sind Entitäten, die zu verschiedenen Zeiten unverändert gegenwärtig sind, wie Gebäude, Berge und Seen.
- *Perdurants* sind Entitäten, die sich über die Zeit verändern und sie haben daher verschiedene Teile zu verschiedenen Zeiten. Beispiele sind Niederschläge, Autounfall und ein Stromausfall. Letztendlich ist die Kategorisierung einer Entität als Endurant oder Perdurant oft eine Frage der gewünschten zeitlichen Auflösung (Kuhn und Werner 2009). Wenn wir über Zeiträume von Millionen von Jahren reden, können auch Seen und Berge nicht als Endurants betrachtet werden. Endurants und Perdurants können jeweils in *Objekte* und *Events* vereinfacht werden.
- *Abstracts* sind Entitäten außerhalb der Zeit und Raum, wie die Zahl „50".
- *Qualities* ordnen Abstracts zu Particulars. Beispielsweise inhäriert eine Temperatureigenschaft (Quality) sich in einer Luftmenge und ordnet die abstrakte „27" zu.

9.2.1.3 SmartSUMO

Diese Ontologie ist das Ergebnis von Bemühungen SUMO und DOLCE in einer Ontologie, die als eine vereinte Top-Level-Ontologie dient, zu kombinieren (Oberle et al. 2007). Die Autoren erhalten dabei auf der einen Seite die Vorteile eines Bottom-up-Ansatzes mit reich definierten Konzepten aus verschiedenen praktischen Bereichen und auf der anderen Seite die Vorteile einer sorgfältig ausgearbeiteten Top-down-Ontologie mit solidem philosophischen Hintergrund.

9.2.2 Mid-level

Eine Mid-Level-Ontologie ist eine Ontologie, die eine Brücke zwischen den abstrakten Konzepten in Top-Level-Ontologien und dem Detailreichtum von Domain-Ontologien bildet. Es entspricht in der Regel Best Practices, dass Ontologien auf dieser Ebene einer Top-Level-Ontologie entsprechen, auch wenn dies nicht notwendig ist.

9.2.2.1 Mid-Level Ontology (MILO)

Die Autoren von SUMO haben auch die MILO als Mid-Level-Ontologie komplett gemäß SUMO (Niles und Terry 2004) erstellt. MILO, nach dem Vorbild von SUMO, ist reich axiomatisiert. Sie ist für die Lücke zwischen SUMOs Abstraktionsebene und den verschiedenen Domain-Ontologien, die entweder durch das gleiche Projekt oder durch externe

Projekte produziert werden, vorgesehen. Eines von MILOs Zielen ist es, Definitionen für Begriffe, die nicht eindeutig einer bestimmten Domäne angehören bereitzustellen. Sie liefert somit Breite und Vielfalt der Hierarchie und ermöglicht es kleineren Projekten Semantik zu benutzen, ohne ihre eigenen Ontologien entwickeln zu müssen.

9.2.2.2 A Functional Ontology of Observation and Measurement

Die Ontologie erstellt durch (Kuhn und Werner 2009) richtet sich ganz nach DOLCE. Diese Ontologie schlägt eine philosophische Lösung für beobachtete Phänome vor, und bestimmt die Beobachtung als Informationsprozess unabhängig von der beteiligten Technologie wie folgt:

1. wähle etwas Beobachtbares (Observable);
2. finde einen oder mehrere Reize (Stimuli), die ursächlich mit dem Beobachtbaren (Observable) verbunden sind;
3. erkenne Reize (Stimuli) und produziere analoge Signale („Eindruck");
4. wandele die Signale in Beobachtungswerte („Ausdruck").

Zum Beispiel: Das Messen der Temperatur einer Menge von Luft durch ein Thermometer verwendet Wärmestrom als Reiz (Stimulus). Der Reiz verursacht eine Ausdehnung einer Menge von Gas oder Flüssigkeit. Diese Menge (bezogen auf seinen Behälter) ist das Signal, das auf eine Anzahl von Grad auf der Celsius-Skala umgewandelt würde.

Observers: Die Observer-Rolle (Beobachter) gemäß dieser Ontologie generalisiert die menschlichen und technischen Sensorbeobachtungen. Diese Rolle erfolgt in Form der Prozesse der Zuordnung eines Stimulus zu Beobachtungswerten.

Objects: Sind physische (z. B. Server und andere Hardware-Komponenten) oder zeitliche Objekte wie Prozesse (z. B. Drehbewegung des Ventilators) oder Ereignisse (z. B. Stromausfall).

Qualities: Sind Dimensionsbeschreibungen der Objekte. Sie unterscheiden sich je nachdem, ob sie von physikalischen Objekten (z. B. Temperatur einer Komponente), Prozessen (z. B. Drehzahl eines Ventilators) oder Ereignissen (z. B. der Dauer eines Stromausfalls) gehostet werden.

Magnitudes: Sie sind zugeordnet zu *Qualities*, die von *Objects* gehostet werden. Sie können boolesch, numerisch, Skalaren oder Vektoren sein und können erfasst oder berechnet werden. Berechnete Magnitudes (Größen) können entweder von anderen abgeleitet werden (z. B. wie Leistungsaufnahme aus Spannung und Intensität abgeleitet werden könnte) oder extrapoliert im Falle eines fehlenden Wertes.

9.2.3   Low-level

Low-Level-Ontologien beziehen sich in der Regel auf eine bestimmte Domäne. Obwohl eine Ontologie für den Green-IT-Bereich noch nicht existiert, gibt es einige benachbarte Domänenontologien, die interessant für unsere Forschung sind.

Distributed computing ontology Innerhalb des großen Umfangs des SUMO-Projekts steht diese Ontologie auf der untersten Ebene, indem ihre Konzepte unter die MILO und SUMO gesetzt werden. Unter SUMOs Product-Konzept, zum Beispiel, kommt das Konzept ComputationalSystem direkt ohne Umweg über MILO. Dieses Konzept bildet das Basiskonzept für ComputerNetwork, HardwareSystem, RealtimeSystem, ComputerResource und Server.

Jedes Konzept in dieser Ontologie hat eine Zuordnung zu WordNet (Princeton University 2010), die für das Konzept eine kurze Definition in Form eines englischen Wortes liefert und es in Beziehung mit anderen englischen Wörtern setzt.

9.2.3.1 GCO Ontology für Green IT

The Green Computing Observatory (GCO) hat mit dem Aufbau einer Ontologie begonnen, die die Verbesserung der Energieeffizienz in der IT-Domain anspricht (Germain-Renaud et al. 2011). Diese Ontologie würde dem Zweck dienen, die gesammelten Nutzungs- und Verbrauchsdaten nutzbar zu machen. Sie liegt innerhalb eines größeren Projekts, welches darauf abzielt, die Messung von IT-Lasten vorzubereiten und deren anonymisierte Veröffentlichung zu Forschungszwecken zu unterstützen.

Diese Ontologie wird auf der obengenannten Functional Ontology of Observation and Measurement aufbauen. Sie erbt von DOLCE als Top-Level-Ontologie, aber berücksichtigt SUMO oder einer ihrer Sub-Ontologien nicht. Darüber hinaus, wegen der Fokussierung auf die Messung, fehlt der Ontologie in ihrem aktuellen Zustand eine richtige Axiomatisierung von IT-Geräten und Hardware, zusätzlich zu dem großen Mangel an Darstellungen von Softwarekonzepten. Diese Nachteile hätten vermieden werden können, wenn die Autoren SUMO und verwandte Ansätze betrachtet hätten.

9.3   Richtlinien und Empfehlungen

Als Grundlage für unsere geplante Ontologie empfehlen wir nicht nur andere Ontologien, sondern auch unstrukturierte Richtlinien, Taxonomien und Lexika, die von hohem Wert für die Domäne sind.

9.3.1   Taxonomie von energieeffizienten Rechenzentren

Beloglazov et al. (2011) unterscheiden Probleme, die aus hoher *Leistungsaufnahme* und hohem *Energieverbrauch* stammen. Ersteres wird hauptsächlich durch eine niedrige durchschnittliche Auslastung der Ressourcen verursacht, spiegelt sich im Spitzen-Energieverbrauch wider und führt zu Aufwendungen in Form von zusätzlicher Kapazität verschiedener Komponenten. Wohingegen das Letztgenannte keinen Einfluss auf die

Kosten der Infrastruktur hat, sondern sich in den Kosten für den Stromverbrauch des System widerspiegelt.

Die Studie präsentiert eine Taxonomie von energieeffizienter Gestaltung von IT-Systemen auf den Ebenen Hardware, Betriebssystem, Virtualisierung und Data Center. Auf jeder dieser Ebenen werden verschiedene Methoden und Techniken zur Optimierung von Leistung und Energieverbrauch untersucht und beispielhaft dargestellt. Diese Taxonomie ist umfassend genug, um als Grundlage für die Leistung- /Energie-Optimierungsmethoden und Techniken in der Green-IT-Ontologie zu dienen.

9.3.2   Glossar von SearchDataCenter

Vogel Business Media hat durch ihr Produkt SearchDataCenter (Vogel IT-Medien 2012) ein Glossar von Begriffen im Zusammenhang mit dem Gebiet der Rechenzentren veröffentlicht. Das Glossar ist in deutscher Sprache und bietet reichhaltige Definitionen von etwa 1000 Begriffen, die den Bereich Rechenzentrum abdecken und deutsche und englische Namen für die Begriffe verwenden.

Obwohl dieses Glossar noch unvollständig ist und eine flache Struktur und keine Hierarchie aufweist, kann es trotzdem als Ausgangspunkt für Bemühungen um den Aufbau einer Green-IT-Ontologie dienen.

9.3.3   Data Center Maturity Model (DCMM)

Eine weitere wichtige Quelle von Green-Data-Center-Wissen ist dieses Modell. Erstellt von The Green Grid Konsortium in 2011 (Singh et al. 2011) mit dem Ziel, „klare Ziele und die Richtung für die Verbesserung der Energieeffizienz und Nachhaltigkeit in allen Aspekten des Rechenzentrums zu liefern" (Singh et al. 2011).

Dieses Modell beschäftigt sich mit acht Bereichen: Stromversorgung, Kühlung, weitere Infrastruktur, Verwaltung, Berechnung, Speicher, Netzwerk und sonstige IT. Für jeden dieser Bereiche verfügt das Modell über fünf „Reifegrade", die Niveaus von Effizienz/Nachhaltigkeit entsprechen. Diese Quantisierungsstufen ordnen das kontinuierliche Wachstum des Rechenzentrums in Richtung Effizienz einer diskreten Menge von Werten zu. Zum Beispiel wird der Anteil der Kühlung am PUE-Jahreswert (Power Usage Efficiency) wie folgt quantisiert: {0,5 0,35 0,2 0,1 0,05} – entsprechend der fünf Ebenen.

Das Modell bietet einen umfassenden Satz von kalibrierten Metriken zur Messung der Effizienz auf der Rechenzentrumsebene, einige von ihnen sind numerische wie z. B. Energy Reuse Factor (ERF), andere sind boolesche wie z. B. die Tatsache, ob die Beleuchtung optimiert ist. Einige dieser Metriken sind fuzzy wie z. B. „Rationalisieren Anwendungen nach TCO und geschäftlichen Anforderungen". Dieser Satz zusammen mit seiner Hierarchie der Bereiche hilft bei der Abdeckung des Metrikteils der Green-IT-Ontologie.

9.4   Empfohlene Ontologiegrundlage und ihre Nutzbarkeit

Basierend auf den oben genannten Referenzontologien und Richtlinien beschreiben wir hier die Green-IT-Ontologie.

Endurants in diesem Metamodell sind Rechenzentrumshardware und -software: Server, Router, Switches, Racks, USVs, Klimaanlagen, virtuelle Maschinen, Power Distribution Units, Kaltgänge, usw. Sie sind alle Entitäten, die „komplett gegenwärtig zu unterschiedlichen Zeiten" sind. Gleichzeitig sind dies *Objects*, die beobachtet werden können. Allerdings sind beobachtbare Objekte nicht nur Endurants sondern auch *perdurant* Ereignisse und Prozesse, wie z. B. eine Auslastungsspitze, ein Stromausfall oder ein Lastausgleichsverfahren. *Observers* hier sind Hardware- und Softwaresensoren, zusätzlich zu den menschlichen Beobachtern. Sie ordnen einem Reiz einen Beobachtungswert zu. *Qualities* werden durch die *Objects* gehostet. Beispielsweise die Temperatur an einem bestimmten Punkt des Warmgangs. Sie sind *Magnitudes* zugewiesen wie z. B. 26 °C.

Um das Beste aus beiden Welten zu kombinieren, werden die Konzepte dieser Grundlage zu SUMO-Konzepten zugeordnet. Einige dieser Zuordnungen sind:

- `GreenIT#Server ≡ SUMO#Server`
- `GreenIT#Cooling <--is-a-- Sumo#AirConditioner`
- `GreenIT#ACPowerSource ≡ Sumo#ACPowerSource`
- `GreenIT#Rack--is-a--> Sumo#ChestOrCabinet`

Diese Grundlage, auch wenn es sich nicht um eine vollständige Ontologie handelt, kann trotzdem als Metamodell verwendet werden. Erweiterungen können später hinzukommen, solange im Design eine Schnittstelle vorgesehen wurde und es flexibel gehalten wurde.

Eine Sichtweise dieser Grundlage ist die Abstraktion des Rechenzentrums auf Basis von Energieströmen, Wärmeströmen und Netzwerkverkehr. Alle Elemente des Rechenzentrums werden aus der Sicht ihrer Wirkung auf diese drei Ströme betrachtet. Deshalb werden Elemente des Rechenzentrums als `HeatSource`, `HeatSinks`, `EnergySources`, `EnergySinks`, und/oder `TrafficFilters` angesehen. Zum Beispiel ist ein Server ein `HeatSource`, ein `EnergySink` und ein `TrafficFilter`, wohingegen eine Klimaanlage ein `HeatSink` und ein `EnergySink` ist.

Modellierung des Stromverbrauchs ist ein Kernthema für Green IT. Unser Metamodell ermöglicht die Zuweisung unterschiedlicher Modelle pro Rechenzentrumskomponente für die Modellierung ihrer Stromverbrauchsmuster aufgrund der Tatsache, dass unterschiedliche Methoden für die Modellierung von Verbrauch derselben Komponente existieren. Zum Beispiel unterscheiden sich Ansätze zur Modellierung vom Verbrauch eines Servers auf vielfältige Weise. Einer der einfachsten (z. B. Fan et al. (2007)) benötigt nur zwei Punkte pro Server: Stromverbrauchswerte im Leerlauf und bei maximaler CPU-Auslastung und nutzt die CPU-Auslastung als einzige Eingabe für die Vorhersage des Verbrauchs. Der weiter fortgeschrittene Ansatz (Dhiman et al. 2010) mit höherer Genauigkeit erfordert eine Lernphase für die Modellierung eines bestimmten Servers und verwendet als Eingabe die Anzahl der Instruktionen pro Zyklus (IPC) und die Zahl der Speicherzugriffe pro Zyklus (MPC) zusätzlich zu der CPU-Auslastung. In einigen Fällen bieten Hersteller eines Geräts ein Verbrauchsmodell, wie es z. B. bei den meisten USV-Anlagen der Fall ist. Diese unterschiedlichen Verbrauchsmodelle lassen sich durch dieses Metamodell darstellen und können später als funktionelle Modelle verwendet werden, wenn ein operatives Rechenzentrumsmodell aus der Ontologie erzeugt wird.

Als *angewandtes* Metamodell wird diese Ontologie in unserem Ansatz in verschiedenen Phasen der Entwicklung und Umsetzung für der Modellierung eines Rechenzentrums verwendet. Sie wird zu Beginn zur Erzeugung einer *Toolbox* für die Editor-Software mit allen Rechenzentrumsdesignkomponenten, einschließlich Hardware, Beziehungen und Messpunkten, verwendet. Nachdem der Entwurf fertig ist, wird die Ontologie nochmals verwendet, um seine semantische Konsistenz durch ihre interne Prädikate zu beurteilen. Ein solches Prädikat gibt zum Beispiel an, dass nur HeatSources die Domäne einer sends HeatTo-Relation sein dürfen.

Später, wenn das Betriebsmodell erzeugt wird, wird die Ontologie wieder verwendet, um Verbrauchsmodelle der verschiedenen Komponenten abzurufen. Einzelheiten dieser Verwendung sind in einer anderen Publikation veröffentlicht worden.

9.5 Fazit und Ausblick

In diesem Beitrag haben wir eine Reihe von Richtlinien und Grundlagen für den Aufbau eines semantischen Metamodells von Rechenzentren unter Verwendung von Ontologien vorgestellt. Verwandte Ontologien wurden zusammengefasst und weitere Richtlinien präsentiert. Die Anwendbarkeit dieses Metamodell ist ein wichtiger Antrieb hinter diesen Bemühungen, weshalb sie im Laufe des Beitrags betont wurde und am Ende ausgeführt wurde.

Diese Arbeit dient als Grundlage. Es ist ein weiterer Ausbau und Anreicherung im Rahmen der erwähnten Richtlinien erforderlich. Das Metamodell ist in seinem derzeitigen Zustand für eine prototypische Umsetzung im Rahmen des IT-for-Green-Projekt (http://www.it-for-green.eu) im Einsatz. Diese Implementierung umfasst die automatisierte Nutzung des Metamodells/der Ontologie wie im vorherigen Abschnitt erwähnt. Die Verwendung findet in allen Phasen auf eine Weise statt, dass zukünftige Erweiterungen oder Ersetzungen des Metamodells möglich sind.

Danksagung Diese Arbeit ist im Rahmen des Projekts „IT-for-Green: Umwelt-, Energie- und Ressourcenmanagement mit BUIS 2.0" entstanden. Das Projekt wird mit Mitteln des Europäischen Fonds für regionale Entwicklung gefördert (Fördernummer W/A III 80119242).

Literatur

Allam N, Junker H, Christel M (2011) Classification of CEMIS standard software available on the German market. In: Golinska P, Fertsch M, Marx Gómez J (Hrsg) Information technologies in environmental engineering. Environmental science and engineering. Springer, Berlin, S 189–198

Beloglazov A, Buyya R, Lee YC, Zomaya A (2011) A taxonomy and survey of energy-efficient data centers and cloud computing systems. Adv Comput 82:47–111

Borgo S, Claudio M (2009) Foundational choices in DOLCE. In: Staab S, Studer R (Hrsg) Handbook on ontologies. Springer, Berlin, S 361–381

Dhiman G, Mihic K, Rosing T (2010) A system for online power prediction in virtualized environments using gaussian mixture models. In: Design automation conference (DAC), 47th ACM/IEEE, S 807–812

Fan X, Weber WD, Barroso LA (2007) Power provisioning for a warehouse-sized computer. ACM SIGARCH Comput Architect News 35(2):13–23

Germain-Renaud C, Furst F, Jouvin M, Kassel G, Nauroy J, Philippon G (2011) The Green computing observatory: a data curation approach for Green IT. In: IEEE ninth international conference on dependable, autonomic and secure computing (DASC). IEEE, S 798–799

Gruber TR (1993) A translation approach to portable ontology specifications. Knowl Acquis 5(2):199–220

Kuhn W (2009) A functional ontology of observation and measurement. In: Proceedings of the 3rd international conference on GeoSpatial semantics. Springer, Berlin, S 26–43

Niles I, Pease A (2001) Towards a standard upper ontology. In: Proceedings of the 2nd international conference on formal ontology in information systems (FOIS-2001). ACM Press, S 2–9

Niles I, Pease A (2001a) Origins of the IEEE standard upper ontology. In: Working notes of the IJCAI-2001 workshop on the IEEE standard upper ontology, S 37–42

Niles I, Terry A (2004) The MILO: a general-purpose, mid-level ontology. In: Proceedings of the international conference on information and knowledge engineering. CSREA Press, S 15–19

Oberle D, Ankolekar A, Hitzler P, Cimiano P, Sintek M, Kiesel M, Mougouie B, Baumann S, Vembu S, Romanelli M (2007) DOLCE ergo SUMO: on foundational and domain models in the SmartWeb Integrated Ontology (SWIntO). Web Semant Sci Servi Agents World Wide Web 5(3):156–174

Princeton University (2010) Princeton University "About WordNet." http://wordnet.princeton.edu. Zugegriffen 22. Okt 2012

Singh H, Reuters T, Azevedo D, Ibarra D, Newmark R, O'Donnell S, Ortiz Z, Pflueger J, Simpson N, Smith V (2011) Data center maturity model. Techn. Ber. The Green Grid

Vogel IT-Medien GmbH (2012) Search data center glossar. http://www.searchdatacenter.de/glossar. Zugegriffen 26. Nov 2012

Erfolgsfaktoren und Herausforderungen bei der Implementierung eines Messkonzeptes zum energie- und kosteneffizienten Lastmanagement in einer Community-Cloud

10

Björn Schödwell, Koray Erek und Rüdiger Zarnekow

Zusammenfassung

Im Zuge steigender Energiepreise und der zunehmenden ökologischen Notwendigkeit mittels Stromsparen den Ausstoß von Kohlenstoffdioxid (CO_2) zu reduzieren, verstärken IT-Dienstleister die Bemühungen, die Energie- und Kosteneffizienz ihrer Rechenzentren zu erhöhen. Vor diesem Hintergrund diskutiert der Beitrag Erfolgsfaktoren und Herausforderungen bei der praktischen Implementierung eines Messkonzeptes zur Steuerung des energie- und kosteneffizienten Lastmanagements in den Government Green Cloud Laboratories (GGC-Lab). Die labortechnisch im Zuge des nationalen Forschungsprogramms IT2Green als Plattform für Fachanwendungen der öffentlichen Verwaltung eingerichtete Community Cloud besteht aus vier virtualisierten, regional verteilten IT-Infrastrukturen, die über dezentrale Ressourcen-Controller miteinander verbunden sind. Der vorliegende Beitrag erläutert dabei insbesondere, welche Kennzahlen und Messtechnik in den am Projekt beteiligten Rechenzentren mittelständischer IT-Dienstleister zum Einsatz kommen, greift theoretische Ansätze zum Lastmanagement zwischen Rechenzentren auf und hebt die projektspezifischen Zwischenergebnisse bei der Planung und Implementierung der Messinfrastruktur, aber auch die im Projekt noch offenen Herausforderungen hervor. Damit werden einerseits IT-Dienstleister angesprochen, die ein Monitoring-System zur Optimierung der Energie- und Kosteneffizienz in

B. Schödwell (✉) · K. Erek · R. Zarnekow
Technische Universität Berlin, Straße des 17. Juni 135, 10623 Berlin, Deutschland
e-mail: b.schoedwell@tu-berlin.de

K. Erek
e-mail: koray.erek@tu-berlin.de

R. Zarnekow
e-mail: ruediger.zarnekow@tu-berlin.de

J. Marx Gómez et al. (Hrsg.), *IT-gestütztes Ressourcen- und Energiemanagement*,
DOI: 10.1007/978-3-642-35030-6_10, © Springer-Verlag Berlin Heidelberg 2013

ihrem Rechenzentrum etablieren wollen, und andererseits werden Anforderungen an die Messinfrastruktur für einen potentiellen Beitritt zum GGC-Lab verdeutlicht.

Schlüsselwörter

Green IT • Rechenzentrum • Energieeffizienz • Lastmanagement • Kennzahlen • Messkonzept • Government Green Cloud Laboratories • GGC-Lab

10.1 Einleitung

Der im Zuge der Verknappung natürlicher Ressourcen und Zunahme negativer Umwelteinflüsse veröffentlichte Bericht zu den „Grenzen des Wachstums" löste eine bis heute anhaltende Debatte über die Nachhaltigkeit unseres Wirtschaftens aus (Meadows et al. 1972). Für Anbieter informationstechnischer (IT) Dienste manifestiert sich dies im Ansatz des nachhaltigen Informationsmanagements, das ökonomische, ökologische und soziale Aspekte auf den Stufen der Wertschöpfungskette einer IT-Organisation gleichermaßen berücksichtigt (Zarnekow et al. 2009). Speziell der ökologische Einfluss von IT und Informationssystemen (IS) auf Mensch und Umwelt werden in der Literatur mit den Schlagworten „Green IT", „Green IS" und „Green through IT" adressiert. Umfassen „Green IS" und „Green through IT" insbesondere Ansätze, um z. B. die Geschäftsprozesse mit IT und IS umweltverträglicher zu gestalten (Watson et al. 2010), fokussiert „Green IT" auf die ökologisch effiziente Herstellung, Entsorgung und den Betrieb der IT selbst (Loos et al. 2011).

Nachdem Studien einen stark steigenden Strombedarf von Rechenzentren (RZ) u. a. für die USA und Deutschland attestiert haben (EPA 2007; IZE 2008), wird deren Energieeffizienz besondere Aufmerksamkeit beigemessen. Großes Einsparpotential verspricht RZ-übergreifendes Lastmanagement (Nebel et al. 2009). Daher wird aktuell im Projekt *Government Green Cloud Laboratories* (GGC-Lab) des nationalen Forschungsprogramms *IT2Green* die effiziente Migration von kommunalen Fachanwendungen (FA) in einer labortechnisch eingerichteten Community Cloud erprobt (Repschläger et al. 2011). Die Laborumgebung besteht aus virtualisierten IT-Infrastrukturen mit jeweils ein bis zwei physischen Servern in vier regional verteilten RZ mittelständischer IT-Dienstleister. Zur Steuerung besitzt jede Cloud-Instanz einen unabhängigen Ressourcencontroller (RC), der Migrationen auf Basis konfigurierbarer Regelsysteme und in Echtzeit gemessener Kennzahlen initiiert und auf Anfragen zur Lastübernahme anderer RC reagieren kann (siehe Abb. 10.1). Jeder IT-Dienstleister soll dabei seine Optimierungsstrategien individuell vorgeben und so z. B. den Energiebedarf einer FA oder deren Stromkosten minimieren können.

Um einem RC die steuernden Kennzahlen zu Energie- und Ressourcenbedarfen einer FA und wichtige Parameter wie Auslastungen oder den Strompreis bei Bedarf bereitzustellen, muss jede Cloud-Instanz ein die funktionalen Teilbereiche des RZ übergreifendes Monitoring-System (MS) betreiben. Da die am GGC-Lab beteiligten IT-Dienstleister

Abb. 10.1 Cloud-Instanz im GGC-Lab

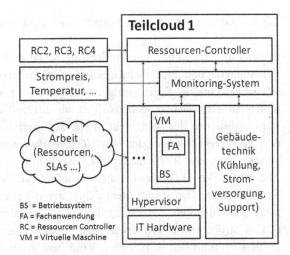

zu Projektbeginn nicht über ein solches MS verfügten, wird aktuell auf Basis eines Messkonzeptes in den vier RZ sukzessive die zusätzlich benötigte Messinfrastruktur eingerichtet. Bei der mittlerweile nahezu abgeschlossenen Implementierung der Messtechnik zur Energiebedarfserfassung wurden bereits praktische Hindernisse sowie begünstigende Faktoren identifiziert. Vor diesem Hintergrund adressiert der Beitrag die folgenden Fragestellungen:

- Welche Kennzahlen und Parameter gewährleisten eine effiziente Migration von FA im GGC-Lab und wie lassen sich diese messtechnisch erfassen?
- Welche Herausforderungen und Erfolgsfaktoren ergeben sich insbesondere bei der Implementierung der Messinfrastruktur zur Energiebedarfsmessung?

Zur Beantwortung wird das erkenntnistheoretische Paradigma der gestaltungsorientierten Forschung zugrunde gelegt. Dabei wird proaktiv ein Artefakt (hier: MS zum effizienten Lastmanagement) erstellt und dieses im Anwendungszusammenhang evaluiert (Wilde und Hess 2007). Die vorherrschenden Methoden sind Desk-Research, Experteninterviews im Rahmen projektspezifischer Workshops und Prototyping im Kontext von Einzelfallstudien, um Erkenntnisse zur Konstruktion eines übertragbaren Ansatzes zu generieren. Der Betrachtungsrahmen richtet sich an IT-Dienstleister, die ein MS zur Optimierung der Energie- und Kosteneffizienz umsetzen wollen und einen Beitritt zum GGC-Lab nach Etablierung der Community Cloud erwägen. Dazu gliedert sich der Beitrag wie folgt: Abschn. 10.2 legt Grundlagen zum Aufbau und zu Messungen in RZ und stellt den Stand der Forschung zu Effizienzkennzahlen und Lastmanagement dar. In Abschn. 10.3 werden bisher im Projekt erfolgte Schritte zur Umsetzung des Messkonzeptes erläutert und erste Zwischenergebnisse der prototypischen Implementierung diskutiert. Abschnitt 10.4 fasst den Beitrag zusammen und blickt auf die offenen Herausforderungen.

10.2   Grundlagen und Stand der Forschung

RZ sind in sich geschlossene Einrichtungen, die zentralisierte IT und gebäudetechnische Versorgungs- und Sicherheitsinfrastrukturen beherbergen, um die dauerhafte, zuverlässige Berechnung, Speicherung und Übertragung großer Mengen digitaler Informationen zu ermöglichen (Schödwell et al. 2012). Der Aufbau ist trotz zunehmender Industrialisierung der Branche nicht standardisiert, sondern richtet sich nach der Größe, den Besitzverhältnissen oder den Verfügbarkeitsanforderungen (IZE 2008). Dennoch können physische RZ-Infrastrukturen in funktionale Systeme gruppiert werden (siehe Abb. 10.2). Die IT umfasst Daten verarbeitende Systeme wie Server, Speicher und Netzwerkgeräte. Das Stromsystem sichert deren Versorgung mit elektrischer Energie mittels Transformatoren, Netzersatzanlagen (NEA), unterbrechungsfreie Stromversorgungen (USV), Stromverteilungen sowie ggfs. Anlagen zur dauerhaften Stromerzeugung. Das Kühlsystem führt den in Wärme gewandelten Strom zur Einhaltung der zum Betrieb der IT empfohlenen Lufttemperatur ab (ASHRAE 2009). Kühlsysteme umfassen Kälteanlagen, Splitgeräte, Rück- und Freikühler, Leitungsnetze, Umluftkühler (ULK) und sonstige Raumlufttechnik (RLT). Alle anderen Anlagen wie die Beleuchtung werden dem Support zugeordnet.

10.2.1 Status-Quo Messungen in Rechenzentren

Messungen in RZ fokussieren nach wie vor die Verfügbarkeit und Performanz der IT und Gebäudetechnik, um deren zuverlässigen Betrieb und Leistungsfähigkeit sicherzustellen (BSI 2010). Das Monitoring erfolgt meist getrennt und reaktiv über ad-hoc Nachrichten bei Über- bzw. Unterschreitung von Schwellwerten oder Komponentenausfall. Traditionell überwacht

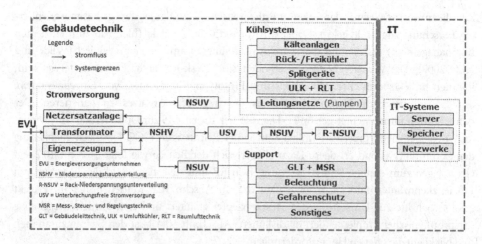

Abb. 10.2 Elektrische Verbraucher nach funktionalen Systemen, vgl. (Schödwell et al. 2012)

das Gebäudemanagement die Auslastung und Verfügbarkeit der Gebäudetechnik mit proprietärer Gebäudeleittechnik (GLT) und in Anlagen integrierte bzw. externe Controller über Feldbusse mit Protokollen wie BACnet, CANBus oder Modbus (Gröger 2004). Mitunter werden zur Sicherung der Versorgungsqualität punktuell auch Spannung oder Stromfrequenz gemessen.

Die IT-Fachabteilungen beobachten zur Einhaltung von Service Level Agreements (SLA) die Verfügbarkeit, die Auslastung und die Performanz (Latenz, Durchsatz) der IT und bei hohen Leistungsdichten auch Temperaturen in den IT-Räumen (BSI 2010). Zur Erfassung der Messwerte werden in das jeweilige Zielsystem integrierte Software-Sensoren (Agenten), Hardware-Sensoren oder Hybrid-Sensoren genutzt (BSI 2010). Messwerte von in Servern verbauten Hardware-Sensoren werden mittels dem Intelligent Platform Management Interface (IPMI) direkt vom Baseboard Management Controller auf der Hauptplatine oder indirekt über spezielle Managementplatinen (ILO-Boards) abgefragt. Die Messwerte werden ethernetbasiert z. B. mittels Simple Network Management Protocol (SNMP) oder Windows Management Instrumentation (WMI) an das jeweilige MS übertragen. Neben proprietärer Software wie IBM Systems Director, HP Openview oder MS Operations Manager werden in RZ auch eine Vielzahl von Open Source Lösungen wie Nagios oder MRTG eingesetzt. Speziell bei der Nutzung von Agenten zur Überwachung von IT-Systemen müssen die Auswirkungen auf das Zielsystem berücksichtigt werden, da die Agenten zur Überwachung selbst dessen Ressourcen beanspruchen.

Das kontinuierliche Energiemonitoring steht in RZ am Anfang. Dabei kann dieses in Kombination mit Performanzmessungen mittelfristig Kosten einsparen, indem Ineffizienzen durch unproduktive IT-Systeme im RZ identifiziert werden. Diese Erkenntnis hat u. a. dazu geführt, dass Infrastruktur-Hersteller „Data Center Infrastructure Management" Software und Hardware wie „intelligente" rackmontierbare Stromverteilungen (R-NSUV) anbieten, die Messungen der Verfügbarkeit, Temperaturen und des Energiebedarfes der IT integrieren. Neuere IT-Systeme ermitteln ihren Energiebedarf selbst über in Netzteile integrierte Sensoren und können die Werte über IPMI und SNMP an MS übertragen. Wie IT-Dienstleister das Energiemonitoring ganzheitlich, flächendeckend umsetzen und welche Technik sie nutzen können, erläutern z. B. (ASHRAE 2009; Schödwell et al. 2012). Entscheidend ist, dass sie kontinuierlich messen, da sowohl der Energiebedarf als auch die Performanz der meisten Anlagen der funktionalen Systeme des RZ im Betrieb schwanken.

10.2.2 Energieeffizienz- und Produktivitätskennzahlen

Die Erhebung von Energieeffizienz- und Produktivitätskennzahlen ist für IT-Dienstleister elementar, um energiebezogene Prozesse im RZ zu steuern und zielgerichtet zu optimieren. Allem voran können Kennzahlen abgegrenzt werden, die labortechnisch oder in Testumgebungen ermittelt werden, um Design- oder Beschaffungsentscheidungen zu unterstützen. Dazu zählen die Energie-Performanz-Benchmarks für Server, Datenspeicher und Netzwerkgeräte (SPEC 2011; SNIA 2011; ATIS 2009). Diese erweitern klassische

Performanz-Benchmarks i. d. R. um Energiebedarfsmessungen bei mehreren Laststufen auf Basis des zuvor ermittelten maximalen Durchsatzes. Vergleichbare Kennzahlen existieren für die Anlagen der Gebäudetechnik.

Zudem finden sich in der Literatur eine Reihe von Kennzahlen zur Bewertung und zum Vergleich der operativen Energieeffizienz von RZ. Ein Kennzahlensystem für die Gebäudetechnik präsentiert das *Lawrence Berkeley National Laboratories* und berücksichtigt auch die von *The Green Grid* (TGG) entwickelte *Power Usage Effectiveness* (PUE) (LBNL 2010; Belady et al. 2008). Die PUE bildet über das Verhältnis des Strombedarfes des RZ und der IT den energetischen „Overhead" der Gebäudetechnik ab. Während die Energieeffizienz der Gebäudetechnik mit dem Kennzahlensystem von LBNL gut charakterisiert werden kann, besteht in Bezug auf die operative Energieeffizienz der IT weiterhin großer Forschungsbedarf. TGG schlägt die *Data Center energy Productivity* (DCeP) als Verhältnis aus gewichtetem Nutzen der bereitgestellten IT-Dienste und dem Strombedarf des gesamten RZ (Anderson et al. 2008) vor. Da jeder IT-Dienstleister einen individuellen Mix von Diensten anbietet und deren Nutzen anders gewichtet, werden nach wie vor Proxies gesucht, um die DCeP auch RZ-übergreifend vergleichen zu können.

Andere Kennzahlen wie z. B. die *Energy Reuse Effectiveness* (ERE), die *Carbon Usage Effectiveness* (CUE), die *Water Usage Effectiveness* (WUE) oder der *Green Energy Coefficient* (GEC) charakterisieren die ökologische Nachhaltigkeit des Betriebes eines RZ, indem sie die Abwärmenutzung, den Ausstoß von Kohlenstoffdioxid (CO_2), den Wasserbedarf oder die Nutzung erneuerbarer Energien abbilden (Belady et al. 2010; Patterson et al. 2010, 2011; GITPC 2012). In Kombination mit den angeführten Metriken zur Energieeffizienz und -produktivität ermöglichen diese Kennzahlen einen ganzheitlichen Blick auf den Einfluss eines RZ auf die Umwelt bzw. den Vergleich der ökologischen Effizienz von mehreren RZ.

10.2.3 Effizientes Lastmanagement in der Community Cloud

Traditionell werden IT-Systeme zur Einhaltung der SLA für die meist punktuell auftretenden Spitzenlasten ausgelegt. Lastmanagement wurde in der Vergangenheit ausschließlich betrieben, um die Performanz und Verfügbarkeit der IT-Dienste zu verbessern, indem die Arbeit gleichmäßig auf mehrere IT-Systeme verteilt wurde. Da diese in der Folge überwiegend gering ausgelastet sind und trotz verbessertem Power Management ihren Energiebedarf nach wie vor ungenügend anpassen, versuchen einige IT-Dienstleister durch Lastkonzentration mit Virtualisierungstechniken und Abschaltung nicht benötigter Kapazitäten die Energieeffizienz zu erhöhen (Chase et al. 2001; Lefurgy et al. 2003). Ganzheitliche Strategien vermindern mit in Bezug auf die Wärmeabfuhr optimierter Allokation der Rechenlasten bei gleichzeitiger dynamischer Regelung des Kühlsystems nicht nur den Energiebedarf der IT-Systeme, sondern des gesamten RZ (Parolini et al. 2008).

Aktuelle Forschung adressiert RZ-übergreifendes Lastmanagement: Durch dynamische Verlagerung der Lastspitzen von einem RZ in eines mit freien Kapazitäten können die vorzuhaltenden Rechen-, Speicher- und Übertragungskapazitäten besser ausgelastet, insgesamt reduziert und so auch Kosteneinsparungen bei der Hardware realisiert werden (Nebel et al. 2009). Darüber hinaus können regional und zeitlich unterschiedliche Strompreise und -mixe berücksichtigt werden, um Betriebskosten oder CO_2-Emissionen zu reduzieren oder den Anteil erneuerbarer Energien zu erhöhen (Rao et al. 2012; Le et al. 2010; Liu et al. 2011). Zudem beeinflusst die lokale Witterung den Energiebedarf des Kühlsystems bzw. die Möglichkeit zur freien Kühlung mit der Außenluft, so dass dies ebenso Lastmigrationen begünstigen kann. Den möglichen Vorteilen einer Lastverlagerung stehen dabei immer auch die Mehraufwände für die Speicherung von Replikationen virtueller Maschinen (VM) oder des Netzwerks durch die Migrationen entgegen (Nebel et al. 2009).

Die errechneten Einsparpotentiale der angeführten Ansätze stützen sich meist auf idealtypische Modelle. Bei der praktischen Implementierung des RZ-übergreifenden Lastmanagements mittels einer Community Cloud kommen aufgrund heterogener RZ und unterschiedlicher Interessenslagen von IT-Dienstleistern eine Vielzahl organisatorischer und technischer Herausforderungen hinzu, die die realisierbaren Effizienzsteigerungen beschränken. Allem voran müssen sich die am GGC-Lab beteiligten IT-Dienstleister über die betriebenen FA, die Regeln zur Migration und des Datenzugriffs, insbesondere bei verteilten oder miteinander verflochtenen FA einigen (Repschläger et al. 2011). Darüber hinaus müssen deren RZ in der Lage sein, definierte Effizienzkennwerte und steuernde Parameter einheitlich und kontinuierlich quasi in Echtzeit zu erfassen und diese den dezentralen RC für den automatischen Zugriff auf Basis einer standardisierten Schnittstelle zur Verfügung zu stellen. Dem MS zur Einhaltung der SLA sowie zur Erhebung von Ressourcen- und Energiebedarfen kommt somit eine zentrale Bedeutung zu. Auch müssen die RC in der Lage sein, unterschiedliche Strategien der IT-Dienstleister gegeneinander abzuwägen und dynamisch ein Optimum für jede Cloud-Instanz zu bestimmen. Weitere Aspekte zur Implementierung des Green Cloud Computing, die vor allem die Funktionalitäten des RC betreffen, finden sich in (Buyya et al. 2010).

10.3   Implementierung des Messkonzeptes

Das Messkonzept im GGC-Lab wird systematisch umgesetzt. Zunächst werden die Ziele definiert und die zu messenden Kennzahlen und Parameter priorisiert. Auf Basis der Bestandsmesstechnik wird der Bedarf an zusätzlichen Messstellen identifiziert und deren Umsetzung geplant. Im Anschluss wird die Messtechnik (Hard- und Software) ausgewählt und installiert. Abschließend werden die Daten auf Plausibilität überprüft, bevor diese zur Migrationssteuerung genutzt werden können.

10.3.1 Festlegung der Ziele und Priorisierung der Kennzahlen

Die Messungen im GGC-Lab sollen die energie- bzw. kosteneffiziente Migration von FA ermöglichen. Weitere Ziele sind minimale CO_2-Emissionen, maximaler Anteil erneuerbarer Energien und optimal ausgelastete Kapazitäten. Dazu werden für jede Cloud-Instanz die Kennzahlen a) PUE als Faktor des energetischen Overheads der Gebäudetechnik, b) EFA als IT-Energiebedarf einer FA, c) p als lokaler Strompreis, d) CEF als CO_2-Emissionsfaktor in Gramm CO_2 pro Kilowattstunde und e) EEF als Erneuerbare Energien Faktor, der den Anteil erneuerbarer Energien am Strommix beschreibt, ermittelt. Auch bestimmen Schwellwerte für Auslastungen und SLA die Migrationsentscheidungen. Insbesondere Durchsätze und Latenzen der FA sowie Auslastungen von Komponenten der IT-Systeme im GGC-Lab müssen erfasst werden. Zudem werden die Auslastungen der Engpässe des Stromsystems (z. B. Trafo, USV) und Kühlsystems (z. B. Kälteanlagen, ULK) überwacht.

10.3.2 Planung der Datenerhebung

Die priorisierten Kennzahlen bestimmen die zu erfassenden Messgrößen. Im GGC-Lab umfassen diese Energiebedarfe und Auslastungen der Gebäudetechnik und Hardware sowie IT-Ressourcenbedarfe und SLA-spezifische Messgrößen für die FA. Speziell die Messung des elektrischen Energiebedarfes der funktionalen RZ-Systeme dient der Berechnung der PUE. Die Aufnahme und Auswertung der Stromlaufpläne, Kabellisten und Bestandsmessgeräte bildet die Basis. Nachdem letztere identifiziert und Verbrauchern zugeordnet wurden, wird festgelegt, wo zusätzliche Sensoren eingesetzt werden. Ziel ist mit optimaler Platzierung deren Anzahl zu Differenzrechnungen zu minimieren. Auch müssen die geplanten Messstellen vor Ort besichtigt werden, um die Umsetzung der Installationen sicherzustellen. Ergebnis ist eine Liste aller Messstellen inklusive Beschreibung der Messgröße (z. B. nachgelagerter Verbraucher), des genauen Ortes und des Messintervalls.

Während die Energiebedarfsmessungen im GGC-Lab geplant sind, wird die Datenerhebung zur Einhaltung von SLA, Auslastungen der IT und dem Energie- und Ressourcenbedarf der FA noch abgestimmt. Insbesondere muss festgelegt werden, welche Modelle und Allokationsregeln den FA die Strombedarfe der IT zuordnen, da diese das Ausmaß der Datenerhebung bestimmen. Die Allokation der IT-Energiebedarfe zu FA kann in virtualisierten Umgebungen die Messung von Performanz-Zählern auf Hardware-, Virtualisierungs-, Betriebssystem- und FA-Ebene umfassen. Idealerweise kann für jede FA pro Servertyp eine Leistungsfunktion (Powermodell) erstellt werden, mit der Strombedarfe auf Basis der IT-Ressourcennutzung für mehrere Laststufen abgeschätzt werden können.

10.3.3 Messtechnik und Validierung Messergebnisse

Aus dem Datenerhebungskonzept leitet sich die zusätzlich notwendige Messtechnik ab. Auswahlkriterien sind u. a. die Skalierbarkeit, das minimale Messintervall, die Genauigkeit und die Zuverlässigkeit der Sensoren und Datenübertragung. Wichtig ist, welche Auswirkungen die Sensoren auf das Zielsystem haben. Neben dessen Belastung bei agentenbasierter Messung, muss speziell bei der Energiebedarfserfassung die Notwendigkeit des physischen Eingriffs im Betrieb durch die Legung von Kabeln oder Platzierung von Sensoren beachtet werden. Darüber hinaus sollte immer geprüft werden, inwiefern Open Source-MS verfügbar sind, um Lizenzkosten zu vermeiden, und bei Wahl einer kommerziellen Software, ob diese über offene Schnittstellen zum Datenexport verfügt.

Im GGC-Lab wird der Strombedarf der Gebäudetechnik der vier RZ über Bestandsmessgeräte (Janitza UMG, Siemens Sentron, Socomec DIRIS) und AC-Klappwandler erfasst. Klappwandler sind äußerst flexibel einsetzbar und platzsparend, wobei deren kabelgebundene Einbindung für eine zuverlässige Übertragung sorgt. Den Wandlertyp bestimmen die maximale Stromstärke und der Kabeldurchmesser. Die einzelnen Messungen werden analog an aggregierende Einheiten, von dort mittels Modbus an den zentralen Industrie-PC übertragen, der die Daten letztlich via SNMP an das zentrale Energie-MS weiterleitet. Die Bestandsmessgeräte werden ebenfalls vom Industrie-PC über SNMP eingebunden. Den Strombedarf der IT erfassen R-NSUV, die Messungen pro Anschlussbuchse unterstützen und Energiebedarfe jede Minute als gleitenden Durchschnitt der Leistungsaufnahme erfassen. Zudem werden Energiebedarfe von Servern wenn möglich auch direkt über IPMI und SNMP ausgelesen. Abbildung 10.3 zeigt den Messaufbau zum Energiebedarf.

Wichtig ist, dass die Daten nach Installation der Sensoren auf Plausibilität überprüft werden. Vor Nutzung der Messwerte müssen Fehler bei Bestandsgeräten sowie durch falsche Installation bzw. defekte oder ungeeignete Wandler ausgeschlossen werden. Zudem

Abb. 10.3 Messaufbau
Energiebedarf

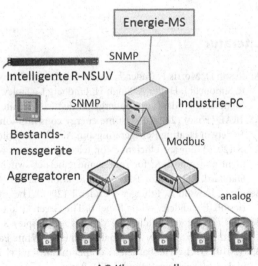

können von der Planung abweichende Bezeichnungen im Energie-MS zu einer fehlerhaften Zuordnung der Messstellen führen. Ein praktikabler Ansatz besteht darin, die Ergebnisse auf Basis installierter elektrischer Nennleistungen und den Regelstrategien des RZ zu validieren. Die fraglichen Messwerte können dann punktuell vor Ort mittels Stromzangen überprüft werden.

10.4 Implikationen und Ausblick

Die bisherige Implementierung des Messkonzeptes zum RZ-übergreifenden Lastmanagement hat gezeigt, dass eine fachabteilungsübergreifende Kooperation des IT- und des Gebäude-Managements unerlässlich ist. Der Aufwand zur Energiebedarfserfassung konnte mit punktuellen Messungen bei statischen Verbrauchern und mittels Einbindung vorhandener Technik deutlich minimiert werden. Entscheidend ist, dass von Beginn an Kostentransparenz über ein Lasten- und Pflichtenheft geschaffen wird. Eine umfassende Dokumentation der vollzogenen Arbeiten erleichtert die kontinuierliche Pflege der Messinfrastruktur. Zudem sind im Projekt zeitnah Herausforderungen zu bewältigen. Zunächst müssen einheitliche Systemgrenzen für die PUE umgesetzt und die Messtechnik laufend an Bestandsveränderungen angepasst werden. Eine große Hürde ist nach wie vor, den Strombedarf einer virtualisierten FA zu ermitteln. Überlegungen reichen von Energiebedarfsmessungen bei initialen Lasttests analog zu den in Abschn. 10.2.2 angeführten Benchmarks bis hin zu selbst lernenden Systemen mit dynamisch veränderlichen Allokationsregeln auf Basis der Messung von Performanz-Zählern auf mehreren Ebenen. Letztlich müssen alle Messungen jeweils in ein übergeordnetes MS zusammengebracht werden, das diese standardisiert in Form der Kennzahlen dem RC zur Verfügung stellt.

Literatur

Anderson D, Morris P, Cader T, Rawson A, Darby T, Rawson F, Gruendler N, Saletore V, Hariharan R, Simonelli J, Holler A, Singh H, Lindberg C, Tipley R, Verdun G, Long C, Wallerich J (2008) A framework for data center energy productivity. White Paper 13, The Green Grid, Beaverton

ASHRAE (Hrsg) (2009) Real-time energy consumption measurements in data centers. American Society of Heating Refrigerating and Air-Conditioning Engineers (ASHRAE), Atlanta, GA

ATIS (2009) Energy efficiency for telecommunications equipment: methodology for measurement and reporting for router and ethernet switch products (ATIS-0600015.03.2009). ANSI Standard, Alliance for Telecommunciation Industry Solutions (ATIS), Washington, DC

Belady C, Rawson A, Pflueger J, Cader T (2008) The green grid data center power efficiency metrics: PUE and dcie. White Paper 6, The Green Grid (TGG), Beaverton, OR

Belady C, Azevedo D, Patterson M, Pouchet J, Tipley R (2010) Carbon usage effectiveness (cue): a green grid data center sustainability metric. White Paper 32, The Green Grid, Beaverton, OR

BSI (2010) Hochverfügbarkeits-Kompendium, Kapitel 12: Monitoring. Bundesamt für Sicherheit in der Informationstechnik (BSI), Bonn

Buyya R, Beloglazov A, Abawajy J (2010) Energy-efficient management of data center resources for cloud computing: a vision, architectural elements, and open challenges. In: International conference on parallel and distributed processing techniques and applications, PDPTA 2010

Chase JS, Anderson DC, Thakar PN, Vahdat AM, Doyle RP (2001) Managing energy and server resources in hosting centers. SIGOPS Oper Syst Rev 35(5):103–116. doi:10.1145/502059.502045

EPA (2007) Report to congress on server and data center energy efficiency, public law 109-431. Forschungsbericht, U.S. Environmental Protection Agency (EPA), ENERGY STAR Program

GITPC (2012) Dppe: holistic framework for data center energy efficiency. White Paper, Japan National Body/Green IT Performance Council, Tokyo

Gröger A (2004) Energiemanagement mit Gebäudeautomationssystemen. Expert, Renningen

IZE (2008) Konzeptstudie zur Energie- und Ressourceneffizienz im Betrieb von Rechenzentren. Abschlussbericht. Technische Universität Berlin Innovationszentrum Energie (IZE), Berlin

LBNL (2010) Self-benchmarking guide for data center infrastructure: metrics, benchmarks, actions. Tech. Rep. Lawrence Berkeley National Laboratory (LBNL), Berkeley, CA, USA

Le K, Bilgir O, Bianchini R, Martonosi M, Nguyen TD (2010) Managing the cost, energy consumption, and carbon footprint of internet services. SIGMETRICS Perform Eval Rev 38(1):357–358. doi:10.1145/1811099.1811085

Lefurgy C, Rajamani K, Rawson F, Felter W, Kistler M, Keller T (2003) Energy management for commercial servers. Computer 36(12):39–48. doi:10.1109/MC.2003.1250880

Liu Z, Lin M, Wierman A, Low SH, Andrew LL (2011) Geographical load balancing with renewables. SIGMETRICS Perform Eval Rev 39(3):62–66. doi:10.1145/2160803.2160862

Loos P, Nebel W, Gómez J, Hasan H, Watson R, vom Brocke J, Seidel S, Recker J (2011) Green IT: Ein Thema für die Wirtschaftsinformatik? WI 53:239–247. doi: 10.1007/s11576-011-0278-y

Meadows D, Meadows D, Randers J, Behrens WW (1972) The limits to growth: a report for the club of rome's project on the predicament of mankind, 2. Aufl. Universe Books, New York

Nebel W, Hoyer M, Schröder K, Schlitt D (2009) Untersuchung des Potentials von rechenzentrenübergreifendem Lastmanagement zur Reduzierung des Energieverbrauchs in der IKT. Studie für das Bundesministerium für Wirtschaft und Technologie. OFFIS, Oldenburg

Parolini L, Sinopoli B, Krogh BH (2008) Reducing data center energy consumption via coordinated cooling and load management. In: Proceedings of the 2008 conference on power aware computing and systems, HotPower'08, USENIX Association, Berkeley, CA, USA, pp 14

Patterson M, Tschudi B, Vangeet O, Cooley J, Azevedo D (2010) ERE: a metric for measuring the benefit of reuse energy from a data center. White Paper 29. The Green Grid, Beaverton, OR

Patterson M, Azevedo D, Belady C, Pouchet J (2011) Water usage effectiveness (WUE): a Green Grid data center sustainability metric. White Paper 35. The Green Grid, Beaverton, OR

Rao L, Liu X, Ilic M, Liu J (2012) Distributed coordination of internet data centers under multiregional electricity markets. Proc IEEE 100(1):269–282. doi:10.1109/JPROC.2011.2161236

Repschläger J, Erek K, Wilkens M, Pannicke D, Zarnekow R (2011) Konzeption einer Community Cloud für eine ressourceneffiziente IT-Leistungserstellung. In: Informatik 2011 – 4. Workshop Informatik und Nachhaltigkeitsmanagement, Berlin

Schödwell B, Drenkelfort G, Erek K, Zarnekow R, Behrendt F (2012) Auf dem Weg zu einem ganzheitlichen, quantitativen Bewertungsansatz für Energiemonitoring-Systeme in Rechenzentren. In: Informatik 2012 – 5, WS Informatik und Nachhaltigkeitsmanagement

SNIA (2011) SNIA Emerald power efficiency measurement specification version 1. Storage Networking Industry Association (SNIA), San Francisco, CA

SPEC (2011) Spec power and performance benchmark methodology v2.1. Standard Performance Evaluation Corporation (SPEC), Gainesville, VA

Watson R, Boudreau MC, Chen A (2010) Information systems and environmentally sustainable development: energy informatics and new directions for the is community. MIS Q 34(1):23–38

Wilde T, Hess T (2007) Forschungsmethoden der Wirtschaftsinformatik. Wirtschaftsinformatik 49:280–287. doi:10.1007/s11576-007-0064-z

Zarnekow R, Erek K, Löser F, Wilkens M (2009) Referenzmodell für ein Nachhaltiges Informationsmanagement. In: Research papers in information systems management, Band 3. Technische Universität Berlin, Berlin

Managementinstrumente im Energiemanagement als Teil einer Softwarelösung

11

Jessica Sangmeister

Zusammenfassung

Energiemanagement existiert bereits seit geraumer Zeit in Unternehmen. Unter Energiemanagement wird das „Management der Energiewirtschaft, einem funktionalen Teilbereich des Unternehmens, das sich an übergeordneten Unternehmenszielen orientiert" verstanden (Posch 2011, 14). Erstmals wurde es jedoch in der Norm 50001 für Energiemanagementsysteme konkret erfasst, wodurch die zuvor überwiegend technisch orientierte Betrachtungsweise zur Erreichung von Energiezielen durch eine betriebswirtschaftliche Komponente ergänzt wurde. Damit werden Managementaspekte in den Vordergrund gerückt. Trotz nachgewiesener Erfolge durch den Einsatz von Energiemanagementsystemen und ihrer hohen politischen Relevanz gilt das Energiemanagement aus Sicht der Forschung als in weiten Teilen nur ansatzweise erschlossen. Dies liegt zum Teil darin begründet, dass in der Norm keine konkreten Handlungsempfehlungen und Instrumentarien zu deren Umsetzung aufgeführt werden. Infolgedessen sind Unternehmen bei der Suche nach angemessenen und zweckmäßigen Managementinstrumenten oftmals verunsichert und überfragt. Der vorliegende Beitrag beschreibt vorhandene Managementinstrumente im Hinblick auf ihre Anwendbarkeit im Energiemanagement und zeigt die differierende Eignung der Instrumente auf, um so eine Grundlage dafür zu schaffen, Managementinstrumente des Energiemanagements in Umweltsoftwarelösungen einfließen zu lassen.

Schlüsselwörter

Managementinstrumente • Energiemanagement • Software

J. Sangmeister (✉)
IMBC GmbH, Chausseestraße 84, 10115 Berlin, Deutschland
e-mail: jessica.sangmeister@imbc.de

J. Marx Gómez et al. (Hrsg.), *IT-gestütztes Ressourcen- und Energiemanagement*,
DOI: 10.1007/978-3-642-35030-6_11, © Springer-Verlag Berlin Heidelberg 2013

11.1 Einleitung

11.1.1 Motivation

Steigende Preise für Energie und Rohstoffe, restriktivere Gesetze und ein zunehmendes gesellschaftliches Interesse lassen den Ressourcenverbrauch und damit verbunden auch das Thema Energieeffizienz zunehmend in den Unternehmensfokus geraten (Brüggemann 2005, S. 5). Aufgrund knapper werdender Energieressourcen gewinnt die Ausschöpfung von Energieeinsparpotentialen immer mehr an Bedeutung. Allgemein wird angenommen, dass dieses Potential im Unternehmenssektor bei bis zu 15 % des heutigen Energieeinsatzes liegt (Schröter et al. 2009, S. 4). Zur Erschließung dieses Einsparpotentials ist der Einsatz von Effizienztechnologien notwendig. Doch durch die hohen und zukünftig weiter steigenden Energiepreise, sowie die sicherzustellende Energieversorgung bekommt ein effizienter Umgang mit Energie für Unternehmen immer mehr auch eine strategische Bedeutung. Um langfristig Energieeinsparpotenziale auszuschöpfen und so Energieziele erreichen zu können, muss die bisher meist ausschließlich technisch orientierte Betrachtungsweise von betrieblichen Energieeffizienzmaßnahmen durch eine betriebswirtschaftliche Komponente ergänzt werden, die deren Managementaspekte in den Vordergrund stellt (Posch 2011, S. 1).

Eine dafür geeignete Methodik ist das Energiemanagement, das dazu dient, bislang überwiegend technisch orientierte Maßnahmen in ein methodisch und inhaltlich ganzheitliches Konzept einzubinden, sodass die Erreichung von Energiezielen über technische Maßnahmen hinausgeht. Die Norm DIN EN ISO (Deutsche Institut für Normung; Europäische Norm; Internationale Organisation für Normung) 50001:2011 „Energiemanagementsysteme - Anforderungen mit Anleitung zur Anwendung" stellt einen Versuch dar, einen Leitfaden zur praktischen Handhabung des Energiemanagements zu geben. Bereits in den ersten Jahren können Unternehmen mittels der Energiemanagementsysteme den Energieverbrauch um bis zu 10 % senken (Kahlenborn 2010, S. 73).

11.1.2 Problemstellung und Zielsetzung

Trotz der nachgewiesenen Erfolge und ihrer hohen politischen Relevanz gilt das Energiemanagement aus Sicht der Forschung als in weiten Teilen nur ansatzweise erschlossen. Das gilt vor allem dann, wenn sein Handlungsrahmen über die ausschließlich technische Umsetzung von Energieeffizienzmaßnahmen hinaus verstanden wird (Hirzel 2011, S. 1). Dies liegt zum Teil darin begründet, dass in der Norm keine konkreten Handlungsempfehlungen und Instrumentarien zu deren Umsetzung aufgeführt werden (Brückner 2009, S. 101). Zur Erreichung der Energieziele mittels Energiemanagementsystemen im Unternehmen sollten angemessene und zweckmäßige Managementinstrumente verwendet werden um konkrete Handlungsempfehlungen abzuleiten. Dabei ist davon auszugehen, dass Wirkungsgrad, Reichweite und Anwendungsfelder der zahlreich verfügbaren Instrumente sehr different und unüberschaubar sind. Das hat zur Folge, dass Unternehmen bei der Suche nach den richtigen Instrumenten oftmals verunsichert und überfragt sind. Darüber hinaus ist die Einführung und Anwendung der Managementinstrumente mit hohem Aufwand verbunden. Um diesen Problemen entgegenzuwirken können zwei Lösungsansätze betrachtet werden. Zum einen kann den Unternehmen eine Hilfestellung zur Auswahl der passenden Managementinstrumente gegeben werden. Zum anderen kann die Handhabung und Anwendung der ausgewählten Managementinstrumente durch Umweltsoftwarelösungen vereinfacht werden.

Daher ist es das Ziel des folgenden Beitrags eine Auswahl von Managementinstrumenten vorzustellen. Der Fokus liegt darin, die Ergebnisse einer Analyse von Managementinstrumenten hinsichtlich ihres systematischen und zielgerichteten Beitrags zur Erreichung von Energiezielen zu erläutern. Die Ergebnisse sollen eine Grundlage schaffen, um die ausgewählten Managementinstrumenten in eine Softwarelösung zu überführen, sodass die Anwendung und Handhabung dieser Instrumente vereinfacht wird.

11.1.3 Vorgehen

Im folgenden Beitrag werden zunächst die allgemeinen Grundlagen des Energiemanagements vorgestellt. Ferner werden die Ziele des Energiemanagements erläutert, um festzulegen, welche Ziele mit Hilfe der Managementinstrumente erreicht werden sollen. Anschließend wird eine Analyse ausgewählter Managementinstrumente und die Ergebnisse dieser vorgestellt. Der Beitrag schließt mit einer Zusammenfassung und einem Ausblick ab.

11.2 Energiemanagement

11.2.1 Allgemeine Grundlagen

Während die technische Betrachtung der Energiewirtschaft bereits seit geraumer Zeit in der wissenschaftlichen Diskussion und in der betrieblichen Praxis verankert ist, ist es aus Gründen weiterer Effizienzsteigerungen geboten, ergänzend die Einbeziehung betriebswirtschaftlicher Aspekte in den Vordergrund zu rücken (Posch 2011, S. 1). Damit wird die Energiewirtschaft von einem ausschließlich technischen System zu einem sozio-technischen System ausgeweitet, wobei das technische System und das soziale System eine sich ergänzende, integrative Einheit bilden (Posch 2011, S. 5).

Die Er- und Bearbeitung energiewirtschaftlicher Maßnahmen innerhalb der Unternehmen muss sich somit strategischen Fragestellungen unterordnen und geeignete Strukturen berücksichtigten (Posch 2011, S. 4). Bei einem solchen ganzheitlichen Ansatz reicht es den Unternehmen nicht mehr aus, Energiemanagement lediglich mit der

Steigerung der Energieeffizienz gleichzusetzen (Posch 2011, S. 1). Posch (2011) versteht daher Energiemanagement „als Management der Energiewirtschaft, einem funktionalen Teilbereich des Unternehmens, das sich an übergeordneten Unternehmenszielen orientiert." (Posch 2011, S. 14).

Wanke und Trenz (2001) definieren Energiemanagement wie folgt: „Energiemanagement wird als betriebsinterne Methode verstanden, einen kontinuierlichen Prozess anzustoßen, der die Planung, Steuerung, Organisation und Kontrolle des Energieeinsatzes einschließt." (Wanke und Trenz 2001, S. 40). Laut dem VDI ist Energiemanagement „die vorausschauende und systematisierte Koordinierung der Beschaffung, Umwandlung, Verteilung und Nutzung von Energie innerhalb eines Unternehmens. Ziel ist die kontinuierliche Reduktion des Energieverbrauchs und der damit verbundenen Energiekosten." (VDI Richtlinie 4602 2007, S. 3). Damit schließt die Definition des VDI den Aspekt der Energieentsorgung bzw. des Energierecyclings aus und umfasst somit nicht die gesamte Energiewertschöpfungskette. Da im Rahmen dieses Beitrags der Begriff Energiemanagement ausschließlich auf die betriebliche Energienutzung bezogen werden soll bietet es sich an der einschränkenden Definition des VDI zu folgen. Die Zielsetzung der VDI-Definition soll im Folgenden genauer und detaillierter verdeutlicht werden.

11.2.2 Ziele des Energiemanagements

In Anlehnung an den VDI ist das Ziel des Energiemanagements „die kontinuierliche Reduktion des Energieverbrauchs und der damit verbundenen Energiekosten" (VDI Richtlinie 4602 2007, S. 3). Um dieses übergeordnete Ziel des Energiemanagements zu erreichen, muss die Ressource Energie in „benötigter Menge und Qualität zum richtigen Zeitpunkt am erforderlichen Einsatzort zu den unter diesen Vorgaben geringst möglichen Kosten zur Verfügung gestellt werden" (Posch 2011, S. 148). Allgemein lassen sich die Energieziele gemäß Posch (2011) wie folgt definieren:

- Qualität: Qualitative Energieziele sind diejenigen Ziele, die eine qualitativ hohe Wertschöpfung der Energiebereitstellung ermöglichen, wie die Sicherstellung der Energieversorgung. Das heißt, dass insbesondere verfahrenstechnische Aspekte im Fokus der Betrachtung stehen.
- Kosten: Die Senkung der Energiekosten als eines der Energieziele kann sowohl durch die Reduzierung der Energiekosten, als auch durch einen verminderten Energieverbrauch erreicht werden.
- Zeit: Zeitliches Energieziel ist die Sicherstellung der Energieversorgung. Darüber hinaus stellt die Fähigkeit der Bedarfsanpassung der Energieversorgung eine wichtige Zielkomponente dar.
- Sozio-ökologie: Sozio-ökologische Energieziele beziehen sich auf die Verringerung energiebedingter Umweltbeeinflussungen und den Einsatz erneuerbarer Energien. Darüber hinaus erfassen diese Ziele auch soziale Aspekte wie beispielsweise die Gestaltung menschenwürdiger Arbeitsplätze (Posch 2011, S. 148).

Die genannten Energieziele werden im Rahmen der folglich vorgestellten Untersuchung als Grundlage verstanden. Welche Managementinstrumente eingesetzt werden können um diese Energieziele zu erreichen wird im folgenden Abschnitt erläutert.

11.3 Managementinstrumente im Energiemanagement

11.3.1 Auswahl von Managementinstrumenten

Der Auswahl der „richtigen" Managementinstrumente im Energiemanagement kommt eine entscheidende Bedeutung zu, um festgelegte Energieziele zu erreichen. Als Voraussetzung für diese Auswahl wurden zunächst vorhandene Managementinstrumente im deutsch- und englischsprachigen Raum durch ein umfassendes Literaturstudium und durch intensive online Recherchen zusammengetragen. Aus dieser Sammlung der Instrumente wurden diejenigen Instrumente untersucht, deren Potential zur Erfüllung der Anforderungen des Energiemanagements hoch eingeschätzt wurde. Dabei wurde auf die umfangreichen (Leistungs-) Beschreibungen in der Literatur zurückgegriffen und diese mit vorliegenden praktischen Erfahrungen im Energiemanagement abgeglichen (Praxisbezug aus dem Projekt „Referenzmodelle für die Energieeffizienz in Berliner Betrieben" 2012 – 2014 (ReMo Green), gefördert durch die Europäische Union – Europäischer Sozialfonds, EFRE und Berlin – Senatsverwaltung für Wirtschaft, Technologie und Forschung).

Das Ergebnis der Recherche ist eine Auswahl von elf Instrumenten die dahingehend überprüft werden, inwieweit sie geeignet sind, die energiewirtschaftlichen Zielaspekte Kosten, Qualität, Zeit und Sozio-Ökologie zu erreichen. Dazu wurden die Instrumente, angelehnt an die allgemeine Managementlehre, in die fünf wesentlichen Managementfunktionen Planung, Organisation, Personalführung, Information und Kontrolle und der damit einhergehenden Sicherstellung von Koordination und Entscheidung gegliedert. Wie diese Instrumente untersucht wird im Folgenden erläutert.

11.3.2 Untersuchungsmethode

Um die Analyse der Instrumente hinsichtlich ihres Beitrags im Energiemanagement festzulegen wurden zunächst die Anforderungen an die Analysemethode festgelegt. Das Ziel war es, eine Methode zu ermitteln, die eine systematische Untersuchung der Instrumente ermöglicht und somit eine effiziente Evaluierung unterstützt. Darüber hinaus sollte die Methode aufgrund der Größe des Analysebereichs eine einfache Anwendbarkeit gewährleisten. Da die einzelnen Managementinstrumente sehr unterschiedliche Einsatzbereiche und Ausprägungen besitzen, sollte die Untersuchungsmethode flexibel einsetzbar sein. Ferner sollte die Methode eine strukturierte Übersicht der Chancen und Risiken und der Vor- und Nachteile der einzelnen Instrumente bezogen auf die Leistungsfähigkeit als Energiemanagementinstrument ermöglichen. Eine wichtige Nebenbedingung für die Untersuchungsmethode bestand darin, das durch die Managementinstrumente beeinflusste Unternehmensumfeld zu reflektieren.

Die ausgewählte Analysemethode, die den genannten Anforderungen gerecht wird ist die SWOT-Analyse. Die SWOT-Analyse ermöglicht die systematische Analyse und ist flexibel einsetzbar, wobei diese Kriterien auch von anderen Instrumenten erfüllt werden. Entscheidend ist jedoch, dass die SWOT-Analyse als einziges der betrachteten Instrumente die Möglichkeit bietet, sowohl Chancen und Risiken, als auch Stärken und Schwächen des Untersuchungsgegenstands aufzuzeigen. Daher wurde die Untersuchung der Managementinstrumente im Hinblick auf Energieziele mittels der SWOT-Analyse durchgeführt. Die Ergebnisse der Untersuchung sind im Folgenden zusammengefasst.

11.3.3 Ergebnisse der Untersuchung

Im Folgenden sind die Ergebnisse der Untersuchung in Form einer Tabelle zusammengefasst. Jedes analysierte Instrument ist durch die Managementebene auf der es wirkt, die bei der Analyse ermittelten Herausstellungsmerkmale und schließlich durch eine Bewertung charakterisiert. In der Bewertung wird die Eignung der Instrumente beurteilt, in wieweit sie die Energieziele im Rahmen des Energiemanagements erreichen. Um eine Vergleichbarkeit der Bewertungen zu ermöglichen wurden den Instrumenten vier Bewertungskategorien zugeordnet:

- Basisenergiemanagementinstrument: Instrumente, die dieser Kategorie zugeordnet werden, sind lediglich dann sinnvoll einzusetzen, wenn sie als Grundlage zur Nutzung eines weiteren Instrumentes dienen. Eine alleinige Nutzung dieses Instruments ist wenig zielführend.
- Ergänzendes Energiemanagementinstrument: Instrumente dieser Kategorie sind geeignet, sie zur Erreichung der Energieziele einzusetzen. Ihre alleinige Nutzung wird als nicht ausreichend erachtet. Vielmehr dienen sie als gehaltvolle und angemessene Ergänzung anderer Managementinstrumente.
- Effektives Energiemanagementinstrument: Instrumente dieser Kategorie sind zwar sehr effektiv, allerdings mangelt es ihnen an Effizienz. Der Einsatz dieser Instrumente ist nur in begründeten Fällen zu empfehlen, da der Aufwand und die Implementierungskosten dieser Instrumente sehr hoch sind.
- Wirksames Energiemanagementinstrument: Als wirksame Instrumente werden diejenigen Instrumente bezeichnet, die einen wesentlichen Beitrag zur Erreichung der Energieziele leisten können. Diese Instrumente können als alleiniges Instrument in den jeweiligen Managementfunktionsbereichen verwendet werden, sodass Nutzung weiterer Instrumente als nicht notwendig erachtet wird.

Die Tab. 11.1 verdeutlicht in welchem Umfang die analysierten Managementinstrumentarien einen systematischen und zielgerichteten Beitrag zur Umsetzung von Energiezielen leisten.

Tab. 11.1 Bewertung der untersuchten Managementinstrumente

Instrument	Ebene	Herausstellungsmerkmale	Bewertung
Energieplanung			
Energie-Benchmarking	Strategisch	- ermöglicht das Aufdecken und Analysieren von Schwachstellen - schafft Vergleichsmöglichkeiten und legt Verbesserungspotential in ausgewählten Geschäftseinheiten offen - ermöglicht das Ableiten von Strategien	Wirksames Instrument
Energie-Portfolio-Analyse	Strategisch	- ermöglicht das Ableiten strategischer Zielrichtungen - schafft eine Grundlage für kontinuierliche Energieeinspar- und Effizienzmaßnahmen - schafft eine Kommunikationsgrundlage durch klare Visualisierung	Basisinstrument
Energieorganisation			
Shared Service Center für energiewirtschaftliche Aspekte	Strategisch	- ermöglicht vereinfachte Durchsetzung von Maßnahmen zur Erreichung von Energiezielen - ermöglicht die Standardisierung von Prozessen und Technologien - ermöglicht Konzentration auf das Kerngeschäft Anmerkung: Um das Potential der Standardisierung vollständig ausnutzen zu können, ist eine Mindestgröße für ein Unternehmen Voraussetzung	Effektives Instrument
Business Process Reengineering für energiewirtschaftliche Aspekte	Strategisch	- ermöglicht die erfolgreiche Organisation von Energiemanagement im Unternehmen - ermöglicht den prozess- und kundenorientierten Einsatz neuer Informations- und Kommunikationstechnologien - bietet eine ganzheitliche Betrachtung - reduziert die Durchlaufzeiten und Kosten und steigert die Qualität Anmerkung: Instrument ist mit einem erheblichen Aufwand und somit mit hohen Investitionskosten verbunden	Effektives Instrument

(Fortsetzung)

Tab. 11.1 (Fortsetzung)

Instrument	Ebene	Herausstellungsmerkmale	Bewertung
Personalaspekte Im Energiemanagement			
Wissensmanagement energiewirtshcaftlicher Aspekte	Strategisch	– dient der Wahrnehmung energiewirtschaftlicher Aufgaben über die Grenzen einer spezialisierten Abteilung hinaus	Basisinstrument
		– ermöglicht Kommunikation energiewirtschaftlicher Aspekte im Unternehmen	
		– ermöglicht die Stärkung des Wettbewerbs durch die Nutzung intellektuellen Kapitals	
		– ermöglicht den Aufbau und die Aufrechterhaltung von Wissensvorsprung	
		Anmerkung	
		Der Einsatz ist lediglich dann sinnvoll, wenn bereits die adäquate Unternehmensstrukturen vorhanden sind	
Leitbild für energiewirtschaftliche Aspekte	Normativ	– schafft eine Grundlage für operative und strategische Handlungsmaßnahmen, die zur Zielerreichung beitragen	Basisinstrument
		– hilfreich bei der Mitarbeitermotivation	
		– kann die Konkurrenz der Energiezielaspekte zu anderen Unternehmenszielen durch klar definierte Grundsätze verringern	
		– minimiert zeitraubende Einzelfragen	
		– betrachtet nicht nur Teilbereiche des Unternehmens, sondern ist unternehmensweit anzuwenden	
Energie – Informationsmanagement			
Energie-Bilanz	Operativ	– Schafft Transparenz über Energieflüsse	Basisinstrument
		– bietet eine Informationsgrundlage zur Erfassung, Untersuchung und Kommunikation von Energieflüssen und Datenquelle für weitere Untersuchung (durch die mengenmäßige Erfassung der Energien)	
		– ermöglicht Erkennung von Fehloptimierung	

(Fortsetzung)

Tab. 11.1 (Fortsetzung)

Instrument	Ebene	Herausstellungsmerkmale	Bewertung
Energie-Kostenrechnung	Operativ	- dient der Ermittlung der Energiekosten - dient der Unterstützung bei der Kontrolle wirtschaftlich ineffizienter Energieaspekte - dient der Unterstützung von Investitionsentscheidungen - dient der Ermittlung des Erfolgs durch die Gegenüberstellung von Leistungen und den entsprechenden Kosten - dient der Informationsbereitstellung zur Erfassung, Untersuchung und Kommunikation energiewirtschaftlicher Aspekte Anmerkung: Eine separate energiebezogene Kostenrechung erscheint nicht zwingend erforderlich. Es ist zweckmäßig die energiebezogenen Kosten in die vorhandene Kostenrechung mit einzubeziehen und diese weiter zu entwickeln	Ergänzendes Instrument
Energie-Kontrolle			
Energie Balanced Scorecard	Strategisch/ Operativ	- ermöglicht eine kontinuierliche Kontrolle - schafft eine Grundlage zur Ableitung von Änderungen der Energiestrategien - schafft Transparenz zur Reduzierung der Komplexität unternehmensinterner Energieprozesse und Energieziele - schafft eine Grundlage zur Kommunikation energiewirtschaftlicher Aspekte Anmerkung: Nur sinnvoll einzusetzen, sofern sie regelmäßig gepflegt und angewendet wird	Wirksames Instrument

(Fortsetzung)

Tab. 11.1 (Fortsetzung)

Instrument	Ebene	Herausstellungsmerkmale	Bewertung
Energie-Gap-Analyse	Strategisch/ Operativ	- schafft eine transparente Visualisierung - projiziert Unterschiede zwischen Soll- und Ist-Werten in die Zukunft, um Abweichungen zu identifizieren und so Strategien abzuleiten Anmerkung: hat einen stark spekulativen Charakter und ist daher als alleiniges Kontrollinstrument nicht geeignet	Ergänzendes Instrument
Koordination			
Energie-Kennzahlen	Strategisch/ Operativ	- ermöglicht Koordination im Energiemanagement - dient der Auswertung vorhandener Daten - schafft eine Vergleichsgröße für die energetische Güte eines Prozesses - ermöglicht sowohl kontinuierlicher als auch einmalige Vergleiche (Quervergleiche) - ermöglicht interne Soll-Ist Vergleiche	Wirksames Instrument

11.3.3.1 Energieplanung

Sowohl das Energie-Benchmarking als auch die Energie-Portfolio-Analyse unterstützen die Energieplanung durch die Detaillierung und Festlegung energiewirtschaftlicher Teilziele und durch die Übertragung der auf energiepolitischer Ebene festgelegten Absichten in energiewirtschaftliche Strategien. Das Energie-Benchmarking wird als wirkungsvolles Instrument bewertet, da mit ihm Schwachstellen aufgedeckt und analysiert und Vergleichsmöglichkeiten geschaffen werden können, sodass Verbesserungspotentiale identifiziert und Strategien abgeleitet werden können. Die Energie-Portfolio-Analyse wird als Basisinstrument eingeschätzt, da es zwar die Ableitung strategischer Zielrichtungen ermöglicht und eine Grundlage für Energieeinspar- und Effizienzmaßnahmen schafft, es aber lediglich die Möglichkeit bietet, die Bewertung nur in einer starken Vereinfachung vorzunehmen, und damit zu einer eher groben Betrachtung der Ergebnisse führt.

11.3.3.2 Energieorganisation

Die Instrumente Shared Service Center und das Business Process Reengineering, die der Energieorganisation zuzuordnen sind, dienen der Steigerung der organisatorischen Effizienz. Beide Instrumente werden als besonders effektiv bewertet. Ihre jeweilige Implementierung ist jedoch in der Regel mit erheblichen zusätzlichen Kosten verbunden, weshalb es beiden Instrumenten an Effizienz mangelt.

11.3.3.3 Personalaspekte im Energiemanagement

Die Instrumente für Personalaspekte im Energiemanagement sollen dazu beitragen, diejenigen mitarbeiterbezogenen Gestaltungsmöglichkeiten zu identifizieren, die zur Realisierung der Energieziele beitragen. Die Evaluierung der beiden untersuchten Instrumente ergibt, dass ihre Implementierung zwar unternehmensweit zu einer erhöhten Wahrnehmung bzgl. der Ressource Energie führt, jedoch können bei den Mitarbeitern konkrete Verbesserungen nur indirekt durch deren Bewusstseinsänderung erreicht werden. Die Instrumente Wissensmanagement und Leitbild wurden daher als Basisinstrumente eingestuft.

11.3.3.4 Informationsfunktion im Energiemanagement

Die Evaluierung der Energiekostenrechnung und der Energiebilanz im Rahmen der Informationsfunktion führt zu dem Ergebnis, dass beide Instrumente in der Weise zur Erreichung der Energieziele beitragen, als sie eine Informationsgrundlage für weitere Bearbeitungen bereitstellen. Wenn auch die Energiebilanz als Basisinstrument bewertet ist, stellt sie doch eine der wichtigsten Datenquellen für das Energiemanagement dar. Durch die mengenmäßige Erfassung der Energien liefert sie eine Grundlage zur Bildung von Kennzahlen und ist somit der Ausgangspunkt für die Informationsbereitstellung vieler energierelevanter Aspekte in einem Unternehmen. Die Energie-Kostenrechnung, die als ergänzendes Instrument bewertet wird, bietet eine Informationsgrundlage bzgl. der Energiekosten und verschafft somit dem Management eine quantitative Übersicht.

11.3.3.5 Energiekontrolle

Das Ziel der Energiekontrolle besteht darin, Mängel in der Umsetzung und Realisierung der strategischen Energieplanung zu erkennen, gegebenenfalls Zielanpassungen vorzunehmen und notwendige Maßnahmen abzuleiten. Die Energie Balanced Scorecard wird als ein wirksames Instrument dieses Funktionsbereichs bewertet, da sie den Zielsetzungen eines Unternehmens individualisiert angepasst werden kann und über die Kontrollfunktion hinaus eine wichtige Grundlage bietet, strategische Ziele abzuleiten und anzupassen. Die Energie-Gap-Analyse wird hingegen als ergänzendes Instrument bewertet, weil sie zwar Unterschiede zwischen Soll- und Ist-Werten in die Zukunft projiziert, um Abweichungen zu identifizieren und so Strategien abzuleiten. Jedoch hat diese Projektion einen stark spekulativen Charakter und ist daher als alleiniges Kontrollinstrument wenig geeignet.

11.3.3.6 Koordination im Energiemanagement

Als Instrument der Energiekoordination, dessen Ziel darin besteht, die Funktionen des Energiemanagements untereinander und mit den übergeordneten Managementaufgaben aufeinander abzustimmen, wurden Energiekennzahlen untersucht, deren Einsatz als wirksam bewertet wird, weil sie Grundlagen für eine bereichsübergreifende, energiewirtschaftliche Optimierung bereitstellen.

11.3.3.7 Entscheidung

Im Rahmen des Managementfunktionsbereichs der Entscheidung wurden keine Instrumente evaluiert, da diese entweder bereits einen Teil aller genannten Managementfunktionen darstellen oder funktionsübergreifend keine energiebedingten Besonderheiten aufweisen.

11.3.4 Zusammenfassung

Insgesamt zeigt die Tab. 11.1 Möglichkeiten auf, wie Managementinstrumente im Energiemanagement zweckmäßig genutzt werden können. Dabei ist allerdings darauf zu achten, dass weitere Managementaspekte, wie sich beispielsweise aus einem implementierten Qualitätsmanagementsystem ergeben können, berücksichtigt werden, sodass die Zielerreichung energiewirtschaftlicher Aspekte nicht in Konkurrenz zu anderen Managementaspekten steht.

Allgemein ist für die untersuchten Instrumente festzuhalten, dass es nicht angemessen ist, sie lediglich für das Energiemanagement zu nutzen. Die Mehrzahl der untersuchten Instrumente wurde primär entwickelt, um das allgemeine Unternehmensmanagement zu unterstützen. Diese Instrumente sind lediglich um die Perspektive energiewirtschaftlicher Aspekte erweitert worden. Wenn die Energieziele in Konkurrenz zu anderen Managementaspekten treten, muss ein Unternehmen zuvor festlegen, auf welche Ziele es sich zu fokussieren beabsichtigt. Es ist weiterhin davon auszugehen, dass Unternehmen auch unterschiedliche Erkenntnisinteressen haben und somit unterschiedliche Energieziele mit ihrem Managementsystem verfolgen. Beispielsweise können die Energieziele von der Art der Fertigung, der Priorisierung unterschiedlicher Energieträger oder von den durch die Energiepolitik bedingten Energiezielen abhängig sein. Dies kann jedoch nur unternehmensindividuell festgelegt werden, so dass im Rahmen dieses Beitrags keine allgemeinen Empfehlungen formuliert werden können.

Damit wird deutlich, dass je nach Strategie und Ausrichtung eines Unternehmens der Einsatz unterschiedlicher Energiemanagementinstrumente geboten ist. Wenn auch im Rahmen dieses Beitrags allgemein gültige Aussagen über den Einsatz der Managementinstrumente im Energiemanagement gemacht wurden, müssen diese jeweils auf die individuellen Bedürfnisse des Unternehmens abgestimmt werden. Tab. 11.1 kann dann dabei behilflich sein, die für den jeweiligen Zweck, bzw. die für bestimmte Aspekte des Energiemanagements hilfreichen Instrumente auszuwählen.

Abschließend ist anzumerken, dass die Instrumente, die als wirksames Instrument bewertet wurden, sich insbesondere für einen erfolgreichen Einsatz im Energiemanagement eignen, wohingegen den Instrumenten, die als Basisinstrument bewertet wurden, eine eher geringere Eignung zugesprochen wird, gewinnbringendes Potential inne zu haben. Damit wird insgesamt deutlich, dass allgemeine Managementinstrumente sehr wohl eingesetzt werden können, um die durch die Unternehmensleitungen vorgegebenen Energieziele zu erreichen.

11.4 Fazit und Ausblick

Energiemanagement existiert bereits seit geraumer Zeit in Unternehmen, wurde aber erstmals in der Norm 50001 für Energiemanagementsysteme konkret erfasst, wodurch die zuvor meist technisch orientierte Betrachtungsweise zur Erreichung von Energiezielen durch eine betriebswirtschaftliche Komponente ergänzt wurde. Damit werden Managementaspekte in den Vordergrund gerückt. Die vorliegende Arbeit verdeutlicht, dass eine Reihe von Managementinstrumenten sehr wohl geeignet ist, um die durch die Unternehmensleitung vorgegebenen Energieziele zu erreichen. Insgesamt wurden 135 Managementinstrumente recherchiert, von denen eine Auswahl von elf Instrumenten genauer untersucht wurde. Diese elf Instrumente wurden den Managementfunktionen Planung, Organisation, Information, Personal, Kontrolle, Koordination und Entscheidung auf normativer, strategischer und operativer Managementebene zugeordnet.

Diese Instrumente wurden mit Hilfe der SWOT-Analyse im Hinblick auf ihren systematischen und zweckmäßigen Beitrag zur Erreichung von Energiezielen untersucht. Zu einer abschließenden Bewertung wurden die Instrumente vier Kategorien zugeordnet. Im Ergebnis wird die differierende Eignung der Instrumente aufgezeigt, wobei allerdings auch diejenigen Instrumente, denen eine geringe Eignung zugesprochen wurde, ein wenn auch begrenzt gewinnbringendes Potential zur Erreichung der durch die Unternehmensleitung vorgegebenen Energieziele zugebilligt werden muss.

Die Analyse und deren Ergebnisse wurden aufgrund einer umfassenden Auseinandersetzung mit der wissenschaftlichen Literatur im Wesentlichen theoretisch hergeleitet. In einer weiteren Untersuchung wäre also zu überprüfen, ob und inwieweit
die theoretisch erzielten Ergebnisse in die Praxis überführt werden können. In diesem
Kontext mag es auch von erheblichem Nutzen sein, dass gegenwärtig in den Unternehmen praktizierte Energiemanagement empirisch zu untersuchen, um feststellen zu
können, ob in der realisierten Praxis Ergebnisse erarbeitet wurden, die es ermöglichen,
Unsicherheiten und Ungenauigkeiten der theoretischen Argumentation zu mildern oder
gar zu beseitigen.

Da die Implementierung und Anwendung insgesamt mit zusätzlichem Aufwand verbunden ist, sollten Möglichkeiten genutzt werden die Anwendung so einfach und effizient wie möglich zu gestalten, sodass diese ohne größeren Aufwand verwendet werden
können und sie darüber hinaus verlässliche und weitreichende Ergebnisse erzielen. Dies
kann dadurch erreicht werden, dass die Handhabung der Managementinstrumente
im Energiemanagement soweit wie möglich durch Softwareprodukte abgedeckt wird.
Insbesondere dann, wenn die Softwareprodukte einen quantitativen Charakter besitzen.
In einer weiteren Untersuchung wäre also zu überprüfen, ob und inwieweit bislang verfügbare Managementinstrumente im Energiemanagement automatisierungsfähig sind
und angewendet werden können.

Literatur

Brüggemann A (2005) KFW-Befragung zu den Hemmnissen und Erfolgsfaktoren von
    Energieeffizienz in Unternehmen. Frankfurt am Main
Brückner C (2009) Qualitätsmanagement für die Automobilindustrie (1. Aufl.). Symposion
    Publishing, Düsseldorf
Hirzel S, Sontag B, Rohde C (2011) Betriebliches Energiemanagement in der industriellen
    Produktion Inhalte. Fraunhofer-Institut für System- ISI, Innovationsforschung
Kahlenborn W, Knopf J, Richter I (2010) Energiemanagement als Erfolgsfaktor, International ver-
    gleichende Analyse von Energiemanagementnormen. Umweltbundesamt, Berlin
Posch W (2011) Ganzheitliches Energiemanagement für Industriebetriebe. Gabler Verlag, Wiesbaden
Schröter M, Weißfloch U, Buschak D (2009) Energieeffizienz in der Produktion – Wunsch oder
    Wirklichkeit? Fraunhofer-institut für System- ISI, Innovationsforschung
Wanke A, Trenz S (2001) Energiemanagement für mittelständische Unternehmen, Rationeller
    Energieeinsatz in der Praxis; Arbeitsschritte, Planungshilfen, Lösungsbeispiele. Fachverlag
    Detuscher Wirtschaftsdienst, Köln

Teil II

Stoffstrommanagement

Praxisorientierte Entwicklung einer Ökobilanzierungssoftware für KMU

Henning Gösling, Matthias Hausmann, Fabian Renatus, Karsten Uphoff und Jutta Geldermann

Zusammenfassung

Mehrere etablierte, umfangreiche Software-Anwendungen, mit deren Hilfe Ökobilanzen erstellt werden können, sind derzeit verfügbar. Diese Anwendungen weisen jedoch einige Nutzungsbarrieren für deutschsprachige Einsteiger in deutschsprachigen kleinen und mittelständischen Unternehmen (KMU) auf. Unter anderem verhindern Anschaffungskosten, vielfältige und komplexe Funktionalitäten oder fehlende integrierte Hilfetexte einen erfolgreichen Einsatz. Zudem fehlen integrierte Entscheidungshilfen – auch in den etablierten Anwendungen. Die im Rahmen des IT-for-Green-Projekts zu entwickelnde Ökobilanzierungssoftware soll diese Barrieren überwinden und dadurch die Verbreitung der Ökobilanz-Methode in KMU fördern. Zur Entwicklung einer solchen Software wird zunächst eine Ökobilanz für ein Produktsystem in Kooperation mit einem mittelständischen Unternehmen erstellt. Es zeigt sich, dass KMU aufgrund beschränkter personeller Kapazitäten Schwierigkeiten haben können, die In- und Outputs ihrer

H. Gösling (✉) · F. Renatus · J. Geldermann
Georg-August-Universität Göttingen, Platz der Göttinger Sieben 3 (Oeconomicum),
37073 Göttingen, Deutschland
e-mail: henning.goesling@wiwi.uni-goettingen.de

F. Renatus
e-mail: fabian.renatus@wiwi.uni-goettingen.de

J. Geldermann
e-mail: geldermann@wiwi.uni-goettingen.de

M. Hausmann
CEWE COLOR AG, Oldenburg, Deutschland
e-mail: matthias.hausmann@cewecolor.de

K. Uphoff
ecco Unternehmensberatung GmbH, Oldenburg, Deutschland
e-mail: uphoff@ecco.de

J. Marx Gómez et al. (Hrsg.), *IT-gestütztes Ressourcen- und Energiemanagement*,
DOI: 10.1007/978-3-642-35030-6_12, © Springer-Verlag Berlin Heidelberg 2013

Prozesse zu spezifizieren. Hinzu kommt, dass die Daten für die In- und Outputs der unternehmensexternen Prozesse in der Regel nicht ohne weiteres erhoben werden können. Das Ergebnis ist eine Sachbilanz, die unvollständige und ungenaue Angaben enthält und die damit nur eine unzureichende Basis für eine Wirkungsabschätzung darstellt. Aber auch der Weg zur unvollständigen und ungenauen Ökobilanz kann Unternehmen zu einigen wichtigen Erkenntnissen und Informationen führen (z. B. zur Aufdeckung verborgener Potenziale im Umweltschutz). Letztlich gilt jedoch: Je detaillierter und umfangreicher eine Ökobilanzierung durchgeführt wird, desto detaillierter und umfangreicher sind auch die Erkenntnisse und Informationen, die daraus gewonnen werden können. Die Software soll daher den Anwender zu möglichst vollständigen und genauen Umweltinformationen über Produkte und Prozesse verhelfen, auf deren Basis dann diese verglichen und besonders umweltfreundliche Optionen identifiziert werden können.

Schlüsselwörter

Umweltmanagement • Ökobilanzierungssoftware • KMU

12.1 Einleitung

Betriebliche Umweltinformationssysteme (BUIS) zur Ökobilanzierung sind bereits seit längerem verfügbar. Mit ihrer Hilfe können die wesentlichen Schritte der Ökobilanzierung gemäß DIN EN ISO 14040:2006 durchgeführt werden, also diejenigen Schritte zur Bewertung der Umweltwirkungen eines Produktsystems über dessen gesamten Lebenszyklus hinweg. In einer Studie des Fraunhofer Instituts für Arbeitswirtschaft und Organisation aus dem Jahr 2004 zeigte sich, dass weniger als 25 Prozent der befragten Unternehmen softwaregestützt Ökobilanzen aufstellen; und diejenigen Unternehmen, welche per Software Ökobilanzen erstellen, nutzen dazu vor allem MS-Office-Produkte (Lang-Koetz und Heubach 2004). Eine im Jahr 2005 veröffentlichte Studie der schweizerischen Vereinigung für ökologisch bewusste Unternehmensführung zählte 28 eigenständige Softwarelösungen zur Ökobilanzierung (Siegenthaler et al. 2005). Davon sind zum derzeitigen Zeitpunkt (Stand: Oktober 2012) nur noch 14 Anwendungen erhältlich. Nur zwei der gelisteten Softwarelösungen – Gemis und CMLCA – sind frei im Internet verfügbar und eignen sich zur Aufstellung von umfangreichen und detaillierten Ökobilanzen, die wissenschaftlichen oder offiziellen Ansprüchen genügen würden. In die deutschsprachige Gemis-Software sind, anders als in die englischsprachige CMLCA-Software, bereits Datenbanken integriert, wodurch sich die Aufstellung von Ökobilanzen mithilfe der Gemis-Software deutlich beschleunigen lässt. Für beide Anwendungen werden Einarbeitungszeiten von mindestens einem Tag angegeben (Siegenthaler et al. 2005). Es ist aber davon auszugehen, dass sich diese Einarbeitungszeit bei Nutzern, die bislang noch keine Ökobilanzen erstellt haben und somit neu in die Thematik eingeführt werden müssen, deutlich erhöht, gerade weil bei diesen kostenlos verfügbaren Anwendungen in der Regel auf integrierte Kontext-Hilfen verzichtet wurde. Die im Rahmen des Projekts IT-for-Green zu entwickelnde Ökobilanzierungssoftware wird ebenfalls im Anschluss frei im

Internet verfügbar sein, soll sich aber gegenüber den beiden Anwendungen dahingehend abgrenzen, dass sie für deutschsprachige Einsteiger bzw. deutschsprachige kleine und mittelständische Unternehmen (KMU) ausgelegt ist, die zum ersten Mal eine Ökobilanz für eines ihrer Produkte aufstellen wollen. Die so erstellten Ökobilanzen sollen den Startpunkt für Analysen darstellen mit deren Hilfe besonders umweltfreundliche Produkte oder Prozesse identifiziert werden können.

Die Entwicklung einer solchen Einsteiger-Ökobilanzierungssoftware besteht aus mehreren Schritten. Zunächst wird eine Ökobilanz für ein Produkt eines mittelständischen Unternehmens erstellt. Die in der Praxis gewonnenen Erkenntnisse gehen dann in die Entwicklung der Ökobilanzierungs-Software ein. Als Partner im IT-for-Green-Projekt erklärte sich die CEWE COLOR AG zu einer Zusammenar-beit bereit. Die Ökobilanz-Methode wird auf das umsatzstarke Produkt CEWE FOTOBUCH angewendet. Die Ökobilanzierung des Fotobuchs, die Anforderun-gen, die sich hieraus an die neu zu entwickelnde Software ergeben, sowie der dar-aus resultierende Aufbau dieser Software sind die Schwerpunkte dieses Beitrags.

12.2 Ökobilanzierung Fotobuch

Ökobilanzen wurden bereits für die verschiedensten Produktions- und Produktsysteme aufgestellt, wie z. B. für Biogasanlagen (Hesse et al. 2012) oder Plasma-Fernsehgeräte (Hieschier und Baudin 2010). Eine Ökobilanz für ein Fotobuch existiert bisher nicht. Hausmann 2011 ging zwar in seiner Nachhaltigkeitsstudie für das CEWE FOTOBUCH bereits auf die wesentlichen umweltrelevanten Aspekte von Fotobüchern ein (Energieverbrauch, Material, Emissionen, Abfall und Wasserverbrauch), verzichtete jedoch auf eine detaillierte Betrachtung jedes einzelnen Herstellungsschritts. Letzteres kann durch Anwendung der Ökobilanz-Methode erreicht werden.

Als zentrale Leitfäden zur Erstellung einer Ökobilanz werden die Norm DIN EN ISO 14040:2006 und das darauf basierende Handbuch von Klöpffer und Grahl 2009 verwendet. In der Norm wird der Begriff Ökobilanz als Zusammenstellung und Beurteilung der Input- und Outputflüsse und der potenziellen Umweltwirkungen eines Produktsystems im Verlauf seines Lebenswegs definiert. Vier Phasen gilt es zu durchlaufen, um eine Ökobilanz zu erhalten: (1.) Die Phase der Festlegung von Ziel und Untersuchungsrahmen, (2.) die Sachbilanz-Phase, (3.) die Phase der Wirkungsabschätzung und (4.) die Phase der Auswertung. Alle vier Schritte werden für das betrachtete Fotobuch vollzogen. Die bisherigen Ergebnisse der Ökobilanzierung werden im Folgenden, geordnet nach den vier Phasen, beschrieben.

12.2.1 Festlegung von Ziel und Untersuchungsrahmen

Mit der Aufstellung einer Ökobilanz für ein Fotobuch sind zwei Ziele verbunden. Zum einen sollen die Umweltwirkungen des Fotobuchs bestimmt und dadurch Ansätze zur

Reduzierung der potenziellen Umweltwirkungen identifiziert werden. Zum anderen flie-ßen die Erkenntnisse, die bei der Aufstellung der Ökobilanz für ein Fotobuch gewonnen werden, in die Entwicklung einer Software zur Ökobilan-zierung für KMU ein.

Die untersuchten Fotobücher werden von Kunden mit Hilfe einer speziellen Software mit persönlichen Fotos und Texten gestaltet, anschließend von der CEWE COLOR AG beispielsweise am Standort Oldenburg hergestellt und dann an die Kunden versandt. Ein durchschnittliches Fotobuch, welches die funktionelle Einheit der Untersuchung darstellt, ist ein DinA4 Hardcover, wiegt 500 Gramm, besteht aus 50 Seiten und enthält 120 Fotos (Hausmann 2011). Herstellung, Nut-zung und Entsorgung eines solchen Fotobuchs haben potenzielle Auswirkungen auf die Umwelt. Rohstoffe müssen gewonnen, Betriebsstoffe hergestellt, Energie bereitgestellt und eingesetzt, das Fotobuch erstellt und versandt, Produktionsabfälle und das irgendwann nicht mehr gebrauchte Fotobuch entsorgt und recycelt, Produktionsanlagen hergestellt und instandgehalten werden. Entscheidend dafür, welche dieser Prozesse und damit welche In- und Outputs in die Betrachtung mit eingehen können, ist die Verfügbarkeit der Informationen zu den Prozessen. In die vor-liegende Studie können zunächst nur diejenigen Prozesse aufgenommen werden, die im Einflussbereich der CEWE COLOR AG stehen. Damit wird eine sogenannte Gate-to-Gate Betrachtung angewandt. Das Ergebnis der Untersuchungen ist somit keine voll-ständige Ökobilanz, sondern ein Ausschnitt aus der Ökobilanz. Die folgenden Prozesse werden in die Ökobilanz aufgenommen: Herstellungs- und Verarbeitungsschritte; Energieverwendung; Sammlung und Bereitstellung des im Herstellungsprozess anfallen-den Abfalls und Ausschuss; Wartung der Produktionsanlagen; und die unterstützenden Prozesse Gebäude- und Flächenmanagement, Verwaltung, IT und Vertrieb.

12.2.2 Sachbilanzierung

Entsprechend der Systemgrenzen gehen nur die In- und Outputs der von der CEWE COLOR AG ausgeführten Herstellungs-, Instandhaltungs- und Entsor-gungsprozesse sowie die vier Querschnittsfunktionen Gebäude- und Flächenma-nagement, Verwaltung, IT und Vertrieb in die Ökobilanz ein. Der Herstellungs-prozess wurde in seine 14 Bestand-teile aufgeschlüsselt. Er beginnt mit dem Druck von Cover und Inhalt des Fotobuchs. Das Cover wird in das gewünschte Format geschnitten, laminiert, ein weiteres Mal geschnitten und dann in der Deckenferti-gung auf Karton geklebt. Die Verarbeitung des gedruckten Inhalts beginnt entwe-der mit dem UV-Coating der Seiten oder, sollte dieser Schritt auf Kundenwunsch ausgelassen werden, mit dem Formatschnitt. Danach folgen Klebebindung und ein weiterer Schnitt. Anschließend werden Cover und Inhalt in der Buchfertigung zusammengefügt und das fertige Buch in der Qualitätskontrolle auf Fehler kontrolliert, bevor es dann eingeschweißt und versandfertig verpackt wird.

Zur strukturierten Erhebung der In- und Outputs jedes Prozessschritts werden die zu erhebenden Daten in Hauptgruppen gegliedert. Die Gliederung der Daten orientiert sich an dem generischen Datenerhebungsformat des Verbands der Au-tomobilindustrie (VDA), welches sich zur strukturierten Erfassung der umweltre-levanten Aspekte von

Produktionsprozessen eignet. In diesem werden die Inputs in Energieträger, stoffliche Inputs und Betriebsstoffe und die Outputs in Produkte, Emissionen in Luft, Emissionen in Wasser und Abfälle eingeteilt. Zusätzlich werden innerbetriebliche Transporte aufgenommen, die im Zusammenhang mit dem jeweiligen Prozessschritts stehen (VDA 2007). Nicht in dem Datenerhebungsblatt des VDA, aber dennoch separat erfasst wird der Flächenverbrauch. Das Ergebnis ist eine Übersicht über die In- und Outputs für jeden einzelnen Prozessschritt. Diese Übersicht wird auch als Prozessbilanz bezeichnet. Die Aufsummierung aller Prozessbilanzen im Produktlebenszyklus ergibt die Sachbilanz.

Die Sachbilanzierung ist gemäß der DIN EN ISO 14040:2006 als iterativer Prozess zu verstehen. In der ersten Iteration der Sachbilanzierung für ein CEWE FOTOBUCH wurden für jeden Prozessschritt die jeweiligen In- und Outputs bestimmt (Dauer ca. 1 Personentag). Als Ergebnis stand eine Sachbilanz ohne Mengenangaben. Die Mengenangaben wurden dann in der zweiten Iteration erhoben (ca. 1 Personenwoche). Schwierigkeiten haben sich dabei insbesondere bei der Erhebung derjenigen Daten ergeben, die außerhalb des Produktionsbereichs gesammelt werden müssen. Dies gilt für die nicht-produktspezifischen Prozesse Gebäude- und Flächenmanagement, Verwaltung, IT und Vertrieb. Die In- und Outputs dieser Prozesse (Wasser, Abwasser, Flächenverbrauch und nicht-spezifizierte Emissionen in die Luft) werden dann in der dritten Iteration entsprechend dem aktuellen Umsatzanteil des Fotobuchs auf ein solches umgelegt. Die Ergebnisse der zweiten Iteration der Sachbilanzierung für das CEWE FOTOBUCH sind in der nachfolgenden Tab. 12.1 zusammengetragen worden. Die Ergebnisse der dritten Iteration sind nicht Bestandteil dieser Publikation.

Tab. 12.1 Sachbilanz CEWE FOTOBUCH, 2. Iteration

INPUTS	Bezeichnung	Menge	Einheit
Energieträger	Strom	0,536060	kWh
Stoffliche Inputs	130g-Papier	0,019000	kg
	200g-Papier	0,368000	kg
	Vorsatzpapier	0,050100	kg
	Pappe	0,145000	kg
	Farbe	0,016710	kg
	OPP-Folie	0,005000	kg
	Polyethylenfolie	0,003000	kg
	Glutinleim	0,003000	kg
	Klebstoff (PUR)	0,002000	kg
	Dispersionsleim	0,001000	kg
	UV-Lack	0,018400	kg
	Verpackung	0,100000	kg
	Messer	fehlende Daten	kg

(Fortsetzung)

Tab. 12.1 (Fortsetzung)

INPUTS	Bezeichnung	Menge	Einheit
Betriebsstoffe	Öl	0,008450	kg
	Agents	0,001510	kg
	Reinigungsmittel	0,000108	kg
	Pips	0,000860	kg
	Blankets	0,001720	kg
	Filter	0,000345	kg
	Wasser	fehlende Daten	l
Flächenverbrauch	Standort Oldenburg	fehlende Daten	m² yr

OUTPUTS	Bezeichnung	Menge	Einheit
Produkte	CEWE FOTOBUCH	1	Stück
Emissionen Luft	VOC	0,000754	kg
	Emissionen nicht-spezifiziert[a]	fehlende Daten	kg
	Lärm	fehlende Daten	Pa² s
	Geruch (Glutinleim)	fehlende Daten	m³
Abfälle	Abwasser	fehlende Daten	l
	Blechdosen (Farben, Öle)	0,004300	kg
	Öl	0,021550	kg
	Testbögen und Ausschuss	0,019400	kg
	Verschnitt (Papier, bedruckt)	0,097900	kg
	Verschnitt (Papier, bedruckt, laminiert)	0,002000	kg
	Verschnitt (Pappe)	0,008000	kg
	Ausschuss	0,002000	kg
	Folienreste (OPP)	0,000500	kg
	Folienreste (Polyethylenfolie)	0,000300	kg
	Leimreste (PUR)	fehlende Daten	kg
	Leimreste (Dispersionsleim)	0,000250	kg
	Holz als Packmittel	0,005900	kg
	Packmittel (Bögen)	0,002800	kg
	Siedlungsabfall	fehlende Daten	kg

Die nicht-spezifizierten Emissionen basieren auf den innerbetrieblichen Transport und die Personenverkehre im Zuge des Vertriebs

12.2.3 Wirkungsabschätzung

Auf Basis der Sachbilanz werden die potenziellen Umweltwirkungen, die von den in die Untersuchung miteinbezogenen Prozessen ausgehen, bestimmt. Die Umweltwirkungen können in Wirkungskategorien eingeteilt werden. Klöpffer und Grahl 2009 unterscheiden hierbei zwischen Ressourcenverbrauch, Naturraumbeanspruchung, Treibhauseffekt, Ozonabbau, toxische Gefährdung des Menschen, toxische Schädigung von Organismen, Sommersmog, Versauerung, Eutrophierung, Geruch, Lärmbelästigung und radioaktiver Strahlung. Für die Wirkungsabschätzung des untersuchten Fotobuchs wurde die etablierte und gut dokumentierte niederländische LCIA-Methode Eco-Indicator'99 verwendet (Goedkoop und Spriensma 2001). Wie zuvor erwähnt, handelt es sich bei der Sachbilanz (Tab. 12.1) um eine unvollständige Sachbilanz. Entsprechend ist auch die Wirkungsabschätzung, die auf Basis der Sachbilanz ermittelt wird, nicht vollständig.

Bei der Methode Eco-Indicator'99 werden als Wirkungsoberkategorien Rohstoffverbrauch, negative Auswirkungen auf die menschliche Gesundheit und negative Auswirkungen auf das Ökosystem angegeben. In die Wirkungskategorie negative Auswirkungen auf das Ökosystem gehen Naturraumbeanspruchung, Ökotoxizität, Versauerung und Eutrophierung ein. In die Wirkungskategorie negative Auswirkungen auf die menschliche Gesundheit gehen der Treibhauseffekt, Ozonabbau, radioaktive Strahlung und Humantoxizität (aufgeteilt in karzinogene und respiratorische Gefährdung des Menschen) ein. Letztlich wird aus diesen Effekten eine Kennzahl, der sogenannte Eco-Indicator'99, abgeleitet.[1] Je höher diese Kennzahl ausfällt, desto negativer werden die Umweltwirkungen des betrachteten Produkts beurteilt.

Bislang errechnet sich der Eco-Indicator'99 für ein CEWE FOTOBUCH ausschließlich auf Basis der VOC-Emissionen. Er liegt bei 1,267E-05 Punkten und kann in künftigen Untersuchungen als Benchmark verwendet werden. Der Flächenverbrauch und die nichtspezifizierten Emissionen können aufgrund fehlender Daten nicht berücksichtigt werden. Die Input-Materialien stellen allesamt keine Rohstoffe dar und können daher nicht in die Berechnung für den Eco-Indicator'99 eingehen. Die Abfälle werden zwar von der CEWE COLOR AG gesammelt, aber nicht behandelt; die tatsächlichen Emissionen in Luft, Wasser und Boden, die durch die Abfallbehandlung entstehen, gehen somit zulasten der dafür zuständigen Entsorgungsunternehmen. Es ist festzuhalten: Die errechnete Kennzahl quantifiziert ausschließlich die Umweltwirkungen der innerbetrieblichen Prozesse der CEWE COLOR AG und damit nicht die gesamten Umweltwirkungen eines Fotobuchs.

---

[1] Für bestimmte Rohstoffe, Flächenbeanspruchungsarten und Schadstoffe sind in der Datenbank der Eco-Indicator'99-Methode Wirkungs- und Gewichtungsfaktoren hinterlegt. Diejenigen In- und Outputs der Sachbilanz des CEWE FOTOBUCH, die auch in der Datenbank der Eco-Indicator'99-Methode auftauchen, gehen je nach Wirkung und Gewichtung in den Eco-Indicator'99 ein.

12.2.4 Auswertung

Als Ziel der Ökobilanzierung wurde eine vollständige Ökobilanz für ein CEWE FOTOBUCH ausgegeben. Die Ökobilanz für ein Fotobuch, wie sie an dieser Stelle vorgestellt wurde, hat aber zwei signifikante Schwächen. Zum einen werden nicht alle Abschnitte im Lebenszyklus eines Fotobuchs betrachtet, sondern nur seine Herstellung. Zum anderen sind die Angaben zu dem betrachteten Lebenszyklusabschnitt nicht vollständig. Die Ökobilanzierung des Fotobuchs ist somit nicht abgeschlossen und der berechnete Eco-Indikator'99 hat nur sehr geringe Aussagekraft bezüglich der Umweltwirkungen eines Fotobuchs. Unvollständige Ökobilanzen genügen zwar nicht dem wissenschaftlichen Anspruch, es ist aber davon auszugehen, dass insbesondere KMU angesichts eingeschränkter personeller und finanzieller Kapazitäten keine vollständigen Ökobilanzen erstellen. Gleichwohl können solche Ökobilanzen dem unternehmerischen Anspruch genügen. Denn auch unvollständige Ökobilanzen verschaffen einen Überblick über die produktbezogenen Einsatzstoffe, Abfälle und Emissionen. Die aufgestellten Prozessbilanzen können zudem miteinander verglichen werden. Im Fall des CEWE FOTOBUCHS sind die Druckprozesse von herausragender Bedeutung. Falls an dieser Stelle Veränderungen vorgenommen werden, z. B. durch den Einsatz neuer Druckmaschinen, könnten derzeitige und alternative Maschinen nun auch anhand ihrer Prozessbilanzen miteinander verglichen werden. Als Ziel der Ökobilanzierung stand aber nicht nur eine fertige Ökobilanz eines Fotobuchs, sondern auch die Sammlung von Erkenntnissen, die als Anforderungen in die Entwicklung einer Einsteiger-Software zur Ökobilanzierung einfließen sollen. Diese Anforderungen werden im nächsten Abschnitt erörtert.

12.3   Anforderungen an eine Ökobilanzierungssoftware für KMU

Auf Basis der Erfahrungen mit der CEWE COLOR AG wird als zukünftiger Benutzer einer Einsteiger-Ökobilanzierungssoftware ein Mitarbeiter in der Produktion eines KMU angenommen, der in seinem Unternehmen für das Umweltmanagement zuständig ist. In erster Linie jedoch liegen seine Aufgaben im technischen Produktionsmanagement. Somit verfügt er über ein umfassendes und tiefgreifendes Verständnis des Produktionsprozesses. Um die wenigen Stunden, die der Nutzer für das Umweltmanagement aufbringen kann, effizient zu nutzen, soll dieser mit der zu entwickelnden Software dabei unterstützt werden, die Stoff- und Energieströme im Produktionsbereich möglichst schnell dokumentieren und auswerten zu können. Die Unterstützung sollte möglichst intuitiv sein und durch die folgenden Funktionalitäten sichergestellt werden:

- gute Dokumentation der Ökobilanzierung durch Kontext-Hilfen;
- strukturierte Erfassung der In- und Outputs nach den Kategorien *Energieträger*, *Rohstoffe*, *Bauelemente/Betriebsstoffe*, *Flächenverbrauch*, *Emission Luft*, *Emission Wasser*, *Emission Boden*, *Abfälle* und *prozessbezogene Transporte* (VDA, 2007);

- einfache Integration von Materialdaten, Abfalldaten, Arbeitsplatzdaten, Arbeitsplänen usw. aus vorhandenen ERP-Systemen;
- Verfügbarkeit von umfangreichen und strukturierten Materiallisten für *Energieträger, Rohstoffe, Bauelemente/Betriebsstoffe, Flächenverbrauch, Luft-Emission, Wasser-Emission, Boden-Emission, Abfälle* und *prozessbezogene Transporte*, aus denen der Nutzer die In- und Outputs zur Spezifikation von Prozessbilanzen auswählen kann (z. B. Emission Luft: 1,1,1-Trichlorethan, 1,2,3,4-Tetrachlorbenzol, 1,2,3,5-Tetrachlorbenzol, usw.);
- automatische Überprüfung der Bilanzen auf Ausgeglichenheit;
- automatische Berechnung der EMAS-Indikatoren[2] auf Wunsch;
- automatische Durchführung der Wirkungsabschätzungsmethoden auf Wunsch;
- flexible Darstellung der Ergebnisse (z. B. Umweltwirkungen je Fotobuch, je Foto oder je kg Farbe);
- Möglichkeit zur Darstellung alternativer Produktionsabläufe; und
- Vergleichbarkeit der Produkte/Prozesse anhand ökologischer, wirtschaftlicher und sozialer Kennzahlen.

In jedem Fall zu vermeiden ist die Erwartungshaltung, dass alle In- und Outputs gleich im ersten Durchlauf der Sachbilanzaufstellung vorhanden sein müssen. Nicht zuletzt heißt es in der DIN EN ISO 14040:2006, dass der Prozess zur Erstellung einer Sachbilanz einen iterativen Charakter aufweist. Die zu entwickelnde Software zur Ökobilanzierung soll somit den Nutzer zwar dazu anhalten möglichst genaue Angaben zu den In- und Outputs zu machen, er kann aber auch generische Begriffe zur Beschreibung von In- und Outputs verwenden. Gleichwohl soll der Nutzer darauf hingewiesen werden, falls die in den Prozessbilanzen aufgeführten In- und Outputs nur ungenaue Angaben darstellen (wie z. B. die Angabe *Blechdosen*). Für diesen Fall sollen Materiallisten zur Verfügung stehen, die dem Nutzer dabei helfen, seine Angaben zu den In- und Outputs zu spezifizieren.

Es ist kaum davon auszugehen, dass der Nutzer auf Basis einer lückenhaften und kaum spezifizierten Sachbilanz eine sinnvolle Wirkungsabschätzung durchführen kann. Wie im Beispiel der Fotobuch-Ökobilanz zu erkennen ist, sind die Umweltwirkungen eines mittelständischen Unternehmens sehr begrenzt, wenn nur die innerbetrieblichen Umweltwirkungen erfasst werden können. Es stellt sich daher die Frage, ob eine Wirkungsabschätzung überhaupt in die zu entwickelnde Software integriert werden sollte. Jedenfalls soll dem Nutzer die Möglichkeit gegeben werden, diese auszulassen bzw. soll der Nutzer darauf hingewiesen werden, in welchem Fall eine solche Wirkungsabschätzung sinnvoll ist. Falls der Nutzer darauf verzichten würde, würde die Software als Ergebnis eine Sachbilanz bzw. mehrere Prozessbilanzen ausgeben.

---

[2] Diese sind notwendiger Bestandteil einer Umwelterklärung gemäß der EMAS-Verordnung, deren Einhaltung die Verwendung des EMAS-Logos als Ausdruck eines geprüften Umweltmanagementsystems erlaubt. EMAS-Kernindikatoren sind Energieeffizienz, Materialeffizienz, Wasser, Abfall, biologische Vielfalt und Emissionen (Verordnung (EG) Nr. 1221/2009).

Neben den speziellen Anforderungen an eine Einsteiger-Ökobilanzierungs-Software gelten zudem die allgemeinen Anforderungen an BUIS. Eine Anforderungsanalyse an BUIS wird von Gräuler et al. 2013 präsentiert. In dieser Analyse stellen sich die fünf folgenden Anforderungen als die wichtigsten heraus.

- Konsistenz und Nachvollziehbarkeit von Berechnungen;
- Export in gängige Formate;
- flexible und transparente Schnittstellen für die Integration vorhandener Daten;
- Entscheidungsunterstützung; und
- verschiedene Benutzerrollen mit verschiedenen Berechtigungen.

12.4   Ökobilanzierungssoftware für KMU – Programmablauf

Nachdem die Anforderungen für eine Ökobilanzierungssoftware erhoben wurden, wird in diesem Abschnitt der grobe Ablauf eines solchen Programms anhand eines Aktivitätsdiagramms beschrieben (s. Abb. 12.1).

Als Startpunkt der Ökobilanzierungssoftware legt der Nutzer ein bestimmtes Produktsystem als funktionale Einheit der Analyse und die Phasen des Produktlebenszyklus fest. Der Nutzer wird anschließend dazu aufgefordert, für das von ihm angelegte Produkt die in seinem Einflussbereich liegenden Schritte des Produktlebenszyklus zu bestimmen und in die richtige Reihenfolge zu bringen. Eventuell müssen alternative Prozessabläufe abgebildet werden. Um die Definition der zu spezifizierenden Prozessabläufe zu beschleunigen, kann der Nutzer Arbeitspläne aus vorhandenen ERP-Systemen importieren. Für jeden Produktionsprozess werden die jeweiligen In- und Outputs in der folgenden Reihenfolge abgefragt: *Energieträger, Rohstoffe, Bauelemente/Betriebsstoffe, Flächenverbrauch, Luft-Emission, Wasser-Emission, Boden-Emission, Abfälle* und *prozessbezogene Transporte*. Besteht die Möglichkeit, dass ein bestimmter Prozessschritt auf unterschiedliche Weise, z. B. durch unterschiedliche Maschinen durchgeführt werden kann, dann wird dies in der Software vermerkt und der Nutzer wird dazu aufgefordert, für jede alternative Maschine die In- und Outputs zu bestimmen. An dieser Stelle besteht für den Nutzer auch die Möglichkeit fiktive alternative Prozessschritte einzupflegen, die als solche speziell ausgewiesen werden. Anschließend werden die Querschnittprozesse in der gleichen Weise wie die Produktionsprozesse aufgenommen. Deren In- und Outputs werden dann dem betrachteten Produkt über dessen Anteil am Unternehmensumsatz zugerechnet. Fehlende Mengenangaben für In- und Outputs werden gesondert markiert.

Der Nutzer vervollständigt die Prozessbilanzen so weit wie möglich. Dabei werden die eingetragenen In- und Outputs mit einer internen Materialliste verglichen. In dieser Liste sind Stoffe und Gemische enthalten, die von Umweltgesetzgebung und Wissenschaft als umweltschädigend eingestuft wurden. Werden in die Prozessbilanzen der Anwendung unbekannte Stoffe eingetragen, werden diese entsprechend markiert. Der Nutzer wird dazu angehalten, diese Stoffe mithilfe der Materialliste und dem in der Regel dem Stoff

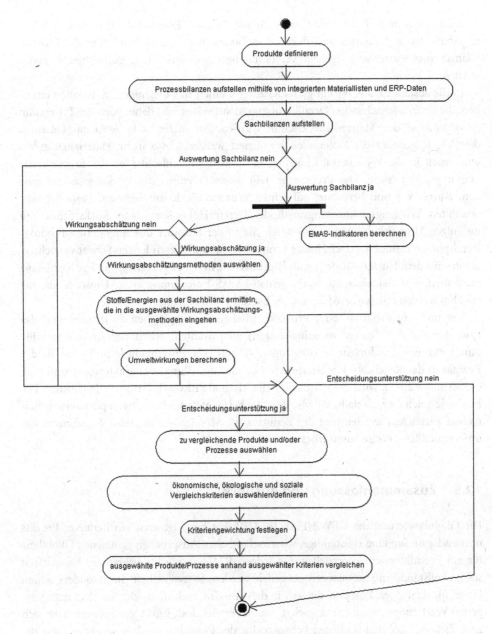

Abb. 12.1 Geplanter Programmablauf als UML-1-Aktivitätsdiagramm

beiliegenden Sicherheitsdatenblatt näher zu spezifizieren. Eine benutzerfreundliche Suche innerhalb der Materialliste wird durch eine Taxonomie sichergestellt.[3] Sind die Prozessbilanzen vom Nutzer weitestgehend vervollständigt, kann deren Ausgeglichenheit überprüft werden.

In die abschließende Wirkungsabschätzung können nur diejenigen Materialien eingehen, die einen ausreichenden Detaillierungsgrad aufweisen und daher von dem Programm zuvor anhand der Materialliste erkannt wurden. An dieser Stelle wird ein Dilemma deutlich: Je genauer die Materialien spezifiziert werden, desto mehr Materialien gehen tendenziell in die Wirkungsabschätzung ein und desto schlechter ist das Ergebnis der Wirkungsabschätzung. Das Programm stellt dieses Dilemma der Wirkungsabschätzung dem Nutzer vor und berechnet auf seinen Wunsch die Kennzahlen auf Basis der ausgewählten Wirkungsabschätzungsmethode. Deren Höhe lässt dann Rückschlüsse auf diejenigen Umweltbelastungen, die durch die in der Software dokumentierten Produktlebensphasen resultieren. Der Nutzer kann aber auch auf diesen letzten Schritt verzichten. Dann wird dem Nutzer stattdessen als Ergebnis eine in der Regel unvollständige Sachbilanz präsentiert. Auf diejenigen Stoffe, die gemäß EMAS-Verordnung in der Umwelterklärung erwähnt werden müssen, wird separat im Ergebnis hingewiesen.

Um mehrere Produkte oder Prozesse miteinander vergleichen zu können und das bzw. den für den Nutzer vorteilhafteste(n) auszuwählen, erhält der Anwender Hilfe durch ein Entscheidungsunterstützungsverfahren. Da Entscheidungsprobleme in der Realität in der Regel durch widersprüchliche Zielvorstellungen charakterisiert sind (vgl. Geldermann 2012), wird die multikriterielle Methode PROMETHEE implementiert. Die Methode zeichnet sich dadurch aus, dass die betrachteten Alternativen paarweise miteinander verglichen werden und der Benutzer die Möglichkeit hat seine Präferenzen auf unterschiedliche Weise auszudrücken.

12.5   Zusammenfassung und Ausblick

Die Ökobilanzierung des CEWE FOTOBUCHS hat bestätigt, dass ein iterativer Prozess notwendig ist, um eine vollständige, wissenschaftlichen Ansprüchen genügende Ökobilanz für ein Produktsystem zu erstellen. Ob jedoch KMU angesichts begrenzter Kapazitäten solche vollständigen Ökobilanzen aufstellen werden, ist zweifelhaft. Insbesondere fehlen Daten für diejenigen Prozesse, die sich in den aus Unternehmenssicht vor- und nachgelagerten Wertschöpfungsstufen abspielen. Die zu entwickelnde Einsteiger-Software setzt sich zum Ziel, weniger den gesamten Lebenszyklus des Produkts, sondern in erster Linie die

---

[3] Als Quellen der Materialliste dienen insbesondere die REACH-Verordnung (Verordnung (EG) Nr. 1907/2006), die frei zugänglichen Datenbanken, welche die Grundlage der Wirkungsabschätzungsmethoden darstellen (insbesondere Guinée et al. (2002) und Goedkoop und Spriensma (2000) sowie diverse Gefahrstoffdatenbanken (vgl. z. B. IHCP 2012). Die Taxonomie wird ebenfalls auf Basis dieser Quellen erstellt.

unternehmensinternen Prozesse strukturiert zu erfassen und dadurch den Nutzer auf alle umweltbezogenen Aspekte innerhalb seiner Produktion aufmerksam zu machen. Zudem wird die letzte Phase der Ökobilanzierung, die Wirkungsabschätzung, nur auf ausdrücklichen Wunsch des Software-Nutzers aktiviert, da deren Ergebnis geringe Aussagekraft hat, wenn nicht alle Phasen des Produktlebenszyklus in die Ökobilanz einfließen.

Nach einer Implementierung der Ökobilanzierungssoftware in die IT-for-Green-Plattform steht diese als Webservice den KMU kostenlos zur Verfügung. Langfristig sollte ein solcher Webservice den Austausch von Prozessbilanzen zwischen mehreren Unternehmen einer Lieferkette ermöglichen. Können alle Unternehmen einer Lieferkette für die Aufstellung von Prozessbilanzen gewonnen werden, ist letztlich sogar die vollständige Bilanzierung der Herstellungsprozesse von Produkten über die präsentierte Software denkbar – trotz fehlender Sachbilanz-Datenbanken. Für eine komplette Ökobilanz würde dann aber noch immer die Einbindung des Kunden fehlen.

Danksagung Dieser Artikel entstand im Rahmen des Projekts IT-for-Green: Betriebliche Umweltinformationssysteme der nächsten Generation. Das Projekt wird durch den Europäischen Fond für Regionale Entwicklung (EFRE) gefördert (Fördernummer: W/A III 80119242).

Literatur

Geldermann J (2012) Multikriterielle Optimierung. In: Enzyklopädie der Wirtschaftsinformatik. http://www.enzyklopaedie-der-wirtschaftsinformatik.de/wi-enzyklopaedie/lexikon/technologien-methoden/Operations-Research/Mathematische-Optimierung/Multikriterielle-Optimierung/index.html. Zugegriffen: 1. Nov 2012

Goedkoop M, Spriensma R (2001) The Eco-inidicator 99: a damaged oriented method for life cycle impact assessment. http://www.pre-sustainability.com/download/misc/EI99_methodology_up datedpages.pdf. Zugegriffen: 8. Nov 2012

Gräuler M, Teuteberg F, Mahmoud T, Marx Gomez J (2013) Requirements priorization and design considerations for the next generation of corporate environmental management information Systems – a foundation for innovation. Int. J. Inf Technol Syst. Approach 6

Guinée JB, Gorrée M, Heijungs R, Huppes G, Kleijn R, de Koning A, van Oers L, Wegener Sleeswijk A, Suh S, Udo de Haes HA, de Bruijn H, van Duin R, Huijbregts MAJ (2002) Handbook on life cycle assessment: operational guide to the ISO standards. Kluwer Academic Publishers, Dordrecht

Hausmann M (2011) Sustainability of the CEWE PHOTOBOOK. In: Proceedings of the international conference on digital printing technologies and digital fabrication, Minneapolis, 2.–6. Oktober 2011

Hesse M, Schmehl M, Geldermann J (2012) Ökobilanz belegt Umweltwirkungen. Land Forst 19:54–56

Hischier R, Baudin I (2010) LCA study of a plasma television device. Int J of Life Cycle Assess 15:428–438

IHCP (2012) Datenbank des Institute for Health and Consumer Protection (IHCP) der Europäischen Kommission. http://ihcp.jrc.ec.europa.eu/our_databases/esis. Zugegriffen: 1. Nov 2012

Klöpffer W, Grahl B (2009) Ökobilanz (LCA): Ein Leitfaden für Ausbildung und Beruf. Wiley-VCH, Weinheim

Lang-Koetz C, Heubach D (2004) Integration von Umweltinformationen in betriebliche Informationssysteme, Stand des Umweltcontrolling und dessen Softwareunterstützung in der Industrie: Ergebnisse einer Umfrage unter produzierenden Unternehmen in Baden-Württemberg. Fraunhofer IAO. http://publica.fraunhofer.de/starweb/servlet.starweb?path=pub0.web&search=N-26402&format=to. Zugegriffen: 8. Okt 2012

Norm DIN EN 14014:2006 Umweltmanagement – Ökobilanz – Grundsätze und Rahmenbedingungen

Siegenthaler C, Braunschweig A, Oetterli G, Furter S (2005) LCA Software Guide 2005, Market Overview – Software Portraits. ÖBU. http://www.oebu.ch/de/publikationen/lca-software-guide-sr252005. Zugegriffen: 17. Okt 2012

Verordnung (EG) Nr. 1221/2009 des europäischen Parlaments und des Rates vom 25. November 2009 über die freiwillige Teilnahme von Organisationen an einem Gemeinschaftssystem für Umweltmanagement und Umweltbetriebsprüfung

Verordnung (EG) Nr. 1907/2006 des europäischen Parlaments und des Rates vom 18. Dezember 2006 zur Registrierung, Bewertung, Zulassung und Beschränkung chemischer Stoffe (REACH)

VDA (2007) VDA Datenerhebungsblatt für Ökobilanzen. Verband der Automobilindustrie (VDA). http://www.vda.de/de/publikationen/publikationen_downloads/detail.php?id=433. Zugegriffen: 8. Okt 2012

Arbeitskreis Stoff- und Energieströme Bremen – Oldenburg: ein Kurzporträt

13

Alexandra Pehlken, Stefan Gössling-Reisemann, Till Zimmermann, Henning Albers, Martin Wittmaier, Jorge Marx Gómez und Marc Allan Redecker

Zusammenfassung

Die Analysen von Stoff- und Energieströmen sind oft die Grundlage für die Erhöhung der Ressourceneffizienz. Durch Abbilden und Analysieren der Materialströme werden nicht optimal genutzte Ströme aufgezeigt und Optimierungsmaßnahmen können entwickelt werden, um die Ressourceneffizienz zu erhöhen. Materialstromeffizienz und Energieeffizienz liegen sehr nah beieinander, daher ist es sinnvoll diese zusammen zu betrachten. In Nordwestdeutschland haben sich in 2012 Experten auf den Gebieten der Stoff- und Energieströme in einer Arbeitsgruppe zusammen getan um ihre Expertise zu bündeln

A. Pehlken (✉) · J. Marx Gómez
Abteilung Wirtschaftsinformatik I, Universität Oldenburg,
Ammerländer Heerstraße 114-118, 26129 Oldenburg, Deutschland
e-mail: alexandra.pehlken@uni-oldenburg.de

J. Marx Gómez
e-mail: jorge.marx.gomez@uni-oldenburg.de

S. Gössling-Reisemann · T. Zimmermann · M. A. Redecker
Universität Bremen, Bremen, Deutschland
e-mail: sgr@uni-bremen.de

T. Zimmermann
e-mail: tillz@uni-bremen.de

M. A. Redecker
e-mail: maalre@uni-bremen.de

H. Albers · M. Wittmaier
Hochschule Bremen, Bremen, Deutschland
e-mail: Henning.Albers@hs-bremen.de

M. Wittmaier
e-mail: wittmaier@hs-bremen.de

J. Marx Gómez et al. (Hrsg.), *IT-gestütztes Ressourcen- und Energiemanagement*,
DOI: 10.1007/978-3-642-35030-6_13, © Springer-Verlag Berlin Heidelberg 2013

und gemeinsame Aktivitäten zu koordinieren. Die Kompetenzen reichen von ökobilanzieller Betrachtung, abfallwirtschaftlicher Fragestellung, Produktionstechnik sowie die Entwicklung und Anwendung Stoffstrom- und Energiestrombasierter Software. Die beteiligten Institutionen verfügen über langjährige Projekterfahrung auf dem Gebiet und tauschen sich regelmäßig aus. Die Arbeitsgruppe zielt vor allem darauf ab, dass durch die Kompetenzbündelung Projektideen im größeren Maßstab umgesetzt werden können. Weiterhin stellt der Arbeitskreis eine zentrale Anlaufstelle für alle Fragen rund um die Themen Nachhaltigkeit im Unternehmen, Ressourceneffizienz und ökologische Bewertung von Produkten und Prozessen dar.

Schlüsselwörter
Materialstrom • Energieeffizienz • Ressourceneffizienz • Ökobilanz

13.1 Arbeitskreis Stoff- und Energieströme Bremen – Oldenburg

Material- und Energieströme begegnen uns jeden Tag. Beim Heizen im Winter soll die Wärme möglichst im Haus verbleiben und im Sommer sollte die Wärme draußen bleiben. In der betriebsnahen Produktion sollen Material- und Energieströme so angepasst sein, dass eine hohe Effizienz erreicht wird. Abfallströme werden darauf hin untersucht, in welcher Weise sie als neue Rohstoffe einem Prozess wieder zugeführt werden können. Reststoffe aus dem einen Prozess eignen sich häufig als Inputmaterial in einem neuen Prozess. Wie hoch das Potential sein kann, wird in der Regel durch eine Stoff- oder Energieflussanalyse aufgezeigt. Durch die Integration in eine Ökobilanz wird zusätzlich noch der Umwelteinfluss gemessen.

Fünf Forschungsinstitute aus der Region Nordwest in Niedersachsen und Bremen wollen mögliche Synergien nutzen und haben daher einen neuen Arbeitskreis „Stoff- und Energieströme Bremen/Oldenburg" gegründet. Mitglieder des Arbeitskreises sind:

- Institut für Umwelt und Biotechnik (Hochschule Bremen)
- Institut für Energie und Kreislaufwirtschaft (An-Institut Hochschule Bremen)
- Abteilung Wirtschaftsinformatik – Very Large Business Applications (Carl von Ossietzky Universität Oldenburg)
- Fachgebiet Technikgestaltung und Technologieentwicklung (Universität Bremen)
- Institut für integrierte Produktentwicklung (Universität Bremen)

Das Institut für Umwelt und Biotechnik an der Hochschule Bremen bündelt die Forschungsaktivitäten der Hochschule Bremen in den Fachgebieten Umwelttechnik, Umweltbiologie und Biotechnologie. Zahlreiche Projekte der anwendungsnahen Forschung erweitern und festigen die Vernetzung mit regionalen, nationalen und internationalen Kooperationspartnern aus Wissenschaft und Wirtschaft.

Ziel des Instituts für Energie und Kreislaufwirtschaft ist die Entwicklung von ökologisch und ökonomisch sinnvollen Lösungskonzepten für die Entsorgungswirtschaft/Kreislaufwirtschaft und das produzierende Gewerbe sowie für Dienstleistungsunternehmen. Das Institut arbeitet sehr anwenderorientiert und hat seine Schwerpunkte in den Bereichen der Energie, Wiederverwendung/-verwertung und der Kreislaufführung von Stoffen.

An der Abteilung Wirtschaftsinformatik – Very Large Business Applications (VLBA) an der Carl von Ossietzky Universität Oldenburg befassen sich Experten mit dem Bereich der betrieblichen Umweltinformationssysteme und entwickeln Konzepte sowie darauf aufbauende Software. Die Systeme unterstützen die Ausführung der Geschäftsprozesse entlang der Wertschöpfungskette und sind nicht beschränkt auf einzelne Unternehmensgrenzen. Beispiele für VLBA sind Enterprise Resource Planning (ERP)-Systeme, Systeme für Computer Integrated Manufacturing und zwischenbetriebliche Informationssysteme, wie z. B. Customer Relationship Management (CRM) oder Supply Chain Management (SCM). Vor allem die Nachhaltigkeitsberichterstattung (z. B. Umwelt-, Energie- und Ressourcenmanagement mit BUIS 2.0) ist eine Möglichkeit die Stoff- und Energieströme nach außen sichtbar zu machen und Strategien darauf aufzubauen.

Das Fachgebiet Technikgestaltung und Technologieentwicklung der Universität Bremen befasst sich mit Energie- und Stoff- bzw. Materialflussanalysen, insbesondere von kritischen oder sogenannten strategischen Metallen. Dabei erfolgt auch die Betrachtung dissipativer Verluste kritischer Metalle, die nicht wieder in den Kreislauf als reiner Rohstoff eingebracht werden können. Neben den Standardwerkzeugen der ökologischen Bewertung mittels Ökobilanzierung und Carbon Footprinting, beschäftigen sich die Wissenschaftler hier auch mit der Bewertung des Ressourcenverbrauchs und von Recyclingprozessen mit thermodynamischen Maßen.

Ebenfalls an der Universität Bremen beheimatet sind die Experten am Institut für integrierte Produktgestaltung. Sie befassen sich hauptsächlich mit produktionsnahen Themen, wie der automatisierten Herstellung von Faserverbundstrukturen oder einer automatisierten Prozesskette zur Rotorblattfertigung mit dem Ziel Ressourcen zu schonen. Ebenso betrachten sie Produktionsabläufe in der Verarbeitung natürlicher Rohstoffe.

Mit der Bündelung der Projekterfahrung und der einzelnen Ressourcen an den verschiedenen Instituten soll erreicht werden, dass gemeinsam größere und umfangreichere Projekte beantragt und durchgeführt werden können. Ebenso werden Studien im Verbund erstellt und die Bündelung verschiedener Kompetenzen sichert ein Ergebnis von hoher Qualität. Ferner stellt der Arbeitskreis eine zentrale Anlaufstelle für alle Fragen rund um die Themen Nachhaltigkeit im Unternehmen, Ressourceneffizienz und ökologische Bewertung von Produkten und Prozessen dar.

Kollaborative Maßnahmenbestimmung bei Grenzwertüberschreitungen auf Basis Gekoppelter Informationssysteme

14

Heiko Thimm

Zusammenfassung

Die Nutzung Betrieblicher Umweltinformationssysteme (BUIS) im Rahmen der betrieblichen Gefahrenabwehr ist bisher noch weitgehend unerforscht. Dabei lassen sich gerade Informationen, die von BUIS verwaltet werden, als wichtige Indikatoren von Gefahren und darüber hinaus auch zur Bestimmung von Abwehrmaßnahmen verwenden. Im vorliegenden Beitrag wird ein entsprechender konzeptioneller Ansatz vorgestellt. Grenzwertüberschreitungen von Umweltkennzahlen, die im geringfügigen Bereich liegen, aber dennoch aus Sicht der Gefahrenabwehr von Bedeutung sind, stehen dabei im Mittelpunkt. Als Beispiel wird ein fiktives Anwendungsszenario beschrieben, in dem an einem Produktionsstandort eines Chemieunternehmens ein erhöhter Bleigehalt im Abwasser festgestellt wird. Der vorgeschlagene Ansatz sieht zur Abwehr von Gefahren aus Grenzwertüberschreitungen vordefinierte Handlungsanweisungen vor. Zur Auswahl stehende Gefahrenabwehrmaßnahmen werden durch einen automatisierbaren kollaborativen Entscheidungsprozess beurteilt. Von den Akteuren können dabei Schablonen für Gruppenentscheidungsprozesse und Entscheidungsmodelle verwendet werden. Es eignen sich dabei insbesondere multikriterielle und auf Bewertungsverfahren wie dem Analytic Hierarchy Process beruhende Entscheidungsmodelle. Die von den Schablonen abgeleiteten Prozess- und Modellinstanzen können auf die jeweiligen situationsspezifischen Anforderungen angepasst werden. Dem Ansatz liegt ein Konzept zur Kopplung von BUIS, Gefahrenmanagementsystemen und Gruppenentscheidungsunterstützungssystemen zu Grunde.

H. Thimm (✉)
Hochschule Pforzheim - Gestaltung, Technik, Wirtschaft und Recht, Tiefenbronner Straße 65 , 75175 Pforzheim, Deutschland
e-mail: heiko.thimm@hs-pforzheim.de

J. Marx Gómez et al. (Hrsg.), *IT-gestütztes Ressourcen- und Energiemanagement*,
DOI: 10.1007/978-3-642-35030-6_14, © Springer-Verlag Berlin Heidelberg 2013

Schlüsselwörter

Umweltkennzahlen • Gefahrenabwehr • Entscheidungsprozesse • Gruppenentschei-
dungsunterstützung

14.1   Einleitung

Unternehmen nutzen *Betriebliche Umweltinformationssysteme (BUIS)*, um die
Informationsanforderungen der verschiedenen Umweltaufgaben effizient zu erfüllen.
Der Verarbeitung von Daten zur Bildung aktueller Kennzahlen für Überwachungs-
aufgaben innerhalb des betrieblichen Umweltmanagements kommt dabei eine hohe
Bedeutung zu. Anhand der Kennzahlen können zum Beispiel produktionsbedingte
Umweltbelastungen abgelesen werden. Als Beispiele können unter anderem Kennzahlen
über den Verunreinigungsgrad des aus einem chemischen Verfahrensprozess hervorge-
henden Abwassers, der CO_2 Gehalt von Rauchgasen und der Kontaminationsgrad der
Umluft mit karzinogenen Staubpartikeln genannt werden (VDI 2001; ZVEI 2006).

Bei der Überwachung von Kennzahlen müssen gesetzlich festgelegte Grenzwerte
für Umweltbelastungen fortlaufend in den Blick genommen werden. Die Grenzwerte
sind dabei in einem umfassenden Regelwerk festgelegt, das aus verschiedensten gesetzlichen Verordnungen und Vorschriften wie die Abwasserverordnung oder das Bundes-
emissionsschutzgesetz besteht. Kommt es zu Grenzwertüberschreitungen, muss mit
Sanktionen gerechnet werden.

Signifikante Grenzwertüberschreitungen können von Gefahrenmeldern (z. B. Gas-
wächtern, Leckage Detektoren, Druckmessgeräte und Sensoren) erkannt und an ein
zentrales Echtzeitüberwachungssystem (z. B. Prozessleitsystem, Facility Management
System) gemeldet werden. Kritische Grenzwertverletzungen erfordern in der Regel
Sofortmaßnahmen, die eine Fortsetzung des Routinebetriebs erschweren oder verhindern
können. Die Sofortmaßnahmen sind in Notfallplänen bzw. Gefahrenabwehrplänen definiert. Solche Pläne sind im Rahmen einer betrieblichen Gefahrenabwehr freiwillig oder
aufgrund gesetzlicher Vorschriften wie insbesondere das EU-Störfallrecht zu erstellen.

BUIS spielen bei der Erkennung und Behandlung von kritischen Grenzwertüberschreitungen, wenn überhaupt, nur eine untergeordnete Rolle (VfS 2011). Der BUIS
Einsatz in Unternehmen kann jedoch so gestaltet werden, dass die Systemfunktionen neben
den klassischen Aufgaben auch für Aufgaben der betrieblichen Gefahrenabwehr genutzt
werden können. Insbesondere kann die Überwachung von geringfügigen Grenzwertüberschreitungen – die typischerweise nicht von der installierten Gefahrenmelderinfrastruktur
erkannt werden – und die Abwehr der davon ausgehenden möglichen Gefahren zur
Risikominimierung durch BUIS unterstützt werden.

Bei den Gefahrenabwehrmaßnahmen im Falle von geringen Grenzwertüberschreitungen
geht es primär um Maßnahmen, die den Normalbetrieb des Unternehmens gar nicht oder
nur geringfügig beeinträchtigen. Unter anderem kann unter Nutzung von Erfahrungswissen

und historischen Hintergrundinformationen die Wahrscheinlichkeit einer zukünftigen erns-ten Bedrohungssituation aus geringen Grenzwertüberschreitungen eingeschätzt werden. Bei manchen Kennzahlenkonstellationen kann es im Sinne einer umfassenden betriebli-chen Gefahrenabwehr (VfS 2011) angebracht sein, Fachexperten zu Rate zu ziehen. Von den Fachexperten kann in einem kollaborativen Entscheidungsprozess (Schauff 2000) die am bes-ten geeignete Abwehrmaßnahme unter Einbeziehung möglichst aller verfügbaren aktuellen Informationen ausgewählt werden.

Auf Basis dieser Überlegungen wird im vorliegenden Beitrag ein konzeptioneller Ansatz für die Berücksichtigung geringfügiger Grenzwertüberschreitungen im Rahmen einer umfassen-den betrieblichen Gefahrenabwehr beschrieben. Das technologische Fundament des Ansatzes besteht aus miteinander gekoppelten Informationssystemen. Die Überwachung relevanter Kennzahlen findet dabei in einem BUIS System statt. In einem *Gefahrenmanagementsystem (GMS)* werden Handlungsanweisungen für Grenzwertüberschreitungen bereitgestellt. Ein *Gruppenentscheidungsunterstützungssystem (Group Decision Support System – GDSS)* (French und Turoff 2007; Gray et al. 2011) wird zur kollaborativen Maßnahmenbestimmung genutzt. Das GDSS dient unter anderem als Medium zur Überbrückung zeitlicher oder/und örtlicher Grenzen und ermöglicht dislozierten Fachexperten an Gruppenentscheidungen teilzunehmen.

Nach dieser Einleitung werden im folgenden Abschnitt Grenzwertüberschreitungen von Umweltkennzahlen als Gegenstand der betrieblichen Gefahrenabwehr untersucht. Wesentliche Aspekte einer kollaborativen Maßnahmenbestimmung zur Gefahrenabwehr werden in Abschn. 14.3 beschrieben. Danach wird in Abschn. 14.4 ein Anwendungsszenario skizziert, das beispielhaft den Nutzen des vorgeschlagenen Ansatzes aufzeigt. In Abschn. 14.5 wird ein Überblick über das zu Grunde liegende Informationssystem Einsatzkonzept gege-ben. Abschnitt 14.6 beschreibt den aktuellen Projektstatus und gibt einen Ausblick auf die nächsten Projektschritte.

14.2 Grenzwertüberschreitungen als Gegenstand einer Umfas-senden Betrieblichen Gefahrenabwehr

Im Mittelpunkt der betrieblichen Gefahrenabwehr steht die Gewährleistung der Technischen Sicherheit (VfS 2011). Sie umfasst alle Maßnahmen zur Verhinderung von Bedrohungen für Menschen, Tiere und Sachgüter. In einer Bedrohungssituation ist aus der ex ante Sichte eines objektiven Beobachters eine hinreichende Wahrscheinlichkeit für einen Schadenseintritt gegeben. Die Anforderungen an die Wahrscheinlichkeit sind dabei umso geringer, je gewichtiger das Schutzgut ist.

Das Schutzgut einer umfassenden betrieblichen Gefahrenabwehr sind die Umwelt, die Mitarbeiter des Unternehmens, aber auch die Vermögenswerte des Unternehmens. Im Rahmen der Gefahrenabwehr sind in heutigen Unternehmen gesetzlich vorgeschriebene Notfallpläne für kritische Grenzwertüberschreitungen und andere ernsthafte Situation vorhanden.

Im Gegensatz dazu werden in der heutigen Praxis der betrieblichen Gefahrenabwehr geringfügige Grenzwertüberschreitungen bisher jedoch weitgehend vernachlässigt. Es können vor allem zwei Gründe dafür genannt werden. Die Bedeutung geringfügiger Grenzwertüberschreitungen kann leicht unterschätzt werden, wenn keine umfassende Risikoanalyse durchgeführt wird. Ein zweiter Grund sind zu eingeschränkte Kostenüberlegungen, bei denen potentielle Einsparungseffekte unberücksichtigt bleiben. Den Aufwendungen für die Überwachung und Behandlung von geringen Grenzwertüberschreitungen können potentielle Kosteneinsparungen gegenübergestellt werden. Durch eine frühe effektive Gefahrenabwehr (bei fortgesetztem Regelbetrieb) können ansonsten später anfallende kostenintensivere Maßnahmen (mit Auswirkungen auf den Regelbetrieb) zur Abwehr von Gefahren auf Grund signifikanter Grenzwertüberschreitung vermieden werden.

Ein zentrales Prinzip der betrieblichen Gefahrenabwehr ist die Definition und regelmäßige Überprüfung von (Sofort- bzw. Notfall)maßnahmen zur Beseitigung von Gefahren (VfS 2011). Indem für relevante geringfügige Grenzwertüberschreitungen entsprechende Maßnahmen definiert werden, kann die betriebliche Gefahrenabwehr um die Überwachung und Behandlung von geringen Grenzwertüberschreitungen erweitert werden.

Geringfügige Grenzwertüberschreitungen können sehr unterschiedliche Maßnahmen erfordern. In manchen Situationen kann eine erhöhte Aufmerksamkeit ausreichend sein. Andere Situationen können dagegen zur Ursachenbestimmung Erkundungsaktivitäten bzw. Diagnoseaktivitäten mit einem Zusatzbedarf an Ressourcen erfordern. Kennzahlenkonstellationen mit geringfügigen Grenzwertüberschreitungen können dabei komplexe Entscheidungsprobleme aufwerfen. Zum Beispiel werden in der Prozessindustrie häufig an einem Produktionsstandort auf mehreren verfahrenstechnischen Anlagen zeitgleich mehrere Verfahrensprozesse ausgeführt. Weil deshalb sehr viele Ursachen für Grenzwertüberschreitungen potentiell in Frage kommen können, sind zur Eingrenzung und Diagnose von Ursachen häufig komplexe Entscheidungsprobleme zu lösen. Die Ursachensuche hat dabei aus ökonomischen Gründen meist bei laufendem Regelbetrieb zu erfolgen. Nicht selten sind die Entscheidungen mit weitreichenden Konsequenzen für den Unternehmenserfolg und die Sicherheit des Unternehmens und der Umwelt verbunden.

14.3 Kollaborative Maßnahmenbestimmung

Wirkungsvolle Gefahrenabwehrmaßnahmen können durch strukturierte Gruppenentscheidungen bestimmt werden (Jankovic et al. 2009; Kapucu und Garayev 2011). Dies trifft sowohl für Gefahren von kritischen als auch geringfügigen Grenzwertüberschreitungen zu. Unter einer strukturierten Gruppenentscheidung sei dabei eine Entscheidungssituation verstanden, bei der aus einer Menge von im Voraus festgelegten Entscheidungsalternativen und Entscheidungskriterien von mehreren Personen (z. B. Fachexperten) gemeinsam die für die vorliegende Situation am besten passende Entscheidungsalternative auszuwählen ist. Entscheidungsprobleme mit diesen Eigenschaften lassen sich mit Hilfe des *Analytic Hierarchy Process (AHP)* von Thomas Saaty lösen (Saaty 1980; Vaidya und Kumar 2006).

Der AHP ist ein multikriterielles Entscheidungsverfahren, bei dem Entscheidungsalternativen ähnlich wie bei der bekannteren Nutzwertanalyse mittels Kriterien beurteilt werden. Neben einer Unterstützung von sowohl quantitativen Bewertungskriterien als auch qualitativen Bewertungskriterien zeichnet sich der AHP insbesondere durch eine dem Verfahren zu Grunde liegende klar definierte mathematische Basis aus. Dadurch können mittels Standardverfahren der Linearen Algebra inkonsistente Werturteile von Entscheidern systematisch ermittelt werden und die Robustheit von Entscheidungen durch Sensitivitätsanalysen überprüft werden. Von verschiedenen Forschergruppen wird über die erfolgreiche Anwendung von strukturierten AHP-basierten Gruppenentscheidungen in verwandten Anwendungsdomänen wie dem Krisen- und Katastrophenmanagement (Comes, Hiete und Schultmann 2010; Kapucu und Garayev 2011) und dem industriellen Sicherheitsmanagement berichtet (Song und Hu 2009; Levy et al. 2007).

Die auf dem AHP Verfahren basierende Entscheidungsfindung in einer Gruppe kann als (Geschäfts)Prozess modelliert werden (Thimm 2011; Briggs et al. 2003). Als Modellierungsergebnis resultiert aus diesem Ansatz eine Prozessschablone. In der Schablone können Vorgaben zum Prozessablauf und Vorgaben zur Gruppenentscheidung (insbesondere Vorgaben bezüglich der Teilnehmer, der Entscheidungsalternativen und der Bewertungskriterien) spezifiziert werden. Bei der Abwicklung eines individuellen Gruppenentscheidungsprozesses sind an den vorgesehenen Positionen der Prozessschablone, die aktuellen Parameterwerte des vorliegenden Entscheidungsproblems zu berücksichtigen.

Von verschiedenen Forschergruppen wird an GDSS Systemen gearbeitet, die unter anderem über eine integrierte Komponente zur Ausführung von in Prozessschablonen spezifizierten Gruppenentscheidungen verfügen (Deokar et al. 2008). Es ist möglich Gruppenentscheidungsprozesse durch den Einsatz solcher erweiterter GDSS Systeme teilautomatisiert abzuwickeln. Diese Möglichkeit wird durch Berücksichtigung eines entsprechenden GDSS Systems in unserem konzeptionellen Gesamtansatz berücksichtigt.

14.4   Anwendungsszenario

Das nachfolgend skizzierte Anwendungsszenario soll beispielhaft die von unserem Gesamtkonzept vorgesehenen Abläufe in einer typischen betrieblichen Gefahrenabwehrsituation darstellen. Im Vordergrund der Beschreibung steht dabei der beispielhafte Ablauf einer kollaborativen Maßnahmenbestimmung auf Basis eines GDSS Systems.

Das fiktive Chemieunternehmen Global-Chem. Als Ausgangspunkt soll im Folgenden das fiktive Chemieunternehmen Global-Chem betrachtet werden, das an verschiedenen inländischen und mehreren weltweit verteilten ausländischen Standorten Kunststoffgranulate und Lacke produziert. Am Hauptsitz von Global-Chem werden alle im

Rahmen des Umweltmanagements, Compliance Managements und der Gefahrenabwehr erforderlichen Aktivitäten des Unternehmens zentral geplant und gesteuert. Die Vorgaben der Zentrale werden jeweils von kleinen lokalen Einheiten an allen relevanten Standorten umgesetzt unter Beachtung landesspezifischer rechtlicher Vorgaben.

Informationssystemeinsatz im Rahmen der betrieblichen Gefahrenabwehr. Zur Bewältigung der anfallenden Informationsmanagementaufgaben und der Berichtspflichten wird ein zentrales BUIS eingesetzt. Zur Unterstützung der im Rahmen der betrieblichen Gefahrenabwehr erforderlichen Aufgabenstellungen wird ein zentrales Gefahrenmanagementsystem (GMS) verwendet. In dem System ist eine Vielzahl von Handlungsanweisungen für definierte Kategorien von Gefahrensituationen hinterlegt. Zur Abwicklung von Gruppenentscheidungen wird von Global-Chem ein GDSS System genutzt. Die genannten Informationssysteme sind miteinander vernetzt und können innerhalb des globalen Firmennetzwerks von den Mitarbeitern von Global-Chem zugegriffen werden.

Das durch eine Gruppenentscheidung zu lösende Entscheidungsproblem. Es sei angenommen, dass an einem spanischen Produktionsstandort von Global-Chem ein seit mehreren Tagen geringfügig erhöhter Bleigehalt im Abwasser zu verzeichnen ist. Den Benutzern des von Global-Chem eingesetzten BUIS wird die Grenzwertüberschreitung in grafischer Form angezeigt. Zur Abwehr von Gefahren aufgrund des verunreinigten Abwassers soll durch eine Gruppenentscheidung die am besten geeignete Abwehrmaßnahme bestimmt werden. Im GDSS System seien als Vorgaben die Entscheidungsalternativen A1–A5, die Bewertungskriterien B1–B4 und die Teilnehmer T1–T4 hinterlegt mit:

- A1: Messfrequenz für Abwassermessungen erhöhen und ebenso die Anzahl der qualitätsbezogenen Stichproben von auf der Anlage hergestellten Kunststoffprodukten erhöhen
- A2: Funktionstest an den Messgeräten durchführen
- A3: Umfassende Ursachenanalyse von internem technischen Dienst durchführen lassen
- A4: Ursachenanalyse von externen Anlagenspezialisten durchführen lassen
- A5: Ingenieurbüro für Umweltanalytik mit Messauftrag beauftragen
- B1: Gesamtkosten der Maßnahme z. B. für zusätzlichen Gerätebedarf, Mitarbeitereinsatz, Einsatz externer Kräfte
- B2: Auswirkungen auf die Produktqualität
- B3: Auswirkungen auf das Firmenimage
- B4: Bedrohungspotential der vorliegenden Grenzwertüberschreitung
- T1: zuständiger Spezialist für Umweltschutz und Compliance aus der Abteilung des betroffenen Standorts
- T2: Standortleiter, der auch die Rolle des Gruppenmoderators übernehmen soll
- T3: zuständiger Produktmanager am Unternehmenshauptsitz
- T4: Mitarbeiter aus der Abteilung, die für den unternehmensweiten Umweltschutz und das Compliance Management zuständig ist.

Grundlegender Ablauf der kollaborativen Entscheidungsfindung. Der gemäß der Handlungsanweisung zum Gruppenmoderator bestimmte Standortleiter bereitet die Entscheidungsfindung vor. Dabei wird auf Basis der zugehörigen Prozessschablone ein neuer auf dem GDSS System ausführbarer Prozess angelegt und mit weiteren Vorgaben aus der Handlungsanweisung (Entscheidungsmodell, Teilnehmer und ihre Rollen, Fristen, Hintergrundinformationen) initialisiert. Nach Beendigung aller Parametrisierungs- und Konfigurationsschritte wird die Prozessausführung gestartet. Die wesentlichen Schritte der GDSS-gestützten Prozessabwicklung sind dabei:

- Die Teilnehmer werden benachrichtigt über ihre Entscheidungsaufgabe und mit relevanten Hintergrundinformationen in Form von Hyperlinks auf Informationen in betriebsinternen Systemen und externen Informationsquellen versorgt.
- Die Entscheider führen ihre Entscheidungsaufgaben an ihren lokalen Arbeitsplätzen durch.
- Das GDSS steuert, protokolliert und überwacht die fristgerechte Abwicklung des Gruppenentscheidungsprozesses. Werden Rückmeldefirsten von den Teilnehmern nicht eingehalten, erhalten die entsprechenden Teilnehmer Erinnerungen, Die Einzelentscheidungen der Teilnehmer werden einer Konsistenzanalyse unterzogen und falls notwendig werden entsprechende Nachbesserungen eingefordert.
- Das GDSS aggregiert die Einzelentscheidungen zu einer Gruppenentscheidung und stellt das Gesamtergebnis gemeinsam mit statistischen Informationen und Informationen aus einer Entscheidungsanalyse zur Verfügung.

14.5   Informationssystem Einsatzkonzept und Kopplungsansatz

Die vorgeschlagene Nutzung von BUIS für die betriebliche Gefahrenabwehr stellt eine Reihe von Anforderungen an die zu Grunde liegende Unternehmens IT und an die Gestaltung der betrieblichen Prozesse. In diesem Abschnitt soll aus abstrakter Sicht auf die Kernfunktionen der beteiligten Informationssysteme und das Zusammenspiel der miteinander gekoppelten Systeme eingegangen werden.

Abbildung 14.1 gibt einen Überblick über das Informationssystem Einsatzkonzept, das drei eigenständige Informationssysteme definiert.

Es wird von einem BUIS System ausgegangen, in dem regelmäßig Messwerte zu Kennzahlen erfasst werden. Basierend auf den aktuellen Messwerten und historischen Messwerten werden vom System fortlaufend Kennzahlen gebildet sowie statistische Auswertungen und Trendanalysen mit Kritikalitätsangaben und Informationen über die Einhaltung bzw. Überschreitung von Grenzwerten erstellt. In dem BUIS System werden außerdem Verweise auf Handlungsanweisungen verwaltet, die in einem GMS vorliegen.

In einem GMS sind für Grenzwertüberschreitungen und andere Arten von potenziellen Gefahrensituationen Handlungsanweisungen zur Gefahrenabwehr hinterlegt. Als

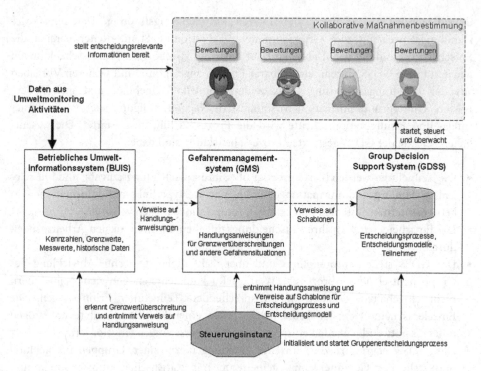

Abb. 14.1 Überblick über das Informationssystem Einsatzkonzept

Handlungsanweisung kann dabei unter anderem eine Maßnahmenbestimmung durch einen Gruppenentscheidungsprozess definiert sein. Das GMS System verwaltet darüber hinaus Verweise auf Prozessschablonen und Entscheidungsmodelle, die in einem GDSS System gespeichert sind.

Zur Maßnahmenbestimmung durch Gruppenentscheidungsprozesse ist ein GDSS System vorhanden. In dem System werden unter anderem Schablonen für Prozesse und Entscheidungsmodelle verwaltet. Es wird von einem GDSS System ausgegangen, das über eine Komponente zur Modell-getriebenen teilautomatisierten Abwicklung von Gruppenentscheidungsprozessen verfügt (Thimm 2011).

Die Kopplung der drei Systeme basiert auf einer zentralen Steuerungsinstanz. Beim Vorliegen einer relevanten Grenzwertüberschreitung wird die Steuerungsinstanz aktiv und ermittelt ob eine kollaborative Maßnahmenbestimmung erfolgen muss. Ist in dem GMS System eine entsprechende Vorgabe vorhanden, wird ein vorgegebener Gruppenentscheidungsprozess auf dem GDSS System initialisiert und gestartet.

Wie im obigen Anwendungsszenario dargestellt, kann es sich bei der Steuerungsinstanz um einen (oder mehrere) interaktiven Benutzer handeln. Zur Automatisierung einzelner Benutzerinteraktionen bzw. zur Implementierung eines „Steuerungsautomaten" – d. h. eine Systemlösung dient als Steuerungsinstanz – bietet sich der Einsatz von Standardlösungen der Middleware Technologie an. In Frage kommen dabei vor allem unter der Bezeichnung Integrationsserver und Business Process Engine angebotene Lösungspakete. Die für die Realisierung eines „Steuerungsautomaten" zu implementierende Anwendungslogik kann einem *Event-Condition-Action* Ansatz folgen, der vor allem im Bereich der aktiven Datenbanksysteme eine breite Anwendung findet (Paton und Díaz 1999). Relevante Grenzwertüberschreitungen sind dabei als Ereignisse (Events), Handlungsanweisungen als Bedingungen (Conditions) und auf entsprechende Schablonen beruhende Gruppenentscheidungsprozesse als Aktionen (Actions) zu repräsentieren.

14.6   Abschließende Bemerkungen

Im vorliegenden Beitrag wurden erste Ergebnisse eines Forschungsprojektes vorgestellt, in dessen Mittelpunkt ein erweitertes Konzept für die betriebliche Gefahrenabwehr steht. BUIS sind dabei für dieses Konzept von zentraler Bedeutung. Sie sind vorgesehen zur Erkennung von in der betrieblichen Praxis bisher vernachlässigten Gefahren, die von geringfügigen Grenzwertüberschreitungen von Umweltkennzahlen ausgehen können.

Im nächsten Projektschritt soll die Praxistauglichkeit des Konzeptes zunächst in Laborversuchen evaluiert werden. Wir werden dazu die Kopie eines realen BUIS Systems eines mittleren Traditionsunternehmens der chemischen Prozessindustrie verwenden. Das über viele Jahre gewachsene BUIS System dieses Unternehmens besteht aus rund 100 miteinander verknüpften Microsoft Excel Arbeitsmappen, die überwiegend manuell gepflegt werden. Als GMS wird in unseren Laborversuchen eine einfache ebenfalls auf Microsoft Excel basierende Lösung zum Einsatz kommen. Als GDSS System wird uns der Forschungsprototyp GRUPO-MOD (Thimm 2011) dienen.

In einem späteren weiteren Projektschritt sollen die beschriebenen Ansätze zur Prozessautomatisierung verfeinert und ebenfalls zunächst in Laborversuchen evaluiert werden. Hierfür ist eine Migration des Excel-basierten BUIS Systems in ein datenbankgestütztes BUIS System beabsichtigt. Das BUIS System soll darüber hinaus zu einem aktiven Datenbanksystem weiterentwickelt werden. In einem entsprechenden Laborexperiment soll unter anderem gezeigt werden, dass bei Grenzwertüberschreitungen von einem „aktiven BUIS System" automatisch kollaborative Entscheidungsprozesse gestartet werden können.

Literatur

Briggs RO, de Vreede GJ, Nunamaker JF Jr (2003) Collaboration engineering with ThinkLets to pursue sustained success with group support systems. J Manag Inf Syst 19(4):31–64

Comes T, Hiete M, Schultmann F (2010) A decision support system for multi-criteria decision problems under severe uncertainty in longer-term emergency management. In: Proc. 25th mini EURO conference on uncertainty and robustness in planning and decision making, Coimbra

Deokar A, Kolfschoten K, de Vreede J (2008) Prescriptive Workflow Design for Collaboration-intensive Processes using the Collaboration Engineering Approach. Glob J Flex Syst Manag 9(4):11–20

French S, Turoff M (2007) Decision support systems. Commun ACM 50(3):39–40

Gray P et al (2011) GDSS past, present, and future. In: Schuff D et al (Hrsg) Decision support, annals of information systems 14. Springer Science+Business Media, S 1–24

Jankovic M, Zaraté P, Bocquet J, Le Cardinal J (2009) Collaborative decision making: complementary developments of a model and an architecture as a tool support. Int J Decis Support Syst Technol. 1(1):35–45

Kapucu N, Garayev V (2011) Collaborative decision-making in emergency and disaster management. Int J Publie Admin 34(6):366–375

Levy J et al (2007) Multi-criteria decision support systems for floor hazard mitigation and emergency response in urban watersheds. J Am Water Resour Assoc 43(2):346–358

Paton NW, Díaz O (1999) Active database systems. ACM Comput Surveys 31(1):63–103

Saaty TL (1980) The analytic hierarchy process. McGraw Hill, New York

Schauff M (2000) Die Computerunterstützung konsensorientierte Gruppenentscheidungen. Dissertation, Universität zu Köln. Saborowski Verlag, Köln

Song Y, Hu Y (2009) Group decision-making method in the field of coal mine safety management based on ahp with clustering. In: Proc. of 6th international ISCRAM conference, Gothenburg, Sweden

Thimm H (2011) A system concept to support asynchronous AHP-based group decision making. In: Proceedings IADIS international conference collaborative technologies. Rom, S 29–38

Vaidya OS, Kumar S (2006) Analytic hierarchy process: an overview of applications. Eur J Oper Res 169(1):1–29

VDI – Verein Deutscher Ingenieure (2001) Betriebliche Kennzahlen für das Umweltmanagement – Leitfaden zum Aufbau, Einführung und Nutzung, VDI-Richtlinie Nr. 4050, Düsseldorf

VfS – Verband für Sicherheitstechnik e.V. (2011) Handbuch Gefahrenmanagementsysteme (GMS), 3. Aufl. Hamburg

ZVEI – Zentralverband Elektrotechnik und Elektronikindustrie e.V. (2006) Leitfaden: Nutzen durch EHS-Informationssysteme, Frankfurt aM

Nutzung von Umweltzeichen in der IT-Branche Einflussfaktoren aus neoinstitutionalistischer Perspektive

Markus Glötzel

Zusammenfassung

Der Beitrag berichtet von ersten empirischen Ergebnissen eines Forschungsvorhabens, das die Nutzung von Umweltzeichen durch Unternehmen, hier der IT-Branche, in den Fokus rückt. Als theoretischer Bezugsrahmen fungiert der Neoinstitutionalismus. Aus leitfadengestützten Experteninterviews ergeben sich erste Hinweise auf Hemmfaktoren der Verbreitung anspruchsvoller Labels, woraus sich wiederum Ansatzpunkte für die Förderung der Verbreitung solcher Umweltzeichen finden lassen. Mit diesem Beitrag sollen vorläufige Ergebnisse vor einem interessierten Fachpublikum zur Diskussion gestellt werden. Eine detaillierte Rechtfertigung der Theorie und Methodenwahl muss an anderer Stelle erfolgen. Als vorläufiger Befund kann festgehalten werden: Die legitimierende Wirkung von den vergleichsweise anspruchsvollen, holistischen (ISO Typ I) Labels steht für die Unternehmen nicht im Vordergrund. Die Produktpolitik der Unternehmen wird aber auf Energieeffizienz- und Klimaschutzziele ausgerichtet, was sowohl mit der Wahrnehmung politischer Diskurse als auch mit Kundenanforderungen begründet wird. Das in weiten Zügen als heterogen gesehene Beschaffungsverhalten der öffentlichen Hand fördert die Etablierung freiwilliger Umweltzeichen nicht. Im Bereich der Abteilungsdrucker dagegen findet eine gleichförmige Labelnutzung statt, was explizit mit Anforderungen öffentlicher Kunden begründet wird.

Schlüsselwörter

Umweltzeichen • Unternehmenskommunikation • Umwelt

M. Glötzel (✉)
Fakultät II – Informatik, Wirtschafts- und Rechtswissenschaften, Department
Wirtschafts- und Rechtswissenschaften, Institut für Betriebswirtschaftslehre und
Wirtschaftspädagogik, Carl von Ossietzky Universität Oldenburg, Ammerländer
Heerstr. 114–118, 26129 Oldenburg, Deutschland
e-mail: markus.gloetzel@uni-oldenburg.de

J. Marx Gómez et al. (Hrsg.), *IT-gestütztes Ressourcen- und Energiemanagement*,
DOI: 10.1007/978-3-642-35030-6_15, © Springer-Verlag Berlin Heidelberg 2013

15.1 Umweltzeichen

Produktbezogene Umweltzeichen sind für Unternehmen ein Kommunikationsinstrument, das Informationen über Umwelteigenschaften ihrer Produkte transportiert (Gertz 2004). Durch Inanspruchnahme einer unabhängigen Stelle kann ein gewisses Niveau der Umweltverträglichkeit von Produkten gegenüber der Nachfrage transparent gemacht werden. Gleichzeitig sind Umweltzeichen aber auch ein politisches Instrument, das ohne schwerwiegende Eingriffe in den Markt umweltverträglichere Produktion (und Konsumption) fördern soll. (Scheer und Rubik 2005, S. 51) Freiwillige Kennzeichnungen sind in den ISO-Normen 14020ff. geregelt. Grundsätzlich wird zwischen drei Typen unterschieden. Die Typen I und II adressieren private und institutionelle Nachfrager und machen eine qualitative Aussage über die Umweltverträglichkeit eines Produkts. Ein Typ I Label erfordert neben einer herstellerunabhängigen Vergabestelle Richtlinien, die sich am Lebenszyklus des Produkts orientieren. Qualitative und quantitative Indikatoren sollen mehrere Dimensionen der Produktion, Nutzung und Reduktion des Produkts erfassen. Grundlage sind in der Regel Ökobilanzen aus der Produktkategorie. Wenn alle Kriterien erfüllt sind, kann das Zeichen erfolgreich beantragt werden (pass-or-fail-Prinzip). Die Indikatoren werden in einem Aushandlungsprozess zwischen Stakeholdern und Herstellern so festgelegt, dass idealerweise etwa ein Drittel des Marktes das Label mit geringen Produktmodifikationen erreichen kann. Die Labelkriterien werden regelmäßig angepasst, also in der Regel verschärft. ‚EU Flower', ‚der blaue Engel' und ‚Nordic Swan' sind typische Label dieser Kategorie.

Die Umwelteigenschaften eines Produkts sind für Nachfrager schwer oder gar nicht zu beobachten. Die umweltbezogenen Produktions- und Reduktionsbedingungen können, wenn überhaupt, nur mit großem Aufwand nachvollzogen werden. Eine wichtige Umwelteigenschaft während der Nutzungsphase ist bei IT-Produkten wie PCs, Servern oder auch Druckern der absolute Energieverbrauch oder aber die Energieeffizienz. Aus informationsökonomischer Perspektive besteht die Leistung eines Umweltzeichens darin, Erfahrungseigenschaften (Energieverbrauch) und Vertrauenseigenschaften (Umweltverträglichkeit der Produktion und Reduktion) in Sucheigenschaften zu überführen, so dass Nachfrager diese Kriterien in ihre Kaufentscheidung einbeziehen können, ohne auf bloße Behauptungen der Hersteller angewiesen zu sein. (Für eine Darstellung der Informationsökonomik siehe Müller 2005). Ein Unternehmen würde dann extern verifizierte Umweltzeichen in Anspruch nehmen, wenn es dadurch höhere Preise durchsetzen kann, die den organisatorischen und materiellen Aufwand für das Labeling überkompensieren.

Obwohl mittlerweile dreißig Jahre Erfahrungen mit Typ I Umweltzeichen vorliegen, hat sich dies kaum in wissenschaftlichen Veröffentlichungen über das Nutzungsverhalten durch die Anbieter niedergeschlagen. Zu diesem Befund kommt Galaraga Gallestegui (2002) in einer vielzitierten Literaturstudie. Die Mehrzahl der empirischen Untersuchungen nimmt das Kaufverhalten der Konsumenten in den Fokus. Dazu kommt volkswirtschaftliche Literatur, die aber aufgrund des hohen Abstraktionsniveaus nur wenig über die Bedingungen der unternehmerischen Entscheidungen verrät.

Dies ist überraschend, wenn man bedenkt, dass die Effektivität von Umweltzeichen vom Annahmeverhalten der Hersteller entscheidend abhängt. Die IT-Branche bietet sich für eine Analyse der Herstellerseite an, da hier sehr unterschiedliche Verhaltensmuster zu Tage treten. Bei Laserdruckern (ab Abteilungsgröße) dürfte der Marktanteil des blauen Engels in Deutschland bei nahezu 100 % liegen.[1] Währenddessen gibt es bei PCs seit der letzten Aktualisierung nur Geräte eines einzigen Anbieters.[2] Gleichzeitig steht die ganze Branche aufgrund der politischen Debatte über den Klimawandel unter starkem Rechtfertigungsdruck. Einerseits werden große Hoffnungen in „Green IT" im Sinne der Unterstützung ressourceneffizienterer Prozesse in allen anderen Branchen gesetzt, auf der anderen Seite nimmt der ökologische Fußabdruck der Netze und Rechenzentren wachstumsbedingt wahrscheinlich noch zu. Dazu kommen Wertschöpfungsketten, die den Globus umspannen und in der sowohl strategische Metalle als auch giftige Chemikalien zum Einsatz kommen. Weiterhin werden die Arbeitsbedingungen in Fernost von der westlichen Öffentlichkeit kritisch zur Kenntnis genommen, wie der Foxconn-Skandal gezeigt hat.[3]

Das Ziel des hier vorgestellten Forschungsvorhabens ist es, ein besseres Verständnis der Entscheidungsprozesse in Unternehmen bezüglich des Eco-Labelings zu erlangen und fördernde und hemmende Faktoren, die auf die Verbreitung anspruchsvoller Labels Einfluss nehmen, zu identifizieren.

15.2 Die neoinstitutionalistische Perspektive

Der theoretische Bezugsrahmen des Neoinstitutionalismus (auch: Neuer Soziologischer Institutionalismus, NSI) hat sich für ähnliche Fragestellungen bereits als fruchtbar erwiesen (Walgenbach 2000; Gomes dos Santos 2010). Das Theoriegebäude des NSI gehört zur Denkschule des methodologischen Kollektivismus und nimmt also grundsätzlich an, dass in sozialen Organisationen und Gesellschaften Emergenzphänomene auftreten können, die durch Organisationstheorien nicht erfassbar sind, die in ihrer Analyse ausschließlich von einzelnen Akteuren, die nach rationalen Strategien handeln, ausgehen. (Hasse und Krücken 2005).

Gegenstand des NSI ist der institutionelle Wandel sowie die Etablierung und Auflösung von institutionalisierten Erwartungsstrukturen. Dabei spielen Ansprüche an die Effizienz der Strukturen eine untergeordnete Rolle. Kernperspektive der Betrachtung einer Organisation ist vielmehr der Blick auf die Erzeugung und Sicherung von

---

[1] Siehe http://www.blauer-engel.de/de/produkte_marken/produktsuche/produkttyp.php?id=332 (abgerufen am 27.02.2013)

[2] Siehe http://blauer-engel.de/de/produkte_marken/produktsuche/produkttyp.php?id=577 (abgerufen am 27.02.2013)

[3] Siehe etwa: http://www.tagesschau.de/wirtschaft/china988.html , 27.05.2010

Legitimität. Legitimität sichert Organisationen langfristig den Zugriff auf Ressourcen, die sie zum weiteren Bestehen benötigen (Hasse und Krücken 2005).

Zentraler Begriff ist die institutionelle Isomorphie: Entwicklungen, die zu einer gleichförmigen Struktur von Unternehmen in einem Wirtschaftssystem oder innerhalb von Branchen führen. Dabei werden drei Formen unterschieden: Isomorphie durch Zwang, durch normativen Druck und mimetischer Isomorphismus. (DiMaggio und Powell 1983) Zwang entsteht insbesondere durch rechtliche Vorschriften, die beispielsweise für alle Unternehmen in einem Land oder einer supranationalen Vereinigung wie der EU gelten. Normative Kräfte, die eine strukturelle Angleichung von Organisationen bewirken können, werden insbesondere durch Professionen und Personalauswahl entfaltet. Berufsvereinigungen und Ausbildungsstandards setzen einen Rahmen, der die Handlungsmöglichkeiten und Problemlösungsansätze organisationsübergreifend und gleichförmig einschränken kann. Mimetischer Isomorphismus schließlich entsteht aus Unsicherheit und kann als unbeholfener Versuch des Risikomanagements verstanden werden. Wenn keine klaren Modelle über Erwartungen oder Ursachen und Wirkungen in der Umwelt eines Unternehmens entwickelt werden können, ist die Beobachtung und Nachahmung anderer Unternehmen eine mögliche Bewältigungsstrategie. Sogenannte Best Practices des Managements, die in einer Situation der Unsicherheit über die Anforderung der Umwelt übernommen werden, können als Beispiel angeführt werden (Hasse und Krücken 2005).

Weiterhin muss die nach außen sichtbare formale Struktur einer Organisation nicht unbedingt den realen Abläufen entsprechen. Es würde dann also eine Legititmationfassade nach außen hin dargestellt, die von den internen Prozessen weitgehend *entkoppelt* ist (Hasse und Krücken 2005).

In Bezug auf die Praxis des Eco-Labelings könnten solche Muster der Institutionalisierung eine entscheidende Rolle spielen. Direkter Zwang durch gesetzliche Grundlagen entfällt zwar als Erklärungsmuster für die Verwendung freiwilliger Kennzeichnungen. Dennoch findet die Entwicklung und Herstellung von PCs unter stark regulierten Bedingungen statt, wie die Einführung der EU-Ökodesignrichtlinie zeigt. Durch die Verwendung freiwilliger Umweltzeichen könnte einer drohenden weitergehenden Regulierung, die ja gleichzeitig die Legitimität der Geschäftsmodelle in Frage stellen würde, vorgebeugt werden. Desweiteren kann Druck durch Kunden, aber auch durch NGOs im Umweltbereich ausgeübt werden. Auch das Personal, insbesondere die Ingenieure in den Entwicklungsabteilungen, verfügt über Netzwerke und berufliche Vereinigungen, die zur Institutionalisierung der Anwendung von Umweltzeichen in den Unternehmen einen erheblichen Beitrag leisten können. Nicht zuletzt könnte der Einsatz von Umweltzeichen auch Teil einer Entkoppelungsstrategie sein.

15.3 Vorläufige empirische Befunde

Auf Grundlage des oben skizzierten Modells wurde ein Leitfaden zur Durchführung teilstandardisierter Interviews entwickelt, der einerseits die Vergleichbarkeit der Interviews sicherstellt, andererseits als Erhebungsinstrument auch eine gewisse Flexibilität bietet.

Im Folgenden werden erste Ergebnisse von insgesamt fünf Interviews skizziert. Für die Auswertung der Interviews wurde das auf die Aufdeckung von Vermittlungsmechanismen fokussierte Verfahren nach Gläser und Laudel (2010) eingesetzt. Eine Methodendiskussion muss an dieser Stelle entfallen. Die Vorläufigkeit der Überlegungen muss unbedingt bedacht werden, da die Anzahl der Interviews (noch) sehr gering ist und auch noch keine weitergehenden Schritte der Validierung unternommen wurden. Ziel ist vielmehr, eine Diskussion dieser vorläufigen Erkenntnisse mit interessierten Teilnehmern der BUIS-Tage 2013 im Rahmen der Postersession zu ermöglichen, die dann in den Fortgang des Forschungsvorhabens einfließen kann. Die Interviews wurden mit Vertretern dreier Unternehmen geführt, die auf dem deutschen Markt Hardware anbieten, sowie mit einem Vertreter des Verbraucherschutzes und einem Vertreter einer zeichengebenden Organisation. Die Rekrutierungsquote betrug 100 %, was einerseits auf ein gewisses Interesse an der Thematik bei den Unternehmen schließen lässt, andererseits auch als Indiz für die Existenz einer Forschungslücke gesehen werden kann.

Erwartungen der Nachfrage   Im Vordergrund stehen bei institutionellen Kunden Anforderungen an die Energieeffizienz und Geräuschpegel. Holistische Label wie der blaue Engel mit ihrer Wertschöpfungskettenorientierung treten dabei in den Hintergrund. International anerkannt ist das EPEAT-Label, das aber nicht als Typ I Label gefasst werden kann[4]. Im Bereich der Laserdrucker setzt der blaue Engel Maßstäbe in Bezug auf Emissionen in die Raumluft. Hier scheinen sich insbesondere Behörden gegenüber ihren Mitarbeitern zu legitimieren, indem sie die Grenzwerte des blauen Engels in die Ausschreibungen übernehmen. Es gibt Hinweise, dass die Beschaffung der öffentlichen Hand ansonsten in bezug auf Umwelteigenschaften sehr heterogen abläuft, wodurch der Druck, PCs mit anerkannten Typ I Labeln zu versehen, sehr gering ist.

Wettbewerb und politisch-gesellschaftliche Anforderungen   Ein gestiegener Legitimationsdruck in Bezug auf Umweltfragen ist für die Unternehmen spürbar. Die legitimierende Wirkung von Typ I Labels wird jedoch gering eingeschätzt. Ein befragtes Unternehmen kritisierte sogar die Anforderungen eines Typ I Labels explizit als zu wenig ambitioniert. Der politische Diskurs wird als sehr stark auf Energieeffizienz- und Klimaschutzziele ausgerichtet wahrgenommen. Dieser Bereich wird durch die Labels Energystar bzw. EPEAT abgebildet, deren Verwendung quasi als Hygienestandard der Branche betrachtet werden kann und die international verwendet werden (diese Label sind eher Konformitätserklärungen, gleichwohl gibt es Mechanismen, die opportunistisches Verhalten zumindest eindämmen können). Als Marketinginstrument ist der Spielraum für Typ I Label begrenzt. Gleichzeitig erscheinen diese Label nicht geeignet, auch unter unsicheren Umweltbedingungen, Legitimität für die Unternehmen zu erzeugen.

Hemmfaktoren der Verbreitung von Typ I Labels   Der blaue Engel wirkt mit seinen LCA-orientierten Kriterien tatsächlich in die Lieferkette hinein. Der Prozess

---

[4] Das EPEAT-Label wird nicht unabhängig vergeben, es gibt aber Kontrollmechanismen.

der Beantragung des Labels ist daher im ersten Durchgang zeitaufwändig und erfordert viel Kommunikation mit Zulieferern. Die Bedeutung der stückbezogenen Kosten und der Gebühren tritt dagegen in den Hintergrund. Zusammengenommen mit der langen Dauer des Antragsprozesses, die vor dem Hintergrund der Dynamik der Branche besonders ins Gewicht fällt, hemmt dies die Bereitschaft, größere Teile des Produktprogramms zertifizieren zu lassen. Je nach Machtposition im Markt können sich auch Einschränkungen in Bezug auf die Lieferantenauswahl ergeben.

15.4 Fazit

Die Problemstrukturierung durch den NSI scheint empirisch leistungsfähig zu sein. Gleichzeitig lässt das gewählte Erhebungsinstrument genug Raum zur Erkennung von Einflüssen, die nicht durch die theoretische Vorstrukturierung erfasst werden konnten. Eine Strategie zur Validierung der Ergebnisse ist noch zu entwickeln. Inhaltlich macht vor allem die Engführung der umweltpolitischen Diskussion auf Energieeffizienz hellhörig, vor deren Hintergrund die Beantragung von holistischen Labels für die Unternehmen wenig attraktiv erscheint. Auf der anderen Seite ist offenbar die Beschaffung der öffentlichen Hand mächtig genug, ein prinzipiell freiwilliges Label zum quasi verpflichtenden Standard zu machen. Da Typ I Label auf Ökobilanzen typischer Produkte der Kategorie basieren, aber mit ausgehandelten Indikatoren, die prinzipiell leicht zu erheben sind, arbeiten, ist ein leichtgewichtigeres Instrument, das dennoch den schrittweisen Ersatz von giftigen Substanzen und strategischen Metallen in einer fragmentierten globalen Lieferkette vorantreiben kann, schwer vorstellbar. Es ergeben sich durchaus Ansatzpunkte für eine Strategie zur Erhöhung der Marktdurchdringung der holistischen Umweltzeichen. Dazu gehören einheitliche *procurement standards* der öffentlichen Hand genauso wie eine systematische Analyse der Antragsprozesse mit dem Ziel der Beschleunigung. Auch zusätzliche, durchaus monetäre Anreize für die erstmalige Beantragung wären denkbar, mit dem Ziel des Aufbaus von Kommunikationsstrukturen in der Lieferkette. Auf der Ebene des gesellschaftlichen und politischen Diskurses müsste dagegen die Engführung der Nachhaltigkeitsdebatte auf Energie- und Klimaschutzziele endlich aufgebrochen werden.

Literatur

DiMaggio PJ, Powell WW (1983) The iron cage revisited: institutional isomorphism and collective rationality in organizational fields. Am Sociol Rev 48(2):147–160

Gallaraga Gallastegui I (2002) The use of eco-labels: a review of the literature. Eur Environ 12(6):316–331

Gertz R (2004) Access to environmental information and the German Blue Angel – lessons to be learned? Eur Environ Law Rev 2004:268–275

Gläser J, Laudel G (2010) Experteninterviews und qualitative Inhaltsanalyse als Instrumente rekonstruierender Untersuchungen, 4. Aufl. VS, Wiesbaden

Gomes dos Santos V (2010) Analyse der Institutionalisierung ausgewählter Umwelt- und Sozial-
    standards. Cuvillier, Göttingen
Hasse R, Krücken G (2005) Neo-Institutionalismus, 2. Aufl. Transcript, Bielefeld
Müller M (2005) Informationstransfer im Supply Chain Management: Analyse aus Sicht der Neuen
    Institutionenökonomie, S 59–94
Scheer D, Rubik F (2005) Environmental product information schemes: an overview. In: Rubik F,
    Frankl P (Hrsg) The future of eco-labelling. Greenleaf, Scheffield, S 46–91
Walgenbach P (2000) Die normgerechte Organisation. Eine Studie über die Entstehung,
    Verbreitung und Nutzung der DIN EN ISO 9000er Normenreihe. Schäffer-Poeschel, Stuttgart

Entscheidungsunterstützung für Sustainable Supply Chain Management in der Praxis

Daniel Meyerholt und Hilmar Gerdes

Zusammenfassung

Das strukturierte Modellieren und Management von nachhaltigen Supply Chains im Bereich der Bioenergie wird sowohl für Projektplaner als auch für andere Stakeholder immer wichtiger. Bioenergie spielt in Europa eine zentrale Rolle für das Erreichen der sog."20-20-20 Ziele" der Europäischen Union (http://ec.europa.eu/clima/policies/pack age/index_en.htm): (i) Reduzierung der Treibhausgase um 20 % im Vergleich zu 1990, (ii) Erhöhung des Anteils erneuerbarer Energien um 20 %, sowie (iii) Verbesserung der Energieeffizienz um 20 %. Während traditionelle erneuerbare Energien wie Photovoltaik oder die Windenergie eine unmittelbare Produktion von Energie aus konstanten Quellen wie Licht oder Wind durchführen, ist dies bei Bioenergiekonzepten nicht der Fall. Hier muss konstant für einen Nachschub von Biomasse gesorgt werden; die Produktion von Energie (bspw. Hitze oder Elektrizität) kann ansonsten nicht kontinuierlich gewährleistet werden. Hier stehen Betreiber solcher Bioenergieanlagen vor den Problemen des traditionellen Supply Chain Managements. Das Planen und Aufrechterhalten einer nachhaltigen Supply Chain erfordert viele Schritte und ein wesentlicher Punkt beim Planen einer Bioenergieanlage stellt somit die Berücksichtigung von unterschiedlichen Rohstoffalternativen dar. Im Rahmen des Interreg-Projektes „enercoast" wurde eine Software erstellt, die es ermöglicht eine Bioenergie Supply Chain zu modellieren. Weiterhin wird die Konstruktion von Szenarien dieser Wertschöpfungsketten durch

D. Meyerholt (✉)
Department für Informatik, Abt. Wirtschaftsinformatik I/VLBA, Carl von Ossietzky
Universität Oldenburg, Ammerländer Heerstr. 114–118, 26129 Oldenburg, Deutschland
e-mail: daniel.meyerholt@uni-oldenburg.de

H. Gerdes
Landwirtschaftskammer Niedersachsen, Geschäftsbereich Landwirtschaft,
Mars-la-Tour-Str. 1-13, 26121 Oldenburg, Deutschland
e-mail: Hilmar.Gerdes@lwk-niedersachsen.de

J. Marx Gómez et al. (Hrsg.), *IT-gestütztes Ressourcen- und Energiemanagement,*
DOI: 10.1007/978-3-642-35030-6_16, © Springer-Verlag Berlin Heidelberg 2013

eine intuitive Benutzungsoberfläche ermöglicht. Aufbauend auf diesen Szenarien und entsprechenden Indikatoren und Gewichtungen kann anschließend ein Entscheidungs-unterstützungsverfahren eingesetzt werden, um somit Projektplanern weitere Hinweise für die Planung einer Bioenergielösung zu ermöglichen.

Schlüsselwörter
SSCM • Software • Case study

16.1 Einleitung

Dieser Beitrag stellt im Kern eine Fallstudie vor in der gezeigt wird wie IKT helfen kann, nachhaltige Supply Chains zu modellieren. Des Weiteren werden von der vorgestellten Software einige Funktionen hervorgehoben, die bestimmte Aspekte des Sustainable Supply Chain Management (SSCM) unterstützen können. Im Speziellen wird in diesem Beitrag die Fähigkeit der Software vorgestellt, Supply Chain-Alternativen zu modellieren und eine multikriterielle Entscheidungsunterstützungsanalyse (MCDA) anzuwenden. Interessant ist in diesem Zusammenhang, dass die zur Verwendung einer Entscheidungsunterstützung notwendigen Gewichtungen bzw. Priorisierung von Projekteigenschaften im Rahmen einer Stakeholderbefragung erhoben wurden.

Hintergrund ist das vom EU-Programm Interreg IVB geförderte Projekt enercoast. Enercoast hatte eine Projektlaufzeit von 2008 bis 2012 und das Projektkonsortium bestand aus Partnern, die aus Schweden, Norwegen, Dänemark, Großbritannien und Deutschland kommen. Schwerpunkt des Projektes war die Einführung einer einheitlichen SSCM-Methode mit dem Ziel, den internationalen Wissenstransfer auf dem Gebiet der Bioenergie zu fördern. Durch eine einheitliche Modellierung ist es gelungen, nationale Ansätze interna-tional vergleichbar zu machen und deutlich besser zu diskutieren.

Neben der einheitlichen Methode zur Modellierung von nachhaltigen Supply Chains im Kontext der Bionenergie stand auch die Diskussion von Transfermöglichkeiten einzelner Supply Chain Konzepte im Vordergrund. Ein Beispiel wäre in diesem Zusammenhang bei-spielsweise die Untersuchung, ob das schwedische Konzept einer Biomassenpipeline auch auf Deutschland übertragbar wäre.

Dieser Beitrag gliedert sich in folgende Abschnitte:

- Methode: In diesem Abschnitt wird die zugrundeliegende Supply Chain Modellierungs-methode detailliert vorgestellt, die in enercoast entwickelt und verwendet wurde. Weiterhin wird auf das in der Software umgesetzte MCDA-Verfahren eingegangen. Ein weiterer wesentlicher Punkt in diesem Abschnitt stellt die Beschreibung der eingesetz-ten Softwarelösung dar.
- Fallstudie: Eine Beschreibung der deutschen Fallstudie findet in diesem Abschnitt statt. Dazu gehört eine Beschreibung des Hintergrundes der deutschen Supply Chain

und deren Alternativen, sowie eine Beschreibung der durchgeführten Umfrage. Diese Ergebnisse dienen ferner als Datengrundlage für das umgesetzte MCDA-Verfahren.

- Ergebnisse: Hier werden die Ergebnisse der durchgeführten MCDA vorgestellt und diskutiert. Weiterhin werden einige Schlussfolgerungen angegeben, die während der Diskussion aufkamen.
- Ausblick: Abschließend werden die Erkenntnisse zusammengefasst und zusätzliche Impulse für weitere Forschung aufgezeigt. Ideen zur weiteren Nutzung der Software sowie geplante Erweiterungen werden vorgestellt.

16.2 Methode

16.2.1 Supply Chain Modell

In diesem Abschnitt wird das im Rahmen des enercoast-Projektes entwickelte grundlegende Modell für Sustainable Supply Chains vorgestellt.

Das in enercoast genutzte Modell hat seine Ursprünge in traditionellen Supply Chain Management-Modellen. Orientiert man sich beispielsweise am bekannten SCOR-Modell, wie es in Abb. 16.1 dargestellt ist, lassen sich die vier wesentlichen Prozesse einer Supply Chain aufzählen als:

- Plan,
- Source,
- Make und
- Deliver.

Seit SCOR 9 ist ebenfalls der Return-Prozess enthalten („Green SCOR") welcher beispielsweise dazu dient, die Rückgabe von elektronischen Geräten zu modellieren. Im Bereich der Bioenergie ist dies sicherlich nicht der Fall, lässt sich allerdings weiter diskutieren, da beispielsweise Reststoffe der Biogaserzeugung durchaus wieder in den Beschaffungsprozess eingebracht werden können oder aber anderweitig vermarktet

Abb. 16.1 SCOR 10 im Überblick. (aus Supply Chain Council (2010), S. 7)

werden können (z. B. als Dünger oder Brennstoffe). Weiterhin werden Methoden zur Erfassung einer Supply Chain-weiten CO_2-Bilanz ab SCOR 9 vorgeschlagen.

Da Bioenergie stark auf den kontinuierlichen Beschaffungsprozess von Biomasse angewiesen ist, lässt sich klassisches Supply Chain Management betreiben. In Zusammenarbeit mit allen Projektbeteiligten wurde ein Supply Chain Modell entworfen, das speziell für die Belange der Bioenergie zuständig ist und dabei auch länderbezogene Aspekte und Anforderungen berücksichtigen kann. Des Weiteren wurde die Nutzung der Bioenergie ebenfalls in das Supply Chain Modell aufgenommen sowie der wesentliche Bestandteil Logistik, sodass sich im Einzelnen folgende Prozesse ergeben:

- Materials Supply: Dieser Prozess beschreibt die Beschaffung von Biomasse. Bestandteil der Beschreibung sind weiterhin Eigenschaften des Anbaus von Rohstoffen.
- Logistics: Der Transport von Biomasse zu den Produktionsanlagen ist ein zentraler Bestandteil von Bioenergie Supply Chains. Es ist wichtig diesen Punkt zu modellieren, da beispielsweise die CO_2-Bilanz der Transportfahrzeuge oder die Anzahl von Fahrten pro Tag einen erheblichen Einfluss auf nachhaltige Eigenschaften der gesamten Supply Chain haben. Hierzu zählen definitiv auch soziale Faktoren der Nachhaltigkeit, die sich hieraus ergeben. Beispielsweise ist die Akzeptanz einer Supply Chain für Anwohner stark davon abhängig, wie oft Lastkraftwagen mit Biomasse wie Kuhmist am Haus vorbei fahren. Ein anderer Faktor, der soziale und ökonomische Eigenschaften hat wäre die Bereitstellung von Arbeitsplätzen durch den Transport von Biomasse.
- Production: Die Produktion von Bioenergie aus Biomasse ist ein Kernprozess bei der Gewinnung von Bioenergie aus Rohstoffen. Faktoren wie die Anlagengröße sowie deren Effizienz spielen eine wichtige Rolle genauso wie Emissionen, Immissionen oder die Arbeitsbedingungen beim Betrieb einer Anlage. Letztendlich ist die Art der Anlage sehr wichtig wenn es um die Menge und Form gewonnener Energie geht. Biogas oder aber Fernwärme aus solchen Anlagen sind zwei Beispiele für grundsätzlich verschiedene Formen von Energie. Die Form der Energie ist wichtig für die weitere Nutzung.
- Grid Distribution: Die Verteilung der Energie (Gas, Elektrizität oder Wärme) in einem Netz ist ebenfalls ein wichtiger Punkt bei der Betrachtung der Bioenergie Supply Chains. Während die Einspeisung von Elektrizität relativ einfach erscheint, ist dies bei Biogas nicht immer der Fall. Das gewonnene „Rohgas" muss aufwendig veredelt werden, damit es in das Erdgasnetz eingespeist werden kann. Der Veredlungsprozess ist dabei relativ kostenintensiv, so dass beispielsweise beim schwedischen Projektpartner eine Lösung in Form einer „Biogas Pipeline" umgesetzt wurde. Hierbei wird das Biogas mehrerer Anlagen über eine Leitung zu einer zentralen Veredlungsanlage transportiert.
- Usage: Die Nutzung der Energie wurde ebenfalls in der Betrachtung von Supply Chains im enercoast Projekt berücksichtigt. Allerdings stehen hier zunächst monetäre Werte im Vordergrund. Die Vergütung von Wärme, Strom oder Treibstoffen aus Biomasse – in

Deutschland weitestgehend vom EEG geregelt – sind für den Betrieb einer Bioenergie Supply Chain ausschlaggebende Größen. Weiterhin sind Projektkennzahlen wie Return on Investment oder aber eine finanzielle Bürgerbeteiligung Bestandteil dieser Phase der Supply Chain.

Eine Einteilung in diese fünf Phasen erleichtert das strukturierte Modellieren von Supply Chains enorm. Es lassen sich somit bestimmte Aspekte besser vergleichen oder diskutieren.

Im weiteren Modellierungsprozess werden nun diese Phasen genauer spezifiziert. Hierbei werden zunächst Zielstellungen („Targets") für jede Phase einer Supply Chain definiert. Für die Phase „Materials Supply" können dies beispielsweise Ziele wie die Minimierung von Materialkosten oder die Nutzung von Materialien, die nicht mit der Nahrungsmittelproduktion konkurrieren, sein. Für jede dieser Zielstellungen werden weiterhin sogenannte „Enabler" definiert. Dies sind Aspekte, die für die Erreichung der Zielvorgaben zu berücksichtigen sind. Ein Beispiel für einen Enabler für das Ziel der Materialkostenminimierung wäre die Durchführung weiterer Forschung im Bereich der Rohstoffe und der damit verbundenen Technologien.

Die für die Entscheidungsunterstützung sowie der computergestützten Verarbeitung des Supply Chain-Modells relevanteren Bestandteile des Modells sind weiterhin Indikatoren. Diese Indikatoren werden ebenso wie die Enabler an bestimmte Targets geknüpft. Greifbare Beispiele für Supply Chain-bezogene Indikatoren sind der Preis von Rohstoffen oder aber die Transportentfernung der Rohstoffe zum Produktionsstandort.

16.2.2 Prototyp SSCManager

Im Rahmen des enercoast-Projektes wurde das oben vorgestellte Modell mit einem Softwareprototypen umgesetzt. Dieser Prototyp diente zunächst der einheitlichen Modellierung der verschiedenen Supply Chains der einzelnen enercoast Partner. Zuvor fand diese Modellierung mit Hilfe von Excel-Tabellen statt, was sich in fehlerträchtigen und nicht konsistenten Dokumentationen der Supply Chains äußerte. Dies ist hauptsächlich auf die fehlende Semantik von Excel-Tabellen zurück zu führen. Weiterhin muss berücksichtigt werden, dass die Zielgruppe der Supply Chain-Modellierung wohl Experten aber keine Informatiker sind und daher tiefgehendere Funktionen von Excel, wie die Verwendung von Datentypen, keine Anwendung fanden. Neben der reinen Modellierung der Supply Chains wurden weitere Anforderungen an eine Software gestellt. Die wichtigsten waren unter anderem:

- Multikriterielle Entscheidungsunterstützung
- Verschiedene Visualisierungen
- Mehrbenutzerfähigkeit
- Webbasierte Benutzungsoberfläche

- Internationalisierung und Lokalisierung
- Nutzung von Open Source-Komponenten

Zunächst wurde dazu ein Datenmodell erstellt, welches das Modell abbilden kann. Hierzu wurden direkt in Java entsprechende Klassen mit JPA 2.0-Annotationen (Java Persistence 2.0 Expert Group 2009) versehen. Dies hat den Vorteil, dass aufgrund der genutzten Entity Manager Implementierung (Hibernate (Red Hat 2012)) automatisch ein entsprechendes Datenbankschema erstellt werden konnte. Nachdem das Datenmodell in ausführlichen Diskussionen mit den Supply Chain Experten im enercoast Projekt abgestimmt wurde, fand ein weiterer Optimierungszyklus direkt auf dem Datenbankschema statt. Das Ergebnis des Modellierungsprozesses ist in Abb. 16.2 dargestellt.

Die Umsetzung des Editors für das Supply Chain-Modell erfolgte ebenfalls in Java als webbasierte Applikation. Zur Umsetzung diente hier das Model-View-Controller Framework Struts2 (Apache Software Foundation 2013). Im Gegensatz zu herkömmlichen Web Applikationen wurde ein Service-orientierter Ansatz verfolgt: Klassische CRUD (Create-Read-Update-Delete) Operationen wie beispielsweise das Anlegen eines Indikators werden als Struts2-Action implementiert und mit Hilfe des Struts

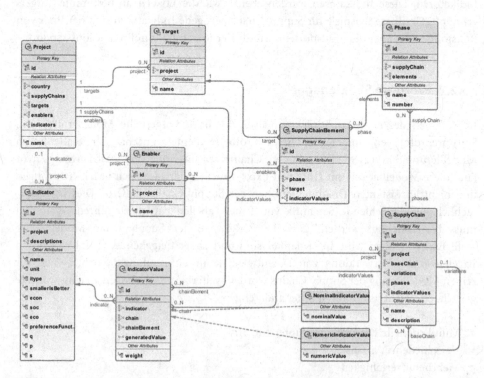

Abb. 16.2 Vereinfachtes Datenmodell im SSCManager

JSON-Plugins über die Service Mapping Description (SMD) (Dojo Foundation 2012) verfügbar gemacht. SMD ermöglicht – analog zur Web Service Description Language (WSDL) (Christensen et al. 2001) für klassische Web Services – eine Dienstbeschreibung und ein Remote Procedure Call (RPC)-Protokoll über die Java Script Object Notation (JSON) (The Internet Society 2006). Weiterhin sind alle Datentypen ebenfalls über JSON serialisierbar und ermöglichen so eine einfache Einbindung in JavaScript.

Die Benutzungsoberfläche ist über Java Server Pages und JavaScript realisiert. Hierbei wird ein Rich Internet Application-Ansatz verfolgt. Mit der serverseitigen Bereitstellung der Geschäftslogik über SMD und der Übertragung von Datenobjekten per JSON ist es möglich, sehr umfangreiche Anwendungsfunktionen im Browser zu realisieren, ohne ständig eine komplette neue Seite zu laden. Hierbei wurde das Dojo JavaScript Toolkit eingesetzt was es ermöglicht, eine hochinteraktive Anwendung im Browser umzusetzen. Insbesondere die AJAX-Unterstützung, die SMD-Integration sowie Funktionen, die sonst nur in nativen Desktopapplikationen vorhanden sind (beispielsweise Drag-and-Drop) haben in der Entwicklung der Webanwendung stark geholfen. Wesentliches Resultat ist daher eine interaktive Webanwendung auf JavaScript-Basis, die ein sehr einfaches Modellieren von Supply Chains möglich macht. Ein geöffnetes Projekt im „SSCManager" ist in Abb. 16.3 dargestellt. Dort sind die wesentlichen Bestandteile der umgesetzten Supply Chain-Methode zu erkennen. Targets, Enabler und Indikatoren können dabei sehr komfortabel über Drag-and-Drop aus der Werkzeugpalette links in das Modell gezogen werden. Die notwendigen serverseitigen Funktionen werden dann über asynchrone AJAX-Calls an den Struts2-Controller geschickt, der letztendlich Operationen auf einer Postgres-Datenbank ausführt.

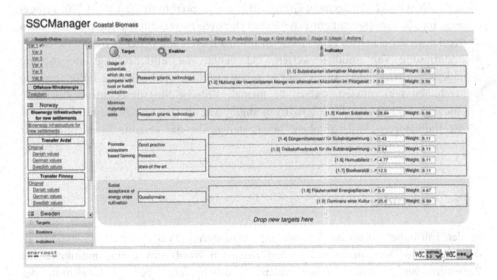

Abb. 16.3 SSCManager

Neben der einfachen Modellierung der Supply Chains wurde weiterhin eine Entscheidungsunterstützungskomponente in die Software integriert. Konkret wurden hierbei die MCDA-Verfahren Promethee I und Promethee II (Brans et al. 1986) umgesetzt. Dazu war es notwendig, neben der Modellierung einer Supply Chain zum einen das Anlegen von Projektszenarien bzw. -alternativen zu erlauben und zum anderen die Indikatoren mit zusätzlichen Informationen zu versehen. Diese zusätzlichen Informationen sind einerseits die Gewichtung der Indikatoren zu einander (bestimmte Indikatoren sind bei der Entscheidungsfindung logischerweise stärker zu gewichten) und andererseits weitere Promethee-spezifische Informationen wie die Auswahl einer Präferenzfunktion, sowie die Parametrisierung dieser. Die Ergebnisse einer deutschen Fallstudie aus dem Bereich der Entscheidungsunterstützung werden in den nächsten Abschnitten behandelt.

Aktuelle Weiterentwicklungen der Software sind neben den üblichen Aufgaben wie Fehlerbehebung oder Verbesserung der Nutzerfreundlichkeit:

- Integration von geographischen Informationen: Da die Datenbank in einem Postgres DBMS abgelegt ist, können hier zusätzlich Funktionen von PostGIS (PostGIS Developers 2013) genutzt werden. Seitens der Oberfläche wird hierzu die JavaScript-Bibliothek OpenLayers (Open Source Geospatial Foundation 2013) verwendet, um verschiedene GIS-Dienste anbinden zu können und des weiteren räumliche Objekte wie Polygone edieren und anzeigen zu können.
- Erweiterung des Indikatorenmodells um generierte Werte: Viele Aspekte einer Supply Chain stammen aus mathematischen Modellen. Hier findet momentan eine Integration von GAMS (GAMS 2013) statt, um Simulationswerte zu Indikatoren zu aggregieren.
- Weitere Forschungsarbeiten zur Einführung von standardisierten Geschäftsprozessen in den SSCManager sind in der Entwicklung. Neben einer Modellierung der Prozesse in BPMN (Object Management Group 2012) wird weiterhin BPEL (OASIS 2007) eingesetzt, um die Prozesse mit entsprechenden Diensten zu verknüpfen. Letztendlich sollen Workflows dabei helfen, Teilprozesse zu automatisieren und weiter zu formalisieren.
- Bestimmung von Indikatorwerten, bei denen die Entscheidungsunterstützung andere Hinweise liefert: Interessant ist es festzustellen, wie bestimmte Indikatorwerte beschaffen sein müssen, sodass die formale Entscheidungsunterstützungsmethode eine andere Präferenz der Alternativen angibt. Dies liefert Anhaltspunkte dafür, welche Indikatoren „Stellschrauben" bereit stellen, die das gesamte Bioenergieprojekt wesentlich beeinflussen.

16.3 Fallstudie

In der Fallstudie wurde im Rahmen des EU-Interreg IVB Projektes „enercoast" in der Gemeinde Dornum an der niedersächsischen Nordseeküste eine multikriterielle Bewertung verschiedener Bioenergiekonzepte durchgeführt. Für die Erreichung der

EU-Klimaschutzziele ist ein weiterer Ausbau der erneuerbaren Energien notwendig (Bundesministerium für Umwelt, Naturschutz und Reaktorsicherheit 2010), wobei insbesondere der Biomasseenergie hier ein großes Potential beigemessen wird (Hodson 2009). Während nach Umfrageergebnissen große Anteile der Bevölkerung einen weiteren Ausbau der Bioenergie begrüßen (Forsa 2010), regt sich regional deutlicher Widerstand gegen Bioenergievorhaben und den damit verbundenen Energiepflanzenanbau Insbesondere der der zunehmende Maisanbau wird im Kontext mit der Bioenergieerzeugung hier zunehmend kritisch hinterfragt (Agrar+Ernährungsforum Oldenburger Münsterland 2008, S. 1).

Zielsetzung der Fallstudie war es, Bioenergiekonzepte zu ermitteln, die möglichst gut zur regionalen Präferenz passen und damit bei einer späteren Umsetzung eine hohe Akzeptanz erfahren. Von den sechs untersuchten Bioenergiekonzepten repräsentieren drei Konzepte typische, häufig in den letzten Jahren gebaute Biogasanlagen, in denen überwiegend Energiepflanzen als Substratgrundlage verwendet werden. Die übrigen drei Bioenergiekonzepte sind bisher nicht etabliert und stellen mit Bioenergie-Projektierern erarbeitete Pilotkonzepte dar, bei denen ein möglichst großer Anteil der Substratversorgung aus Materialien stammt, die nicht als Hauptfrucht angebaut werden müssen und damit nicht zur Nutzungskonkurrenz („food vs fuel") beitragen. Die möglichen identifizierten Biomassen, die nicht zu einer Verschärfung der Nutzungskonkurrenz beitragen und bisher keine weitere Nutzung erfahren sind beispielsweise Treibsel, Aufwüchse von Deich- Brache- und Grünflächen, Gülle und Mist aus der Landwirtschaft, Beifang aus der Fischerei und weitere biogene Stoffe.

Für die Herleitung der Kriterien wurde die Bioenergie Supply Chain zunächst in fünf Prozessschritte (Materialien, Logistik, Konversion, Netz, Energienutzung) unterteilt und für jeden Prozessschritt mit Zielsetzungen zur Optimierung aus ökonomischer, ökologischer und sozialer Sicht hinterlegt. Aus diesen Zielsetzungen wurden Kriterien abgeleitet, die durch Indikatoren abgebildet werden.

Für die Gewichtung der Kriterien untereinander wurde ein Fragebogen erstellt, mit denen die Kriterien durch die Stakeholder für ihre repräsentierte Anspruchsgruppe auf einer Ordinalskala von 1-9 zu gewichten waren, wobei der Wert 1 hier dem betrachteten Kriterium die geringste Bedeutung beimisst („zu vernachlässigen") und der Wert 9 die höchste Bedeutung abbildet („sehr wichtig"). Als Stakeholder wurden neun Anspruchsgruppen (Bürger, Tourismus, Naturschutz, Kirche, Landwirtschaft, Nationalparkverwaltung niedersächsisches Wattenmeer, Unterhaltungsverbände, Fischerei und Landkreisverwaltung) identifiziert, die für die persönlich durchgeführten Interviews jeweils durch den höchsten Repräsentanten aus der Pilotregion vertreten wurden. Aus den Ergebnissen der Befragung wurden Mittelwerte aus den Antworten berechnet und daraus die normierte Gewichtung (w_j) abgeleitet. Dabei wurden alle Stakeholder gleich gewichtet. Anschließend wurden die Indikatorenwerte als Kriterienausprägung für die untersuchten Bioenergiekonzepte abgeleitet und mit Hilfe der ermittelten Präferenzstruktur in eine vollständige Rangfolge entsprechend der erarbeiteten lokalen Präferenz überführt.

16.4 Ergebnisse

Die Fallstudie wurde mit Hilfe der in Abschn. 16.2.2 vorgestellten Software SSCManager erstellt. Neben einer Basis-Supply Chain, die die Verwendung einer 500 kW-Anlage darstellt, wurden zusätzlich fünf alternative Supply Chains modelliert, die unterschiedliche Biomasse-Szenarien und Energiegewinnungsprozesse darstellen. Einige der Szenarien setzen dabei auf innovative Anlagen, die neben der reinen Energie weiterhin auch Brenn- oder Treibstoffe bereitstellen können.

Jede der Supply Chain Varianten enthält unterschiedliche Werte für einen Großteil der verwendeten 47 Indikatoren. Einige Indikatoren wie beispielsweise die Förderquoten des EEG bleiben dabei freilich unberührt. Zu jedem der Indikatorwerten wurden weiterhin Gewichtungen nach der in Abschn. 16.3 dargestellten Methode erhoben. Um Promethee anwenden zu können war letztendlich noch eine Festlegung der "Richtung" der Indikatorwerte wichtig. Dabei wird definiert, in welche Richtung (positiv oder negativ) sich ein Indikator verändern soll, wenn er sich verbessert bzw. verschlechtert. Dies ist in Abb. 16.3 an der Richtung der Pfeile neben den Indikatorwerten erkennbar.

Nach der Eingabe der Indikatorwerte für alle Projektszenarien ist eine Auswertung mit Hilfe des Promethee Verfahrens möglich. Die Ergebnisse sind dabei in Tab. 16.1 aufgezeigt.

Da eine rein mathematische Darstellung der Ergebnisse oft nicht so aussagekräftig ist, wie eine einfache Grafik, wurde das Ergebnis mit Hilfe von Graphviz in eine Grafik umgewandelt. Hier ist die absolute Präferenzfolge der einzelnen Varianten untereinander dargestellt. Dies wird in Abb. 16.4 gezeigt.

Bei Variante 6 handelt es sich um eine Projektalternative, in der der monetäre Gewinn hauptsächlich aus der Produktion von Ersatzbrennstoffen bezogen wird. Aufgrund der geänderten Rahmenbedingungen des deutschen EEG ist dies die sinnvollste Variante, da die reine Energiegewinnung aus Mais nach der Food vs. Fuel Debatte vom Gesetzgeber nicht mehr so stark subventioniert wird.

Tab. 16.1 Ergebnisse der MCDA

Szenario	φ	φ^+	φ^-
Var 1	−0.148	0.220	0.369
Var 2	−0.012	0.304	0.316
Var 3	0.028	0.339	0.318
Var 4	0.056	0.309	0.253
Var 5	−0.110	0.236	0.346
Var 6	0.186	0.412	0.226

Abb. 16.4 Präferenzgraph

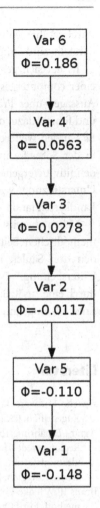

16.5   Ausblick

Dieser Beitrag hat gezeigt, wie die Modellierung von Sustainable Supply Chains in ener-coast durchgeführt wurde. Weiterhin wurde die Software SSCManager vorgestellt, die eine rechnergestützte kollaborative Modellierung von Supply Chains mit modernen Webtechnologien unterstützt. Neben der reinen Modellierung von Supply Chains unter-stützt die Software eine einfache Entscheidungsunterstützung nach der Promethee-Methodik. Es wurde eine sorgfältig durchgeführte Fallstudie aus dem enercoast-Projekt vorgestellt, die echte Daten in das Softwaresystem beigetragen hat und weiterhin dazu diente, die Software initial zu evaluieren. Während diese Fallstudie erfolgreich durchgeführt wurde und einen erheblichen Mehrwert für die beteiligten Stakeholder darstellt, sind einige Richtungen weiter zu untersuchen.

Es hat sich gezeigt, dass Stakeholder leichter durch anschauliche Grafiken vom Sinn einer computergestützten Supply Chain-Modellierung überzeugt werden konnten. Reine Aussagen über Präferenzfolgen von Projekten gekoppelt mit Zahlen sind nicht sinnvoll und führen dazu, dass der praktische Mehrwert einer solchen Software nicht erkannt wird. Es wurden weitere Visualisierungen zur Darstellung von Indikatoren der Supply Chains in der Software integriert, die diese Behauptung untermauern konnten. Hier sind aber definitiv tiefergehende Möglichkeiten zu untersuchen. Insbesondere die bereits erwähnte Unterstützung von räumlichen Informationen und die Darstellung von diesen auf Landkarten fand in der enercoast-Community hohen Anklang und wird weiter verfolgt.

Neben bereits erwähnten Erweiterungsmöglichkeiten der Software soll auf der methodischen Seite weiter untersucht werden, wie die Einteilung von Indikatoren zu den drei Säulen der Nachhaltigkeit (Ökologie, Ökonomie und Soziales) zu weiteren Untersuchungsmöglichkeiten führen kann. Es ist beispielsweise zu überlegen, ob man durch eine zusätzliche Gewichtung der einzelnen Säulen untereinander die Ergebnisse einer Entscheidungsunterstützung weiter optimieren kann.

Literatur

Apache Software Foundation (2013) Struts 2. http://struts.apache.org/release/2.3.x/index.html. Zugegriffen: 05. Jan 2013

Agrar+Ernährungsforum Oldenburger Münsterland (2008) Bioenergie–Region Südoldenburg. „Eine Region veredelt Energie"

Bundesministerium für Umwelt, Naturschutz und Reaktorsicherheit (2010) EU-Richtlinie Erneuerbare Energien. http://www.erneuerbare-energien.de/N44741/. Zugegriffen: 05. Jan 2013

Brans JP, Vincke Ph, Mareschal B (1986) How to select and how to rank projects: The Promethee method. Eur J Oper Res 10.1016/0377-2217(86)90044-524(2): 228–238

Christensen E, Curbera F, Meredith G et al. (2001) Web services description language (WSDL) 1.1. http://www.w3.org/TR/wsdl. Zugegriffen: 05. Jan 2013

Dojo Foundation (2012) Service mapping description proposal. http://dojotoolkit.org/referenceguide/1.8/dojox/rpc/smd.htm. Zugegriffen: 05. Jan 2013

Forsa (2010) Umfrage zum Thema „Erneuerbare Energien" 2010 – Einzelauswertung Bundesländer. http://www.unendlich-viel-energie.de/uploads/media/Akzeptanzumfrage%20EE%202010%20bundeslaendergenau.pdf. Zugegriffen: 05. Jan 2013

GAMS (2013) GAMS home page. http://www.gams.com/. Zugegriffen: 05.Jan 2013

Hodson P (2009) Bioenergy for sustainable development and innovation in EU rural areas. Vortrag im Rahmen des „International Energy Farming Congress" vom 10.03.2009 in Papenburg

Java Persistence 2.0 Expert Group (2009) JSR 317: JavaTM Persistence API, Version 2.0. http://download.oracle.com/otn-pub/jcp/persistence-2.0-fr-eval-oth-JSpec/persistence-2%200-final-spec.pdf. Zugegriffen: 05. Jan 2013

OASIS (2007) Web services business process execution language version 2.0. http://docs.oasis-open.org/wsbpel/2.0/OS/wsbpel-v2.0-OS.html. Zugegriffen: 05. Jan 2013

Object Management Group (2012) BPMN information home. http://www.bpmn.org/. Zugegriffen: 05. Jan 2013

Open Source Geospatial Foundation (2013) OpenLayers. http://openlayers.org/. Zugegriffen: 05. Jan 2013

PostGIS Developers (2013) PostGIS – spatial and geographic objects for PostgreSQL. http://postgis.net/. Zugegriffen: 05. Jan 2013

Red Hat (2012) Hibernate EntityManager. http://docs.jboss.org/hibernate/core/4.0/hem/en-US/html/. Zugegriffen: 05. Jan 2013

Supply Chain Council (2010) Supply chain operations reference (SCOR) model – overview – version 10.0. http://supply-chain.org/f/Web-Scor-Overview.pdf. Zugegriffen: 05. Jan 2013

The Internet Society (2006) RFC 4627: the application/json media type for JavaScript object notation (JSON). http://www.ietf.org/rfc/rfc4627.txt. Zugegriffen: 05. Jan 2013

Teil III

Green Production & Green Logistics

Entwicklung von strategischen
Kennzahlen im Bereich der
Produktion

17

Miada Naana und Horst Junker

Zusammenfassung

Die Produktion ist als wesentlicher Verursacher von Umweltschäden identifiziert. Deswegen zielen viele Unternehmen auf nachhaltige Produktion durch laufende Verbesserung der Produkte sowie Produktionsprozesse und -verfahren, um den Energie- und Rohstoffeinsatz bei gleichbleibender Qualität der Produkte weiter zu reduzieren. Das Umweltmanagement versucht insbesondere, Schwachstellen zu ermitteln, die Beeinflussung von negativen Umwelteinwirkungen auf zukünftige produktionsbezogene Unternehmensaktivitäten zu erkennen sowie die Umweltleistung der Unternehmen zu verbessern. Die Defizite in der umweltorientierten strategischen Dimension innerhalb des Führungssystems verringern aber die Möglichkeit, geeignete strategische Entscheidungen zu finden und gleichzeitig langfristige Umweltziele zu planen. Die betriebswirtschaftlichen und umweltbezogenen Kennzahlen werden als wichtiges operatives Instrument für die Generierung und Erfassung der ökologischen und ökonomischen Informationen in kombinierter Form der Tatbestände dargestellt. Damit das strategische Defizit reduziert werden kann, sollten die ökologischen und wirtschaftlichen Kennzahlen nicht nur auf der operativen Ebene des Managements berücksichtigt werden, sondern auch auf der strategischen Ebene, um geeignete strategische Entscheidungen zu finden und gleichzeitig langfristige Umweltziele zu bilden. In diesem Beitrag werden strategische Kennzahlen als eine Brücke für die Umsetzung der strategischen Aufgaben

M. Naana (✉)
Department für Informatik, Abt. Wirtschaftsinformatik I/VLBA, Carl von Ossietzky
Universität Oldenburg, Ammerländer Heerstr. 114–118, 26129 Oldenburg, Deutschland
e-mail: miada.naana@uni-oldenburg.de

H. Junker
IMBC GmbH, Chausseestraße 84, 10115 Berlin, Deutschland
e-mail: horst.junker@imbc.de

J. Marx Gómez et al. (Hrsg.), *IT-gestütztes Ressourcen- und Energiemanagement*,
DOI: 10.1007/978-3-642-35030-6_17, © Springer-Verlag Berlin Heidelberg 2013

der Unternehmensführung bzw. des Umweltmanagements vorgestellt, damit strategische umweltschutzorientierte Informationen geliefert und ein ökologisch-strategisches Entscheidungsmodell gebildet werden können.

Schlüsselwörter

Kennzahlen • Strategische Kennzahlen • Umweltmanagement • Ressourcenauslastung • Ressourceneinsatzeffizienz

17.1 Einführung

Die betriebswirtschaftlichen und umweltbezogenen Kennzahlen werden als wichtiges operatives Instrument für die Generierung und Erfassung der ökologischen und ökonomischen Informationen in kombinierter Form der Tatbestände dargestellt. Diese Kennzahlen sind einerseits in der Lage, die vergangene ökonomisch-ökologische Unternehmensleistung zu analysieren und somit die produktionsorientierten Entscheidungen des Umweltmanagements im Unternehmen zu unterstützen und zu treffen (Naana und Junker 2012 S. 778f.). Sie sind aber andererseits quantitative, verdichtete Messgrößen der komplexen Realität und informieren über zahlenmäßig erfassbare betriebswirtschaftliche Sachverhalte (Weber und Schäffer 2008, S. 174; Preißler 2008, S. 11) und erleichtern die Unterstützung der strategischen Entscheidung von internen und externen Anspruchsgruppen nicht. Ein Beispiel: Bezüglich der Produktion erlauben die operativen Kennzahlen bzw. die vergangenheitsorientierten Kennzahlen Rückschlüsse auf die zukünftige umweltorientierte Entwicklung des Unternehmens (Weber und Schäffer 2008, S. 393). Aber sie ermitteln keine strategischen Wirkungszusammenhänge zwischen der Produktivität oder der Rentabilität eines Produktes und seinen negativen Umwelteinwirkungen und müssen bei einer wachsenden Veränderungsdynamik von Geschäftsmodellen in der Zukunft nicht immer gelten. Des Weiteren ermöglichen sie keine Anpassungsfähigkeit für strategische Anforderungen eines Unternehmens, die die Erweiterung der Wahrnehmungsfähigkeiten von Entscheidungsträgern für die Veränderung der strategischen Prämissen benötigen.

17.2 Begriffsdefinition

Strategische Kennzahlen sind Kennzahlen, die sachlogische und potenziale Verknüpfungen für strategische Zwecke liefern. Sie beschreiben damit Ziele und Handlungsfelder für die jeweilige Organisation von strategischer Bedeutung. Außerdem können diese Kennzahlen eine hochverdichtete Sicht relevanter Sachverhalte widerspiegeln und die Anpassungsfähigkeit für zukünftige Veränderungen ermöglichen. Um die oben genannten Fähigkeiten von strategischen Kennzahlen zu ermöglichen, existieren die folgenden Anforderungen (vgl. Abb. 17.1):

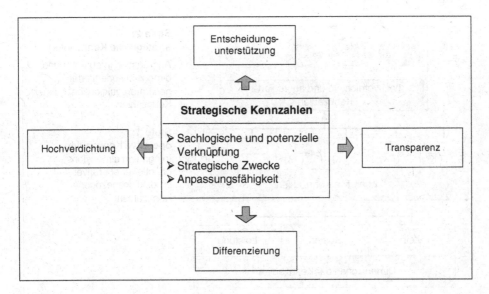

Abb. 17.1 Anforderungen an die zu entwickelnden strategischen Kennzahlen (*Quelle* Eigene Darstellung)

- Entscheidungsorientierung: Die Orientierung an den strategischen Entscheidungen ist erforderlich, um strategische Zwecke von internen und externen Anspruchsgruppen zu berücksichtigen. Im Sinne der Unterstützung der Anspruchsgruppen können strategische Kennzahlen die Sachverhalte der Nachhaltigkeitsstrategie langfristig hervorheben, indem Schlüsselinformationen gesondert bereitgestellt werden. In diesem Kontext sollen strategische Kennzahlen zur Wirtschaftlichkeit des Informationsgewinnungsprozesses beitragen.
- Transparenz: Im Vergleich zu dem Mangel von vergangenheitsorientierten Kennzahlen, strategische Bedürfnisse nicht in Betracht ziehen zu können, sind strategische Kennzahlen in der Lage, einen deutlichen Zuwachs an zukünftiger Transparenz zu erbringen.
- Differenzierung: Nach den jeweiligen Anspruchsgruppen und ihren Zwecken lässt sich eine dritte Anforderung an den Entwurf von strategischen Kennzahlen ableiten. Strategische Kennzahlen sollen differenziert bereitgestellt werden. Dies ergibt eine Vielzahl von Möglichkeiten, den zukünftigen Zustand an einen sachlogischen Aufbau anzuknüpfen.
- Hochverdichtung: Kennzahlen sind im Allgemeinen verdichtete Messgrößen der komplexen Realität. Diese Kennzahlen können aber einen Zusammenhang zwischen verschiedenen Aspekten sowie deren Stärken und Schwächen bezüglich langfristiger Anforderungen nicht unmittelbar festlegen. Hochverdichtung ist die Verdichtung der verdichteten Messgrößen, um einen strategischen Trend für bestimmte Zwecke zu ermitteln. Darüber hinaus können mit der Hochverdichtung der vergangenheitsorientierten Kennzahlen

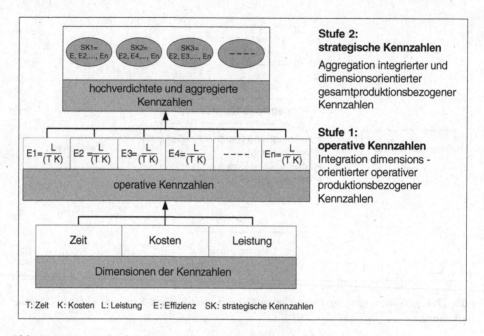

Abb. 17.2 Zwei Stufen für den Entwurf von Kennzahlen (*Quelle* Eigene Darstellung)

sachlogische und potenzielle Verknüpfungen ohne Detaillierung für die Entwicklungs- und Anlaufphase erledigt werden.

In der Abb. 17.2 wird die Bildung von strategischen Kennzahlen aufbauend auf die Hochverdichtung der operativen Kennzahlen in verschiedenen Gruppen dargestellt. Jede Gruppe hat auf der strategischen Ebene eine spezielle Bedeutung und hilft dem Entscheidungsträger, ein allgemeines Leitbild über einen bestimmten Zustand ohne detaillierte Informationen zu haben.

17.3 Beispiele für strategische Kennzahlen im Produktionsbereich

Im Hinblick auf die Umsetzung der nachhaltigen produktionsbezogenen Unternehmensleistung können durch spezifische strategische Kennzahlen Informationen geliefert werden, die durch operative Kennzahlen nicht generiert werden können. Sie können Informationen über die beiden ökologischen und ökonomischen Dimensionen für das Umweltmanagement im Unternehmen liefern. Es kann im Rahmen der nachhaltigen Produktion eine Vielzahl von strategischen Kennzahlen entwickelt werden. Diese Kennzahlen werden in Gruppen zusammengestellt. Danach werden die Werte der gesammelten Kennzahlen analysiert und kontrolliert, damit strategische Informationen erzeugt werden können. Einerseits geben die Kennzahlen eine strategische Sicht und andererseits erzeugen sie ökologische und/oder ökonomische Bedeutung. Sie sind in der Lage, einen zukünftigen Trend über Produktherstellung, -verpackung, -entsorgung und -verantwortung sowie Ressourceneinsatzeffizienz und -versorgung zu prognostizieren und die Entscheidungsträger auf der strategischen Ebene zu unterstützen. Des Weiteren lässt sich ein optimaler Einsatz der Produktionsfaktoren erreichen. In diesem Beitrag werden verschiedene strategische Kennzahlen gebildet.

17.3.1 Ressourcenkosten

Unter Ressourcenkosten können einerseits produktionsbezogene Kosten und andererseits Schutzkosten verstanden werden. Es werden vielfältige Kosten berücksichtigt, insbesondere Material-, Energie- und Wasserkosten und deren Versorgungskosten. Bezüglich der Ressourcenperspektive enthält diese Kennzahl verschiedene operative Kennzahlen und ermöglicht auf einen Blick einen Vergleich zwischen verschiedenen Umweltkosten und deren Effizienz bei der Herstellung (vgl. Abb. 17.3). Die Bildung dieser Kennzahl hat folgende Vorteile:

- Ansatzpunkte für Produktverbesserung,
- langfristige, umweltbezogene Beschaffungsplanung,
- langfristige Kontrolle für unternehmensspezifische Produktionspotenziale,
- langfristige Kontrolle für den Einsatz der Ressourcen, insbesondere Material, Energie und Wasser,
- langfristige und nachhaltige Steuerung für den unternehmerischen Ressourceneinsatz.

Abb. 17.3 Ressourcenkosten
(*Quelle* Eigene Darstellung)

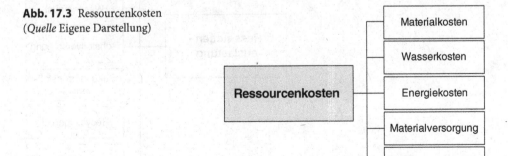

17.3.2 Ressourcenauslastung

Auf der Grundlage der Nachhaltigkeits- und Umweltschutzstrategie wird die Unternehmensleistung nicht nur hinsichtlich der Erhöhung von Umsätzen und Deckungsbeiträgen, sondern auch im Hinblick auf eine umweltorientierte Ressourcenauslastung ausgewertet. Diesbezüglich betrachtet die Unternehmensführung die Ressourceneffizienz in der Produktion. In diesem Zusammenhang werden vielfältige operative Umweltkennzahlen (wie z. B. Materialeinsatz, Energieanteil, Wasseranteil, Rohstoffversorgung und Recyclinganteil) zusammengestellt und eine strategische Kennzahl für die Ressourceneffizienz entwickelt (vgl. Abb. 17.4).

Die Aggregation der genannten operativen Kennzahlen in die strategische Kennzahl ist in der Lage:

- die Stärken und Schwächen des Ressourceneinsatzes auf einen Blick darzustellen,
- strategische Abweichungen vom Ressourceneinsatz zu identifizieren,
- die strategischen ressourceneinsatzbezogenen Unternehmensziele anzupassen oder wieder neue Ziele zu bilden,
- neue produktionsbezogene Öko-Vorschläge festzulegen.

17.3.3 Energieeinsatzeffizienz und Energieeinsatzbelastung

Im Allgemeinen ist ein effizientes Energiemanagement anhand der Umweltkennzahlen in der Lage:

- die wichtigsten Einsparpotentiale aufzuzeigen,
- eine Übersicht über die erzeugten Emissionsquellen des Unternehmens zu geben,
- bei Investitionsentscheidungen im Energiebereich zu helfen.

Abb. 17.4 Ressourcenauslastung
(*Quelle* Eigene Darstellung)

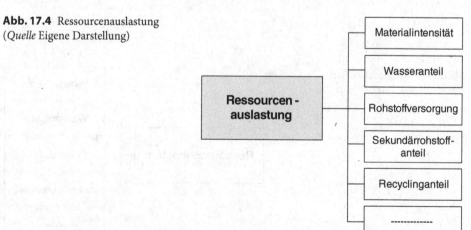

Hierbei ist es nötig, verschiedene operative Kennzahlen zu strategischen Kennzahlen zu gruppieren. Diesbezüglich sollen sowohl die Effizienz als auch die Einwirkung des Energieeinsatzes langfristig kontrolliert werden. Deswegen werden verschiedene Kennzahlen (Energieträgeranteil, Energieintensität, spezifischer Energieeinsatz, spezifische Emissionsmengen von Energie, spezifischer Abfallanteil der Energie, Abwärme usw.) in strategischen Kennzahlen (Energieeinsatzeffizienz und -belastung) zusammengestellt (Abb. 17.5, 17.6). Außerdem führt der Einsatz dieser Kennzahlen grundsätzlich zur:

- Generierung von strategischen Informationen über Substitutionsbeziehungen und Entwicklungspotentiale,
- Aufklärung des Ursache-Wirkungszusammenhangs,
- strategischen Kontrolle über die Energieeinsatzmenge und die ermittelten Emissionen und Energie-Abfälle,
- Anpassung neuer ökologischer Anforderungen der Unternehmensführung an strategische Umweltziele.

Abb. 17.5 Energieeinsatzeffizienz
(*Quelle* Eigene Darstellung)

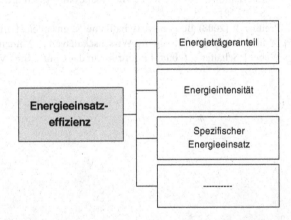

Abb. 17.6 Energieeinsatzbelastung
(*Quelle* Eigene Darstellung)

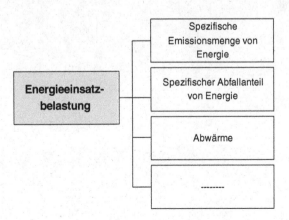

17.4   Zusammenfassung

Zusammenfassend kann gesagt werden, dass die zunehmenden Anforderungen an die Unterstützung der strategischen umweltbezogenen Entscheidungen zur Entwicklung der Kennzahlen führt. So reicht es nicht aus, die operativen Kennzahlen für zukünftige Entscheidungen zu verwenden. Vielmehr sollen diese Kennzahlen anderes formuliert und gebildet werden. Darüber hinaus wird eine Vielzahl von strategischen Kennzahlen entwickelt. Weitergehend werden im nächsten Schritt die entstandenen Kennzahlen bspw. in Experteninterviews und/oder durch Umfragen validiert.

Literatur

Naana M, Junker H (2012) Einsatz der Umweltkennzahlen zur Unterstützung des strategischen Öko-Controllings in der Produktion. In: Arndt H, Knetsch G, Pillmann W (Hrsg) EnviroInfo 2012: Man. Environment. Bauhaus. Light up the Ideas of Environmental Informatics. 26th International Conference on Informatics for Environmental Protection. Shaker Verlag, Aachen, S 777–781

Preißler P (2008) Betriebswirtschaftliche Kennzahlen: Formeln, Aussagekraft, Sollwerte, Ermittlungsintervalle. Oldenbourg Wissenschaftsverlag, München

Weber J, Schäffer U (2008) Einführung in das Controlling. Verlag Schäffer/Poeschel, Stuttgart

Nutzung bestehender BPM-Modelle zur Einführung des Green Business Process Managements

18

Klaas Schmidt und Timo von der Dovenmühle

Zusammenfassung

Die Gestaltung, Optimierung und Dokumentation von Geschäftsprozessen sind wesentliche Faktoren für den Ausbau und Erhalt der Leistungsfähigkeit eines Unternehmens. Diese Faktoren werden unter dem Begriff Business Process Management (BPM) zusammengefasst und erfahren in den letzten Jahren große Beachtung. Grade vor dem Hintergrund konstatierender Märkte wird die interne Optimierung ein wesentlicher Faktor für die Sicherung der Marktstellung eines Unternehmens sein. Green Business Process Management (GBPM) stellt eine Erweiterung des BPM um den Faktor der Nachhaltigkeit dar. Diese spielt zunehmend eine wichtige Rolle für den Erfolg eines Unternehmens. Durch die Nutzung von bestehenden Modellen aus dem BPM können Synergien genutzt und eine einfache Integration in bestehende Systeme erreicht werden. So kann im GBPM eine Konzentration auf neue nachhaltig ausgerichtete Paradigmen und Kennzahlen gelegt werden. In diesem Artikel wird erläutert, wie bestehende Modelle des BPM verwendet werden können, um die Anforderungen eines GBPM zu erfüllen. Dazu wird das BPM anhand eines Modells dargestellt und um die Dimension der Nachhaltigkeit erweitert.

Schlüsselwörter

Green Business Process Management • Modell-Integration • Business Process Management

K. Schmidt (✉) · T. von der Dovenmühle
Volkswagen AG, Berliner Ring 2, 38440 Wolfsburg, Deutschland
e-mail: klaas.schmidt@volkswagen.de

T. von der Dovenmühle
e-mail: timo.von.der.dovenmuehle@volkswagen.de

J. Marx Gómez et al. (Hrsg.), *IT-gestütztes Ressourcen- und Energiemanagement,*
DOI: 10.1007/978-3-642-35030-6_18, © Springer-Verlag Berlin Heidelberg 2013

18.1 Ausgangssituation

Die Optimierung von Prozessen unter dem Schlagwort Business Process Management (BPM) ist in den letzten Jahren verstärkt als Maßnahme zur Sicherung des Unternehmenserfolgs identifiziert worden. Aufgrund der zunehmend schwierigeren wirtschaftlichen Situation in vielen Industriesektoren ist nicht allein das Wachstum ein bestimmender Faktor für Unternehmen (Becker et al. 2009). Eine Erhöhung des variablen Kostenanteils bei gleichzeitiger Minimierung fixer Produktionskosten soll wirtschaftlichen Erfolg auch bei unsicheren Märkten ermöglichen. Die innerbetriebliche Optimierung von Abläufen und Prozessen rückt so in den Fokus vieler Unternehmen. Das BPM beschäftigt sich damit, wie Prozesse hinsichtlich der Faktoren Kosten, Flexibilität, Qualität und Zeit optimiert werden können (Reijers und Limam Mansar 2005). Arbeiten im Bereich des BPM unterscheiden kontinuierliches Prozessmanagement (KPM) und Business Process Reengineering (BPR). Das KPM, auch Geschäftsprozessoptimierung genannt, verbessert Prozesse sukzessive. Dieses inkrementelle Vorgehen bedarf eines stetigen Zielabgleichs sowie die Einbeziehung sämtlicher Prozessbeteiligter. Im Gegensatz dazu werden beim BPR bestehende Prozesse nicht weiter betrachtet, sondern eine neue Modellierung durchgeführt (Becker et al. 2005). Für beide dargestellten Konzepte ist eine Analyse bestehender Prozesse notwendig, um mögliche Defizite festzustellen. Dies erfolgt bspw. durch ein Monitoring einzelner Instanzen der betroffenen Prozesse. Beim Monitoring werden diese betrachtet und dabei Prozessausführungsdaten ermittelt. Diese Daten werden folgend weiter aggregiert und in einem Reporting zusammengefasst, welches Aussagen über verschiedene beobachtete Prozesse ermöglicht (Freud und Götzer 2008). Als Basis für das Reporting dienen häufig Workflows, da Workflow Management Systeme (WFMS) eine Vielzahl von Messgrößen bereits erfassen und so die Erstellung von Reports vergleichsweise einfach ist. Messgrößen können z. B. die Ausführungszeit der Workflows oder spezifischer Tasks sein.

Zu den bereits vielfach etablierten Messgrößen kam in den letzten Jahren die Anforderung hinzu, ökologische Nachhaltigkeitsaspekte bei der Prozessausführung zu überwachen bzw. Prozesse unter Berücksichtigung dieser Aspekte auszuführen. Für diese Aufgabenstellung wird das BPM mit dem Begriff Green erweitert: Green Business Process Management (GBPM). Das GBPM erweitert die Betrachtungsdimensionen des BPM um die ökologische Nachhaltigkeit, stellt dabei allerdings bestehende Messansätze und Reportinglösungen vor neue Herausforderungen (vom Brocke und Seidel 2012; Ghose et al. 2009). Als quantifizierbare Messgröße für den Umwelteinfluss eines Prozesses wird derzeit der CO_2-Aussstoß bzw. das CO_2-Äquivalent favorisiert. Diese Größen haben den Vorteil, dass sie allgemein anerkannt und monetär ausdrückbar sind (Ghose et al. 2009; Nowak et al. 2011). Das GPBM und der damit verbundene prozessuale Wandel in den Unternehmen wird als Enabler für das „Green Business" angesehen. Es zeigt sich, das „Green IS", unter ökologisch nachhaltigen Gesichtspunkten optimierte Informationssysteme, nicht allein der Weg zum „Green Business" ist (Loos et al. 2011; vom Brocke und Seidel 2012). Sofern die Prozesse, und damit auch die Workflows, eines Unternehmens nicht ökologisch nachhaltig ausgerichtet sind, kann eine nachhaltige Infrastruktur nur einen Teil zur Erreichung des Gesamtziels beitragen. Beispielsweise ist die Effizienzsteigerung eines Rechenzentrums allein nicht zielführend, sofern die darin verarbeiteten Prozesse die vorhandenen Ressourcen ineffizient nutzen (von der Dovenmühle et al. 2010).

18.2 Problemstellung

Die Ausgangssituation beschreibt bereits bestehende Konzepte zur Optimierung von Unternehmensprozessen aus verschiedenen Sichtweisen. Jedoch gehen die Konzepte jeweils nur auf einzelne Prozesse sowie deren jeweilige Optimierung ein. Da in einem Unternehmen eine Vielzahl verschiedener Prozesse zu finden sind, werden Modelle benötigt, welche sämtliche Prozesse und deren Abhängigkeiten untereinander beschreiben.

Die Prozesse selbst erfüllen zwar verschiedene Zwecke im Unternehmen, sind jedoch vielfach aus ähnlichen oder gleichen Bausteinen aufgebaut. Bei der Workflowentwicklung ist es eine etablierte Vorgehensweise, wiederkehrende Aufgaben durch Sub-Workflows ausführen zu lassen, um eine Mehrfachverwendung zu ermöglichen (Becker et al. 2009). So kann beispielsweise das Prüfen und Wiedervorlegen eines Antrags dargestellt durch einen Sub-Workflow, in mehreren Prozessen genutzt werden und muss nicht explizit in jedem ausprogrammiert werden. Die Wartbarkeit und Standardisierung wird somit erhöht.

Die auf Orchestrierungsebene beschriebene Wiederverwendung ist auch auf anderen Ebenen realisierbar. So kann es beispielsweise notwendig sein, für einen Unternehmensbereich Vorgaben zu Messgrößen festzulegen, wenn diese einer Publikationspflicht unterliegen. Da diese Vorgaben für alle Prozesse des Bereiches gültig sind, muss es eine Ebene geben, in der diese Anforderungen identifiziert und gegenüber allen Beteiligten publiziert werden. Diese Ebene muss oberhalb der eigentlichen Definition sowie der anschließenden Ausführung liegen. Dies begründet sich damit, dass es sich nicht um funktionale/nicht-funktionale Anforderungen, sondern um verpflichtende Randbedingungen handelt.

Die dargestellten Herausforderungen können durch ein einheitliches Prozessmodell minimiert werden. In diesem können die Geschäftsprozesse des Unternehmens definiert und bis auf die Ebene des Workflows spezifiziert werden. So ist der Zusammenhang zwischen den Geschäftsprozessen und den jeweiligen Workflows sichtbar. Dieses Vorgehen ist im Bereich BPM bereits etabliert. Die Prozesse werden beispielsweise in ARIS (Architektur integrierter Informatio nssysteme) modelliert. Die jeweilig zugehörigen Prozesse können anschließend in ein WFMS überführt werden, welches die Workflows ausführt und instanziiert (Funk et al. 2010). Dabei wird aktuell jedoch nicht die Dimension der ökologischen Nachhaltigkeit betrachtet. Diese stellt eine neue Sicht auf betroffene Ebenen dar und muss in die bestehende Struktur integriert werden.

Folgend werden dazu bestehende Modelle des BPM vorgestellt. Diese werden anschließend um die zusätzliche Dimension der ökologischen Nachhaltigkeit des GBPM erweitert. Es wird aufgezeigt, ob GBPM auf bestehenden Modellen und Methoden des BPM aufsetzen kann oder ein Bedarf für neue Modelle und Methoden besteht.

18.3   Bestehende Modelle im Business Process Management

Das Business Process Management oder im deutschen Geschäftsprozessmanagement befasst sich mit dem Dokumentieren, Gestalten und Verbessern von Geschäftsprozessen. Diese betriebswirtschaftlich orientierte Sichtweise soll die Auswirkung der Prozesse auf die Kosten der Produktion und daraus folgend des Gewinnpotenzials eines Unternehmens darstellen. Demgegenüber steht die technische Betrachtungsweise des Geschäftsprozessmanagements. Bei dieser liegt der Schwerpunkt auf der Automatisierung von Prozessen durch Workflow-technologien (Becker et al. 2009). Die Sichtweisen stellen Ebenen im BPM dar, welche die jeweilig Betroffenen repräsentieren. Im folgenden Prozessmodell, dargestellt in der Abb. 18.1, werden drei Ebenen dargestellt:

- Die erste Ebene (Allgemeine Ebene) vertritt die betriebswirtschaftliche Seite des BPM. In dieser werden die Geschäftsprozesse definiert, dokumentiert und Vorgaben bzgl. der Ausführung gemacht.
- Die zweite Ebene (Initialisierte Ebene) beschreibt definierte Workflows und Arbeitsabläufe, sodass diese durch ein WFMS interpretiert werden können. In dieser Ebene findet also die Implementierung von Geschäftsprozessen der allgemeinen Ebene statt.
- Die dritte Ebene (Instanziierte Ebene) beinhaltet die Ausführung der einzelnen Workflows mit konkreten Daten. Dabei werden Instanzen der in der initialisierten Ebene implementierten Workflows erzeugt.

Das beschriebene Ebenenkonzept ermöglicht die Klassifizierung vom Geschäftsprozess mit Teilprozessen über Workflows bis hin zu einzelnen Workflow-Instanzen, welche durch Benutzer ausgeführt werden. Um Informationen über die ausgeführten Prozesse zu bekommen, muss im Sinne der kontinuierlichen Prozessverbesserung ein Monitoring und Reporting etabliert werden. Dieses ermöglicht eine kontinuierliche Kontrolle der Zielwerte jedes Prozesses und eine Adaption sofern notwendig (Becker et al. 2005). Dazu wird auf der dritten Ebene eine Überwachung der Workflow-Instanzen durchge-führt. Die gewonnenen Daten werden zu einem Reporting auf der zweiten Ebene über den Workflow an sich aggregiert und weiter zu einem Reporting auf der dritten Ebene hinsichtlich des gesamten Geschäftsprozesses zusammengefasst.

Die Pfeile zwischen den Ebenen in Abb. 18.1 visualisieren den Zusammenhang zwischen dem Konzept des kontinuierlichen Prozessmanagements und einer Ebenendarstellung.

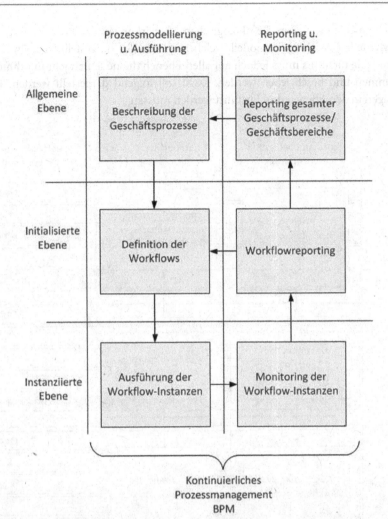

Abb. 18.1 Prozessmodell für kontinuierliche Analyse und Optimierung von Prozessen; in Anlehnung an (Becker et al. 2005)

Durch das Monitoring/Reporting sind Rückschlüsse möglich und können als Informationen für eine weitere Optimierung der Prozesse genutzt werden.

18.4   Nutzung bestehender Modelle für das Green Business Process Management

Das vorgestellte Ebenenmodell aus Abschn. 18.3 beschreibt die Aktivitäten im Bereich BPM und bietet eine Grundlage für das Lifecycle-Management der Prozesse. GBPM stellt eine neue Betrachtungsdimension in diesem Modell dar, die ökologische Nachhaltigkeit.

In dieser Dimension werden die ökologischen Auswirkungen der Prozesse untersucht. Das zugrunde liegende Prozessmodell, welches in Abb 18.1 dargestellt wird, ändert sich in diesem Falle nicht. Es muss jedoch auf allen Ebenen die neue Betrachtungsdimension aufgenommen und beschrieben werden. Dazu soll folgend dargestellt werden, welche Änderungen in den Ebenen durchgeführt werden müssen.

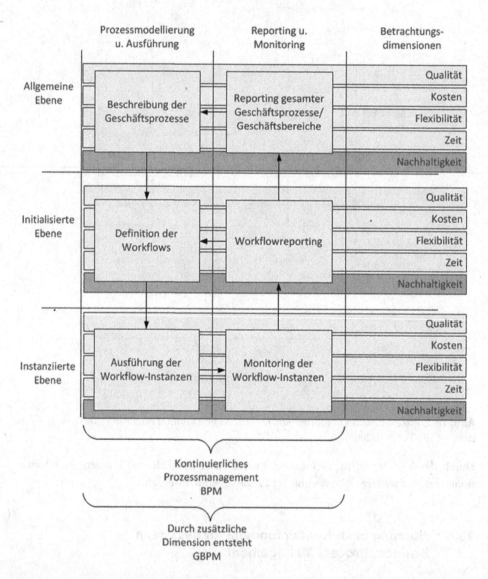

Abb. 18.2 Erweitertes Prozessmodell für das GBPM. In Anlehnung an (vom Brocke und Seidel 2012)

Allgemeine Ebene: In der allgemeinen Ebene können strategische Vorgaben in Bezug auf ökologische Zielwerte für Prozesse getätigt werden. Dies kann beispielsweise die Bestimmung einer bestimmten Emissionsmenge für eine Gruppe von Prozessen sein. Zusätzlich muss auf dieser Ebene die ergänzende ökologisch getriebene Dimension in das Reporting aufgenommen werden. Dies kann bspw. mit einer zusätzlichen Sicht in einer Prozess-Balanced-Scorecard erreicht werden. Ein weiterer Aspekt in dieser Ebene ist die Anpassung und Neugestaltung existierender Prozesse zur Verbesserung der ökologischen Bilanz.

Initialisierte Ebene: In der initialisierten Ebene werden die Workflowmuster auf Basis der Geschäftsprozesse entworfen und umgesetzt. So muss bei der Umsetzung und Anpassung der Workflows nach Design-Paradigmen vorgegangen werden, welche die Einhaltung der ökologischen Zielsetzungen ermöglichen. Zudem müssen auf dieser Ebene im WFMS geeignete Messsysteme ermittelt und implementiert werden, um beispielsweise die Emissionen durch Workflows repräsentierter Produktionstätigkeiten messen zu können. Zudem wäre es auf dieser Ebene denkbar dem Anwender neben den bisherigen Prozessen auch besonders ökologische Prozesse anzubieten, sodass dieser eine Wahlmöglichkeit hat (Nowak et al. 2011).

Instanziierte Ebene: Die Instanziierte Ebene beschreibt die Durchführung der Workflows und Aufnahme der Messwerte, sodass diese dem Monitoring und späteren Reporting zugeführt werden können. Zudem ist auf dieser Ebene eine Einzelanalyse von spezifischen Workflow-Instanzen möglich.

Insgesamt lässt sich so aufzeigen, dass GBPM eine neue Querschnittsfunktion in den einzelnen Ebenen darstellt und das bestehende Modell weiterhin nutzen kann. Dies ist in Abb. 18.2 zu erkennen. Dort werden die Aufgabenbereiche den Ebenen zugeordnet. Durch die Betrachtung der zusätzlichen Dimension Ökologie entsteht nach Meinung der Autoren das GBPM. Dies spiegelt auch die GBPM-Definition von vom Brocke wieder, die GBPM über die Hinzunahme der Dimension „Sustainability" zu den bereits betrachteten Dimensionen im BPM beschreibt (vom Brocke und Seidel 2012).

18.5　Zusammenfassung

Es wurde dargestellt, dass bestehende Modelle des Business Process Modelings soweit nutz- und erweiterbar sind, um Anforderungen an ein Green Business Process Model umzusetzen. Existierende Modelle können als Muster genutzt werden, um effektiv die Einführung eines GBPM voranzutreiben. Dabei kann auf bestehende Einführungs- und kontinuierliche Verbesserungsprozesse zurückgegriffen werden, welche bereits bestehende Dimensionen des BPM abdecken (Schmidt 2012). Die Erweiterung der bestehenden Ansätze beinhaltet jedoch große Potenziale für weitere Forschungsvorhaben, da neue Kennzahlen etabliert und somit bestehende Kennzahlensysteme erweitert werden müssen. Zudem sind mögliche Messmethoden in den Workflows zu etablieren, um relevante, echtzeitbezogene Daten zu sammeln. Ein weiteres Feld ist die Aufstellung von ökologisch getriebenen Design-Paradigmen im Bereich der Prozess- und Workflow-modellierung. Die Wiederverwendung von Sub-Workflows stellt dabei nur einen ersten Schritt dar. Um dem holistischen Ansatz der Nachhaltigkeit gerecht zu werden, muss neben den bestehenden wirtschaftlichen und ökologischen Dimensionen im GBPM die zusätzliche Dimension der sozialen Nachhaltigkeit eingeführt werden.

Zusammenfassend kann festgestellt werden, dass die etablierten Methoden und Modelle des BPM, erweitert um die zusätzliche Dimension des GBPM, genutzt werden können um, dem Ziel der ebenenübergreifenden Berücksichtigung ökologischer Nachhaltigkeitsaspekte gerecht zu werden.

Literatur

Becker J, Mathas C, Winkelmann A (2009) Geschäftsprozessmanagement. Springer, Berlin

Reijers HA, Limam Mansar S (2005) Best practices in business process redesign: an overview and qualitative evaluation of successful redesign heuristics. Omega 33(4): 283–306

Becker J, Kugeler M, Rosemann M (2005) Prozessmanagement: Ein Leitfaden zur prozessorientierten Organisationsgestaltung, 5. Aufl. Springer, Berlin

Freud J, Götzer K (2008) Vom Geschäftsprozess zum Workflow: Ein Leitpfaden für die Praxis. Hanser, München

vom Brocke J, Seidel S (2012) Green business process management: towards the sustainable enterprise. Springer, Berlin

Ghose A, Hoesch-Klohe K, Hinsche L, Le L (2009) Green business process management: a research agenda. Australas J Inf Syst 19(2): 103–117

Nowak A, Leymann F, Schumm D (2011) The Differences and Commonalities between green and conventional business process management. In: Proceedings of the international conference on cloud and green computing CGC 2011. IEEE Computer Society, S 569–576

Loos P et al (2011) Green IT: Ein Thema für die Wirtschaftsinformatik? Wirtschaftsinformatik (4): 239–247

von der Dovenmühle T, Mahmoud T, Marx Gómez J (2010) Energy saving through user scheduled load balancing within service oriented architectures. In: ISEE 2010 conference. Advancing sustainability in a time of crisis, 22.–25. August in Oldenburg & Bremen, Germany

Funk B, Niemeyer P, Marx Gómez J, Teuteberg F (2010) Geschäftsprozessintegration mit SAP-Technologien. Springer, Berlin

Schmidt K (2012) Kontinuierliches Workflow Reporting. In: ERP Management 4/2012 „Prozessmanagement mit ERP", S 37–39

Erweiterung des Produktkonfigurationsprozesses um Aspekte der Nachhaltigkeit Konzeption eines Prototyps für die industrielle Produktion

Claudia Erdle, Samuel Mathes, Dominik Morar, Heiner Lasi und Hans-Georg Kemper

Zusammenfassung

Ein produktbezogener Nachhaltigkeitsansatz ermöglicht industriellen Unternehmen, ihre Produkte anhand ökologischer, ökonomischer und sozialer Aspekte zu gestalten und sich dadurch am Markt zu differenzieren. Dieser Ansatz macht sich den Produktkonfigurationsprozess zunutze, um den Nachhaltigkeitsgedanken auf Produktebene zu erschließen. Der Produktkonfigurationsprozess bietet sich als Ansatzpunkt an, da in diesem technische und qualitative Eigenschaften des Produkts determiniert werden. Außerdem ermöglichen es Produktkonfiguratoren einen IT-gestützten, produktbezogenen Nachhaltigkeitsansatz im Kontext der Produktentstehung zu verfolgen. Basierend auf einer empirischen Untersuchung in zehn mittelständischen Unternehmen wurden mögliche praxisrelevante Nachhaltigkeitsindikatoren identifiziert und operationalisiert. Nach einer Reduktion aufgrund verschiedener Kriterien verblieb ein Satz von acht Indikatoren. Diese Indikatoren ermöglichen es, verschiedene Aspekte der Nachhaltigkeit von Produkten zu

C. Erdle (✉) · S. Mathes · D. Morar · H. Lasi · H.-G. Kemper
Betriebswirtschaftliches Institut, Abteilung VII Lehrstuhl für Allgemeine
Betriebswirtschaftslehre und Wirtschaftsinformatik I, Universität Stuttgart,
Keplerstr. 17, 70174 Stuttgart, Deutschland
e-mail: erdle@wi.uni-stuttgart.de

S. Mathes
e-mail: mathes@wi.uni-stuttgart.de

D. Morar
e-mail: morar@wi.uni-stuttgart.de

H. Lasi
e-mail: lasi@wi.uni-stuttgart.de

H.-G. Kemper
e-mail: kemper@wi.uni-stuttgart.de

J. Marx Gómez et al. (Hrsg.), *IT-gestütztes Ressourcen- und Energiemanagement*,
DOI: 10.1007/978-3-642-35030-6_19, © Springer-Verlag Berlin Heidelberg 2013

quantifizieren und so bei der Konfiguration von Produkten zusätzlich die drei Nachhaltigkeitsdimensionen Ökologie, Ökonomie und Soziales zu berücksichtigen. Ein bestehender Produktkonfigurator wurde auf Basis der ermittelten Indikatoren prototypisch um eine Nachhaltigkeitssicht erweitert. Dieser Prototyp demonstriert die Möglichkeit zur Unterstützung des produktbezogenen Nachhaltigkeitsansatzes durch Informationssysteme.

Schlüsselwörter

Produktkonfiguration • Nachhaltigkeit • Indikatoren • Umsetzung • Prototyp • produktbezogen • Informationssystem

19.1 Einführung

Die Umsetzung von Nachhaltigkeit in produzierenden Unternehmen steht international im Fokus des öffentlichen Interesses. Trotz reger Bemühungen (Rio-Konferenz, Global Compact, etc.) steckt die Implementierung des Nachhaltigkeitsgedankens speziell bei mittelständischen Unternehmen weiterhin in der Anfangsphase.[1] Des Weiteren ist festzustellen, dass konkrete Maßnahmen primär die Dokumentation oder das Reporting von Nachhaltigkeitsindikatoren im Kontext des externen Berichtswesens adressieren. Eine weitere – bisher wenig beachtete –Perspektive ist die Wahrnehmung von Produkten als „Nachhaltigkeitsträger". Hierbei wird die Nachhaltigkeit von Produkten über den gesamten Lebenszyklus als Gestaltungsparameter betrachtet. Das ist aus Sicht der Autoren zur Sicherung der Wettbewerbssituation zwingend notwendig – nicht zuletzt weil davon auszugehen ist, dass z. B. OEMs an ihre mittelständischen Zulieferer entsprechende Anforderungen stellen werden. Dies hat zur Folge, dass industrielle Unternehmen in der Lage sein müssen, bei der Gestaltung ihrer Produkte lebenszyklusorientierte Nachhaltigkeitsindikatoren zu berücksichtigen bzw. Produkte gezielt auf kundenindividuelle Nachhaltigkeitsindikatoren hin zu optimieren. Beispielsweise ist denkbar, dass zukünftig lebenszyklusorientierte, produktbezogene Nachhaltigkeitsindikatoren Bestandteil von Lasten-/Pflichtenheften sind. Hier knüpft dieser Beitrag an, indem ein Konzept zur Unterstützung des Produktionskonfigurationsprozesses um eine Nachhaltigkeitssicht ergänzt wird.

19.2 Zielsetzung und Forschungsfrage

Aufgrund des hohen Wettbewerbsdrucks und einer stark zunehmenden Variantenvielfalt setzen industrielle Unternehmen vermehrt auf Modul- bzw. Plattformstrategien. Hierbei werden „Standard"-Komponenten (sog. Regalteile) definiert, die mittels eines Konfigurationsprozesses zu Endprodukten assembliert werden können. Der

---

[1] Die durchgeführte empirische Erhebung hat dies ebenfalls bestätigt.

Produktkonfigurationsprozess beinhaltet in der Regel folgende Schritte (Scheer 2006; Reichwald et al. 2009):

- Zunächst erfolgt die Spezifikation auf Basis von Kundenwünschen unter Berücksichtigung der technischen Machbarkeit sowie unter teilweiser Berücksichtigung ökonomischer Randbedingungen.
- Daran schließt sich die Selektion, Kombination und Parametrisierung von Produktkomponenten an.

Innerhalb des Produktkonfigurationsprozesses werden folglich technische und qualitative Eigenschaften des Produkts determiniert. Die Betrachtung der Nachhaltigkeit bleibt dabei bisher weitgehend unberücksichtigt (vgl. auch Becker et al. 2010). Von den Autoren konnten keine Ansätze identifiziert werden, die alle drei Nachhaltigkeitsdimensionen in Produktkonfigurationsprozessen berücksichtigen. Basierend auf der Annahme, dass produktbezogene Nachhaltigkeitsaspekte analog zu technischen und qualitativen Eigenschaften eines Produkts, vorwiegend in der „Produktentwicklung" festgelegt werden, müssen diese ebenfalls bei der Produktkonfiguration berücksichtigt werden. Das Ziel der Forschung ist es daher ein IT-basiertes Konzept zu entwickeln, das eine adäquate Berücksichtigung von produktorientierten Nachhaltigkeitsaspekten im Kontext der Produktentstehung ermöglicht. Daraus ergibt sich folgende Forschungsfrage: Wie kann der Produktkonfigurationsprozess um Nachhaltigkeitsaspekte erweitert werden, um die Gestaltung nachhaltiger Produkte IT-basiert zu unterstützen?

Zur Beantwortung der Forschungsfrage werden zunächst die im Kontext der Produktkonfiguration relevanten produktorientierten Nachhaltigkeitsindikatoren empirisch erhoben. Darauf aufbauend wird ein Konzept zur Erweiterung von Produktkonfiguratoren um eine Nachhaltigkeitssicht erstellt. Abschließend erfolgt eine prototypische Implementierung auf Basis der Erweiterung eines bestehenden Produktkonfigurators zum Zwecke der Evaluation.

Den Bezugsrahmen bildet die Nachhaltigkeit von Produkten und Produktvarianten bezogen auf die drei Dimensionen Ökologie, Ökonomie und Soziales unter Berücksichtigung des gesamten Produktlebenszyklus (vgl. Henriques 2004; Elkington 2004).

19.3 Gang der Forschung

Vorarbeiten haben nahegelegt, dass im Bereich der produktbezogenen Nachhaltigkeit Bedarf an praxisrelevanten Nachhaltigkeitsindikatoren und IT-Unterstützung besteht. Deshalb wurde ein explorativer Forschungsansatz gewählt. Durch teilstrukturierte Befragungen (angelehnt an Atteslander 2010; angelehnt an Kromrey 1998) konnten qualitativ produktspezifische Nachhaltigkeitsindikatoren ermittelt werden. Hierzu wurden in einstündigen Expertenbefragungen Daten von insgesamt zehn mittelständischen, produzierenden Unternehmen aus unterschiedlichen Branchen erhoben (siehe

Tab. 19.1 Unternehmen nach
Branche

Branche	Unternehmen
Sondermaschinenbau	6
Automotive	2
Rohstoffzulieferer	1
Metallbearbeitung	1

Tab. 19.1). Die jeweiligen Gesprächspartner waren in den Positionen Geschäftsführer, Produktions-/Entwicklungsleiter und des Umweltmanagements tätig.

Diese Experten wurden dabei anhand eines Leitfadens zu den drei Nachhaltigkeitsdimensionen und deren Umsetzung im Unternehmen befragt. Hierunter fielen u. a. die angewandten Arten des Reportings, die implementierten Standards (bspw. die Erstellung von Ökobilanzen) sowie die nach ISO zertifizierten Bereiche. Anschließend wurden aus Sicht der Unternehmen relevante Kriterien zur Bewertung der produktbezogenen Nachhaltigkeit in den unterschiedlichen Produktlebensphasen in der Wertschöpfungskette sowohl stromaufwärts, als auch stromabwärts abgefragt. Die Befragungsergebnisse wurden wenn möglich durch bestehende Methoden oder Indikatorensätze konkretisiert. Auf diese Weise konnten insgesamt 42 praxisrelevante Nachhaltigkeitsindikatoren mit 46 möglichen Quantifizierungen identifiziert werden.[2] Im nächsten Schritt wurden die Indikatoren anhand der folgenden Kriterien bewertet:

- eindeutiger Produktbezug,
- Operationalisierbarkeit,
- Quantifizier- und Messbarkeit,
- Häufigkeit der Nennung und Bewertung der Relevanz,
- Verfügbarkeit der notwendigen Daten,
- Vorhandensein einer eindeutigen Optimierungsrichtung.

Die Bewertung ergab einen reduzierten Satz von 8 Indikatoren, die alle Kriterien ausreichend erfüllen. Diese wurden im weiteren Verlauf der Forschung genau spezifiziert und in der prototypischen Implementierung berücksichtigt.

19.4 Relevante produktorientierte Nachhaltigkeitsindikatoren

Die in der empirischen Untersuchung identifizierten relevanten, produktorientierten Nachhaltigkeitsindikatoren dienen dazu, die Nachhaltigkeit von Produkten anhand der drei Dimensionen Ökologie, Ökonomie und Soziales im Kontext der Produktkonfiguration zu berücksichtigen.

---

[2] Eine Auflistung aller potentiellen Indikatoren befindet sich im Dokument „Arbeitspapier_Indikatoren.pdf" unter http://www.bwi.uni-stuttgart.de/nai.

19.4.1 Arbeitssicherheit

Die Arbeitssicherheit spiegelt vorwiegend die soziale Dimension wider, wirkt sich jedoch auch auf andere Nachhaltigkeitsdimensionen aus. Zur Berechnung wird ein extern vorgegebener Gefährdungspotentialindex verwendet. Dieser lässt sich mithilfe externer Informationen der Berufsgenossenschaften wie folgt berechnen: Beitragsfuß * Gefahrenklasse. Der Beitragsfuß ist abhängig von diversen Kriterien, wie der Ausstattung der Produktions- und Werkshallen, der Maschinen oder der Verkehrswege und repräsentiert die allgemeine Sicherheit. Die produktspezifische Arbeitssicherheit (Gefahrenklasse) hängt hingegen von Faktoren, wie der Anzahl an Arbeitsunfällen, Berufskrankheiten, Qualität der Arbeitsinhalte, etc., ab.

19.4.2 Energieverbrauch/-effizienz

Der Energieverbrauch wird definiert als die geplante Leistungsaufnahme in Kilowattstunden (kWh) während der Nutzung. Dieser wird durch die Summe der primärenergetisch bewerteten Energieaufwendungen eines Produkts bzw. einer Dienstleistung gebildet (Verein Deutscher Ingenieure 1997). Die Energieeffizienz stellt das Verhältnis von kumuliertem Energieverbrauch zu entsprechender Outputeinheit dar (bspw. kWh/Stck). Zur Erfassung des Indikators können betriebliche Informationssysteme als interne Quellen dienen. Um den kumulierten Energieverbrauch in der Produktnutzung, KEAN, errechnen zu können, stellt die VDI Richtlinie 4600 (Verein Deutscher Ingenieure 1997) einen Ansatz zur Verfügung.

19.4.3 Effizienz in der Produktion

Zur Operationalisierung der Effizienz in der Produktion kann die Ausschussrate als qualitätsabhängige Kenngröße herangezogen werden. Die entsprechende Einheit gilt als mängel-, bzw. fehlerfrei, sofern die „Gesamtheit an Merkmalen einer Einheit bezüglich ihrer Eignung, festgelegte, vorausgesetzte Erfordernisse" (Becker 2006) erfüllt. Die zu erreichenden Erfordernisse werden zuvor im Lastenheft beschrieben und müssen eingehalten werden. Nachbearbeitete Einheiten zählen dabei nicht als Ausschuss, sofern sie nach der Bearbeitung lastenheftkonform in den Produktlebenszyklus zurückgeführt werden können. Die Ausschussrate bezeichnet dabei das Verhältnis von Ausschussmenge pro Los zur Gesamtmenge des Loses und wird in Prozent angegeben. Einen exakten Determinierungszeitpunkt, wie bei den anderen Indikatoren (vgl. Annahme in Abschn. 19.2), gibt es für die Ausschussrate jedoch nicht. Sie kann bspw. vom Produktionsverfahren, aber auch in der Produktion beeinflusst werden. Dementsprechend kann sie in den Phasen der Produktentwicklung oder der Produktion determiniert werden. Die Informationsbereitstellung erfolgt durch interne Quellen, die auf Erfahrungswerten basieren und abhängig vom Know-how und den Fähigkeiten der Mitarbeiter sind.

19.4.4 Kompatibilität

Unter der Kompatibilität von Produkten wird die Austauschbarkeit von Einzelteilen verstanden. Sie kann anhand des Verhältnisses der Menge an „kompatiblen Einzelteilen" eines Produkts zu der Gesamtmenge an Einzelteilen des Produkts operationalisiert werden. Als „kompatible Einzelteile" gelten hierbei Teile, die innerhalb des Unternehmens in verschiedenen anderen Produkten verbrauchbar bzw. nutzbar sind. Daten aus Konstruktionszeichnungen, Bauplänen oder Teilebäumen ermöglichen die Berechnung der Kompatibilität. Die Erhöhung der Kompatibilität begünstigt zum einen eine sog. Plattformstrategie, welche die Effizienz in der Produktion steigern und die Kosten senken kann. Aus Sicht der Nachhaltigkeit können Kosten, als auch der Ressourcenverbrauch gesenkt sowie die Wettbewerbsfähigkeit und Kundenzufriedenheit erhöht werden. Einhergehend damit kann sich jedoch der Aufwand für kompatiblere Produkte erhöhen, wenn bspw. zentrale Produktbestandteile geändert werden.

19.4.5 Nutzungsdauer

Die Nutzungsdauer beschreibt die Zeit, die ein Produkt, bzw. eine Einheit, in Betrieb ist und genutzt wird. Es bietet sich an die Nutzungsdauer in geplanten Betriebsstunden (h) zu erfassen. Sie ist abhängig von vielen verschiedenen Faktoren, wie von der entsprechenden Ersatzteilstrategie des Produkts, der zugesicherten Lieferfähigkeit von Ersatzteilen, der Modularität des Produkts, der garantierten Mindestlebensdauer sowie von der Nachrüstbarkeit und Instandsetzungsmöglichkeit. Die Nutzungsdauer ist, wie die Effizienz in der Produktion, ebenfalls eine qualitätsabhängige Kennzahl und wird von der Qualitätssicherung und -kontrolle erheblich beeinflusst. In internen Datenquellen werden die benötigten Informationen mittels Produkttests erfasst und zur Berechnung der Indikatoren bereitgestellt.

19.4.6 Recyclingfähigkeit

Eine Möglichkeit zur Bestimmung der Recyclingfähigkeit ist, die Kreislaufeignung eines Produkts zu ermitteln (s. Formel 19.1). Diese liegt vor, sofern es ökonomisch sinnvoll ist, das entsprechende Produkt wiederaufzubereiten und wiedereinzusetzen. Ist dies nicht der Fall, ist eine Neubeschaffung des Teils wirtschaftlicher. Durch die ökonomische Betrachtung, ergibt sich eine feste Optimierungsrichtung. Mit der Komponentenkreislaufeignung KEK (bzw. Materialkreislaufeignung) existiert eine Vorgehensweise, um diesen Sachverhalt darzustellen (Verein Deutscher Ingenieure 2002):

$$KE_K = \frac{Kosten\,der\,Beseitigung\,des\,Altteils + Kosten\,Neuteil}{Aufarbeitungskosten\,Altteil} \qquad (19.1)$$

Für KE_K (1) > 1, ist die Komponente kreislaufgeeignet, es ist folglich ökonomisch sinnvoller die Komponente wiederzuverwenden. Interne Datenquellen eignen sich für Daten
wie die Kosten der Eigenproduktion oder für unternehmensinternes Recycling, externe
für Informationen über Fremdbeschaffung oder unternehmensexternes Recycling.

19.4.7 Rohstoffverbrauch

Der Rohstoffverbrauch beschreibt die quantifizierten Eingangsmaterialien, aufgeschlüsselt nach den Mengen an einzelnen Materialien. Dabei wird die Menge anhand des
Gewichts (kg) bzw. des Volumens (l) erfasst und in einzelne Materialien bzw. Mate-
rialgruppen unterteilt. Interne Datenquellen liefern Informationen zur Ermittlung einzelner Materialien. Die Materialien werden nach verschiedenen Kriterien aufgeschlüsselt
aufgelistet, bspw. Roh-, Hilfs- und Betriebsstoffe (Global Reporting Initiative 2011). Eine
Betrachtung der notwendigen Ressourcen wird ebenfalls bereits in der Entwicklung
verlangt und beeinflusst u. a. die spätere Recyclingfähigkeit (vgl. Abschn. 19.4.6) des
Produkts.

19.4.8 Treibhausgasemissionen

Treibhausgasemissionen werden als Ausstoß an CO_2-Äquivalent (CO_2e) quantifiziert
und anhand des Gewichts (t) gemessen. Diese können in allen Produktlebensphasen
anfallen. Die Phase der Nutzung ist hierbei ausgenommen, da der Energieverbrauch je
nach Nutzungsverhalten der Kunden variieren kann. Dieser Umstand wird gesondert
durch Energieverbrauch/-effizienz (Abschn. 19.4.2) erfasst. Um einen eindeutigen Produktbezug des Indikators zu gewährleisten, sollten ausschließlich Emissionen berücksichtigt
werden, die dem Produkt direkt zuzuordnen sind. Hier wird angenommen, dass dies
hauptsächlich die Emissionen in der Logistik, der Produktion und der Entsorgung
sind. Tabellen des Umweltbundesamts unterstützen die Umrechnung von Energieaufwendungen in CO_2e je Energieart. Der entstandene Informationsbedarf wird sowohl
mittels interner, als auch externer Datenquellen befriedigt. Interne Quellen können bspw.
im System bereits hinterlegte Daten, wie der unternehmensinterne CO_2-Fußabdruck,
o. ä. sein. Vorhandene externe Daten erleichtern die Erfassung der gesamten Emissionen,
bspw. durch Informationen der Zulieferer, des Logistikdienstleisters, o. ä. (Kranke 2011;
Wütz 2010; DIN Deutsches Institut für Normung e.V. 2011).

Wie in Abschn. 19.2 erläutert, stellen die ausgewählten Indikatoren lediglich ein
reduziertes Set und damit eine stark eingeschränkte Sicht der Nachhaltigkeit dar. Daher
wurde der vorgestellte Indikatorensatz einer Evaluation unterzogen. Hierzu wurde
dieser erneut Teilnehmern der ersten Interviewreihe vorgestellt und mit diesen diskutiert.
Als Ergebnis kann festgehalten werden, dass aus Sicht der Experten die vorgenommene

Reduzierung sinnvoll und notwendig ist, um eine produktbezogene Nachhaltigkeitssicht handhabbar gestalten zu können.

Der Produktkonfigurationsprozess läuft im Prototyp wie folgt ab (siehe Abb. 19.1): Nach der Auswahl bestimmter Produkteigenschaften der Zielkonfiguration besteht die Möglichkeit die Indikatoren unterschiedlich zu gewichten. Anschließend schlägt der Konfigurator Varianten mit errechneten Werten vor. Die Berechnung der Werte erfolgt

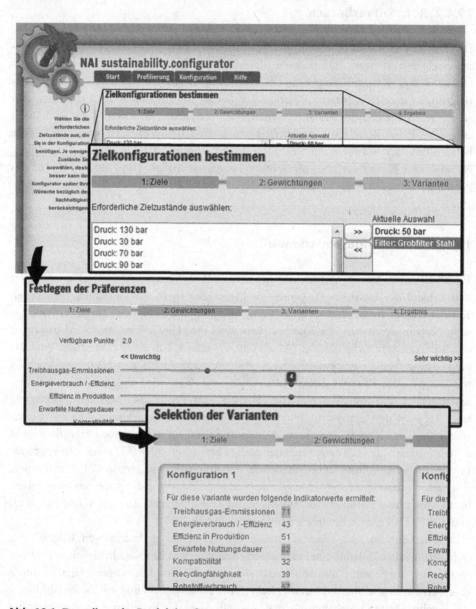

Abb. 19.1 Darstellung des Produktkonfigurationsprozesses im Prototyp

vorwiegend auf Datengrundlage verschiedener betrieblicher Informationssysteme des Unternehmens. Teilweise sind allerdings Ergänzungen durch externe Informationen (bspw. Berufsgenossenschaft, siehe Abschn. 19.4.1) notwendig. Anschließend werden die Auswirkungen der einzelnen Komponenten der gewählten Variante auf die verschiedenen Indikatoren aufgeführt. Das Ergebnis der Konfiguration ermöglicht iterativ Produktverbesserungen, im Sinne der Gewichtung der gewählten Indikatoren, indem der Produktentwicklung gezielt Hinweise gegeben werden können. Die hierfür notwendigen Abhängigkeiten zwischen Indikatoren und Produktkomponenten sind entsprechend mittels eines Regeleditors hinterlegt.

19.5 Fazit und Ausblick

Ohne Frage kann der vorgestellte Indikatorensatz als ein mögliches Konzept zur Bestimmung der produktbezogenen Nachhaltigkeit angesehen werden, da alle drei Dimensionen der Nachhaltigkeit abgedeckt werden und dabei jeder Indikator einen klaren Produktbezug aufweist. Allerdings behandeln die Indikatoren vorwiegend die ökologische und ökonomische Nachhaltigkeit, wodurch die soziale Nachhaltigkeit unterrepräsentiert scheint. Dies ist hauptsächlich auf die Präferenzen mittelständischer Industriebetriebe zurückzuführen sowie auf die Tatsache, dass es lediglich wenige Indikatoren der sozialen Nachhaltigkeit gibt, die einen klaren Produktbezug haben.[3] Aufgrund der Annahme, dass bereits viele Nachhaltigkeitsaspekte in der Produktentwicklung determiniert werden, kann das Forschungsprojekt als ein Beitrag zur Entwicklung nachhaltiger Produkte gesehen werden. Die Fokussierung auf den Produktentwicklungsprozess und die damit verbundene Betrachtung der produktbezogenen Nachhaltigkeit sind zentrale Unterscheidungskriterien von anderen praxisrelevanten Ansätzen der Nachhaltigkeitsbewertung. Der vorgestellte Prototyp demonstriert die Umsetzbarkeit und bietet Unternehmen eine Möglichkeit die Thematik der produktbezogenen Nachhaltigkeit integrierbar und greifbar zu machen.

Für eine weitergehende Untersuchung bietet sich eine Evaluation des vorgestellten Prototyps mit mittelständischen Unternehmen in Form einer Versuchsinstallation oder auch qualitativer Befragung an. In einem weiteren Schritt wären die Ergebnisse dieser Evaluation zur Verbesserung des Prototyps zu nutzen. In diesem Zusammenhang könnte der Indikatorensatz weiter evaluiert und ergänzt werden.

Danksagung Diese Arbeit ist im Rahmen des Projekts „NAI – Entwicklung eines Nachhaltigkeits-Advisors zur Unterstützung des Innovationsprozesses" in Zusammenarbeit mit der CAS Software AG und der Steinbeis Innovations gGmbH entstanden. Gefördert wurde das Forschungsprojekt mit Mitteln des Bundesministeriums für Wirtschaft und Technologie (ZIM-KF 2026653).

---

[3] Dies zeigte sich auch in den durchgeführten Befragungen.

Literatur

Atteslander P (2010) Methoden der empirischen Sozialforschung, 13th Aufl. Schmidt, Berlin

Becker J, Knackstedt R, Müller O, Benölken A, Schmitt O, Thillainathan M, Schulke A (2010) Online-Produktkonfiguratoren – Status quo und Entwicklungsperspektiven. In: Becker J, Knackstedt R, Müller O, Winkelmann A (Hrsg) Vertriebsinformationssysteme. Springer, Berlin, Heidelberg, S 85–104

Becker P (2006) Prozessorientiertes Qualitätsmanagement: Nach der Ausgabe Dezember 2000 der Normenfamilie DIN EN ISO 9000 – Zertifizierung und andere Managementsysteme; mit 7 Tabellen, 5th Aufl. Expert-Verlag, Renningen

DIN Deutsches Institut für Normung e.V. (2011) Methode zur Berechnung und Deklaration des Energieverbrauchs und der Treibhausgasemissionen bei Transportdienstleistungen (Güter- und Personenverkehr). Vol. 03.220.01 No. 16258, 2011st ed., Berlin, Beuth Verlag GmbH

Elkington J (2004) Enter the Triple Bottom Line – Chapter 1. In: Henriques A, Richardson J (Hrsg) The Triple bottom line, does it all add up? assessing the sustainability of business and CSR. Earthscan, London, S 1–16

Global Reporting Initiative (2011) Sustainability Reporting Guidelines. https://www.globalreporting.org/resourcelibrary/G3.1-Guidelines-Incl-Technical-Protocol.pdf Zugegriffen: 25. Okt 2012

Henriques A (2004) CSR, Sustainability and the triple bottom line – chapter 3. In: Henriques A, Richardson J (Hrsg) The triple bottom line, does it all add up? Assessing the sustainability of business and CSR. Earthscan, London, S 26–33

Kranke A (2011) CO_2-Berechnung in der Logistik: Datenquellen, Formeln. Standards, Vogel, München

Kromrey H (1998) Empirische Sozialforschung: Modelle und Methoden der Datenerhebung und Datenauswertung, 8th Aufl. Leske + Budrich, Opladen

Reichwald R, Piller F, Ihl C (2009) Interaktive Wertschöpfung: Open Innovation, Individualisierung und neue Formen der Arbeitsteilung, 2nd Aufl. Gabler Verlag / GWV Fachverlage GmbH, Wiesbaden

Scheer C (2006) Kundenorientierter Produktkonfigurator: Erweiterung des Produktkonfiguratorkonzeptes zur Vermeidung kundeninitiierter Prozessabbrüche bei Präferenzlosigkeit und Sonderwünschen in der Produktspezifikation. Logos-Verlag, Berlin

Verein Deutscher Ingenieure (1997) Kumulierter Energieaufwand; Begriffe, Definitionen, Berechnungsmethoden. Vol. 01.040.27 No. 4600, Beuth Verlag GmbH, Berlin

Verein Deutscher Ingenieure (2002) Recyclingorientierte Produktentwicklung. 03.100.40; 21.020 No. 2243, Beuth Verlag GmbH, Berlin

Wütz S (2010) Der Product Carbon Footprint: Von Nachhaltigkeit über grüne Logistik zum CO_2-Fußabdruck und der Bewertung in der Praxis, 1st Aufl. GRIN-Verlag, München

Risikoorientierte Prozessmodelle in BPMN – Stand des Wissens und Potenziale

Saskia Greiner

Zusammenfassung

Operationelle Risiken – die ältesten Risiken der Welt – ergeben sich aus dem Handeln bei jeglicher Geschäftätigkeit in einem Unternehmen und damit aus deren Prozessen (risknews 2004b). Sie beeinflussen erheblich den Erfolg oder Misserfolg einer Unternehmung und sollten durch ein Risikomanagement verhindert, vermindert oder übertragen werden. Das Management operationeller Risiken, die auch als Prozess- oder Betriebsrisiken bezeichnet werden, nimmt folglich erheblichen Einfluss auf das Prozessmanagement und sollte mit diesem eng verknüpft werden. Dies bedeutet, dass aufbauend auf der Bewertung von Risiken Optimierungspotenziale entwickelt werden, die sich in einer Änderung des Prozessdesigns oder Anforderungen an Prozessbeteiligte widerspiegeln. Die Erweiterung der Prozessmodelle um den Risikoaspekt unterstützt folglich das Risikomanagement von der Identifikation bis zur Dokumentation. Vor diesem Hintergrund werden in dem Beitrag der Stand risikoorientierter Prozessmodelle im Allgemeinen und insbesondere Arbeiten mit der BPMN dargestellt. Methodische Ansätze werden ebenso berücksichtigt wie Arbeiten mit anderen Notationen wie zum Beispiel mit Ereignisgesteuerten Prozessketten (EPK). Die Vor- und Nachteile risikoorientierter Prozessmodelle werden aufgezeigt. Die sich ergebenden Potenziale, offene Fragestellungen und Bedarfe werden herausgearbeitet. Abschließend wird am Beispiel der Instandhaltung von Offshore-Windparks eine mögliche Anwendung risikoorientierter BPMN-Prozessmodelle vorgestellt.

Schlüsselwörter

BPMN • Prozessmodellierung • Risikomanagement • Offshore-Windenergie • Offshore-Windpark

S. Greiner (✉)
Fakultät 2, Hochschule Bremen, Grünenstraße 33–36, 28199 Bremen, Deutschland
e-mail: saskia.greiner@hs-bremen.de

J. Marx Gómez et al. (Hrsg.), *IT-gestütztes Ressourcen- und Energiemanagement*,
DOI: 10.1007/978-3-642-35030-6_20, © Springer-Verlag Berlin Heidelberg 2013

20.1   Integriertes Prozess- und Risikomanagement

Das klassische Prozessmanagement ist eine etablierte Methode zur Verbesserung und
Steuerung von Prozessen. Die Vergangenheit hat aber gezeigt, dass die Durchführung
des Prozessmanagements unabhängig von anderen Managementsystemen, wie z. B.
das Risiko- oder Qualitätsmanagement, zu einem erheblichen Mehraufwand führt und
unwirtschaftlich ist (Mertins und Wang 2010). Integrierte Managementlösungen werden
trotzdem eher selten angewandt (Rieke 2009). Abbildung 20.1 zeigt Potenziale die sich
durch die Integration des Prozess- und Risikomanagements eröffnen.

Das Risikomanagement zeigt bewertete Risiken auf, die sich aus verschiedenen
Einflussfaktoren heraus ergeben, und liefert Optimierungspotenziale für das Prozessdesign,
die sich in der Änderung der Ablauf- und Aufbauorganisation der Prozesse widerspiegeln. Das Prozessmanagement liefert für eine vollständige Risikoerfassung die
erforderlichen Ziele und mit den Prozessmodellen, die bis auf eine detaillierte Ebene her-
untergebrochen sind, können systematisch Suchfelder für Risiken identifiziert werden.
Weiterhin können durch die Prozessdarstellungen wesentliche Risikointerdependenzen
aufgedeckt werden. Durch die Spiegelung der vom Risikomanagement erfassten und
bewerteten Risiken und der Prozessziele werden folglich Lücken in den beiden Ansätzen
aufgezeigt und geschlossen. Im Ergebnis wird durch die Zuordnung der Risiken und

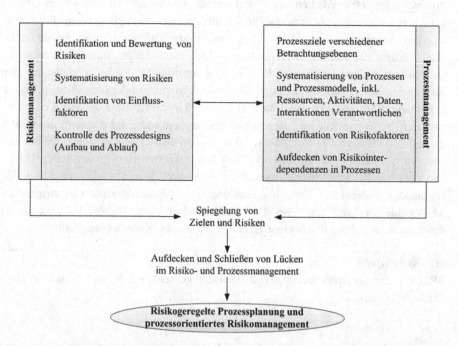

Abb. 20.1 Integrationspotenziale von Risiko- und Prozessmanagement [in Anlehnung an Pedell
und Schwihel (2004); Rieke (2009)]

Ziele sowie die Bewertung der Risikofolgen und die Auswirkungen auf die Erreichung der Prozessziele das Prozessdesign frühzeitig umgestellt und Risiken damit verändert.

Die Grundlage des verknüpften Prozess- und Risikomanagements liegt auf der Ebene der Methoden Risikoidentifikation und Prozessmodellierung. So gibt es in der Literatur verschiedene Ansätze Prozessmodelle durch den Risikoaspekt zu erweitern und damit die Risikosicht mit der Prozesssicht zu vereinen. Durch die Darstellung von Risikoereignissen, Eskalationsmechanismen und Notfallmaßnahmen können Ursachen und Maßnahmen direkt im Prozessmodell definiert werden. Prozessorientierte Risiken und Steuerungsmaßnahmen werden gleichzeitig dokumentiert (Rieke 2009).

Im Folgenden wird zunächst der Begriff Risiko im Allgemeinen und Operationelle Risiken im Speziellen definiert. Die verschiedenen Faktoren, die mit einem Risiko zusammenhängen, sowie Wirkzusammenhänge werden kurz beschreiben; anschließend werden Ansätze zu risikoorientierten Prozessmodellen auf Basis der EPK, mit BPMN und ganzheitliche Integrationsansätze dargestellt. In dem abschließenden Fazit und Ausblick werden die Ansätze der BPMN zusammengefasst sowie die Möglichkeiten zur Anwendung bestehender Ansätze kurz erläutert. Am Beispiel der Instandhaltung eines Offshore-Windparks wird eine mögliche Anwendung risikoorientierter BPMN-Prozessmodelle vorgestellt.

20.2   Risiko – Eine Definition

Um die Verknüpfung des Risikoaspekts mit Prozessmodellen durchführen zu können muss zunächst der Begriff „Risiko" definiert werden.

Tatsächlich gibt es in der Literatur keine einheitliche Definition für Risiko (Seidel 2011).[1] In der Betriebswirtschaftslehre wird Risiko anders definiert als in der Rechtswissenschaft, Medizin oder Ingenieurwissenschaft, hinzukommen kulturell bedingte Unterschiede (risknews 2004a). Grundsätzlich ist Risiko aber die negative Abweichung von einem geplanten Ergebnis (Geiger und Piaz 2001).[2] Wichtig ist dabei, dass die Abweichung nicht erwartet wurde. Eine erwartete Abweichung ist nicht als Risiko zu bezeichnen (Geiger und Piaz 2001).[3] Die positive Abweichung von einem geplanten Ergebnis wird als Chance bezeichnet (Gleißner 2011).[4] Quantitativ beschrieben wird ein Risiko mindestens über die Eintrittswahrscheinlichkeit und das Schadensausmaß (Stephan 2011).[5] Qualitativ lässt sich ein Risiko aber nicht nur über die Ursachen und die Wirkungen beschreiben. Es wird zusätzlich durch Inhibitoren gehemmt oder Promotoren gefördert (Meier 2007). Frühindikatoren zeigen frühzeitig Risiken an und helfen diese vor Eintritt zu vermeiden bzw. zu mindern (Meier 2007).

---

[1] Vgl. auch (risknews 2004a).

[2] Vgl. auch (risknews 2004a; Thies 2008; Gleißner 2011).

[3] Vgl. auch (Thies 2008).

[4] Vgl. auch (Cottin und Döhler 2009).

[5] Vgl. auch (Gräf 2011; Gleißner 2011).

Tab. 20.1 Beispiel von Risikokategorien [in Anlehnung an Thies (2008), Gräf (2011)]

Risikokategorie	Beispiel
Marktpreisrisiko	Markteintritt neuer Wettbewerber
Ausfallrisiko	Ausfall/Nichterfüllung einer Leistung eines Geschäftspartners
Liquiditätsrisiko	Keine ausreichenden Mittel für eine Zahlungsverpflichtung
Strategisches Risiko	Neuausrichtung des Unternehmens
Operationales Risiko	Verlust auf interne bzw. externe Faktoren zurückzuführen, u. a. Personalrisiko, Geschäftsprozessrisiko, Rechtsrisiko, Katastrophenrisiko, Technologierisiko

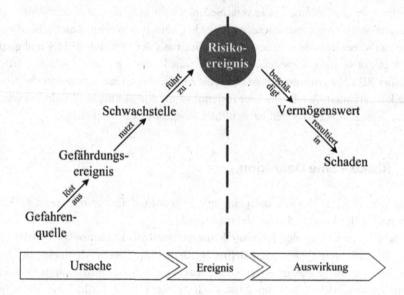

Abb. 20.2 Wirkzusammenhänge von Risiken (Locher 2006)

Beispiele für mögliche Risiken sind in Tab. 20.1 dargestellt. Die Festlegung von Risikokategorien erfolgt spezifisch am zu untersuchenden System (Thies 2008).

Das operationelle Risiko wird vom Baseler Ausschuss für Bankenaufsicht als „… die Gefahr von Verlusten, die in Folge der Unangemessenheit oder des Versagens von internen Verfahren, Menschen und Systemen oder in Folge externer Ereignisse eintreten" definiert (BASEL II 2004). Bei der Beurteilung und Optimierung von Prozessen kommt damit den operationalen Risiken, auch operationelle oder operative Risiken genannt, eine große Bedeutung zu. Sie sind insbesondere für die Verknüpfung des Prozess- und Risikomanagements zu beachten.

Neben dem Verständnis über den Risikobegriff sind die Zusammenhänge zwischen der Ursache, auch als Risikofaktor zu bezeichnen,[6] dem Risikoereignis und der Auswirkung zu berücksichtigen (Abb. 20.2).

---

[6] Vgl. (Rieke 2009).

Die quantitativen und qualitativen Faktoren eines Risikos müssen in risikoorientierten Prozessmodellen berücksichtigt und umgesetzt werden. Die Prozessmodelle ermöglichen die Wirkzusammenhänge von Risiken zwischen Ursache – Ereignis – Auswirkung zu erkennen und weiter zu verfeinern; darüber hinaus sind Maßnahmen zur Behandlung eines Risikos sowie Kennzahlen zur Risikoüberwachung zu integrieren.

20.3   Bestandsaufnahme: Risikoorientierte Prozessmodelle

Für die Integration von Risikosichten in Prozessmodelle sind in der Literatur verschiedene Ansätze zu finden.

RIEKE hat in seiner Arbeit die verschiedenen Ansätze zur Risikointegration in Ereignisgesteuerte Prozessketten (EPK) beschrieben. Dabei steht vor allem die Identifikation und Visualisierung prozessrelevanter Risiken in EPK im Vordergrund. Die EPK wird dabei um Modellelemente des Risikos, der Risikoindikatoren und Eintrittswahrscheinlichkeiten erweitert. Das Risiko wird durch Detailmodelle oder weiterführende Tabellen durch die Zuordnung von Verantwortlichkeiten, Kennzahlen zur Risikoüberwachung und Maßnahmen zur Risikobehandlung konkretisiert. Es wird auch der Ansatz von HENGMITH beschrieben, der darüber hinaus die EPK nutzt, um ein Simulationsmodell für die Bewertung operationeller Risiken zu spezifizieren.[7] Im Ergebnis kann dieses Modell für das Risikomanagement selbst und die Verbesserung der Risikosituation des Prozesses verwendet werden. RIEKE verweist aber darauf, dass die beschriebenen Ansätze das Risikomanagement und Prozessmanagement nicht integrieren. RIEKE selber verfolgt einen ganzheitlichen informationsmodellorientierten Ansatz zur Integration der risikomanagementspezifischen Aufgaben in das Prozessmanagement, die sich auf mehreren Ebenen vollzieht. Die Aufgaben werden sowohl in der Aufbauorganisation, also die Prozess- und Risikoverantwortlichen, als auch in der Ablauforganisation, also die Durchführung des Prozess- und Risikomanagements, eines Unternehmens integriert. Er beschreibt als weitere Ebene die Integration der Risikoidentifikation, -analyse, -steuerung und -überwachung in die Methoden und Instrumente des Prozessmanagements. Insbesondere wird die risikoorientierte EPK erarbeitet und vorgestellt, die die Risikosicht mit der Prozesssicht verbindet. Über die Annotation von Risikoereignissen, Eskalationsmechanismen und Notfallmaßnahmen wird die Definition von Ursachen und Maßnahmen direkt im Prozessmodell ermöglicht (Rieke 2009).

Eine weitere ganzheitliche Methode wurde an der Universität Wien entwickelt: „Risk-Oriented Process Evaluation and Simulation" (ROPE). Diese Methode vereint zwei eigentlich widersprüchliche Sichtweisen: die wirtschaftliche Optimierung von Prozessen und das Design robuster Geschäftsprozesse, um ein risikobewusstes Geschäftsprozessmanagement und -optimierung zu ermöglichen. Die Methode kombiniert das

---

[7] Vgl. auch (Hengmith 2008).

Geschäftsprozessmanagement, das Risikomanagement und Business Continuity Management (BCM). Sie unterstützt damit die ganzheitliche Beurteilung von Geschäftsprozessen hinsichtlich ihrer Wirtschaftlichkeit, Robustheit und Sicherheit. Die Basis von ROPE bildet dabei die Verfeinerung von Geschäftsprozessaktivitäten nach dem CARE-Prinzip (Conditions, Actions, Resources, Environment) sowie die prozessorientierte Modellierung von Gefährdungen, präventiven und reaktiven Gegenmaßnahmen und Rettungsmaßnahmen. Dabei fokussiert ROPE welchen Einfluss die Gefährdungen auf die CARE-Elemente nehmen können. Ausgehend von einer Aktivität werden zur Verfeinerung die CARE-Elemente und die Gefährdungen sowie die Beziehung verschiedener Gefährdungen untereinander in eigenen Layern modelliert. Dabei wird nicht spezifisch auf eine Modellierungssprache oder Tool verwiesen, sondern die Methode als allgemein anwendbar für verschiedene Modellierungstools beschrieben (Jakoubi et al. 2007; Jakoubi und Tjoa 2009).

Die Business Process Model and Notation (BPMN 2.0) weist als standardisierte grafische Prozessnotation wesentliche Vorteile gegenüber anderen Notationen auf; Beispiele hierfür sind die Unabhängigkeit von bestimmten Business Process Management – Tools und die schnelle Verständigung zwischen den Prozessverantwortlichen in den Unternehmen und der ausführenden IT. Hinsichtlich der Risikoidentifikation und im Besonderen der Identifikation von Prozessrisiken können in der BPMN derzeit nur Fehler berücksichtigt werden. Mit den modellierten Fehlern werden die jeweilige Behebung oder Eskalation dargestellt. Der Fehler ist dabei in der BPMN ein schwerwiegendes Ereignis, das zu einer bestimmten Fehlerbehandlung führt, dieser wird damit zur Absicherung von Prozessen verwendet. Weiterhin sind in der BPMN 2.0 keine Attribute vorgesehen, wie sie für die Aufnahme von Kennzahlen, wie beispielsweise Eintrittswahrscheinlichkeiten oder Schadenshöhe, erforderlich wären. In den verschiedenen am Markt verfügbaren Werkzeugen werden aber Möglichkeiten angeboten Kennzahlen zu definieren (Freund und Rücker 2012).

In der Literatur sind derzeit verschiedene Ansätze die Notation durch geeignete Annotationen an die Elemente der BPMN auf der Ebene des operativen und technischen Prozessmodells zu finden. Ein Beispiel ist die Einbindung von Qualitätsanforderungen, wie Zeit, Kosten und Verfügbarkeit. Ziel der Arbeiten ist im Wesentlichen die Verbesserung der Beurteilung der Prozesse und der Leistungen der Prozessbeteiligten (Bartolini et al. 2012; Saeedi et al. 2010). Hinsichtlich der Integration von Risiken hat BHUIYAN et al.[8] einen Ansatz entwickelt, der den organisatorischen Kontext während der Risikobeurteilung einbezieht. Es werden die Kritikalität von Prozessbeteiligten und die Schadens- oder Ausfallanfälligkeit organisatorischer Modelle gemessen. Auf Basis dieser Messungen werden im Prozessmodell durch die Übertragung von Aufgaben und Sub-Prozessen auf Prozessbeteiligte und die Modellierung von Maßnahmen die Robustheit und Fehleranfälligkeit der Prozesse verbessert. Abbildung 20.3 fasst die in BPMN bislang entwickelten Ansätze zusammen und ordnet sie den Phasen des Risikomanagements zu.

---

[8] auch im Folgenden (Bhuiyan 2007).

20.4   Fazit und Ausblick

Die Ausführungen zum Stand risikoorientierter Prozessmodelle zeigen verschiedene Ansätze zur Erweiterung der BPMN durch die Nutzung und Entwicklung von Annotationen an bestehende Elemente, wie beispielsweise Aktivitäten, und die Einführung verfeinernder Modellierungsstrukturen. Dazu gehört auch die Modellierung der Aufgabenübertragung und Gegenmaßnahmen nach berechneter Risikoidentifikation bezogen auf das organisatorische Modell (Abb. 20.3). Ein ganzheitlicher Ansatz über alle Phasen des Risikomanagements, wie er von RIEKE und mit der ROPE-Methode verfolgt wird, wurde bislang nicht unter Anwendung der BPMN durchgeführt. Weiterhin wurden wesentliche Aspekte der Risikosicht, wie z. B. Ursachen, Eintrittswahrscheinlichkeiten oder Auswirkungen auf übergeordnete Prozessziele, in der BPMN 2.0 nicht berücksichtigt. Die beschriebenen Ansätze zur Integration der Risikoanalyse in Prozessmodelle und die Ansätze zur Erweiterung der BPMN stellen aber eine gute Grundlage für die Entwicklung risikoorientierter Prozessmodelle in BPMN 2.0 dar. Der Nachteil dieser erweiterten Prozessmodelle ist ihre steigende Komplexität.

Mit der Integration können Risiken und deren Ursache-Folgenabschätzungen vollständig im Zusammenhang mit dem Prozess dargestellt werden. Die Bewertung der Auswirkungen auch auf höhere Prozessebenen und die darauf aufbauende Ableitung von Optimierungsmaßnahmen können sich bis auf die Strategieebene widerspiegeln. Integrierte Risiko-Prozessmodelle sind damit das Schlüsseldokument einer

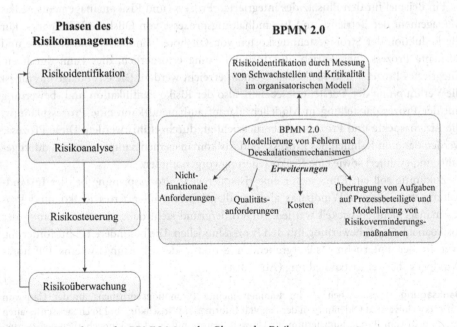

Abb. 20.3 Zuordnung der BPMN 2.0 zu den Phasen des Risikomanagements

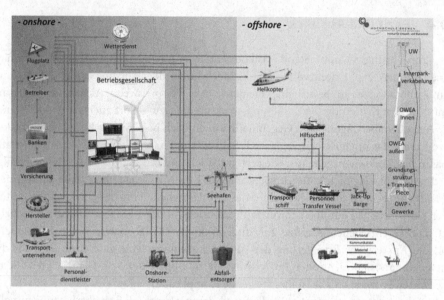

Abb. 20.4 Auszug aus dem Leistungssystem Offshore-Windpark

risikogeregelten Prozessplanung und eines weiterführenden prozessorientierten Risikomanagements (Abb. 20.1). Weiterhin eröffnet es die Möglichkeit den Prozess hinsichtlich seiner Leistung und Risikofolgen zu optimieren (Rieke 2009).

Ein Beispiel für den Einsatz des integrierten Prozess- und Risikomanagements ist das Management der Betriebs- und Instandhaltungsprozesse von Offshore-Windparks. Für die Reduktion der Stromgestehungskosten von Offshore-Windparks sind effektive und effiziente Prozesse bei Betrieb und Instandhaltung erforderlich, dies kann durch ein integriertes Prozess- und Risikomanagement erreicht werden. Die Grundlage hierfür ist die Verknüpfung der Darstellungsebenen, also der Risikoidentifikation und -bewertung mit der Prozessdarstellung in Modellen; darauf aufbauend kann eine Prozessplanung, die Risikoaspekte und Prozessziele berücksichtigt, durchgeführt werden. Diese Prozesse werden dann im Rahmen des Prozess- und Risikomanagements implementiert, durchgeführt und evaluiert sowie eine Risikosteuerung vorgenommen.

Zukünftig soll ein Konzept für eine risikogeregelte Prozessplanung bei der Instandhaltung von Offshore-Windparks als Grundlage für ein integriertes Risiko- und Prozessmanagement entwickelt werden. Im Vordergrund steht dabei die Verknüpfung der Risikoanalyse und -bewertung mit den Prozessmodellen. Die besondere Herausforderung liegt in der unternehmensübergreifenden Struktur des „Leistungssystems Offshore-Windpark" bei der Instandhaltung (Abb. 20.4).

Danksagung Diese Arbeit ist im Rahmen meines Promotionsvorhabens an der Carl von Ossietzky Universität Oldenburg in der Fakultät Informatik, Wirtschafts- und Rechtswissenschaften und in dem vom Bundesministerium für Umwelt, Naturschutz und Reaktorsicherheit geförderten

Forschungsprojekt „SystOp Offshore Wind – Entwicklung eines Planungs- und Optimierungswerkzeugs zur systemumfassenden Optimierung des Leistungssystems Offshore-Windpark" erstellt worden.

Literatur

Bartolini C, Bertolino A, Ciancone A, De Angelis G, Mirandola R (2012) Non-functional analysis of service choreographies. In: Proceedings of the fourth international workshop on principles of engineering service-oriented systems (PESOS). IEEE, S 8–14

BASEL II (2004) Internationale Konvergenz der Eigenkapitalmessung und der Eigenkapitalanforderungen – Überarbeitete Rahmenvereinbarung, Baseler Ausschuss für Bankenaufsicht. http://www.bis.org/publ/bcbs107a_ger.pdf. Zugegriffen: 11. Januar 2013

Bhuiyan M, Zahidul Islam MM, Koliadis G, Krishna A, Ghose A (2007) Managing business process risk using rich organizational models. In: Computer software and applications conference, 2007. COMPSAC 2007. 31st Annual International COMPSAC 2007, 24–27 Juli 2007, Bd 2, S 509–520

Cottin C, Döhler S (2009) Risikoanalyse – Modellierung, Beurteilung und Management von Risiken mit Praxisbeispielen. Vieweg + Teubner Verlag

Freund J, Rücker B (2012) Praxishandbuch BPMN 2.0. Carl Hanser Verlag, München

Geiger H, Piaz J-M (2001) Identifikation und Bewertung operationeller Risiken. In: Schierenbeck H (Hrsg) Handbuch Bankcontrolling. Gabler

Gleißner W (2011) Quantitative Verfahren im Risikomanagement: Risikoaggregation, Risikomaße und Performancemaße. In: Klein A (Hrsg) Risikomanagement und Risiko-Controlling. Haufe-Lexware, München

Gräf J (2011) Risikomanagement: Umsetzung und Integration in das Führungssystem. In: Klein A (Hrsg) Risikomanagement und Risiko-Controlling. Haufe-Lexware, München

Hengmith L (2008) Management operationeller Risiken. Dissertation, EUL Verlag, Köln

Jakoubi S, Tjoa S (2009) A reference model for risk-aware business process management. In: Risks and security of internet and systems (CRiSIS), 2009 fourth international conference on IEEE Xplore

Jakoubi S, Tjoa S, Quirchmayr G (2007) ROPE: a methodology for enabling the risk-aware modeling and simulation of business processes. In: The 15th European conference on information systems 2007 (ECIS 2007), St. Gallen, Schweiz

Locher C (2006) Integriertes Management von Geschäftsprozess- und IT-Risiken. Dissertation, Bankinnovationen, Bd 19. Universitätsverlag Regensburg, Regensburg

Meier P (2007) Praxisleitfaden des operativen Risikomanagements. WEKA MEDIA GmbH & Co. KG

Mertins K, Wang W-H (2010) Prozessmanagement und Integrierte Managementsysteme. In: Jochem R, Mertins K, Knothe T (Hrsg) Prozessmanagement – Strategien, Methoden, Umsetzung, 1. Aufl. Symposium Publishing GmbH, Düsseldorf

Pedell B, Schwihel A (2004) Integriertes Strategie- und Risikomanagement mit der Balanced Scorecard dargestellt am Beispiel eines Energieversorgungsunternehmens. Controlling 16(3):149–156

Rieke T (2009) Prozessorientiertes Risikomanagement – Ein informationsmodellorientierter Ansatz. Dissertation, Advances in information systems and management science, Bd 38. Logos Verlag, Berlin

risknews (2004a) Was ist Risiko? In: Romeike F (Hrsg) RISKNEWS 01/04, S 44–45

risknews (2004b) Die ältesten Risiken der Welt. In: Romeike F (Hrsg) RISKNEWS 01/04, S 16–17

Saeedi K, Zhao L, Pedro R, Sampaio F (2010) Extending BPMN for supporting customer-facing service quality requirements. IEEE

Seidel UM (2011) Grundlagen und Aufbau eines Risikomanagementsystems. In: Klein A (Hrsg) Risikomanagement und Risiko-Controlling. Haufe-Lexware, München

Stephan MB (2011) Risikointegration im strategischen Performance-Management (SPM). In: Klein A (Hrsg) Risikomanagement und Risiko-Controlling. Haufe-Lexware, München

Thies KHW (2008) Management operationaler IT- und Prozess-Risiken – Methoden für eine Risikobewältigungsstrategie. Springer, Berlin

Das Informationssystem der Umweltprobenbank des Bundes als Baustein im betrieblichen Umweltmanagementsystem

21

Thomas Bandholtz und Maria Rüther

Zusammenfassung

Bisherige Ansätze betrieblicher Umweltinformationssysteme fokussieren auf den Ressourcenverbrauch, beim Nachweis des Einsatzes der „besten verfügbaren Technik" (BVT) muss aber auch die regelmäßige Messung von Umweltbelastungen administriert und dokumentiert werden. Das Umweltbundesamt hat seit den 1980er-Jahren Instrumente für eine systematische Umweltbeobachtung entwickelt, insbesondere ein Informationssystem, das 2012 technisch erneuert und in einer Weise generalisiert wurde, die es auch für den betrieblichen Einsatz geeignet erscheinen lässt. Dieser Beitrag beschreibt die Unterstützung der einzelnen Prozessschritte Probenplanung, Probenahme und Einlagerung, Ergänzung von Analysedaten aus dem Labor sowie spätere Auswertungen. Ein Schwerpunkt ist die Konfiguration der Stammdaten und Probenahmepläne in einfachen Dialogen. Hierbei werden Humanproben und Spezies aus verschiedenen Ökosystemtypen, aber auch Umweltmedien wie Boden, Wasser, Schwebstoff, Luft oder Feinstaub unterstützt. Bei der Probenahme können Beobachtungen und Messungen der Probanden erfasst werden, z. B. Biometrie oder Anamnese, aber auch Randbedingungen aller Art. Durch langjährige Probenserien entsteht so ein Archiv der Umweltbelastungen, das flexibel nach aktuellen Gesichtspunkten ausgewertet werden kann. Die dauerhafte Lagerung des Probenmaterials ermöglicht weiterhin ein retrospektives Monitoring, also die Analyse zurückliegender Proben mit aktuellen Methoden und Fragestellungen.

T. Bandholtz (✉)
innoQ Deutschland GmbH, Halskestr. 17, D-40880 Ratingen, Deutschland
e-mail: thomas.bandholtz@innoq.com

M. Rüther
Umweltbundesamt, Dessau, Deutschland
e-mail: maria.ruether@uba.de

J. Marx Gómez et al. (Hrsg.), *IT-gestütztes Ressourcen- und Energiemanagement*,
DOI: 10.1007/978-3-642-35030-6_21, © Springer-Verlag Berlin Heidelberg 2013

Schlüsselwörter
Umweltbeobachtung • beste verfügbare Technik • BVT • Informationssystem

21.1 Einführung

Umweltmanagementsysteme nach ISO 14001 unterstützen generell eine den betrieblichen Tätigkeiten und Produkte angemessene Umweltpolitik. Zahlreiche bestehende Umweltgesetze und Auflagen wie z. B. Industrieemissionsrichtlinie (2010/75/EU), Richtlinie über Abfallverbrennung (2000/75/EG), Richtlinie über Großfeuerungsanlagen (2001/80/EG), die Lösemittelrichtlinie (1999/13/EG) sind zu berücksichtigen. Der Nachweis des Einsatzes der „besten verfügbaren Technik" (BVT, engl.: best available technology – BAT) ist zu erbringen. Die angestrebte kontinuierliche Verbesserung umweltrelevanter Maßnahmen (Abb. 21.1) wird regelmäßig überprüft, dokumentiert und kommuniziert.

Bisherige Ansätze wie z. B. Rapp et al. (2012) fokussieren auf den Ressourcenverbrauch. Eine wichtige Rolle spielen auch Probenahmen und Messungen von Emissionen im Unternehmen, z. B. aktuell die Grundwasserproben von Shell in Wesseling, generelle Staubmessungen nach DIN EN 13284 oder auch die Messung von Geruchsstoffkonzentrationen am Biofilter von

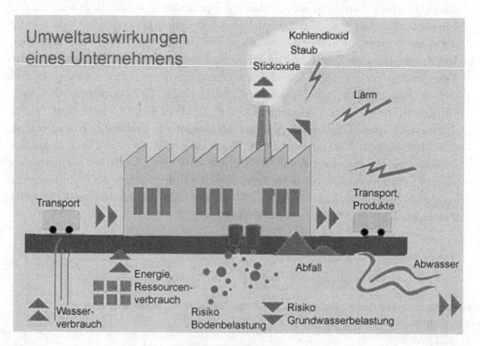

Abb. 21.1 Mögliche direkte Umweltauswirkungen eines Unternehmens. (*Quelle* ABAG-itm, 2005)

Kompostierungsanlagen. Die Matrix solcher Indikatoren enthält einige branchenübergreifende Komponenten, ist aber zum größten Teil branchen- und unternehmensspezifisch und ändert sich über die Zeit.

Es müssen daher individuelle Untersuchungsprogramme entwickelt, umgesetzt und fortgeschrieben werden, in denen die jeweilige Probenahme, Messzyklen und Analyseverfahren festgelegt werden. Die gewonnenen Daten müssen ausgewertet, dokumentiert und aufbewahrt werden. Viele Unternehmen, z. B. Shell, Evonik, oder Daimler, kommunizieren solche Ergebnisse auch öffentlich.

Das Umweltbundesamt (2008) hat seit den 1980er-Jahren Instrumente für eine solche systematische Umweltbeobachtung entwickelt, insbesondere ein Informationssystem, das 2012 technisch erneuert und in einer Weise generalisiert wurde, die es auch für den betrieblichen Einsatz geeignet erscheinen lässt.

21.2 Das Informationssystem der UPB

Hauptaufgabe dieses Informationssystems (IS UPB) ist es, alle Daten, die im Routinebetrieb der Umweltprobenahme-Programme des Bundes gesammelt werden, in einem Gesamtsystem für den aktuellen Zugriff verfügbar zu machen und umfassende Dokumentation bereitzustellen. Neben den Daten aus dem Routinebetrieb werden auch Daten aus Sonderuntersuchungen, Screenings und retrospektiven Untersuchungen verwaltet.

Das IS UPB ist also nicht im betrieblichen Umfeld entwickelt worden, ist aber hinreichend generalisiert und konfigurierbar, um auch hier eingesetzt werden zu können. Es unterstützt grundsätzlich Beprobungen aller Umweltmedien einschließlich Humanproben. Eine genaue Darstellung findet sich bei Klein (1993), Wagner (1993), Wiesmüller (2007).

Der fachliche Kontext des IS UPB reicht von der Probenplanung über die Probenahme und Einlagerung bis hin zu den Analyseergebnissen (Abb. 21.2). Dieser Kontext bleibt immer gleich, aber die Inhalte der Proben und die zahlreichen erfassten Parameter sind frei konfigurierbar.

21.2.1 Konfiguration durch Stammdatenpflege

Die grundlegende Konfiguration erfolgt durch Stammdatenpflege (Abb. 21.3). Hier werden alle Entitäten erfasst, auf die sich die einzelnen Probendaten beziehen können.

Das Grundmodell besteht aus einem Datenwürfel mit den Dimensionen:

- Probenart: das Medium, dem die Probe entnommen wird, z. B. eine Spezies, eine Bodenart, Grundwasser oder Luft;
- Matrix, der Teil des Mediums, dem die Probe entnommen wird, z. B. ein Organ oder eine Bodenschicht.

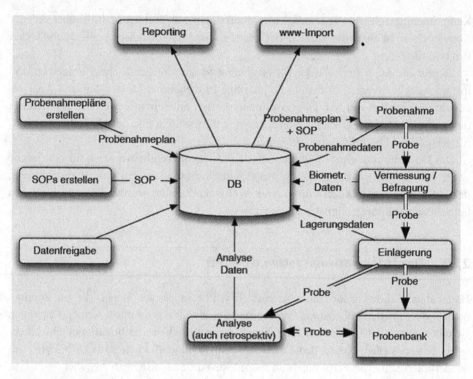

Abb. 21.2 Fachlicher Kontext des IS UPB

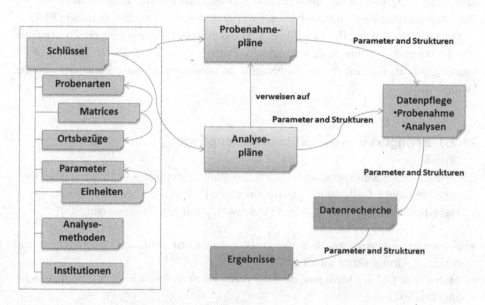

Abb. 21.3 Stammdaten und durch sie konfigurierte Artefakte

- Ortsbezug, der Ort, an dem die Probe entnommen wird, z. B. ein Biosphärenreservat oder auch eine Werksniederlassung.
- Analyt, der Stoff, dessen Vorkommen in der Probe beobachtet wird.
- Zeit, der Zeitpunkt der Probenahme.

Für die jeweilige Verwendung des IS UBP können diese Dimensionen individuell in den Stammdaten hinterlegt werden. Dabei kann jede Dimension hierarchisch aufgebaut werden.

Für jede Entität einer Dimension wird automatisch eine Webseite mit den angegebenen Informationen erzeugt. Diese Webseiten werden durch die weitere Konfiguration der Probenahmepläne automatisch ergänzt und können mit einem einfachen Redaktionssystem weiter editiert werden.

Neben den Dimensionen werden die gemessenen Indikatoren und zugehörige Metadaten hinterlegt:

- Indikator, z. B. Gehalt des Analyts in einer Probe;
- Maßeinheit, z. B. Nanogramm/Kilogramm Frischgewicht;
- ausführende Institution mit Gültigkeitszeitraum;
- Analysemethode, ebenfalls mit Gültigkeitszeitraum.

Im Kontext der Probenahme können weitere Daten erhoben werden, z. B. zur Biometrie oder Anamnese von Probanden. Wenn dies geschehen soll, werden auch diese Eigenschaften (Parameter) in den Stammdaten hinterlegt.

Alle in den Stammdaten beschriebenen Entitäten werden automatisch in ein Online-Glossar übernommen und stehen sofort für die Probenplanung bereit.

21.2.2 Konfiguration durch Probenplanung

Im nächsten Schritt werden die Probenahmen konfiguriert. Ein Probenahmeplan (Abb. 21.4) verknüpft Entitäten der verschiedenen Dimensionen miteinander. Er legt also fest, welche Probenarten und welche Matrices an welchen Orten beprobt werden. Auch die weiteren Probenattribute werden zugeordnet.

In diesem Arbeitsschritt werden die jeweiligen Dimensionen und sonstigen Probendaten im Dialog aus Stammdaten ausgewählt. In einem weiteren Arbeitsschritt werden in gleicher Weise Analysenpläne erstellt. Diese beziehen sich auf die Probenahmepläne und legen die zu untersuchenden Indikatoren fest.

Details der Probenahme werden in Standardarbeitsanweisungen (SOP) beschrieben. Diese Dokumente werden in das IS UBP hochgeladen und mit den zugehörigen Probenahmeplänen verknüpft.

Die schon zuvor generierten Webseiten werden nun automatisch mit Querverweisen ergänzt, die den Kombinationen der Probenahmepläne entsprechen. Der Zeitbezug wird ergänzt, sobald Proben genommen wurden und Daten vorliegen.

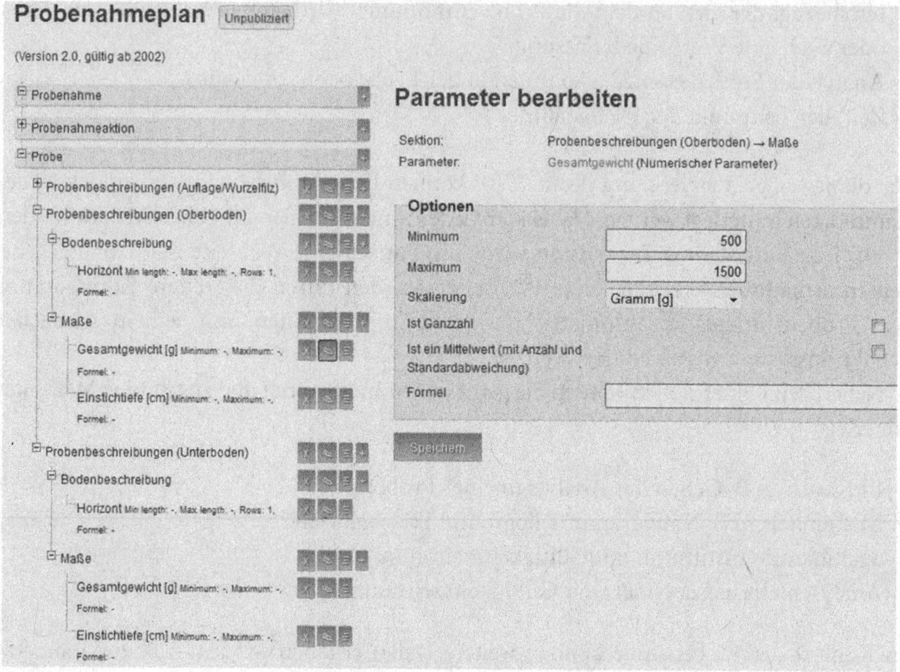

Abb. 21.4 Konfiguration eines Probenahmeplans

21.2.3 Unterstützung von Probenahme und Einlagerung

Wenn Probenahmezyklen vereinbart wurden, kann das IS UPB an die termingerechte Beprobung erinnern. Bei der Vorbereitung unterstützen die Probenahmepläne und die SOPs.

Für die Probenahme selbst werden Erfassungsmasken generiert, die genau die Konfiguration der Probenahmedaten widerspiegeln (Abb. 21.5).

Die Analyse der Prozesse hat ergeben, dass im Kontext des Umweltbundesamts eine Erfassung dieser Daten auf einem mobilen Gerät in situ nicht als praxisgerecht angesehen wird. Die Proben werden hier meist an abgelegenen Stellen in ungewissen Wetterbedingungen genommen, und dabei haben sich Bleistift und Papier bis heute als unschlagbare Werkzeuge erwiesen. Natürlich wäre eine direkte Erfassung während der Probenahme technisch einfach zu realisieren. Für Gegenden ohne Netzzugang könnte dies künftig auch offline geschehen.

Für die Erhebung von Anamnesedaten bei Humanproben wurde ein Web-Fragebogen entwickelt, der seit Anfang 2013 in Betrieb ist.

Wenn die Proben genommen und vermessen worden sind, folgt ein Transport in mobilen Kühlbehältern bis hin zum Lager (die eigentliche Proben*bank*). Hier ist ein lokales Lagerverwaltungssystem zuständig. Das IS UPB übernimmt lediglich dessen Probenidentifikation.

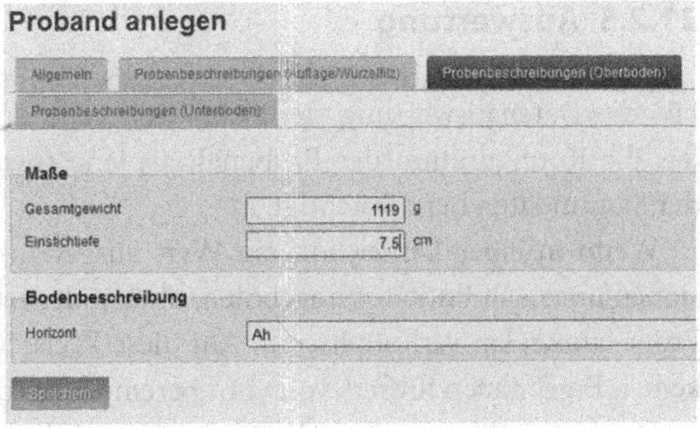

Abb. 21.5 Erfassung
biometrischer Probendaten

21.2.4 Ergänzung der Analyseergebnisse

Die Proben werden von beauftragten Instituten in deren Labors analysiert. Die Ergebnisse werden anschließend in das IS UPB importiert und mit den zugehörigen Probendaten verknüpft.

Hier erfolgt zunächst eine automatische Qualitätsprüfung, bei der die Werte mit angenommenen realistischen Wertebereichen verglichen werden. Ausreißer müssen jedoch nicht zwingend auf fehlerhafte Daten hinweisen, daher werden diese Fälle manuell überprüft (Abb. 21.6).

Als Ergebnis erfolgt eine mehrstufige Freigabe. Die erste Stufe gibt die Daten intern für die zuständigen Fachbetreuer im UBA frei, die weiteren Stufen werden von den Fachbetreuern vergeben. Die höchste Stufe macht die Daten in der öffentlichen Webanwendung (www.umweltprobenbank.de) verfügbar.

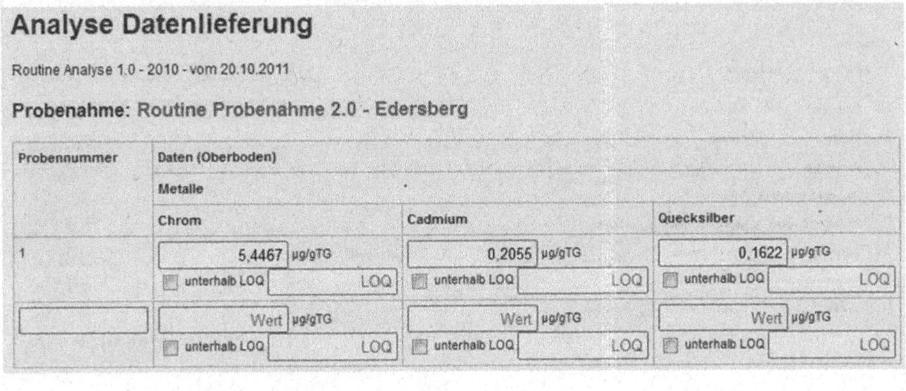

Abb. 21.6 Erfassung der Analysedaten

21.2.5 Auswertung

Für die Datenauswertung steht ein Recherche-Akkordeon (Abb. 21.7) zur Verfügung, das die Konfiguration der Probenahmepläne sowie die Dimensionen und Hierarchien der Stammdaten berücksichtigt.

Wenn in einer Dimension ein Wert ausgewählt ist, werden in den anderen Dimensionen nur noch Entitäten angeboten, die mit der schon ausgewählten in wenigstens einem Probenahmeplan verknüpft sind. Auf diese Weise werden Recherchebedingungen, die zu keinen Ergebnissen führen, von vorn herein vermieden.

Die Hierarchien in den Dimensionen erlauben die Auswahl von Gruppen, z. B. alle Metalle unter den Analyten. Die hierarchische Einordnung einer Substanz oder anderer Entitäten ist jedoch nicht für alle Benutzer von vornherein bekannt. Daher kann das Akkordeon auf eine alphabetische Darstellung ohne Hierarchie umgeschaltet werden. So wird langes Suchen in Baumstrukturen vermieden.

Zusätzlich kann die Ergebnismenge weiter eingeschränkt werden über Wertebereiche für ausgewählte Parameter.

Die Darstellung der Ergebnisse erfolgt zunächst als Tabelle (Abb. 21.8). Auswählbare Bereiche dieser Tabelle können als Diagramm dargestellt werden oder in verschiedenen Formaten exportiert werden.

21.2.6 Technische Anmerkungen

Das IS UPB ist durchgängig als REST-basierte Webanwendung ausgeführt. Das bedeutet, dass jeder Zustand der Anwendung durch eine eindeutige Webadresse repräsentiert wird. Dies gilt nicht nur für die Webseiten der einzelnen Entitäten, sondern z. B. auch für jede individuelle Recherchebedingung. Einmal ausgeführte Recherchen können daher vom Anwender lokal als Lesezeichen gespeichert und später erneut ausgeführt oder modifiziert werden, ohne dass der Anwender sich beim System auch nur registrieren muss.

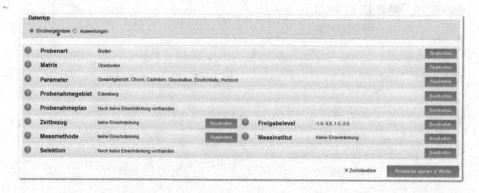

Abb. 21.7 Recherche-Akkordeon

| Tabelle | Export | | | |

Edersberg

Boden				
2010	Parameter	Wert		Freigabe
Probe 1				
Oberboden	Gesamtgewicht	1.119,0 g		Dateineingabe
	Einstichtiefe	7,5 cm		Dateineingabe
	Horizont	Ah		Dateineingabe
Mischprobe 1				
Oberboden	Chrom, Extraktion:an	5,4467 µg/gTG		Dateineingabe
	Cadmium, Extraktion:an	0,2055 µg/gTG		Dateineingabe
	Quecksilber, Extraktion:kw	0,1622 µg/gTG		Dateineingabe

Abb. 21.8 Tabellarische Darstellung von Ergebnissen

Die öffentlich zugängliche Oberfläche ist durchgängig barrierefrei nach den Anforderungen von Bundesbehörden. Auch wenn ein gewisser Komfort der Interaktion auf JavaScript basiert, ist eine vollständige Bedienung auch ohne JavaScript möglich.

Das IS UPB wurde mit JRuby entwickelt und ist in üblichen Java-Laufzeitumgebungen einsetzbar.

Derzeit entsteht eine weitere Datenrepräsentation als Linked Data im Resource Description Framwork (RDF) Format und damit auch eine SPARQL Schnittstelle zur freien Recherche, was selbstverständlich auch im Intranet einsetzbar ist. Dies ist näher beschrieben in Fock und Bandholtz (2012), Bandholtz (2013).

21.3 Zusammenfassung und Schlussfolgerungen

Das Informationssystem der Umweltprobenbank des Bundes administriert, dokumentiert und publiziert die kontinuierliche Überwachung von Umweltbelastungen durch Probenahme und Labor-Analyse auf Schadstoffbelastungen.

Durch Konfigurierbarkeit ist es vielseitig einsetzbar, auch im betrieblichen Umfeld.

Literatur

Bandholtz T (2013) Offene Daten Vernetzen. OBJEKTspektrum 01/2013

Fock J, Bandholtz T (2012) Linked environment data – getting things connected. EnviroInfo 2012:2–451

Klein R (1993) The animal specimens of terrestrial and limnetic ecosystems in the environmental specimen banking programme of Germany. science of the total environment, vol 139–140. S 203–212

Rapp B, Vornberger J, Renatus F, Gösling H (2012) An integration platform for it-for-green: integrating energy awareness in daily business decisions and business systems. In: Donnellan B, Lopes JP, Martins J, Filipe J: Proceedings of the 1st international conference on smart grids and green it systems (SmartGreens 2012), SciTePress – Science and Technology Publications, S 226–231

Umweltbundesamt (2008) Umweltprobenbank des Bundes – Konzeption. Berlin 2008. http://umweltprobenbank.de/upb_static/fck/download/Konzeption_Okt_2008_de.pdf

Wagner G (1993) Plants and soils as specimen types from terrestrial ecosystems in the environmental specimen banking program of the Federal Republic of Germany. Science of the total environment, vol 139–140. S 213–224

Wiesmüller GA, Eckard R, Dobler L, Günsel A, Oganowski M, Schröter-Kermani C, Schlüter C, Gies A, Fritz H, Kemper FH (2007) The environmental specimen bank for human tissues as part of the german environmental specimen bank. Int J Hyg Environ Health 210(3–4):299–305

Eine Light-Weight Composite Environmental Performance Indicators (LWC-EPI) Lösung – Eine systematische Entwicklung von EMIS, deren Anforderungen und Hindernisse aus Anwender-, Experten, und KMU-Perspektive

Naoum Jamous, Frederik Kramer und Holger Schrödl

Zusammenfassung

In Anbetracht der rasanten Veränderungen der Umwelt wird die Relevanz der aktuellen Umweltpolitik auf den Prüfstand gestellt. Umweltveränderungen werden sichtbar, und ihre Auswirkungen haben das Potenzial, in den nächsten Jahrzehnten irreversibel zu werden. Eine klare und umfassende Kommunikation eines Unternehmens zur Nachhaltigkeit seiner Unternehmenspolitik hat sich zu einem zunehmend wichtigen Faktor für den Erfolg in Markt entwickelt. Performance-Indikatoren, die im Einklang mit nachhaltigen Themen stehen und damit die Fähigkeit eines Unternehmens für die Nachhaltigkeitsberichterstattung darstellen, ein Weg, um dieser Herausforderung zu begegnen. Diese Arbeit beleuchtet die wachsenden Bedürfnisse der Beteiligung kleiner und mittlerer Unternehmen (KMU) in dieser ökologischen Nachhaltigkeitsbewegung. Die vorliegende Studie untersucht die Barrieren, mit denen KMU konfrontiert sind, Environmental Management Systems (EMS) zu implementieren und Environmental Management Information Systems (EMISs) zu verwenden. Darüber hinaus bietet dieser Beitrag Empfehlungen, wie ein geeignetes EMIS für KMU zu entwickeln ist. Dieser Beitrag umfasst eine Zusammenfassung der LWC-EPI-System-Ansatzes, der die Systemerwartung und die ihr zugrunde liegende Architektur auf Basis von

N. Jamous (✉) · F. Kramer · H. Schrödl
Workgroup Business Informatics I, Faculty of Informatics, Otto-von-Guericke-Universität,
Universitätsplatz 2, 39106 Magdeburg, Deutschland
e-mail: naoum.jamous@ovgu.de

F. Kramer
e-mail: frederik.kramer@ovgu.de

H. Schrödl
e-mail: holger.schroedl@ovgu.de

J. Marx Gómez et al. (Hrsg.), *IT-gestütztes Ressourcen- und Energiemanagement,*
DOI: 10.1007/978-3-642-35030-6_22, © Springer-Verlag Berlin Heidelberg 2013

Experten-Empfehlungen und Anforderungen der Anwender aus einer umfassenden Befragung von 272 Unternehmen beschreibt. Basierend auf den vorherigen und einer ähnlichen Studie präsentiert der Beitrag den ECET-Anforderungsrahmen als ein konzeptionelles Modell. Dieses Modell ist geeignet, Unternehmen zu helfen, sich auf relevante Themen zu konzentrieren, wenn sie mit der Realisierung oder Erweiterung eines EMIS konfrontiert sind.

Schlüsselwörter

Environmental management information systems "EMIS" • Environmental performance indicator "EPI" • Enterprise resource planning system "ERPs" • Small and medium enterprise "SME"

22.1   Einführung

In Anbetracht eines gemeinsamen Ökosystems ist die Erhaltung der Umwelt ein globales Thema mit hoher Relevanz. Naturkatastrophen, Medien und Politik sind einige der Faktoren, die das öffentliche Bewusstsein für Nachhaltigkeit fördern. Es wird immer deutlicher, dass die Abschätzung von Auswirkungen privater und unternehmerischer Handlungen auf die Umwelt zu den schwierigsten Aufgaben in allen Geschäftsfeldern, vom Privatanwender über unternehmerische Organisationen bis hin zu Regierungen, gehört.

Das wichtigste Ziel der nachhaltigen Entwicklung ist die Realisierung des Fortschritts in ressourcenschonenden Technologien, einschließlich der Umsetzung einer Kreislaufwirtschaft und Integration des Umweltschutzes in die Produktion und Verarbeitung der Produkte. Die Geschäftstätigkeit aller Unternehmen, ob sie Produkte herstellen oder Dienstleistungen erbringen, haben Auswirkungen auf die Umwelt. Identifizierung und Messung dieser Auswirkungen müssen der Ausgangspunkt sein, wenn das Ziel ist, diese Auswirkungen fassbar zu machen (Jamous et al. 2013). In seinem Buch „Corporate Environmental Management: Systeme und Strategien" erwähnt Welford, dass durch eine breitere Öffentlichkeit die Reaktion von Unternehmen, die Überwachung und Verringerung ihrer Auswirkungen auf die Umwelt zu forcieren, beschleunigt wird (Welford 1996).

Umweltaktionen in Unternehmen können viele Formen annehmen. Klassische Verfahren sind dabei ein standardisiertes Vorgehen nach einem spezifischen Environmental Management System (EMS) wie beispielsweise Environmental Management and Audit Scheme (EMAS) oder der ISO 14000 als Leitfaden für organisatorisches Handeln. Dies sind klassische Beispiele, einen Rahmen für die Festlegung von Zielen und Vorgaben zu etablieren, um eine Organisation zu evaluieren und Verbesserung der Umwelt-Compliance und Performance zu adressieren (Jamous et al. 2011). Als unterstützendes Instrument dient dabei die IT (Informationstechnologie) als tragende Säule, um die Unterstützung der Organisationen zu bewerten, optimieren und über die aktuellen Auswirkungen ihrer Prozesse und Abläufe auf die Umwelt zu berichten. Dies erfolgt durch die Bereitstellung einer Vielfalt von IT-basierten Lösungen in den letzten

Jahrzehnten. Diese Lösungen werden Environmental Management Information Systeme (EMIS) genannt.

Die Forschung an Light-Weight Composite Environmental Performance Indicators (LWC-EPI) (Jamous et al. 2011) konzentriert sich auf kleine und mittlere Unternehmen (KMU), die einen der größten Wirtschaftszweige weltweit (z. B. waren in der Europäischen Union im Jahre 2009 20 Millionen KMU registriert) (EC-E & I 2009). Diese sollen ermutigt werden, ein solches System einzuführen und zu verwenden, das die Überwachung und Darstellung ihrer ökologischen Nachhaltigkeit ermöglicht.

Es ist nicht der Schwerpunkt dieser Arbeit, den Begriff kleine und mittlere Unternehmen oder kleine und mittlere Unternehmen (KMU) (auch bekannt als Small and Medium Businesses (SMB) in den USA) zu definieren. Es existiert eine Vielfalt von Definitionen für KMU in der Literatur, aber es gibt keine allgemein gültige Standarddefinition. Für den vorliegenden Beitrag wird ein KMU definiert als ein Unternehmen, das eine bestimmte Anzahl von Mitarbeitern hat und dessen Jahresumsatz innerhalb bestimmter Volumina liegt. Da die Grenzlinien dieser Parameter sich im Laufe der Zeit ändern und auch nicht global einheitlich sind, wird für die vorliegende Arbeit die EU-Norm genutzt (Hillary 1999; Verheugen 2005):

- Anzahl Mitarbeiter: Bis zu 249 Mitarbeiter.
- Jahresumsatz: Bis zu 50 Millionen Euro.

Dieser Beitrag erweitert die Wissensbasis der betrieblichen Umweltinformationssysteme durch das Zusammenfassen von allgemeinen Anforderungen an umweltbewusste ERP-Systeme. Im folgenden Abschnitt beleuchten wir die Fragestellung, wie ein geeignetes EMIS für KMU zu entwickeln ist. Der Beitrag stellt eine kurze Zusammenfassung der LWC-EPI-System-Ansatzes dar, das die Systemerwartungen und die ihr zugrunde liegenden Architektur auf Basis von Experten-Empfehlungen und Anforderungen der Anwender aus einer umfassenden Befragung von 272 Unternehmen umfasst. Darüber hinaus untersucht die Studie die Barrieren, die KMU behindern, einem Environmental Management Systems (EMS) zu folgen sowie ein Environmental Management Information Systems (EMISS) zu implementieren und zu verwenden. Auf dieser Basis, kombiniert mit einer früheren ähnlichen Studie, präsentieren der Beitrag den ECET-Anforderungsrahmen als ein konzeptionelles Modell. Dieses Modellist dazu geeignet, Unternehmen zu helfen, sich auf relevante Themen zu konzentrieren, wenn sie mit der Durchführung oder Erweiterung eines EMIS konfrontiert sind.

22.2   Die Light-Weight Composite Environmental Performance Indicators (LWC-EPI) Lösung

Die LWC-EPI ist ein Forschungsprojekt mit dem Ziel, ein konzeptionelles Modell für ein effizientes Umweltmanagement-Informations-System, das alle KMU bei der Auswahl unterstützt, die Erstellung, Berechnung, Vergleich und Berichterstattung von Indikatoren auf betrieblicher Ebene über ihre Umweltleistung zu realisieren. Die LWC-EPI soll die betriebliche Organisation mit Informationen über seinen aktuellen Auswirkungen auf die Umwelt unterstützen. Das Werkzeug kann dabei helfen, einem KMU die Frage zu beantworten, ob es die aktuellen umweltpolitischen Vorschriften befolgt oder nicht. Diese Regelungen könnten Regierungs-, Industrie- oder interne Regelungen sein. Darüber hinaus unterstützt die LWC-EPI das Management von KMU, ihrer EPIs mit den Ergebnissen von Wettbewerbern in einer Sektor-Ebene zu vergleichen. Eine solche ganzheitliche Analyse hilft Organisationen, offensichtliche Mängel zu identifizieren, was zu Empfehlungen zur Behebung einer unzureichenden Situation führt. Vorherige Arbeiten haben gezeigt, dass LWC-EPI-Lösung sehr wahrscheinlich häufiger von Nicht-Experten als Endbenutzern für grundlegende Nachhaltigkeitsberichterstattung verwendet werden (Jamous et al. 2013). So wird es vor allem eine Empfehlung und ein Reporting-Tool mit Fokus auf von EPI's auf betrieblicher Ebene.

22.2.1 LWC-EPI Forschungsvorgehen

Das Ziel von LWC-EPI ist die industrieunabhängige Unterstützung vom KMU, die steigende Nachfrage von Kunden, Geschäftspartnern und Regierungen nach Umweltinformationen zu befriedigen. Hierzu wurde als erster Schritt die Ermittlung von Anforderungen an ein solches System durch eine Befragung von Endbenutzern und Domänenexperten durchgeführt. Diese Befragungen wurden im Rahmen von Feldstudien, persönlichen Besprechungen und fragebogenbasierten Umfragen durchgeführt. Durch die Verwendung der OEPI Ontologie wurden die Anforderungen strukturiert, um diese als Basis für entsprechende Use Cases zu verwenden. Diese Use Cases wurden erweitert durch Spezifikation, die von IT und Domänenexperten ermittelt wurden (siehe Abb. 22.1).

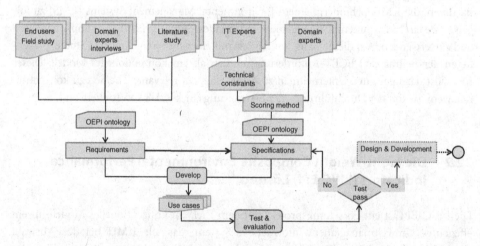

Abb. 22.1 Forschungsansatz der LWC-EPI Forschung (Jamous et al. 2013)

22.3 Barrieren von KMU bei der Implementierung eines EMS

Betriebliche Organisationen implementieren Environmental Management Systeme (EMS) wie beispielsweise die internationale Norm ISO 14000 oder die europäische Öko-Management und die Umweltbetriebsprüfung (EMAS), um ihre Aktionen zu lenken. Laut Welford sind EMS prototypische Rahmenbedingungen für Unternehmen in der Festlegung von Zielen und Vorgaben, mit denen sie ihre Umweltverträglichkeit und Leistung bewerten und einen Plan zur Verbesserung konzipieren können (Welford 1996).

Der British Standard Institute definiert EMS als „die Organisationsstruktur und Verantwortlichkeiten von Verfahren, Prozessen und Ressourcen für die Festlegung und Umsetzung der Umweltpolitik" (Zorpas 2009). EMS umfasst dabei eine Organisationsstruktur, einen Planungsprozess und die erforderlichen Ressourcen, um einen solchen Plan durch eine Umsetzungsstrategie und einer mittel- bis langfristigen Firmenpolitik für eine nachhaltige Nutzung von Ressourcen bei gleichzeitigem Schutz der Umweltfolgen zu entwickeln. Auch wenn die Implementierung von EMS von Unternehmen zu Unternehmen sehr unterschiedlich ist, ergeben sich zusammengefasst einige gemeinsame Merkmale für EMS wie die folgenden (Damall et al. 2006):

- Durchführung interner Einschätzungen der Umweltauswirkungen der Organisation einschließlich der Quantifizierung solcher Auswirkungen und deren Veränderungen im Laufe der Zeit.
- Erstellung quantifizierbare Ziele, um die Auswirkungen auf die Umwelt zu reduzieren.
- Bereitstellung von Ressourcen.
- Schulung von Mitarbeiter.
- Fortschrittskontrolle bei der Durchführung durch eine systematische Prüfung, um sicherzustellen, dass die Ziele erreicht werden.
- Korrigieren von Abweichungen bei der Zielerreichung und Durchführen von Management Reviews (Damall et al. 2006).

Ist es wichtig für ein KMU, einem EMS zu folgend oder dieses anzuwenden?
Zur Beantwortung dieser Frage wurde eine Umfrage zwischen Januar und Mai 2012 durchgeführt. Das Hauptziel war es, Daten für die Identifizierung von relevanten Faktoren für die Umsetzung von EMIS in KMU zu sammeln. Die Umfrage wurde papierbasiert durchgeführt und verwendete einen Fragebogen, der in Übereinstimmung mit der OEPI Ontologie entwickelt wurde. Der Fragebogen wurde von Fachexperten geprüft, um die angemessene Bewertung der Informationen zu gewährleisten. Insgesamt wurden bei der Umfrage 272 gültige Antworten aus rund 30 verschiedenen Ländern ausgewertet. Mehr als 80 % der Antworten kommen aus dem Bereich KMU.

Als klarer Motivationsindikator kann gewertet werden, dass rund 80 % der Befragten auf die Frage „Sind Sie motiviert, um alle ökologischen Verbesserungen in Ihrem Unternehmen zu machen?" mit „Ja" antwortete. Auf der anderen Seite wurde transparent, dass weniger als 24 % der Organisationen ein detailliertes Bewusstsein über die

Abb. 22.2 Ergebnisse der
Studie auf die Frage, wie viele
Organisationen Umwelt-
oder Nachhaltigkeitsberichte
veröffentlichen

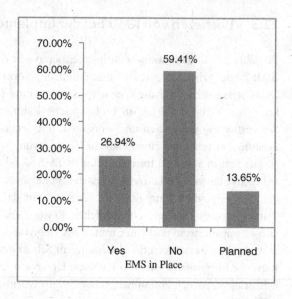

aktuelle Umweltgesetzgebung innerhalb ihrer Organisation aufweisen. Dies zeigt die
Notwendigkeit, mehr Umweltbewusstsein innerhalb der KMU zu entwickeln. Als Maß
für die Anforderungen und die Bereitschaft der Organisation, ein EMIS zu implementie-
ren, veröffentlichen weniger als 16 % der befragten Organisationen irgendeine Art von
Umwelt- oder Nachhaltigkeitsberichten. Mehr als 73 % der Organisationen haben kein
EMS implementiert, fast 14 % planen ein EMS anzuwenden (siehe Abb. 22.2).

Viele Forscher versuchen, die Hemmnisse für KMU, ein EMS einzuführen und
ein EMIS zu verwenden, zu studieren. Hillary beleuchtet die Frage in ihrem Vortrag
„Umweltmanagementsysteme und der kleineren Unternehmen" (Hillary 2004). Auf
der Grundlage dieser Studie, die auf KMU-Anpassung der europäischen Öko-Audit-
Verordnung (EMAS) oder der ISO 14001 ausgerichtet wurde, kann der Nachteil der
Implementierung eines EMS für die untersuchten KMU folgendermaßen zusammengefasst werden (Hillary 2004)

- Ressourcen: KMU sollten mehr Geld, Zeit und Fähigkeiten investieren.
- Der Mangel an Belohnungen: Die meisten KMU glauben nicht, dass der Markt diese
  Bemühungen belohnen.
- Überlastung der KMU mit extra Dokumentation, anstatt sich auf die Umweltleistung
  zu konzentrieren.
- Probleme, den Forderungen der unterschiedlichen Interessengruppen Rechnung zu
  tragen.
- komplizierten Systeme und komplexen Ansätze.

Nach Hillary können Barrieren von KMU bei der Implementierung vom EMS in zwei
Aspekte kategorisiert werden: interne und externe Faktoren, die sich vor allem auf die

Tab. 22.1 Interne und externe Barrieren von KMU bei der Implementierung von EMS (Hillary 2004; Clausen 2004)

Interne Barrieren			
Resourcen	Verständnis und Wahrnehmung	Implementierung	Haltung und Firmenkultur
Externe Barrieren			
Zertifikate und Zertifikationen	Markt	Institutionale Schwächen	Hilfe und Anleitung

Probleme konzentrieren, die Implementierung des EMS in KMUs in verschiedenen Ländern zu beschreiben (Hillary 2000). Es zeigt sich, dass die internen Faktoren mehr Gewicht haben als externe Faktoren (Clausen 2004). Tabelle 22.1 fasst die wichtigsten internen und externen Barrieren zusammen.

Ergänzend zu der vorstehenden Untersuchung führt die Sichtung weiterführender Arbeiten wie die Beiträge von (Ammenberg und Hjelm 2003; Hillary 2004; Cooper 2006) zu zusätzlichen acht Hindernisse für KMU, ein EMS zu implementieren:

- **Kosten (Zeit und Geld):** KMU operieren mit kurzfristigen Anlagen und kleinen bis mittleren Budgets. Sie sind nicht bereit oder können es sich oft nicht leisten, ein großes Budget zu investieren, um beispielsweise ISO-zertifiziert zu sein. In vielen Fällen ist das Ziel des KMU, das Geschäft mit minimalen Kosten zu ermöglichen. Da die Kosten für die Einführung eines EMS relativ hoch sind und sich die Einführung auch zeitaufwendig gestaltet, wird es von KMU häufig nicht realisiert. Es sei denn, es könnte eine Bottom-Line für das Unternehmen EMS herzustellen. Darüber hinaus erhöhen sich durch Zertifizierung die Gesamtkosten eines EMS was ein Haupthindernis darstellt.
- **Mangelnde Ausbildung und Sensibilisierung:** KMU sind nur unzureichend zum Thema EMS informiert und es existiert ein echter Mangel an Bewusstsein bezüglich der Bedeutung und der Vorteile durch eine verbesserte Umweltleistung. Dieses Problem kann als Barriere betrachtet werden, warum KMUs EMS nicht implementieren. Die mangelnde Ausbildung führt dazu, dass die Mitarbeiter eine falsche Wahrnehmung von EMS haben.
- **Mangelnde legislative Unterstützung:** Umweltrecht ist ein Satz von Regeln, die für den Schutz der natürlichen Umwelt verabschiedet und befolgt werden müssen. KMU haben ein Defizit an Know-how, um die Rechtsvorschriften im Umweltbereich sachgerecht anzuwenden. Neben der Notwendigkeit, die Kommunikation der aktuellen Gesetze und Verordnungen mit den Unternehmen durchzuführen, müssen KMUs die Auswirkungen der erwarteten Gesetzgebung und internationaler Abkommen über ihre Aktivitäten verstehen.
- **Fehlende industrie-spezifische Unterstützung für KMU:** Umwelt-Management-Strategien sind Standards, die in ähnlicher Weise für KMU und große Unternehmen unabhängig von der Größe der Unternehmung und der Branche eingesetzt werden.

Diese Tatsache hindert KMUs, speziell benötigte Unterstützung zu bekommen, um ein EMS anwenden zu können.

- **Mangelnde Informationen:** Das Problem der KMU ist, dass sie entweder keinen passenden Zugang zu Umweltinformationen haben oder einen Zugang zu einer Flut von Daten haben, die nicht richtig verarbeitet werden können.
- **Experten-Tipp:** Für eine erfolgreiche Einführung von EMS ist qualitative Beratung ein entscheidender Faktor und kann nur von einem Fachmann auf diesem Gebiet erbracht werden. Aufgrund der wirtschaftlichen Zwänge stellt der Einsatz von Experten ein großes Problem dar.
- **Human Resources:** KMUs haben eine begrenzte Anzahl von Mitarbeitern. Somit ist die Implementierung vom EMS mit interner Manpower und Ressourcen praktisch nicht möglich. Die Bereitstellung von personellen Kapazitäten für die Implementierung vom EMS stellt eines der größten Hindernisse für KMU dar.
- **Return on Invest:** Jedes Unternehmen zielt auf Förderung und Anerkennung in der Branche, wenn die Umsetzung einer neuen Technologie zu Gewinn und Wachstum führt. EMS ist ein Bereich, in dem im Rahmen der Umsetzung die Anerkennung von Kunden ist sehr gering, vor allem auf kurze Sicht. Daher sind Unternehmen, die eine Anerkennung erzielen wollen, kaum interessiert an einer Umsetzung eines EMS.

22.4 Barrieren von KMU's in der Implementierung und Anwendung eines EMIS

In den vergangenen Jahrzehnten hat sich die Informationstechnologie (IT) als tragende Säule für die Bereitstellung von Informationen zu relevanten Umwelt-Themen für Unternehmen durch den Einsatz von Environmental Management Information Systemen (EMISS) erwiesen (Rautenstrauch 1999; Marx Gómez 2004). Das Konzept der EMIS entstand mit der Diskussion über die Architektur des ökologischen Systems, die in den 80er Jahren begonnen hat (Marx Gómez 2004). EMISS werden von Unternehmen für die Beurteilung, Optimierung und die Berichterstattung über die aktuellen Auswirkungen der eigenen Prozesse und Abläufe auf die Umwelt eingesetzt. Dies wird erreicht durch eine bestimmte Art von Performance-Indikatoren, sogenannten Environmental Performance Indikatoren (EPI) (Jamous et al. 2011).

Kann jedes KMU ein EMIS implementieren und verwenden?
Um mögliche Antworten auf diese Frage zu untersuchen, zeigte die Studie, dass weniger als 57 % der Organisationen irgendein Informationssystem wie beispielsweise ein Enterprise Resource Planning System (ERP) verwenden. Dieser Anteil sank auf weniger als 10 % bei der Frage nach der Verwendung eines EMIS (siehe Abb. 22.3).

Um weitere technische Details zu untersuchen, wurden die Unternehmen gefragt : „Wie würden Sie als Endanwender ihre EMIS vorziehen?". Acht verschiedene Eigenschaften standen zur Verfügung, und jedes befragten Unternehmen hatten die Möglichkeit, eine

Abb. 22.3 EMIS information
systems in the surveyed
organizations (Jamous et al.
2013)

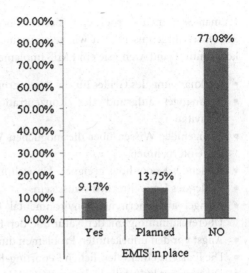

Abb. 22.4 Preferred EMIS
characteristics (Jamous et al.
2013)

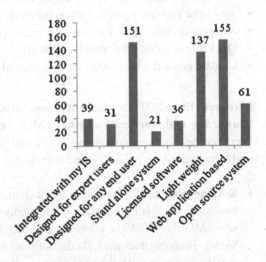

oder mehrere Alternativen zu wählen (Abb. 22.4 zeigt die Ergebnisse). Die drei hauptsächlich ausgewählten Merkmale sind dabei: EMIS als Web-Anwendung, EMIS als leichtgewichtige Lösung und EMIS für jeden Endverbraucher konzipiert. Zwischen diesen drei Merkmalen und dem Rest gibt es einen klaren Bruch in den Antworten.

Budget ist immer ein kritischer Faktor. Eine Frage galt dabei dem jährlichen, geplanten Budget zur Erfassung, Überwachung und Berichterstattung von Umweltdaten oder einer EMIS. Die Antworten zeigten, dass die meisten Organisationen (ca. 65 %) nicht bereit sind, Geld für solche Aktivitäten auszugeben, obwohl sie interessiert oder motiviert sind.

Darüber hinaus analysierten wir einige damit verbundene Arbeiten, wie die Beiträge von Vasilenko & Arbačiauskas (Vasilenko und Arbačiauskas 2012; Hillary 2004; Jamous et al. 2011; Hitchens 2003; Morrow und Rondinelli 2002; Komar 2010) und der UN

Human Settlements Programme Bericht über den Aufbau einer EMIS (UN-HABITAT 2008). Als Ergebnis fanden wir gemeinsame Probleme, mit denen die meisten KMUs konfrontiert sind, wenn sie ein EMIS implementieren und verwenden wollen:

- Verknappung des Geldes für die Realisierung der Software.
- Zeitmangel aufgrund der Konzentration auf die tägliche Verarbeitung und Aktivitäten.
- Mangelndes Wissen über die möglichen Vorteile der EMIS, z. B.: der Imagegewinn des Unternehmens.
- Fehlendes Know-how, geeignete Umweltbildung und Schulung.
- Fehlendes Umweltrechtsbewusstsein.
- Mangel an generischen Environmental Management Anwendungen/Lösungen in Übereinstimmung mit der Natur und den Bedürfnissen von KMU.
- Angst vor den unbekannten Problemen durch die Anwendung der Software.
- Die Existenz einer öffentlichen Reporting-Komponente in EMIS, die KMU erschreckt.
- Die negative kulturelle Haltung der KMU ist in Richtung EMIS.
- Schwache Top-Management-Unterstützung.
- Mangelndes Life-Cycle-Denken.
- Das Fehlen von qualifizierten Gutachtern.
- Ungläubigkeit des Wertes der Environmental-Management-Systeme auf dem Markt.

Barrieren für KMU für die Anpassung eines EMS gegenüber Barrieren bei der Umsetzung und Verwendung eines EMIS Vergleicht man beide Listen – die KMU Barrieren bei der Anpassung eines EMS und ihre Schwierigkeiten bei der Umsetzung und Verwendung eines EMIS – sind korrelierten Hindernisse-Paar auszumachen:

- **Kostenproblematik**: Die finanziellen Hindernisse im Zusammenhang mit EMS, umfassen vor allem die Kosten für Errichtung und Zertifizierung, während im Falle von EMIS das Geld vor allem auf die Installation der Tools und die Wartung der Software aufgewendet wird. Da die Software eine kontinuierliche Anpassung benötigt, müssen Experten mit hohen Lohnkosten rekrutiert werden.
- **Zeitproblematik**: Zeitverbrauch in EMS basiert auf zwei Faktoren: Implementierung und Zertifizierung. Zertifizierung erfordert vergleichsweise mehr Zeit als die Umsetzung. KMU sind nicht in der Lage die erforderliche Menge an Zeit aufzubringen. EMIS braucht Zeit, um die Tools zu installieren und aktualisieren. So wird die maximale Zeit auf den Prozess der Datenerhebung und -Upgrade verbraucht.
- **Schulung und Sensibilisierung**: Eine gemeinsame Barriere, die sowohl EMS und EMIS mit ähnlichen Merkmalen betrifft, ist der Mangel an Ausbildung und Bewusstsein. Für die Umsetzung einer neuen Methode ist ein Bewusstsein in Bezug auf den Umsetzungsprozess unerlässlich. Es erfordert viel Mühe, in die Ausbildung der Mitarbeiter zu investieren, die in den Prozess eingebunden sind und die Schritte, die in der Wartung der Systeme durchgeführt werden.

- **Personalproblematik**: Da KMUs nur begrenzte Anzahl von Arbeitsplätzen zur Verfügung haben, ist eine Zuteilung von Mitarbeitern, die entweder für die Umsetzung EMS oder EMIS bestimmte Mitarbeiter für die Wartung und für andere Zwecke zuständig sind, nicht praktikabel und steht damit als Barriere im Raum.
- **Fehlende Experten**: Jedes Unternehmen, das ein neues System implementieren möchte, bevorzugt die Suche nach (technischer) Expertise, die in der Regel kostenintensiv ist. KMUs sind nicht in der Lage, große finanzielle Investitionen in hochqualifiziertes technisches Personal durchzuführen, die ein EMS oder EMIS unterstützen können.

The ECET-Requirements framework Ein konzeptionelles Modell für die Anforderungen der Implementierung und Verwendung eines EMIS in einem KMU wurde von Jamous et al. vorgeschlagen (Jamous et al. 2013). Das Modell enthält vier Dimensionen, wie in Abb. 22.5 gezeigt wird:

- Current Environmental Situation (CES).
- Environmental Footprint Expectation (EFE).
- Environmental Maturity Level (EML).
- Technological Experience Level (TEL).

Das Modell hilft Unternehmen bei der Beurteilung auf welchem Level der Umwelt Performance Messung sie sich befinden und zeigt auf welche Entwicklungen nötig sind, um ein höheres Level zu erreichen. Daher können Unternehmen durch die Verwendung des Modells ein EMIS systematisch umsetzen.

Abb. 22.5 ECET-requirements framework (Jamous et al. 2013)

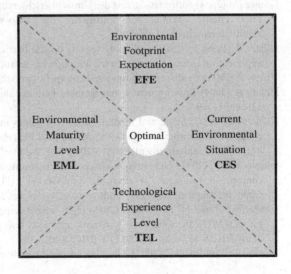

22.5 Zusammenfassung

Ausgehend von der Bedeutung der Informationstechnologie als unterstützendem Faktor für die Unternehmen, um die wachsende Nachfrage nach umweltfreundlicheren Produkten zu erfüllen, untersucht dieser Artikel die Barrieren von KMU bei der Einführung eines Umwelt-Management-Systems (EMS) und den Schwierigkeiten bei der Umsetzung und Nutzung eines Environmental Information Systems (EMIS). Viele Anforderungen und Barrieren der KMU wurden aus verwandten/ähnlichen Arbeiten der Literatur abgeleitet und in einer Liste der häufigsten Barrieren vorgestellt. Im letzten Teil des Artikels haben wir die ECET-Anforderungen in einem vorgeschlagenen konzeptionellen Modell hervorgehoben, um jedes Unternehmen bei der Bewertung der aktuellen Situation und der Bereitschaft zur Umsetzung und Verwendung eines EMIS zu unterstützen.

Literatur

Ammenberg J, Hjelm O (2003) Tracing business and environmental effects of environmental management systems—a study of networking small and medium-sized enterprises using a joint environmental management system. Bus Strategy Environ 12:163–174

Antoni-komar I, Beermann M, Schattke H (2010) Additional challenges for CEMIS due to impacts caused by climate change

Clausen J (2004) Umsteuern od Neugründen? Die Realisierung ökologischer Produktpolitik im Unternehmen, Univ. Göttingen, Bremen. http://elib.suub.uni-bremen.de/publications/dissertations/E-Diss989_clausen_j.pdf

Cooper M (2006) Environmental management systems (EMS) and learning in small and medium size establishments (SME): a case study from the beverage industry

Darnall N, Jolley JG, Handfield R (2006) Environmental management systems and green supply chain management: complements for sustainability?

Gómez JM (2004) Automatisierung der Umweltberichterstattung mit Strommanagementsystemen. PhD Thesis, Fakultät für Informatik der Otto-von-Guericke-Universität Magdeburg, Habilitationsschrift, Magdeburg

Hillary R (1999) Evaluation of study reports on the barriers, opportunities and drivers for small and medium sized enterprises in the adoption of environmental management systems

Hillary R (2000) Small and medium sized enterprises and the environment: business imperatives

Hillary R (2004) Environmental management systems and the smaller enterprise. J Clean Prod 12(6):561–569

Hitchens D (2003) Small and medium sized companies in Europe. Environmental performance, competitiveness and management; international EU case studies. Springer, Berlin. http://www.loc.gov/catdir/enhancements/fy0813/2003057329-d.html

Jamous N et al (2011) Light-weight composite environmental performance indicators (LWC-EPI) concept. In: Golinska P, Fertsch M, Marx Gómez J (Hrsg) Information technologies in environmental engineering, new trends and challenges, vol 3. Springer, Berlin, S 289–299

Jamous N, Schrödl H, Turowski K (2013) Light-weight composite environmental performance indicators (LWC-EPI) solution: a systematic approach towards users requirements. In: Proceedings of the HICSS-46, Maui. doi: 10.1109/HICSS.2013.383

Morrow D, Rondinelli D (2002) Adopting corporate environmental management system

Rautenstrauch C (1999) Betriebliche Umweltinformationssysteme: Grundlagen, Konzepte und Systeme; mit 8 Tabellen, Springer. ISBN: 3-540-66183-2

United Nations Human Settlements Programme (UN-HABITAT) (2008) Building an environmental management information system (EMIS) (2008)

Vasilenko L, Arbačiauskas V (2012) Obstacles and drivers for sustainable innovation development and implementation in small and medium sized enterprises

Verheugen G (2005) The new SME definition – user guide and model declaration. EU-Enterprise and Industry Commission, Official Journal of the European Union, S 15

Welford R (1996) Corporate environmental management systems and strategies. Earthscan Pub, London

Zorpas A (2009) Environmental management systems as sustainable tools in the way of life for the SMEs and VSMEs

BUIS für den produktionsintegrierten Umwelt-schutz – Wunsch oder Wirklichkeit?

Horst Junker

Zusammenfassung

Zumindest die wissenschaftliche Literatur schenkt den BUIS für den produktionsintegrierten Umweltschutz besondere Aufmerksamkeit. Ein unbefangener Beobachter hätte erwartet, dass diese BUIS-Ausprägung bis auf die Detailebene „durchspezifiziert" worden ist. Dem ist aber nicht so. Da betriebswirtschaftlich orientierte Software (z. B. ERP-, aber auch PPS-Systeme) und BUIS für den produktionsintegrierten Umweltschutz prinzipiell den gleichen Gegenstandsbereich – den Bereich der Produktion – abdecken, können solche BUIS dem sog. Add on-, dem Erweiterungs- oder dem Integrationsmodell folgend konzipiert werden. Dabei gilt das Integrationsmodell als besonders leistungsfähig. In diesem Modell ist eine Softwarearchitektur zu entwerfen, die der Ökonomie und Ökologie gleichberechtigt Rechnung trägt. Eine Systemrealisierung nach diesem Modell existiert bislang nicht. Soll das Erweiterungsmodell realisiert werden, sind bereits bestehenden Funktionalitäten eines PPS-Systems umweltschutzorientierte Ergänzungen hinzuzufügen. Die Integration findet somit durch die Entwicklung von Add ons auf der Ebene einzelner Funktionen statt. Systeme dieser Ausprägung sind ebenfalls nicht bekannt. Nach dem Add on-Modell wird neben bestehenden PPS-Systeme ein eigenständiges BUIS für den Produktionsbereich entwickelt. Ein solches Modell hat schwerwiegende Nachteile, da ggf. gleiche Daten in beiden Systemen vorgehalten werden müssen – ein Verstoß gegen das Prinzip der Einmalerfassung – und die Anwender mit vermutlich unterschiedlichen Verarbeitungsergebnissen konfrontiert werden, da solche BUIS im Vergleich zu PPS- oder ERP-Systemen unterschiedliche Ziele verfolgen. Damit würde es den Anwendern überlassen bleiben, welchen der erarbeiteten Ergebnissen er zu folgen bereit ist. Ein Zustand, der bei operativen Systemen nicht zugelassen werden

H. Junker (✉)
IMBC GmbH, Institut für Informationsverarbeitung, Chausseestraße 84,
10115 Berlin, Deutschland
e-mail: horst.junker@imbc.de

J. Marx Gómez et al. (Hrsg.), *IT-gestütztes Ressourcen- und Energiemanagement*,
DOI: 10.1007/978-3-642-35030-6_23, © Springer-Verlag Berlin Heidelberg 2013

kann. Folgt man dem unterstellten ganzheitlichen Ansatz, ist die Realisierung von BUIS zum produktionsintegrierten Umweltschutz mit exorbitanten Schwierigkeiten verbunden. Erst wenn man Teilsysteme herausgreift, wie beispielsweise Recycling- und/oder Demontagesysteme, die üblicherweise nicht Bestandteile „klassischer" PPS- bzw. ERP-Systeme darstellen, scheint eine solche systemtechnische Integration möglich.

Schlüsselwörter

Produktionsplanungs- und –steuerungssysteme • Betriebliche Umweltinformationssysteme • Produktionsintegrierter Umweltschutz • ERP-System

23.1   Produktionsintegrierter Umweltschutz

Da produzierende Unternehmen zu den wesentlichen Verursachern von Umweltschädigungen zählen (Breidenbach 2002), ist es geboten, ihre Produktionsprozesse zu untersuchen und den Versuch zu unternehmen, soweit als möglich Umweltschutzmaßnahmen in diese Prozesse zu integrieren, zumal nur so praxistaugliche Konzepte entwickelt werden können, die von den Unternehmen tatsächlich umgesetzt werden. Negative Umweltwirkungen resultieren zunächst aus den in den Produktionsprozessen anfallenden Emissionen. Dazu zählen gasförmige, flüssige, feste, aber auch energetische Emissionen sowie Lärm (vgl. Rautenstrauch 1999, S. 94). Auch die Bereitstellung natürlicher Ressourcen führt in einem oft erheblichen Maße zu Umweltbelastungen. Dies gilt insbesondere dann, wenn der Verbrauch von Materialien und Energien umfangreicher ist als durch nachwachsende Rohstoffe oder erneuerbare Energien bereitgestellt werden können. Somit entstehen Umweltbelastungen nicht nur während der Nutzungsphase eines Produkts, sondern auch in einem erheblichen Maße während seiner Produktion.

Um diesen Umweltbelastungen entgegenzuwirken, werden in der betrieblichen Praxis häufig additive Maßnahmen (end-of-pipe) eingesetzt. Die Aufgabe der end-of-pipe-Maßnahmen besteht darin, die während des Produktionsprozesses entstandenen Emissionen zu beseitigen oder zumindest bis unterhalb vorgegebener Grenzwerte zu reduzieren. Dabei wird die Produktion selbst nicht verändert. End-of-pipe-Maßnahmen sind vielmehr dem Produktionsprozess nachgelagert. Diesem reaktiven Ansatz können produktionsintegrierte Maßnahmen gegenübergestellt werden. Der produktionsintegrierte Umweltschutz verfolgt das Ziel, schädliche Emissionen nicht erst ex post zu reduzieren oder zu beseitigen, sondern den Versuch zu machen, ihre Entstehung während des Produktionsprozesses zu vermeiden. Somit wird mit dem produktionsintegrierten Umweltschutz ein proaktiver Ansatz verfolgt. In der VDI-Richtlinie 4075 wird der produktionsintegrierte Umweltschutz (PIUS) „als der auf die Produktion bezogene Teil der integrierten, vorsorgenden Produktpolitik (IPP) (…), die die ökologischen und ökonomischen Merkmale eines Produktes entlang seines gesamten Lebensweges zusammenfügt" definiert (o.V. o.J., S. 2). Diese Definition lässt deutlich werden, dass das Produkt selbst sowie dessen Lebenszyklus einen wesentlichen Teil des PIUS darstellen.

Da Produktionsprozesse und Fertigungsverfahren in den Betrieben sehr unterschiedlich sind, ist es nicht möglich, für die Realisierung eines integrierten Umweltschutzes standardisierte Vorgehensweisen vorzugeben. Unter PIUS wird vielmehr eine Vielzahl von Konzepten und Technologien verstanden, mit denen es ermöglicht wird, die Stoff- und Energieströme bereits während der Produktion so zu gestalten, dass ihre Umweltbelastungen minimiert werden.

In Abb. 23.1 wird ein Überblick über additive, produktionsintegrierte und produktintegrierte Umweltschutzmaßnahmen gegeben. Darüber hinaus werden deren Komplexität und ihr Erfolgspotenzial aufgezeigt. Im Vergleich zu den anderen Umweltschutzkonzepten ist der additive Umweltschutz aufgrund seines nachsorgenden Charakters erheblich weniger komplex, erzielt allerdings auch die geringsten Umweltschutzwirkungen, da dieses Konzept nur in der Lage ist, bereits eingetretene Umweltschädigungen zu behandeln. Der produktionsintegrierte Umweltschutz agiert proaktiv mit dem Ziel, Umweltbelastungen während des Produktionsprozesses a priori zu reduzieren oder zu vermeiden. Die hier einzusetzenden Umweltschutzmaßnahmen weisen zwar einerseits eine höhere Komplexität, aber andererseits auch ein größeres Erfolgspotenzial auf. Der produktintegrierte Umweltschutz hat den vollständigen Lebenszyklus eines Produkts von der Materialerzeugung über die Produktions- und Nutzungsphase bis hin zur Entsorgung im Betrachtungsfokus.

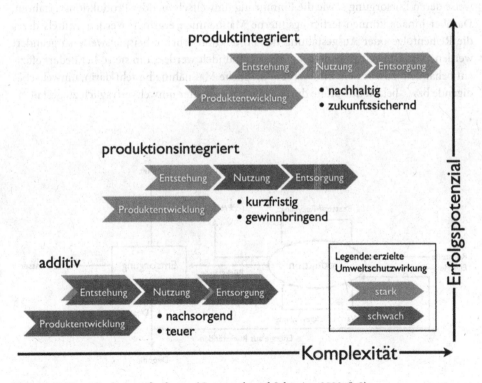

Abb. 23.1 Umweltschutzmaßnahmen (Grawatsch und Schöning 2003, S. 8)

Da dieses Konzept die vollständige Wirkungskette betrachtet, weist es vergleichsweise die höchste Komplexität auf, ermöglicht jedoch die umfassendsten Reduzierungen von Umweltbelastungen (vgl. Grawatsch und Schöning 2003, S. 8f.).

Im Folgenden wird ausschließlich der produktionsintegrierte Umweltschutz fokussiert, da diesem Konzept unterstellt wird, dass mit ihm im Vergleich zum additiven und produktintegrierten Umweltschutz der größere Teil der Umweltbelastungen und -schädigungen vermieden werden kann (vgl. Rautenstrauch 1999, S. 64)

Die Maßnahmen des produktionsintegrierten Umweltschutzes greifen üblicherweise in die Produktionsprozesse ein und verändern unmittelbar deren Material-, Energie -und Emissionsströme. Die nachfolgende Abb. 23.2 stellt den produktionsintegrierten Umweltschutz schematisch dar. Allerdings verdeutlicht sie nicht die innerhalb der Produktion möglichen Umweltschutzaktivitäten; vielmehr zeigt sie die Stoffflüsse über die Grenzen des Produktionsbereichs hinaus.

Gezeigt wird, dass Rohstoffe und Energien in die Produktion eingehen und dort in Produkte und Reststoffe umgewandelt werden. Für diese Umwandlung werden unterschiedliche Strategien, technische Verfahren und Maßnahmen mit dem Ziel eingesetzt, sowohl die Inputgrößen als auch die Rückstände möglichst gering zu halten. Zu solchen Verfahren zählen eine IT-gestützte Prozesssteuerung, ein integriertes Reststoffrecycling, eine vereinfachte Wiederverwendung von Reststoffen beziehungsweise deren Entsorgung sowie die Einführung umweltschonender Produktionsverfahren. Darüber hinaus können fertigungsinterne Maßnahmen ergriffen werden, mittels derer die Reihenfolge oder Ausgestaltung der Produktionsschritte beispielsweise so geändert werden, dass Umweltwirkungen ge- oder entbündelt werden, um sie so bei Bedarf effizient behandeln zu können. Eine weitere mögliche Maßnahme besteht darin, umweltschädigende bzw. -belastende Stoffe durch Substitutionsgüter umweltverträglich zu gestalten.

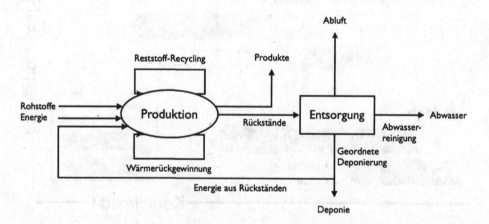

Abb. 23.2 Produktionsintegrierter Umweltschutz (Rautenstrauch 1999, S. 64)

23.2   Produktionsplanungs- und -steuerungssysteme (PPS-Systeme)

Seit den neunziger Jahren des letzten Jahrhunderts wird in der betrieblichen Umweltinformatik unterstellt, dass – auch aus ökonomischen Gründen – ein produktionsintegrierter Umweltschutz IT-basiert durchgeführt werden sollte. Produktionsintegrierte bzw. -nahe BUIS sind eine spezifische Ausprägung der betrieblichen Umweltinformationssysteme. Ihre Aufgabe ist es, Informationen über Gestaltungsmöglichkeiten umweltfreundlicher Produktionsprozesse zu sammeln, zu verarbeiten und bereitzustellen. Sie unterstützen somit die Durchführung des Produktionsprozesses mit dem primären Ziel, unerwünschte Outputs zu reduzieren oder zu vermeiden.

Bereits in der „klassischen" Wirtschaftsinformatik wird die IT-Unterstützung der „Optimierung" des Produktions- bzw. Fertigungsbereichs durch sog. Produktionsplanungs- und -steuerungssysteme abgesichert. Diese IT-Systeme haben die Aufgabe, die Prozesse des Fertigungsbereichs hinsichtlich der Zielgrößen Kosten, Zeit und Qualität zu optimieren. Das Ziel der Reduzierung der Umweltbelastungen wird mit diesen Systemen nicht verfolgt.

Die Produktionsplanung und -steuerung ist eine der Hauptaufgaben produzierender Unternehmen. Sie beschreibt die Aufbau- und Ablauforganisation von Produktionssystemen. Dabei stehen die Aspekte der Ganzheitlichkeit und Durchgängigkeit im Vordergrund der Betrachtung, wodurch auch die hohe Komplexität von Produktionssystemen aufgezeigt wird (vgl. Schuh 2006). Um diese Komplexität handhabbar zu machen, ist der Einsatz von IT-Systemen (Produktionsplanungs- und -steuerungssysteme, PPS-Systeme) zwingend geboten. Das Ziel des Einsatzes von PPS-Systemen besteht in der integrierten Gestaltung und Durchführung der betrieblichen Produktionsplanung und -steuerung in der Weise, dass der Produktionsablauf unter Berücksichtigung der Zielgrößen Menge, Zeit und Kapazitäten geplant, gesteuert und durchgeführt werden kann. Die IT-Unterstützung in diesem Bereich kann und soll zu einem optimal durchgeführten Produktionsablauf führen, mit dem auch strategische Unternehmensziele unterstützt werden können (vgl. Kiener 2009, S. 156). Im Umkehrschluss folgt, dass ein PPS-System einen Teil der Gesamtunternehmensplanung darstellt. Nicht nur auf Grund unterschiedlicher Fertigungsbedingungen, auch wegen unterschiedlicher Unternehmensziele können sich die einzelnen, im betrieblichen Einsatz befindlichen PPS-Systemen in ihrer Funktionalität deutlich unterscheiden.

Grundsätzlich gilt für PPS-Systeme, dass sie sich der Beachtung des Wirtschaftlichkeitsprinzips unterwerfen. Da Wirtschaftlichkeit als Differenz aus erbrachten Leistungen und Kosten definiert ist, stehen die Fertigungskosten als diejenige Größe im Vordergrund, die mittels IT-Systeme am leichtesten zu beeinflussen ist. Da Kostenziele häufig nicht direkt geplant werden können, weil sie nicht immer eindeutig quantifiziert werden können und ggf. von weiteren Faktoren abhängen, ist es erforderlich, sog. Ersatzziele zu definieren. Üblicherweise sind dies Zeit- und Mengenziele, die einen unmittelbaren Zusammenhang zu den Kosten aufweisen. Zeitkritische Ziele im Kontext von PPS-Systemen sind Größen wie die Minimierung der Durchlaufzeiten, die Reduzierung von Wartezeiten, die Vermeidung von Terminüberschreitungen sowieso die Sicherstellung der

Kapazitätsauslastung. Mengenbezogene Ziele orientieren sich häufig an der Minimierung von Beständen und Fehlmengen (vgl. Kurbel 2005, S. 19). Da sich die aus den Oberzielen Zeit und Menge abgeleiteten Teilziele gegenseitig beeinflussen können, sind sie in ihrer Gesamtheit nicht simultan zu erreichen. Daraus ergibt sich die Konsequenz, dass gewisse Ziele fokussiert oder vernachlässigt werden müssen. In Abhängigkeit von der Wahl der Teilziele ist ein PPS-System in der Lage, die Durchlaufzeiten und Lagerbestände zu verringern und somit die Fertigungskosten zu reduzieren und gleichzeitig die Kundenzufriedenheit zu erhöhen (vgl. Kurbel 2005, S. 15).

Üblicherweise werden PPS-Systeme in die Funktionsbereiche Grunddatenverwaltung, Produktionsprogrammplanung, Mengenplanung, Termin- und Kapazitätsplanung sowie Auftragsveranlassung und -überwachung unterteilt.

Der Grunddatenverwaltung ist die Aufgabe zugewiesen, alle Daten, die für die Produktionsplanung und -steuerung benötigt werden, zu sammeln, zu speichern, zu verwalten und bereitzustellen. Diese Daten werden während des gesamten Produktionsablaufs vorgehalten und können für alle Teilschritte der Produktionsplanung und -steuerung genutzt werden. Um einen problemlosen Zugriff auf die Grunddaten gewährleisten zu können, ist eine einheitliche und konsistente Datenbasis erforderlich.

Die Produktionsprogrammplanung hat die Aufgabe, die in einer Planungsperiode zu erzeugenden Produkte hinsichtlich ihrer Art, Menge und des Fertigungszeitpunktes zu planen und zu determinieren. Dazu ist zunächst eine relativ grobe Primärbedarfsplanung durchzuführen, in der die für die Fertigung benötigten Materiallieferungen, die verfügbaren Kapazitäten und die Terminvorgaben für die Produktfertigung aufeinander abgestimmt werden. Je nach Fertigung erfolgt die Planung entweder lagerauftragsgebunden, wobei die Planungsparameter durch Absatzprognosen oder sonstigen Berechnungen ermittelt werden, oder anhand von Kundenaufträgen, durch die Fertigungstermine und -mengen vorgegeben sind.

Die Mengenplanung folgt der Produktionsprogrammplanung. Auf der Basis der zuvor erstellten Primärbedarfspläne werden für die in der Fertigung benötigten Materialien die Bedarfe hinsichtlich Menge, Art und Zeitpunkt festgelegt, die zu einer fristgerechten Erstellung der Produkte notwendig sind. Hinsichtlich der Planungsverfahren wird zwischen einer deterministischen und einer stochastischen Bestimmung der Planung unterschieden. Deterministische Verfahren kommen eher bei Kundenauftragsfertigung zum Zuge, während stochastische Verfahren typischerweise bei Lagerfertigung eingesetzt werden. Bei der Ermittlung der Planungsmengen wird darüber hinaus in Bruttobedarf und Nettobedarf differenziert, wobei sich der Nettobedarf aus der Differenz Bruttobedarf minus Eigenfertigung und verfügbaren Sekundärmaterialien ergibt. Zur Ermittlung des Sekundärbedarfs ist eine exakte Lagerbestandsführung von besonderer Bedeutung, weil hier alle Zu- und Abgänge erfasst werden. Der Mengenplanung folgt die Beschaffungsrechnung. In ihr wird die Beschaffung der geplanten Materialmengen hinsichtlich von Losgrößen und Liefermengen geplant und berechnet (vgl. Kautz 1996, S. 109). Die Ergebnisse der Mengenplanung sind Fertigungsaufträge für eigengefertigte Teile und Beschaffungsaufträge für fremdbezogene Materialien.

In der Termin- und Kapazitätsplanung werden die Aufträge aus der zuvor durchgeführten Produktionsprogrammplanung unter Berücksichtigung der zur Verfügung stehenden Fertigungskapazitäten zeitlich koordiniert. Dabei werden zunächst in der sog. Durchlaufterminierung die Start- und Endtermine der einzelnen Fertigungsvorgänge ermittelt. Darauf folgend werden im Rahmen der Kapazitätsterminierung die für die Fertigung erforderlichen Anlagen und Aggregate ermittelt und den tatsächlich verfügbaren Kapazitäten gegenübergestellt. Übersteigen die erforderlichen Anlagen die vorhandenen Kapazitäten müssen Ausgleichsrechnungen vorgenommen werden. Der abschließende Arbeitsschritt der Termin- und Kapazitätsplanung erfolgt in der Reihenfolgeplanung, in der ermittelt wird, zu welchem Zeitpunkt Fertigungsaufträge bearbeitet werden müssen.

Die Auftragsveranlassung und -überwachung wird nicht mehr dem Planungs-, sondern dem Steuerungsbereich der Produktion zugerechnet. In ihr werden Fertigungsaufträge kurzfristig für die Fertigung freigegeben. Nach einer Verfügbarkeitsprüfung von Kapazitäten, Materialien und Betriebsmitteln werden in der Auftragsveranlassung zunächst die Fertigungsaufträge grundsätzlich freigegeben. Darauf folgend wird die Arbeitsverteilung durchgeführt, in der die Fertigungsaufträge den einzelnen Kapazitäten zugewiesen und die für die Arbeitsorganisation erforderlichen Dokumente erstellt werden. Für die in der Mengenplanung ermittelten Fremdbedarfe werden entsprechende Bestellaufträge freigegeben. Die Aufgabe der Auftragsüberwachnug besteht darin, alle in der Auftragsveranlassung geplanten und initialisierten Maßnahmen zu überprüfen. Diese umfassende Kontrollaufgabe wird üblicherweise durch eine Betriebsdatenerfassung unterstützt, die sehr häufig als ein integraler Bestandteil eines PPS-Systems vorliegt. In ihr werden alle relevanten Fertigungsdaten gesammelt und aufbereitet, so dass es jederzeit möglich ist, den aktuellen Status der Fertigung nachzuvollziehen.

Die vorstehende Skizze eines PPS-Systems verdeutlicht dessen bereits zuvor konstatierte Komplexität. Ein PPS-System unterstützt mehrere Hierarchieebenen der Planung sowie der operativen Steuerung und Kontrolle. Weiterhin wird deutlich, dass in einem PPS-System eine hoch interdependente, prozedurale Vorgehensweise abgebildet ist. Eine weitere Komplexitätsstufe ergibt sich daraus, dass ein PPS-System ein Zielsystem abzubilden hat, dass zumindest teilweise aus konfligierenden Zielen besteht. Die Vielzahl der innerhalb von PPS-Systemen zu bearbeitenden Aufgaben, deren Problemumfang und die Komplexität ihres Zusammenspiels hat zur Konsequenz, dass PPS-Systeme manuell nicht mehr effizient bearbeitet werden können. Eine IT-Unterstützung ist offenbar zwingend geboten. Deutlich wird auch die Folge, dass eine solche IT-Unterstützung mit hohen Investitionskosten und Einführungsaufwendungen verbunden ist.

23.3 Betriebliche Umweltinformationssysteme (BUIS)

Die wissenschaftliche Literatur hat sich in der Vergangenheit trotz vieler Versuche schwer getan, betriebliche Umweltinformationssysteme mit hinreichender Präzision und einvernehmlich zu definieren. Anerkannt ist, dass Informationssystemen grundsätzlich die Aufgabe zugewiesen ist, Daten spezifischer Anwendungsgebiete zu sammeln und diese bei Bedarf (aufbereitet) zur Verfügung zu stellen. Für Umweltinformationssysteme gilt, dass diese Umweltdaten bzw. Umweltinformationen sammeln und bereitstellen. Unter Umweltdaten werden solche Daten verstanden, die Eigenschaften der Medien Boden, Wasser und Luft beschreiben. Zu Informationen werden diese Daten dann, wenn sie in einem unmittelbaren Bezug zu weiteren Dimensionen (z. B. in einem zeitlichen Kontext) gestellt werden (vgl. Rautenstrauch 1999, S. 8). Weiterhin werden Daten betrieblichen Umweltinformationssystem zugeordnet, die zwar keinen unmittelbaren Bezug zu Umweltfragen besitzen, sich aber indirekt auf diese auswirken. Alle diese Arten von Daten werden betrieblichen Umweltinformationssystemen zugeordnet, von diesen erfasst, verwaltet und bei Bedarf den Anwendern zur Verfügung gestellt, so dass diese bei der Planung, Steuerung und Kontrolle seiner Aktivitäten im Rahmen des betrieblichen Umweltmanagements unterstützt werden. Demgemäß definiert Rautenstrauch ein betriebliches Umweltinformationssystem als „ein organisatorisch-technisches System zur systematischen Erfassung, Verarbeitung und Bereitstellung umweltrelevanter Informationen in einem Betrieb" (Rautenstrauch 1999, S. 11). In Folge dieser vergleichsweise breit gefassten Definition existieren BUIS in einer Vielzahl von Formen und Ausprägungen. Nicht selten wird zwischen Berichts- und Auskunftssystemen, Ökocontrollingsystemen und produktionsnahen BUIS unterschieden.

Da die zuvor genannte Definition – wie viele andere Definitionen, die aus dem wissenschaftlichen Bereich stammen – schlecht handhabbar und somit wenig praxisnah zu sein scheint, ist es praktikabler, den BUIS dadurch näher zu kommen, indem ihr Anwendungsfeld abgesteckt wird. Die nachfolgende Abbildung (Abb. 23.3) lässt deutlich werden, dass der grundsätzliche Handlungsrahmen von BUIS das Unternehmen ist, wenn auch Applikationen bekannt sind, deren Anwendungsfeld die Grenzen eines Unternehmens überwinden (z. B. Environmental Supply Chain Systeme). Auffallend ist allerdings, dass der Handlungsrahmen von BUIS mit dem der betrieblichen Anwendungssysteme (z. B. ERP-Systeme) identisch ist. Genau diese Identität führt in der betrieblichen Praxis häufig zu erheblichen Einführungsschwierigkeiten bei betrieblichen Umweltinformationssystemen, so dass nach wie vor der Durchdringungsgrad der Unternehmen mit BUIS als vergleichsweise dürftig bezeichnet werden muss. Es ist den Unternehmen nur schwer plausibel zu machen, jenseits bereits existierender betrieblicher Anwendungssysteme weitere Informationssysteme implementieren zu sollen. Dennoch ist die Daseinsberechtigung und Notwendigkeit von BUIS nicht von der Hand zu weisen, da grundsätzliche Unterschiede zwischen den beiden Typen von Informationssystemen bestehen. Prinzipiell verfolgen betriebliche Anwendungssysteme ökonomische Ziele, so dass deren Datenbasis auf finanzielle Größen wie z. B. Kosten rekurriert. BUIS haben das Ziel, den betrieblichen Umweltschutz zu fördern, indem Material- bzw. Energieinputs sowie Emissions- bzw. Abfalloutputs reduziert werden. Daraus ergibt sich, dass die Datenbasis von BUIS im Wesentlichen aus mengenorientierten Daten besteht. Unterschiedliche Zielsetzungen und unterschiedlich ausgeprägte Datenbasen führen notwendigerweise zu inhaltlich sehr differierenden Informationssystemen.

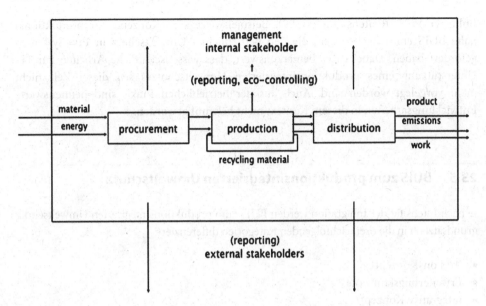

Abb. 23.3 Anwendungsfeld betrieblicher Umweltinformationssysteme (eigene Darstellung)

23.4 Integration des Umweltschutzes in Produktionssysteme

Wie zuvor gezeigt, ist die den Produktionsprozessen zu Grunde liegende Planung in den meisten Fällen äußerst komplex. Ebenso ist die Notwendigkeit aufgezeigt worden, das Aufgabenspektrum der Produktionssysteme durch IT-Systeme (sog. PPS-Systeme) zu unterstützen. Die möglichen Ausprägungen gegenwärtiger PPS-Systeme sehen nicht vor, betriebliche Umweltschutzaktivitäten zu unterstützen. Um dieses zu erreichen, ist es erforderlich, dass das Zielsystem der PPS-Systeme mit dem von BUIS abgeglichen werden, um eine effiziente Integration zu erreichen.

Nach Junge (2007) stellt die Integration umfassender Umweltschutzaktivitäten in den Produktionsprozess sehr hohe Anforderungen an die PPS-Systeme. Die Bearbeitung von Umweltschutzmaßnahmen benötigt neben detaillierten Material- und Produktinformationen, die meistens in PPS-Systemen vorliegen, häufig auch spezielle Daten über Stoff- und Energieströme, beispielsweise um Quantität und Qualität von Emissionen ermitteln zu können, die jedoch in PPS-Systemen standardmäßig nicht vorhanden sind.

Andererseits ist nicht zu verkennen, dass sich in den Grunddatenverwaltungssystemen der Produktionssysteme eine Vielzahl von Informationen befindet, die für die Bearbeitung von Umweltschutzmaßnahmen relevant ist. Basierend auf diesem Sachverhalt ist es lohnend, Möglichkeiten zu reflektieren, Umweltaspekte und -maßnahmen in PPS-Systeme zu integrieren.

In diesem Kontext wurden erste Ansätze für BUIS zum produktionsintegrierten Umweltschutz in den neunziger Jahren des letzten Jahrhunderts diskutiert (vgl. u. a.

Bullinger 1998; Rautenstrauch 1999). Beispielsweise sind Konzepte für produktionsnahe BUIS erarbeitet worden, die den betrieblichen Umweltschutz in PPS-Systemen gefördert haben. Dabei ist es bemerkenswert, dass wissenschaftliche Arbeiten zur IT-Unterstützung eines produktionsintegrierten Umweltschutzes seit dieser Zeit nicht mehr vorgelegt worden sind. Auch aus der betrieblichen Praxis sind nennenswerte Entwicklungsarbeiten in diesem Kontext nicht bekannt geworden.

23.5 BUIS zum produktionsintegrierten Umweltschutz

Je nach Intensität der Integration werden BUIS zum produktionsintegrierten Umweltschutz grundsätzlich in die drei nachfolgenden Kategorien differenziert:

- Add on-Konzepte
- Erweiterungskonzepte
- integrative Konzepte

Dabei wird die Möglichkeit, BUIS als ein Stand alone-System zu realisieren, in diesem Kontext nicht weiter betrachtet, da hier zwei Systeme parallel betrieben werden, ohne auch nur die geringsten Integrationsmöglichkeiten zu nutzen. Stand alone-Systeme sind zwar unabhängig voneinander, haben aber den schwerwiegenden Nachteil, dass Daten redundant gespeichert werden müssen, was einerseits zu einer Doppelerfassung und andererseits regelmäßig zu inkonsistenten Datensätzen führt.

Eine Möglichkeit, die IT-Unterstützung bei der Durchführung von Umweltschutzmaßnahmen in einen Zusammenhang mit PPS-Systemen zu bringen, besteht darin, ein bestehendes PPS-System um ein produktionsnahes BUIS als Add on-Modul zu ergänzen. Ein solches Modul hat ausschließlich die Aufgabe, umweltschutzrelevante Maßnahmen durch geeignete IT-Aktivitäten zu unterstützen, ohne dass irgendwelche Änderungen innerhalb des PPS-Systems notwendig werden. Sowohl das PPS-System als auch das BUIS sind in ihrer Funktionalität eigenständig und unabhängig voneinander. Günstigstenfalls bestehen zwischen beiden Systemen Schnittstellen, so dass sie miteinander kommunizieren und Informationen austauschen können (vgl. Schuh 2006).

Bei Add on-Konzepten ist eine Abgrenzung zum additiven Umweltschutz nicht einfach zu treffen, der dadurch kennzeichnet ist, dass Umweltschutzmaßnahmen bei einem unveränderten Produktionsprozess nachgeschaltet werden. Im Add on-Konzept des produktionsintegrierten Umweltschutzes wird ein BUIS ebenfalls einem PPS-System nachgeschaltet, so dass Kommunikationen sowie ein Informationsaustausch stattfinden können.

Als Beispiel für eine mögliche Realisierung des Add on-Konzepts beschreibt Rautenstrauch ein Recyclinginformationssystem (vgl. Rautenstrauch 1999, S. 82ff.). Der Fokus dieses Systems liegt auf dem Produktrecycling. Das findet seine Ursache darin, dass die dort bestehende Zeitdifferenz zwischen der Erzeugung des Rezykliergutes und seine

Wiederbereitstellung für den Produktionsprozess im Allgemeinen deutlich höher ist als beim Materialrecycling (vgl. Martens 2011, S. 4f.). Im Produktrecycling werden Altprodukte oder Ausschussteile demontiert und/oder wiederaufbereitet und anschließend den Produktionsprozess als Sekundärgüter wieder zur Verfügung gestellt. Die Demontage erfolgt in einem getrennten Prozess, so dass eine enge Integration von BUIS und PPS-System nicht zwingend erforderlich ist. Für den Recyclingprozess sind Montage- und Wiederverwendbarkeitsdaten erforderlich. Indem in PPS-Systemen die Teilestammdaten um recyclingspezifische Informationen ergänzt werden, kann ein Recyclinginformationssystem auf die Datenbasis eines PPS-Systems aufbauen und die dort verfügbaren Daten wiederverwenden.

Zwar sind mit dem Add on-Konzept die Vorteile verbunden, dass an den PPS-Systemen nur wenige Änderungen vorgenommen werden müssen und dass die Einführungsprobleme eines BUIS dadurch reduziert werden, dass ein eigenständiges System vergleichsweise wenige Abhängigkeiten zu anderen Systemen aufweist, allerdings besteht ein Nachteil in der nur geringen Integration zweier Informationssysteme, die das gleiche Anwendungsfeld betreffen. Weiterhin haben voneinander unabhängige Systeme den Nachteil, dass gleiche Daten für beide Systeme mehrfach erfasst werden müssen. Schließlich bereitet der Datenaustausch zwischen beiden Systemen insofern Probleme, als dass eines der Systeme dem anderen nachgelagert ist.

Das Erweiterungskonzept verfolgt die Idee, ein existierendes PPS-System um die IT-unterstützte Bearbeitung von Umweltaspekten zu ergänzen, um so den Umweltschutz in dessen Planungs- und Steuerungsaktivitäten zu integrieren. Die Realisierung dieses Konzepts geschieht dadurch, einzelne Komponenten eines PPS-Systems um umweltrelevanter Daten und Funktionalitäten zu erweitern. Beispielsweise können PPS-Systeme in der Hinsicht erweitert werden, dass unerwünschte flüssige und gasförmige Emissionen vermieden werden (vgl. Rautenstrauch 1999, S. 94ff.).

Eine mögliche Ausprägung des Erweiterungskonzeptes ist das Modell eines Umwelt-PPS-Systems. Der Fokus eines solchen Systems liegt beispielsweise auf präventiven Maßnahmen mit dem Ziel der Emissionsreduzierung. In diesem Kontext ist beispielsweise die Möglichkeit gegeben, in die Programmplanung Umweltrestriktionen wie Emissionsgrenzen zu berücksichtigen. Darüber hinaus kann es erforderlich sein, einzelne Arbeitsgänge eines PPS-Systems um Attribute wie Emissionsausstoß, Abwasser, Abfall zu ergänzen, um die Emissionen im gesamten Produktionsprozess planen und steuern zu können. Weiterhin kann das Modul der Fertigungssteuerung in der Weise ergänzt werden, dass die Funktionalität von Umweltleitständen hinzugefügt wird. Damit werden die ökonomischen Ziele der Produktionsplanung um umweltorientierte Ziele ergänzt.

Die Erweiterungskonzepte haben den Vorteil, dass Systeme gemäß dieses Konzepts präventiv wirken, dass z. B. Emissionsreduzierung bereits während der Planungsphase berücksichtigt werden kann. Hinzu kommt, dass während der Steuerungsphase diese und weitere umweltrelevante Größen überwacht und gesteuert werden können. Hinzu kommt der Vorteil, dass in den Unternehmen kein zusätzliches IT-System eingeführt und integriert werden muss. Schließlich ist mit dem Erweiterungskonzept die

Chance verbunden, dass nicht nur „Umweltexperten" Zugang zu den umweltspezifischen Anwendungen ermöglicht wird. Allerdings ist die Erweiterung eines bestehenden PPS-Systems durch umweltorientierte Aspekte häufig mit einem erheblichen Aufwand verbunden. Die Erweiterung eines bestehenden Systems bedeutet oft einen massiven Eingriff in dessen Struktur, so dass erst durch umfangreiche Tests die korrekte Arbeitsweise des Systems abgesichert werden kann, zumal ergänzende Ziele und Restriktionen erhebliche Eingriffe in vorhandene komplexe Strukturen bedeuten.

Bezogen auf die betriebliche Praxis sei in diesem Kontext darauf hingewiesen, dass die umfangreiche Erweiterung eines bestehenden Systems insofern als problematisch angesehen wird, dass nicht selten auch Eingriffe in die bereits vorhandenen Funktionalität vorgenommen werden müssen. Diese Eingriffe unterliegen der Gefahr, dass bislang fehlerfrei arbeitende Systemteile mit dem Ergebnis in Mitleidenschaft gezogen werden, dass deren Korrekturen oft zeit- und kostenintensiv sind.

Die integrativen Konzepte schlagen vor, Umweltschutzmaßnahmen in einem PPS-System in der Weise zu integrieren, dass ein vollständig neues System konzipiert wird, das die ökonomisch und ökologisch orientierten Aspekte von Produktionssystemen berücksichtigt und gleichberechtigt behandelt. Dieses Konzept bietet den Vorteil, dass die Umweltaspekte in die Funktionalitäten von PPS-Systemen eingearbeitet sind, so dass keinerlei Integrationsprobleme zu lösen sind.

Weder in der Wissenschaft noch in der Praxis sind die integrativen Konzepte bislang konkretisiert worden. In den meisten Produktionsbetrieben existieren unterschiedliche PPS-Systeme als bewährte Lösung. Diese wurden seinerzeit mit einem oft nicht unerheblichen Aufwand implementiert und den betrieblichen Bedingungen angepasst. Aus diesen Gründen lässt sich vermuten, dass das Interesse der Unternehmen, in Realisierungen integrativer Konzepte zu investieren, relativ gering ausfällt. Das wiederum bewirkt ein fehlendes Engagement der Wissenschaft, solche Systeme zu konzeptionieren und zu entwickeln.

23.6   Fazit

Zunächst ist auffallend, dass die einschlägige Literatur bzgl. BUIS für den produktionsintegrierten Umweltschutz im Wesentlichen in den späten neunziger Jahren des letzten Jahrhunderts publiziert worden ist (vgl. Bullinger 1998; Rautenstrauch 1999; Kostka und Hassan 1997; Siestrup 1999). Die von Rautenstrauch entwickelten Konzepte zur IT-Unterstützung des produktionsintegrierten Umweltschutzes sind weder in der wissenschaftlichen Literatur weiter entwickelt noch in der Praxis umgesetzt worden. Auch auf das von ihm entwickelte Produktions- und Recyclingplanungs- und -steuerungssystem wird nur gelegentlich in der wissenschaftlichen Literatur verwiesen, die Bearbeitung einer konkreten Lösungen steht aber bislang noch aus (vgl. Kurbel 2005). Auch das Integrationskonzept hat in vergangenen oder aktuellen Forschungsarbeiten keinen Eingang gefunden. Realisierungsansätze wurden nie verfolgt.

Obwohl die mit Konzepten für integrative BUIS zum produktionsintegrierten Umweltschutz verbundenen Chancen durchaus erfolgsversprechend zu sein scheinen, ist offenbar das Interesse an einer weiteren theoretischen Durchdringung und einer praktischen Realisierung sehr gering. Während der produktionsintegrierte Umweltschutz aktuell in Wirtschaft und Politik einen zunehmenden Stellenwert gewinnt (vgl. Förstner 2012, S. 85f.) und entsprechende Technologien wie zum Beispiel zur Wärmerückgewinnung realisiert werden, hat die Integration betrieblicher Umweltschutzmaßnahmen in PPS-Systeme offenbar weitgehend an Relevanz verloren. Damit bleibt die Frage offen, inwiefern die Integrationskonzepte für BUIS zum produktionsintegrierten Umweltschutz einen tatsächlichen Mehrwert erbringen und wie hoch ihre Praxistauglichkeit ist.

Aus diesem Grund scheint eine erneute substantielle Diskussion zu Chancen und Risiken integrativer BUIS zum produktionsintegrierten Umweltschutz geboten zu sein.

Literatur

Breidenbach R (2002) Umweltschutz in der betrieblichen Praxis. Erfolgsfaktoren zukunftsorientierten Umweltengagements; Ökologie – Gesellschaft – Ökonomie, 2. Aufl. Gabler, Wiesbaden

Bullinger HJ (Hrsg) (1998) Betriebliche Umweltinformationssysteme in Produktion und Logistik: Workshop der Fachgruppe 4.6.2/5.4.3 „Betriebliche Umweltinformationssysteme" der Gesellschaft für Informatik

Förstner U (2012) Umweltschutztechnik. Springer, Heidelberg

Grawatsch M, Schöning S (2003) Studie zum Produktionsintegrierten Umweltschutz in produzierenden Unternehmen Nordrhein-Westfalens. Abschlussbericht zum Forschungsvorhaben. Fraunhofer-Institut, Aachen

Junge M (2007) Simulationsgestützte Entwicklung und Optimierung einer energieeffizienten Produktionssteuerung. Kassel University Press, Kassel

Kautz WE (1996) Produktionsplanungs- und -steuerungssysteme: Konzept zur technisch-ökonomisch begründeten Auswahl. Gabler, Wiesbaden

Kiener S (2009) Produktions-Management: Grundlagen der Produktionsplanung und -steuerung. Oldenbourg, München

Kostka S, Hassan A (1997) Umweltmanagementsysteme in der chemischen Industrie: Wege zum produktionsintegrierten Umweltschutz. Springer, Heidelberg

Kurbel K (2005) Produktionsplanung und -steuerung im Enterprise Resource Planning. Oldenbourg, München

Martens H (2011) Recyclingtechnik Fachbuch für Lehre und Praxis. Spektrum, Heidelberg

Rautenstrauch C (1999) Betriebliche Umweltinformationssysteme. Grundlagen, Konzepte und Systeme. Springer, Heidelberg

o.V. (o.J.) Produktionsintegrierter Umweltschutz (PIUS). Grundlagen und Anwendungsbereich, o. O

Schuh G (2006) Produktionsplanung und -steuerung. Grundlagen, Gestaltung und Konzepte, 3. Aufl. Springer, Heidelberg

Siestrup G (1999) Produktkreislaufsysteme. Ein Ansatz zur betriebswirtschaftlichen Bewertung produktintegrierter Umweltschutzstrategien in kreislaufwirtschaftsorientierten Produktionsnetzwerken. Schmidt, Berlin

Teil IV

(betriebliche) IS zur Förderung nachhaltiger Mobilität

Informations- und Planungssystem für nachhaltige Mobilität

24

Sven Kölpin

Zusammenfassung

In dieser Arbeit wird ein Informations- und Planungssystem vorgestellt, welches das Mobilitätsmanagement bei der Förderung einer nachhaltigen Mobilität unterstützt. Dieses System übernimmt sowohl die informierenden und beratenden Funktionen für die Endkunden von Mobilitätsdienstleistungen, als auch planerische Maßnahmen für die Verkehrsbetriebe. Es steht vor allem eine dynamische Erweiterbarkeit des Informations- und Planungssystems, beispielsweise um neue Datenquellen, im Vordergrund. Außerdem soll es als Wissenslieferant für beliebig viele externe Systeme fungieren können. Das Informations- und Planungssystem verfolgt das Ziel, aus Mobilitätsdaten zeit- und standortsabhängiges Wissen über kritische Mobilitätsbedürfnisse zu erlangen. Mit diesem Wissen soll auf der einen Seite sowohl eine kurzfristige als auch eine langfristige Beeinflussung der Betriebsplanung der verschiedenen Verkehrsbetriebe des ÖPNVs erlangt werden. Auf der anderen Seite sollen mit dem Wissen die Verkehrsmittelnutzer durch verschiedene Kanäle des Mobilitätsmarketings in ihrer Verkehrsmittelwahl beeinflusst werden. Die Mobilitätsbedürfnisse werden dabei in Echtzeit aus verschiedenen Mobilitätsdaten, die Beispielsweise bei der Nutzung von Fahrplanungsapplikationen oder durch Fahrgastzählanlagen generiert werden, extrahiert und anschließend von dem Informations- und Planungssystem analysiert. Bei der Analyse der Mobilitätsdaten wird ein Kennzahlensystem genutzt, welches in Verbindung mit dem Promethee-Verfahren einen auslastungsabhängigen Vergleich verschiedener Verkehrsmittel zu einem bestimmten Zeitpunkt ermöglicht. Die während der

S. Kölpin (✉)
Department für Informatik, Abt. Wirtschaftsinformatik I/VLBA,
Carl von Ossietzky Universität Oldenburg, Ammerländer Heerstr. 114–118,
26129 Oldenburg, Deutschland
e-mail: sven.koelpin@uni-oldenburg.de

J. Marx Gómez et al. (Hrsg.), *IT-gestütztes Ressourcen- und Energiemanagement*,
DOI: 10.1007/978-3-642-35030-6_24, © Springer-Verlag Berlin Heidelberg 2013

Analyse gefundenen kritischen Zusammenhänge werden an die Reportingschicht des Informations- und Planungssystems weitergeleitet und dort an verschiedene externe Systeme, wie zum Beispiel die Betriebsplanungssysteme der ÖPNV-Betriebe oder Fahrgastinformationssysteme, weitergeleitet.

Schlüsselwörter

Nachhaltige Mobilität • Mobilitätsmanagement • Mobilitätsbedürfnisse • E-Mobility • ÖPNV • Informations- und Planungssystem • Promethee-Verfahren

---

24.1 Einleitung

In Deutschland ist die Mobilität vor allem durch den motorisierten Individualverkehr (MIV) geprägt. Allein die Anzahl der zugelassenen Personenkraftwagen hat sich von 1960 bis 2012 von 4,4 Millionen auf knapp 43 Millionen fast verzehnfacht (vgl. KBA 2012). Besonders im urbanen Bereich ist die starke Verkehrsbelastung deutlich spürbar. Neben den unmittelbaren Problemen wie dem enormen Platzbedarf, der Lärmbelästigung und den Kosten, die durch die Instandhaltungsmaßnahmen für die Verkehrsinfrastruktur entstehen, sind auch durch die Luftschadstoffe verursachten, mittelbaren Belastungen große Problemfelder der aktuellen Verkehrssituation. Beispielsweise liegt in Deutschland allein der Anteil der energiebedingten CO_2-Emissionen durch den Verkehrssektor bei über 20 % (vgl. Umweltbundesamt 2011).

Die Reduzierung dieser durch den Verkehr verursachten Probleme kann unter dem Begriff einer nachhaltigen Entwicklung von Mobilität zusammengefasst werden, die unter anderem durch ein geschicktes Mobilitätsmanagement erreicht werden kann. Beim Mobilitätsmanagement geht es um die Förderung einer nachhaltigen Mobilität durch den Einsatz verschiedener, durch eine politische Ebene getriebener Instrumente (vgl. u. a. Langweg 2007; Momentum 2000).

In dieser Arbeit wird ein Informations- und Planungssystem (IuP-System) vorgestellt, dass das Mobilitätsmanagement zukünftig bei der Förderung einer nachhaltigen Mobilität unterstützen soll. Dieses System übernimmt sowohl die informierenden und beratenden Funktionen für die Endkunden von Mobilitätsdienstleistungen, als auch planerische Maßnahmen für die Verkehrsbetriebe. Es steht vor allem eine dynamische Erweiterbarkeit des Informations- und Planungssystems, beispielsweise um neue Datenquellen und Zielsysteme, im Vordergrund. Außerdem soll es als Wissenslieferant für beliebig viele externe Systeme fungieren können.

In dieser Arbeit wird zunächst untersucht, wie die Nachhaltigkeit von Mobilität messbar und vor allem vergleichbar gemacht werden kann. Anschließend werden aus den Eigenschaften des Mobilitätsmanagements die Anforderungen an das Informations- und Planungssystem abgeleitet. Im Zuge dessen findet auch eine Einordnung des Systems in das Mobilitätsmanagement statt. Zuletzt wird aus den Anforderungen und der Einordnung des Systems ein theoretisches Modell abgeleitet und dieses anhand einer praktischen Umsetzung auf die grundsätzliche Machbarkeit untersucht.

24.2 Vergleich der Nachhaltigkeit von Mobilität

Nachhaltige Mobilität beschreibt eine Form der Mobilität, in der Mobilitätsbedürfnisse einer Gesellschaft mit sinkendem Verkehrsaufwand befriedigt werden sollen, ohne die Möglichkeiten für zukünftige Generationen auf ökologischer, sozialer oder ökonomischer Ebene einzuschränken (vgl. u. a. Dangschat und Segert 2011, S. 60; Gottschalk et al. 2001, S. 5).

Analog zur Definition der Nachhaltigkeit (vgl. u. a. Hauff 1987; Caspers-Merk und Fritz 1998, S. 17ff.) wird auch in der Definition für nachhaltige Mobilität auf die Notwendigkeit hingewiesen, die sozialen, ökonomischen und ökologischen Ressourcen für zukünftige Generationen durch heutiges Handeln nicht auszubeuten. Allerdings steht hier gleichzeitig die Wichtigkeit der Mobilität in der heutigen Gesellschaft im Vordergrund.

Daraus lässt sich folgern, dass ein Trade-Off zwischen der nachhaltigen Entwicklung von Mobilität und den Bedürfnissen und Erwartungen der Gesellschaft an die Mobilität existiert. Die Lösung dieses Problems kann entweder durch eine Suffizienz-Strategie, also durch Verzicht der Gesellschaft auf Mobilität, oder durch eine Effizienz-Strategie gelöst werden. Letzteres erfordert nachhaltige Innovationen und soll in dieser Arbeit verfolgt werden.

Für das Informations- und Planungssystem ist es essentiell, dass die Nachhaltigkeit von Mobilität bewertbar und vergleichbar gemacht wird. Zur Bewertung von Nachhaltigkeit eigenen sich insbesondere Kennzahlen. Diese müssen so ausgewählt werden, dass die verschiedenen Säulen der Nachhaltigkeit von Mobilität quantifizierbar dargestellt werden. Für einen kontextabhängigen Vergleich der Nachhaltigkeit von Mobilität auf Basis von Kennzahlen eignen sich besonders Verfahren aus der multikriteriellen Entscheidungsunterstützung.

24.2.1 Kennzahlen für nachhaltige Mobilität

Auf Grund der großen Unterschiede der verschiedenen zu betrachteten Verkehrsmittel sind diese nicht immer direkt vergleichbar. Aus diesem Grund muss für einen Vergleich nicht der Energieverbrauch für ein Fahrzeug als gesamtes, sondern pro potentielles Platzangebot bestimmt werden (vgl. Lambrecht et al. 2001, S. 8).

Da bei der Berechnung von Emissionen auf Basis von Platzkilometern allerdings immer von einer vollen Auslastung der Fahrzeuge ausgegangen wird, ist für eine realistische Betrachtung von Emissionswerten zusätzlich der tatsächliche Auslastungsgrad eines

Fahrzeuges zu betrachten. Der Auslastungsgrad bezeichnet dabei das Verhältnis von zur Verfügung stehenden Platzzahlen und tatsächlich besetzten Sitzen in einem Fahrzeug.

Im Rahmen dieser Arbeit wurden Kennzahlen zur Repräsentation der drei Säulen der Nachhaltigkeit ermittelt. So dienen beispielsweise diverse Luftschadstoffe der Repräsentation der ökologischen Säule, während zum Beispiel Kennzahlen zur Ressourcenbeanspruchung einzelner Verkehrsmittel die ökonomische Säule widerspiegeln können. Die konkreten Werte für die Kennzahlen wurden dazu aus der Literatur entnommen. In dieser Arbeit wurden die Fahrzeugtypen Pkw (Diesel, Otto, PEV), Bus (Solo (Diesel), Solo (Erdgas), Gelenk (Diesel), Gelenk (Erdgas)) und Tram betrachtet.

24.2.2 Berechnungs- und Vergleichsmodell für nachhaltige Mobilität

Für eine korrekte Beurteilung der jeweiligen Nachhaltigkeit der betrachteten Verkehrsmittel muss ein Vergleichsmodell verwendet werden, welches verschiedene Alternativen (hier die Verkehrsmittel) anhand von heterogenen Kriterien und Kennzahlen vergleichbar macht. Abhängig von verschiedenen Parametern, wie der Fahrzeugauslastung, der Verkehrslage und sogar dem Wetter, muss zu einem bestimmten Zeitpunkt eine Rangordnung für die Nachhaltigkeit der betrachteten Verkehrsmittel auf einer spezifischen Strecke bestimmt werden können. Dazu eignen sich Verfahren aus der multikriteriellen Entscheidungsunterstützung (MCDA). Das hier vorgestellte Informations- und Planungssystem verwendet das Outranking-Verfahren Promethee (vgl. u. a. Ruhland 2004) für die situationsabhängige Bewertung der Nachhaltigkeit eines Verkehrsmittels.

24.3 Mobilitätsmanagement und das Informations- und Planungssystem

Die Hauptziele vom Mobilitätsmanagement liegen in der Reduzierung der motorisierten Fahrzeugbewegungen, ohne die Funktion des Gemeinwesens zu gefährden (vgl. FGSV-Arbeitskreis 1995, S. 11; Hoppe 2001, S. 16). Mobilitätsmanagement soll dazu beitragen, eine effiziente, umwelt- und sozialverträgliche nachhaltige Mobilität anzuregen und zu fördern (vgl. Momentum 2000, S. 16). Dabei richtet es sich an den einzelnen Verkehrsteilnehmer und will diesen zu einem Überdenken seiner Mobilitätsansprüche sowie zu einer intelligenten Verkehrsmittelwahl veranlassen (FGSV-Arbeitskreis 1995, S. 6). Das Mobilitätsmanagement besitzt im idealtypischen Fall ein strategisches und ein operatives Management. Das operative Management besteht aus verschiedenen Akteuren, die dafür zuständig sind, die durch das strategische Management festgelegten Ziele durch operative Maßnahmen zu erreichen. Ein Informations- und Planungssystem für nachhaltige Mobilität muss grundsätzlich dazu in der Lage sein, das operative Management bei all seinen Aufgaben zu unterstützen.

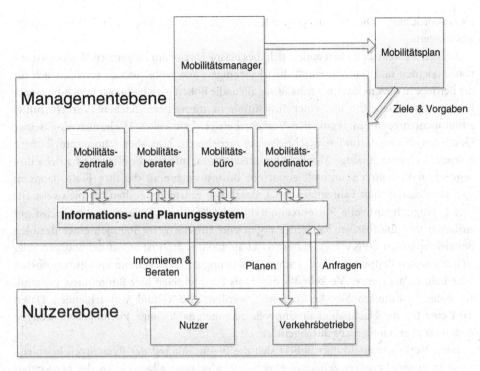

Abb. 24.1 Einordnung des Informations- und Planungssystems in das Mobilitätsmanagement

Die Abb. 24.1 verdeutlicht, dass das Informations- und Planungssystem als Schnittstelle zwischen der Management- und Nutzerebene verstanden wird. Dabei sollen die Nutzer stets proaktiv über verschiedene Marketingkanäle bei ihrer Verkehrsmittelwahl beeinflusst werden, während die Verkehrsbetriebe direkt mit dem System interagieren, um eine nachhaltige Betriebs- und Fahrzeugumlaufsplanung zu erreichen. Beispielsweise kann das Informationssystem die beratenden und informierenden Aufgaben der Mobilitätszentrale und des Mobilitätsberaters durch den Einsatz von Informationstechnologie unterstützen.

24.3.1 Eigenschaften des Informations- und Planungssystems

Das Informations- und Planungssystem ist für zwei verschiedene Zielgruppen konzipiert. Zur ersten Gruppe zählen die Verkehrsmittelnutzer, die im Rahmen des Mobilitätsmanagements in ihrem Mobilitätsverhalten beeinflusst und gelenkt werden sollen. Zur zweiten Gruppe gehören die Anbieter von Verkehrsdienstleistungen und Betriebe des ÖPNVs, welche durch das Informations- und Planungssystem bei einer nachhaltigen Verplanung ihrer Verkehrsmittel unterstützt werden sollen. Bei der Umsetzung eines nachhaltigen Mobilitätskonzeptes im städtischen Bereich gibt es allerdings eine wesentliche

Herausforderung: Die beiden genannten Zielgruppen verfügen nur über begrenzte Ressourcen.

Bei den Verkehrsbetrieben äußert sich dies beispielsweise am begrenzten Vorhandensein von modernen und umweltfreundlichen Fahrzeugen. Als problematisch erweisen sich für die Betriebe in diesem Zusammenhang vor allem die hohen Anschaffungs- beziehungsweise Umrüstungskosten, die mit einer Investition in umweltfreundlichere Verkehrsmittel zusammenhängen. Ein regionaler Verkehrsbetrieb kann eine Modernisierung seiner Flotte aus diesem Grund nur schrittweise vornehmen. Um aber schon zum jetzigen Zeitpunkt eine nachhaltige Mobilität zu unterstützen, müssen die Verkehrsbetriebe ihre begrenzten Ressourcen sinnvoll einsetzen. Busunternehmen, die ihre Flotte langsam von dieselbetriebenen Fahrzeugen auf Erdgasbusse umstellen, sollten beispielsweise für eine ökologisch sinnvolle Ressourcennutzung die Bio- oder Erdgasbusse möglichst gut auslasten und die fossilen Fahrzeuge ergänzend einsetzen. Im Rahmen einer flexiblen Be-triebsweise im ÖPNV (vgl. Halbritter et al. 2008, S. 167) ist es auf der anderen Seite zu bestimmten Zeitpunkten bei geringer Auslastung sinnvoller, wenn anstatt von Bussen oder Bahnen alternative Verkehrskonzepte, als Beispiel seien hier Bürgerbusse genannt, auf einer bestimmten Strecke eingesetzt werden. Auf Grund von fehlenden Daten wird eine für die Nachhaltigkeit sinnvolle ressourcenabhängige Planung zum jetzigen Zeitpunkt aber häufig nicht durchgeführt.

Beim Verkehrsmittelnutzer äußert sich die Beschränktheit der Ressourcen beispiels-weise in eingeschränkter zeitlicher Flexibilität oder ganz allgemein in der begrenzten Bereitschaft, für eine nachhaltige Fortbewegung Kompromisse eingehen zu wollen (z. B. auf das eigene Auto zu verzichten). Das größte Hindernis für nachhaltige Mobilität ist in diesem Zusammenhang die Unkenntnis über alternative Verkehrsmittel (vgl. Dalkmann et al. 2004, S. 16). Die Verkehrsmittelnutzer müssen also für eine nachhal-tige Fortbewegung sensibilisiert werden. Eine solche Sensibilisierung kann zum Beispiel über kontextabhängige Benachrichtigungen bei der Reiseplanung erreicht werden. Die Informationen müssen dabei möglichst personalisiert und in Echtzeit an den Nutzer weitergeben werden, sodass die oftmals zeitkritische Reiseplanung kurzfristig beein-flusst werden kann. Dies kann über verschiedene Kanäle des Mobilitätsmarketings erreicht werden. Die Nachrichten sollen dabei stets im Kontext von der aktuellen Verkehrssituation und den momentanen Auslastungsgraden der Fahrzeuge an den Nutzer geführt werden. So kann dieser stets situationsabhängig entscheiden, ob er ein nachhaltigeres Verkehrsmittel oder Verkehrskonzept bevorzugen möchte.

Eine sinnvolle Verplanung der Ressourcen erfordert eine zeitpunktbezogene Analyse der aktuellen Mobilitätsbedürfnisse in einer Region. Auf Basis der Ergebnisse einer zeitpunktbezogenen Bedürfnisanalyse können Entscheidungen über eine für die Nachhaltigkeit sinnvolle Verplanung der Ressourcen der Verkehrsbetriebe und Verkehrsmittelnutzer zu einer bestimmten Situation getroffen werden.

Folglich muss das Informations- und Planungssystem zum einen dazu in der Lage sein, langfristige Analysen von Verkehrsdaten für die verschiedenen Verkehrsbetriebe vorzunehmen. Auf Basis dieser Analysen kann dann eine nachhaltige Planung der begrenzten Ressourcen vorgenommen werden. Langfristige Analysen sollen dabei ausschließlich reaktiv durchgeführt werden. Zum anderen müssen von dem System auch kurzfristig kritische Zusammenhänge in den aktuellen Mobilitätsbedürfnissen erkannt werden. Daraus sollen dann die zeit- und ortsbezogenen Informationen zur Nachhaltigkeit für die Verkehrsmittelnutzer generiert werden, sodass eine situationsabhängige Beeinflussung der Verkehrsmittelwahl eines Nutzers erreicht werden kann. Die zeitkritische Analyse muss dabei stets proaktiv durchgeführt werden.

Die Grundlage für ein Informations- und Planungssystem für nachhaltige Mobilität sind zeit- und ortsabhängige Mobilitätsbedürfnisse. Mobilitätsbedürfnisse können aus Mobilitätsdaten abgeleitet werden, welche wiederrum aus unterschiedlichen Datenquellen gewonnen werden können. Dabei gibt es für das IuP-System viele verschiedene Datenquellen, wie zum Beispiel die Fahrplandienste Jinengo.com oder Fahrplaner.de oder Fahrgastzählanlagen in Bussen. Mobilitätsdaten enthalten mindestens folgende Informationen: Zeitpunkt der Anfrage, Startpunkt (Haltestelle, Adresse), Zeitpunkt der Abfahrt, Zielort (Haltestelle, Adresse), Benutzter Fahrzeugtyp/Gewünschter Fahrzeugtyp. Der Zielort kann dabei nur bedingt ermittelt werden, da manche Datenquellen wie zum Beispiel die Fahrgastzählanlagen nur beschränkt den Ausstiegsort einer Person darstellen können. Ähnlich verhält es sich mit dem Zeitpunkt der Anfrage.

24.4 Modell für ein Informations- und Planungssystem für nachhaltige Mobilität

Abbildung 24.2 zeigt das theoretische Modell für ein Informations- und Planungssystem für nachhaltige Mobilität. Das System ist in drei Komponenten unterteilt.

24.4.1 Extraktionskomponente des IuP-Systems

Das Informations- und Planungssystem muss für die beratenden Funktionen für die Verkehrsmittelnutzer und Verkehrsbetriebe Wissen über die aktuellen Mobilitätsbedürfnisse in einer Region haben. Dieses Wissen kann aus verschiedenen Datenquellen gewonnen werden. Wie bereits beschrieben kommen dazu vor allem Mobilitätsdaten aus verschiedenen Fahrplaner-Anwendungen und von Fahrgastzählanlagen, die in Bussen eingesetzt werden, in Frage. Für eine zuverlässige Analyse des Mobilitätsverhaltens der Verkehrsmittelnutzer ist es aber wichtig, dass die Art und Anzahl der Datenquellen nicht fest definiert wird.

Vielmehr muss es möglich sein, dass das Informations- und Planungssystem zu jeder Zeit dynamisch um weitere Datenquellen erweitert werden kann. Daraus ergibt sich als eine wichtige Komponente des IuP-Systems die Extraktions-Komponente. Diese hat Zugriff auf die verschiedenen externen Datenquellen und ermöglicht eine Extraktion

Abb. 24.2 Modell für
das Informations- und
Planungssystem für nachhaltige
Mobilität

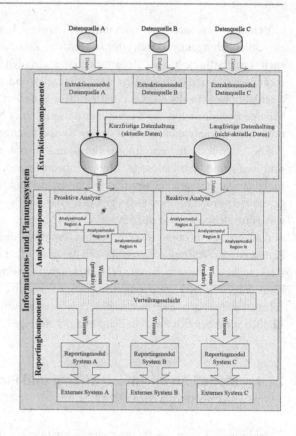

der für die Analyse relevanten Informationen. Dabei ist es von besonderer Wichtigkeit, dass die Daten in möglichst kurzen Zeitabständen, im Idealfall bei jeder Änderung von Einträgen in der Datenquelle, aus den externen Systemen extrahiert werden. Nur so ist eine zeitkritische Analyse der Mobilitätsbedürfnisse in einer Region möglich.

Die extrahierten Daten müssen zusätzlich aggregiert im IuP-System gespeichert werden, um Analysen auf dem gesamten Datenbestand durchführen zu können. Wie bereits im Abschn. 24.3.1 erläutert, sollen sowohl kurzfristige Analysen auf den aktuellsten Datensätzen, zum Beispiel für die kurzfristige Nutzerbeeinflussung, als auch langfristige Analysen auf den gesamten Datenbeständen, zum Beispiel für eine langfristige Betriebsplanung bei den Verkehrsbetrieben, möglich sein. Deshalb soll das Informations- und Planungssystem die extrahierten Daten in zwei unterschiedlichen Datenbanken speichern. Die eine Datenbank muss dabei auf sehr schnelle Zugriffe auf eine große Menge an Daten ausgerichtet sein. Zudem beinhaltet sie immer nur die aktuellsten Datensätze, in der Regel aus der nächsten Stunde, um eine schnelle Analyse zu ermöglichen. Für eine konkrete technische Umsetzung eignen sich hierfür insbesondere In-Memory- oder NOSql-Lösungen (vgl. Leavitt 2010, S. 12ff.). Die zweite Datenbank kann als eine Art Datawarehouse betrachtet werden. Hier werden alle aus der kurzfristigen Datenbank extrahierten Daten persistiert, sodass langfristige Analysen der Mobilitätsbedürfnisse ermöglich werden.

24.4.2 Analysekomponente des IuP-Systems

In der Analysekomponente werden die in der Extraktionskomponente gesammelten Daten analysiert, sodass als Ergebnis Wissen über die aktuellen Mobilitätsbedürfnisse sowie die zu einem bestimmten Zeitpunkt an einem spezifischen Standort nachhaltigste Kombination an Verkehrsmitteln vorliegt. Auch hier wird zwischen zwei verschiedenen Analysearten unterschieden. Zum einen existiert hier ein Modul für die proaktive Analyse. Dieses Modul und dessen Submodule benutzen ausschließlich die in der temporären Datenbank gespeicherten Daten für die Analyse, um eine schnelle Auswertung der aktuellsten Datensätze zu garantieren. Dabei muss das proaktive Analysemodul dazu in der Lage sein, eigenständig und vor allem kurzfristig kritische Zusammenhänge zu erkennen und das Wissen anschließend an die entsprechenden Empfänger weiterzugeben. Das proaktive Analysemodul soll unter anderem für die kurzfristige Beeinflussung der Nutzer bei ihrer Verkehrsmittelwahl und für eine zeitkritische Benachrichtigung der Verkehrsbetriebe, beispielsweise für die Fahrzeugumlaufsplanung, genutzt werden.

Zum anderen gibt es ein Modul für die reaktive Analyse. Dieses Modul und dessen Submodule nutzen die Daten aus der langfristigen Datenbank für ihre Analyse. Dabei soll eine langfristige Analyse der Mobilitätsbedürfnisse in einer Region ermöglicht werden. Diese Analysen sind nicht zeitkritisch und sollen ausschließlich auf Anfrage, also reaktiv, durchgeführt werden. Das mit Hilfe der reaktiven Analyse erzeugte Wissen kann beispielsweise von den verschiedenen Mobilitätsdienstleistern und Verkehrsbetrieben für eine für die Nachhaltigkeit strategische Angebotsplanung genutzt werden.

24.4.2.1 Analysemethoden
Bei der Analyse der unterschiedlichen Datenquellen ist es wichtig, dass stets die Auslastung eines Fahrzeuges über die gesamte Strecke betrachtet wird. Als Ausgangslage für eine solche Analyse werden zwei verschiedene Arten von Daten verwendet.

Zum einen gibt es unsichere Daten, die nicht die aktuellen sondern die zukünftigen Mobilitätsbedürfnisse beschreiben. Diese kommen beispielsweise aus den verschiedenen Fahrplaner-Anwendungen und werden dazu verwendet, die voraussichtliche Auslastung eines Fahrzeuges des ÖPNVs zu einem bestimmten Zeitpunkt vorauszusagen. Eine Analyse der unsicheren Daten soll für eine möglichst nachhaltige Verplanung der Ressourcen verwendet werden, weil hier ein zukünftiger Auslastungsgrad beschrieben wird. Beispielsweise können die Verkehrsbetriebe auf Basis von Analysen der unsicheren Daten eine kurzfristige Änderung der Fahrzeugumlaufplanung vornehmen, um eine möglichst hohe Auslastung und somit eine nachhaltige Ressourcenplanung zu erreichen. Auf der anderen Seite kann anhand der Betrachtung der zukünftigen Mobilitätsbedürfnisse die Verplanung der Ressourcen eines Nutzers effizient beeinflusst werden. In beiden Fällen werden dabei unter der Verwendung des Promethee-Verfahrens verschiedene Fahrzeugtypen abhängig von der Auslastung miteinander auf ihre Nachhaltigkeit hin verglichen, umso eine möglichst optimale Kombination von Verkehrsmitteln zu ermitteln.

Zum anderen existieren in dem Informations- und Planungssystem auch sichere Daten, die die tatsächliche Auslastung eines Fahrzeuges des ÖPNVs zu einem Zeitpunkt beschreiben. Diese Daten kommen beispielsweise aus Fahrgastzählanlagen. Die sicheren Daten finden dabei an zwei unterschiedlichen Stellen einen Verwendungszweck. Auf der einen Seite können sie zur Verifikation der aus den unsicheren Daten analysierten Mobilitätsnachfragen verwendet werden. So kann eine aus den unsicheren Daten berechnete Auslastung mit der tatsächlichen Auslastung eines Fahrzeuges verglichen werden. Der Vergleich von unsicheren Daten mit den sicheren Daten kann durch den Einsatz von Machine-Learning-Methoden über einen längeren Zeitpunkt zu immer genaueren Voraussagen der Mobilitätsbedürfnisse führen und so eine immer effizientere und nachhaltigere Ressourcenplanung ermöglichen. Auf der anderen Seite werden auch die sicheren Daten für die Beeinflussung der Verkehrsmittelnutzer bei ihrer Reiseplanung verwendet, beispielsweise über Benachrichtigungen in Fahrgastinformationssystemen. Auch sind Benachrichtigungen der Verkehrsmittelbetriebe bei einer für die aktuelle Auslastung ungünstigen Ressourcenplanung denkbar, um beispielsweise eine für die Nachhaltigkeit flexible Betriebsplanung zu unterstützen.

24.4.3 Reportingkomponente

Das Informations- und Planungssystem soll die Möglichkeit bieten, dass verschiedene externe Systeme das von der Analyseschicht generierte Wissen nutzen können. Dazu müssen verschiedene Schnittstellen zu den unterschiedlichsten Anwendungen, wie zum Beispiel zu Fahrplan-Apps, zu Planungssystemen der Verkehrsbetriebe oder zu Fahrgastinformationssystemen, existieren. Die Reportingkomponente beinhaltet für diesen Zweck Module für die heterogenen externen Systeme.

Das von der Analyseschicht generierte Wissen wird in der Reportingkomponente an eine Verteilungsschicht weitergegeben. Durch diese Schicht wird das Wissen an die verschiedenen registrierten Reporting-Module verteilt. Die Zuweisung wird dabei nach unterschiedlichen Regionen und Verwendungszwecken, zum Beispiel Verwertung von proaktivem oder reaktivem Wissen, vorgenommen.

Wie das Wissen in den unterschiedlichen Reporting-Modulen aufbereitet und weitergegeben wird, liegt dabei im Ermessen der Modulentwickler, weil davon auszugehen ist, dass jedes externes System eine eigene Schnittstelle für die Anbindung von Daten besitzt. Das Wissen kann dabei direkt für den Menschen lesbar als Informationsquelle genutzt werden oder als Datenbasis für andere Systeme dienen.

24.5   Praktische Umsetzung des Informations- und Planungssystems

Das Konzept des Informations- und Planungssystem wurde im Rahmen der Masterarbeit „Informations- und Planungssystem für nachhaltige Mobilität" praktisch umgesetzt. Als Datenbasis für die unsicheren Daten wurden reale Fahrplan-App-Daten der Braunschweiger Verkehrs AG integriert. Auf Grund der derzeit fehlenden Technik mussten die Fahrgastzählanlagen mit dem Verkehrssimulationsprogramm SUMO, das vom deutschen Zentrum für Luft- und Raumfahrt (DLR) entwickelt wird, simuliert werden.

Als Marketingkanal für das Mobilitätsmanagement wurde eine Schnittstelle für den nachhaltigen Mobilitätsplaner Jinengo entwickelt. Dabei wird das hier entwickelte IuP-System dazu verwendet, verschiedene multimodale Reiseketten in Echtzeit abhängig von der Auslastung auf ihre Nachhaltigkeit hin zu bewerten und so den Nutzer bei seiner Verkehrsmittelwahl zu beeinflussen.

Einige Ansätze des Informations- und Planungssystems für nachhaltige Mobilität werden nun im Forschungsprojekt „Schaufenster Elektromobilität Niedersachsen – Kundenorientierte Mobilität" weiterverwendet.

24.6   Fazit

Der tatsächliche Einsatz eines Informations- und Planungssystems für nachhaltige Mobilität hängt stark von der Entwicklung des Mobilitätsmanagements und damit in erster Linie von der politischen Entwicklung ab. Eine Aussage über die Wirksamkeit des Informationscharakters des Informations- und Planungssystems auf das Mobilitätsverhalten der Kunden kann an dieser Stelle nicht getroffen werden. Die praktische Umsetzung des Systems zeigt aber einen möglichen Mehrwert für das Mobilitätsmarketing. Weiterhin bietet das Konzept des IuP-Systems viele theoretische Möglichkeiten für eine nachhaltige und integrierte Betriebsplanung verschiedenster Verkehrsbetriebe des ÖPNVs.

Aktuelle politische Themen und Projekte zeigen, dass eine für die nachhaltige Mobilität positive Entwicklung in der Politik wahrscheinlich ist (vgl. u. a. EU-Kommission 2010; Stockburger 2012). Es lässt sich deshalb abschließend festhalten, dass das hier vorgestellte Informations- und Planungssystem ein großes Potential zur Verbesserung des regionalen Mobilitätsmanagements aufweist. Der tatsächliche praktische Einsatz des Systems hängt jedoch stark von der politischen Entwicklung ab. Die hierfür in der Tagespolitik benötigte thematische Relevanz lässt sich aber aus aktuellen europaweiten Themen und Projekten ableiten.

Literatur

Caspers-Merk M, Fritz E (1998) Abschlussbericht: die Enquete-Kommission „Schurtz des Menschen und der Umwelt – Ziele und Rahmenbedingungen einer nachhaltigen zukunftsverträglichen Entwicklung". Deutscher Bundestag, Berlin

Dalkmann H, Schäfer-Sparenberg C, Herbertz R (2004) Eventkultur und nachhaltige Mobilität – Widerspruch oder Potential? Wuppertal Papers Institut, Wuppertal

Dangschat J, Segert A (2011) Nachhaltige Alltagsmobilität – soziale Ungleichheiten und Milieus. Österreichische Z Soziol 55–73

EU-Kommission (2010) Amtsblatt Nr. L 207 06. August 2010, S 0001–0013. Europäisches Parlament, Straßburg

FGSV-Arbeitskreis (1995) Öffentlicher Personennahverkehr – Mobilitätsmanagement – ein neuer Ansatz zur Umweltschonenden Bewältigung für Verkehrs-probleme – FGSV-Arbeitspapier 38. Forschungsgesellschaft für Straßen- und Verkehrswesen e. V., Köln

Gottschalk T, Toyoda S, Watts P (2001) The sustainable mobility project. World Business Council for Sustainable Development

Halbritter G, Fleischer T, Kupsch C (2008) Strategien für Verkehrsinnovationen: Verkehrstelematik Umsetzungsbedingungen internationale Erfahrungen. Edition Sigma, Berlin

Hauff V (1987) Unsere gemeinsame Zukunft: Der Brundtlandbericht der Weltkommission für Umwelt und Entwicklung. Eggenkamp Verlag, Greven

Hoppe R (2001) Mobilitätsmanagement zur Bewältigung kommunaler Verkehrsprobleme. Umweltbundesamt, Dessau-Roßlau

KBA K (2012) Fahrzeugklassen und Aufbauarten – Zeitreihe 1955–2012. http://www.kba.de/nn_191172/DE/Statistik/Fahrzeuge/Bestand/FahrzeugklassenAufbauarten/b__fzkl__zeitreihe.html. Zugegriffen: 11. Juni 2012

Lambrecht U, Diaz-Bone H, Höpfner U (2001) Bus, Bahn und Pkw auf dem Umweltprüfstand. iFeu Heidelberg, Heidelberg

Langweg A (2007) Mobilitätsmanagement, Mobilitätskultur, Marketing & Mobilitätsmarketing – Versuch einer Begriffsklärung. Stadt Region Land 43–52

Leavitt N (2010) Will NoSql database live up to their promises? IEEE Comput 12–14

Momentum (2000) Mobilitätsmanagement Handbuch. Dortmund, Aachen. Institut für Stadtbauwesen und Stadtverkehr, RWTH Aachen

Ruhland A (2004) Entscheidungsunterstützung zur Auswahl von Verfahren der Trinkwasseraufbereitung an den Beispielen Arsentfernung und zentraler Enthärtung. Technische Universität Berlin, Berlin

Stockburger C (2012) Navi-App Greenway: Das Stau-Orakel. http://www.spiegel.de/auto/aktuell/navi-app-greenway-das-stau-orakel-a-844704.html. Zugegriffen: 23. Juli 2012

Umweltbundesamt (2011) Stickstoff – Zu viel des Guten? Umweltbundesamt, Dessau-Roßlau

Containerterminalbetriebe als Wegbereiter für Elektromobilität – Herausforderungen für die IKT beim Management batterie-elektrischer Schwerlastverkehre

25

Serge Alexander Runge, Hans-Jürgen Appelrath, Sebastian Busse, Lutz Kolbe, Ralf Benger und Hans-Peter Beck

Zusammenfassung

Durch die Transformation des Energiesystems und die flächendeckende Einführung von Elektrofahrzeugen entstehen neue Herausforderungen und Chancen für den Betrieb der Stromnetze mit zusätzlichen Lasten und für den vertriebsorientierten Handel an den Strommärkten. In dieser Hinsicht sind Berührungspunkte zwischen der Branche der Energiewirtschaft und der Automobilbranche untersucht worden.

S. A. Runge (✉)
Forschungsbereich Energieinformatik, Energie-Forschungszentrum Niedersachsen (EFZN),
Am Stollen 19A, 38640 Goslar, Deutschland
e-mail: serge.runge@efzn.de

H.-J. Appelrath
Department für Informatik, Carl-von-Ossietzky-Universität Oldenburg, Oldenburg,
Deutschland
e-mail: appelrath@informatik.uni-oldenburg.de

S. Busse · L. Kolbe
Lehrstuhl Informationsmanagement, Georg-August-Universität Göttingen, Göttingen,
Deutschland
e-mail: Sebastian.Busse@wiwi.uni-goettingen.de

L. Kolbe
e-mail: Lutz.Kolbe@wiwi.uni-goettingen.de

R. Benger · H.-P. Beck
Energie-Forschungszentrum Niedersachsen, Technische Universität Clausthal, Clausthal-
Zellerfeld, Deutschland
e-mail: benger@iee.tu-clausthal.de

H.-P Beck
e-mail: vorsitzender@efzn.de

J. Marx Gómez et al. (Hrsg.), *IT-gestütztes Ressourcen- und Energiemanagement*,
DOI: 10.1007/978-3-642-35030-6_25, © Springer-Verlag Berlin Heidelberg 2013

In Verbindung des Themengebiets Elektromobilität mit dem Themengebiet zukünftiger intelligenter Stromnetze werden Anwendungs- und Geschäftsfälle für die Integration von Elektrofahrzeugen und insbesondere ihrer Batteriespeichersysteme erarbeitet. Die Motivation für das in diesem Beitrag vorgestellte Forschungs- und Entwicklungsvorhaben ist, in einem Containerterminalbetrieb exemplarisch für das Einsatzgebiet Logistik und Produktion die IKT-basierte Netz- und Marktintegration von vollständig elektrifizierten Schwerlastfahrzeugen zu untersuchen und die daraus erwachsenden Synergiepotenziale herauszuarbeiten. Der Containertransport wirft lokal einen erheblichen Energiebedarf auf, der durch eine Umstellung von Transportfahrzeugen mit Verbrennungsmotor (diesel-mechanischer Antriebsstrang) oder Dieselstromgenerator (diesel-elektrischer Antriebsstrang) auf batterie-betriebene Transportfahrzeuge in die Stromsparte verlegt werden kann. Gerade für küstennahe Standorte wie einen Containerhafenbetrieb können sich daraus Möglichkeiten ergeben, die naturgemäß unsicheren Stromerträge von Erzeugungsanlagen auf Basis erneuerbarer Quellen wie Sonne und Wind stärker als anderswo zu nutzen und bei den Bezugspreisen von der Verwertung unerwarteter Stromüberschüsse zu profitieren. Dafür sind neue Verfahren für die betriebswirtschaftlich integrierte Planung des Elektrofahrzeugeinsatzes und des Einsatzes von Wechselbatterien erforderlich.

Schlüsselwörte

IKT für Elektromobilität • Smart Grid • Smart Traffic • Batteriewechselkonzept • Industrielles Lastmanagement • Logistiksteuerung • Vehicle-to-Grid • Battery-to-Market • IT for Green • Green Logistics

25.1 Einleitung

Mit der Deregulierung der Energiemärkte und den daraus resultierenden Durchleitungsmöglichkeiten für Strom ergeben sich für den Vertriebshandel eine Vielzahl von möglichen Handelsbeziehungen für Stromeinkauf und -absatz. Schon vor der Deregulierung wurde Strom zwischen den Vertriebshändlern in benachbarten Versorgungsgebieten auf der Grundlage von Ausgleichsverträgen gehandelt. Nun sind die Strommärkte bereits für zusätzliche Ausgleichsgeschäfte eingerichtet, welche auf der Erzeugerseite eine Optimierung des Kraftwerks- und Speichereinsatzes und damit eine Senkung der Beschaffungskosten der Vertriebshändler ermöglichen. Es ist vielversprechend, die Flexibilität auf der Nachfrageseite in dieses Optimierungskalkül einzubeziehen und auch Großabnehmer zur Abwicklung von Ausgleichslieferungen heranzuziehen. Durch die Zunahme der IKT-Systeme im Bereich des Energiecontrollings sowie die deutlich verbesserten rechnergestützten Planungs- und Steuerungsinstrumente energieintensiver Einzelprozesse kommen von der Nachfrageseite mehr und mehr Liefervertragspartner in Betracht. Durch die Deregulierung sind insbesondere die

Rollen der Aggregatoren und Broker neu geschaffen worden, die in Ausrichtung auf bestimmte Lastprofile Strom auf eigene Rechnung kaufen und verkaufen bzw. günstige Strombezugsverträge vermitteln. Eine wichtige Funktion ist bislang die Bündelung von Endverbrauchern mit unterschiedlichen Lastprofilen zu einer für Erzeuger und Großhandel attraktiven Abnahmestruktur. Mit der stärkeren Einbindung flexibler Lasten in die Portfolien von Vertriebshändlern ergeben sich Möglichkeiten zum Abschluss von Arbitragehandelsgeschäften auf den Spotmärkten, zur Reduktion von Ausgleichsenergiemengen in der Bilanzkreisverantwortung sowie zum Angebot von Regelenergie an Übertragungsnetzbetreiber.

Da die Nutzung und Integration erneuerbarer Energiequellen zunimmt, welche häufig naturgemäß fluktuierend und auch nicht selten intermittierend ins Stromnetz einspeisen, ist in den letzten Jahren der Bedarf an Regelleistung stark angewachsen. Dieses führte zu einem hohen Preisniveau auf dem Beschaffungsmarkt für Regelleistung für die verschiedenen Qualitäten der Primär- und Sekundärregelleistung sowie der sogenannten Minutenreserveleistung. Obwohl Regelleistung grundsätzlich äquivalent von der Erzeugungs- sowie auch von der Verbrauchsseite erbracht werden kann, nehmen bis heute nur wenige Verbrauchsstellen direkt oder indirekt als Anbieter am Markt teil. Dennoch hat sich zuletzt für die niedrigste Qualitätsstufe das Angebotsvolumen stark vergrößert, so dass das Vergütungsniveau für Minutenreserveleistung sowohl in Bezug die bloße Vorhaltung als auch auf die tatsächlichen Abrufe aktuell wieder abgeflacht ist. Bei vielen Stromvertriebsgesellschaften befinden sich nichtsdestotrotz virtuelle Kraftwerke im Aufbau, um in der Orientierung auf die Strommärkte Systemdienstleistungen bereitzustellen. Eine der Kernideen beim Konzept virtueller Kraftwerke ist die Einbeziehung flexibler Lasten von Endkundenseite. Im Bereich der Sekundärregelleistung werden schnell reaktionsfähige Lastmanagementkonzepte benötigt, welche insbesondere auf Basis von Batteriespeichern erreicht werden können.

Dieser Beitrag stellt das Verbundvorhaben „Batterie-Elektrische Schwerlastfahrzeuge im Intelligenten Containerterminalbetrieb (BESIC)" vor, das sich mit der Umstellung von Wirtschafts- bzw. Schwerlastverkehr in geschlossenen Transport- und Logistiksystemen auf einen batterie-elektrischen Antrieb befasst. Im Vorhaben wird am Fallbeispiel eines Containerterminalbetriebs außerdem die Anwendung eines Batteriewechselkonzepts untersucht, wodurch die Bewältigung von Transportaufgaben und das Laden der Wechselbatterien voneinander zeitlich entkoppelt werden können. Durch die Installation und den Betrieb einer Batteriewechselstation können primär unter dem Nutzen der Traktionsanwendung umfangreich elektrische Speichersysteme eingeführt werden. Die Wirtschaftlichkeitsbetrachtungen werden dann aufzeigen, ob rund um das Laden der Wechselbatterien von Elektrofahrzeugen noch ein Zweitnutzen erschlossen werden kann. Dabei ist es ein Grundgedanke des Vorhabens, die im Zuge der Einführung von Elektromobilität im Containerterminalbetrieb hinzugewonnene Flexibilität zu nutzen und beispielsweise in Form von Lastverschiebungsprodukten zu vermarkten. Im Logistikbereich kann in der Vielzahl der zu beladenden Fahrzeugbatterien unter anderem ein nennenswerter Beitrag zu einem virtuellen Regelkraftwerk erwachsen. In dem

Forschungsvorhaben soll ein Planungs- und Steuerungsmechanismus für das Management von Ladevorgängen der Wechselbatterien umgesetzt werden, welcher im Speziellen die Betriebsführung eines Containerterminals berücksichtigt und das Speicheranlagensystem in seiner Einbettung im maritimen Logistikbereich versteht. Exemplarisch sollen für den Containerterminalbetrieb prozessnahe IKT-Lösungen wie das Management der Batteriewechsel und betriebliches Lastmanagement umgesetzt werden. Aus der Perspektive der Energiewirtschaft kann dazu passend das Konzept gesteuertes Laden für den Wirtschaftsverkehr weiterentwickelt werden.

25.2 Containerhafenlogistik als Anwendungskontext für Elektromobilität

Im Kontext maritimer Technologien, insbesondere im Bereich der Containerlogistik, kann ein Grundstein für die gewerbliche Durchdringung der Elektromobilität im Nutzfahrzeugsegment und der besseren Ausschöpfung des Potenzials erneuerbarer Energien gelegt werden. Hintergrund ist der erhebliche Transportbedarf in Containerterminals. Allein im Hamburger Hafen werden jährlich bis zu 10 Mio. TEU (Twenty-foot-Equivalant-Unit, 20-Fuß-Standardcontainer) umgeschlagen, wobei jeder Container innerhalb des Hafens über spezielle Schwerlastfahrzeuge transportiert werden muss. Solche Schwerlastfahrzeuge bieten aufgrund ihrer Fahrprofile und der klar definierten Einsatzorte hervorragende Voraussetzungen für einen erfolgreichen Einsatz batterie-elektrischer Antriebsstränge in Kombination mit Wechselbatterien.

Vorausgegangene Aktivitäten wie das vom BMU geförderte Projekt „Forschung und Entwicklung batteriebetriebener Schwerlastfahrzeuge und Erprobung in einem Feldversuch im Container-Terminal Altenwerder in Hamburg (B-AGV)" (Wieschemann und Wulff 2011) liefern Anzeichen dafür, dass batterie-elektrische Schwerlastfahrzeuge in den Einsatzgebieten von Logistik und Produktion ihre Vorzüge haben werden: Zum einen gibt es insbesondere in Küstennähe infolge der Nutzung von Windenergie eine hohe Verfügbarkeit elektrischer Energie. Auch die mit Offshore-Windkraftanlagen gewonnene elektrische Energie kann an Land in Wechselbatterien gespeichert werden. Zum anderen schwankt der Momentanbedarf an elektrischer Energie eines Containerterminals relativ gut absehbar in Abhängigkeit von der jeweiligen Umschlagsintensität. Dabei wird es möglich sein, aus der Auftragshistorie und den Auftragsbüchern eines Terminalbetreibers sowie externen Logistikanbietern zunächst die Transportbedarfe und davon abgeleitet die Energiebedarfe abzuschätzen. Durch eine genaue mengenmäßige Abschätzung und Möglichkeiten der zeitlichen Lastverschiebung ließe sich der Strombezug intelligent ausgestalten („Smart Charging"), weshalb seitens des Stromversorgers eine Steigerung der Effizienz im Betrieb der Stromnetze sowie eine Milderung von Großhandelsrisiken und kundenseitig eine Reduktion der Strombezugspreise möglich sind. Die technische Machbarkeit eines batterie-elektrischen Containertransports konnte in ersten Versuchsreihen auf dem Containerterminal

Altenwerder in Hamburg mit einem batteriebetriebenen Versuchsträger erfolgreich erprobt werden. Dort wurden zwei prototypische batterie-elektrische AGVs und eine provisorische Batteriewechselstation aufgebaut und getestet. Im Projekt „B-AGV" konnten insbesondere Aspekte der Umweltverträglichkeit in Bezug auf eine Reduktion der lokalen Schadstoff- und Schallemissionen gezeigt werden.

Es zählt zu den Aufgaben im BESIC-Vorhaben die energiewirtschaftlichen Synergieeffekte einer intelligenten Einbindung von Elektrofahrzeugen in geschlossenen Transport- und Logistiksystemen aufzuzeigen. Es soll eine aktive Partizipation von Logistikunternehmen an Energiemärkten zur Verwertung von Stromüberschuss, Integration erneuerbarer Energien und deren Downstream-Vermarktung ermöglicht werden.

25.3 Rahmenbedingungen: Smart Grid und Smart Market

Vorüberlegungen zum BESIC-Vorhaben weisen darauf hin, dass sich die Ladezustände der umlaufenden Wechselbatterien und die damit verbundenen Lastverschiebepotenziale über die Zeit verändern. Zudem ist wohl anzunehmen, dass zum Beispiel in Form variabler Strombezugspreise in naher Zukunft zeitlich veränderliche Anreize für eine Prozessumsteuerung bestehen. Im BESIC-Vorhaben soll herausgestellt werden, welche generellen Anwendungs- und Geschäftsfälle sich für einen Lastausgleich ergeben, der zu einer Erhöhung des Deckungsanteils erneuerbarer Energien führen kann. Zu einem Leitmotiv der Arbeiten sollen die Umwelt- und Nachhaltigkeitsaspekte in einem IKT-basierten Energiesystem der Zukunft mit dem Idealbild von durch erneuerbare Energien getriebenen Transport- und Logistikprozessen werden. Über marktbezogene Ansätze kann die Beeinflussung der Stromlast industrieller Großabnehmer zu einem Integrationsfaktor erneuerbarer Energien werden. So auch bei Logistikbetrieben, die im Zuge der Einführung von Elektromobilität nennenswert an Flexibilität im Strombereich gewinnen. Ferner ist das BESIC-Vorhaben von der begrifflichen Trennung zwischen dem Smart Grid-Umfeld und dem Smart Market-Umfeld inspiriert (Bundesnetzagentur 2011). In Abb. 25.1 wird die Begriffsauslegung mit intelligentem Betrieb der Übertragungs- und Verteilnetze beispielsweise durch vermehrten Einsatz von mess- und leittechnischen Komponenten gegenüber potenziell verändertem Nutzerverhalten durch Preise und andere Anreize im Bereich Energiemengenaustausch veranschaulicht.

Im Smart Grid-Umfeld dreht es sich um intelligenten Netzausbau, das Management von Netzkapazitäten, die Überwachung von Netzzuständen und die aktive Netzsteuerung in Betriebsleitständen. Im gesamten Stromnetz muss jederzeit die Summe der Netzeinspeisungen mit der Summe der Netzausspeisungen übereinstimmen, um einen sicheren Betrieb des Netzes bei einer stabilen Frequenz und Spannung zu gewährleisten (Servatius et al. 2011). Aus den ehrgeizigen Zielen beim Ausbau der Nutzung erneuerbarer Energiequellen sowie der Möglichkeit zur Stromerzeugung durch Kraft-Wärme-Kopplung ergeben sich veränderte Anforderungen an die Auslegungsstrategien und den Betrieb der elektrischen Energieversorgung (Block et al. 2008). Je nachdem

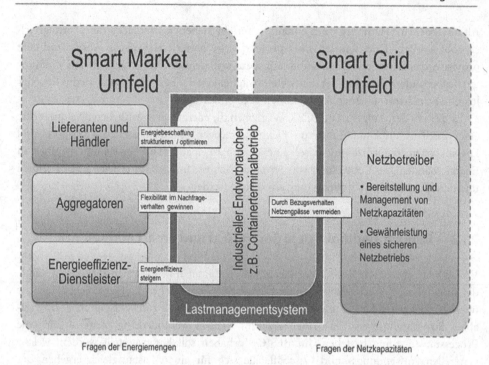

Abb. 25.1 Industrielle Endverbraucher mit betrieblichen Lastmanagementsystemen und die generellen Anwendungsmöglichkeiten in Energieversorgungssystemen der Zukunft

ob beispielsweise Photovoltaik- oder Windkraftanlagen betrachtet werden, kommt es naturgemäß in unterschiedlicher Häufigkeit und Intensität zu einer fluktuierenden Erzeugungs- und Einspeiseleistung, was ein ausschlaggebender Faktor für einen zunehmenden Bedarf an Primär- und Sekundärregelleistung sowie Minutenreserveleistung ist.

Unter der Annahme gleichbleibender Rahmenbedingungen wird durch den Zubau von Windenergie- und Photovoltaik-Anlagen ein erhöhter Bedarf an Regelkapazitäten (vor allem Minutenreserve) induziert (Haubrich 2010). Diesem Trend wird durch immer bessere Prognosen und kurzfristige Kraftwerkseinsatzplanung sowie kürzer befristeten Stromhandel entgegengewirkt (Bischof et al. 2009). Bislang zählt es größtenteils zu den Aufgaben konventioneller Kraftwerke mit Hilfe von Leistungsreserven die Erzeugungsleistung nach oben wie nach unten anpassen zu können und somit unter anderem eine Spannung- und Frequenzhaltung im Stromnetz abzusichern. Für einen Wandel in der Energieversorgung müssen diese zentral angelegten Kraftwerksleistungen durch ein Zusammenspiel regenerativer Energieanlagen in einem dezentralen Energiesystem substituiert werden. Um einen zukünftigen Mangel an Planbarkeit und Vorhersagbarkeit der Erzeuger aufzufangen, wird es ein Schlüssel sein, die Verbraucher an der Führung des Stromversorgungssystems stärker partizipieren zu lassen. Mit der Einbeziehung von Endverbrauchern kann die Abschaltung von Stromerzeugungsanlagen auf der Basis erneuerbarer Energiequellen vermieden werden, wenn es bei einem unerwarteten Energiedargebot zu Stromüberschüssen kommt.

Im Smart Market-Umfeld kommt es angesichts der inhärent unsicheren Erzeugungsleistung auf Basis regenerativer Energiequellen und der garantierten Abnahme und Vergütung zu Angebotsschwankungen auf den Beschaffungsmärkten für Strom. Je größer der Anteil regenerativer Erzeugungsanlagen an den Erzeugungskapazitäten ausfällt, umso wechselhafter ist Strom verfügbar (Borggrefe und Paulus 2011). Anders als bei der Aushandlung von Fahrplänen zwischen konventionellen Kraftwerksbetrieben und Großhandelsagenturen kann der Betreiber einer regenerativen Energieanlage keine fahrplanmäßigen Erträge garantieren – bei Anlagenverbünden im besten Fall eine zutreffende Erzeugungsprognose liefern. Daraus hat sich auch in der Ausrichtung auf die Strommärkte das Konzept virtueller Kraftwerke etabliert, um mit einer Durchmischung von planbaren mit bestenfalls prognostizierbaren Kraftwerksbetrieben die Fahrplaneinhaltung gewährleisten zu können. Aufgrund der steigenden Güte von Kurzfristprognosen für das Dargebot der erneuerbaren Energiequellen wie Sonne und Wind sind die Rückwirkungen auf den Vortagshandel und den tagaktuellen Handel mit Wirkleistungen mittlerweile gut einzuschätzen; das heißt es kommt nur noch wenig wahrscheinlich an den Spotmärkten zu einem Handel mit unerwartet hohen Erträgen aus erneuerbaren Energiequellen, wodurch ein stichpunktartiger Preisverfall gegenwärtig selten zu beobachten sein wird. Dennoch lässt sich Flexibilität von der Nachfrageseite nutzen, um Kostenvorteile im vertriebsorientierten Stromhandel zu erzielen. In Richtung der Letztverbraucher mögen zeit- und lastabhängige Tarife nötige Anreize bieten (Nabe et al. 2009).

25.4 Konzept für die Einbindung eines intelligenten Containerterminalbetriebs

Bei den Modellregionsprojekten des Förderprogramms „IKT für Smart Grids/E-Energy" wurde eine stärkere Einbeziehung der Nachfrageseite thematisiert; beim Ausbalancieren zwischen Ein- und Ausspeisungen im Stromnetz wurden sowohl erzeugungsseitige Maßnahmen wie zum Beispiel eine Abregelung von dezentralen Erzeugern auf Basis erneuerbarer Energiequellen als auch die Möglichkeiten zur Schaltung flexibler Lasten als nachfrageseitige Maßnahmen untersucht (B.A.U.M. Consult GmbH 2012). Bezüglich der Nachfrageseite wurden Praxiskonzepte im Industrie- und Haushaltskundensegment gefunden, wenngleich grob gefasst letztlich die Konzeption für private Haushalte bis hin zum Heimenergiemanagement überwog (Kamper 2010). Im Haushaltskundensegment wurden vermutlich die größeren Multiplikationseffekte gesehen, nachdem sich für das Industriekundensegment abzeichnete, dass es vielfach branchenspezifischer Lastmanagementlösungen bedarf. Dementsprechend umfassen die Untersuchungen zu Lastverlagerungspotenzialen in Deutschland in erster Linie die Anwendungsbereiche in Querschnittstechnologien wie elektrischer Heizung und Warmwasserbereitung, Lüftungsanlagen, Kühl- und Gefrieranlagen bis hin zu Druckluftanlagen (Klobasa 2007). Die technischen Potenziale für den Industriebereich werden überwiegend anhand statistischer Verbrauchswerte branchenübergreifend abgeschätzt – zum eingeschränkten vermarktbaren Potenzial gibt es wiederum auch bloß Abschätzungen unter großen Unsicherheiten (Stadler 2011). In Konzentration auf Einzelprozesse wie zum Beispiel die Stoffaufbereitung in der Papierindustrie oder auch Galvanisationsprozesse in der metallverarbeitenden Industrie werden die technischen Potenziale in bisherigen Untersuchungen ebenfalls vage bestimmt (Roon und Gobmaier 2010). Bei näherer Betrachtung dieser Einzelprozesse ist die Erschließung der ermittelten technischen Potenziale jedoch mit einem Aussetzen von Prozessteilen verbunden, welche für Industrieunternehmen in gewisser Weise einen Wertschöpfungsverzicht bedeuten. Eine vorübergehende Beruhigung oder gar Stilllegung von Industrieprozessen wird bis dato als eine dem Industrieunternehmen entgangene Wertschöpfung angesehen, weshalb sich entsprechende Hemmnisse für die Einführung von Lastmanagement-Tools bemerkbar machen (Renz 2011). In der Praxis von Industrieunternehmen zeigt sich mit Blick auf Einzelprozesse eine Diskrepanz zwischen den in Untersuchungen festgestellten technischen Potenzialen und den tatsächlich betriebswirtschaftlich gangbaren Potenzialen. Da sich für Industrieunternehmen jede Investition rechnen muss, werden bekanntermaßen viele Anwendungsmöglichkeiten für Lastmanagement angesichts hoher Einmal- und Begleitkosten nicht umgesetzt (Charles River Associates 2005), weil sie meist individuell an die Industrieunternehmen anzupassenden sind, ergeben sich hohe Einmalkosten für die Einführung von Lastmanagement-Lösungen. Zudem fallen in der Verwendung von Lastmanagement-Lösungen Begleitkosten an, die aus Verzögerungen der Industrieprozesse, ungünstiger Anlagenauslastung, etc. hervorgehen können. Das aktuell angenommene technische Potenzial wird im Gesamtbild stimmiger werden, sobald es für verbrauchsseitige Maßnahmen hinsichtlich der Einmal- und Begleitkosten (unter anderem auch Leerlauf von Bedienpersonal) betriebswirtschaftlich sinnvoll ist, im Rahmen der industriellen Prozesskapazität den Durchsatz anzuheben oder abzusenken. Davon kann im Industriekontext aber derzeit noch nicht die Rede sein, da der Energiekostenanteil – wenngleich deutlich zunehmend – gegenüber einem Anteilsblock der Rohstoff- und Personalkosten eine untergeordnete Rolle spielt. Zum Beispiel finden Strombezugskosten aus dynamischer Sichtweise bei der Organisation und Planung von Logistikprozessen mittels Simulations- und Analysewerkzeugen mangelnde Berücksichtigung.

Es fehlt an konkreten Umsetzungsvorschlägen für geeignete betriebliche Lastmanagementsysteme und deren Einbindung in übergeordnete Managementsysteme für nachfrageseitige Maßnahmen der energiewirtschaftlichen Akteure. Wie Abb. 25.2 zeigt, sind diesbezüglich im BESIC-Vorhaben die Umschlags- und Transportprozesse bei einem Containerterminalbetrieb in Abstufung verschiedener Systemebenen näher zu untersuchen. Im Fallbeispiel des BESIC-Vorhabens wird eine Flotte von Transportfahrzeugen als schweres Gerät eingesetzt, um in erster Linie im Rahmen des Logistikgeschehens die Transporte zwischen Kai- und Lagerkranen zu absolvieren. Auf der Feldebene findet eine Ausführung der Logistikplanung und somit eine Steuerung der Fahrzeuge als autonome Ladungsträger statt. Aufgrund der Autonomie werden durch zentrale Steuergeräte sowie dezentrale Überwachungsgeräte an Bord die Routenbestimmung im Fahrbereich

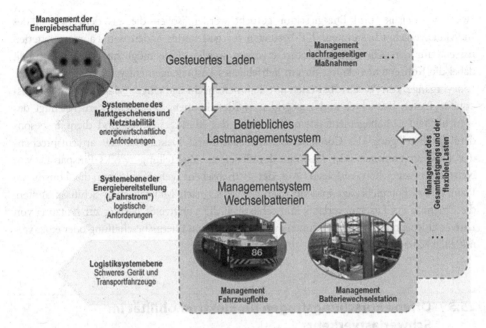

Abb. 25.2 Überblick zu neuen Managementkonzepten bei Einführung batterie-elektrischer Fahrzeuge im Containerterminalbetrieb

und die Kollisionsvermeidung durchgeführt. Mit einem Flottenanteil von Fahrzeugen mit batterie-elektrischem Antriebsstrang muss zwangsläufig auch das erweiterte Geschehen um die Energiebereitstellung im Containerterminal betrachtet werden. Hier kommt es in Übergang von der Feld- zur Prozessebene zunächst rein auf die logistischen Anforderungen an. Noch auf der Feldebene ist das Ein- und Ausfahren der batterie-betriebenen Fahrzeuge aus dem Fahrbereich, die Zugangskontrolle zur Batteriewechselstation und Durchführung von Batteriewechseln mit Kontaktierung der Hochvoltbatterien angesiedelt. Diese beiden Systemebenen des Logistik- und des Energiebereitstellungsgeschehens sollen innerhalb des Anwendungsbereichs der Terminalsteuerung durch ein Managementsystem für die Wechselbatterien gekapselt werden, was leicht missverständlich auch als Batteriemanagementsystem bezeichnet wird. Dieses wird für den Containerterminalbetrieb prinzipiell nach innen gerichtet sein, das bedeutet es versteht sich als modularer Baustein der Terminalsteuerung insgesamt und funktioniert im Rahmen der über den Containerterminalbetrieb verfügbaren Informationen zum Logistikgeschehen und dem Geschehen der Energiebereitstellung. Es bezieht sich nun eher auf Prozessebene auf die Verwaltung der Wechselbatterien und Fahrzeuge. Darunter fallen die Abwicklung von Transportaufträgen und kapazitative Zuordnung von Fahrzeugen zu Kai- und Lagerkranen, die Disposition der Ladevorgänge, Überwachung der Ladezustände der Fahrzeugbatterien und Desynchronisation der Batteriewechsel.

Über das Geschehen der Energiebereitstellung hinaus, findet übergeordnet zum einzelnen Containerterminalbetrieb ein Strommarktgeschehen statt. Da im BESIC-Vorhaben Synergien zwischen Logistik- und Energiesektor gesucht werden, sollen die aus dem Bereich des Individualverkehrs bekannten IKT-Lösungen für gesteuertes Laden von Fahrzeugbatterien passend für den Anwendungskontext erweitert werden. Eine mögliche Erweiterung stellt dabei die Konzeptentwicklung für ein betriebliches Lastmanagementsystem dar, so dass die Ladevorgänge von Wechselbatterien im Rahmen nachfrageseitiger Maßnahmen wie disponible Lasten betrachtet und zugegriffen werden können. Ergänzend berücksichtigt das betriebliche Lastmanagementsystem eben auch das Marktgeschehen und dient insbesondere der Beteiligung des Containerterminalbetriebs mit Elektromobilität an entsprechenden Lieferprogrammen oder lässt eine kundeneigene Zielstellung zwecks Einsparung von Netznutzungsentgelten verfolgen. Auf der Betriebsebene gehören hierzu die konsistente Planung des Energiebezugs und des Geräteeinsatzes nach Maßgabe von Schiffsankünften, die Prognose des Lastgangverlaufs und schließlich die situative Steuerung zur Nutzung von Lastverschiebepotenzialen im Rahmen einer strukturierten Energiebeschaffung oder eines vermittelten Marktzugangs.

25.5 Offene Forschungsfragen für Elektromobilität im Schwerlastverkehr

Der Wirtschaftsverkehr wird von vielen Experten als Wegbereiter für Elektrofahrzeuge gesehen, weil planbare Routen und vergleichsweise hohe Fahrleistungen offensichtliche Vorteile für Elektromobilität sind. Die Nutzung elektrischer Fahrzeuge bei Paketdienstleistern, in Firmenflotten, Taxi- und Logistikunternehmen oder zur geräuschlosen Belieferung über Nacht sind Beispiele für vielversprechende Anwendungen von Elektromobilität im Wirtschaftsverkehr. Auch für den Anwendungskontext des Containerterminalbetriebs stellen sich bei der notwendigen Weiterentwicklung betrieblicher Informationssysteme folgende Forschungsfragen:

- Wie kann eine Wechselwirkung von dynamischen Energiefluss- und Logistiksystemmodellen mit Kostenrechnungsmodellen (z. B. Restwertminderungsmodell Fahrzeugbatterien) erreicht werden, um im Bewusstsein über die Kostengesichtspunkte Betriebsentscheidungen zur rationellen Verwendung elektrischer Energie sowie der effizienten Beschaffung und Zuleitung treffen zu können?
- Wie können anhand eines generellen Prozesskostenmodells mögliche Mehrkosten aus Verzögerungen im Logistikgeschehen, etc. ermittelt werden, um die automatisierten und manuellen Planungs- und Steuerungsprozesse in konsistenter Weise in Richtung mehr Energieeffizienz zu unterstützen?
- Wie können in der Betriebsdynamik die Lastverschiebungsprodukte zeitlich und leistungs(mengen-)mäßig so ausgebildet werden, dass das Erlöspotenzial in Ausrichtung auf Energiemärkte (Smart Market-Umfeld) und Netzkapazitäten (Smart Grid-Umfeld) voll ausgeschöpft wird?

Literatur

B.A.U.M. Consult GmbH (2012) Smart Energy made in Germany - Zwischenergebnisse der E-Energy-Modellprojekte auf dem Weg zum Internet der Energie

Bischof R et al (2009) EE-Branchenprognose"Stromversorgung 2020". Berlin

Block C et al (2008) Internet der Energie – IKT für Energiemärkte der Zukunft – Die Energiewirtschaft auf dem Weg ins Internetzeitalter

Borggrefe F, Paulus M (2011) The potential of demand-side management in energy-intensive industries for electricity markets in Germany, Applied Energy 88(2):432–441

Bundesnetzagentur (2011) „Smart Grid" und „Smart Market" - Eckpunktepapier der Bundesnetzagentur zu den Aspekten des sich verändernden Energieversorgungssystems, S 1–50

Charles River Associates (2005) Primer on demand-side management - with an emphasis on price-responsive programs, Washington

Haubrich HJ (2010) Gutachten zur Dimensionierung des Regelleistungsbedarfs unter dem NRV Bonn

Kamper A (2010) Dezentrales Lastmanagement zum Ausgleich kurzfristiger Abweichungen im Stromnetz. KIT Scientific Publishing, Karlsruhe

Klobasa M (2007) Dynamische Simulation eines Lastmanagements und Integration von Windenergie in ein Elektrizitätsnetz auf Ladesebene unter regelungstechnischen und Kostengesichtspunkten

Nabe C et al (2009) Einführung von lastvariablen und zeitvariablen Tarifen

Renz A (2011) Industrielle Verbraucher Charakteristika und Potenziale zur Systemstabilisierung. In dena-Dialogforum „Demand Side Management auf dem Strommarkt". Deutsche Energie-Agentur, Berlin

Roon S, Gobmaier T (2010) Demand Response in der Industrie – Status und Potenziale in Deutschland

Servatius H, Schneidewind U, Rohlfing D (2011) Smart Energy: Wandel zu einem nachhaltigen Energiesystem. Springer, Heidelberg

Stadler I (2011) Demand Side Management Potenziale in Deutschland. In: Abschlusssymposium des Forschungsprojekts INSEL im Rahmen der 4. Woche der Energie der HAW Hamburg, Hamburg, 9.–12. November 2009

Wieschemann A, Wulff B (2011) Abschlussbericht zum Vorhaben Forschung und Entwicklung batteriebetriebener Schwerlastfahrzeuge (AGV) und deren Erprobung in einem Feldversuch im Container-Terminal Altenwerder in Hamburg, Düsseldorf

Erstellung eines generischen Datenmodells zur Implementierung eines Sustainability CRM

26

Daniel Stamer

Zusammenfassung

Die vorliegende Arbeit beschäftigt sich mit der Findung eines generischen Datenmodells, welches es einem potenziellen Anwender ermöglicht, das Konzept eines Sustainability CRM als Anwendungssystem umzusetzen. Zur Erreichung dieses Ziels werden die Bestandteile eines solchen Modells identifiziert und mit den Möglichkeiten von bestehenden CRM-Standardsoftwaresystemen (insbesondere Customizing) kombiniert. Grundlage für die Identifikation der benötigten Bestandteile bildet die Konstruktion des nachhaltigen Kundenwerts. Hierbei handelt es sich um die zentrale Kennzahl des Sustainability CRM und bildet das nachhaltig-orientierte Gegenstück zum klassischen Kundenwert aus der traditionellen CRM-Welt. Das vergleichsweise noch sehr junge Konzept des Sustainability CRM verfügt bislang nur unzureichend über Modelle, was eine effektive Nutzung eines solchen Systems nicht möglich macht. Diese Arbeit erschafft durch den Entwurf eines Datenmodells einen elementaren Baustein zur Verwirklichung des Konzepts. Eine detailliertere Beschreibung des genauen Vorgehens und der verwendeten Forschungsmethoden findet sich in der zugehörigen Abschlussarbeit (vgl. Stamer 2012). Abschließend wird das entstandene Modell in einem Referenzsystem getestet.

Schlüsselwörter

Sustainability CRM • CRM • Nachhaltigkeitsdaten • Mobilitätsplaner • Nachhaltigkeit • Datenmodell • Kundenwert • GRI

D. Stamer (✉)
Department für Informatik, Abt. Wirtschaftsinformatik I/VLBA, Carl von Ossietzky
Universität Oldenburg, Ammerländer Heerstr 114–118, 26129 Oldenburg, Deutschland
e-mail: daniel.stamer@uni-oldenburg.de

J. Marx Gómez et al. (Hrsg.), *IT-gestütztes Ressourcen- und Energiemanagement*,
DOI: 10.1007/978-3-642-35030-6_26, © Springer-Verlag Berlin Heidelberg 2013

26.1 Einleitung

Heutzutage ist die Integration von nachhaltigen Informationen in weite Teile von klassischen Strategien und damit verbundenen Informationssystemen erfolgt. Viele bestehende Unternehmensstrategien sind erweitert worden, sodass sie nicht nur einem rein ökonomischen Zweck dienlich sind, sondern auch ökologische und soziale Belange unterstützen. Mit diesem Wandel haben sich auch betriebliche Informationssysteme so verändert, dass sie diesen neuen Anforderungen gerecht werden und Abbildungen von Wertschöpfungsketten integriert darstellen können (vgl. Teuteberg und Wittstruck, 2010, S. 1001).

Das Feld der kundenorientierten Geschäftsstrategien und der damit verbundenen Customer Relationship Management Systeme hat sich bisher diesem Wandel entzogen. Das relativ junge Konzept des Sustainability CRM versucht das klassische Kundenbindungsmanagement mit Konzepten zu verbinden, welche zum einen nachhaltige Informationen über Kunden erfassen und zum anderen einen nachhaltigen Konsum des Kunden fördern sollen. Die Kundenbindung als solches soll also nicht nur genutzt werden, um die Profitabilität eines Kunden langfristig zu erhöhen, sondern auch um seine nachhaltige Bilanz zu verbessern. Diese Form von kontrollierter Wirtschaft eröffnet die Möglichkeit, die nachhaltige Bilanz der gesamten Wertschöpfungskette eines anwendenden Unternehmens zu optimieren.

Diese Arbeit beschäftigt sich mit der Erstellung eines generischen Datenmodells zur Implementierung eines Sustainability CRM. Das Datenmodell sollte über einen mehrfach generischen Charakter verfügen, sodass es nicht nur branchenunabhängig, sondern auch auf verschiedenen Plattformen genutzt werden kann. Da der Anwender eines solchen Datenmodells aller Wahrscheinlichkeit nach bereits über eine CRM-Strategie und ein zugehöriges System verfügt, soll das Modell auf einer Vielzahl der wichtigsten CRM-Anwendungssysteme lauffähig sein. Zudem sollten bestehenden Datensätze (Kundendaten) weiterhin nutzbar sein. Das entstandene Modell soll abschließend auf Anwendbarkeit und tatsächliche Generizität überprüft werden.

Zur Erreichung dieser Ziele werden zunächst die Bestandteile eines solchen nachhaltigen Kundenmodells definiert. Ziel des klassischen CRM ist die langfristige Erhöhung der Profitabilität des Kunden (vgl. Holland 2004, S. 66). Hierzu steht die Kennzahl des Kundenwerts im Vordergrund, welcher die momentane Profitabilität eines Kunden beschreibt (vgl. Neckel und Knobloch 2005). Anknüpfend an dieses Vorgehen wird zunächst das Äquivalent des nachhaltigen Kundenwerts definiert. Diese Kennzahl selbst wird unterteilt in den ökologisch-, sozial- und ökonomisch-nachhaltigen Kundenwert. Die Bestandteile dieser Kenngrößen werden aus etablierten Katalogen von Nachhaltigkeitsindikatoren (GRI 3.1) (vgl. GRI 2011) anhand eines definierten Vorgehens übertragen. Die Definition des nachhaltigen Kundenwerts bildet also die Grundlage des Datenmodells, indem hier die Bestandteile definiert werden.

Anschließend werden die wichtigsten CRM-Anwendungssysteme auf Gemeinsamkeiten und Überschneidungen in ihren logischen Datenmodellen untersucht. Diese

Überschneidungen werden als grundlegende Basis des generischen Datenmodells genutzt und garantieren eine generische Anwendbarkeit auf diesen Systemen.

Ausgehend von diesen gemeinsamen Standardentitätstypen wird der nachhaltige Kundenwert in ein logisches Datenbankschema (ER-Modell) übertragen. Dieses Datenbankschema ist eine technische Beschreibung des generischen Datenmodells zur Implementierung eines Sustainability CRM und kann ohne weiteres in ein bestehendes CRM-System übertragen werden.

26.2   Der nachhaltige Kundenwert

Im Folgenden sollen die Bestandteile eines generischen Datenmodells zur Implementierung von Sustainability CRM identifiziert und erfasst werden. Dieser Schritt setzt sich also mit folgender Fragestellung auseinander: „Was muss das generische Datenmodell abbilden und speichern können?". Um diese Bestandteile zu identifizieren wird der gleiche Ansatzpunkt gewählt, den auch CRM-Datenmodelle wählen, um die benötigten Informationen der CRM-Welt abzubilden. Der Unterschied ist, dass CRM-Datenmodelle lediglich Informationen aus einem rein-ökonomischen Kontext verwalten, und dass das generische Datenmodell zur Implementierung von Sustainability CRM Daten mit einem Nachhaltigkeitsbezug abbilden soll.

Innerhalb von CRM und CRM-Softwaresystemen existieren Kennzahlen und Kennzahlensysteme. Zur Herleitung der wichtigen Nachhaltigkeitskennzahlen, muss zunächst bestimmt werden, welche Kennzahl in dem klassischen CRM-Kontext von Relevanz sind. Durch die Bestimmung der wichtigsten Kennzahlen der CRM-Welt, lassen sich die relevanten Nachhaltigkeitskennzahlen herleiten, welche in einem kundenbezogenen Zusammenhang mit dem Kundenbindungsmanagement stehen.

Als wichtigste Kennzahl der klassischen CRM-Welt ist der Kundenwert (Customer Lifetime Value) zu nennen (vgl. Falk 2011, S. 26). Der Kundenwert beschreibt die Profitabilität eines Kunden und damit seinen ökonomischen Wert (vgl. Umpfenbach 2008, S. 22). Der Kundenwert hat als solches einen universellen Charakter und lässt sich auf jeden Kunden eines Unternehmens anwenden. Neben der reinen monetären Profitabilität berücksichtigt der Kundenwert auch weitere weiche Faktoren (Customer Equity, Value-from-the-Customer). Zu diesen zählen zum Beispiel die Erhöhung von Kundenbindung, die Förderung von Cross- und Up-Selling und die Senkung der Marketing- und Betreuungskosten (vgl. Lo Coco 2010, S. 102ff.) Die Erhöhung des Kundenwerts ist also zentrale Kernaufgabe des klassischen CRM.

Die Kennzahl Kundenwert wird im weiteren Verlauf dieser Arbeit genutzt, um den Bezug von Nachhaltigkeitskennzahlen zum Kundenbindungsmanagement herzustellen. Der hohe strategische Wert der Kennzahl muss auch in einem Sustainability CRM vorhanden sein. Zur Überführung der Nachhaltigkeitskennzahlen in ein Sustainability CRM muss der Bezug zum Kundenwert beibehalten werden, da die Kennzahl „der zentrale

Ausgangs- und Orientierungspunkt für sämtliche kundenbezogene Maßnahmen" ist (vgl. Brasch et al. 2007, S. 316).

Um den ursprünglichen Fokus von CRM zu wahren, ist auch bei der Implementierung eines Sustainability CRM die Erhöhung des Kundenwerts als „Ausgangspunkt" zu wählen. Ziel dieser Überführung von Kennzahlen ist die Unterteilung und Erweiterung des Kundenwerts im Sinne von Nachhaltigkeit. Um den Charakter eines Sustainability CRM-Datenmodells zu identifizieren, muss die Kennzahl Kundenwert anhand der drei Dimensionen von Nachhaltigkeit neu ausgerichtet werden. Diese Methodik wird die drei Dimensionen des sozialen, ökonomischen und ökologischen Kundenwerts definieren und anhand der in Abschn. 26.2.2 verwendeten Definition von Nachhaltigkeit entsprechend erweitern. Auch hier ist zu beachten, dass es sich um eine Erweiterung des klassischen Kundenwerts im Sinne von Nachhaltigkeit handelt.

Die folgende Herleitung des nachhaltigen Kundenwerts fokussiert sich lediglich auf die Bestandteile einer solchen Größe. Eine Gewichtung (oder gar eine genaue Grundlage zur Berechnung) des nachhaltigen Kundenwerts ist zum einen nicht Teil eines Datenmodells und zum anderen gefährdet sie den generischen Charakter des Modells. Durch eine konkrete Gewichtung werden bestimmte Bestandteile des nachhaltigen Kundenwerts hervorgehoben. Diese Hervorhebung ist allerdings sehr anwenderspezifisch und damit nicht mehr generisch.

26.2.1 Der ökonomisch-nachhaltige Kundenwert

Der ökonomische Kundenwert ist von seiner Ausprägung am nächsten an der ursprünglichen Definition der klassischen Kennzahl aus der CRM-Welt. Laut der Definition von Nachhaltigkeit (vgl. Caspers-Merk et al. 1998, S. 17ff.), gilt es in erster Linie die Bedürfnisse des Kunden zu befriedigen. Der ökonomische Kundenwert im Sinne von nachhaltiger Ökonomie muss also als zentrale Größe den Befriedigungsgrad des Kunden enthalten. Des Weiteren wird definiert, dass ökonomische Nachhaltigkeit auch eine Zukunftsorientierung beinhalten muss. Das bedeutet, dass künftige Neuerungen und langfristige Investitionen durch nachhaltiges Wirtschaften unterstützt werden müssen. Aus diesem Grund gilt es auch den Wert eines individuellen Kunden an seiner Zukunftsorientierung zu bestimmen. Der ökonomische Kundenwert muss erfassen, inwieweit ein Kunde Neuerungen akzeptiert. Weitere Erfordernisse der Nachhaltigkeitsdefinition verfügen über keinen personenbezogenen Fokus, sondern definieren die Rahmenbedingungen eines nachhaltig funktionierenden Marktes. Sie sind daher für die Herleitung des ökonomischen Kundenwerts irrelevant.

In erster Linie gilt es also die Bedürfnisbefriedigung der Kunden zu erhöhen. Nach der Idee des ökonomischen Kundenwerts hat ein zufriedener Kunde einen relativ hohen ökonomischen Kundenwert. Die Kerngröße ist hier die eigentliche Kundenzufriedenheit. Da die Kundenzufriedenheit bereits Bestandteil der klassischen CRM-Welt ist (vgl. Pickl 2002, S. 34ff.), muss diese Kerngröße nicht weiter zur Herleitung eines generischen Datenmodells zur Implementierung von Sustainability CRM betrachtet werden. Die

Kennzahl Kundenzufriedenheit muss lediglich Bestandteil des ökonomisch-nachhaltigen Kundenwerts sein.

Darüber hinaus ist auch die Zukunftsorientierung wichtig. Je mehr ein Kunde gewillt ist neue Produkte oder Serviceleistungen in Anspruch zu nehmen, desto höher ist sein ökonomisch-nachhaltiger Kundenwert. Daraus folgt, dass der ökonomische Kundenwert eine Kennzahl Zukunftsorientierung beinhalten muss, welche das Verhältnis von Produkten und Dienstleistungen, welche als innovativ eingestuft werden, zu den übrigen Produkten und Dienstleistungen beschreibt.

26.2.2 Der ökologisch-nachhaltige Kundenwert

Die ökologische Dimension der Nachhaltigkeitsdefinition (vgl. Caspers-Merk et al. 1998, S. 17ff.) beschreibt den Umfang der Eingriffe des Menschen in die Natur. Die Definition erklärt, dass menschliche Eingriffe in die Natur nur im Rahmen der natürlichen Erholungsrate als nachhaltig angesehen werden können. Es wird beschrieben, dass die Nutzung von erneuerbaren und fossilen Ressourcen unterhalb dieser Erholungsrate bleiben muss, damit auch zukünftige Generationen Zugang zu diesen Ressourcen haben.

Der ökologisch-nachhaltige Kundenwert beschreibt also die Nutzung von natürlichen Ressourcen durch den Kunden. Da diese Nutzung nur aus Perspektive des anwendenden Unternehmens betrachtet werden kann, bezieht sich der ökologische Kundenwert allein auf die Ressourcennutzung, welche der Verbraucher in seiner Relation als Kunde des Unternehmens in Anspruch nimmt. Als Kunde wird ein Verbraucher identifiziert, wenn er Güter von einem Anbieter (in diesem Fall des anwendenen Unternehmens) erwirbt.

Die Ressourcennutzung, welche im ökologisch-nachhaltigen Kundenwert von Bedeutung ist, entspricht also der Ressourcennutzung, die durch das anwendende Unternehmen zur Bereitstellung der erworbenen Güter in Anspruch genommen wurde. Darüber hinaus sind auch Ressourcen relevant, welche beim Betrieb des Produktes und beim abschließenden Recycling genutzt werden. Folglich hat ein Kunde, welcher durch sein Konsumverhalten nur relativ wenige natürliche Ressourcen nutzt, einen hohen ökologisch-nachhaltigen Kundenwert. Dabei ist der kundenbezogene Ressourceneinsatz durch die Gesamtmenge seiner erworbenen Güter zu relativieren. Nur so kann ein rein ressourcenschonendes Konsumverhalten von einem umsatzschwachen Verhalten unterschieden werden.

Zusätzlich zur natürlichen Beschränkung von Ressourcen besagt die Nachhaltigkeitsdefinition aus Abschn. 26.2.2, dass „Gefahren und vertretbare Risiken für die menschliche Gesundheit" zu vermeiden sind. Aus einer kundenbezogenen Perspektive sollten auch diese möglichen Gefahrenquellen in der Kennzahl des ökologisch nachhaltigen Kundenwerts erfasst werden. Die Kennzahl sollte also alle möglichen Gefahrenquellen erfassen, welche sich aus der Nutzung eines Produktes oder einer Dienstleistung ergeben. Auch der Umfang einer solchen Kenngröße ist Bestandteil der Kenngröße Ressourcennutzung, da sie unmittelbar mit der Nutzung von Ressourcen zusammenhängt.

Zur weiteren Unterteilung der Kennzahl Ressourcennutzung, müssen konkrete Nachhaltigkeitsindikatoren aus vorhandenen Kennzahlenkatalogen untersucht werden. Das Ziel ist die Findung der genauen Zusammensetzung aller genutzten Ressourcen.

26.2.3 Der sozial-nachhaltige Kundenwert

Der sozial-nachhaltige Kundenwert beschreibt den Umfang, in dem ein Kunde eines Unternehmens solidarisch Beiträge zur Gesellschaft leistet. Die Definition der sozialen Nachhaltigkeit (vgl. Caspers-Merk et al. 1998, S. 17ff.) schreibt vor, dass jedes Mitglied der Gesellschaft einen solidarischen Beitrag für eben diese Gesellschaft leisten muss. Wichtig ist, dass dieser Beitrag ungefähr der Leistungsfähigkeit des jeweiligen Mitglieds entspricht. Da jede private und persönliche Form von diesen Beiträgen nicht erfasst werden kann, konzentriert sich der sozial-nachhaltige Kundenwert auf alle zu erfassenden solidarischen Beiträge, welcher ein Kunde indirekt in seiner Funktion als Verbraucher leistet. Der Umfang der indirekt geleisteten Beiträge wird im Folgenden als Kennzahl der Solidarbeiträge genutzt.

Die Kennzahl Solidarbeiträge bezieht sich auf die indirekten Beiträge, die ein Kunde als Verbraucher leistet. Aus seinem bisherigen Konsumverhalten resultieren also die Solidarbeiträge, welche von herstellenden oder bereitstellenden Anbietern geleistet worden sind. Ein Kunde, dessen sozial-nachhaltiger Kundenwert relativ hoch ist, zeichnet sich folglich dadurch aus, dass die Anbieter seiner Konsumgüter ein hohes Ausmaß an solidarischen Beiträgen zur Gesellschaft leisten. Die Erhöhung des sozial-nachhaltigen Kundenwerts ist also mit der Auswahl der zuliefernden und herstellenden Unternehmen verknüpft.

Auch die Kennzahl des sozial-nachhaltigen Kundenwerts ist durch eine weitere Untersuchung von konkreten Nachhaltigkeitsindikatoren weiter zu unterteilen und durch die Gesamtmenge von erworbenen Produkten und Dienstleistungen zu relativieren.

26.2.4 Zusammensetzungen der Kennzahlen

Die genannten Kenngrößen des nachhaltigen Kundenwerts sind mit detaillierten Leistungsindikatoren versehen. Diese wurden dem etablierten Katalog der Global Reporting Initiative entnommen und auf die drei Teile des nachhaltigen Kundenwerts verteilt. Der Nachhaltigkeitskatalog der GRI wird genutzt, da die Richtlinien der GRI zu den etablierten Standards gehören. Die GRI selbst hat eine Statistik erhoben, welche besagt, dass 72% der veröffentlichten Nachhaltigkeitsberichte vom Anfang des Jahres 2011 bis Mitte April 2012 mit dem GRI-Standard G 3 erstellt worden sind. Weiterhin wurden bereits 8% mit dem neuen GRI-Standard G 3.1 veröffentlicht (vgl. GRI 2012). Die Richtlinien der GRI haben also eine global akzeptierte Aussagekraft und eignen sich daher für die Findung von Nachhaltigkeitsindikatoren. Darüber hinaus erhält die GRI offizielle Unterstützung durch die Vereinten Nationen (vgl. Henriques, Richardson 2004 S. 139).

Da die Kennzahlen der GRI in erster Linie auf die Berichterstattung von Unternehmen angewandt werden, musste eine Überführungsmethode entworfen werden, welche die Indikatoren auf den nachhaltigen Kundenwert projiziert. Diese Methode basiert auf der Nutzung der Formulierung der verwendeten Nachhaltigkeitsdefinition. Die Kernindikatoren der GRI werden einzeln auf die jeweiligen Formulierungen der Definition von Nachhaltigkeit abgestimmt und gegebenenfalls in den jeweiligen Teil des nachhaltigen Kundenwerts aufgenommen. So wird beispielsweise der GRI-Indikator EN8 zum Bestandteil des ökologischnachhaltigen Kundenwerts und beschreibt die Gesamtheit des Wasserverbrauchs, welche sich im Zusammenhang mit dem Konsum eines jeweiligen Kunden ergibt. Grundlage für diese beispielhafte Überführung ist eine konkrete Formulierung innerhalb der Nachhaltigkeitsdefinition, welche die Nutzung von natürlichen Ressourcen als solche beschreibt. Zu beachten ist, dass lediglich Indikatoren mit einem Konsumbezug durch einen Kunden überführt werden können.

26.3   Untersuchung bestehender CRM-Anwendungssysteme

Um den Übergang von klassischen CRM zu Sustainability CRM so barrierefrei wie möglich zu gestalten, muss auch der Übergang der unterstützenden Softwaresysteme fließend geschehen. Um dies zu ermöglichen, muss sich die Erstellung eines generischen Datenmodells mit den vorhandenen Standards der aktuellen (klassischen) CRM-Softwaresysteme auseinandersetzen.

Dieser Abschnitt beschäftigt sich mit CRM-Standardsoftware und betrachtet, wie diese Systeme ihre Datenstrukturen abbilden und wie diese an die speziellen Bedürfnisse eines Anwenders angepasst werden können.

Um ein generisches Datenmodell zu erstellen, müssen zunächst die grundlegenden Anforderungen an das CRM-Anwendungssystem definiert werden, welches als Wirtssystem für das Datenmodell genutzt werden soll. Diese minimalen Voraussetzungen garantieren einen generischen Charakter des Modells.

Der zentrale Teil eines jeden CRM-Datenmodells ist die Abbildung der Kundenentitätstypen mit ihren unmittelbaren Relationen selbst. Dieser Abschnitt der Untersuchung von existierenden CRM-Datenmodellen beschäftigt sich mit der Findung von allgemeingültigen Eigenschaften in solchen Modellen.

Die Untersuchung aller betrachteten Systeme hat gezeigt, dass vor allem die Darstellung von Privatkunden, Firmenkunden und Produkten weitestgehend identisch ist. Diese Elemente werden durch die Standardentitätstypen account, contact und product abgebildet. Diese Standardentitätstypen wurden in allen untersuchten Systemen gefunden und bilden somit die Grundlage und den Ausgangspunkt der ER-Modellierung des generischen Datenmodells zur Implementierung von Sustainability CRM. Zu den untersuchten Systemen gehören aufgrund ihrer Verbreitung Microsoft Dynamics CRM 3.0, 4.0 und 2011, sowie Salesforce.com, SugarCRM und SAP CRM. SugarCRM vertritt hier Open Source Software.

26.4 Das generische Datenmodell

Im Folgenden soll eine Übersicht des generischen Datenmodells gegeben werden. Es wird gezeigt, wie das eigentliche Datenmodell auf Basis des nachhaltigen Kundenwerts und der untersuchten Menge von Standardentitätstypen erstellt worden ist. Anschließend wird auch die Nutzung des Modells im Groben erläutert.

26.4.1 Konstruktion des Modells

Um die Indikatoren des nachhaltigen Kundenwerts innerhalb eines CRM-Datenmodells nutzbar zu machen, müssen sie auf die Standardentitätstypen für Firmen, Kunden und Produkte verteilt werden. Diese Standardentitätstypen existieren in allen untersuchten CRM-Systemen und bilden die grundlegenden Elemente einer Konsumrelation ab.

Das generische Datenmodell wurde durch die Verteilung der Nachhaltigkeitsindikatoren des nachhaltigen Kundenwerts auf diese Entitätstypen erstellt. Die Zuordnung ergibt sich aus der Definition der Nachhaltigkeitsindikatoren der GRI. Da es sich bei den Indikatoren um Werkzeuge zur Berichterstattung für Unternehmen handelt, lassen sich die Indikatoren direkt zu dem Standardentitätstyp für Firmenkunden zuordnen. Darüber hinaus existieren aber auch Indikatoren, welche Eigenschaften von Produkten beschreiben. So kann zum Beispiel der Indikator EN8 direkt verwendet werden, um die Wassermenge zu beschreiben, welche für die Herstellung eines Produkts benötigt wird. Daher kann dieser Indikator direkt zu dem Standardentitätstyp für Produkte zugeordnet werden.

Folgt man diesem Vorgehen, ist es möglich, alle Indikatoren des nachhaltigen Kundenwerts auf die gefundenen Standardentitätstypen zu verteilen. Ausnahme bildet hier der Standardentitätstyp für (Privat-) Kunden. Entitäten dieses Typs sollten selbstverständlich immer über einen Kundenbezug zu allen Indikatoren verfügen.

Die Überführung resultiert in Mengen von Attributen, um welche die Standardentitätstypen ergänzt werden müssen. Am Ende besteht das generische Datenmodell also aus der Erweiterungsmodellierung eines ursprünglichen CRM-Datenmodells. Diese Erweiterung bezieht sich lediglich auf die gemeinsamen Standardentitätstypen account, contact und product und bildet den nachhaltigen Kundenwert mit Konsumbezug ab.

26.4.2 Nutzung und Herstellung des Konsumbezugs

Um das generische Datenmodell zu nutzen, muss es mithilfe von Customizing-methoden in ein bestehendes CRM-System übertragen werden. Da es sich um eine Erweiterung und keine Reduktion der Standarddatenmodelle handelt, ist eine Erweiterung ohne Probleme möglich. In der Regel können auch schon bestehende Datensätze erweitert werden.

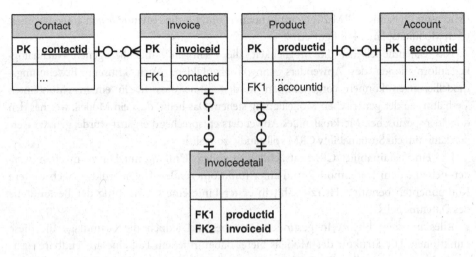

Abb. 26.1 Herstellung des Konsumbezugs über Rechnungsdetails

Die korrekte Nutzung des generischen Datenmodells setzt immer einen konkreten Konsumbezug voraus. Wie dieser Bezug hergestellt wird liegt allerdings frei im Ermessen des Anwenders. Abbildung 26.1 zeigt die Herstellung des Konsumbezugs über Rechnungen und verbundene Details.

Es kann entweder ein direkter Konsum durch einen Rechnungsposten zu einem Produkt oder aber ein indirekter Bezug über den Hersteller eines Produkts gefunden werden. Dieser Bezug ist abhängig davon, ob ein Indikator zu einem Produkt oder einer Unternehmung zugeordnet worden ist. Der Bezug kann selbstverständlich auch über jede andere Relation hergestellt werden. Möglich sind hier zum Beispiel Produktanfragen oder Nutzung von bestimmten Serviceangeboten.

26.5 Fazit

Das funktionstüchtige Modell stellt ein wichtiges Fundament zur langfristigen Bewährung von Sustainability CRM als Anwendungssystem dar. Aufgrund seiner Beschaffenheit, kann es in bestehende Systeme und Datenbestände integriert werden. In vielen Fällen (im Referenzsystem) ist es sogar möglich, die bestehenden Funktionen des klassischen CRM-Systems zu nutzen, sodass nur durch Einsatz des generischen Datenmodells zur Implementierung von Sustainability CRM ein signifikanter Mehrwert für den Anwender entsteht.

Das Modell wurde auf seine generelle Anwendbarkeit und auch im Hinblick auf den gewünschten generischen Charakter getestet. Es wurde als solches auf einem Referenzsystem

(Microsoft Dynamics CRM 2011) implementiert und für die Nutzung durch einen nachhaltigen Mobilitätsplaner konfiguriert.

Das Datenmodell hat die Möglichkeit, die wichtigen kundenbezogenen Nachhaltigkeitsinformationen des Anwenders sinnvoll abzubilden. Auch kritische Erweiterungsmodellierungen können vorgenommen werden, ohne dass sie in einem redundanten Verhältnis zu der generischen Modellierung stehen. Das heißt, dass ein Modell, welches den domänenspezifischen Merkmalen des Anwenders entsprechend ergänzt wurde, genutzt werden kann um ein Sustainability CRM vollständig zu realisieren.

Um ein Sustainability CRM tatsächlich in vollem Umfang nutzbar zu machen, werden neben einem Datenmodell und einer funktionierenden Datenstruktur noch weitere Komponenten benötigt. Hierzu zählt in erster Linie eine Gewichtung der Bestandteile des Datenmodells.

Alles in allem bleibt ein gesunder Datenbestand jedoch die Grundlage für diese Funktionen. Die Struktur des Modells bietet dabei in jedem Fall eine anwendbare Basis zur Haltung eines solchen Bestands.

Eine detailliertere Beschreibung des genauen Vorgehens und der verwendeten Forschungsmethoden findet sich in der zugehörigen Abschlussarbeit (vgl. Stamer 2012).

Literatur

Arens T (2004) Methodische Auswahl von CRM Software. Ein Referenz-Vorgehensmodell zur methodengestützten Beurteilung und Auswahl von Customer Relationship Management Informationssystemen, Cuvillier Verlag, Göttingen

Brasch C-M, Rapp R, Köder K (2007) Praxishandbuch Kundenmanagement: Grundlagen, Fallbeispiele, Checklisten – Nach Dem ULTIMA-Ansatz. John Wiley & Sons, Hoboken

Caspers-Merk M, Fritz EG, Blank R, Laufs P, Reichard C, Rieder N et al (1998) Konzept Nachhaltigkeit – Vom Leitbild zur Umsetzung, Abschlussbericht der Enquête-Kommission „Schutz des Menschen und der Umwelt". Universitäts-Buchdruckerei, Bonn

Diller H (2003) Beziehungsmarketing und CRM erfolgreich realisieren. GIM – Gesellschaft für Innovatives Marketing, Nürnberg

Falk S (2011) Einführung von CRM Möglichkeiten des Controllings. GRIN Verlag, München

GRI (2011) GRI Sustainability Reporting Guidelines, Amsterdam, Global Re-porting Initiative

GRI (2012) GRI Sustainability Reporting Statistics – Publication year 2011. Global Reporting Initiative, Amsterdam

Henriques A, Richardson J (2004) The Triple Bottom Line, Does it All Add Up?: Assessing the Sustainability of Business and CSR. Earthscan, Routledge London

Hippner H, Wilde KD (2002) CRM – Ein Überblick. In: Helmke S, Dangelmaier W (Hrsg) Effektives Customer Relationship Management. Gabler, Wiesbaden

Hippner H, Hubrich B, Wilde K (2011) Grundlagen des CRM: Strategie. Ge-schäftsprozesse und IT-Unterstützung, Springer, Wiesbaden

Holland H (2004) CRM erfolgreich einsetzen: Warum Projekte scheitern und wie Sie erfolgreich werden. BusinessVillage, Braunschweig

Lo Coco T (2010) Bonusprogramme als Instrument der Kundenbindung in der Aviation-Branche: Mit besonderer Berücksichtigung der strategischen Allian-zen. GRIN Verlag, München

Neckel P, Knobloch B (2005) Customer Relationship Analytics. Dpunkt, Heidel-berg

Pickl T (2002) Bedeutung und Messung von Kundenzufriedenheit im CRM. GRIN Verlag, München

Smith AD (2008) Customer Relationship Management considerations and Elec-tronic Toll Collection as sustainable technology. Int. J. Sustain Econ. S 17–43

Stamer D (2012) Erstellung eines generischen Datenmodells zur Implementierung eines Sustainability CRM

Teuteberg F, Wittstruck D (2010) – Betriebliches Umwelt- und Nachhaltigkeitsmanagement. Universitätsverlag Göttingen, Göttingen, S 1001–1015

Umpfenbach T (2008) Kundenmanagement unter Besonderer Berücksichtigung des Cross-Selling. Mit Einem Beispiel der Entsorgungsgesellschaft Xymbh, GRIN Verlag, München

von Hauff M, Kleine A (2009) Nachhaltige Entwicklung. Oldenbourg Verlag, München

Wagner vom Berg B, Stamer D (2012). Sustainability CRM – A Case Study in the Mobility Sector. European, Mediterranean & Middle Eastern Conference on Information Systems. EMCIS, München

Data Mining im Rahmen eines Sustainable Customer Relationship Management zur Optimierung intermodaler Mobilität

27

Marcel Severith, Thees Gieselmann, Benjamin Wagner vom Berg und Jorge Marx Gómez

Zusammenfassung

Für eine nachhaltige Entwicklung ist die Veränderung bestehender Konsummuster von großer Bedeutung. Vor diesem Hintergrund bietet sich eine nachhaltigkeits-orientierte Anwendung des Customer Relationship Managements an. Der an der Universität Oldenburg entwickelten Routenplanungssoftware Jinengo liegt ein solches Verständnis des Customer Relationship Managements zugrunde. Die Plattform ist eine mobile Anwendung zur Planung von Reiserouten unter Berücksichtigung verschiedener Verkehrsmittel und ermöglicht so intermodale Mobilität. Die von Jinengo empfohlenen Routen basieren auf den individuellen Anwenderpräferenzen, motivieren aber jeweils zur Wahl nachhaltiger Alternativen. Die persönlichen Daten des Anwenders sowie seine in der Vergangenheit gewählten Reiserouten werden für die Empfehlungen bislang allerdings nicht berücksichtigt. Die vorliegende Arbeit diskutiert daher den Einsatz von Data Mining zur Analyse von Gründen und genauer Ausgestaltung individuellen Mobilitätsverhaltens. Dazu werden die Methoden Assoziation, Clustering und Klassifikation bezüglich ihrer Potentiale zur Verbesserung des Marketings nachhaltiger Mobilitätsangebote untersucht. Auf

M. Severith · T. Gieselmann · B. Wagner vom Berg (✉) · J. Marx Gómez
Department für Informatik, Abt. Wirtschaftsinformatik I/VLBA,
Carl von Ossietzky Universität Oldenburg, Ammerländer Heerstr. 114–118,
26129 Oldenburg, Deutschland
e-mail: benjamin.wagnervomberg@uni-oldenburg.de

M. Severith
e-mail: marcel.severith@uni-oldenburg.de

T. Gieselmann
e-mail: thees.gieselmann@uni-oldenburg.de

J. Marx Gómez
e-mail: jorge.marx.gomez@uni-oldenburg.de

J. Marx Gómez et al. (Hrsg.), *IT-gestütztes Ressourcen- und Energiemanagement*,
DOI: 10.1007/978-3-642-35030-6_27, © Springer-Verlag Berlin Heidelberg 2013

diese Weise wird der Closed Loop zwischen operativem und analytischen Customer Relationship Management exemplarisch geschlossen.

Schlüsselwörter

Data Mining • Intermodale Mobilität • Nachhaltigkeit • Customer Relationship Management • Closed Loop

27.1   Einleitung

Die Rolle der Informationstechnologie im Kontext einer nachhaltigen Entwicklung wird mittlerweile vermehrt diskutiert. Die Ressourcen- und Energieeffizienz von Produktionsprozessen ist dabei ein Kernthema (Hilty 2010; Hilty et al. 2011). Entsprechende Überlegungen führten zu der Entwicklung betrieblicher Umweltinformationssysteme (Rautenstrauch 1999). Effizienzerfolge bergen jedoch immer die Gefahr, durch einen Mehrverbrauch von Produkten und Dienstleistungen (Rebound-Effekt) kompensiert oder sogar überkompensiert zu werden (Hilty 2010; Hilty et al. 2011). Daher ist zeitgleich auch die Umgestaltung von Konsumgewohnheiten zu thematisieren. Wesentlicher Bestandteil davon ist der Übergang von eigentums- zu nutzungsbasierten Konsummustern (Hilty 2010).

Der Verkehrssektor trägt weltweit zu etwa 13 % der anthropogenen Treibhausgasemissionen bei und ist einer der am schnellsten wachsenden Sektoren (IPCC 2007). Er ist daher einer der zentralen Herausforderungen im Rahmen einer nachhaltigen Entwicklung. Neben technischen Innovationen, wie verbrauchsarmen Autos und alternativen Antrieben, sind insbesondere auch soziale Innovationen notwendig. Lösungen, wie öffentliche Verkehrsmittel oder Car Sharing, verwirklichen schon heute die Idee eines nutzungsbasierten Konsums und bieten großes Potential zur Reduktion ökologischer Schäden. Des Weiteren lassen sich die Bedürfnisse, die hinter einer konkreten Reiseentscheidung stecken, auf alternativem Weg befriedigen. So lässt sich beispielsweise ein Erholungsurlaub in näherer Umgebung verbringen oder ein Geschäftstreffen durch eine Videokonferenz zu substituieren. Ein solcher kultureller Wandel ermöglicht nach Paech (2007) große Potentiale. So ist ein weit entferntes Ziel womöglich lediglich per Flugzeug erreichbar. Ein nähergelegenes Ziel kann hingegen auch mit einem (gemieteten) Auto oder Zug erreicht werden. Die Veränderung von persönlichen Mobilitätsgewohnheiten ist jedoch eine große Herausforderung, da diese nicht alleine durch die Erreichung konkreter Ziele begründet sind. Vielmehr beeinflussen auch soziale und kulturelle Bedürfnisse die Entscheidung. So dient beispielsweise das eigene Auto als Indikator für den sozialen Status und erfüllt Bedürfnisse der gesellschaftlichen Akzeptanz (Hunecke 2008).

In Unternehmen stellt Customer Relationship Management (CRM) den Kunden und sein Kaufverhalten in den Mittelpunkt der Betrachtung (Kantsperger 2006). Es ist daher auch das Mittel der Wahl, um Personen nachhaltigere Reiserouten anzubieten.

Die Routenplanungssoftware Jinengo integriert ein CRM-System, das Individuen bei der Wahl von Mobilitätsentscheidungen unterstützt. Bislang werden die gesammelten Nutzerdaten allerdings noch nicht aufbereitet und analysiert. Die vorliegende Arbeit diskutiert daher geeignete Methoden und Anwendungsfelder des Data Minings, um das Wissen über Mobilitätsverhalten zu steigern. Ziel ist es, durch die Analyse täglicher Mobilitätsentscheidungen ein Verständnis für die Präferenzen der Benutzer zu entwickeln, um so bei der Vermarktung nachhaltiger Reisealternativen zukünftig zielgruppenspezifische Charakteristika zu berücksichtigen.

Die Arbeit führt zunächst in das nachhaltigkeitsorientierte Customer Relationship Management ein und stellt die Routenplanungssoftware Jinengo sowie das zugrundeliegende Datenmodell vor. Anschließend wird die Integration verschiedener Data-Mining-Methoden in Jinengo anhand von Anwendungsszenarien diskutiert.

27.2 Sustainable Customer Relationship Management

Das Customer Relationship Management erfüllt Unternehmensziele durch die Identifikation und Befriedigung der Kundenbedürfnisse vor, während und nach dem eigentlichen Verkaufsvorgang (Helmke et al. 2003). Dabei wird zwischen operativen und analytischen Aufgaben unterschieden. Das operative CRM stärkt den Kundenkontakt durch Marketing, Verkauf und Service. Die im operativen System gesammelten Daten werden dann im analytischen CRM verarbeitet. Hier werden die Rohdaten analysiert, um daraus neues Wissen zu generieren. Dieses Wissen wird dann im operativen CRM für die Optimierung der Kundenkontaktprozesse verwendet (Helmke et al. 2003). Der Begriff „Closed Loop" beschreibt diesen Informationsfluss zwischen dem operativen und analytischen CRM. Er stellt einen Kreislauf der Sammlung, Analyse und Verarbeitung von Daten dar. Das hierbei stetig neu gewonnene Wissen kann beispielsweise bei der Entwicklung von Marketingkampagnen für spezifische Kundengruppen genutzt werden (Helmke et al. 2003).

Ein Sustainable Customer Relationship Management (SusCRM) erweitert das CRM um eine ökologische sowie eine soziale Dimension und realisiert so das Dreisäulenmodell der nachhaltigen Entwicklung (Deutscher Bundestag 1998). Ein SusCRM zielt neben der Kundenbindung auch darauf ab, eine Lernbeziehung mit dem Kunden aufzubauen und ihm potentielle Handlungsalternativen aufzuzeigen. Um diese Anforderung zu erfüllen, wird der Prozess des Closed Loop um Informationen wie z. B. Energieverbräuche und CO_2-Emissionen erweitert (Wagner vom Berg et al. 2012). Die Bewerbung eines energieeffizienten Gerätes könnte so z. B. durch eine Kampagne begleitet werden, die den angemessenen Umgang mit dem Gerät demonstriert. Auf diese Weise ließe sich ein Rebound-Effekt verhindern.

Ein SusCRM lässt sich in Unternehmen mit einer breiten Produktpalette einsetzen, um nachhaltige Produkte und Dienstleistungen interessierten Kunden anzubieten. Des Weiteren lässt es sich dazu einsetzen, den Kunden während des gesamten

Produktlebenszyklus zu begleiten und damit die Kundenbindung zu erhöhen. Kunden
können so darin unterstützt werden, Produkte verantwortlich zu nutzen, pflegen,
reparieren sowie fachgerecht zu entsorgen. Alternativ lässt sich ein SusCRM auch in
Organisationen einsetzen, die keine eigenen Produkte oder Dienstleistungen verkaufen, sondern lediglich eine Verhandlungsposition zwischen Kunden und Unternehmen
einnehmen. Eine solche Organisation hilft Individuen, ihre Bedürfnisse durch
adäquate Produkte und Dienstleistungen auf möglichst nachhaltige Weise zu erfüllen.
Entsprechende Anwendungen lassen sich für verschiedenste Lebensbereiche vorstellen,
z. B. Ernährung, Wohnen oder Mobilität. Die vorliegende Arbeit konzentriert sich auf
letzteres Anwendungsfeld.

27.3   Routenplanungssoftware Jinengo

Jinengo ist eine Anwendung des SusCRM-Konzepts im Anwendungsfeld der intermodalen Mobilität. Intermodale Mobilität meint die intelligente Vernetzung verschiedener
Verkehrsmittel zur Erreichung eines gegebenen Reiseziels. Damit werden die Vorteile
der verschiedenen Verkehrsträger bezüglich Flexibilität, Kosten und Ökologie kombiniert. Eine Studie der Deutschen Bahn AG (InnoZ 2007) fand eine steigende Nachfrage
nach intermodaler Mobilität, insbesondere in städtischen Milieus. Bislang sind die verschiedenen Mobilitätsangebote allerdings noch mehr oder weniger stark voneinander
separiert und nur wenig miteinander vernetzt.

Jinengo ist eine mobile Anwendung zur Planung intermodaler Reiseroute, die von einer
Projektgruppe der Universität Oldenburg prototypisch entwickelt wurde. Nachdem der
Anwender Start- und Endpunkt der Reise sowie die gewünschte Reisezeit angegeben hat,
ermittelt Jinengo mögliche Reiserouten unter Berücksichtigung verschiedener Verkehrsträger.
Die Ergebnisse werden dabei anhand zuvor angegebener Benutzerpräferenzen bezüglich
Komfort, Flexibilität, Kosten und Nachhaltigkeit berechnet und sortiert. Um den Anwender
zu einer Verhaltensänderung zu motivieren, werden die Suchergebnisse gemäß ihrer
Nachhaltigkeitsbewertung farblich gekennzeichnet. Die Wahl der Reiseroute bleibt daher dem
Anwender überlassen, wird jedoch durch die Visualisierung unterbewusst beeinflusst. Des
Weiteren ist die Anzeige von Meldungen im Benutzerinterface möglich, die dem Benutzer
Hinweise geben oder Angebote für nachhaltigere Reisemöglichkeiten bieten (Wagner vom
Berg und Stamer 2012; Wagner vom Berg et al. 2012).

Mit seinem intermodalen Ansatz erleichtert Jinengo dem Benutzer den Zugang zu einer
Vielzahl an Mobilitätsanbietern und unterschiedlichen Verkehrsmitteln. Jinengo bietet so
das Potential zur Veränderung des eigenen Mobilitätsverhaltens, indem es greifbare nachhaltigere Alternativen anbietet, die vom Anwender zuvor noch nicht bedacht wurden.

Abbildung. 27.1 beschreibt die drei Ebenen der Systemarchitektur von Jinengo.
Alle operativen Systemprozesse, Datensammlung und Datenspeicherung erfolgen im
Backend. Ein operatives CRM speichert alle gesammelten Daten, insbesondere die per-
sönlichen Daten und die zuvor unternommenen Routen der Anwender (Wagner vom

Abb. 27.1 Architektur der
Jinengo-Plattform

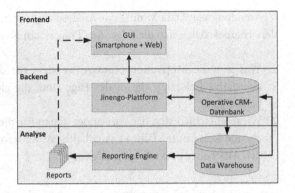

Berg und Stamer 2012; Wagner vom Berg et al. 2012). Wenn ein Anwender eine neue Route anfragt, berechnet das System verschiedene Routen und berücksichtigt dabei die individuellen Anwenderpräferenzen aus dem operativen CRM. Das Frontend besteht aus einem graphischen Interface (GUI) auf Basis von Webtechnologien. Die GUI dient dem Anwender zur Planung von Reisen sowie zur Anzeige von Statistiken.

Die Analyseebene besteht aus einem Data Warehouse (DWH) und einer Reporting Engine. Die Daten aus der operativen CRM-Datenbank werden in das analytische Datawarehouse übertragen und anschließend analysiert. Das dabei generierte Wissen erfüllt zwei Zwecke. Zum einen dient es als Datengrundlage für die Reports und Dashboards, die Interessenten über die GUI angezeigt werden. Zum anderen dient es der Verbesserung der Suchergebnisse, um die individuellen Bedürfnisse der Anwender zukünftig noch besser zu befriedigen. Dieser analytische Teil von Jinengo ist allerdings derzeit noch nicht umgesetzt. Die angebotenen Reiserouten werden zwar unter Beachtung der Benutzerpräferenzen sortiert, das vorherige Reiseverhalten bleibt dabei jedoch unberücksichtigt. Die Speicherung vergangener Reiserouten ermöglicht jedoch die spätere Anwendersegmentierung und Anpassung zukünftiger Reisevorschläge.

Verwendung analytischer Daten bei Jinengo Die Anwendung von Data Mining ermöglicht die Schließung des Closed Loop des Customer Relationship Managements bei Jinengo. Das hierbei aus den analytischen Daten neu gewonnene Wissen ist für Jinengo auf zweierlei Weise nutzbar. Reports und Dashboards beinhalten aggregierte Informationen für Anwender, das Jinengo-Management, Mobilitätsanbieter sowie Wissenschaftler. Die bereitgestellten Reports und Dashboards sind dabei jeweils maßgeschneidert. Sie enthalten einerseits alle relevanten Informationen, berücksichtigen auf der anderen Seite aber auch spezifische Datenschutzbestimmungen. Zusätzlich wird das neu gewonnene Wissen in das operative Customer Relationship Management eingespeist. Auf diese Weise können zukünftige Reisevorschläge besser an die individuellen Mobilitätsbedürfnisse angepasst werden. Das Angebot attraktiver Ergebnisse hilft dabei unter Umständen, den Anwender für nachhaltigere Reiserouten zu begeistern. Im Folgenden soll der Schwerpunkt auf die

Verwendung von Data Mining zur Analyse vergangener gewählter Reiserouten gelegt werden. Hierbei stellen sich die folgenden Fragestellungen:

1. Was war die Motivation eines Anwenders für die Wahl seines Reiseziels? Gibt es alternative Reiseziele die in der Lage sind, die gleichen Bedürfnisse des Anwenders befriedigen?
2. Wieso entschied sich der Anwender genau für diese Verkehrsmittel und die entsprechende Reiseroute? Gibt es nachhaltigere Reiserouten für das gegebene Ziel, die für den Anwender praktikabel erscheinen?

27.4 Datenmodell

Die Analyse von Routenentscheidungen und Anwenderpräferenzen ist ein komplexes Themenfeld. Es wird daher ein umfassendes Datenmodell zur Abbildung der spezifischen Gegebenheiten benötigt. Das vorliegende Modell (siehe Abb. 27.2) wurde daher um Attribute erweitert, die bislang operativ noch nicht erfasst werden, im Zuge der Analyse aber als sinnvoll erscheinen. Die *persönlichen Daten* umfassen alle Stammdaten der Anwender. *Reiserouten* wurden ehemals von einem Anwender zu einer bestimmten Zeit gefahren. Die Routen bestehen dabei jeweils aus einer oder mehreren Subrouten, die jeweils mit einem Verkehrsmittel zurückgelegt werden.

Persönliche Daten Persönliche Daten werden in Jinengo unterteilt in Präferenzen, persönliche Attribute und zur Verfügung stehende Verkehrsmittel. Anwender können ihre *Präferenzen* für Nachhaltigkeit, Flexibilität, Komfort und Preis selbst bestimmen und bei Bedarf jederzeit anpassen. *Persönliche Attribute* hingegen sind direkt mit der Identität des Anwenders verbunden. In Jinengo werden das Alter, das Geschlecht, der Wohnsitz,

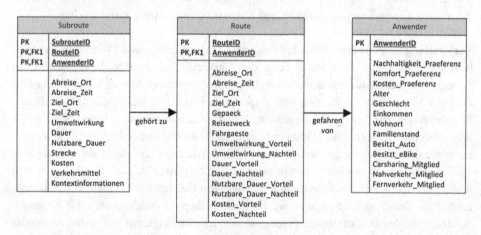

Abb. 27.2 Datenmodell von Jinengo

das Einkommen und der Familienstand berücksichtigt. Auch wenn diese Daten aus Datenschutzgründen heikel sind und die Anwender mit der Herausgabe entsprechender Daten vorsichtig sein könnten, sind die Daten für das Data Mining von zentraler Bedeutung. Die Erfassung entsprechender Daten sollte daher so umfassend wie möglich erfolgen. Die *zur Verfügung stehenden Verkehrsmittel* geben an, welche Verkehrsträger vom Anwender auf einfache Weise genutzt werden können. Das beinhaltet den Besitz eines Autos, eines E-Bikes sowie der nutzungsbezogene Zugang zu Car Sharing, öffentlichem Nah- und Fernverkehr.

Daten über gefahrene Routen Reiserouten wurden von einem spezifischen Anwender zu einer bestimmten Zeit in der Vergangenheit gefahren. Eine Subroute ist eine Teilstrecke der ganzen Route, die mit einem spezifischen Verkehrsmittel zurückgelegt wurde. Eine Route kann daher aus einer oder mehreren Subrouten bestehen. Routen und Subrouten sind über eine 1:n-Beziehung miteinander verbunden. Jede *Subroute* wird über Ort und Zeitpunkt von Abfahrt und Ziel, seine Umweltwirkung (bspw. in Form des CO_2-Fußabdrucks), Dauer, nutzbare Dauer, Strecke (in Kilometern), Kosten, Verkehrsmittel und weitere Kontextinformationen beschrieben. Der Kontext aufgrund seiner Komplexität noch nicht im System berücksichtigt. Die Berücksichtigung von Verkehrsinformationen und Wetterbedingungen stellt jedoch einen interessanten Ansatzpunkt für das Data Mining dar. *Routen* werden über Ort und Zeitpunkt von Abfahrt und Ziel, Anzahl der Gepäckstücke, den Reisezweck, die Anzahl der Fahrgäste, sowie ihre Vor- & Nachteil gegenüber alternativen Routen beschrieben. So lässt sich beispielsweise die Umweltwirkung aller Subrouten auf Ebene der gesamten Route aggregieren. Diese Umweltwirkung lässt sich zur besten und schlechtesten Reiseroute ins Verhältnis setzen. Auf diese Weise kann die ökologische Auswirkung der Reise mit den Alternativen mit gleichem Ziel verglichen werden. Analog lassen sich auch die Vor- und Nachteile der Attribute Zeitdauer, nutzbare Zeitdauer und Kosten berechnen.

Alle diese Attribute beschreiben Planwerte. Die tatsächlich auftretenden Reisewerte werden hingegen nicht von Jinengo erfasst und bleiben daher auch verborgen. So wird die Zeitdauer der Route beispielsweise durch unerwartete Verzögerungen beeinflusst. Die Analyse der Abweichungen von Soll- und Ist-Werten wäre Gegenstand eines ausgiebigen Data Minings. Dies wird jedoch bislang aufgrund der fehlenden Datenbasis von Jinengo nicht unterstützt.

27.5 Data Mining

Wie zuvor beschrieben, ist für die Unterstützung nachhaltigen Verhaltens das Verständnis von Verhaltensweisen von großem Interesse. Zur Schließung des Closed Loop müssen die gesammelten Daten analysiert und Wissen daraus gewonnen werden. Die zugrundeliegende Datenbasis ist dabei im Fall von Jinengo umfangreich und komplex, insbesondere in Bezug auf die Vielzahl von routenbezogenen Attributen.

Das Data Mining stellt daher ein zentrales Element dar, um diese große Datenmengen auf Muster zu untersuchen und zu beschreiben. Im Folgenden werden die drei Data-Mining-Methoden Klassifikation, Clustering und Assoziation anhand exemplarischer Anwendungsfelder im Bereich nachhaltiger Mobilität vorgestellt.

27.5.1 Assoziation

Das Ziel von Jinengo ist die Förderung nachhaltiger Mobilität. Assoziationsregeln unterstützen dieses Ziel, indem sie Entscheidungen der Anwender analysieren. Die Methode sucht nach Regeln, die das Verhalten der Anwender beschreiben. Aus den beschriebenen Verhaltensregeln lassen sich Konsequenzen für Jinengo ableiten, um das System besser an die Bedürfnisse der Anwender anzupassen (Giudici 2003). Obwohl die Assoziation eine deskriptive Methode ist und daher nicht für die Vorhersage genutzt wird, ist sie dennoch von großer Bedeutung. Ein typisches Anwendungsfeld der Assoziation ist das Cross Selling, das auch bei Jinengo genutzt werden kann. Wenn eine Mehrheit der Nutzer von Mobilitätsdienst A auch den Mobilitätsdienst B benutzen, ist die Wahrscheinlichkeit groß, dass sich ein Anwender auch für Dienst B interessiert, wenn er zuvor A genutzt hat. Das Ziel der Assoziation ist es, genau solche Regeln im Verhalten der Anwender zu entdecken.

27.5.2 Clusteranalyse

Eine andere deskriptive Methode des Data Minings ist die Clusteranalyse. Sie gruppiert verschiedene Objekte gemäß ihrer Distanz. In Jinengo werden Anwender aufgrund ihrer persönlichen Daten verglichen. Wenn die Übereinstimmung zwischen zwei Anwendern im Vergleich zu anderen Personen groß ist, werden sie in einem Cluster zusammengefasst. Beim Vergleich verschiedener Attribute über eine große Anzahl von Anwendern lassen sich so Anwendergruppen identifizieren, die sich einander sehr ähnlich sind (Giudici 2003). So kann ein Cluster z. B. alle Anwender im Alter von 25-35 Jahren mit mittlerem Einkommen, Mittelklasse-PKW und Wohnsitz am Stadtrand identifizieren.

Es lässt sich vermuten, dass Anwender eines Clusters auf einen Vorschlag wie bspw. einen Wechsel des Verkehrsmittels auf ähnliche Weise reagieren. Eine exemplarische Umsetzung im Mobilitätssektor wurde von InnoZ (InnoZ 2007) durchgeführt. Junge Stadtbewohner wurden in dieser Studie in die folgenden Gruppen eingeteilt:

- *Pragmatiker* schätzen ihren Zugang zu verschiedenen Verkehrsträgern als sehr gut ein. Ihre Ziele erreichen sie auch ohne Auto. Privatsphäre ist ihnen beim Reisen nicht wichtig, Umweltschutz spielt üblicherweise keine Rolle.
- *Auto-affine* können sich Mobilität ohne eigenes Auto kaum vorstellen. Eine Reduktion ihrer Autonutzung kommt für sie einer Restriktion von Flexibilität und Freiheit gleich.

- *Ökologisch-orientierte* machen häufig von ihrem Fahrrad Gebrauch, nutzen dafür allerdings Taxis und Mietwagen seltener. Sie verfügen üblicherweise über ein Auto, bewerten es aus ökologischer Sicht allerdings negativ.

Die auf diese Weise erstellten Gruppen können auch zum Vergleich der eigenen individuellen Nachhaltigkeitsperformance dienen. Die Summe der ökologischen Wirkungen aller Reisen eines Anwenders wird dabei in Verhältnis gesetzt zu der in der Peer Group üblichen Umweltbelastung. Dieser Vergleich wird dem Anwender visualisiert. Der Vergleich eines Anwenders mit seiner Peer Group hat zwei Vorteile: Zum einen profitieren davon diejenigen, die bislang noch nicht sehr nachhaltig agieren, für eine Verbesserung allerdings zu begeistern sind. Der Vergleich mit einer Person mit völlig anderem persönlichen Hintergrund, z. B. eine Person ohne eigenes Auto, würde eine anfängliche Motivation schnell im Keim ersticken. Zum anderen werden so auch bereits sehr nachhaltig agierende Personen dem Wettbewerb um eine Verbesserung gestellt. Als Resultat ergibt sich so für alle Personen die Motivation, ihr Verhalten zu verändern, auf welchem Nachhaltigkeitsniveau sie auch immer starten mögen.

Die Neuregistrierung von Anwendern beeinflusst die Clusterzusammensetzung ebenso wie Änderungen bei den bestehenden Anwendern. Um die Qualität der Analyse zu erhalten, muss die Cluster-Analyse daher in regelmäßigen Abständen erneut durchgeführt werden. Die fortlaufenden Änderungen machen die Clusterergebnisse allerdings für Anwender unter Umständen schwer verständlich. Zum Beispiel, wenn ein Anwender das Cluster aufgrund externer Einflüsse wechselt, ohne dass sich bei ihm selbst Änderungen ergeben haben. Eine Alternative ist es daher, die Clusteranalyse einmalig durchzuführen und damit feste Clustergrenzen zu definieren. Bestehende Anwender, bei denen sich gravierende Änderungen ergeben, sowie neue Anwender können anschließend mithilfe der Klassifikation diesen festen Cluster zugeordnet werden.

27.5.3 Klassifikation

Im Gegensatz zur Assoziation und zur Clusteranalyse ist die Klassifikation eine Methode des Data Minings, die für die Vorhersage genutzt wird. Die Klassifikation wird angewendet, um ein Zielattribut auf Basis von anderen Attributen vorherzusagen. In der Regel werden dabei Entscheidungsbäume zur Klassifizierung des Zielattributs gebaut. Neuen Datensätzen kann anhand dieses Baums die Ausprägung des Zielattributs zugewiesen werden (Giudici 2003).

Ein möglicher Anwendungsfall der Klassifikation ist die zuvor angesprochene Zuordnung von Anwendern zu Cluster. Während das Clustering bestehende Anwender einmalig gruppiert, lässt sich mit der Klassifikation die Zugehörigkeit eines neuen oder geänderten Anwenders zu den bereits bestehenden Gruppen auf Basis seiner Attribute bestimmen. Immer dann wenn ein neuer Anwender sich für die Plattform registriert, kann der Algorithmus den

Anwender auf Basis der bereits bekannten Daten einer Gruppe zuordnen. Der Anwender wird dabei derjenigen Gruppe zugeordnet, bei der die größten Ähnlichkeiten vorliegen. Berücksichtigt werden persönliche Daten wie Alter, Geschlecht, Familienstand, Wohnsitz sowie die zur Verfügung stehenden Verkehrsmittel.

Eine andere zentrale Anwendung im Kontext von Jinengo ist die Identifikation von bevorzugten nachhaltigen Verhaltensmustern. So kann die Klassifikation Muster erkennen, die den Besitz eines Elektroautos, eines E-Bikes, oder einer Monatskarte für den Nahverkehr wahrscheinlich werden lassen. Anwendern mit gleichen Attributen können dann entsprechende Angebote gemacht werden.

27.6 Fazit und Ausblick

In dieser Arbeit wurden die Möglichkeiten eines Sustainable Customer Relationship Management am Beispiel der unabhängigen Mobilitätsplattform Jinengo vorgestellt. Jinengo unterstützt Anwender bei der Suche nach nachhaltigen Mobilitätsoptionen. Mit dem beschriebenen Datenmodell und den Möglichkeiten des Data Minings ist es möglich, individuelle Reiserouten für einzelne Anwender anzubieten. Auf diese Weise lässt sich der Closed Loop des CRM-Systems schließen.

Dennoch bleiben viele Herausforderungen noch offen. Bisher berücksichtigt das Datenmodell lediglich Planwerte. Die tatsächlichen Istwerte können davon jedoch abweichen, z. B. kann sich die Reisezeit durch eine Verzögerung verlängern. Da Jinengo der Reiseplanung dient, müsste die Benutzung nach Abschluss der Reise besonders motiviert werden. Aufgrund dieser Schwierigkeiten ist die Erfassung entsprechender Daten bislang nicht vorgesehen. Eine Berücksichtigung könnte die Möglichkeiten des Data Minings in Zukunft jedoch erheblich erweitern.

Das größte Potential, aber gleichzeitig auch die größte Herausforderung ist die Substitution von Reisen unter Berücksichtigung der individuellen Bedürfnisse des Benutzers. Auf ähnliche Weise wie Urlaubsportale Reiseziele vorschlagen, nach denen der Kunde zuerst gar nicht gesucht hat, könnte auch Jinengo entsprechende Vorschläge anbieten. Vorbedingung dafür ist die automatische Erkennung der hinter einer Reise liegenden Bedürfnisse, oder die Möglichkeit diese auf komfortablem Wege direkt eingeben zu können.

Literatur

Deutscher Bundestag (1998) Konzept Nachhaltigkeit — Vom Leitbild zur Umsetzung. Abschlussbericht der Enquete-Kommission „Schutz des Menschen und der Umwelt" des 13 Deutschen Bundestages. Bonn

Giudici P (2003) Applied Data Mining. Statistical Methods for Business and Industry. Wiley, Chichester

Helmke S, Uebel M, Dangelmaier W (2003) Effektives Customer Relationship Management, Instrumente – Einführungskonzepte – Organisation. Gabler, Wiesbaden

Hilty LM (2010) Information and Communication Technologies for a more Sustainable World. In: Haftor D, Mirijamdotter A (Hrsg) Information and Communication Technologies, Society and Human Beings. Theory and Framework. IGI Global, Hershey New York, S 410–418

Hilty LM, Lohmann W, Huang EM (2011) Sustainability and ICT – An overview of the field. notizie di POLITEIA 104(27), S 1–28

Hunecke M (2008) MOBILANZ. Möglichkeiten zur Reduzierung des Energieverbrauchs und der Stoffströme unterschiedlicher Mobilitätsstile durch zielgruppenspezifische Mobilitätsdienstleistungen. Endbericht. University of Bochum, University of Lüneburg, Wuppertal Institut

InnoZ (2007) DB Mobility. Beschreibung und Positionierung eines multimodalen Verkehrsdienstleisters. http://www.innoz.de/fileadmin/INNOZ/pdf/Bausteine/innoz-baustein-01.pdf. Zugegriffen: 17. September 2012

IPCC (2007) Climate Change 2007. Synthesis Report

Kantsperger R (2006) Modifikation von Kundenverhalten als Kernaufgabe von CRM. In: Hippner H, Wilde KD (Hrsg) Grundlagen des CRM. Konzepte und Gestaltung. Gabler, Wiesbaden

Paech N (2007) Unternehmerische Nachhaltigkeit und die ungelöste Wachstumsfrage. Von der Funktionsorientierung zur Bedarfssubstitution. UmweltWirtschaftsForum 2(15):8–91

Rautenstrauch C (1999) Betriebliche Umweltinformationssysteme. Grundlagen, Konzepte und Systeme. Springer, Berlin Heidelberg

Wagner vom Berg B, Stamer D (2012) Sustainability CRM. A casestudy in the mobility sector. In: Ghoneim A, Klischewski R, Schrödl H, Kamal M (Hrsg) EMCIS 2012: Proceedings of the European, Mediterranean & Middle Eastern Conference on Information Systems 2012, München, Juni 2012

Wagner vom Berg B, Stamer D, Marx Gómez J (2012) Förderung nachhaltiger Mobilität durch den Einsatz eines Sustainability CRM. In: Wolgemuth V, Lang CV, Marx Gómez J (Hrsg) Konzepte, Anwendungen und Entwicklungstendenzen von betrieblichen Umweltinformationssystemen. Shaker Verlag, Aachen, S 129–14

Teil V

Nachhaltigkeitsmanagement und -kommunikation

Status Quo der Wirtschaftsprüfung von Nachhaltigkeitsberichten

28

Marc Walterbusch, Jan Handzlik und Frank Teuteberg

Zusammenfassung

Unternehmen integrieren neben ökonomischen auch ökologische und soziale Ziele in die Geschäftsstrategie und wollen ihre nachhaltige Geschäftstätigkeit durch die Veröffentlichung eines Nachhaltigkeitsberichts nachweisen. Um die Glaubwürdigkeit dieses Berichts in der Nachhaltigkeitskommunikation zu erhöhen, gibt es die Möglichkeit der Wirtschaftsprüfung durch einen unabhängigen Dritten, einer Wirtschaftsprüfungsgesellschaft. Aufgrund mangelnder gesetzlicher Regulierungen im Bereich der Prüfung von Nachhaltigkeitsberichten gibt es von verschiedenen Organisationen entwickelte Regelwerke und Prüfungsstandards. Diese sind zum einen hilfreich bei der Erstellung eines Nachhaltigkeitsberichts für Unternehmen, zum anderen ermöglichen sie die einheitliche Prüfung nach festen Prinzipien. Dieser Beitrag stellt mittels eines Literaturreviews den Status Quo der Wirtschaftsprüfung von Nachhaltigkeitsberichten in der wissenschaftlichen Literatur heraus. In diesem Kontext werden drei gängige Prüfungsstandards beschrieben. Weitergehend sind leitfadengestützte Experteninterviews durchgeführt worden, die die literaturgestützte Beschreibung erweitern. Ein Ergebnis ist, dass es keinen allgemein anerkannten und verwendeten Prüfungsstandard gibt. Weitergehend müssen sich existierende Prüfungsstandards ständig weiterentwickeln, nicht zuletzt aufgrund der sich ständig ändernden Anforderungen.

M. Walterbusch (✉) · J. Handzlik · F. Teuteberg
Fachgebiet Unternehmensrechnung und Wirtschaftsinformatik, Universität Osnabrück,
Kolpingstr. 7, 49074 Osnabrück, Deutschland
e-mail: marc.walterbusch@uni-osnabrueck.de

J. Handzlik
e-mail: jhandzli@uni-osnabrueck.de

F. Teuteberg
e-mail: frank.teuteberg@uni-osnabrueck.de

J. Marx Gómez et al. (Hrsg.), *IT-gestütztes Ressourcen- und Energiemanagement*,
DOI: 10.1007/978-3-642-35030-6_28, © Springer-Verlag Berlin Heidelberg 2013

Schlüsselwörter

Nachhaltigkeitsbericht • Glaubwürdigkeit • Stakeholder • Wirtschaftsprüfung •
GRI • IDW PS 821 • ISAE 3000 • AA1000 AS

28.1   Einleitung

In den letzten Jahren hat das Thema „Nachhaltigkeit" immer mehr an Bedeutung
gewonnen (MacLean und Rebernak 2007). Es gibt Forderungen aus verschiedensten
Kreisen der Gesellschaft, dass Unternehmen neben ökonomischen, auch ökologische
und soziale Ziele in ihre Geschäftsstrategie integrieren bzw. sich eher an langfristigen
als an kurzfristigen Zielen orientieren sollten (Lackmann 2010). Viele Unternehmen
kommen dieser Forderung nach und wollen ihre nachhaltige Geschäftätigkeit durch
die Veröffentlichung eines Nachhaltigkeitsberichts (NB) nachweisen. Das Fehlen einheitlicher Vorgaben über Inhalte, Wesentlichkeiten und Adressaten von NB reduziert
bei den Stakeholdern von Unternehmen die Glaubwürdigkeit in die veröffentlichten
Nachhaltigkeitsinformationen (Manetti und Becatti 2008). Um diese Glaubwürdigkeit
zu erhöhen, gibt es, wie auch beim klassischen Jahresabschluss, die Möglichkeit der
Wirtschaftsprüfung (WPg) durch eine unabhängige Wirtschaftsprüfungsgesellschaft
(WPG). Nach einer Studie von KPMG publizieren 95 % aller G250-Unternehmen
Nachhaltigkeitsinformationen, lediglich 46 % lassen diese durch einen unabhängigen
Dritten prüfen (CNNmoney 2010; KPMG International 2011). Aufgrund mangelnder
gesetzlicher Regulierungen im Bereich der Prüfung von NB, gibt es von verschiedenen
Organisationen entwickelte Regelwerke und Prüfungsstandards (PS). Diese sind zum
einen hilfreich bei der Erstellung eines NB für Unternehmen, zum anderen ermög-
lichen sie die einheitliche Prüfung nach festen Prinzipien (Höschen und Vu 2008). Im
Rahmen dieses Beitrags wird mittels eines Literaturreviews der Status Quo der WPg von
Nachhaltigkeitsberichten in der wissenschaftlichen Literatur herausgestellt und durch
leitfadengestützte Experteninterviews der Status Quo in der Praxis deutlich gemacht.

28.2   Nachhaltigkeitsberichterstattung

Der Begriff Nachhaltigkeitsberichterstattung (NBE) umfasst die Veröffentlichung der
Unternehmensleistung im ökologischen, ökonomischen und im sozialen Bereich (Von
der Crone und Hoch 2002) im Hinblick auf Nachhaltigkeit gegenüber internen und
externen Stakeholdern (Lackmann 2010). Unternehmensberichte, die aufgrund gesetzlicher oder vertraglicher Bestimmungen veröffentlicht werden (z. B. der Jahresabschluss)
beinhalten in erster Linie vergangenheitsbezogene finanzielle Informationen. Da aber
z. B. ökologische Folgen der Unternehmenstätigkeit erst in der Zukunft Auswirkungen
zeigen, tauchen diese i.d.R. in klassischen Unternehmensberichten nicht auf (Von der
Crone und Hoch 2002). Dies gilt analog auch für soziale Informationen. Die steigenden Ansprüche an Unternehmen, auch über soziale und ökologische Themen bzw. über

mehr zukunftsorientierte Themen zu informieren, führt zu der Veranlassung NB zu erstellen und zu veröffentlichen (Quick und Knocinski 2006). Im Gegensatz zu finanziellen Unternehmensberichten gibt es grundsätzlich keine gesetzliche Verpflichtung zur Aufstellung eines NB. Eine Ausnahme bildet das Bilanzreformgesetz von 2006, welches große Kapitalgesellschaften verpflichtet, Nachhaltigkeitsinformationen im Lagebericht zu veröffentlichen, wenn der Unternehmenserfolg davon beeinflusst wird (Freundlieb und Teuteberg 2010). Trotz des zeitlichen und finanziellen Aufwands veröffentlichen immer mehr Unternehmen NB (KPMG International 2011). Jedes Unternehmen kann, aufgrund der fehlenden gesetzlichen Verpflichtung, über Inhalt und Struktur der NBE selbst entscheiden. Damit NB die Ansprüche der Stakeholder erfüllen können und außerdem vergleichbar werden, bieten Leitfäden Unterstützung bei der Erstellung. Insbesondere zwei Organisationen haben sich dieser Aufgabe angenommen: Das World Business Council for Sustainable Development (WBCSD) und die Global Reporting Initiative (GRI). Das WBCSD wurde 1992 gegründet und besteht aus über 200 Mitgliedsunternehmen aus verschiedenen Branchen. Die Organisation bietet eine Plattform für ihre Mitglieder zur Kommunikation über das Thema Nachhaltigkeit und zur Entwicklung gemeinsamer Maßnahmen um die Nachhaltigkeitsleistung zu verbessern (WBCSD 2012). Ein spezifischer Leitfaden wurde von der WBCSD nicht entwickelt, dennoch hat die WBCSD einige Grundprinzipien für eine adäquate NBE in diversen Veröffentlichungen aufgestellt. Darin besteht der wesentliche Unterschied zwischen der WBCSD und der GRI: Während die WBCSD sich im Wesentlichen mit der Aufstellung von Grundprinzipien beschäftigt, entwickelt die GRI anwendbare Leitfäden zur NBE. Die GRI wurde 1997 gegründet und besteht im Gegensatz zum WBCSD nicht ausschließlich aus Unternehmen, sondern zum Großteil auch aus verschiedenen Stakeholder-Organisationen. Die GRI verfolgt ein Multi-Stakeholder-Engagement-Concept, d. h. dass jede Interessengruppe Mitglied der GRI werden und an Aktivitäten der Organisation teilnehmen kann (Haller und Ernstberger 2006). Sie hat es sich zur Hauptaufgabe gemacht, ein Regelwerk zur Erstellung von NB zu entwickeln. Mittlerweile existiert die dritte Generation, die 2006 unter dem Namen „G3 – Reporting Guidelines" veröffentlicht und im März 2011 noch einmal ergänzt wurde (G3.1). Eine Version G4 ist für das Jahr 2013 angekündigt.

28.3 Systematischer Literaturreview

Im Vorgespräch der geführten Experteninterviews (zwei Interviews mit einer Dauer von ca. einer Stunde mit zwei Experten derselben Big Four WPG) sind die wichtigsten PS zur NBE identifiziert worden. Auf nationaler Ebene gibt es in Deutschland den PS 821 des Instituts der Wirtschaftsprüfer (IDW). Auf internationaler Ebene haben sich insbesondere zwei PS hervorgetan: der International Standard on Assurance Engagements (ISAE) 3000 und der AccountAbility 1000 Assurance Standard (AA1000 AS). Der Literaturreview hat das Ziel herauszustellen, inwiefern die drei beschriebenen PS Gegenstand wissenschaftlicher Literatur geworden sind.

Die Identifikation relevanter Literatur ist auf Grundlage einer Synthese der Vorgehensweisen nach Fettke (Fettke 2006) und Webster & Watson (Webster und

Watson 2002) erfolgt und auf Beiträge aus den letzten zehn Jahren beschränkt, da das Thema einen kontinuierlichen Verbesserungsprozess durchläuft und somit ältere Literatur ausgeschlossen werden kann.

Als Suchbegriffe wurden zum einen „Auditing Standard"/„Prüfungsstandard" in Verbindung mit den Begriffen „Sustainability Report*"/„Nachhaltigkeitsbericht*" oder „Corporate Social Responsibility Report*" zur Identifikation vergleichender Literatur zu PS zur NBE verwendet, zum anderen „AA1000 AS", „ISAE 3000" und „IDW PS 821" zur Identifikation von Literatur über die einzelnen PS selbst. Es sind die Literaturdatenbanken EbscoHost, Science Direct, WISO und SpringerLink durchsucht worden. Aus der Suche ergaben sich insgesamt 52 Treffer, nach einer Duplikatsprüfung (39 Beiträge) und Prüfung der Abstracts verbleiben 14 relevante Beiträge. In Tab. 28.1 werden die wesentlichen Inhalte der betrachteten Beiträge kurz zusammengefasst.

Tab. 28.1 Literatur zur WPg von NB

Kurzbeschreibung: wesentliches Ergebnis (*Quelle*)

Vergleich von div. PS: Fortschritte in der WPg von NB, insbesondere Prüftiefe und Unabhängigkeit; Verbesserungsbedarf: zu starke Kontrolle des Managements über den Prüfungsprozess und die damit verbundene mangelnde Einbindung von Stakeholdern (Owen und Dwyer 2004)

Bestimmung der Qualität von NB, Anwendung eines Scoring-Systems: Defizite in der Qualität von NB; wenige Unternehmen lassen NB durch unabhängige Dritte prüfen; Sollten Unternehmen zur NBE und externer Prüfung verpflichtet werden? (Quick und Knocinski 2006)

Fallstudie: Handhabung der WPg durch WPG: PS AA1000 AS und ISAE 3000 sind eher kritisch anzusehen, da lediglich ein weit gefasster Rahmen für Prüfung von NB (Dwyer 2011)

Untersuchung von geprüften NB: Mehrheit der NB bezieht sich voll oder tlw. auf AA1000 AS, einige auf ISAE 3000; mangelnde Einbindung von Stakeholdern in Prüfung; fehlende Adressierung des NB an Stakeholder (Dwyer und Owen 2007)

Motivationsfaktoren zur unabhängigen Prüfung von NB: Unternehmen in stakeholderorientierten Ländern mit wenig gesetzlichen Regulierungen lassen NB mit größerer Wahrscheinlichkeit prüfen; Nachfrage nach Prüfungsleistungen ist größer, wenn Nachhaltigkeitsleistung von Unternehmen durch funktionierende Marktmechanismen begünstigt (Kolk und Perego 2008)

Beschreibung des AA1000 AS vor Veröffentlichung im Jahr 2003: NBE allein reicht nicht zur Befriedigung der Informationsbedürfnisse der Stakeholder; keine hinreichende Glaubwürdigkeit, welche erst durch die Prüfung/Testierung unabhängiger Dritter entsteht (Dando 2003)

Einnahme des Gebiets der Prüfung von NB durch Unternehmen und WPG: die existierenden multiplen PS zur NBE sind nicht unbedingt zuträglich für die Beurteilungsfähigkeit der Nachhaltigkeitsleistung von Unternehmen durch die Öffentlichkeit (Smith et al. 2010)

Einbindung der Stakeholder in die NBE inklusive Prüfung (Stakeholder Assurance): steigende Tendenz (auch Einbindung durch WPG); nicht bestätigt, dass Stakeholder Assurance einen Wertzuwachs sowohl für die Stakeholder als auch für die Unternehmen mit sich bringt; mit Stakeholder Assurance sind in der Praxis viele Hindernisse und Schwierigkeiten verbunden (Manetti und Toccafondi 2011)

(Fortsetzung)

Tab. 28.1 (Fortsetzung)

Kurzbeschreibung: wesentliches Ergebnis (*Quelle*)

Glaubwürdigkeit und Vollständigkeit: Glaubwürdigkeit und Vollständigkeit können erreicht werden, wenn durch Stakeholder bestimmte Wesentlichkeiten bei NBE beachtet werden; expliziter Verweis auf den AA1000 AS, der dieses Kriterium erfüllt (Adams und Evans 2004)

Social Auditing in Australien: Aussprache für hybride Prüfung, bei der subjektive und objektive Daten zur WPg von Nachhaltigkeit verwendet werden sollten (Kemp und Boele 2005)

Ablegen von Rechenschaft von Unternehmen bei der NBE gegenüber Stakeholdern: ein Großteil von NB, die nach Bestimmungen des AA1000 AS aufgestellt wurden, enthalten keinen Adressaten; Kritik mangelnder Reaktivität auf Stakeholderinteressen; in aktuellen NB wird der Einfluss von Stakeholdern auf die Unternehmenspolitik nicht deutlich (Cooper und Owen 2007)

Rolle der NBE im Diskurs zwischen Unternehmen und Stakeholdern: Kompatibilität des AA1000 AS mit GRI Rahmenwerk; breite Verwendung dieses Standards in der Praxis (Reynolds und Yuthas 2007)

Empirische Untersuchung der aktuellen PS auf Basis des GRI Rahmenwerks zur NBE: PS AA1000 AS und ISAE 3000 gängigste PS; Entwicklung von Standards zur Prüfung von NB auf Basis ISAE 3000; Verwendung AA1000 AS und ISAE 3000 von einem Großteil der WPG (Manetti und Becatti 2008)

Fallstudie: „klassische finanzielle Prüfung > Prüfung im Bereich der Nachhaltigkeit": Rechtmäßigkeit der Prüfung von NB; kritische Kommentierung durch Mitarbeiter einer Big Four WPG: ISAE 3000 zu generell, unklar und einschränkend (Dwyer et al. 2011)

Es werden häufig verschiedene Nachhaltigkeitsstandards genannt, um reine PS handelt es sich dabei allerdings nicht. In der Praxis wird oft eine Kombination aus mehreren PS verwendet. Dies zeigt ein Verbesserungspotential der einzelnen Standards bzw. den Bedarf der Entwicklung eines integrierten Standards.

Es ist bemerkenswert, dass in allen betrachteten Beiträgen ausnahmslos die Stakeholder Dreh- und Angelpunkt für PS zur NBE sind. Es geht um die Einbindung der Stakeholder in den Prüfungsprozess der NBE, die Adressierung des NB an die Stakeholder und die Erhöhung der Glaubwürdigkeit.

Die Meinungen zu den PS gehen zwischen den Autoren auseinander. In Tab. 28.2 werden positive und negative Eigenschaften von PS zusammengefasst.

Tab. 28.2 Eigenschaften von Prüfungsstandards

Positive Eigenschaften	Negative Eigenschaften
Fördern (speziell AA1000 AS) die Einbindung von Stakeholdern in den Prüfungsprozess (Manetti und Becatti 2008; Manetti und Toccafondi 2011)	Mangelnde Relevanz, da nur wenige Unternehmen ihre NB prüfen lassen (Quick und Knocinski 2006)
Ermöglichen die Beurteilung der Qualität des Prüfungsprozesses (Dando 2003)	Verschiedene Standards führen zu Verwirrungen bei Lesern von NB (Smith et al. 2010)
Berücksichtigen, von Stakeholdern festgelegte, Wesentlichkeiten bei der Prüfung (speziell AA1000 AS) (Adams und Evans 2004)	Zu weit gefasst, keine detaillierte Anleitung zur Prüfung (Dwyer 2011)

28.4   Prüfungsstandards zur Nachhaltigkeitsberichterstattung

IDW PS 821 Das IDW vereint über 85 % der deutschen Wirtschaftsprüfer (WP) (IDW 2012). Die Mitglieder sind gemäß Satzung des IDW verpflichtet, die erlassenen PS zu beachten und ihre Prüfungen daran zu orientieren (IDW 2005). Im Jahr 2006 hat das IDW den PS 821, Grundsätze ordnungsmäßiger Prüfung oder prüferischer Durchsicht von Berichten im Bereich der Nachhaltigkeit, eingeführt. Er enthält Ausführungen über den gesamten Prüfungsprozess (Auftragsannahme, Auftragsdurchführung, Berichterstattung und Erstellung einer Bescheinigung) von NB. Der IDW PS 821 gilt sowohl für einzelne Teilberichte von Unternehmen als auch für „[…] eine umfassende Berichterstattung über alle wesentlichen Auswirkungen der Tätigkeit der Einheit auf deren ökonomische, ökologische und gesellschaftliche Leistung (Nachhaltigkeitsbericht)." (IDW 2005). Als Prüfziele gibt der IDW PS 821 folgende Kriterien für die Bestimmung des Berichtsinhalts vor: Relevanz, Eignung, Verlässlichkeit, Neutralität und Verständlichkeit. Unternehmen können entweder eigene oder allgemein zugängliche Kriterien verwenden. Voraussetzung ist nur, dass sie den oben genannten Kriterien entsprechen. In diesem Zusammenhang wird explizit das GRI Rahmenwerk genannt, welches sich zur Bestimmung des Berichtsinhalts nach den Kriterien des IDW PS 821 eignet. Weitere Prüfziele sind außerdem die Vollständigkeit der Kriterien, die Richtigkeit des Berichts und die Klarheit und Verständlichkeit des Berichts (IDW 2005). Im IDW PS 821 wird mehrmals die wichtige Rolle der Adressaten des NB erwähnt. Die Berichterstattung muss auf die Informationsbedürfnisse der Adressaten ausgerichtet sein und die Einhaltung dessen muss auch Gegenstand der Prüfung sein. Eine direkte Beteiligung oder Befragung von Adressaten wird hingegen nicht gefordert (IDW 2005).

ISAE 3000 Der ISAE 3000 ist im April 2011 in aktueller Version erschienen. Er ist ein sog. Umbrella-Standard, bei dem die Inhalte des Standards unabhängig vom Prüfungsgegenstand sind (Clausen und Loew 2005); er beschränkt sich nicht auf die Prüfung von NB, sondern lässt sich auf sämtliche Prüfungsvereinbarungen verwenden, bei denen es sich nicht um die Prüfung klassischer Finanzberichte handelt. Das International Auditing and Assurance Standrads Board (IAASB) erbat sich bei Veröffentlichung Kommentare der nationalen WP-Verbände und bezeichnete die veröffentlichte Version nur als Vorschlag (IAASB 2011). Die folgenden Ausführungen beziehen sich auf die vorgeschlagene Version. Der ISAE 3000 steht inhaltlich im Einklang mit dem IDW PS 821 (IDW 2006). Das Prüfungsniveau spielt im ISAE 3000 eine wichtige Rolle. Es wird zwischen Reasonable Assurance und Limited Assurance unterschieden (IAASB 2011). Dieser Bestandteil des PS dient dazu, das Risiko eines positiven Prüfungsurteils bei tatsächlicher Falschberichterstattung zu minimieren. Des Weiteren dient die Festlegung des Level of Assurance bei der Prüfung von NB zur besseren Einschätzungsmöglichkeit des Prüfungsberichts durch die Adressaten, da die Gegenstände eines NB sehr heterogen (aus vielen Bereichen stammend) sein können. Adressaten können bei einer vorherigen Einstufung der Prüfungssicherheit besser einschätzen, wie verlässlich das entsprechende Prüfungsurteil ist (Manetti und Becatti 2008). Ein weiterer wichtiger Punkt im ISAE 3000 ist die Zuhilfenahme von Sachverständigen zur Gewinnung von Prüfungssicherheit. Die Tatsache, dass der ISAE 3000 nicht explizit für die Prüfung von NB entwickelt wurde, bringt verschiedene Probleme mit sich. Im Gegensatz zum IDW PS 821 kann sich der internationale ISAE 3000 nicht auf nationale Regelungen und Gesetze berufen. Somit bedarf es bei der direkten Anwendung des ISAE 3000 immer einer Anpassung an die jeweiligen nationalen Bestimmungen. Ein weiteres Problem ist die mangelnde Einbindung von Stakeholdern. Zwar gibt es zwischen Unternehmen und Stakeholdern Gespräche über die Anforderungen an NB, aber bei Prüfungen nach ISAE 3000 ist es nicht vorgeschrieben, sie aktiv in den Prüfungsprozess einzubeziehen (Manetti und Becatti 2008).

AA1000 AS Der AA1000 AS (AccountAbility AS 2008) wurde neben den AA1000 AccountAbility Principles (AA1000 APS) und dem AA1000 Stakeholder Engagement Standard (AA1000 SES) von der AccountAbility entwickelt (AccountAbility APS 2008). Dieses Bündel bieten Unterstützung des Managements zur Einbindung von Stakeholdern in die Unternehmenspolitik, Prinzipien zur Aufstellung von NB und einen PS zur Prüfung von NB. Im Vergleich zu den anderen betrachteten PS stehen die Stakeholder beim AA1000 AS deutlich mehr im Fokus, so wurden bei der Entwicklung des AA1000 AS Stakeholder-Organisationen aktiv über Fragebögen und Workshops eingebunden. Die entwickelten Standards sind eng miteinander verzahnt, so bezieht sich der AA1000 AS auf die drei im AA1000 APS festlegten Prinzipien zur Erstellung von NB: Inklusivität, Wesentlichkeit und Reaktivität. Der AA1000 AS dient dazu, unabhängigen Dritten eine Anleitung zur angemessenen Prüfung unter Einhaltung der Prinzipen des AA1000 APS zu geben und außerdem Stakeholdern dadurch zu ermöglichen, die Qualität der durchgeführten Prüfung zu beurteilen (Dando 2003). Analog zum IDW PS 821 und ISAE 3000 werden auch beim AA1000 AS verschiedene Prüfungsniveaus unterschieden. Es wird von hoher oder moderater Prüfungssicherheit gesprochen (AccountAbility AS 2008). Des Weiteren stehen der Standard des AA1000 im Einklang mit dem GRI Rahmenwerk. Sichergestellt wurde es insbesondere durch die Aufnahme eines GRI-Mitglieds in den AA1000 Fachausschuss (Reynolds und Yuthas 2007).

Zusammenfassung Trotz inhaltlicher Unterschiede zwischen den untersuchten PS, konnten keine Widersprüche identifiziert werden. Zwar werden in den einzelnen PS unterschiedliche Schwerpunkte gesetzt und Prüfungsergebnisse würden höchstwahrscheinlich stark unterschiedliche Resultate zeigen, was aber nicht heißt, dass ein Konflikt zwischen ihnen existiert. Vielmehr könnte eine kombinierte Anwendung der Standards für Prüfende eine sinnvolle Entscheidung sein, da sich so die Kriterien der Standards ergänzen und eine größtmögliche Prüfungssicherheit gewonnen werden könnte (Lansen-Rogers und Oelschlaegel 2005).

28.5 Wirtschaftsprüfung von Nachhaltigkeitsberichten in der Praxis

Mithilfe leitfadengestützter Experteninterviews wurde der Status Quo in der Praxis herausgestellt. Es wurden zwei Interviews mit einer Dauer von ca. einer Stunde mit zwei Experten derselben Big Four WPG geführt. Der Prozess der Experteninterviews gliedert sich in Konzeption des Leitfadens, Übersendung des Leitfadens an den Experten, Durchführung und Transkription der Interviews, Übersendung der Transkripte an die Experten und Auswertung der Interviews.

Die WPG ist bereits seit rund 18 Jahren im Bereich der Nachhaltigkeit tätig, beginnend mit der Umweltberatung. Neben den einzelnen Fachbereichen der Nachhaltigkeit betreuen die Mitarbeiter des Unternehmens Mandanten rund um das Thema Nachhaltigkeit in regionaler Verantwortung; das Unternehmen ist bei einem Großteil der DAX-Unternehmen vertreten. Quantitativ stellt das Geschäftsfeld keine wesentliche Säule im Unternehmen dar, qualitativ hingegen ist es zum einen als klares Wachstumsfeld deklariert worden und zum anderen wird es als wichtiges strategisches Geschäftsfeld sowohl für Mandanten als auch für das Unternehmen selbst angesehen. Tabelle 28.3 gibt Aufschluss über die Expertise der Interviewpartner.

In Tab. 28.4 sind die wesentlichen Unterschiede und Gemeinsamkeiten in den Aussagen der Experten zur Prüfung von NB dargestellt. Beide Experten betonen, dass nahezu alle NB mit einer Limited Assurance Vereinbarung geprüft werden. Ein Großteil der Unternehmen haben keine ausreichenden Prozesse und kein ausreichendes internes Kontrollsystem um eine Reasonable Assurance zu ermöglichen. Experte 2 erläutert, dass durch die freie Verhandlungsmöglichkeit von Berichtsgrenzen und -inhalten Unternehmensbereiche, in denen es keine Aktivitäten zur Nachhaltigkeit gibt, i.d.R. auch nicht Bestandteil von NB sind. Dabei könnte die Vermutung aufkommen, dass Unternehmen nur die Bereiche in ihren NB darstellen, die einen positiven Beitrag zur Nachhaltigkeit leisten. Dies würde gegen das Prinzip der Ausgewogenheit verstoßen, wonach sowohl positive als auch negative Auswirkungen auf die Nachhaltigkeit im NB dargestellt werden müssen.

Tab. 28.3 Expertise der Experten

Eigenschaft	Experte Nr. 1/Experte Nr. 2
Qualifikationen	Diplom-Ökonom, WP und Certified Public Accountant/Kommunikationswissenschaftler
Erfahrungen	seit 11 Jahren im Unternehmen tätig; in den ersten 9 Jahren in der Jahresabschlussprüfung tätig; seit ca. 1 Jahr im Bereich NBE/seit 10 Jahren im Unternehmen im Bereich NBE tätig
Tätigkeiten	tätig im Sub-Bereich „Integrated Reporting"; zuständig für die Prüfung der NB zweier Konzerne/Betreut im Prinzip alle Aktivitäten zur NBE in Norddeutschland

Tab. 28.4 Unterschiede und Gemeinsamkeiten bei Aussagen zur Prüfung von NB

Thema	Experte 1	Experte 2
Typische Probleme bei der Prüfung von NB	Limited Assurance Vereinbarungen, bei denen kein Testat erstellt wird, sind eine Herausforderung	Berichtsfokus ist nicht regulativ vorgegeben; Berichtsgrenzen/-inhalte sind frei verhandelbar
	Daten- und Prozessqualität geringer als bei Jahresabschlussprüfung.	
Was versprechen sich Unternehmen von einer WPg?	Gewinnung von Investoren durch die Erhöhung der Glaubwürdigkeit	Testat ist nicht primär, sondern der Erfahrungsgewinn („Anleitung zur NBE")
	Erhöhung der Glaubwürdigkeit	
Wie gründlich wird bei der WPg vorgegangen?	deutlich mehr Aufwand als bei Jahresabschlussprüfungen; sehr viele Einzelfallprüfungen	Qualität des Prüfers ist gewichtiger als beim Jahresabschluss; PS geben Freiheiten bei der Gestaltung der Prüfung

In Tab. 28.5 sind die wesentlichen Aussagen zu den PS aufgeführt. Von den Experten wurden keine weiteren PS zur NBE genannt. Es gibt zwar diverse Nachhaltigkeitsstandards wie bspw. Global Compact und den deutschen Nachhaltigkeitskodex, aber keine weiteren PS.

In den Interviews wird das Problem genannt, dass einige Unternehmen zu starken Wert auf die Erfüllung der GRI-Prinzipien legen. Diese Unternehmen bauen

Tab. 28.5 Aussagen zu Prüfungsstandards

PS	Aussage
ISAE 3000	„Mindestkompromiss" und Einstiegsstandard, der nie vollständig verdrängt wird
	allgemeiner betriebswirtschaftlicher PS, bei dem die Notwendigkeit besteht Berichtsgrenzen und -inhalte klar abzugrenzen
	bleibt eher starr, da er vielseitig anwendbar bleiben muss
IDW PS 821	kaum angewandt, da nicht praxistauglich
	keine Möglichkeit der Begrenzung des Prüfungsfokus
	entweder den ganzen NB oder Nichts prüfen: praktisch nicht möglich
AA1000 AS	Aufstellungsstandard für NB und zugleich PS, gibt eine genaue Anleitung zur Erstellung und Prüfung von NB
	Umfasst quasi den ISAE 3000 zzgl. der Stakeholdereinbindung
	befindet sich stark in der Entwicklung, neue Publikationen angekündigt
	Unternehmen müssen sich (besonders im Bereich Stakeholdermanagement) weiterentwickeln, damit sie den PS anwenden können
	Nachhhaltigkeitsmanagement wird in die Prüfung einbezogen
GRI	Rahmenwerk, das Vergleichbarkeit schafft und eine Orientierung für Rezipienten/Konsumenten ermöglichen soll
	Einhaltung der GRI Prinzipien wird häufig geprüft und in Prüfbescheinigung bestätigt
	Kriterienkatalog, der nichts mit Managementsystemen oder Prozessen zu tun hat

ihr Nachhaltigkeitsmanagement als Erfüllungsgehilfen des GRI Kriterienkatalogs auf. In dem Zusammenhang kann es dazu kommen, dass ein Großteil der erstellten Nachhaltigkeitskennzahlen keinen Bezug mehr zum eigentlichen Geschäftszweck hat. Des Weiteren wird in den Interviews hinterfragt, wie das Stakeholdermanagement der Unternehmen abläuft. Viele Bestandteile des Stakeholdermanagements sind bereits in den meisten Unternehmen vorhanden, wie z. B. Kunden-Hotlines, Vertriebsportale oder Marktforschungsdaten. Das Problem ist, dass diese Daten oft nur als Fachinformationen behandelt und nicht systematisch verarbeitet und genutzt werden. Allgemein müssen die wichtigen Stakeholder identifiziert und Kanäle zu ihnen aufgebaut werden. In diesem Zusammenhang wird der Begriff *Social Media* als wichtiges Thema in der Zukunft genannt. Ebenfalls in diesem Zusammenhang wird die Frage gestellt, ob es Vorgaben gibt, welche die Bestimmung der wichtigen Stakeholder regulieren. Die Antwort ist, dass bei der Prüfung sehr kritisch hinterfragt wird, wie die wichtigen Stakeholder bestimmt werden. Kann die Auswahl der wichtigen Stakeholder nicht logisch erläutert werden, findet es „[…] aus prüferischer Sicht keine Akzeptanz." Laut Expertenmeinung ist es aber sehr unwahrscheinlich, dass ein Unternehmen so entscheidet. Weitergehend werden Standardisierung und IT-Systeme genannt, die die Qualität von NB und der WPg steigern werden. In diesem Kontext sei auf den Einsatz von betrieblichen Umweltinformationssystemen (BUIS) verwiesen.

Aus den Aussagen der Experten ergibt sich, dass sich ein erfolgreicher PS zur NBE ständig weiterentwickeln muss. Die Anforderungen werden von den Adressaten der NB ständig neu bestimmt. In dieser Entwicklung befindet sich der AA1000 AS, da er einem ständigen Verbesserungsprozess unterliegt. Der ISAE 3000 bleibt als allgemeiner Standard eher starr. Eine aktive Weiterentwicklung findet außerdem beim GRI Rahmenwerk statt. Den Experten ist kein PS bekannt, der aktuell im Bereich der Prüfung von NB entwickelt wird. Es werden aber in der Zukunft Entwicklungen des International Integrated Reporting Committees (IIRC) zum Thema „Integrierte Berichterstattung" erwartet. Weitere mögliche neue PS könnten von der Europäischen Union als PS auf europäischer Ebene entwickelt werden. Aktuell sind sowohl die Finanzberichterstattung als auch die NBE sehr umfangreich. Die beiden Bereiche sind allerdings wenig miteinander verzahnt, Geschäfts- und Nachhaltigkeitsstrategie passen oftmals nicht zusammen. Ziel der integrierten Berichterstattung ist es, die Nachhaltigkeits- in die Geschäftsstrategie zu intergieren und das in einem einzigen Bericht zu dokumentieren. Der Aufgabe der Entwicklung eines Standards (kein PS) zur integrierten Berichterstattung hat sich das IIRC angenommen. Es handelt sich um eine im Jahr 2010 gegründete internationale Initiative, in der z. B. die GRI, IAASB, verschiedene Nicht-Regierungs-Organisationen und auch große Unternehmen vertreten sind. Mit dem Ziel im Jahr 2013 einen fertigen Standard für integrierte Berichterstattung zu haben, ist kürzlich ein Diskussionspapier veröffentlicht worden. Probleme bei der Entwicklung eines solchen Standards sind die unterschiedlichen Prüfungsniveaus. In der Finanzberichterstattung wird ein Testat erteilt, wozu hingegen bei aktuellen NB i.d.R. nur eine Prüfbescheinigung nach Limited Assurance erteilt wird. Im Falle des angestrebten integrierten Testats müssten also die Qualität der Nachhaltigkeitsdaten an die Qualität der finanziellen Daten angeglichen werden. Im Rahmen dieser Entwicklung wird voraussichtlich die NBE Bestandteil der integrierten Berichterstattung werden. Die Idee ist, dass ein zentraler Bericht (möglichst kurz und knapp) auf weitere Spezialberichte verweist. Es können so, ausgehend vom zentralen Bericht, überallhin Verlinkungen geschaffen werden, über die Interessierte Detailinformationen erhalten können.

28.6 Fazit

Unternehmen veröffentlichen NB in erster Linie um den Informationsbedürfnissen der Stakeholder zu genügen. Diese Bedürfnisse stehen teilweise im Widerspruch zueinander, sodass Unternehmen zuerst wichtige Stakeholder bestimmen müssen, die dann die Adressaten des NB sind. Informationen über wichtige Kriterien und Prinzipien bei der Erstellung eines NB gibt das GRI Rahmenwerk, dessen Vorgaben von vielen Unternehmen bei ihrer NBE befolgt werden. Die Einhaltung dieser Vorgaben ist häufig auch Bestandteil in Prüfungen von NB durch externe WPG.

Ein offener Forschungsbereich ist die „Integrierte Berichterstattung". Diese Disziplin steht noch ganz am Anfang der Entwicklung. Es ist davon auszugehen, dass die Berichterstattung von Unternehmen langfristig integriert stattfinden wird. Derzeit werden Standards zur Erstellung eines integrierten Berichts entwickelt, PS befinden sich aber noch nicht in der Entwicklung. Die NBE wird als Bestandteil der integrierten Berichterstattung auch weiterhin von Bedeutung sein.

In den Experteninterviews haben BUIS explizit keinen Anklang gefunden, es war lediglich allgemein die Rede von IT-Systemen. Auch in der Wissenschaft ist bislang nicht eruiert worden, wie der Einsatz von BUIS die WPg beeinflussen, gar vereinfachen kann. In diesem Kontext gilt es die Forschungsfragen *a) Was sind die Gründe, weshalb BUIS in der WPg bislang keine Rolle spielen?* und *b) Wie können BUIS die WPg unterstützen?* zu beantworten.

In diesem Beitrag wurde die WPg von NB auf Basis des Literaturreviews aus der wissenschaftlichen Perspektive, analog auf Basis der Experteninterviews aus der Perspektive der WP betrachtet. Nicht betrachtet worden sind die Auftraggeber der WPG, i.d.R. berichterstattende Unternehmen, und die Stakeholder der NB, sprich die Leser.

Kritisch zu beurteilen ist die freie Bestimmung der Berichtsinhalte durch die Unternehmen und ebenso die durch Limited Assurance Vereinbarungen ermöglichte Einschränkung des Prüfungsfokus. Klar ist, dass nicht ausnahmslos alle nachhaltigkeitsrelevanten Informationen im NB dargestellt werden können, aber die Freiheit in der NBE ermöglicht es Unternehmen, möglicherweise von Stakeholdern als wesentlich eingestufte nachhaltigkeitsrelevante Informationen aus der NBE auszuschließen. Nichtsdestotrotz ist die NBE bzw. die Prüfung der NB eine sinnvolle Entwicklung und es ist wünschenswert, dass sich mehr und mehr Unternehmen neben ihrer ökonomischen

Verantwortung gegenüber den Eigentümern und Kapitalgebern auch ihrer sozialen und ökologischen Verantwortung gegenüber den restlichen Stakeholdern bewusst werden.

Danksagung Diese Arbeit ist im Rahmen des Projekts „IT-for-Green: Umwelt-, Energie- und Ressourcenmanagement mit BUIS 2.0" entstanden. Das Projekt wird mit Mitteln des Europäischen Fonds für regionale Entwicklung gefördert (Fördernummer W/A III 80119242).

Literatur

AccountAbility APS (2008) AA1000 Accountability Prinzipien Standard 2008. London

AccountAbility AS (2008) AA1000 Assurance Standard 2008. London

Adams CA, Evans R (2004) Accountability, completeness, credibility and the audit expectations cap (Summer). J Corp Citizensh 14:97–115

Clausen J, Loew T (2005) Mehr Glaubwürdigkeit durch Testate? Internationale Analyse des Nutzens von Testaten in der Umwelt- und Nachhaltigkeitsberichterstattung. Berlin

CNNmoney (2010) Fortune Global 500. http://money.cnn.com/magazines/fortune/global500/2010/full_list/index.html. Zugegriffen: 15. Okt 2012

Cooper SM, Owen DL (2007) Corporate social reporting and stakeholder accountability: the missing link. Acc, Organ Soc 32(7–8):649–667

Von der Crone HC, Hoch M (2002) Nachhaltigkeit und Nachhaltigkeitsreporting. Zürich

Dando N (2003) Transparency and assurance minding the credibility gap. J Bus Ethics 44(2/3):195–200

Dwyer BO (2011) The case of sustainability assurance: constructing a new assurance service. Contemp Acc Res 28(4):1230–1266

Dwyer BO, Owen DL (2007) Seeking stakeholder-centric sustainability assurance. J Corp Citizensh 25:77–94

Dwyer BO, Owen DL, Unerman J (2011) Seeking legitimacy for new assurance forms: the case of assurance on sustainability reporting. Acc, Organ Soc 36(1):31–52

Fettke P (2006) State-of-the-Art des State-of-the-Art – Eine Untersuchung der Forschungsmethode „Review" innerhalb der Wirtschaftsinformatik. Wirtschaftsinformatik 48(4):257–266

Freundlieb M, Teuteberg F (2010) Status Quo der internetbasierten Nachhaltigkeitsberichterstattung – Eine länderübergreifende Analyse der Nachhaltigkeitsberichte börsennotierter Unternehmen. In:Schumann M, Kolbe LM, Breitner MH, Frerichs A (Hrsg) Multikonferenz Wirtschaftsinformatik 2010, Universitätsverlag Göttingen, Göttingen, S 1747–1759

Haller A, Ernstberger J (2006) Global Reporting Initiative – Internationale Leitlinien zur Erstellung von Nachhaltigkeitsberichten. Betr-Berat 61(46):2516–2524

Höschen N, Vu A (2008) Möglichkeiten und Herausforderungen der Prüfung von Nachhaltigkeitsberichten. Wirtschaftsprüfung 61(9):378–387

IAASB (2011) ISAE 3000 (Revised), Assurance engagements other than audits or reviews of historical financial information. http://www.ifac.org/sites/default/files/publications/exposure-drafts/IAASB_ISAE_3000_ED.pdf. Zugegriffen: 5. Okt 2012

IDW (2012) IDW Webpage. http://www.idw.de/idw/portal/n281334/n379162/index.jsp. Zugegriffen: 21. April 2012

IDW (2005) IDW Satzung. http://www.idw.de/idw/portal/d626212 . Zugegriffen: 21. Apr 2012

IDW (2006) IDW Prüfungsstandard: Grundsätze ordnungsmäßiger Prüfung oder prüfrischer Durchsicht von Berichten im Bereich der Nachhaltigkeit (IDW PS 821). Wirtschaftsprüfung 59(13):854–863

Kemp D, Boele R (2005) Social auditors: illegitimate offspring of audit family? finding legitimacy through a hybrid approach. J Corp Citizensh 17:109–120

Kolk A, Perego P (2008) Determinants of the adoption of sustainability assurance statements: an international investigation. Bus Strat Environ 19(3):182–198

KPMG International (2011) KPMG international responsibility reporting 2011. http://www.upj.d e/fileadmin/user_upload/MAIN-dateien/Aktuelles/Nachrichten/kpmg_reportingsurvey_2011. pdf. Zugegriffen: Okt 2012

Lackmann J (2010) Die Auswirkungen der Nachhaltigkeitsberichterstattung auf den Kapitalmarkt: Eine empirische Untersuchung. Gabler-Verlag, Wiesbaden

Lansen-Rogers J, Oelschlaegel J (2005) Assurance standards briefing: AA1000 assurance standard & ISAE3000. http://www.accountability.org/images/content/1/9/193/Assurance Standards Briefing.pdf. Zugegriffen: 5. Okt 2012

MacLean R, Rebernak K (2007) Closing the credibility gap: the challenges of corporate responsibility reporting. Environ Qual Manag 16(4):1–6

Manetti G, Becatti L (2008) Assurance services for sustainability reports: standards and empirical evidence. J Bus Ethics 87(S1):289–298

Manetti G, Toccafondi S (2011) The role of stakeholders in sustainability reporting assurance. J Bus Ethics 871–15

Owen DL, Dwyer BO (2004) Assurance statement quality in environmental, social and sustainability reporting: a critical evaluation of leading edge practice. Univ Bus 44(23):1–40

Quick R, Knocinski M (2006) Nachhaltigkeitsberichterstattung – Empirische Befunde zur Berichterstattungspraxis von HDAX-Unternehmen. Z Betriebswirtsch 6(76):615–650

Reynolds M, Yuthas K (2007) Moral discourse and corporate social responsibility reporting. J Bus Ethics 78(1–2):47–64

Smith J, Haniffa R, Fairbrass J (2010) A conceptual framework for investigating "Capture" in corporate sustainability reporting assurance. J Bus Ethics 99(3):425–439

WBCSD (2012) WBCSD Webpage. http://www.wbcsd.org/about/overview.aspx. Zugegriffen: 5. Okt 2012

Webster J, Watson RT (2002) Analyzing the past to prepare for the future: writing a literature review. MIS Q 26(2):13–23

Ergebnisse einer qualitativen Befragung zur Gestaltung von Nachhaltigkeitsberichten

Matthias Gräuler und Frank Teuteberg

Zusammenfassung

Stakeholder gehen vermehrt dazu über Informationen hinsichtlich der Nachhaltigkeit der unternehmerischen Aktivitäten einzufordern, was dazu führt, dass die Nachhaltigkeitsberichterstattung, welche bspw. nachweislich das Potenzial besitzt Kauf- oder Investitionsentscheidungen positiv zu beeinflussen, weiter an Bedeutung gewinnt. Die Gestaltung der Berichte variiert stark, daher stellt sich die Frage, welche Merkmale sie aufweisen sollten, um einen möglichst großen Nutzen für das berichterstattende Unternehmen zu erzielen. Im Rahmen dieses Beitrags werden anhand der Analyse einer qualitativen Befragung von 260 Teilnehmern Verbesserungspotenziale für die unternehmerische Nachhaltigkeitsberichterstattung mit dem Nachhaltigkeitsbericht des BASF-Konzerns als Referenz aufgedeckt und diskutiert. Begründet durch eine Diskussion der bekannten IS-Theorien Cognitive Fit und Task Technology Fit stehen dabei das Verhältnis von Text, Tabellen und Grafiken, die Bereicherung durch multimediale Inhalte, wie Videos und interaktive Grafiken, sowie generelle Verbesserungsvorschläge im Mittelpunkt der Betrachtung. Die überwiegende Mehrheit der Befragten war dabei der Ansicht, dass die im untersuchten Nachhaltigkeitsbericht enthaltenen

M. Gräuler (✉) · F. Teuteberg
Fachgebiet Unternehmensrechnung und Wirtschaftsinformatik, Universität Osnabrück,
Kolpingstr. 7, 49074 Osnabrück, Deutschland
e-mail: matthias.graeuler@uni-osnabrueck.de

F. Teuteberg
e-mail: frank.teuteberg@uni-osnabrueck.de

J. Marx Gómez et al. (Hrsg.), *IT-gestütztes Ressourcen- und Energiemanagement*,
DOI: 10.1007/978-3-642-35030-6_29, © Springer-Verlag Berlin Heidelberg 2013

Informationen zu oft in Form von Texten aufbereitet wurden und dass diese besser anschaulich anhand von Grafiken oder Tabellen dargestellt werden sollten.

Schlüsselwörter
Nachhaltigkeitsbericht • Corporate social responsibility reporting • Qualitative Befragung • Cognitive fit • Task technology fit

29.1   Einleitung

Forscher der Fachrichtung Wirtschaftsinformatik (WI) haben erhebliche Forschungslücken hinsichtlich der nachhaltigen Entwicklung von Organisationen aufgedeckt: So schlägt Melville (2010) vor der Frage nachzugehen, wie Informationssysteme Einstellungen in Bezug auf ökologische Nachhaltigkeit beeinflussen können; Watson et al. (2010) weisen auf die noch offene Frage hin, welche Informationen an Konsumenten weitergegeben werden sollten um erwünschte Verhaltensänderungen herbeizuführen. Die Forschungsfragen, die von Melville und Watson aufgeworfen werden, teilen die Annahme, dass die Kommunikation von Umweltinformationen zu und unter Stakeholdern eine wichtige Rolle in der nachhaltigen Entwicklung von Unternehmen spielen und daher näher untersucht werden sollten.

Als geeignetes Mittel für diese Kommunikation bieten sich Nachhaltigkeitsberichte (NB) an. Heemskerk et al. (2002) definieren NB als „public reports by companies to provide internal and external stakeholders with a picture of the corporate position and activities on economic, environmental and social dimensions" und stellen somit den Versuch dar, Stakeholder über die Bestrebungen des berichterstattenden Unternehmens die ökonomischen, ökologischen und sozialen/gesellschaftlichen Ziele zu erreichen in Kenntnis zu setzen. Seit den späten 80er Jahren berichten viele größere Unternehmen und Konzerne über ihre Nachhaltigkeitsbestrebungen (Kolk 2004; Slater 2008), wobei dies keine kurzzeitige Mode zu sein scheint, sondern ein sich fortführender Trend (Bartels et al. 2008; KPMG 2011), der sich bereits in Entwicklungsländer ausgebreitet hat (Amran und Haniffa 2011). Diese Form der Berichterstattung findet zunehmend online statt (Gebauer und Glahe 2011; Isenmann 2004), womit sie zu einem Untersuchungsgegenstand der WI wird.

Stakeholder gehen vermehrt dazu über Informationen hinsichtlich der Nachhaltigkeit der unternehmerischen Aktivitäten einzufordern (Gebauer und Glahe 2011); dies führt dazu, dass Nachhaltigkeitsberichterstattung (NBE) das Potenzial besitzt das Unternehmensimage zu verbessern und die Kaufentscheidungen von Konsumenten sowie Entscheidungen anderer Stakeholder bspw. hinsichtlich Investitionen oder der Auswahl von Business-to-Business-Partnern positiv zu beeinflussen (Bartels et al. 2008; Clacher und Hagendorff 2012; Townsend et al. 2010; Wheeler und Sillanpää 1998). Der Grad der Ausführlichkeit und Transparenz der Auskünfte über Nachhaltigkeitsbestrebungen variiert jedoch recht stark (Freundlieb und Teuteberg 2013) und ist abhängig von der Informationsnachfrage der involvierten Stakeholder (Stubbs et al. 2012).

Die NBE dient dabei dem Zweck die Reputation des berichterstattenden Unternehmens und dessen Marken zu schützen, was wiederum die Risiken mehrerer Stakeholder senkt (bspw. Investoren, Mitarbeiter) (Welford und Frost 2006). Aus den genannten Gründen kann gefolgert werden, dass durch einen qualitativ hochwertigen NB Wettbewerbsvorteile erzielt werden können, was die NBE zu einem wichtigen Instrument in der Unternehmenskommunikation macht. Es existieren bereits Arbeiten zur Evaluation der Qualität von NB (z. B. Freundlieb et al. 2013), diese Arbeit geht jedoch speziell der Frage nach, wie sich ein bereits hoch bewerteter NB (IÖW/future, 2011) weiter verbessern ließe. Hierzu wird eine Umfrage unter 260 Probanden unternommen, anhand dessen Verbesserungspotenziale für NB und Ansätze für zukünftige Forschungsarbeiten aufgedeckt werden sollen. Demnach ist der im Rahmen dieser Arbeit verfolgte Forschungsansatz epistemologisch als positivistisch einzuordnen (Myers 2009).

Im folgenden Abschnitt wird zunächst auf den theoretischen Hintergrund und das Verfahren der Datensammlung eingegangen. Daraufhin werden die Ergebnisse der Erhebung dargelegt, diskutiert und Implikationen für Praxis und Forschung hergeleitet. Der letzte Abschnitt bietet dann einen zusammenfassenden Blick auf die geleistete Forschungsarbeit und nennt Limitationen des verfolgten Ansatzes.

29.2   Forschungsansatz

Theoretischer Hintergrund Grafische Aufbereitungen können das Verstehen und Arbeiten mit Daten erleichtern (Larkin und Simon 1987; Norman 1993). Nachwievor steigt die Anzahl der Visualisierungstechniken, wodurch Autoren und Gestalter stets mehr Möglichkeiten bekommen komplexe, mitunter mehrdimensionale Daten kompakt darzustellen (Ware 2004), um Entscheidungsprozesse zu verbessern (Bertin 1981) und bisher unbekannte Aspekte der Datengrundlage aufzudecken (Cleveland 1985). Da NB Mittel sind um Daten und Informationen zu transportieren, sind die Erkenntnisse aus dem Forschungsfeld Information Visualization wichtig, um die in NB enthaltenen Informationen angemessen zu visualisieren.

In Anlehnung an die Cognitive Fit Theorie (CF) (Vessey 1991; Vessey und Galletta 1991) erzielt die Benutzung der Visualisierungstechnik die besten Ergebnisse, die den höchsten Cognitive Fit, d. h. die geringste Diskrepanz zwischen internen Denkstrukturen der Leser und externer Repräsentation des jeweiligen Problems, aufweist. Die Theory of Task-Technology Fit (TTF) sieht die IT als Werkzeug zur Erfüllung von Aufgaben – je höher der Fit zwischen der gestellten Aufgabe, ihrer Parameter (z. B. Zeitdruck, Präzision) und der verwendeten Technologie, desto besser wird die Leistung bei der Erfüllung der Aufgabe (Benbasat und Dexter 1986; Goodhue 1995). Die Schwierigkeit bei der Auswahl der passenden Technologie ergibt sich jedoch daraus, zuverlässig vorherzusagen, welche Aufgabenparameter vorliegen und welche Repräsentation den höchsten CF verspricht.

Die Stakeholder-Theorie (Freeman 1984) besagt, dass Unternehmen Beziehungen zu verschiedenen Gruppierungen, den Stakeholdergruppen, pflegen und hat sich als dominantes Paradigma bei der Betrachtung der Corporate Social Responsibility (CSR) herausgebildet (McWilliams und Siegel 2001). Auf die NBE angewendet impliziert die Stakeholder-Theorie, dass die Art und Ausprägung der NBE an die jeweiligen Anforderungen und Erwartungen der Stakeholder angepasst sein muss (El-Gayar und Fritz 2006). Da davon ausgegangen werden kann, dass die Erwartungen und Anforderungen innerhalb einer Stakeholdergruppe recht homogen sein sollten, zeigt sich das Zusammenspiel der genannten Theorien: Wenn zuverlässige Aussagen darüber getroffen werden können, welcher Stakeholdergruppe ein jeweiliger Besucher angehört und die Anforderungen dieser Stakeholdergruppe bekannt sind, kann eine Annäherung an den idealen CF und TTF erfolgen. Es ergeben sich daher zwei Möglichkeiten für die NBE: Eine Ausrichtung des statischen NB an den häufigsten Anforderungen der wichtigsten Stakeholdergruppen oder für jede Stakeholdergruppe oder sogar für jede individuelle Präferenz einen dynamisch generierten NB vorzuhalten (Isenmann et al. 2011). Die vorliegende Arbeit stellt aufgrund der homogenen Gruppe der Probanden einen Schritt in die zuletzt genannte Richtung dar.

Datensammlung Obwohl die Sammlung der Daten über die Web-basierte Lösung LimeSurvey stattfand und der präsentierte Bericht ebenfalls über das Internet **verfügbar** war, entschieden die Autoren die Datensammlung in einer kontrollierten Umgebung und unter Überwachung mindestens eines Autoren durchzuführen. Durch diese Vorgehensweise war es uns möglich mehrere Nachteile von Webbasierten Experimenten und Umfragen (Reips 2002), wie bspw. die Notwendigkeit dafür zu sorgen, dass die Teilnehmer sich konzentrieren und sich nicht austauschen oder mehrfach am Experiment teilnehmen, auszuschließen.

Die Erhebung fand im Dezember 2011 mit 295 Studierenden der Studienrichtungen Wirtschafts- oder Volkswirtschaftslehre sowie Wirtschaftsinformatik nach dem in Abb. 29.1 und im Folgenden erläuterten Vorgehensmodell statt.

Die Befragung war sowohl quantitativer, als auch qualitativer Natur; in diesem Beitrag werden jedoch nur die Ergebnisse der qualitativen Befragung vorgestellt, während die Ergebnisse der quantitativen Befragung in (Gräuler et al. 2013) publiziert werden. Die Teilnahme an der Erhebung war freiwillig, jedoch wurde sie mit einem Bonus für die am Ende des Semesters anstehende Klausur belohnt. Eine Woche vor Beginn der Erhebung wurde eine 90-minütige Einführung in die Themen Green IS/IT und NBE gehalten, die viele angrenzende Punkte erläuterte. Teilnehmer, die nicht an dieser Einführungsveranstaltung teilgenommen haben, wurden nachträglich aus der Ergebnismenge gestrichen, was die Zahl der Antworten auf 260 reduzierte. Dadurch, dass Studierende als Probanden für die Erhebung gewählt wurden, war es den Autoren möglich eine ausreichend große Stichprobe (Kline 1998) einer recht homogenen Gruppe zur Untersuchung heranzuziehen. Die Konzentration auf vorerst eine Stakeholdergruppe ist aus den im vorangegangenen Abschnitt aufgeführten Gründen sinnvoll. 62,7 % der

Abb. 29.1 Forschungsmodell

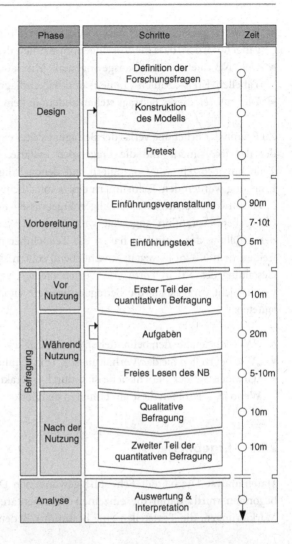

Befragten waren männlich, die verbleibenden 37,3 % weiblich. Das Durchschnittsalter betrug 20,21 Jahre; die 5 % und 95 % Quantile lagen bei 18, bzw. 23 Jahren; es gab jedoch Ausreißer von bis zu 36 Jahren. 92,7 % der Teilnehmer verbrachten den Großteil ihres Lebens und 99,2 % den Großteil der letzten fünf Jahre in Deutschland. Die Erhebung wurde über den Zeitraum von vier Tagen in Gruppen von 5 bis 23 Teilnehmern durchgeführt. Den Teilnehmern wurde dabei der NB des Chemiekonzerns BASF gezeigt. Die Wahl fiel aus folgenden Gründen auf diesen NB:

- BASF ist nach Marktwert und Umsatz weltweit der größte Chemiekonzern.
- BASF ist einer der „Supersector Leaders" des Dow Jones Sustainability Index, demnach ist die Umweltleistung eine der besten in der Chemiebranche.
- Der NB belegt im IÖW/future-Ranking der Nachhaltigkeitsberichte 2011 den dritten Platz (IÖW/future 2011).

- BASF ist primär kein Business-to-Consumer-Unternehmen, daher kann davon ausgegangen werden, dass die Voreingenommenheit der Teilnehmer gering ist.
- Der NB bietet einen ausgewogenen Mix aus Visualisierungsformen (darunter Tabellen, Kreis-, Säulen-, Linien- und Balkendiagramme sowie Landkarten).
- Die Autoren dieses Beitrags stehen zudem in keinerlei Beziehung zu BASF.

Zu Beginn der Erhebung verlas der Befragungsleiter einen standardisierten Einführungstext, der das Experiment und die Fragetypen erklärte. Während der Erhebung saßen die Teilnehmer einzeln vor Computern, auf denen lediglich ein Browser lief. Im Laufe der Erhebung wurden den Teilnehmern einige inhaltliche Fragen gestellt, die sie mit Hilfe des NB beantworten sollten. Die jeweiligen Ergebnisse wurden über eine Maske in LimeSurvey eingegeben, woraufhin angezeigt wurde, ob· das jeweilige Ergebnis richtig war. Nach der Erfüllung der Aufgaben hatten die Teilnehmer noch bis zu zehn Minuten Zeit sich frei auf dem NB zu bewegen. Anschließend sollten sie ihre Einschätzung hinsichtlich der Gestaltung des NB in Form von Texten niederschreiben. Eine maximale Antwortlänge wurde nicht vorgegeben, die Befragung erfolgte anonym. Die Fragen an die Teilnehmer lauteten:

- „Wie würden Sie den behandelten Nachhaltigkeitsbericht verbessern?" (Tab. 29.1)
- „Wie beurteilen Sie das Verhältnis von Text, Grafiken und Tabellen?" (Tab. 29.2)
- „Glauben Sie der Bericht ließe sich durch interaktive Grafiken und Filme bereichern? Wenn ja, wie sollten diese am besten in den Bericht eingebunden werden?" (Tab. 29.3)

29.3   Ergebnisse

Datenanalyse Die bei der Erhebung gewonnenen Daten wurden qualitativ untersucht; begonnen wurde damit die einzelnen Kommentare manuell zu kodieren. Codes sind Markierungen, die Textstellen eine bestimmte Bedeutung aus einem Pool von während

Tab. 29.1 Verbesserungspotenziale mit mehr als zehn Nennungen

Anmerkung	Anzahl	%
Struktur/Navigation/Übersichtlichkeit verbessern	135	51,92
Startseite übersichtlicher gestalten	23	8,85
Mehr Grafiken	21	8,08
Unwichtige Informationen ausblenden/überladen	18	6,92
Verbesserte Suchfunktion	16	6,15
Weniger Text	15	5,77
Hilfestellung bei Interpretation der Daten	13	5,00
Mehr Videos	11	4,23
Mehr auf Zertifikate hinweisen/erwerben	10	3,85

Tab. 29.2 Verbesserungspotenziale in Hinblick auf Text, Grafiken & Tabellen

Anmerkung	Anzahl	%
Texte		
Zu viel Text	44	16,92
Teilweise zu viel Text	2	0,77
Teilweise zu wenig Text	2	0,77
Zu wenig Text	8	3,08
Grafiken		
Zu viele Grafiken	6	2,31
Teilweise zu wenig Grafiken	2	0,77
Zu wenig Grafiken	41	15,77
Zu viele Grafiken auf Startseite	7	2,69
Zu wenig Grafiken auf Startseite	1	0,38
Mangelhafte Anordnung	7	2,69
Grafiken zu klein/undeutlich	5	1,92
Weniger/keine animierten Grafiken	3	1,15
Nichtssagende Bilder vermeiden	3	1,15
Tabellen		
Zu viele Tabellen	3	1,15
Zu wenige Tabellen	26	10,00
Sonstiges/mehrere Kategorien		
Bessere Erklärung der Grafiken & Tabellen	10	3,85
Seiten zu umfangreich	4	1,15

Tab. 29.3 Bereicherung des NB durch Filme und interaktive Grafiken

Anmerkung	Anzahl	%
Änderungswünsche		
Mehr Filme	75	28,85
Keine Verbesserungsvorschläge	73	28,08
Mehr interaktive Grafiken	59	22,69
Kurzer Einführungsfilm	37	14,23
Nur geringfügig mehr Filme od. interaktiver Grafiken	28	10,77
Ablehnungsgründe von Filmen od. interaktiver Grafiken		
Würde den Bericht überladen	50	19,23
Zu viele Filme od. interaktive Grafiken wirken unseriös	19	7,31
Längere Ladezeiten	9	3,46
Unnötig/fehl am Platz	5	1,92

(Fortsetzung)

Tab. 29.3 (Fortsetzung)

Anmerkung	Anzahl	%
Hebung der Systemvoraussetzungen	3	1,15
Lösungsvorschläge		
Filme getrennt vom Text optional anbieten	11	4,23
Besserer Zusammenhang zwischen Text und Grafiken	6	2,31
Filme und interaktive Grafiken nicht automatisch abspielen	3	1,15

der Studie gesammelter deskriptiver oder inferierter Informationen zuweisen (Miles und Huberman 1994). In diesem Fall wurden die Kommentare der Teilnehmer einem oder mehreren Kritikpunkten zugeordnet, so wurden bspw. die Verbesserungsvorschläge „schlüssigere Menüführung" und „Ich würde den Bericht insgesamt übersichtlicher gestalten" unter dem Punkt „Struktur/Navigation/Übersichtlichkeit verbessern" zusammengefasst. Dieser Schritt wurde von nur einer Person durchgeführt um die Möglichkeit eines Bias durch eine geringe Inter-Rater-Reliabilität auszuschließen (Straub et al. 2004).

Aus der Auswertung ergaben sich die in diesem Abschnitt enthaltenen Tabellen. Tabelle 29.1 enthält im Gegensatz zu den anderen Tabellen nur die Codes, die mindestens zehn Mal genannt wurden. Da die Teilnehmer einen freien Text eingeben konnten, waren Mehrfachnennungen ebenso möglich wie die Nennung gar keiner Verbesserungsvorschläge.

Die Ergebnisse in Tab. 29.1 lassen den Schluss zu, dass viele Nutzer des NB feststellen müssen, dass die Informationen, die sie gesucht haben, nicht leicht zu finden waren. Auf der Startseite fehlte 6,15 %, im gesamten Bericht sogar 51,92 % der Befragten die Übersicht. Die zur Verfügung stehende Suchfunktion wurde von 6,15 % der Befragten als verbesserungswürdig eingestuft. 5 % der Befragten wünschten sich eine Hilfestellung bei der Interpretation der Daten, wie etwa durch Kontextinformationen und 6,92 % der Befragten befanden die Seiten als zu überladen, sodass ihnen eine Reduktion der enthaltenen Informationen sinnvoll erschien.

Hervorzuheben ist, dass der Bericht von 16,92 % der Befragten als zu textlastig empfunden wurde, wogegen 15,77 % bzw. 10 % der Befragten sich mehr Grafiken bzw. Tabellen gewünscht hätten. Wie bei der vorangegangenen Frage auch wünschten sich einige (3,85 %) Hilfestellung bei der Interpretation der Daten.

Wie in Tab. 29.3 zu sehen ist, hält sich die Zahl der Befragten, die den Einsatz von mehr Filmen und Grafiken befürworten und ablehnen die Waage. Häufig genannte Gründe für die Ablehnung waren, dass zusätzliche Elemente den ohnehin schon als nicht sehr übersichtlich eingestuften Bericht (vgl. Tab. 29.1) weiter überladen würden und das zu viele derartiger Elemente unseriös oder sogar den Eindruck von Greenwashing, also der gezielten Verbreitung von Fehlinformationen durch Unternehmen, um diese umweltfreundlicher darzustellen, vermitteln würden.

Einige Teilnehmer präsentierten Lösungsvorschläge, bzw. Kompromisse, darunter bspw., dass ein kurzer Einführungsfilm am Anfang des Berichts auf die Thematik einstimmen sollte (14,23 %), Filme und interaktive Grafiken keinesfalls automatisch abgespielt werden sollten um die Leser nicht zu stören (1,15 %) und dass sie getrennt und optional, d. h. dass die in ihnen enthaltenen Informationen ebenfalls in den Texten enthalten sein sollten, angeboten werden sollten (4,23 %).

Diskussion Van Iwaarden et al. (2003) stellten fest, dass eine einfache Navigation einen starken Einfluss auf die wahrgenommene Benutzbarkeit einer Website hat; es wird angenommen, dass dies ebenfalls Gültigkeit für webbasierte NB besitzt. Der Umstand, dass die Mehrheit der Befragten die Struktur, Navigation und Übersichtlichkeit des gezeigten NB bemängelten, legt nahe, dass die Strukturierung des NB überarbeitet werden müsste um den Anforderungen der im Rahmen dieser Erhebung befragten Benutzer gerecht zu werden. Es ist in vieler Hinsicht erstrebenswert einen Standard für die Gliederung von NB aufzustellen: Durch gesammelte Erfahrungswerte nach dem Besuch mehrerer NB wären Benutzer in der Lage deutlich schneller die Informationen zu finden, die sie suchen. Auch der Vergleich mehrerer NB, entweder eines oder mehrerer Unternehmen, würde sich erleichtern, da bestimmte Informationen in jedem Bericht an der gleichen Stelle zu finden wären. Dieses Vorhaben ist jedoch problematisch, da sich eine Vielzahl von Unternehmen, Regulatoren, Standardisierungsorganisationen und Forschern auf eine universale Struktur einigen müssten; dies wird sich aller Voraussicht nach als schwierig erweisen, da sich NB z. B. je nach Branche, Standort und Corporate Identity, nicht nur hinsichtlich der Struktur, stark unterscheiden können. Weiterhin gibt es derzeit aus Angst vor Überregulierung der NBE keine allgemeine Berichterstattungspflicht für Belange der Nachhaltigkeit (Gebauer und Glahe 2011). Analog dazu verhält es sich mit einer vorgegebenen Struktur: Unternehmen würden Gestaltungsspielräume und die Möglichkeit der Erschließung von Wettbewerbsvorteilen einbüßen, was die Attraktivität des Vorhabens einen guten NB zu erstellen senken würde. Tatsächlich zeigt die Erfahrung, dass die bereits vorgeschlagenen Gliederungen von NB (z. B. Lenz et al. 2002; Isenmann et al. 2003) nach Kenntnis der Autoren von der Praxis nicht angenommen wurden.

Das Verhältnis von Text, Grafiken und Tabellen wurde von einem Teilnehmer als „leicht unausgewogen" bewertet, da ihm zufolge „relevante Informationen [...] meistens im Text versteckt [waren] und könnten anschaulicher mit Diagrammen/Tabellen dargestellt werden" [sic]. Ein Teilnehmer äußerte die Vermutung, dass „viele Menschen nicht gerne Lesen", ein anderer schrieb „Filme und Grafiken können Informationen lebhafter und damit für viele Leute interessanter machen". Durch diese beispielhaften Aussagen und den obigen Ergebnissen ist zu schließen, dass NB, die der hier getesteten Gruppe der Konsumenten im Alter von 18–23 Jahren zusagen sollen, insgesamt ein erhöhtes Maß an visuellen Informationen beinhalten sollten.

Implikationen Unsere Ergebnisse enthalten einige Implikationen, die sowohl für Praktiker als auch Forscher auf dem Gebiet der NBE relevant sind. Gestalter von NB sollten Wege finden NB einfacher zu strukturieren und Informationen leichter zugänglich zu machen. Hierzu böte es sich an eine komfortable und präzise Suchfunktion zu implementieren und eine übersichtliche Sitemap anzubieten. Informationen sollten entsprechend den Erkenntnissen aus der Forschungsrichtung Information Visualization zur Erreichung eines höheren CF und TTF aufbereitet werden. Des Weiteren sollten sich Forschung und Praxis gemeinsam auf eine sinnvoll strukturierte und einheitliche Gliederung für NB einigen. Es sollte daher zunächst Aufgabe der Wissenschaft sein anhand bestehender und etablierter Standards, wie bspw. den Richtlinien der Global Reporting Initiative (2011), und der gängigen Unternehmenspraxis Vorschläge für eine standardisierte Gliederung von NB zu erstellen. Fließtext ist notwendig um die im Bericht enthaltenen Informationen in einen sinnvollen Kontext zu setzen, jedoch zeigt die Befragung, dass der als Beispiel herangezogene NB für viele Befragte einen zu hohen textuellen Anteil besitzt. Tatsächlich wurden teilweise Sachverhalte im Fließtext wiederholt, die bereits ohne Informationsverlust den Grafiken zu entnehmen waren, dies sollte vermieden werden.

29.4   Zusammenfassung

Der vorliegende Beitrag geht den Schwächen hinsichtlich der Benutzbarkeit eines NB aus der Sicht der Leser nach. Hierzu wurden 260 Personen nach Einsicht des NB des Unternehmens BASF aufgefordert in Form eines freien Textes Verbesserungsvorschläge für den NB zu geben, das Verhältnis von Text, Grafiken und Tabellen zu beurteilen und zu erörtern, ob ihnen das Einbinden von Filmen und interaktiven Grafiken sinnvoll erscheint. Die aus der Befragung gewonnenen Daten wurden dargelegt und interpretiert, außerdem wurden die daraus ersichtlichen Implikationen für Forschung und Praxis abgeleitet.

Wie jedes Forschungsvorhaben weist auch dieses einige Limitationen auf. Durch die Untersuchung nur eines NB fehlt die Vergleichbarkeit mit NB anderer Unternehmen, worunter die Generalisierbarkeit der Forschungsergebnisse leidet. Des Weiteren wurde lediglich eine von vielen Bevölkerungsgruppen, nämlich Studierende im Alter von 18 bis etwa 23 Jahren, in einer kontrollierten Umgebung befragt. Vor dem Hintergrund der häufig herangezogenen Kritik Studenten seien oftmals keine angemessenen Probanden sei darauf hingewiesen, dass aus dieser Arbeit lediglich direkt Aussagen für die befragte Bevölkerungsgruppe abgeleitet werden können (Compeau et al. 2012), auch wenn die Stichprobengröße mit 260 Personen vergleichsweise groß ist. In Zukunft wäre es sinnvoll die Befragung mit mehreren NB und einer repräsentativeren Zusammensetzung der Befragten zu wiederholen, wobei diese Arbeit als Grundlage dienen kann. Es ist ebenfalls denkbar einen NB zu modifizieren und dabei einzelne Kriterien abzuändern (bspw. Farbwahl, Struktur, Verhältnis Text/Grafiken/Tabellen).

Danksagung   Diese Arbeit ist im Rahmen des Projekts "IT-for-Green: Umwelt-, Energie- und Ressourcenmanagement mit BUIS 2.0" entstanden. Das Projekt wird mit Mitteln des Europäischen Fonds für regionale Entwicklung gefördert (Fördernummer W/A III 80119242).

Literatur

Amran A, Haniffa R (2011) Evidence in development of sustainability reporting: a case of a developing country. Bus Strategy Environ 20(3):141–156

Bartels W, Iansen-Rogers J, Kuszewski J (2008) Count me in – The readers' take on sustainability reporting. KPMG, Amstelveen

Benbasat I, Dexter AS (1986) An investigation of the effectiveness of color and graphical information presentation under varying time constraints. MIS Q 10(1):59–83

Bertin J (1981) Graphics and graphic information. Walter de Gruyter, Berlin

Clacher I, Hagendorff J (2012) Do announcements about corporate social responsibility create or destroy shareholder wealth? evidence from the UK. J Bus Ethics 106(3):253–266

Cleveland WS (1985) The elements of graphing data. Wadsworth Advanced Books and Software, Monterey

Compeau DR, Marcolin B, Kelley H, Higgins C (2012) Generalizability of information systems research using student subjects – a reflection on our practices and recommendations for future research. Inf Syst Res 23(4):1093–1109.

El-Gayar O, Fritz BD (2006) Environmental management information systems (EMIS) for sustainable development: a conceptual overview. Commun Assoc Inf Syst 17(1):756–784

Freeman RE (1984) Strategic management: a stakeholder approach. Pitman, Boston

Freundlieb M, Teuteberg F (2013) Corporate social responsibility reporting – a transnational analysis of online corporate social responsibility reports by market-listed companies: contents and their evolution. Int J Innovation Sustain Dev

Freundlieb M, Gräuler M, Teuteberg F (2013) A conceptual framework for the quality evaluation of sustainability reports. Manage Res Rev 36(11)

Gebauer J, Glahe J (2011) Praxis der Nachhaltigkeitsberichterstattung in deutschen Großunternehmen. Berlin

Goodhue DL (1995) Understanding user evaluations of information systems. Manage Sci 41(12):1827–1844

GRI (2011) Sustainability reporting guidelines 3.1. Global Reporting Initiative

Gräuler M, Freundlieb M, Ortwerth K, Teuteberg F (2013) Understanding the Beliefs, Actions and Outcomes of Sustainability Reporting: An Experimental Approach. Information Systems Frontiers (Special Issue on "Green Information Systems & Technologies: This Generation and Beyond")

Heemskerk B, Pistorio P, Scicluna M (2002) Sustainable development reporting – striking the balance. Earthprint, Stevenage

IÖW/future (2011) IÖW/future-Ranking Nachhaltigkeitsberichte 2011 – Ergebnisse Großunternehmen

Isenmann R (2004) Internet-based sustainability reporting. Int J Environ Sustain Dev 3(2):145–167

Isenmann R, Brosowski J, Marx-Gomez J, Arndt H-K (2003) Going ahead in harmonising XML-based DTDs for corporate environmental reporting. International conference informatics for environmental protection ed. Cottbus, S 550–557

Isenmann R, Gómez JM, Süpke D (2011) Making stakeholder dialogue for sustainability issues happen – benefits, reference architecture and pilot implementation for automated sustainability reporting à la Carte. Proceedings Hawaii international conference on system sciences

Van Iwaarden J, Van der Wiele T, Ball L, Millen R (2003) Applying SERVQUAL to web sites: an exploratory study. Int J Qual Reliab Manage 20(8):919–935

Kline P (1998) The handbook of psychological testing. Routledge, London

Kolk A (2004) A decade of sustainability reporting: developments and significance. Int J Environ Sustain Dev 3(1):51–64

KPMG (2011) KPMG international survey of corporate responsibility reporting 2011. KPMG, Zürich

Larkin JH, Simon HA (1987) Why a diagram is (sometimes) worth 10,000 words. Cognitive Sci 11(1):65–100

Lenz C, Isenmann R, Marx-Gómez J, et al. (2002) Standardisation of XML-based DTDs for corporate environmental reporting: towards an EML. Proceedings of informatics for environmental protection ed, Wien, S 416–423

McWilliams A, Siegel D (2001) Corporate social responsibility: a theory of the firm perspective. Academy Manage Rev 26(1):117–127

Melville NP (2010) Information systems innovation for environmental sustainability. MIS Q 34(1):1–21

Miles MB, Huberman AM (1994) Qualitative data analysis: an expanded sourcebook. Sage Publications, Newbury Park

Myers MD (2009) Qualitative research in business & management. Sage Publications, London

Norman DA (1993) Things that make us smart: defending human attributes in the age of the machine. Addison-Wesley, Boston

Reips U-D (2002) Standards for internet-based experimenting. Exp Psychol 49(4):243–256

Slater A (2008) International survey of corporate responsibility reporting 2008, KPMG, Amstelveen

Straub DW, Boudreau MC, Gefen D (2004) Validation guidelines for IS positivist research. Commun AIS 13(1):380–427

Stubbs W, Higgins C, Milne M (2012) Why do companies not produce sustainability reports. Bus Strategy Environ

Townsend S, Bartels W, Renaut J-P (2010) Reporting change: readers & reporters survey 2010. Futerra Sustainability Communications, London

Vessey I (1991) Cognitive fit: a theory-based analysis of the graphs versus tables literature. Decis Sci 22(2):219–240

Vessey I, Galletta D (1991) Cognitive fit: an empirical study of information acquisition. Inf Syst Res 2(1):63–84

Ware C (2004) Information visualization – perception for design. Elsevier, San Francisco

Watson RT, Boudreau M-C, Chen AJ (2010) Information systems and environmentally sustainable development: energy informatics and new directions for the IS community. MIS Q 34(1):23–38

Welford R, Frost S (2006) Corporate social responsibility in Asian supply chains. Corp Soc Responsib Environ Manage 13(3):166–176

Wheeler D, Sillanpää M (1998) Including the stakeholders: the business case. Long Range Plann 31(2):201–210

Vorüberlegungen zu strategischen Betrieblichen Umweltinformationssystemen

30

Andreas Möller

Zusammenfassung

Die Frage nach der Notwendigkeit und des Stellenwertes der strategischen betrieblichen Umweltinformationssysteme (BUIS) ist nicht ganz neu, aber immer noch nicht befriedigend beantwortet worden. Die berechtigte Hoffnung ist nun auch, dass ein solches strategisches BUIS der Herausforderung der betrieblichen Nachhaltigkeit einen erheblichen Schub verleihen könnte. Schließlich geht es bei der Sicherstellung der betrieblichen Nachhaltigkeit nicht nur darum, hier und da ein paar Ineffizienzen zu beseitigen. Vielmehr dürfte die betriebliche Nachhaltigkeit mit einer grundlegenden und dauerhaften Veränderung des betrieblichen Selbstverständnisses verbunden sein. Es ist eine Gestaltungs- oder besser gesagt langfristige Interventionsaufgabe der Unternehmensführung, diesen Sinneswandel zu befördern und in neue betriebliche Institutionen zu überführen. Die im Folgenden dargestellten Vorüberlegungen greifen sozialwissenschaftliche Zugänge zur zwischenmenschlichen Kommunikation und davon abgeleitet zur (Unternehmens-) Kultur auf. Daraus lassen sich nun die dringend benötigten Entwicklungsleitbilder und Entwicklungsmetaphern für ein strategisches BUIS ableiten.

Schlüsselwörter

Betriebliche Umweltinformationssysteme • Strategische Ebene • Empfehlungen

A. Möller (✉)
Institut für Umweltkommunikation, Leuphana Universität Lüneburg,
Scharnhorststr. 1, 21335 Lüneburg, Deutschland
e-mail: moeller@uni.leuphana.de

J. Marx Gómez et al. (Hrsg.), *IT-gestütztes Ressourcen- und Energiemanagement,*
DOI: 10.1007/978-3-642-35030-6_30, © Springer-Verlag Berlin Heidelberg 2013

30.1   Ausgangssituation

Eigentlich sollte es keiner Vorüberlegungen zur Entwicklung strategischer Betrieblicher Umweltinformationssysteme (BUIS) bedürfen. Es sollte ausreichen, sich das Lehrbuchwissen zum strategischen Management anzueignen, es anzupassen und Fachkonzepte für ein passendes BUIS abzuleiten (Bea und Haas 2001; Becker 1998; Keuper 2001). Wenn das aber so einfach ist, muss die Frage gestellt werden, warum dies nicht längst geschehen ist und nach wie vor die Forderung gestellt wird, in den BUIS auch die strategische Ebene betrieblichen (Führungs-) Handelns zu berücksichtigen.

Ein Blick auf bereits existierende Softwareunterstützung für das strategische Management (Meier et al. 2003; Sinzig 2000) zeigt, dass eine direkte Anpassung nicht ausreichend sein könnte. So hat zum Beispiel SAP die Komponente Strategic Enterprise Management (SEM) entwickelt; diese wiederum ist eine Sammlung von Einzelkomponenten (Framework): Business Planning and Simulation (SEM-BPS), Corporate Performance Management & Strategic Management (SEM-CPM), Business Consolidation (SEM-BCS) oder auch Stakeholder Relation Management (SEM-SRM).

Geht man die einzelnen Komponenten des Strategic-Enterprise-Management-Frameworks durch, sind eine Reihe von Anschlussmöglichkeiten für strategische BUIS identifizierbar. So lassen sich dem „Business Planning and Simulation" Ansätze für Stoffstromanalysen, des Environmental Process Flowsheetings und auch der diskreten und kontinuierlichen Simulation zuordnen. Auch dürfte das Life Cycle Assessment das „Corporate Performance Management" bereichern. Schließlich sollte IT-gestützte Nachhaltigkeitsberichterstattung in Zukunft einen wichtigen Beitrag zum „Stakeholder Relation Management" leisten (Marx Gómez und Rautenstrauch 2001).

30.2   Selbstverständnisse und Handlungsorientierungen

Die Frage aber bleibt, ob es ausreicht, Herausforderungen der zukünftigen betrieblichen Nachhaltigkeit in Form von „Bullitt-Points" den Einzelkomponenten zuzuordnen. Das würde bedeuten, dass betriebliche Nachhaltigkeit als unliebsame Nebenbedingung betrachtet und behandelt wird. Von einem „System" zu sprechen, macht für solche BUIS auch keinen Sinn. Denn obwohl man vielleicht die Stoffstromanalysen dem Corporate Performance Management zurechnen möchte, verändert dies die Interpretation von Performance Management nicht: Performance Management steht in einem direkten Zusammenhang mit der generalisierten Handlungsorientierung in der Wirtschaft: der möglichst unbedingten Gewinnmaximierung. Die Stoffstromanalysen sind so lange erwünscht, wie sie dazu einen Beitrag leisten. Entsprechend kommt Freude auf, wenn man Win/Win-Konstellationen identifizieren kann (z. B. Tischner 2001). Ansonsten sind die zusätzlichen Instrumente nutzlos.

Wenn also von strategischem Management in Bezug auf betriebliche Nachhaltigkeit und zugehörigen strategischen Betrieblichen Umweltinformationssystemen ernsthaft die Rede sein soll, kann ein derartiger Zugang nicht gemeint sein.

Das Bild, das diesem Modellierungsansatz zugrunde liegt, leitet sich im Grunde aus dem Ideal ab, das Max Weber bereits Anfang des 20. Jahrhunderts ausgearbeitet hat. Er hat vom okzidentalen Rationalisierungsprozess gesprochen (Weber 1964; Habermas 1995a). Und das Ideal in Bezug auf das gesellschaftliche Subsystem Wirtschaft ist das einer Wertschöpfungsmaschinerie, die der Gesellschaft erwünschte Artefakte zur Deckung von Bedürfnissen zur Verfügung stellt und dafür das Recht bekommt, gleichsam als Antriebsfeder, gleichwohl aber als Mittel zum Zweck, die Maximierung eigener Gewinne anzustreben: Wer sich maßgeblich an ganz besonders effektiven Maschinerien beteiligt, dem soll es auch besonders gut gehen und – warum nicht – in Luxus leben.

Man kann wohl feststellen, dass es mit großem Erfolg gelungen ist, die Gewinnmaximierung als Grundorientierung zu etablieren. Kaum ein Unternehmen muss dazu aufgefordert werden, mehr Gewinne zu erzielen. Gesetze im Sinne eines „Bundesgewinnmaximierungsgesetzes" muss es offensichtlich nicht geben.

Das Ideal hat sich aus anderen Gründen als kaum erreichbar herausgestellt. Und dies ist einerseits eine Anschlussmöglichkeit für die betriebliche Nachhaltigkeit, andererseits aber auch das größte Problem. Als problematisch hat sich herausgestellt, dass sich das Gewinnmaximierungsprinzip, wie bei gesellschaftlichen Subsystemen immer, zum Selbstzweck weiterentwickelt wird, eben gerade mit der Herausbildung des Subsystems. Heute wirkt es auf die Gesellschaft zurück: Die Gesellschaft ist dazu da, dass Unternehmen ihre Gewinne maximieren können. Ist eine Gesellschaft nicht optimal aufgestellt, damit Unternehmen Gewinne maximieren können, hat die Gesellschaft ein Problem. Habermas spricht von der Kolonialisierung der Lebenswelt (Habermas 1995b).

Als positiv kann angesehen werden, dass es eine zweiwertige Logik, die wir bei den vollständig formalisierten Idealen vorfinden, eben doch nicht gibt. Der Frage der objektiven Wahrheit wird auch die der sozialen Wahrhaftigkeit und des Anstands zur Seite gestellt. Es ergibt sich ein auf Gegenseitigkeit beruhendes Treueverhältnis. Was passiert, wenn ein Unternehmen dauerhaft das Treueverhältnis aufkündigt oder entsprechende gesellschaftliche Selbstverständnisse missachtet, kann man immer wieder beobachten, unlängst im Fall des Schlecker-Konkurses.

Dieser Aspekt taucht in den Lehrbüchern zum strategischen Management in der Regel nicht auf. Zwar kann man auch am SEM-Beispiel erkennen, dass das Unternehmen nicht isoliert von der Gesellschaft modelliert wird, wenn von Stakeholder Relation Management die Rede ist. Gleichwohl sind dem Stakeholder Relation Management Beziehungsmuster unterlegt, die an den betrieblichen Kommunikationsbegriff anschließen: Kommunikation als Informationsaustausch zwischen Entscheidungsträgern. Damit werden gesellschaftliche Diskursprozesse, die immerhin in der demokratischen Republik als Gesellschaftsform münden, nicht erfasst. Ein solcher Kommunikationsbegriff ist also ungeeignet, das langfristige (Treue-) Verhältnis zwischen Unternehmen und Gesellschaft zu erfassen.

30.3   Gemeinsame Interpretationshintergründe und Kommunikation

Der Kommunikationsbegriff kann aber sehr wohl herangezogen werden, um auch und gerade dieses langfristige Treueverhältnis zwischen Unternehmen und Gesellschaft zu erfassen: der bereits erwähnte Diskursbegriff in einem demokratisch verfassten Staat. Auf „Stakeholder Relation Management" muss man dann zwar als Titel einer entsprechenden Komponente verzichten, denn man kann Diskurse nicht managen im Sinne des (unausgesprochenen) Vorgebens und damit Vorwegnehmens der Ergebnisse (strategisches Handeln nach Habermas 1995a), man kann sich und seine Anliegen nur einbringen, das Ergebnis bleibt offen, aber bindend.

Sehr wohl kann man aber das Medium für solche Diskursprozesse managen, das heißt in diesem Fall oft auch, sie überhaupt erst aufzubauen. Das wäre dann auch ein anderer Zugang zu den neuen, digitalen Medien wie Facebook und Twitter, die so gar nicht zum heutigen Kommunikationsgebahren der Unternehmen passen wollen.

In der Langfristperspektive nimmt man nicht den einzelnen Sprechakt oder die einzelne Konversation in den Blick (Austin 1962; Searle 1983). Vielmehr leisten Sprechakte und Konversationen Beiträge zur Weiterentwicklung eines zentralen Fundaments der sozialen Wirklichkeit. Chomsky vermutet, dass es vor mehreren zehntausend Jahre in der Evolution des Menschen zu einem revolutionärem Schritt gekommen ist: die Herausbildung der Sprachfähigkeit des Menschen, wobei es nicht um den Austausch weniger Signale geht, sondern um einen unbegrenzten Vorrat von Signalprozessen. Chomsky bringt dies mit den generativen Grammatiken in Zusammenhang (Chomsky 2012), die in der Informatik im Rahmen der formalen Sprachen eine wichtige Rolle spielen.

Diese neuen Möglichkeiten des Signalaustausches heben die zwischenmenschliche Kommunikation auf eine höhere und, wenn man so will, auch strategische Ebene. Sprache dient dazu, gemeinsame, dem Zusammenwirken dienende Interpretationen hervorzubringen und abzugleichen. Und diese für gemeinsames Handeln zureichend abgeglichenen Interpretationen sind es dann auch, die das Fundament der sozialen Wirklichkeit ausmachen und die den heutigen Menschen von den früheren Hominiden unterscheidet: die Kultur. Entsprechend hat auch Habermas die Kultur eingeführt. „Kultur nenne ich den Wissensvorrat, aus dem sich die Kommunikationsteilnehmer, indem sie sich über etwas in einer Welt verständigen, mit Interpretationen versorgen" (Habermas 1995b).

Es erscheint wenig sinnvoll, auf diesen fundamentalen Unterschied zwischen heutigen Menschen und früheren Hominiden bei Unternehmen und im Management zu verzichten und beim einem Zugang zur Frage des strategischen Managements zu verzichten. Strategisches Management bedeutet, so die Schlussfolgerung, sich um Unternehmenskultur und gemeinsame Interpretationsmuster zu kümmern.

Entlastet wird das Management dabei, wenn Interpretationsmuster gleichsam übernommen werden und damit eher der Frage des „Customizings" zuzuordnen sind.

Tatsächlich kann konkret von Customizing gesprochen werden, weil auch IT-Systeme als Container von Interpretationsmustern aufgefasst werden können. So sind die verschiedenen Kernmodule und erweiternden Komponenten großer IT-Systeme wie etwa die von der Firma SAP nicht etwa nur Container betriebswirtschaftlichen Knowhows sondern eben auch Container von Interpretationsangeboten: sie stiften Sinn. Eine weitere Entlastung erfahren die Unternehmen dadurch, dass die Gesellschaft diesen Bedarf erkannt hat und Vorleistungen erbringt. Wir nennen diese Vorleistungen dann Wirtschaftswissenschaften und auch Wirtschaftsinformatik. Mit ihnen werden die etablierten Interpretationsmuster auf die nächste Generation übertragen. Der Optimierungsprozess ist dabei darauf ausgerichtet, möglichst passgenau auszubilden.

Diese Passgenauigkeit von IT-Systemen und Ausbildung könnte zu einem Problem werden, wenn eben der „Wissensvorrat, aus dem sich die Kommunikationsteilnehmer, indem sie sich über etwas in einer Welt verständigen, mit Interpretationen versorgen" nicht mehr mit objektiven Rahmenbedingungen nicht zur Deckung zu bringen ist. Zwar führt die Rationalisierungsprozesse, die Weber beschrieben hat, zu Idealen, den quasi-objektiven Charakter haben, so dass wir die mathematische Logik zum Einsatz bringen können. Dennoch unterscheidet sich dieser Grenzpol gesellschaftlicher Objektivation (Berger und Luckmann 2007) von mathematisch/naturwissenschaftlicher Objektivität. Zwar hat sich längst auch da herausgestellt, dass wir auch in den Naturwissenschaften nur mit vorläufigem Wissen operieren. Dieses naturwissenschaftliche Wissen unterliegt aber einer spezifischen Kontrolle (Experiment). Man kann nicht einfach anderer Meinung sein. Das wird zum Beispiel bei den Klimamodellen deutlich.

Mit solchen Rahmenbedingungen ist nun die Unternehmenskultur konfrontiert. Man kann sie nicht ausblenden, man kann sie auch nicht unterordnen. Es macht keinen Sinn, die Kolonialisierung der Lebenswelt auch auf die natürliche Umwelt anzuwenden: Man kann von der natürlichen Umwelt nicht verlangen, sich doch bitte der Gewinnmaximierung unterzuordnen. Das macht die natürliche Umwelt renitenter als die Gesellschaft. Zwar wird sich die natürliche Umwelt anpassen, aber eben nicht so, wie man sich das vielleicht wünscht.

Die These dieses Beitrags ist, dass diesen Rahmenbedingungen in der Unternehmenskultur zu wenig Rechnung getragen wird. Dann kann das Ergänzen von ein paar Bullitt-Points in den SEM-Komponenten keinen Sinn machen. Das wird in einem Unternehmen nicht zu einem kulturellen Wandel führen. Ein paar weitere Ansatzpunkte zum strategischen Nachhaltigkeitsmanagement dürften für sich allein nicht zum Erfolg führen:

(1) Mittel- und langfristig dürfte es kaum effektiv sein, die Frage der betrieblichen Nachhaltigkeit an Abteilungen und Stabsstellen auszulagern. Das Konzept des Umweltbeauftragten aus den 1970er Jahren kann nicht auf die betriebliche Nachhaltigkeit übertragen werden.

(2) Die Übertragung des Wissensvorrates an die nächste Generation durch das Angebot von Vertiefungsgebieten (Vertiefung im Bereich Nachhaltigkeitsmanagement, Vertiefung im Bereich der nachhaltigkeitsbezogenen Wirtschaftsinformatik) wird es nicht getan

sein. Auch das „Outsourcing" der betrieblichen Nachhaltigkeit an eine eigene Fakultät „Nachhaltigkeit" (wie in Lüneburg) wird kein hinreichender Ansatz sein.

(3) Mit der Entwicklung von strategischen Entscheidungsunterstützungssystemen für die betriebliche Nachhaltigkeit dürfte es ebenfalls nicht getan sein. Und es hilft nicht, sich nur der Frage der Methoden und Instrumente zuzuwenden, nach dem Motto, die Methoden um eine Zeitdimension „anzudicken" und sich mit der (Weiter-) Entwicklung von Erfolgspotentialen zu befassen statt mit ihrer Ausschöpfung.

Vielmehr könnte es hilfreich sein, den langfristigen „Wissensvorrat, aus dem sich die Kommunikationsteilnehmer, indem sie sich über etwas in einer Welt verständigen, mit Interpretationen versorgen" zum Ausgangspunkt zu nehmen. Daraus ergeben sich eine Reihe von Fragen, die teilweise bereits beantwortet werden können:

(1) Kann man die gemeinsam geteilten und dennoch problematisch gewordenen Interpretationshintergründe einfach durch „bessere" austauschen? Eine derartige „Revolution" wird nicht möglich sein. Auch IT-Lösungen, die einen solchen radikal neuen Wissensvorrat transportieren, werden keinen Erfolg haben, denn sie sind nicht anschlussfähig. Dies erweist sich bei einigen existierenden IT-Lösungen tatsächlich als problematisch. Dies darf beim Life Cycle Assessment vermutet werden, wenn Ergebnisse in Antimon-Äquivalenten ausgedrückt werden: Antimonäquivalente können (derzeit) nicht interpretiert werden. Das Product Carbon Footprinting erweist sich, trotz der erheblichen Einschränkungen gegenüber dem Life Cycle Assessment, als wesentlich anschlussfähiger.

(2) Durch welche Prozesse werden die Interpretationshintergründe eigentlich (evolutionär) verändert? Hier gibt stellt uns die Kommunikationstheorie von Habermas einen Ansatz zur Verfügung, der sich auch aus dem bereits gesagten ergibt: durch Kommunikation im Sinne eines Verständigungsprozesses. Mit anderen Worten: Die Kommunikation ist der gesellschaftliche Mechanismus der Veränderung. Dieser Mechanismus dient, wenn er effektiv sein soll, direkt auch der Rationalisierung (Habermas 1995b), das heißt sie ist insbesondere dann erfolgreich, wenn sie sich selbst so schnell wie möglich überflüssig macht (Paradox effektiver Kommunikation). Der Routinisierungsgrad geht dabei für einen überschaubaren Zeitraum zurück, weil die alte Routine in Frage gestellt wird. Diesen Zeitraum könnte man als Transformation bezeichnen. Dann aber ist mit effektiver Kommunikation das Hervorbringen neuer Routine verbunden, indem die Routine selbst die gemeinsamen Interpretationshintergründe verwirklicht.

30.4 Gestaltungsansätze für strategische BUIS

Aus den Befunden können nun Hinweise für die Gestaltung passender Informations- und Kommunikationstechnik ableitet werden. Es geht hier also um die der Implementierung vorgelagerten Fragen der Entwicklungsleitbilder und Entwicklungsmetaphern (Züllighoven

1998), wenn man so will um die (hoffentlich geteilten) Interpretationsmuster für Softwaresysteme zur Unterstützung:

(1) Ist es eigentlich noch angemessen, von einem strategischen Betrieblichen Umweltinformationssystem (BUIS) zu sprechen? Das Rational-Choice-Modell, das dem verwendeten Informationsbegriff zugrunde liegt, kommt hier offensichtlich nicht zum Zuge. Vielmehr sollte, wie Winograd und Flores (1989) betonen, das Kümmern der Führungskräfte um effektive Kommunikation unterstützt werden: das Fördern einer Unternehmenskultur, die eine Verträglichkeit mit den sozialen und natürlichen Rahmenbedingungen wiederherstellt, das Fördern einer nachhaltigen Unternehmenskultur also. Es wäre daher richtiger, von einem strategischen Betrieblichen Umweltinterpretationssystem (BUIS) zu sprechen.

(2) Daten im Sinne quantitativer Größen müssen „kompatibel" zu den gegenwärtig geltenden Interpretationsmustern sein. Ressourcenknappheit, ein ernstes Thema, in Antimonäquivalenten ausdrücken zu wollen, kann nicht der erste Schritt sein. Die Kompatibilität darf dann aber auch nicht in einem Ausblenden von Problemen enden. Das Gegenteil sollte der Fall sein: ein erstes Schritt des BUIS besteht darin, dazu beizutragen, die organisatorische Problemkonstruktion zu fördern (Bretzke 1980), weil auch das Problem eine soziale Konstruktion ist. Betriebliche Nicht-Nachhaltigkeit sollte als fragwürdig eingestuft werden.

(3) Erst das Fragwürdige ist dann der Anlass, Sachverhalte, Konstellationen und Trends weiter auszuleuchten, vielleicht auch im Sinne von Business Planning and Simulation aus dem SEM-Framework: Was könnte passieren? Welche soziale Wirklichkeit könnte unsere Gesellschaft in Zukunft hervorbringen? Welche Chancen und Risiken leiten sich daraus ab? Welche Unternehmenskulturen dürften sich als passend dazu erweisen? Wie lässt sich der Weg dahin gestalten? Hier spielen auch zukunftsorientierte Accounting-Instrumente wie das Life Cycle Assessment eine Rolle, die sich gegebenenfalls der Simulation im weiteren und im engeren Sinne (Wohlgemuth et al. 2001) bedienen. Dabei muss allerdings beachtet werden, dass die IT-Instrumente nicht Daten „zur Verfügung stellen" sollen. Ihre Aufgabe ist vielmehr, Beiträge zu Konversationen zu leisten. Jedes Instrument muss also von der Konversationsunterstützung als Rahmen ausgehen und Ergebnisse in einer Form liefern, die anschlussfähig ist an den gerade vorhandenen, gemeinsamen Wissensvorrat und Interpretationshintergrund.

Hier ergeben sich die Anschlüsse zu den gegenwärtigen Entwicklungen auf dem Gebiet der digitalen Medien. Von den Instrumenten her ergibt sich eine Perspektive, die anhand der Klimamodelle verständlich wird. Das Zyklische von Fragwürdigkeit und Zukunftsanalysen wird uns mit den Klimamodellen auf der gesamtgesellschaftlichen Ebene vorgeführt. Die Klimamodelle müssen in erster Linie das Problem sichtbar machen. Und das gelingt bei den Klimamodellen mit Hilfe der Klimaszenarien. Aber: Die Ergebnisse, die Terabytes an Daten, werden nicht in Form von Tabellen ausgedruckt, vielmehr arbeitet man mit den Farben blau, grün, gelb, orange und rot und zeigt, wie sich die Erde im Modell nach und nach von blau nach rot verfärbt, am Rand zumeist mit einem Zähler, der das Jahr anzeigt.

Man kann bei der IT-Unterstützung aber auch vom Kontext ausgehen, von den Konversationskontexten also. Diese haben sich in den letzten Jahren erheblich verändert, nicht zuletzt aufgrund der Möglichkeiten der Informations- und Kommunikationstechnik. Beispiele aus den 1990er-Jahren sind Email und WWW, heute werden Google, Facebook und Twitter angeführt. Google, Facebook und Twitter entwickeln sich zusehens zu Metaphern dieser neuen Medien. Man übersetzt sie in Verben wie googeln und twittern, um das alltägliche Kommunizieren zum Ausdruck zu bringen.

Eine „Fragwürdigkeits-Komponente" eines strategischen BUIS integriert sich also nicht als spezielle Datenverarbeitungsinstanz in die betriebliche Informationssystemlandschaft. Sichtbare Formen könnten Like-Buttons oder eben auch Fragwürdigkeits-Buttons sein: Muss es unbedingt sein, dass wir solch einen Stoff in der Produktion einsetzen? Kann es sein, dass man es auch anders machen könnte? Warum soll man nicht Fragen stellen? Hier kann man zum Beispiel Erfahrungen aus kontinuierlichen Verbesserungsprozessen (KVP) aufgreifen und einfließen lassen.

IT kann dann Unterstützung leisten, Gruppen zu bilden und vielleicht mal Analysen und Simulationen anzustoßen. Hier geht man dann über zur „Szenarien-Komponente" eines strategischen BUIS (zu einer möglichen Organisation vgl. Gausemeier et al. 1996; Heinecke und Schwager 1995; Scholz und Tietje 2002, aber durchaus auch in Meier et al. 2003), die gemeinsame Orientierung bieten soll, den Aufbau langfristig handlungsleitenden Wissens unterstützt und die gemeinsame Urteilskraft stärkt (Mittelstraß 1997). Auch im Rahmen des strategischen Managements werden die Bezüge zwischen Potentialen und Fähigkeiten betont (Zahn 1979; Kirsch 1996). Statt allerdings von einem strategischen Nachhaltigkeitscontrolling zu sprechen, geht es eher um die „Strukturen des Vorverständigtseins in einer intersubjektiv geteilten Lebenswelt" (Habermas 1986). Die Szenarien-Komponente kann erwarten und muss zugleich dafür Sorge tragen, dass die weitere Auseinandersetzung mit dem Thema und vor allem der Einsatz von Methoden sprachlich anschlussfähig bleiben – im Sinne eines Communication Supports Systems (Winograd 1986; Te'eni 2006).

Das ist sicherlich auch eine Aufgabe der Forschung auf dem Gebiet der BUIS: Wie könnte man in Zukunft Problemlagen der Nicht-Nachhaltigkeit als Problem sichtbar machen? Wie könnten – auf der anderen Seite – mögliche Problemlösungen aussehen? In der Beziehung zwischen Sprache und Handlung (Denning und Dunham 2006) ist Aussehen durchaus auch wörtlich gemeint. Einige Beispiele zeigen dies. Das erste ist Sankey. Auf die Bedeutung von Sankey-Diagrammen als „Grammatik" dafür, die Ergebnisse von Stoffstromanalysen zum Ausdruck zu bringen, ist bereits an anderer Stelle hingewiesen worden. Auch beim Product Carbon Footprinting konnte unlängst die Erfahrung gemacht werden. Die Software „Umberto for Carbon Footprint" visualisiert den Fußabdruck mit einer entsprechenden Graphik. Diese erweist sich als ausgesprochen populär in Lateinamerika. Wenn nun vom Export von Ergebnissen die Rede ist, gilt es vor allem, diese Graphik flexibel in andere Tools wie Word und Powerpoint übernehmen zu können. Und der nächste Schritt zeichnet sich bereits ab: In Kolumbien gibt es bereits eigene Graphiken, die auch den Status eines Zertifikats haben. Die Anforderung besteht nun darin, die vorgegebene Graphik durch das Zertifikat ersetzen zu können.

Mit einer Fragwürdigkeits- und einer Szenarien-Komponente ist es allein nicht getan. Allerdings hat bereits die Szenarien-Komponente noch eine weitere Funktion, die man als effektive Kommunikation umschreiben kann: sie soll sich selbst überflüssig machen, indem sie den Kommunikationsprozess durch einen Routineprozess ersetzt (vgl. Floyd 2002). Alles, über das Einigkeit hergestellt wird, kann nicht-sprachlich geregelt werden. Hier kommen vor allem Ansätze der Geschäftsprozessmodellierung in den Blick, in der Industrie für die Planung und Realisierung komplexer technischer Artefakte selbstverständlich auch die Vorgehensmodelle der Systemtechnik (Patzak 1982). Das operative BUIS wird dann benötigt, wenn die Routineprozesse bestimmte Datenbedarfe haben. Es ist offensichtlich, dass für ein solches operatives BUIS das Leitbild des „Integrierten Systems", das maßgebliche Grundlage der ERP-Systeme in den 1990er Jahren gewesen ist, eine sinnvolle Orientierung bietet.

30.5 Zusammenfassung

Die Vorüberlegungen dieses Beitrags zeigen, dass es sich lohnen kann, die Grundannahmen betrieblicher Aktivität auf den Prüfstand zu stellen. Es stellt sich insbesondere die Frage, ob die generalisierte Handlungsorientierung der Gewinnmaximierung sowie das Rational-Choice-Modell auf der strategischen Ebene noch die alleinigen Bestimmungsfaktoren sind. Ein kommunikationstheoretisch fundierter Zugang führt zu einer erweiterten Sichtweise. Vor allem die Definition der Kultur als „Wissensvorrat, aus dem sich die Kommunikationsteilnehmer, indem sie sich über etwas in einer Welt verständigen, mit Interpretationen versorgen" von Habermas lenkt den Blick auf gemeinsam geteilte Interpretation und Interpretationsmuster. Wenn Unternehmen auf der strategischen Ebene agieren wollen, dann handelt es sich um ein Operieren auf den gemeinsamen Interpretationshintergründen. Das kann natürlich auch die alleinige Gewinnmaximierung sein. Aber nun ist es auch möglich, dass das Unternehmen sich so sieht, dass es einen aktiven Beitrag zu einer nachhaltigen Entwicklung leistet oder leisten will.

Ein solcher Zugang führt zu anderen Entwicklungsleitbildern und Entwicklungsmetaphern für strategische BUIS. Zum Beispiel könnte es hilfreich sein, den Begriff der Information (für den Entscheidungsträger) durch die Interpretation zu ersetzen: Wie könnte ein „strategisches Betriebliches Umweltinterpretationssystem" (BUIS) aussehen?

Ein Vorschlag besteht darin, drei verschiedene Komponenten eines solchen BUIS zu unterscheiden und dann zyklisch miteinander zu vernetzen: Eine Fragewürdigkeits-Komponente, eine Szenarien-Komponente und eine Routinisierungs-Komponente.

Literatur

Austin J (1962) How to do things with words. Cambridge

Bea FX, Haas J (2001) Strategisches management, 3. Aufl. Stuttgart

Becker W (1998) Strategisches management, 4. Aufl. Bamberg

Berger P, Luckmann T (2007) Die gesellschaftliche Konstruktion der Wirklichkeit, 21. Aufl. Frankfurt a.M. (amerikanische Originalausgabe 1966)

Bretzke W-R (1980) Der Problembezug von Entscheidungsmodellen, Tübingen

Chomsky N (2012) Interview mit Noam Chomsky, Fernsehsendung „Chomsky – Wissenschaftler und Rebell", Sender 3sat, Ausstrahlung 04.11.2012

Denning PJ, Dunham R (2006) Innovation as language action. Commun ACM 49(5):47–57

Floyd C (2002) Developing and embedding auto operational form. In: Dittrich Y et al (Hrsg) Social thinking – software practice. Cambridge, London

Gausemeier J, Fink A, Schlake O (1996) Szenario-Management – Planen und Führen mit Szenarien, 2nd Aufl. Carl Hanser Verlag, Wien

Habermas J (1986) Entgegnung. In: Honneth A, Joas H (Hrsg) Kommunikatives Handeln, 3rd Aufl. Suhrkamp, Frankfurt a.M

Habermas J (1995a) Theorie kommunikativen Handelns. In: Handlungsrationalität und gesellschaftliche Rationalisierung, Bd 1. Frankfurt a.M

Habermas J (1995b) Theorie kommunikativen Handelns, In: Zur Kritik der funktionalistischen Vernunft, Bd 2. Frankfurt a.M

Heinecke A, Schwager M (1995) Die Szenario-Technik als Instrument der strategischen Planung. Braunschweig

Keuper F (2001) Strategisches Management. München

Kirsch W (1996) Wegweiser zur Konstruktion einer evolutionären Theorie der strategischen Führung. München

Marx Gómez J, Rautenstrauch C (2001) Von der Ökobilanzierung bis zur automatisierten Umweltberichterstattung mit Stoffstrommanagementsystemen – eine Fallstudie. Aachen

Meier M, Sinzig W, Mertens P (2003) SAP strategic enterprise management/business analytics: integration von strategischer und operativer Unternehmensführung. Springer, Heidelberg

Mittelstraß J (1997) Der Flug der Eule – Von der Vernunft der Wissenschaft und der Aufgabe der Philosophie, 2. Aufl. Frankfurt a.M

Patzak G (1982) Systemtechnik – Planung komplexer innovativer Systeme. Springer, Berlin

Scholz RW, Tietje O (2002) Embedded case study methods. Integrating quantitative and qualitative knowledge. Sage, Thousand Oaks, CA

Searle J (1983) Sprechakte – Ein sprachphilosophischer Essay. Frankfurt a.M

Sinzig W (2000) Strategische Unternehmensführung mit SAP SEM®. Wirtschftsinformatik 42(2):147–155

Te'eni D (2006) The language-action perspective as a basis for communication support systems. Commun ACM 49(5): S 65–70

Tischner U (2001) Win-win-Situationen durch EcoDesign. In: Lutz U, Nehls-Shabandu M (Hrsg) Praxishandbuch Integriertes Produktmanagement. Düsseldorf

Weber M (1964) Wirtschaft und Gesellschaft. Köln

Winograd T (1986) A language/action perspective on the design of cooperative work. In: Proceedings of the 1986 ACM conference on computer-supported cooperative work. Austin, TX, S 203–220

Winograd T, Flores F (1989) Erkenntnis Maschinen Verstehen. Berlin

Wohlgemuth V, Bruns L, Page B (2001) Simulation als Ansatz zur ökologischen und ökonomischen Planungsunterstützung im Kontext betrieblicher Umweltinformationssysteme (BUIS). In: Hilty LM et al (Hrsg) Sustainability in the information society, Part 2, Marburg

Zahn E (1979) Strategische Planung zur Steuerung der langfristigen Unternehmensentwicklung. Berlin

Züllighoven H (1998) Das objektorientierte Konstruktionshandbuch. Heidelberg

Nachhaltige Mitarbeiter-Kommunikation innerhalb einer Lieferkette mit CoBox

Sabine Hoenicke und Alexander Elsas

Zusammenfassung

Im Zuge der Globalisierung entsteht die Notwendigkeit, dass Unternehmen Unternehmensverantwortung übernehmen, um die negativen Auswirkungen der Globalisierung zu minimieren und zu einer nachhaltigen Entwicklung beizutragen. Um diesem Anspruch gerecht zu werden ist eine optimale Balance zwischen ökonomischen, ökologischen und sozialen Zielen in der gesamten Wertschöpfungskette notwendig.

Schlüsselwörter

CSR • Nachhaltigkeitsmanagement • Mitarbeiterkommunikation

Im Zuge der Globalisierung entsteht die Notwendigkeit, dass Unternehmen Unternehmensverantwortung übernehmen, um die negativen Auswirkungen der Globalisierung zu minimieren und zu einer nachhaltigen Entwicklung beizutragen. Um diesem Anspruch gerecht zu werden ist eine optimale Balance zwischen ökonomischen, ökologischen und sozialen Zielen in der gesamten Wertschöpfungskette notwendig.

Unternehmen, die sich zur Übernahme von Unternehmensverantwortung bekennen, optimieren ihre Prozesse nach diesen Gesichtspunkten und fordern eine nachhaltige Geschäftsführung auch von ihren Geschäftspartnern. Um eine Umsetzung zu gewährleisten, wird sowohl den eigenen Mitarbeitern als auch den Beschäftigten der Geschäftspartner die Möglichkeit gegeben, sich bei Problemen oder Verstößen gegen ethische Verhaltensgrundsätze

S. Hoenicke
Sumations GmbH, Hamburg, Deutschland
e-mail: sabine@sumations.com

A. Elsas (✉)
Institut für Wirtschaftsinformatik, Johann Wolfgang Goethe-Universität,
Mertonstraße 17, 60054 Frankfurt am Main, Deutschland
e-mail: aelsas@finance.uni-frankfurt.de

J. Marx Gómez et al. (Hrsg.), *IT-gestütztes Ressourcen- und Energiemanagement*,
DOI: 10.1007/978-3-642-35030-6_31, © Springer-Verlag Berlin Heidelberg 2013

oder Gesetze zu melden und somit einen Verbesserungsprozess anzustoßen. Dies erfordert eine Kommunikationskultur, die es eigenen Mitarbeitern oder Beschäftigten in der Lieferkette erlaubt, ohne Furcht vor Repressalien oder Benachteiligung anonym mit dem Unternehmen in Dialog zu treten.

Die Sumations GmbH führte für Jack Wolfskin bereits Nachhaltigkeitsaudits in der globalen Lieferkette durch, bei der die Einhaltung ökologischer und sozialer Verhaltensgrundsätze überprüft wurden und erhielt aufgrund der Nähe und Vertrauensbasis zu den Beschäftigten den Auftrag eine anonyme Beschwerdemöglichkeit zu entwickeln.

Durch länderübergreifende Zulieferketten und da heutzutage selbst Arbeiter in Nähfabriken über ein Handy verfügen und das Internet nutzen, wird dabei die Internetnutzung als Ergänzung zu den traditionellen Kommunikationswegen immer wichtiger. Anonymität und schnelle Reaktionsmöglichkeiten stehen dabei im Vordergrund.

CoBox ist eine Oracle-Apex-basierte Anwendung, die diese Kommunikation ermöglicht. Ihr Einsatz ist dabei nicht auf die asiatischen Zulieferer beschränkt, sie wird in der gesamten Lieferkette genutzt und zukünftig auch von anderen Unternehmen als internes Kommunikationsmittel eingesetzt.

Indikatorenentwicklung für skalenübergreifende Transformationsprozesse

Am Beispiel nachhaltige Klimaanpassung in der Landnutzung

Nana Karlstetter, Julia Oberdörffer und Ulrich Scheele

Zusammenfassung

Der schon stattfindende und zukünftig noch mit stärkeren Auswirkungen spürbar werdende Klimawandel stellt einen schwer quantifizierbaren und zu verortenden Unsicherheitsfaktor dar. Dieser Umstand ist bisher wenig in regionale bzw. lokale Entscheidungsprozesse zu Landnutzungsänderungen integriert worden. Gleichwohl erfordern Flächennutzungskonflikte insbesondere unter den Auswirkungen des Klimawandels einen Wandel in der Landnutzung, sowohl in der Ernährungs- als auch Energiewirtschaft. Transformationsprozesse, die zu mehr Nachhaltigkeit beitragen, erfordern Indikatoren zur Unterstützung von Entscheidungen, die diese Unsicherheiten berücksichtigen. Daher müssen die genannten Unbekannten, die zueinander in sich ändernden Konstellationen stehen, in einen Zusammenhang zueinander gesetzt, gewichtet und mit verfügbaren Datensätzen abgeglichen werden können. Die Abbildung solcher Situationen für konkrete Problemlagen erfordert die Entwicklung eines Indikatorensets, das die Machbarkeit von Transformationsprozessen sowohl hinsichtlich der Fähigkeiten relevanter Akteure als auch bezüglich der Auswirkungen auf die Umwelt aufzeigt. Aufbauend auf dem Konzept der Ecosystem Services werden in diesem Beitrag Indikatoren entwickelt, die eine solche

N. Karlstetter (✉)
Informatik, Wirtschafts- und Rechtswissenschaften Department Wirtschafts- und Rechtswissenschaften, Institut für Betriebswirtschaftslehre und Wirtschaftspädagogik, Carl von Ossietzky Universität Oldenburg, Ammerländer Heerstr. 114–118, 26129 Oldenburg, Deutschland
e-mail: nana.karlstetter@uni-oldenburg.de

J. Oberdörffer · U. Scheele
Arbeitsgruppe für regionale Struktur- und Umweltforschung GmbH, Oldenburg, Deutschland
e-mail: oberdoerffer@arsu.de

U. Scheele
e-mail: scheele@arsu.de

J. Marx Gómez et al. (Hrsg.), *IT-gestütztes Ressourcen- und Energiemanagement*,
DOI: 10.1007/978-3-642-35030-6_32, © Springer-Verlag Berlin Heidelberg 2013

integrierte Bewertung unter dem Unsicherheitsfaktor Klimaanpassung erlauben und Beiträge zu klimaangepassten Landnutzungsänderung leisten. Weitere Schritte sehen z. B. eine Umsetzung in GIS-basierte Datenbankabfragen zur Entscheidungsunterstützung im regionalen Kontext vor.

Schlüsselwörter

Indikatoren • Transformation • Klimaanpassung • Landnutzung • Ecosystem Services • Informationssysteme • Entscheidungsunterstützung

32.1 Räumliche Transformationsprozesse vor dem Hintergrund von Klimawandel und Klimaanpassung

Das Thema Klimawandel steht weit oben auf der (umwelt-) politischen Agenda. Art und Umfang von Klimaschutz- und vor allem von Klimaanpassungsmaßnahmen werden kontrovers diskutiert. Die Auswirkungen des Klimawandels sind nicht genau prognostizierbar. Klimafolgen und die damit verbundene Unsicherheit stellen daher eine besondere Herausforderung für die politischen und wirtschaftlichen Entscheidungsträger dar: Auf unterschiedlichen räumlichen Ebenen müssen Klimaanpassungsmaßnahmen in bestehende Strukturen integriert werden, notwendig wird ein langfristiger Transformationsprozess der Regionen.

Die Anpassung von Systemen an den Klimawandel ist in vielen Fällen mit einer zusätzlichen Flächeninanspruchnahme verbunden.[1] Die Gestaltung von Anpassungsmaßnahmen erfordert einerseits, die möglichen Implikationen für die Flächeninanspruchnahme zu berücksichtigen. Andererseits ist es notwendig Auswirkungen von Flächennutzungsänderungen zu beachten: Mögliche irreversible Folgen von Nutzungsentscheidungen können auf lange Sicht Klimaanpassungskapazitäten – etwa von Regionen – deutlich einschränken. Um den Transformationsprozess hin zu einer klimaangepassten Landnutzung zu unterstützen, müssen die skizzierten Zusammenhänge für den Handlungs- und Entscheidungsspielraum der relevanten Akteure, Organisationen und ihre jeweiligen Interaktionen entsprechend erfasst und aufbereitet werden (Grin et al. 2010). Ziel ist es dabei, durch das Aufzeigen von langfristigen Handlungsoptionen zu einem nachhaltigen transformationsprozess[2] beizutragen und eine Entscheidungsunterstützung zu leisten.

---

[1] Zur Flächenrelevanz unterschiedlicher Kategorien von Anpassungsmaßnahmen siehe Scheele und Oberdörffer (2011).

[2] Nach Eriksen et al. (2011) sind Prinzipien einer nachhaltigen Klimaanpassung a) Bestimmung der Vulnerabilität sowie Stressfaktoren; b) Anerkennung, dass unterschiedlicher Werte und Interessen die Anpassungsmaßnahmen beeinflussen; c) Integration von lokalem Wissen in Anpassungsmaßnahmen und d) Berücksichtigung möglicher Rückkopplungseffekte zwischen lokalen und globalen Prozessen.

Die Transformation eines Systems von einem nicht-nachhaltigen zu einem nachhaltigen Zustand bedeutet dabei oft die Überschneidung von Problemlagen (a) im unmittelbar räumlich-zeitlichen Bezug der betreffenden Organisation (z. B. Wettbewerbsfähigkeit oder Flexibilität von Unternehmen) bzw. des Akteurs, (b) im weiteren längerfristigen Umfeld (z. B. ökosystemmische Langzeitfolgen) und (c) in den Interaktionen zwischen vielen Akteuren (z. B. Interessenkonflikte um knappe Allgemeingüter oder strategische Ausrichtung) (Karlstetter 2012).

Indikatoren, die sowohl für einzelne Organisationen als auch im Hinblick auf aggregierte gesamtgesellschaftliche, gesamtökologische und gesamtwirtschaftliche Entwicklungen aussagekräftig sind, bedürfen also der Integration von Komponenten, die skalenübergreifende Bezugshorizonte besitzen (McGinnis 2011; Karlstetter und Gasper 2012; Karlstetter et al. 2012). Indem der Fokus auf Transformation liegt, müssen die Indikatoren anpassbar an sich verändernde Rahmenbedingungen, organisationale Prozesse und Problemlagen sein.

Die im Indikatorenset zu integrierenden Komponenten können dabei metrisch und inhaltlich schlecht oder gar nicht kompatibel sein (Winter 2009; Syrbe und Walz 2012): Zum Beispiel bedarf es Kennzahlen, die qualitative oder nichtfinanzielle mit quantitativen Werten verknüpfen. Kurzfristige Werte müssen zu längerfristigen Folgen in Beziehung gesetzt werden können. Und Kosten-Nutzen-Strukturen, die individuelle Unternehmen betreffen, brauchen den Bezug zu einer übergreifenden Kosten-Nutzen-Systematik, d. h. es müssen organisationsinterne Größen mit organisationsexternen und interaktiven Größen gewichtet werden (Teuteberg und Marx Gómez 2010; Underdal 2010; Hekkert et al. 2007).

Für lokale und regionale Stakeholder stellt die Komplexität der Einflussfaktoren die größte Herausforderung dar (Schellnhuber 2010; Saifi und Drake 2008), wobei als wesentlich die drei folgenden Aspekte zu benennen sind:

- Fehlende Identifizierung von Interaktionsskalen und -ebenen insgesamt
- Langlebigkeit von Diskrepanzen zwischen Skalen und Ebenen in Mensch-Umwelt-Beziehungen
- Fehlende Identifizierung von Heterogenität der Wahrnehmung und Wertschätzung von Skalen durch verschiedene Akteure sowohl auf gleichen als auch verschiedenen Ebenen (vgl. Karlstetter et al. 2012).

Die besonderen Herausforderungen liegen also beispielsweise darin, Wissen über Klimawandel und Klimaanpassung auf den spezifischen regionalen Kontext zu übertragen (siehe dazu Abb. 32.1; Reihe G, Herausforderung innerhalb einer Ebene) oder skalenübergreifend Wissen über Klimawandel und Klimaanpassung auf regionale Nachhaltigkeitsstrategien oder Netzwerke anzuwenden (Abb. 32.1, Reihe G und F, skalenübergreifende Herausforderung).

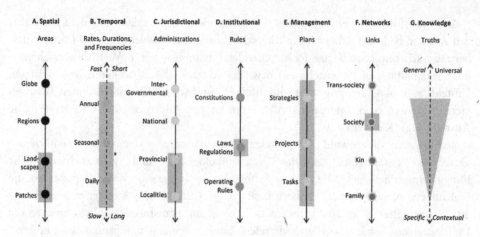

Abb. 32.1 Schematische Darstellung verschiedener Skalen und Ebenen, die maßgeblich für Verständnis von und Umgang mit Interaktionen zwischen Mensch und Umwelt sind (die Balken und das Dreieck illustrieren den Bereich, der im Anwendungsbeispiel relevant ist) (verändert nach Cash et al. 2006)

Diese methodischen Anforderungen werden im vorliegenden Beitrag für das Anwendungsbeispiel „Transformationsprozess klimaangepasste Landnutzung"[3] bearbeitet. Speziell werden aktuelle Transformationsprozesse wie die Umstrukturierung des Energiesektors und die Entwicklung neuer Formen einer nachhaltigeren Land- und Ernährungswirtschaft, die gravierende Veränderungen in der Landnutzung zur Folge haben, mit dem Transformationsprozess „Klimaanpassung" verbunden. Aufbauend auf einer Indikatorenentwicklung zur Unterstützung von Entscheidungsprozessen, die auf dem Konzept der Ökosystemdienstleistungen (Ecosystem Services) basiert, wird zunächst der Kontext des Anwendungsfeldes erläutert. Im letzten Abschnitt werden Anschlussmöglichkeiten z. B. für eine geoinformationsbasierte Visualisierung aufgezeigt.

32.2 Indikatoren für den Transformationsprozess klimaangepasste Landnutzung im Nordwesten

Fruchtbares, ökologisch intaktes Land wird vor dem Hintergrund eines wachsenden Bedarfs an Siedlungs- und Verkehrsflächen, neuer Flächenansprüche vor allem durch den Ausbau der Energieproduktion und der Energieinfrastruktur aber auch in Folge von Umstrukturierungsprozessen in der Landwirtschaft zu einer zunehmend knappen Ressource

---

[3] Der geografische Bezugsrahmen ist die Metropolregion Bremen-Oldenburg im Nordwesten Deutschlands. Die hier vorgestellten Untersuchungen sind Teil des BMBF-geförderten KLIMZUG-Projekts nordwest2050 (Laufzeit 2009-2014), in dem klimaangepasste Innovationsstrategien erarbeitet werden (www.nordwest2050.de).

(Karlstetter 2012), (siehe auch Auricher Erklärung 2013). Klimawandel wirkt sich auf die regionale Flächennutzung sowohl direkt (Temperaturen und Niederschläge, ggfs. Retentions- und Überschwemmungsflächen) als auch indirekt[4] aus (Rolle von Biodiversität für Schädlingsresistenz, Bodengüte auch in Zusammenhang mit Bewirtschaftungsmethoden, Ausbau erneuerbarer Energien, globale Ernährungssicherheit, klimawandelbedingte Entwicklungen an den Weltmärkten). Wenn Klimaanpassung nachhaltig verstanden wird, setzt dies in Land- und Ernährungs- als auch in der Energiewirtschaft massive Transfor- mationsprozesse voraus (ebd.), (Karlstetter 2012; Scheele und Oberdörffer 2013; Beddington et al. 2012). Die Flächenrelevanz von Klimaanpassungsmaßnahmen verschärft Nutzungs- konflikte auf dem ohnehin schon angespannten Bodenmarkt (vgl. Scheele und Oberdörffer 2011; Karlstetter und Pfriem 2010). Bisherige Maßnahmen sind weder erfolgreich in der Konfliktlösung, noch binden sie Folgen des Klimawandels ausreichend in Flächennutzungs- entscheidungen ein. Neue Ansätze in der Entscheidungsunterstützung sind also notwendig.

Ökosysteme stellen für den Menschen materielle und nicht-materielle Leistungen zur Verfügung. Diese Leistungen oder Dienstleistungen werden mit dem Konzept der Ecosystem Services erfasst.[5] Sie beinhalten die Bereitstellung natürlicher Ressourcen wie Nahrungsmittel oder Holz, Systemleistungen wie CO_2-Speicherung oder die Reinigungs- kapazität des Grundwassers etc., aber auch den ästhetischen Wert von Natur und Landschaft (Koschke et al. 2012). Der Verlust an Ecosystem Services kann sich ganz unmittelbar negativ auf die wirtschaftlich-gesellschaftliche Entwicklung von Räumen auswirken. Zudem kann die langfristige Klimaanpassungskapazität von Regionen redu- ziert werden, etwa weil Biodiversität verloren geht oder sich die Wasserverfügbarkeit und –qualität insbesondere in klimatisch bedingten Trockenperioden verschlechtert (vgl. Karlstetter 2012), (vgl. Cowan et al. 2009). Auch die natürliche Umwelt selbst benötigt Raum (z. B. Habitatkorridore), um sich an den Klimawandel anzupassen (Wilke et al. 2011).

Die hier entwickelten Indikatoren orientieren sich an diesem Konzept der Ecosystem Services, da es damit möglich wird, dem Zusammenhang zwischen dem ökologi- schen Wert und der menschlichen Nutzung stärker Rechnung zu tragen. Ziel ist die Bewertung der (natürlichen) Klimaanpassungskapazität einer Region, indem bestimmte Landnutzungsänderungen und deren Auswirkungen auf die relevanten Ecosystem Services betrachtet werden: Die Interaktionsbeziehungen, die auf eine Entscheidung über eine kon- krete Flächennutzung einwirken, werden für einen *bestimmten Problemzusammenhang* ana- lysiert und dargestellt, um die Komplexität der Skalen und des inhaltlichen Bezugsrahmens zu reduzieren.

---

[4] „There are strong links between biodiversity, ecosystem services and climate change on many levels – via direct and indirect impacts (including impacts of human responses to climate change) and the role of ecosystem services both for general human well-being and in our efforts to tackle the causes and consequences of climate change." (Cowan et al. 2009).

[5] „[E]cosystem services are the aspects of ecosystems utilized (actively or passively) to produce human well-being." (Fisher et al. 2009).

Dazu werden zunächst folgende Größen bestimmt:

- Geografischer Rahmen (Wo ist das Problem in Bezug auf den maßgeblichen Entscheidungsraum angesiedelt?)
- Inhaltliche Analyse der Problemsituation (Worum geht es?)

In diesem Rahmen erfolgt für die fraglichen Transformationsprozesse ein „mapping" (vgl. Karlstetter et al. 2012), das für die konkrete Situation analysiert, welche Daten für eine Entscheidungsunterstützung benötigt werden und in welchem Format Informationen verfügbar sind. Gleichzeitig sind nicht-verfügbare Daten zu identifizieren und diese Datenlücken zu schließen, indem die benötigten Informationen unmittelbar vor Ort erhoben oder qualitativ überbrückt werden. Zu ermitteln ist, welche Akteure wie zueinander in Beziehung stehen, wo entscheidende Schnittstellen in der Interaktion liegen und wie Entscheidungsstrukturen konkret gestaltet sind. Diese Informationen fließen ein in den Indikator „Akteurssituation".

In einem nächsten Schritt werden unter Verwendung der Ergebnisse regionalisierter Klimamodelle die klimawandelbedingten Rahmenbedingungen und der zeitliche Horizont bestimmt, unter dem die Transformationsprozesse im Problemkontext betrachtet werden. Hieraus ergibt sich der Indikator „Klimawandel".

Im dritten Schritt werden die für die beschriebene Problematik zentralen Ecosystem Services identifiziert. Dies sind solche Ökosystemdienstleistungen, die Anpassungsleistungen an den Klimawandel erbringen, durch den Klimawandel gefährdet werden und/oder von den Landnutzungsänderungen (problemlösend bzw. problemverschärfend) betroffen sind.

Um die Verknüpfung zwischen Ökosystemen und Biodiversität sowie menschlichem Wohlergehen abzubilden, wird auf das konzeptionelle Gerüst des TEEB[6] zurückgegriffen (Groot et al. 2010). Für die Bestimmung der Wechselwirkungen von Ecosystem Services und der Flächennutzungsänderung sowie dem Indikator „Klimawandel" wird das TEEB-Modell erweitert (vgl. Burkhard et al. 2012; Maes et al. 2012). Durch die Zerlegung des Ecosystem Services in Komponenten lassen sich einzelne Werte und Prozesse ableiten. Für die Identifizierung der Ecosystem Services als dritte Indikatorkomponente ist diese Aufschlüsselung in einzelne Komponenten[7] von wesentlicher Bedeutung, da somit sowohl die Zuordnung zu entsprechenden Daten als Referenzwerte ermöglicht wird als auch Wechselwirkungen mit anderen Ecosystem Services dargestellt werden können.

Es ergibt sich hieraus eine logisch verknüpfte *Indikatorenstruktur*, die spezifische für die Problemlage entscheidungsrelevante Eckpunkte angibt (vgl. Abb. 32.2).

Für die Ecosystem Services wird dabei zunächst der Status Quo als „Nullwert" (default) angenommen. Ausgehend von der Annahme, dass Transformation zu mehr

---

[6] TEEB: The Economics of Ecosystems and Biodiversity.
[7] Siehe beispielhaft für den Ecosystem Service „Bodenproduktivität" im Abb. A .1.

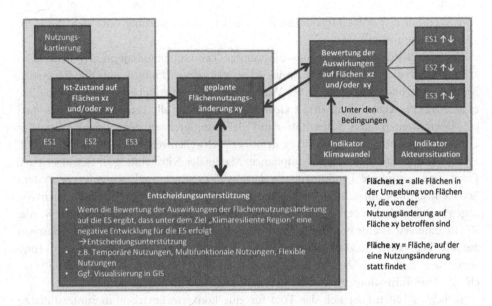

Abb. 32.2 Indikatorenstruktur für das Beispiel Landnutzungsänderung (eigene Darstellung)

Nachhaltigkeit notwendig ist und diese eine positive Entwicklung von Ecosystem Services bedeutet, findet eine Bewertung von Landnutzungsänderungen über die positive oder negative Auswirkung der Nutzungsänderung auf die Ecosystem Services statt (vgl. Maes et al. 2012).

Für die gegenwärtige Problemsituation wird dann eine bestimmte Nutzungsänderung in den Blick genommen. Für diese Nutzungsänderung kann die Akteurskonstellation (Indikator „Akteurssituation") in Bezug auf Heterogenität, Konflikthaftigkeit und Zugänglichkeit von Transformationsmöglichkeiten qualitativ bestimmt werden.[8] Daraus ergeben sich semantisch beschriebene Werte (vgl. Karlstetter 2011), die sich aber auch in Kennzahlen übersetzen lassen.

Ebenso können klimatische Veränderungen und der entsprechende Zeithorizont für eine bestimmte Nutzungsänderung abgeschätzt und indiziert werden (Indikator „Klimawandel").

Es resultiert ein *Indikatorensetting* für eine bestimmte Nutzungsänderung, das über die Analyse der Problemsituation im direkten konkreten Bezug zu ökologischen und sozio-ökonomischen Gegebenheiten steht (vgl. Karlstetter et al. 2012; Fisher et al. 2009). Das heißt, die Fähigkeiten und operativen Interaktions- und Entscheidungsschnittstellen

---

[8] So kann bspw. in Workshops mit den relevanten Akteuren herausgearbeitet werden, wie die Akteurskonstellation einzuschätzen ist.

von Akteuren respektive Organisationen gehen in die Bewertung über den Indikator „Akteurssituation" mit ein.

Zugleich wird eine Bewertung bestimmter Landnutzungsänderungen über konkrete bio-physikalische Größen ermöglicht, weil Auswirkungen auf die Ecosystem Services abgebildet werden (z. B. Wassergüte oder -verfügbarkeit) (vgl. Koschke et al. 2012; Paracchini et al. 2011): Grundsätzlich gilt für alle Ecosystem Services, dass ein Überschreiten ihrer Kapazitäts- und Belastungsgrenzen zu vermeiden ist. Für viele der relevanten Größen gibt es definierte Schwellenwerte bzw. Richtlinien (z. B. Wasserrahmenrichtlinie, Cross Compliance, Maximaler Nitrateintrag in Gewässer etc.). Führt eine bestimmte Landnutzungsänderung dazu, dass ein bestimmter Ecosystem Service negativ beeinträchtigt wird, kann auf Grund der verwendeten Daten nachvollzogen werden, ob dies bereits eine Überschreitung solcher Grenzwerte bedeuten würde. Wenn andererseits eine bestimmte Landnutzungsänderung mit positiven Auswirkungen auf die Ecosystem Services verbunden ist, kann anhand der angenommenen (und semantisch nachvollziehbaren) Akteurskonstellationen bestimmt werden, wie entsprechende Transformationsprozesse initiiert bzw. realisiert werden können.

In beiden Fällen lässt sich das Tool für eine konkrete Entscheidungsunterstützung nutzen: Die erarbeitete Indikatorenstruktur liefert nicht nur eine ausreichende Informationsgrundlage für die Bewertung aktuter oder geplanter Nutzungsänderungen. Identifizieren lassen sich auch bio-physikalische Sollbruchstellen, die auf jeden Fall vermieden werden sollten. Dabei werden diese Sollbruchstellen in direkter Verknüpfung zu den Entscheidungsspielräumen der betreffenden Akteure (oder Organisationen) dargestellt. Evaluiert werden können außerdem die Anforderungen an notwendige Transformationsprozesse: Unter anderem kann abgeleitet werden, welche Akteure für die entsprechende Landnutzungsänderung eine zentrale Funktion haben, wer mit wem wie in Interaktion treten müsste und wo gegebenenfalls hinsichtlich der Akteurskonstellation Konflikte oder Informationsdefizite bestehen, die über geeignete Maßnahmen behoben werden müssen.

32.3   Technische Realisierung

Die skalenübergreifende Funktion dieser Methodik ergibt sich zum einen aus der Analyse der konkreten Problemsituation: Durch die Integration qualitativer Information mit quantitativen Daten können regionsübergreifende Zusammenhänge in die Bewertung einbezogen werden. Zum anderen gehen skalenübergreifende Aspekte in die logisch-operative Verknüpfung der Indikatorenstruktur an sich ein: Indem die Bewertung der Zusammenhänge zueinander in einem strukturierten Verhältnis steht, werden verschiedene Ebenen und Skalen im Hinblick auf konkrete Transformationsprozesse zusammengeführt (vgl. Syrbe und Walz 2012).

Die weiteren Forschungen[9] sehen vor, diese konzeptionelle Entwicklung in ein datenbankbasiertes Geoinformationssystem zum adaptiven Landnutzungsmanagement umzusetzen. Die Werte der Indikatorenkomponenten und ihre logische Verknüpfung für spezielle Problemlagen könnten damit für diesen Anwendungskontext zum Teil standardisiert werden. Wo dies nicht möglich ist, wird ein Workshopkonzept die Erarbeitung der qualitativen Elemente strukturieren.

Eine weitere Anwendungsmöglichkeit besteht darin, die Indikatorenentwicklung an ein Business Process Management anzubinden. Damit könnte ein Integrated Reporting und die Entwicklung von Kennzahlen für Unternehmen flexibilisiert werden. Insbesondere beinhaltet der vorliegende Ansatz die Möglichkeit, für die Realisierung von Transformationsprozessen das Management von Nachhaltigkeitskennzahlen näher an das Management von Finanzkennzahlen heranzubringen (vgl. Akzente 2012), weil die operativen Entscheidungsstrukturen und damit die transformativen Fähigkeiten mit in die Indikatorenbildung einbezogen werden.

Danksagung Wir bedanken uns beim BMBF für die Förderung des KLIMZUG-Projekts nordwest2050, wodurch diese Forschungsergebnisse ermöglicht wurden. Des Weiteren gebührt unser Dank dem gesamten Team des Projekts nordwest2050, insbesondere dem Team des Clusters Ernährungswirtschaft und dem Team des Clusters Energie, sowie dem Wirtschaftsinformatiklehrstuhl VLBA der Universität Oldenburg.

---

[9] Ein Artikel zu den Details der technischen Realisierung ist in Arbeit.

Anhang

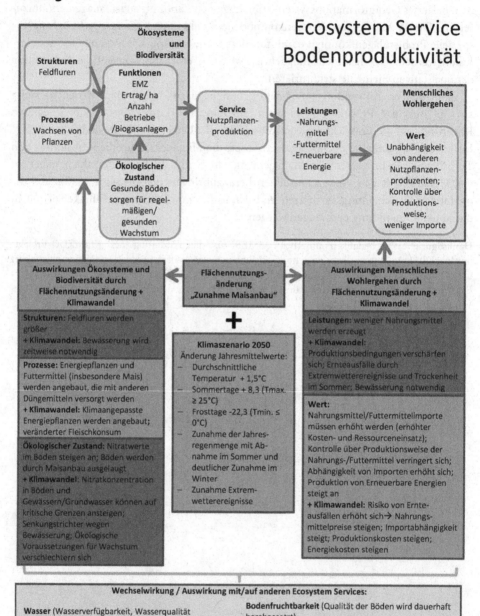

Abb. A.1 Kaskade für den Ecosystem Service (ES) Bodenproduktivität (oberer Teil: Darstellung der Komponenten des ES nach Groot et al. 2010; unterer Teil: potenzielle Auswirkungen der Landnutzungsänderung auf die einzelnen Komponenten des ES sowie die potenziellen Auswirkungen der Landnutzungsänderung + Klimaszenario 2050) (eigene Darstellung)

Literatur

Akzente (2012) Integrierte Berichterstattung Von der Herausforderung zum Praxismodell. Studie unter börsennotierten Unternehmen in Deutschland. München und Hamburg

Auricher Erklärung (2013) Regionale Erklärung zur nordwest2050-Fachtagung „Klimaangepasste Flächennutzung im Nordwesten", Aurich, 5 Februar 2013 (im Erscheinen)

Beddington J, Asaduzzaman M et al (2012) Achieving food security in the face of climate change: Final report from the Commission on Sustainable Agriculture and Climate Change, Copenhagen and Denmark

Burkhard B, Kroll F et al (2012) Mapping ecosystem service supply, demand and budgets. Challenges of sustaining natural capital and ecosystem services Quantification, modelling & valuation/accounting. Ecol.Indic 21:17–29

Cash D, Adger N et al (2006) Scale and Cross-Scale Dynamics Governance and Information in a Multilevel World. Ecology and Society 11(2)

Cowan C, Epple C et al (2009) Working with nature to Tackle Climate Change. BfN-Skripten, 264, Bonn

Eriksen S, Aldunce P et al (2011) When not every response to climate change is a good one: Identifying principles for sustainable adaptation. Clim. and Dev. 3:7–20

Fisher B, Turner RK et al (2009) Defining and classifying ecosystem services for decision making. Ecol. Econ. 68(3):643–653

Grin J, Rotmans J et al (2010) Transitions to sustainable development: New directions in the study of long term transformative change. Routledge, New York

Groot R de, Fisher, B et al (2010) Integrating the ecological and economic dimensions in biodiversity and ecosystem service valuation In: Kumar P (ed) The Economics of Ecosystems and Biodiversity. The Ecological and Economic Foundations, Routledge, New York

Hekkert MP, Suurs RAA et al (2007) Functions of innovation systems. Technol. Forecasting and Soc. Change 74(4):413–432

Karlstetter N (2011) Co-evolution and co-management of economic and ecological sustainability In: Golinska P, Fertsch M, Marx-Gómez J (Hrsg) Information Technologies in Environmental Engineering. Environmental Science and Engineering, Bd. 3. Springer, Berlin Heidelberg, S 213–228

Karlstetter N (2012) Unternehmen in Koevolution: Ein Regulierungsansatz für regionale Flächennutzungskonflikte. Metropolis, Marburg

Karlstetter N, Pfriem R (2010) Bestandsaufnahme: Kriterien zur Regulierung von Flächennutzungskonflikten zur Sicherung der Ernährungsversorgung. nordwest2050-Werkstattbericht, Nr. 4, Oldenburg

Karlstetter N, Oberdörffer J et al (2012) Land availability as a limit to climate adaptation in the energy and food sector. Paper zur III Int. Conf. of CABERNET 2012/VI Int. Conf. Innovative Solutions for Revitalization of Degraded Areas, Polen 2.–4. Oktober 2012 (im Druck)

Karlstetter N, Gasper R (2012) Methodische Herausforderungen in der Entwicklung von Klimaanpassungsoptionen für den Agrarsektor in Nordwestdeutschland. In: Ökologisches Wirtschaften 3, München

Koschke L, Fürst C et al (2012) A multi-criteria approach for an integrated land-cover-based assessment of ecosystem services provision to support landscape planning. Ecol.Indic 21:54–66

Maes J, Egoh B et al (2012) Mapping ecosystem services for policy support and decision making in the European Union. Ecosyst. Services 1(1):31–39

McGinnis MD (2011) Networks of Adjacent Action Situations in Polycentric Governance. Policy Stud. J. 39(1):51–78

Paracchini ML, Pacini C et al (2011) An aggregation framework to link indicators associated with multifunctional land use to the stakeholder evaluation of policy options. Ecol.Indic 11(1):71–80

Saifi B, Drake L (2008) A coevolutionary model for promoting agricultural sustainability. Ecol. Econ. 65(1):24–34

Scheele U, Oberdörffer J (2011) Transformation der Energiewirtschaft: Zur Raumrelevanz von Klimaschutz und Klimaanpassung. nordwest2050 Werkstattbericht Nr. 11, Oldenburg

Scheele U, Oberdörffer J (2013) Flächenmanagement vor großen Herausforderungen. nordwest2050-Werkstattbericht, Oldenburg (im Erscheinen)

Schellnhuber H (2010) Tragic triumph. Climatic Change 100(1):229–238

Syrbe R, Walz U (2012) Spatial indicators for the assessment of ecosystem services: Providing, benefiting and connecting areas and landscape metrics. Ecol.indic 21:80–88

Teuteberg F, Marx Gómez JC (2010) Green Computing & Sustainability: Status Quo und Herausforderungen für betriebliche Umweltinformationssysteme der nächsten Generation. In: Marx Gómez JC (Hrsg) Green computing & substainability. dpunkt-Verl, Heidelberg, S 6–17

Underdal A (2010) Complexity and challenges of long-term environmental governance: Governance Complexity and Resilience. Glob. Enviro. Change 20(3):386–393

Wilke C, Bachmann J et al (2011) Planungs- und Managementstrategien des Naturschutzes im Lichte des Klimawandels. Naturschutz und Biologische Vielfalt 109

Winter M (2009) Agricultural land use in the era of climate change: The challenge of finding 'Fit for Purpose' data. Land Use Policy 26(Supplement 1):217–221

Nachhaltigkeitsberichterstattung – Freiwilliger Zwang?

Thomas Kaspereit

Zusammenfassung

In den letzten Jahren haben börsennotierte Unternehmen zunehmend das Konzept der Nachhaltigkeit als Marketinginstrument entdeckt. Dies führte auch zu einer steigenden Bedeutung der Nachhaltigkeitsberichterstattung. Nachhaltige Unternehmensführung und Berichterstattung hierüber ist vollständig mit dem Shareholder Value-Konzept vereinbar, wenn es zur Steigerung des Unternehmenswerts beiträgt. Dieser Beitrag zu den BUIS-Tagen, der auf den Vorarbeiten in (Kaspereit 2013) basiert, analysiert aus theoretischer Perspektive, welche Rahmenbedingungen notwendig sind, damit Nachhaltigkeitsberichterstattung eine Unternehmenswert steigernde Strategie sein kann. Die Analyse führt zu der Erkenntnis, dass aufgrund des Wettbewerbs und der Marktkräfte ein Gleichgewicht entsteht, in dem tatsächlich nachhaltige Unternehmen ausführlich über ihre Nachhaltigkeit berichten, während nicht nachhaltige Unternehmen von einer solchen Berichterstattung absehen. Jenes Gleichgewicht entsteht unter den Bedingungen, dass die Kosten der Berichterstattung proportional zu dem berichteten Ausmaß der Nachhaltigkeit sind und die Grenzkosten der Berichterstattung vom wahren Ausmaß der unternehmensbezogenen Nachhaltigkeit abhängen. Zudem ist es möglich, dass für alle Unternehmen ein Nichtberichten vorteilhaft ist, dieses jedoch aufgrund spieltheoretischer Überlegungen nicht aufrecht erhalten werden kann.

Schlüsselwörter

Nachhaltigkeitsberichterstattung • Spieltheorie • Signaling • Gefangenendilemma

T. Kaspereit (✉)
Department für Wirtschafts- und Rechtswissenschaften, Carl von Ossietzky Universität Oldenburg, Ammerländer Heerstr. 114–118, 26129 Oldenburg, Deutschland
e-mail: thomas.kaspereit@uni-oldenburg.de

J. Marx Gómez et al. (Hrsg.), *IT-gestütztes Ressourcen- und Energiemanagement*,
DOI: 10.1007/978-3-642-35030-6_33, © Springer-Verlag Berlin Heidelberg 2013

33.1   Einleitung

Zahlreiche Studien haben die Frage aufgeworfen, ob Umwelt- und Sozialberichterstattung von den Kapitalmärkten honoriert werden (so z. B. Richardson und Welker (2001); Marshall (2008); Clarkson (2010)). Dieser Beitrag geht zunächst davon aus, dass wahre Nachhaltigkeit, d. h. umweltfreundliches und soziales Agieren, einen positiven Effekt auf die Rentabilität eines Unternehmens hat. Darauf aufbauend werden die Bedingungen formuliert, unter denen die Berichterstattung über Nachhaltigkeit aus der individuellen Sicht eines Unternehmens und der Sicht der Gesamtheit aller Unternehmen vernünftig erscheint. Das Ergebnis der Analyse sind drei mögliche Gleichgewichte: 1) Nachhaltige Unternehmen berichten über ihre Nachhaltigkeit, während nicht nachhaltige Unternehmen von einer Berichterstattung absehen. Unter Kosten- und Nutzen-Abwägungen ist diese Vorgehensweise für beide Gruppen optimal. 2) Wie in 1) berichten nachhaltige Unternehmen über ihre Nachhaltigkeit und nicht nachhaltige Unternehmen verzichten auf eine Berichterstattung. Diese Vorgehensweise ist jedoch für beide Gruppen nicht optimal, da beide ein Nichtberichten vorziehen würden. 3) Kein Unternehmen berichtet über Nachhaltigkeit.

Der Beitrag ist wie folgt gegliedert. Abschnitt 33.2 beschreibt zusammenfassend die in der Literatur festgestellten Effekte nachhaltiger Unternehmensführung auf den Marktwert eines Unternehmens. Abschnitt 33.3 überträgt die Signaling Theorie auf die Nachhaltigkeitsberichterstattung. In Abschn. 33.4 wird der Frage nachgegangen, ob ein unter bestimmten Bedingungen sinnvolles Nichtberichten sämtlicher Unternehmen aufrecht erhalten werden kann. Abschnitt 33.5 fasst die gewonnenen Erkenntnisse zusammen.

33.2   Auswirkungen von Nachhaltigkeit auf den Unternehmenswert

Obwohl die Literatur zu den Effekten von Nachhaltigkeit auf den Unternehmenswert in den vergangenen Jahren einen nahezu exponentiellen Zuwachs erfahren hat (beispielhaft Dowell et al. (2000), Godfrey (2005)), ähnelt sich die in den Beiträgen anzutreffende Argumentationsweise sehr: Sofern das Management eines Unternehmen rational handelt, impliziert der Trend zu eine nachhaltigen Unternehmensführung, dass dem Unternehmen aus dieser bestimmte Vorteile erwachsen. Diese Vorteile können sich in höheren erwarteten Nettozahlungsströmen und einem Sinken der Investitionsrisiken auf Unternehmens- und Investorenseite verwirklichen. Höhere Nettozahlungsströme können z. B. die Folge effizienterer Produktionsprozesse sowie Kosteneinsparungen im Bereich der Abfallbeseitigung, der Umweltabgaben oder der Personalgewinnung sein (Klassen und McLaughlin 1993, 1996; Lo und Sheu 2007). Empirische Arbeiten haben in der Tat gezeigt, dass nachhaltige Unternehmensführung einen positiven Einfluss auf die Rentabilität, die Kapitalkosten und den Marktwert hat (Orlitzky et al. 2003; Bird et al. 2007; Semenova et al. 2009).

Die theoretische Analyse in diesem Beitrag baut auf der Annahme auf, dass Nachhaltigkeit den Unternehmenswert positiv beeinflussen würde, sofern deren wahres Ausmaß von den Kapitalmarktteilnehmern beobachtet werden könnte. In der Realität kann das wahre Ausmaß der Nachhaltigkeit jedoch nicht ohne weiteres beobachtet werden. Unternehmen nutzen daher die Nachhaltigkeitsberichterstattung, um den Kapitalmarktteilnehmern ihre Nachhaltigkeit zu signalisieren. Ob die Nachhaltigkeitsberichterstattung dieser Aufgabe gerecht werden kann und welche Bedingungen hierfür erfüllt sein müssen, analysieren die folgenden Abschnitte.

33.3 Nachhaltigkeitsberichterstattung als Signal für den Kapitalmarkt und informationelle Gleichgewichte

Spence (1973, 1974) beschreibt, wie das Anheuern von Arbeitnehmern als Investition unter Unsicherheit interpretiert werden kann. Unsicherheit besteht insbesondere in Hinblick auf die Produktivität eines Arbeitnehmers. Arbeitgeber müssen die Produktivität eines potentiellen Arbeitnehmers vor Vertragsabschluss schätzen, während die Arbeitnehmer diese Schätzung durch den Einsatz sogenannter Signaling Instrumente, wie z. B. Bildungsabschlüsse, beeinflussen können. Dieses Modell lässt sich auf Nachhaltigkeit und Nachhaltigkeitsberichterstattung übertragen. Kapitalmarktteilnehmer kennen in der Regel nicht das wahre Ausmaß der Nachhaltigkeit eines Unternehmens. Dennoch können Unternehmen dem Kapitalmarkt ihre Nachhaltigkeit durch die Nachhaltigkeitsberichterstattung signalisieren. Möglicherweise können sie sogar ein bestimmtes Maß an Nachhaltigkeit vortäuschen und so die Kapitalmärkte in die Irre führen. Ob sich eine solche Strategie auszahlt, hängt jedoch kurzfristig davon ab, ob die Kapitalmarktteilnehmer auf diese Täuschung hereinfallen. Auf lange Sicht hingegen kann eine Täuschung nicht erfolgreich sein, da sich über die Zeit die tatsächliche Nachhaltigkeit anhand der Handlungen eines Unternehmens offenbaren wird. Langfristig stabil kann daher nur ein Zustand sein, in dem sich die Anreize für die Unternehmen, ein bestimmtes Niveau an Nachhaltigkeit vorzugeben mit dem tatsächlichen Niveau decken. Die Anreize aufgrund der unternehmensinternen Kosten- und Nutzenstruktur und der externen Belohnung durch den Kapitalmarkt müssen in einem solchen Zustand Unternehmen mit einen niedrigen Niveau dazu veranlassen, auch ein solch niedriges Niveau an Nachhaltigkeit zu berichten. Unternehmen mit hohem Niveau an Nachhaltigkeit sollten hingegen den Anreiz verspüren, ein hohes Niveau an Nachhaltigkeit zu berichten. Die Anreizstruktur der Berichterstattung deckt sich dann mit der Realität und führt zu einem Gleichgewicht sich selbst bestätigender Erwartungen.

33.3.1 Eigenschaften separierender Gleichgewichte

Um Gleichgewichtssituationen, in denen Nachhaltigkeitsberichterstattung zur Unterscheidung von sehr und weniger nachhaltigen Unternehmen beitragen kann, zu beschreiben, wird zunächst eine angenäherte Homogenität der Unternehmen angenommen.

Dies bedeutet, dass alle Unternehmen identisch sind mit Ausnahme ihres Niveaus an Nachhaltigkeit und ihrer Kosten- und Nutzenstruktur in Bezug auf Nachhaltigkeit. Obwohl anzunehmen ist, dass bestimmte Stakeholdergruppen das tatsächliche Niveau der Nachhaltigkeit eines Unternehmens beobachten können, so z. B. Angestellte oder direkte Nachbarn, ist es für die Mehrzahl der Investoren nicht möglich, alle ihre Portfoliounternehmen hinsichtlich deren Nachhaltigkeit zu evaluieren. Diese Investoren sind daher auf die Nachhaltigkeitsberichterstattung angewiesen, sofern sie Nachhaltigkeit in ihren Investmentprozess einfließen lassen möchten.

Zur formalen Herleitung des Modells werden die Unternehmen annahmegemäß in zwei Gruppen unterteilt. Der Anteil der Unternehmen mit hohem Niveau an Nachhaltigkeit sei λ_h, der Anteil der Unternehmen mit niedrigem Niveau an Nachhaltigkeit λ_l. Im Folgenden sind zwei bedeutende Funktionen zu definieren. Eine von diesen beschreibt den Effekt von Nachhaltigkeit auf den Marktwert eines Unternehmens, jedoch ohne Beachtung des Effekts sämtlicher Kosten der Nachhaltigkeit. Da das wahre Niveau an Nachhaltigkeit von den Kapitalmärkten nicht beobachtet werden kann, ist diese Funktion Δ (33.1) zunächst eine Funktion der berichteten Nachhaltigkeit D:

$$\Delta = \Delta(D) \tag{33.1}$$

Die genaue Form jener Funktion ist nicht bekannt. Das berichtete Niveau an Nachhaltigkeit, D, liegt jedoch unzweifelhaft in der Entscheidungsgewalt des Managements eines Unternehmens. Jene Entscheidung wird nicht nur durch den Nutzen, sondern auch von den Kosten der berichteten Nachhaltigkeit bestimmt. Die Kostenfunktion ist eine Funktion des berichteten sowie des wahren Niveaus an Nachhaltigkeit, sofern das Niveau der wahren Nachhaltigkeit die Kosten der Berichterstattung beeinflusst. Hiervon ist auszugehen, wenn nicht nachhaltige Unternehmen größere Mittel für das Vorgeben eines bestimmten Niveaus an Nachhaltigkeit aufwenden müssen als Unternehmen, die lediglich über ein tatsächlich vorhandenes Niveau berichten. Eine einfache Funktion, die diesen Zusammenhang zum Ausdruck bringt, ist

$$C = C\left(a\left(\theta\right), D\right) = a\left(\theta\right) \cdot D, \tag{33.2}$$

in der θ das tatsächliche, aber von den Kapitalmarktteilnehmer nicht beobachtbare Niveau an Nachhaltigkeit repräsentiert. Es ist hervorzuheben, dass die Kosten C nur die direkten Kosten der Nachhaltigkeitsberichterstattung beinhalten, d. h. die Kosten für die Erstellung des Nachhaltigkeitsberichts und die Kosten für die bereits beschriebenen „Greenwashing"-Aktivitäten. Gleichung (33.2) definiert die Kosten der Nachhaltigkeitsberichterstattung als Produkt des berichteten Niveaus D und eines Faktors a. Dieser Faktor wiederum steht in Abhängigkeit vom wahren Niveau der Nachhaltigkeit. Spence (1973, S. 358–359) trifft die Annahme, dass die Kosten eines Signals negativ mit dem wahren Niveau verbunden sind, da er implizit den funktionalen Zusammenhang $a\left(\theta\right) = 1/\theta$ unterstellt (Hindriks und Myles 2006, S. 271). Auf diese Weise würde ein höheres Niveau an Nachhaltigkeit zu geringeren Kosten für das Berichten eines gewissen Niveaus an Nachhaltigkeit führen als dies bei einem niedrigeren wahren Niveau an Nachhaltigkeit der Fall wäre. Tatsächlich existiert eine unendliche Menge anderer Funktionen mit dieser Eigenschaft, so z. B. die inverse Sigmoid Funktion $a(\theta) = e^{-\theta}/(1 + e^{-\theta})$ oder die einfache quadratische Funktion $a(\theta) = \theta^{-2}$. Welche Funktion am besten die Realität widerspiegelt, bleibt eine Frage der Empirie.

Unter der Annahme rationalen Handelns versucht das Management eines Unternehmens, den Unternehmenswert zu maximieren. Daher kann in Bezug auf Nachhaltigkeitsberichterstattung das Entscheidungsproblem wie folgt ausgedrückt werden:

$$\max_{\{D\}} \Delta(D) - a(\theta) \cdot D \tag{33.3}$$

wobei die Kosten der Nachhaltigkeitsberichterstattung als Barwert der zukünftigen, durch Nachhaltigkeitsberichterstattung hervorgerufenen Mittelabflüsse ausgedrückt werden.

Nachhaltigkeitsberichterstattung ist nur dann ein effizientes Instrument der Kapitalmarktkommunikation, wenn es zuverlässig Unternehmen mit hohem Niveau an wahrer Nachhaltigkeit von jenen mit geringem Niveau trennt. Daher sollte die Lösung des Maximierungsproblems (33.3) bei Unternehmen mit einem hohen Niveau an Nachhaltigkeit zum Berichten eines höheren Niveaus an Nachhaltigkeit führen als bei Unternehmen mit einem niedrigen Niveau wahrer Nachhaltigkeit. Wenn D_h (D_l) ein hohes (niedriges) Niveau an berichteter Nachhaltigkeit und a_h (a_l) den Kostenfaktor für Unternehmen mit einem hohen (niedrigen) Niveau an wahrerer Nachhaltigkeit darstellt, kann dies mathematisch wie folgt formuliert werden:

$$\Delta(D_h) - a_h(\theta_h) \cdot D_h gt \Delta(D_l) - a_h(\theta_h) \cdot D_l \tag{33.4}$$

$$\Delta(D_l) - a_l(\theta_l) \cdot D_l > \Delta(D_h) - a_l(\theta_l) \cdot D_h \tag{33.5}$$

Wenn die Bedingungen (33.4) und (33.5) erfüllt sind, sorgt die Nachhaltigkeitsberichterstattung für eine Separation der nachhaltigen von den nicht-nachhaltigen Unternehmen. Für die nicht oder nur wenig nachhaltigen Unternehmen ist es nicht vernünftig, überhaupt Nachhaltigkeitsberichte zu erstellen. Dies folgt aus der modelltheoretischen Annahme, dass der Kapitalmarkt bei einem berichteten Niveau niedriger als D_h direkt erkennt, dass es sich um ein Unternehmen der Gruppe der nicht nachhaltigen Unternehmen handelt. Daher wird in einem Gleichgewichtszustand D_l stets null sein. Die Bedingungen (33.4) und (33.5) stellen somit die untere und obere Grenze der berichteten Niveaus an Nachhaltigkeit dar, woraus folgt:

$$\frac{\Delta(D_h) - \Delta(D_l)}{a_l(\theta_l)} < D_h < \frac{\Delta(D_h) - \Delta(D_l)}{a_h(\theta_h)} \tag{33.6}$$

Da das Berichten eines noch höheren Niveaus an Nachhaltigkeit annahmegemäß mit höheren Kosten verbunden ist und lediglich zwei verschiedene Niveaus an Nachhaltigkeitsberichterstattung existieren, besteht für Unternehmen mit hohem Niveau an Nachhaltigkeit kein Anreiz, ein höheres Niveau als das Minimum, welches eine Unterscheidung von nicht nachhaltigen Unternehmen sichert, zu berichten. Daher werden jene Unternehmen ein Niveau an Nachhaltigkeit berichten, welches nur sehr wenig höher als der Ausdruck auf linken Seite von Ungleichung (33.6) ist. Diese Ungleichung zeigt zudem, dass immer dann ein Niveau an Nachhaltigkeitsbericht-erstattung D existiert, welches für beide Gruppen von Unternehmen rational ist und eine Unterscheidung zwischen beiden Gruppen ermöglicht, sofern sowohl die Grenzkosten der Berichterstattung als auch die Auswirkung der Nachhaltigkeitsbericht-erstattung auf den Unternehmenswert unterschiedlich sind.

Sind die Annahmen des Modells nicht erfüllt, existiert kein solches Gleichgewichtsniveau an Nachhaltigkeitsberichterstattung. In diesem Fall würden zunächst alle Unternehmen hohe Niveaus an Nachhaltigkeit berichten. Dann würden jedoch die Kapitalmarkt-teilnehmer lernen, dass die Informationen aus Nachhaltigkeitsberichten nicht verlässlich über das wahre Niveau an Nachhaltigkeit informieren und diesen keine Beachtung schenken. Letztlich würde daher die Nachhaltigkeitsberichterstattung nur noch Kosten, jedoch keinen Nutzen verursachen.

33.3.2 Eigenschaften von Gleichgewichten ohne Separation

Selbst wenn die kritischen Annahmen, dass sich die Kosten- und Nutzenstrukturen von Nachhaltigkeitsberichterstattung zwischen nachhaltigen und nicht nachhaltigen Unternehmen unterscheiden, zutreffen, kann es für beide Gruppen vorteilhaft sein, wenn alle Unternehmen von einer Berichterstattung absehen. Wenn kein Unternehmen über sein Niveau an Nachhaltigkeit informiert, die Kapitalmarktteilnehmer jedoch die Anteile nachhaltiger und nicht nachhaltiger Unternehmen, λ_h und λ_l, abschätzen können, beträgt der Nutzen jedes Unternehmens $\lambda_h \cdot \Delta(\theta_h) + \lambda_l \cdot \Delta(\theta_l)$. Sofern dieser durchschnittliche Nutzen den Nutzen der nachhaltigen Unternehmen bei Nachhaltigkeitsberichterstattung übersteigt, wird ein Gleichgewicht ohne Separation von beiden Unternehmensgruppen bevorzugt:

$$\lambda_h \cdot \Delta(\theta_h) + \lambda_l \cdot \Delta(\theta_l) > \Delta(D_h) - a_h(\theta_h) \cdot D_h. \tag{33.7}$$

Der Wert D_h entspricht der linken Seite von Ungleichung (33.6). Daraus folgt:

$$\lambda_h \cdot \Delta(\theta_h) + \lambda_l \cdot \Delta(\theta_l) > \Delta(D_h) - a_h(\theta_h) \cdot \frac{\Delta(D_h) - \Delta(0)}{a_l}. \tag{33.8}$$

Aus $\lambda_l = 1 - \lambda_h$ und aus der Annahme, dass in einem Gleichgewicht mit Separation nur Unternehmen mit hohem Niveau an wahrer Nachhaltigkeit ein solches berichten $[\Delta(D_h) = \Delta(\theta_h); \Delta(D_l) = \Delta(\theta_l)]$, folgt:

$$\lambda_h > 1 - \frac{a_h}{a_l} \Leftrightarrow \lambda_l < \frac{a_h}{a_l} \tag{33.9}$$

Ungleichung (33.9) zeigt, dass ein Gleichgewicht ohne Separation von beiden Unternehmensgruppen bevorzugt wird, wenn eine Mehrheit der Unternehmen, d. h. mindestens $1 - a_h/a_l$, den Unternehmen mit hoher wahrer Nachhaltigkeit angehört. Jene

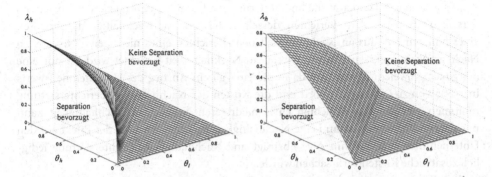

Abb. 33.1 Präferenzen für Gleichgewichte mit Separation und ohne Separation falls die Kosten der Nachhaltigkeitsberichterstattung proportional zur Inversen der wahren Nachhaltigkeit sind (*linke Seite*) oder durch eine inverse Sigmoid Funktion determiniert werden (*rechte Seite*)

Ungleichung spannt eine Oberfläche im Raum auf, die die Vektoren (λ_h, a_h, a_l) in solche bevorzugter Gleichgewichte ohne Separation (darüber) und mit Separation (darunter) unterteilt. Abbildung 33.1 zeigt die Fälle für $a(\theta) = 1/\theta$ und $a(\theta) = e^{-\theta}/(1 + e^{-\theta})$.

Ob Gleichgewichte mit oder ohne Separation bevorzugt werden, hängt von den konkreten Werten für λ_h, θ_h und θ_l ab. Diese Werte bilden einen Punkt oberhalb der Fläche, wenn die wahren Niveaus der Nachhaltigkeit sich nicht bedeutend unterscheiden, die Kosten der Nachhaltigkeitsberichterstattung nicht sehr stark von dem wahren Niveau der Nachhaltigkeit abhängen und/oder die Anzahl der nachhaltigen Unternehmen groß ist im Vergleich zu nicht nachhaltigen Unternehmen.

33.4 Nachhaltigkeitsberichterstattung und Spieltheorie

Obwohl ein Gleichgewicht ohne Separation, d. h. ohne Nachhaltigkeitsberichterstattung, möglicherweise von beiden Unternehmensgruppen bevorzugt würde, kann es aus unternehmensindividueller Sicht vernünftig sein, von diesem Gleichgewichtszustand abzuweichen. Für eine Vorhersage, wie Unternehmen handeln, wenn diese im Grunde ein Gleichgewicht ohne Separation bevorzugen, eignet sich eine Modellierung im Rahmen der Spieltheorie. Das Standardverfahren der Spieltheorie basiert auf der Suche nach strategischen Entscheidungen, die stabil sind, d. h. keine Unternehmensgruppe kann sich durch eine unilaterale Änderung ihrer Strategie besser stellen (Kohlberg und Mertens 1986, S. 1003). Für das Beispiel der Nachhaltigkeitsberichterstattung verkörpern D_i und D_{-i} die berichteten Niveaus an Nachhaltigkeit. Die Indizes und $-i$ stehen für die unterschiedlichen Unternehmensgruppen. Ein sogenanntes Nash-Gleichgewicht (Nash 1951) ist gegeben, wenn

$$\Delta_i(D_i^*, D_{-i}) \geq \Delta_i(D_i', D_{-i}) \ \forall D_i', \forall i \tag{33.10}$$

Auf jede Strategie D_{-i} kann die andere Gruppe auf drei Weisen reagieren: Anwenden derselben Strategie, d. h. Berichten desselben Niveaus an Nachhaltigkeit, Berichten eines höheren Niveaus an Nachhaltigkeit oder Berichten eines niedrigeren Niveaus an Nachhaltigkeit. Falls ein höheres Niveau an Nachhaltigkeit berichtet wird, ist nur eine marginale Abweichung rational, da in diesem Fall ein Anstieg des Unternehmenswerts in Höhe von $\Delta(D_h)$ erreicht wird und die Kosten der Nachhaltigkeitsberichterstattung minimiert werden. Das Berichten eines niedrigeren Niveaus an Nachhaltigkeit kann nur dann rational sein, wenn keine Nachhaltigkeit berichtet wird, da der Effekt auf den Unternehmenswert ohnehin $\Delta(D_l)$ beträgt und Nachhaltigkeitsberichterstattung lediglich zusätzliche Kosten verursachen würde.

Aus Sicht eines einzelnen Unternehmens ist es rational, ein marginal höheres Niveau $D_i = D_{-i} + dD$ an Nachhaltigkeit zu berichten, wenn der Nettozuwachs an Unternehmenswert, $\Delta(D_h) - \Delta(D_l)$, die Kosten der Nachhaltigkeitsberichterstattung, $a_i(\theta_i) \cdot D_i$, übersteigt. Daher ist $D_i = D_{-i} + dD$ die beste Antwort auf die Strategie D_{-i}, solange

$$D_i < \frac{\Delta(D_h) - \Delta(D_l)}{a_i(\theta_i)} \tag{33.11}$$

Wenn D_{-i} der rechten Seite von Ungleichung (33.11) entspricht oder diese sogar übertrifft, ist eine Änderung der Strategie hin zu einem Nichtberichten die beste Handlungsalternative. Ist D_{-i} jedoch niedriger, existiert stets ein Wert D_i, der niedrigerer als die rechte Seite von Ungleichung (33.11) ist, jedoch D_{-i} geringfügig übertrifft. Bereits an dieser Stelle wird offensichtlich, dass ein Beibehalten des berichteten Niveaus niemals eine gegenseitig rationale Antwort ist. Die Reaktionsfunktion ist definiert durch

$$D_i(D_{-i}) = \begin{cases} D_{-i} + dD \text{ für } D_{-i} < \frac{\Delta(D_h) - \Delta(D_l)}{a_i(\theta_i)} \\ 0 \text{ für } D_{-i} \geq \frac{\Delta(D_h) - \Delta(D_l)}{a_i(\theta_i)} \end{cases} . \tag{33.12}$$

Der linke Teil von Abb. 33.2 zeigt die Reaktionsfunktion beider Unternehmensgruppen, wenn der Kostenfaktor a_i für nachhaltige Unternehmen halb so groß wie für nicht nachhaltige Unternehmen ist. Die Funktionen sind unstetig an den durch die Ungleichungen (33.11) und (33.12) definierten kritischen Punkten und schneiden sich folglich nicht.

Daher kann keine Kombination D_i und D_{-i} gefunden werden, welche die Bedingung (33.10) erfüllt. Die Lösung dieses Problems liegt in einem Multiperiodenkontext, in dem eine Unternehmensgruppe sequentiell auf die Entscheidung der anderen reagiert. Solch ein sequentielles Modell resultiert in einem zyklischen Verhalten. Im Intervall von null bis $D_i = \Delta(D_h) - \Delta(D_l)/a_i(\theta_i)$ überbieten sich die Unternehmensgruppen gegenseitig, bis schließlich die nachhaltigen Unternehmen die Grenze überschreiten, ab der nicht nachhaltige Unternehmen ein Nichtberichten vorziehen. In der nächsten Runde senken

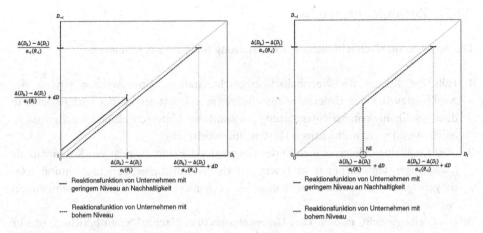

Abb. 33.2 Reaktionsfunktionen nachhaltiger und nicht nachhaltiger Unternehmen im Einperiodenkontext (*linke Seite*) und im Vielperiodenkontext (*rechte Seite*)

die nachhaltigen Unternehmen ihre Berichterstattung wieder auf ein Niveau, welches nur knapp über demjenigen eines Nichtberichtens liegt, da dies die kosteneffizienteste Vorgehensweise ist und eine Separation von den nicht nachhaltigen Unternehmen sicherstellt. Für die nicht nachhaltigen Unternehmen wird Nachhaltigkeitsberichterstattung wieder attraktiv und der Zyklus beginnt erneut.

Ein solches Verhalten ist in der Realität jedoch nicht zu beobachten, zumindest nicht über kurze Zeiträume von einigen Jahren. Unternehmen ändern nicht ständig ihre Nachhaltigkeitsstrategien als Antwort auf diejenigen anderer Unternehmen. Ein Grund hierfür ist in den Kosten ständiger Wechsel, z. B. Reputationsverlust und Anlaufkosten, zu sehen.

Diese Kosten bleiben im bislang dargelegten Modell unberücksichtigt. Falls die Kosten eines Wechsels der Nachhaltigkeitsberichterstattung den Nutzen einer Änderung des berichteten Niveaus übersteigen, wird ein Unternehmen ein Niveau der Nachhaltigkeitsberichterstattung wählen, welches sicherstellt, dass in den nachfolgenden Perioden kein Wechsel notwendig sein wird. Das einzige Niveau an Nachhaltigkeitsberichterstattung, welches diese Bedingung erfüllt, ist $D_i > \Delta(D_h) - \Delta(D_l)/a_i(\theta_i)$ für nachhaltige und $D_{-i} = 0$ für nicht nachhaltige Unternehmen. Der rechte Teil von Abb. 33.2 zeigt die entsprechenden Reaktionsfunktionen. Der einzige Schnittpunkt liegt bei $D_i = \Delta(D_h) - \Delta(D_l)/a_i(\theta_i) + dD; D_{-i} = 0$ und erfüllt Bedingung (33.10). Selbst wenn ein Gleichgewicht ohne Separation von beiden Unternehmensgruppen bevorzugt wird, ist das einzige erreichbare Gleichgewicht ein Gleichgewicht mit Separation. Das Handeln der Unternehmen ist individuell immer rational, kollektiv jedoch in manchen Fällen irrational, nämlich wenn ein Gleichgewicht ohne Separation von beiden Gruppen bevorzugt wird. Dieser Zustand kann als (multi-perioden) Gefangenendilemma bezeichnet werden (Tucker 1950, S. 7–8).

33.5 Zusammenfassung

Die Analyse von Nachhaltigkeitsberichterstattung führt zu drei Schlüssen:

1. Falls die Kosten der Nachhaltigkeitsberichterstattung vom wahren Niveau der Nachhaltigkeit eines Unternehmens abhängen, existiert stets ein Gleichgewicht, in dem Nachhaltigkeitsberichterstattung wirksam zur Unterscheidung zwischen nachhaltigen und nicht nachhaltigen Unternehmen beiträgt.
2. Sind nachhaltige Unternehmen in der Überzahl, oder sind die relativen Kostenvorteile nachhaltiger Unternehmen in Bezug auf die Nachhaltigkeitsberichterstattung relativ gering, würden sowohl nachhaltige als auch nicht nachhaltige Unternehmen ein Nichtberichten bevorzugen.
3. Ein Gleichgewicht, in dem kein Unternehmen über Nachhaltigkeit berichtet, ist nur zu erreichen, wenn die Kostenstruktur der Nachhaltigkeitsberichterstattung nicht von der wahren Nachhaltigkeit abhängt. Andernfalls führt der Wettbewerb zwischen den Unternehmen stets zu einem möglicherweise pareto-dominierten Gleichgewicht mit Nachhaltigkeitsberichterstattung und daraus folgender Separation.

Ob mit einem Gleichgewicht mit Separation oder ohne Separation zu rechnen ist, hängt von den konkreten Ausprägungen der Parameter ab. Diese können nicht theoretisch, sondern nur empirisch bestimmt werden. Von intuitiver Seite lässt sich jedoch sagen, dass das Erstellen von Nachhaltigkeitsberichten und das Vorgeben eines zu hohen Niveaus an Nachhaltigkeit („Greenwashing") vergleichsweise kostengünstig ist, wenn auch nicht ganz kostenlos. Des Weiteren ist zu beobachten, dass die Anzahl der Unternehmen, die Nachhaltigkeit in ihre Geschäftsprozess einbeziehen, kontinuierlich steigt (Kolk 2003), (Barkemeyer et al. 2009). Daher erscheint es wahrscheinlich, dass sich die Gesamtheit der Unternehmen in einem Zustand befindet, oder sich auf einen solchen zubewegt, in dem es für alle Unternehmen besser wäre, nicht über Nachhaltigkeit zu berichten und die damit verbundenen Kosten zu sparen. Die von der Spieltheorie beschriebenen Mechanismen verhindern jedoch, dass dieser Zustand eintritt bzw. aufrecht erhalten werden kann. Nicht über Nachhaltigkeit zu berichten ist somit vernünftig, aber nicht nachhaltig.

Literatur

Barkemeyer R, Figge F, Holt D, Hahn T (2009) What the papers say: Trends in sustainability. Journal of Corporate Citizenship 33:69–86
Bird R, Hall AD, Momentè F, Reggiani F (2007) What corporate social responsibility activities are valued by the market? Journal of Business Ethics 76(2):189–206
Clarkson P, Fang XH, Li Y, Richardson G (2010) The relevance of environmental disclosures for investors and other stakeholdergroups: Are such disclosures incrementally informative? URL http://papers.ssrn.com/sol3/papers.cfm?abstractid=1687475. Zugegriffen: 08. Mäi 2011

Dowell G, Hart S, Yeung B (2000) Do corporate global environmental standards create or destroy market value? Management Science 46(8):1059–1074

Godfrey PC (2005) The relationship between corporate philanthropy and shareholder wealth: A risk management perspective. Academy of Management Review 30(4):777–798

Hindriks JJG, Myles GD (2006) Intermediate public economics. MIT Press, Cambridge, Mass

Kaspereit T (2013) Sustainability reporting out of a prisoner's dilemma. Developing Sustainability. Dorich House Group (Hrsg). In: Veröffentlichung

Klassen RD, McLaughlin CP (1993) TQM and environmental excellence in manufacturing. Industrial Management & Data Systems 93(6):14–22

Klassen RD, McLaughlin CP (1996) The impact of environmental management on firm performance. Management Science 42(8):1199–1214

Kohlberg E, Mertens JF (1986) On the strategic stability of equilibria. Econometrica 54(5):1003–1037

Kolk A (2003) Trends in sustainability reporting by Fortune Global 250. Business Strategy and the Environment 12(5):279–291

Lo SF, Sheu HJ (2007) Is corporate sustainability a value increasing strategy for business? Corporate Governance: An International Review 15(2):345–358

Marshall S, Brown D, Plumlee M (2008) The impact of voluntary environmental disclosure quality on firm value. URL http://papers.ssrn.com/sol3/papers.cfm?abstractid=1140221. Zugegriffen: 08. Jan 2010

Nash J (1951) Non-cooperative games. Annals of Mathematics 54(2):286–295

Orlitzky M, Schmidt FL, Rynes SL (2003) Corporate social and financial performance: A meta-analysis. Organization Studies 24(3):403–441

Richardson AJ, Welker M (2001) Social disclosure, financial disclosure and the cost of equity capital. Accounting, Organizations and Society 26(7/8):597–616

Semenova N, Hassel L, Nilsson H (2009) The value relevance of environmental and social performance: Evidence from Swedish SIX 300 companies. http://www.pwc.com/svSE/se/hallbarutveckling/assets/sammanfattningsix300.pdf. Zugegriffen: 08. Dez 2011

Spence AM (1974) Market signaling Informational transfer in hiring and related screening processes, Harvard Economic Studies, vol 143. Harvard Univ. Press, Cambridge, Mass

Spence M (1973) Job market signaling. Quarterly Journal of Economics 87(3):355–374

Tucker AW (1950) A two-person dilemma (unpublished notes from Stanford University). In: Rasmusen E (Hrsg) Readings in Games and Information (2001), Blackwell, 7–8

Nachhaltigkeitsbildung in KMU – Entwicklung innovativer Lehr- und Lerndesigns

Meike Cordts und Karsten Uphoff

Zusammenfassung

Das Thema Nachhaltigkeit ist in aller Munde, Umsetzungshinweise aber vielfach abstrakt-theoretisch, sodass die praxistaugliche Implementierung nachhaltiger Aspekte der Unternehmensführung gerade für kleine und mittelständische Unternehmen (KMU) eine Herausforderung darstellt. Diese stehen aber, ebenso wie große Unternehmen, vor der Herausforderung sich mit ihrer langfristigen Unternehmensentwicklung auseinanderzusetzen und zukunftsfähige Strukturen zu implementieren. Hier setzt das BMBF-geförderte Forschungsprojekt „Kompetenznetzwerk für Nachhaltigkeitsbildung in Unternehmen" an. In diesem Projektvorhaben sollen Mitarbeitende, getreu dem Motto: „Hilfe zur Selbsthilfe", zur praxisnahen Umsetzung des Themas Nachhaltigkeit in ihrem Unternehmen qualifiziert und so eine zukunftsfähige Unternehmensausrichtung auch für KMU ermöglicht werden. Hierzu werden, geleitet durch das Center für Lebenslanges Lernen (C3L), die Abteilung Wirtschaftsinformatik/Very Large Business Appli-cations (VLBA) der Carl von Ossietzky Universität Oldenburg sowie durch die ecco Unternehmensberatung, relevante Nachhaltigkeitsthemen evaluiert und die identifizierten Qualifizierungsbedarfe in ein konkretes Aus- und Weiterbildungs-angebot überführt. Das Projekt ist stark empirisch verortet und arbeitet eng mit verschiedenen KMU aus dem Nordwesten zusammen.

Schlüsselwörter

Nachhaltigkeit • Weiterbildung • KMU

M. Cordts (✉) · K. Uphoff
ecco ecology + communication Unternehmensberatung GmbH, Auguststr. 88, 26121 Oldenburg, Deutschland
e-mail: cordts@ecco.de

K. Uphoff
e-mail: uphoff@ecco.de

J. Marx Gómez et al. (Hrsg.), *IT-gestütztes Ressourcen- und Energiemanagement*,
DOI: 10.1007/978-3-642-35030-6_34, © Springer-Verlag Berlin Heidelberg 2013

34.1   Nachhaltigkeitsbildung in KMU

Das komplexe Gefüge aus Gesellschaft, Wirtschaft und Umwelt zwingt Unternehmen immer stärker dazu, Strategien für gänzlich neue Herausforderungen zu entwickeln und einzusetzen. Dabei spielen nachhaltige Konzepte – im Sinne einer langfristigen Unternehmensausrichtung – eine zentrale Rolle. Während sich größere Unternehmen dem Thema schon – in häufig leider nur oberflächlicher Art und Weise – angenommen haben, finden sich kleine und mittlere Unternehmen (KMU) hier kaum zurecht. Diese sehen sich mit der Herausforderung konfrontiert, das häufig sehr abstrakt und theoretisch diskutierte Gebilde Nachhaltigkeit in die Praxis zu übertragen und nicht zuletzt in KMU-taugliche Ziele und Maßnahmen zu übersetzen – und das mit einem Minimum an zur Verfügung stehenden zeitlichen und finanziellen Ressourcen. Dieser Herausforderung stellt sich das im vorliegenden Text beschriebene, BMBF-geförderte Projekt, welches aktuell im Center für Lebenslanges Lernen (C3L) gemeinsam mit der Abteilung Wirtschaftsinformatik/VLBA sowie der ecco Unternehmensberatung an der Carl von Ossietzky Universität Oldenburg umgesetzt wird.

Ausgangsfragestellung des Projektes ist, wie Nachhaltigkeit auch in kleinen und mittelständischen Unternehmen etabliert werden und langfristig funktionieren kann. Wichtige Voraussetzung der Etablierung eines handhabbaren, praxisorientierten und auf die jeweils individuelle Unternehmenssituation ausgerichteten Konzeptes zur Nachhaltigkeit ist die Beteiligung und langfristige Befähigung der Mitarbeitenden. Nur so kann die dauerhafte Existenz von notwendigem Knowhow und dessen faktischer Eingang in die Unternehmenskultur, im Gegensatz zu nur oberflächlich und damit kurzlebig implementierten Konzepten, sichergestellt werden. Die Herausforderung für Unternehmen besteht entsprechend darin, ihren Mitarbeitenden verschiedener Ebenen das notwendige Wissen und die notwendigen Kompetenzen zur Einführung und Aufrechterhaltung eines integrierten Nachhaltigkeitsmanagements zu vermitteln. Hierzu bedarf es eines praxisnahen und bedarfsorientierten Weiterbildungsangebotes.

Bisher ist Weiterbildung zur Förderung von Nachhaltigkeitsmanagement in KMU ein stark vernachlässigtes Instrument. Ziel des vorgestellten Projektes ist deshalb die Etablierung eines ganzheitlichen Weiterbildungssystems, das die Umsetzung eines integrierten Nachhaltigkeitsmanagements unterstützt und an den spezifischen Anforderungen von KMU ausgerichtet ist. Durch eine frühzeitige Einbindung von Unternehmen in Form von Workshops und Veranstaltungen werden die Lehrinhalte und -formate dabei maßgeblich durch die Praxis mitgestaltet. Zum einen in der ersten Projektphase, deren Ziel die Identifikation des spezifischen Weiterbildungsbedarfs ist. Zum anderen in der zweiten Phase, die sich mit der anschließenden konkreten Entwicklung und Implementierung eines solchen Angebots beschäftigt und in der die entwickelten Konzepte mit ersten Praxispartnern erprobt werden.

Neben der inhaltlichen Ausrichtung und Ausgestaltung des Bildungsangebotes, spielt auch die Konzeption des Lehrangebots eine maßgebliche Rolle. Dies schließt neben der Didaktik auch die genutzten Hilfsmittel (z. B. die IT-Unterstützung) sowie den Lernort, der aus einer Mischung aus unternehmensexternem und -internem Lernen bestehen kann, ein.

Eine Herausforderung besteht dabei in der starken Varianz der Zielgruppe, welche eine flexible Ausgestaltung des Bildungsangebots zu einer wichtigen Voraussetzung werden lässt. Denn neben Stabs- oder Managementabteilungen können auch Fachabteilungen wie Einkauf, Marketing etc. für das Thema Nachhaltigkeit verantwortlich sein. Diese bringen verschiedene Wissensstände als auch stark unterschiedliche persönliche Voraussetzungen in die jeweilige Lernsituation ein. Hinzu kommt, dass sich deren Tätigkeitsbereiche und damit auch die mit den geplanten Weiterbildungsangeboten verknüpften Lernziele stark voneinander unterscheiden. Ein adäquates Weiterbildungsangebot muss die Heterogenität dieser Zielgruppen berücksichtigen und in die Konzeption eines entsprechenden Lehr- und Lerndesigns einbringen.

Die zentrale Projektidee ist es ein so genanntes Learning Lab zu entwickeln, also einen innovativen Lernort, in dem Problemlösungskompetenzen praxisnah erprobt werden können. Hierzu soll, ähnlich einer Werkstatt, das persönliche Erleben, Ausprobieren und Reflektieren im Vordergrund stehen und theoretisch-abstraktes Wissen gangbar gemacht, d. h. Reflexions- und Umsetzungskompetenz für die Implementierung des Themas im eigenen Unternehmen erworben werden. Das Sustainable Learning Lab (SLL) bietet die Möglichkeit, nachhaltig betriebliche Entscheidungen und Prozesse zu modellieren, spielerisch zu erproben und zu reflektieren. Es können Nachhaltigkeitsstrategien getestet und Entscheidungen über die Gestaltung von Geschäftsprozessen durch Simulation auf ihre nachhaltigen Auswirkungen überprüft werden. Hierzu werden Simulationsanwendungen und Szenariotechniken als IT-Tools entwickelt. Sie bieten die Möglichkeit, die Komplexität der Prozesse zu reduzieren und transparent zu machen. Wichtige Instrumente sind dabei u. a. die neuen BUIS aus dem Forschungsprojekt IT-for-Green, die gezielt für diese Nutzungsmöglichkeit weiterentwickelt werden können.

Beispielhaft für eine solche Anwendung soll im Folgenden kurz eine Unternehmenssimulation vorgestellt werden, in der neue Entscheidungen und Strategien – vergleichbar mit einem Unternehmensplanspiel – bewertet werden können. In dem hier exemplarisch aufgezeigten Lehrdesign würden die Teilnehmenden einzeln oder in kleinen Teams, mit Mikrowelten experimentieren, um die Dynamik der miteinander verbundenen Elemente (z. B. Nachhaltigkeit, Energie- und Materialverbrauch, Mitarbeiterverhalten etc.) zu verstehen und systemische Lösungen zu schaffen. Das Konzept soll außerdem die Möglichkeit bieten, eigene Entscheidungen zu reflektieren und darauf aufbauend einen Lernprozess anzustoßen. In Verknüpfung mit der Nutzung neuer BUIS-Technologien für die Simulation bzw. für Szenarien könnte das Thema Nachhaltigkeitsmanagement und -strategien auf einer konkreten Datenbasis vermittelt werden.

Im Vordergrund steht bei allem die Erkenntnis, dass es nicht *die* optimale Ausgestaltung oder *den* richtigen Weg von Nachhaltigkeit in einem Unternehmen gibt, sondern *ein* individueller Weg von vielen von den Mitarbeitern selbst gefunden werden muss. In einem entsprechenden Weiterbildungsangebot sollen die Teilnehmenden deshalb für die Entscheidungsfindung in komplexen Umgebungen vorbereitet und die notwendigen kritischen Fähigkeiten, Einstellungen und Fähigkeiten für den Umgang mit nachhaltigen Entscheidungen geweckt werden.

Analyse der Bewerbungs- und Zulassungsprozesse von Studierenden unter der Beachtung von Nachhaltigkeitsaspekten

Torsten Urban, Matthias Mokosch, Sven Gerber, Hans-Knud Arndt und Peter Krüger

Zusammenfassung

Im Zuge eines Evaluations- und Einführungsprojekts zur zukünftigen Nutzung eines integrierten Campusmanagementsystems an der Otto-von-Guericke-Universität Magdeburg, wird in diesem Artikel der bisherige Prozessablauf im Bereich des Bewerbungs- und Zulassungswesen vor dem Hintergrund möglicher Verbesserungspotentiale unter der Beachtung nachhaltiger Entwicklung untersucht. Dazu wird zunächst eine theoretische Einführungen in die Themen Nachhaltigkeit, Campusmanagement- und Prozessmanagement-systeme sowie Prozessverbesserungen gegeben. Zudem werden bereits etablierte Ansätze für eine nachhaltigere Gestaltung von Prozessen in der öffentlichen Verwaltung vorgestellt. Anschließend wird der aktuelle Prozessablauf für die Bewerbung zum Bachelorstudium vorgestellt. Darauf aufbauend erfolgt die Präsentation, Bewertung sowie Beurteilung verschiedener Verbesserungsideen unter Betrachtung der drei Nachhaltigkeitsaspekte Ökologie, Ökonomie und Soziales.

T. Urban (✉) · M. Mokosch · S. Gerber · H.-K. Arndt
Institut für Technische und Betriebliche Informationssysteme, Otto-von-Guericke-Universität Magdeburg, AG Wirtschaftsinformatik – Managementinformationssysteme,
Universitätsplatz 2, 39106 Magdeburg, Deutschland
e-mail: torsten.urban@ovgu.de

M. Mokosch
e-mail: mokosch85@web.de

S. Gerber
e-mail: sgerber@iti.cs.uni-magdeburg.de

H.-K. Arndt
e-mail: hans-knud.arndt@iti.cs.uni-magdeburg.de

P. Krüger
Volkswagen AG, Berliner Ring 2, 38440 Wolfsburg, Deutschland
e-mail: peter.krueger6@volkswagen.de

J. Marx Gómez et al. (Hrsg.), *IT-gestütztes Ressourcen- und Energiemanagement*,
DOI: 10.1007/978-3-642-35030-6_35, © Springer-Verlag Berlin Heidelberg 2013

Als Ergebnis dieser Arbeit kann festgehalten werden, dass bei Umsetzung aller aufgezeigten Vorschläge als gemeinsames Bündel von Maßnahmen ein minimales Einsparpotential von 234,4 kg CO_2 sowie von 24.000 € pro Bewerbungsphase realisiert werden kann. Zudem sollten in zukünftigen Arbeiten bereits existierende IT-Systeme an der Otto-von-Guericke-Universität in die Betrachtung mit einbezogen und zu einem integrierten Campusmanagementsystem entwickelt werden.

Schlüsselwörter
Nachhaltigkeit • Prozess • Prozessverbesserung • Prozesserneuerung • Triple bottom line • E-Akte • DE-Mail

35.1 Einleitung

Unternehmen streben seit jeher nach Effizienz und Leistungssteigerung zum Zweck der Gewinnmaximierung. Diese Orientierung auf die rein ökonomischen Faktoren wurde mit der zunehmenden Erwartung an die Unternehmen, ihrer gesellschaftlichen Verpflichtung nachzukommen, neu ausgerichtet und weitere Faktoren wurden in das wirtschaftliche Handeln einbezogen. Neben den ökonomischen Aspekten sind heute auch ökologische und soziale Faktoren mitbestimmend für die Geschäftsstrategie einzelner Unternehmen. Zur Erreichung dieses Ziels, des nachhaltigen Wirtschaftens, werden heutzutage regelmäßig Prozessoptimierungen in Form von Prozessverbesserung oder Prozesserneuerung durchgeführt. Die Idee, Abläufe und Verfahren innerhalb einer Organisation nachhaltig zu gestalten, findet immer mehr auch im öffentlichen Sektor Anwendung. So werden beispielsweise mit den Konzepten der elektronischen Steuererklärung, der elektronischen Akte und der DE-Mail erste Schritte für eine medienbruch- und papierfreie Bearbeitung der Anliegen von Bürgern umgesetzt.

Die Otto-von-Guericke-Universität Magdeburg (OvGU) befindet sich im Herzen von Sachsen-Anhalt und bietet seinen derzeit ca. 14.000 Studierenden (Stand: 05.10.2012) über 85 Studiengänge an 9 Fakultäten an (OvGU 2013). Um diese Anzahl an Studierenden zukünftig besser verwalten zu können, wird aktuell ein Evaluations- und Einführungsprojekt zur zukünftigen Nutzung eines integrierten Campusmanagementsystems betrieben. In diesem Projektes sollen dabei ebenfalls die Aspekte der Nachhaltigkeit betrachtet werden.

In Rahmen dieses Beitrags wird ein Teilprozess des Campusmanagements, der Bewerbungs- und Zulassungsprozess für neue Studierende, herausgegriffen und anhand der Nachhaltigkeitsaspekte analysiert. Es wird gezeigt, dass bereits kleinste Anpassungen und Verbesserungen in diesem Prozess einen beträchtlichen Einfluss auf die Nachhaltigkeit der OvGU haben da dieser Prozess für jeden der ca. 11.000 Bewerber auf einen Bachelorstudienplatz durchgeführt wird (Stand Wintersemester 2012/2013) (OvGU 2013).

35.2 Theoretische Grundlagen

35.2.1 Nachhaltigkeit

In diesem Zusammenhang ist unter dem Begriff der Nachhaltigkeit bzw. der nachhaltigen Entwicklung das Suchen von Möglichkeiten und das Erreichen von Zuständen gemeint, die der Idee folgen, „die Bedürfnisse und Ansprüche der heutigen Zeit zu erfüllen, ohne dabei die Fähigkeit einzuschränken, diese auch in der Zukunft noch erreichen zu können" (United Nations 1987). Diese auf den Bericht „Our Common Future" der Weltkommission für Umwelt und Entwicklung (Vereinte Nationen) zurückgehende Idee wurde in weiteren Gremien detaillierter ausspezifiziert. Im Rahmen der Rio-Konferenz entstand dann auch das Konzept der drei Säulen im Bereich der Nachhaltigkeit. Diese sind die ökonomische, die ökologische und die soziale Sichtweise auf das Handeln. Widerhall fand diese Triple Bottom Line (TBL) in den Richtlinien der Global Reporting Initiative für Nachhaltigkeitsberichte (GRI 2011).

Mit Hilfe der TBL wird nun versucht die teilweise gegensätzlichen Ansätze der ökonomischen, ökologischen und sozialen Sichtweise zu vereinen. Hierbei treffen das Gewinn- und Überlebensstreben des ökonomischen Prinzips auf Aspekte wie Mitarbeiterbehandlung, Verzicht auf Kinderarbeit und Korruption der sozialen Sichtweise. Dazu kommen Einflüsse aus der ökologischen Sicht, wie beispielsweise emissionsarme Produktion und Recycling von Wertstoffen, die ein aus ökonomischer Sicht optimales Verhalten einschränken. Daher wird bei der TBL auch von den drei Dimensionen „Planet", „Profit" und „Person" gesprochen (Pufé 2012).

35.2.2 Campusmanagementsysteme

Mit dem durch die Bologna-Beschlüsse an Hochschulen eingeführten zweiteiligen Ausbildungssystem mit Bachelor- und Masterabschlüssen geht auch einen Informationsflut in den Verwaltungsbereichen der Hochschulen einher. Um diese bewältigen zu können, wurde der Ruf nach IT-Unterstützung größer.

In dieser Situation entwickelten sich Campusmanagementsysteme (CaMS), welche den Verwaltungen bei der Sicherstellung und Unterstützung des studentischen Lebenszyklus (von der Bewerbung bis zur Exmatrikulation) Hilfestellung bieten sollen. Sie dienen dem Zweck „eine möglichst umfassende Unterstützung aller Hochschulprozesse [zu bieten] und versteht die Universität als Dienstleistungsbetrieb …" (Alt und Auth 2010). Um diesem Aspekt gerecht werden zu können, ist es erforderlich, dass die betroffenen Prozesse im CaMS hinterlegt und durch ein Prozessmanagement abgesichert werden.

35.2.3 Prozessmanagement und Prozessverbesserung

Wie soeben vorgestellt, sollte Prozessmanagement ein integrativer Bestandteil eines Campusmanagementsystems sein. Dabei baut dieser Managementansatz auf dem Prozessbegriff auf, welcher wie folgt definiert wird: Ein Prozess ist eine Folge von physischen oder informatorischen Aktivitäten (Schmelzer und Sesselmann 2006), wobei diese nicht einmalig sondern durch prinzipielle Wiederholbarkeit (Freund und Götzer 2008; Pfitzinger 2003) bestimmt sind. Das Charakteristikum der Wiederholbarkeit wird zur Differenzierung zwischen einem Prozess und einem Projekt genutzt (Freund und Götzer 2008). Prozesse sind durch eine messbare (Pfitzinger 2003) und definierte Eingabe, Verarbeitung und Ausgabe determiniert. Darauf aufbauend wird das Prozessmanagement wie folgt definiert: Das Prozessmanagement setzt sich aus allen Maßnahmen der Planung, Organisation und Kontrolle zusammen, die darauf abzielen die Wertschöpfungskette eines Unternehmens hinsichtlich der Aspekte Kosten, Kundenzufriedenheit, Qualität und Zeit zu steuern (Kruse 2009). Angesichts der sich fortwährend ändernden Umweltbedingungen, müssen auch die Prozesse im Rahmen des Prozessmanagements kontinuierlich optimiert werden, damit diese die angestrebten Leistungen erbringen können.

Die Prozessoptimierung wird in die Bereiche Prozessverbesserung und erneuerung unterteilt (Kruse 2009; Koch 2011; Bösing 2006). Den Ausgangspunkt der Prozessverbesserung bilden die bestehenden Prozesse. Die Prozessverbesserung ist eine permanente Aufgabe, die innerhalb der Prozesse zu kontinuierlichen und inkrementellen Veränderungen führt, mit dem Ziel die Effizienz und Kundenzufriedenheit zu erhöhen (Schmelzer und Sesselmann 2006). Mit Ausnahme von Six-Sigma sind viele Methoden die innerhalb der Prozessverbesserung zum Einsatz kommen durch die Einbeziehung aller Mitarbeiter gekennzeichnet. Dies hat den Vorteil, dass vorhanden Widerstände unter den Mitarbeitern abgebaut werden, da sie aktiv an den Prozessverbesserungen beteiligt sind. Auf diesem Wege wird indirekt ein breites Lernen in der Organisation realisiert. Bedingt durch die vielen kleinen Verbesserungsschritte, die auf den bestehenden Prozessen aufbauen, ist das Risiko, das die Prozessverbesserung mit sich bringt, als gering anzusehen. Zu den meistgenannten Methoden zur Umsetzung der Prozessverbesserung zählen die Total Cycle Time, Kaizen bzw. der Kontinuierlicher Verbesserungsprozess und Six Sigma (Koch 2011).

35.3 Ansätze in der öffentlichen Verwaltung

Nachdem die relevanten Grundlagen geklärt wurden, wird folgend gezeigt, dass es bereits etablierte Ansätze für eine nachhaltigere Gestaltung von Prozessen in der öffentlichen Verwaltung gibt. Hierzu werden die Konzepte der elektronischen Steuererklärung, der elektronischen Akte und der DE-Mail vorgestellt und deren Auswirkungen auf die Nachhaltigkeit betrachtet.

Die elektronische Steuererklärung ermöglicht es, die Steuerklärung statt in ausgedruckter Form digital beim zuständigen Finanzamt einzureichen. Hierfür kommt die

Softwarekomponente ELSTER zum Einsatz. ELSTER steht dabei einmal für eine Client-komponente, die unter anderem als Programmierschnittstelle Application Programming Interface (API) in kommerzielle Steuerprogramme integriert ist und zugleich für die Serversoftware die auf Serverfarmen in München und Düsseldorf betrieben wird. Vorteile der elektronischen Steuererklärung sind, dass der Ausdruck der Steuererklärung entfällt, die Übermittlung der Steuererklärung rein elektronisch erfolgt,[1] eine einfachere und schnellere Bearbeitung der Steuererklärung beim Finanzamt durch Beseitigung von Medienbrüchen ermöglicht wird sowie eine automatische Prüfung des Steuererbescheids durch Software erfolgen kann (ELSTER 2013).

Das Konzept der elektronischen Akte und der elektronischen Aktenführung hat das Ziel, die klassische, auf Papier geführte Akte durch eine digitale Version zu ersetzen. Neben der eigentlichen Akte, werden auch alle damit verbundenen Schriftstücke digitalisiert und in einem Dokumentenmanagementsystem abgelegt, wodurch unter anderem auch die gesetzlich vorgeschriebene Langzeitarchivierung gewährleistet wird. Neben den Kernfunktionalitäten der klassischen Aktenführung können dadurch neue Funktionen, zum Beispiel medienbruchfreie und standortunabhängige Bearbeitung, bereitgestellt werden. Das Konzept der elektronischen Akte wird derzeit unter anderem bei der Bundesagentur für Arbeit und in der Berliner Verwaltung erprobt (BA 2013; Bohrer 2011).

Die DE-Mail entspricht einer E-Mail, die jedoch gesetzlich festgelegte Mindestanforderungen hinsichtlich des Nachrichtenaustausches einhält. DE-Mails garantieren, das die Identität der Kommunikationspartner jederzeit überprüft werden können. Dies wird unter anderem durch eine sichere Anmeldung am DE-Mail-Dienst, zum Beispiel durch Benutzername, Passwort und Token, ermöglicht. Zudem wird durch Verschlüsselung der Nachrichten sichergestellt, dass es keine Manipulationen am Inhalt gibt. Die so garantierte Sicherheit und Qualität der DE-Mail-Dienste trägt dazu bei, bisher notwendige Postbriefe, z. B. Anliegen die einer Unterschrift bedürfen, durch DE-Mails ersetzen zu können und somit eine medienbruchfreie Bearbeitung zu ermöglichen. Partner der DE-Mail sind unter anderem die Deutsche Telekom, CosmosDirekt und die Stadt Friedrichshafen BBI (2012).

Alle drei hier vorgestellten Methoden können einen Beitrag zur Nachhaltigkeit leisten. Durch die Beseitigung von Medienbrüchen lassen sich unter anderem CO_2-Emmissionen senken und Papier-, Druck- und Transportkosten einsparen. Weiterhin können Effizienzsteigerungen in Wirtschaft und Verwaltung ermöglicht werden (ELSTER 2013; Bohrer 2011). Zudem können die vorgestellten Konzepte zur Steigerung der Transparenz genutzt werden und somit einen wichtigen Beitrag zur Korruptionsbekämpfung leisten (Schmidt 2010).

---

[1] Bei der elektronischen Übermittlung der Steuererklärung kann es notwendig sein, eine komprimierte und unterschriebene Steuererklärung per Post einzureichen. Dies entfällt bei der Nutzung der authentifizierten Übermittlung.

35.4 Vorstellung des Bewerbungs- und Zulassungsprozesses an der Otto-von-Guericke Universität

Zum Erhalt eines Bachelor-Studienplatzes an der OvGU müssen die drei Teilprozesse Bewerbung, Zulassung und Immatrikulation, welche in der Abb. 35.1 noch detaillierter dargestellt sind, durchlaufen werden.

In Abhängigkeit davon, ob es sich um einen zulassungsfreien oder einen zulassungs-beschränkten Studiengang handelt, sind die Teilprozesse unterschiedlich komplex. Mit dem Start einer neuen Bewerbungsphase wird das aktualisierte Studienangebot auf der Webseite der OvGU bereitgestellt und das Online-Bewerbungsverfahren aktiviert. Dem Bewerber steht es frei, ob er eine klassische Bewerbung in Papierform einreicht oder ob er das Online-Verfahren nutzt. Wird die klassische Bewerbungsform gewählt, muss der Bewerber sechs A4 ausfüllen, während am Ende der Online-Bewerbung lediglich eine Seite als Anschreiben zur Online-Bewerbung auszudrucken ist. Unabhängig von der gewählten Bewerbungsform sind die Bewerbungsunterlagen um eine beglaubigte Kopie der Hochschulzugangsberechtigung (HZB), einen Lebenslauf und je nach Studiengang um spezielle Nachweise zu ergänzen. Dies können Sprachnachweise, Nachweise über die Eignungsprüfung sowie Nachweise über einen geleisteten Dienst sein. War der Bewerber zuvor schon an einer Hochschule eingeschrieben, muss er den Bewerbungsunterlagen zusätzlich eine Exmatrikulationsbescheinigung beilegen. Nach dem Eingang der Bewerbungsunterlagen an der OvGU werden Bewerbungen in der klassischen Form von

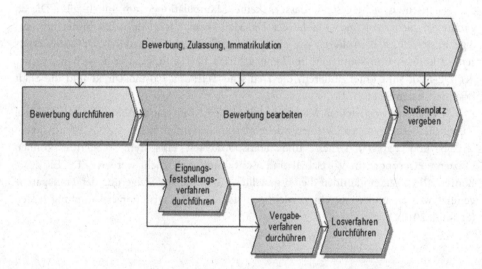

Abb. 35.1 Aufbau und Abfolge des Bewerbungs-, Zulassungs- und Immatrikulationsprozesses an der OvGU

Sachbearbeitern manuell im System nachgepflegt. Hat der Bewerber nicht alle erforderlichen Unterlage eingereicht, werden diese per Telefon, Email oder auf dem Postweg für die weitere Bearbeitung nachgefordert. Im weiteren Vorgehen schließt sich die Überprüfung der HZB an. Ist die HZB nicht zulassungsfähig, wird für den Bewerber ein entsprechender Bescheid erstellt. Verläuft die Überprüfung positiv richtet sich der weitere Bearbeitungsablauf nach den Zulassungsvoraussetzungen für den gewünschten Studiengang (Mokosch 2013).

Ist die Studienplatzvergabe an ein Eignungsfeststellungsverfahren gebunden, wird nach dem Ablauf des Bewerbungszeitraums eine Bewerberliste in Excel erstellt und ausgedruckt. In diese Liste werden von der jeweiligen Fakultät die von den Bewerbern im Eignungsfeststellungsverfahren erbrachten Leistungen eingetragen. Im Anschluss wird diese wieder dem Dezernat für Studienangelegenheiten übergeben. Es schließt sich das Vergabeverfahren für Studienplätze an.

Ist die Studienplatzvergabe an ein Vergabeverfahren geknüpft, wird je nach gewünschtem Studiengang auf der Grundlage der Noten der Hochschulzugangsberechtigung oder den Ergebnissen des Eignungsfeststellungsverfahrens eine Rangliste erstellt. Auf ihr sind alle Bewerber für einen Studiengang entsprechend der erreichten Leistung sortiert. Für alle Bewerber der Ränge im Intervall [1; n] wird ein Zulassungsbescheid erstellt. Erfahrungsgemäß immatrikulieren sich jedoch nicht alle n zugelassenen Bewerber. Daher erfolgt nach einer gewissen Zeitdauer ein Nachrückverfahren, indem die Bewerber der Ränge [n+1; m] einen Zulassungsbescheid erhalten. Für alle anderen Bewerber, die noch auf der Rangliste stehen, wird ein Ablehnungsbescheid erstellt. Werden auch über das Nachrückverfahren nicht alle Studienplätze vergeben, wird ein Losverfahren gestartet, an welchem alle bisher nicht berücksichtigten Bewerber mit einer formlosen aber postalisch eingereichten Erklärung teilnehmen können. Für die nach dem Zufallsprinzip gezogenen Bewerber wird ebenfalls ein Zulassungsbescheid erstellt, während für alle im Losverfahren nicht gezogenen Bewerber kein Ablehnungsbescheid erstellt wird.

Für zulassungsfreie Studiengänge wird weder ein Eignungsfeststellungsverfahren noch ein Vergabeverfahren durchgeführt. Direkt nach der positiven HZB-Prüfung wird ein Zulassungsbescheid erstellt.

Der Druck der Zulassungsbescheide erfolgt in einem Sammeldruck in zweifacher Ausführung. Ein Exemplar verbleibt in der jeweiligen Bewerberakte während das zweite an den Bewerber verschickt wird. Mit dem Erhalt der Zulassung wird der Bewerber, sofern er sich für die Einschreibung entscheidet dazu aufgefordert, folgende Unterlagen einzureichen: Nachweis zur Einzahlung/Überweisung des Semesterbeitrags, Krankenversicherungsnachweis bzw. Nachweis über die Befreiung von der gesetzlichen Krankenversicherung, Kopie des Personalausweises und ein Passbild.

Reicht der Bewerber nicht alle Unterlagen ein, erfolgt eine Nachforderung per Telefon, Email oder auf dem postalischen Weg. Sind hingegen alle Unterlagen vollständig werden diese geprüft, die notwendigen Daten von den eingereichten Unterlagen ins System eingepflegt und der Bewerber immatrikuliert (Mokosch 2013).

35.5   Verbesserungsvorschläge

Um systematisch vorhandene Schwachstellen und Verbesserungspotentiale aufde-
cken zu können, ist es erforderlich die aktuelle Situation in geeigneter Weise zu erhe-
ben und zu dokumentieren. Für die Erhebung des Ist-Zustandes können u. a. die
Methoden der Dokumentenanalyse, der freien und standardisierten Interviews, der
Workshops, der Fragebögen und der Laufzettel genutzt werden (BMI 2013). Nach der
Erhebung der aktuellen Situation sind die gewonnen Erkenntnisse in geeigneter Weise
festzuhalten, dies kann bezogen auf Prozesse sowohl in textueller und tabellarischer
Form, aber ebenso unter Verwendung grafischer Elemente mit und ohne definierter
Notation erfolgen (Allweyer 2005). Die grafische Prozessdokumentation mit definierter
Notation wird im Dokumentationsvorgang als Ist-Modellierung bezeichnet und muss im
Detaillierungsgrad so gewählt werden, dass sie dem Anwendungszweck gerecht wird.

An der OvGU existieren gegenwärtig von offizieller Seite weder eine Prozessdokumentation noch andere Dokumente die Aufschluss zu Nachhaltigkeitsaspekten bezüglich der
betrachteten Prozesse geben können. Daher war es notwendig im ersten Schritt eine Ist-
Erhebung durchzuführen, welche im Rahmen der Masterarbeit von Herrn Mokosch realisiert wurde (Mokosch 2013). Darauf aufbauend, erfolgte die Durchführung einer Ist-Analyse
sowie die Identifizierung von Schwachstellen und Verbesserungspotentialen. Diese werden im
Folgenden unter den Aspekten der Nachhaltigkeit vorgestellt.

Wie der Beschreibung des Fallbeispiels zu entnehmen ist, werden heute bereits
IT-Systeme zur Verwaltung der Bewerber und Studierenden verwendet. Hier werden
jedoch derzeit nur allgemeine Informationen zum Bewerber und Studierenden hinterlegt. Dazugehörige Unterlagen werden aktuell in physischer Form vorgehalten und es
wird eine klassische (Studenten-)Akte[2] geführt. Dies führt dazu, dass derzeit Medienbrüche entstehen, zum Beispiel der Ausdruck von Zulassungsbescheiden für die interne
Ablage, Studentenakten transportiert werden müssen, zum Beispiel zur Archivierung
und die Bearbeitung der Studentenakte zum Teil zeitversetzt erfolgt, zum Beispiel die
Erfassung der Leistungen des Eignungsfeststellungsverfahrens. Verbesserungspotentiale
können durch die Einführung einer universitätsweiten, elektronischen Studentenakte
und der dazugehörigen digitalen Aktenführung geschaffen werden. Dass heißt, dass alle
Informationen zum Bewerber und Studierenden digital erfasst, sowie alle eingereichten
und erstellten Unterlagen in digitaler Form abgelegt werden. Hierzu sollte ein zentrales
Dokumentenmanagementsystem zum Einsatz kommen, welches unnötige Medienbrüche
vermeidet und eine orts- und zeitunabhängige Verfügbarkeit der Studentenakte ermöglicht.

Weiterhin ist eine derzeitige Schwachstelle die papiergebundene Kommunikation
zwischen Bewerbern und der OvGU. Am Ende des Online-Bewerbungsprozesses müssen die Bewerber bisher das Bewerbungsanschreiben ausdrucken, unterschreiben und
an die OvGU schicken. Zudem werden aktuell Zulassungs- und Ablehnungsbescheide

---

[2] Der Begriff der Studentenakte kann erst nach erfolgreicher Immatrikulation verwendet werden.
Im Rahmen der Bewerbungsphase ist der Begriff der „papiergeführten Akte" zu verwenden.

an die Bewerber über den klassischen Briefverkehr versendet. Würde statt dessen DE-Mail zur Übermittlung der Unterlagen Anwendung finden, könnte auf das Ausdrucken, das Unterschreiben sowie auf das Verschicken der Unterlagen per Post verzichtet werden, da die Identität jederzeit nachweisbar ist. Ebenso könnte die DE-Mail für die allgemeine Kommunikation zwischen Bewerbern und der OvGU verwendet werden, zum Beispiel beim Nachfordern fehlender Unterlagen. Durch den Einsatz von DE-Mail kann der Kommunikationsweg vollständig digitalisiert werden, wodurch die Zeitdauer der Beförderung und Bearbeitung minimiert wird.

Zudem werden gegenwärtig beglaubigte Kopien, zum Beispiel Hochschulzugangsberechtigung sowie Kopien offizieller Dokumente, zum Beispiel Personalausweis und Krankenversicherungsnachweis, im Rahmen des Bewerbungs- und Zulassungsprozesses angefordert. Hier wäre der Einsatz digitalen Signaturen sinnvoll, da dadurch die Authentizität der Dokumente auch in digitaler Form gewährleistet werden kann. Somit würde die Notwendigkeit von beglaubigte Kopien entfallen. Hierdurch kann auf die physischen Dokumente verzichtet werden, wodurch die Zeitdauer der Beförderung und Bearbeitung minimiert wird. Zudem können digitale Signaturen bei einem weitverbreiteten Einsatz dazu beitragen, dass der Aufwand für die Erstellung beglaubigter Kopien entfällt.

Darüber hinaus erhalten die Bewerber derzeit weder eine digitale Eingangsbestätigung ihrer Bewerbungsunterlagen noch Informationen zum Bearbeitungsstand ihrer Bewerbung, Zulassung und Immatrikulation. Unter Beachtung der präsentierten Vorschläge wäre die Einführung und Nutzung einer zentralen, integrierten Informationsplattform empfehlenswert. Diese könnte initial für die Bewerbung nutzbar sein. Hierbei könnten die angehenden Studierenden einen Account auf der Plattform anlegen und anschließend ihre Bewerbung für einen Studiengang aus dem Studienangebot vornehmen. Die Plattform bietet dabei die Möglichkeit den Bewerbungsprozess an verschiedenen Stellen zu unterbrechen und auch wieder fortzusetzen. Unter Nutzung der DE-Mail und der digitalen Signaturen lassen sich die geforderten Belege für die Immatrikulation nun direkt an die Universität übermitteln und der entsprechende Bearbeitungsstand kann sofort eingesehen werden. Alternativ könnte die Plattform auch eine direkte „Hochladen"-Funktion für Unterlagen, beispielsweise das Passbild, bereitstellen. Durch die Nutzung dieses Konzeptes wird dem Studieninteressierten ein zentraler Anlaufpunkt bereitgestellt, wodurch die Schnittstellen minimiert werden und ein zentraler Ansprechpartners suggeriert wird.

35.6 Nachhaltigkeitsaspekte der Bewerbungs- und Zulassungsprozesse

Alle hier vorgestellten Verbesserungsvorschläge tragen zur Nachhaltigkeit bei. So können im Bereich der ökonomischen Aspekte auf Seite der OvGU Effizienzsteigerungen durch medienbruchfreie Bearbeitung, ortsunabhängige Verfügbarkeit der Daten und Verkürzung der Bearbeitungszeiten erreicht werden. Zudem können Papier-, Druck- und Transportkosten gesenkt werden. Angenommen der Preis pro gedruckter Seite beläuft sich auf 0,05 € und pro Bewerbung werden nur der Zulassungs- oder Ablehnungsbescheid (je zwei Seiten) erstellt, ergibt sich bezogen auf ca. 11.000 Bewerber zum Wintersemester ein minimales Einsparungspotential von 8.600 € (2.200 € Papier- und Druckkosten sowie ca. 6.400 € Portokosten). Auf Seite des Bewerbers beträgt das Einsparungspotential, Druck und Versand der Bewerbungsunterlagen (minimal 6 Seiten[3]), 1,20 € (0,30 € Papier- und Druckkosten sowie 0,90 € Portokosten). Hier kommt bei der Einschreibung (minimal 5 Seiten[4]), unter Vernachlässigung der Kosten für das Passbild, ein weiteres Einsparungspotential in Höhe von 1,15 € (0,25 € Papier- und Druckkosten sowie 0,90 € Portokosten) zum Vorschein. Bezogen auf die Gesamtheit aller Bewerber und der davon zugelassenen (ca. 16,6 % (Mokosch 2013)) ergibt sich eine Summe von ca. 15.300 €.

Betrachtet man den ökologischen Aspekt, so können bei den genannten Seitenzahlen (insgesamt ca. 99.000 Seiten), unter Annahme von 3,7 g je Blatt und 1,28 kg CO_2 je 1 kg Papier (Grießhammer et al. 2010), mindestens 234,4 kg CO_2 eingespart werden. Keine Berücksichtigung finden dabei die durch den Transport verursachten CO_2-Emissionen.

Auf Seiten des sozialen Aspektes kann die Korruptionsbekämpfung durch mehr Transparenz aufgeführt werden. Zudem führt die Transparenz, die durch elektronische Eingangsbestätigungen und den einsehbaren Bearbeitungsstatus entsteht, zu einer höheren Bewerberzufriedenheit.

35.7 Ausblick

Zusammenfassend ist festzuhalten, dass alle hier dargestellten Vorschläge ihr höchstes Verbesserungspotential entfalten können, wenn sie gemeinsam als Bündel von Maßnahmen realisiert werden. Zudem sollten bereits existierende IT-Systeme in die Betrachtung mit einbezogen und zu einem integrierten CaMS entwickelt werden. So könnten unter anderem die vorgeschlagene Informationsplattform für Bewerber zum zentrale Informationsportal für Studierende weiterentwickelt werden, indem beispielsweise auch Stundenpläne, Notenübersichten, Nachweise und Lehrmaterialien verfügbar sind. Den Autoren ist bewusst, dass nach derzeitigem Stand voraussichtlich nicht aller der aufgeführten Verbesserungsvorschläge ohne großem Aufwand umsetzbar sind.

---

[3] Zu den 6 Seiten gehören 4 Seiten Hochschulzugangsberechtigung und 1 Seite Bewerbungsanschreiben sowie 1 Seite Lebenslauf.

[4] Die 5 Seiten teilen sich in 3 Seiten Krankenversicherungsnachweis sowie in eine Seite Kopie Personalausweis und eine Seite Einzahlungsnachweis auf.

Literatur

Allweyer T (2005) Geschäftsprozessmanagement. Strategie, Entwurf, Implementierung, Controlling. W3L GmbH Herdecke, Bochum

Alt R, Auth G (2010) Campus-management-system. Wirtschaftsinformatik 2010(3):185

BA (2013) Bundesagentur für Arbeit. Papierlose Verwaltung. Die Elektronische Akte (E-AKTE) in der Bundesagentur für Arbeit. http://www.arbeitsagentur.de/nn_387830/Dienststellen/besondere-Dst/ITSYS/IT-Themen-und-Projekte/E-AKTE.html. Zugegriffen: 29. Jan 2013

BBI (2012) Die Beauftragte der Bundesregierung für Informationstechnik. Innovative Vorhaben. http://www.cio.bund.de/DE/Innovative-Vorhaben/innovative_vorhaben_node.html

BMI (2013) Bundesministerium des Innern. Ist-Erhebung. http://www.orghandbuch.de/cln_321/nn_412562/OrganisationsHandbuch/DE/2__Vorgehensmodell/23__Hauptuntersuchung/231__IstErhebung/isterhebung__inhalt.html?__nnn=true. Zugegriffen: 10. Dez 2012

Bohrer L (2011) Die elektronische Akte in der Berliner Verwaltung. http://www.berlin.de/sen/inneres/zsc/dms-vbs/e-akte.html. Zugegriffen: 29. Jan 2013

Bösing KD (2006) Ausgewählte Methoden der Prozessverbesserung. http://opus.kobv.de/tfhwildau/volltexte/2008/22/pdf/WB2006_02_BAsing.pdf. Zugegriffen: 15. Okt 2012

ELSTER (2013) Bayerisches Landesamt für Steuern – ELSTER. Ihre elektronische Steuererklärung. https://www.elster.de/. Zugegriffen: 29. Jan 2013

Freund J, Götzer K (2008) Vom Geschäftsprozess zum Workflow. Ein Leitfaden für die Praxis. Carl Hanser Verlag, München

GRI (2011) GRI's sustainability reporting guidelines. https://www.globalreporting.org. Zugegriffen: 15. Feb 2013

Grießhammer R, Brommer E, Gattermann M et al. (2010) C02-Einsparpotenziale für Verbraucher. Studie, Freiburg

Koch S (2011) Einführung in das Management von Geschäftsprozessen. Six Sigma, Kaizen und TQM. Springer, Berlin

Kruse W (2009) Prozessoptimierung am Beispiel der Einführung eines neuen selbstverantwortlichen Arbeitsplanungsmodells im Hanse-Klinikum Wismar. Europäischer Hochschulverlag GmbH & Co. KG, Bremen

Mokosch M (2013) Untersuchung eines Prozessmanagementansatzes am Beispiel der Prozesse einer Universität. Masterarbeit, Otto-von-Guericke Universität

OvGU (2013) Otto-von-Guericke Universität Magdeburg. http://www.ovgu.de/. Zugegriffen: 15. Feb 2013

Pfitzinger E (2003) Geschäftsprozess-Management. Steuerung und Optimierung von Geschäftsprozessen. Beuth Verlag, Berlin

Pufé I (2012) Nachhaltigkeit, 1. Aufl. utb-studi-e-book, Bd 3667. UTB GmbH, Stuttgart

Schmelzer HJ, Sesselmann W (2006) Geschäftsprozessmanagement in der Praxis. Kunden zufrieden stellen - Produktivität steigern – Wert erhöhen. Carl Hanser Verlag, München Wien

Schmidt A (2010) Transparenz zur Korruptionsbekämpfung durch E-Government. In: Jansen SA, Schröter E, Stehr N (Hrsg) Transparenz. Multidisziplinäre Durchsichten durch Phänomene und Theorien des Undurchsichtigen. VS Verlag für Sozialwissenschaften, Wiesbaden, S 373–395

United Nations (1987) Report of the world commission on environment and development: our common future. Development and international co-operation: environment. http://www.bne-portal.de/coremedia/generator/unesco/de/Downloads/Hintergrundmaterial__international/Brundtlandbericht.pdf. Zugegriffen: 15. Feb 2013

Risikowahrnehmung, Beurteilung des Umgangs der Behörden und Beurteilung der unternehmerischen Verantwortung in Bezug auf drei Umweltsituationen

Carla Allende, Sebastián Diez, Héctor Macaño und Javier Britch

Zusammenfassung

In dieser Arbeit wurde einerseits das Verhältnis zwischen der Risikowahrnehmung und der Beurteilung des Umgangs mit Umweltrisiken seitens der entsprechenden Umweltbehörden und andererseits das Verhältnis zwischen der Risikowahrnehmung und der Beurteilung des Unternehmenssektors in Bezug auf drei wesentliche Themen untersucht: die endgültige Entsorgung von festen Siedlungsabfällen, die Abwasserreinigung der Stadt Córdoba und das erst vor Kurzem erlassene Waldschutzgesetz der Provinz Córdoba (Argentinien). Es wurden 197 Personenbefragungen mithilfe von Stichproben aus repräsentativen Bevölkerungsgruppen bezüglich der persönlichen Wahrnehmung dieser durchgeführt. Man kann hinsichtlich aller Themen eine statistisch signifikante Korrelation zwischen der Wahrnehmung des Risikos für die Umwelt und der Beurteilung des Umgangs der Behörden damit, als auch der unternehmerischen Verantwortung betrachten. Das Verhältnis zwischen diesen Variablen ändert sich nach der Segmentation der Stichproben in zwei Gruppen nach dem Wissensstand aber unter Beibehaltung der statistischen Signifikanz. Diese Arbeit zeigt Tendenzen auf und stellt ein erstes lokales

C. Allende (✉) · S. Diez · H. Macaño · J. Britch
Ciudad Universitaria – Córdoba, Maestro López esq. Cruz Roja Argentina, Córdoba, Argentinien
e-mail: callende@quimica.frc.utn.edu.ar, carla.allende@kitalumni.com.ar

S. Diez
e-mail: sdiez@quimica.frc.utn.edu.ar

H. Macaño
e-mail: hmacano@quimica.frc.utn.edu.ar

J. Britch
e-mail: javierbritch@hotmail.com

J. Marx Gómez et al. (Hrsg.), *IT-gestütztes Ressourcen- und Energiemanagement*,
DOI: 10.1007/978-3-642-35030-6_36, © Springer-Verlag Berlin Heidelberg 2013

Modell zwischen den untersuchten Variablen auf, die eine Hilfe sein können für eine effektive Mitteilung von Umweltrisiken.

Schlüsselwörter
Risikowahrnehmung • Zufriedenheit • Befragungen

36.1 Einführung

Das Feld der Risikokommunikation besteht in Argentinien erst seit Kurzem. Es wurde als Regierungstätigkeit im Jahr (Fjeld et al. 2007) durch die Einrichtung der Unidad de Evaluación de Riesgo Ambiental (UERA) eingeführt.

Die nationale argentinische Umweltpolitik legt im Artikel 2 des Gesetzes 25.675 fest "die Teilnahme der Gemeinschaft an der Entscheidungsnahme, als auch Organisationsprozesse und die Integration von Umweltinformationen zu fördern, indem sie den freien Zugang zu denselben garantiert".

Gegenwärtig haben die sozialen Forderungen gegenüber Umweltthemen in den Angelegenheiten der öffentlichen Verwaltung aller Gemeinschaften eine große Bedeutung erlangt. Deshalb sind die staatlichen Organisationen dazu verpflichtet, ihre Umweltinformationssysteme zu verbessern, um so mögliche Risikosituationen (für den Menschen wie auch für Ökosysteme) vorherzusehen. Der nächste Schritt ist die Organisation der Verwaltung von erkannten Risiken und Programmen der Umweltrisikokommunikation, um so soziale Konflikte zu vermeiden.

Diese Prozesse sind in unserem Land noch nicht ausgereift und es ist notwendig, Modelle zu entwickeln, die auf unsere Kultur und Idiosynkrasie angewendet werden können.

Die Wahrnehmung von Umweltrisiken ist wichtiger Bestandteil der Einschätzung von Umweltrisiken, insbesondere während des Umgangs damit und der Mitteilung von Umweltrisiken (Evans 2003, S. 105; Peters et al. 1997, S. 43).

Es ist von wesentlicher Bedeutung für die Effizienz des Ausarbeitungsprozesses von Alternativen und des Entscheidungsfindungsprozesses, die Wahrnehmung der Gemeinschaft und der möglichen Betroffenen in Bezug auf Situationen, die ein Umweltrisiko darstellen, zu kennen (Fjeld et al. 2007, S. 316; Hance et al. 1989, S. 113).

In dieser Arbeit wurde die Wahrnehmung von Risiken für die Umwelt im Hinblick auf drei aktuelle Umweltthemen bestimmt. Dies wurde durch Befragungen von Freiwilligen realisiert, die nach dem Zufallsprinzip in der Stadt Córdoba ausgewählt wurden. Die drei untersuchten Themen waren:

- Die endgültige Entsorgung von festen Siedlungsabfällen (seit 2010 auf einem provisorischen Areal)
- Die Abwasserreinigung der Stadt Córdoba (die Reinigungskapazität ist überschritten und es wird häufig unbehandeltes Abwasser in den Fluss Suquía abgelassen).

- Das Gesetz der Provinz Córdoba zum Schutz von heimischem Wald (im August 2010 kontrovers verabschiedet).

36.2 Ziele

Mit dieser Studie wird versucht einen möglichen Bezug zwischen der Wahrnehmung von Umweltrisiken und einerseits dem Umgang der Behörden und andererseits der unternehmerischen Verantwortung zu evaluieren. Zudem wird versucht zu bewerten, ob dieser Bezug vom Wissensstand des jeweiligen Themas beeinflusst wird.

36.3 Methodologie

Es wurde eine Umfrage zur persönlichen Befragung entworfen, die das rekursive Schema Frage/Gegenfrage/Kontrolle berücksichtigt. Als Modell wurde ein schon existierendes Hilfsmittel verwendet, das an die lokalen Gegebenheiten angepasst wurde (Slovic et al. 1993). Die Fragen wurden an zufällig ausgewählte Personen in verschiedenen Bereichen der Stadt gestellt (Universität, Einkaufszentren, öffentliche Straßen im Zentrum und in Stadtteilen, Behörden). Nur 17 Personen haben sich geweigert an der Umfrage teilzunehmen (8 %). Effektiv wurden 197 Befragungen durchgeführt. Die Zusammensetzung der Stichprobe richtet sich nach den Alters- und Geschlechterproportionen der Gesellschaft der Stadt Córdoba (INDEC 2001). Zu Beginn der Befragung wurde erklärt, dass die Auswertung der Antworten anonym erfolgt. In keinem Fall wurden mehr als 15 Minuten für die Befragung benötigt. Die Befragungen wurden innerhalb von zwei Wochen von drei Studierenden, die sich im letzten Semester des Studiums des Chemieingenieurwesens befinden, nach Einübung und Modellversuch durchgeführt. In jeder Befragung wurde nach den folgenden Punkten gefragt:

1. Das Risiko, das die Situation für den Befragten darstellt auf einer Skala von 1–10 (wobei 1 nicht gefährlich und 10 extrem gefährlich ist)
2. Warum die Situation gerade mit diesem Grad an Gefährlichkeit eingeschätzt wird (unter Angabe eines konkreten Grundes)?
3. Wie der Befragte den Umgang seitens der Behörden mit dem Thema sieht (1–10)?
4. Welches sind die zuständigen Behörden für dieses Thema?
5. Welche Verantwortung schreibt der Befragte Unternehmen in Bezug auf dieses Problem zu (1–10)?
6. Welche Wirtschaftssektoren oder konkrete Industriebereiche haben, laut dem Befragten, einen größeren Einfluss auf die Situation (Chemieindustrie, Landwirtschaft, Metallindustrie und Maschinenbau, Automobilzuliefererindustrie, Luftfahrtindustrie, etc.)?

36.4   Ergebnisse

Die Anzahl der Befragten umfasste 197 Personen im Alter von 18–69 Jahren, demgegenüber steht eine Gesamtbevölkerung von 748.129 (INDEC 2001). Dementsprechend lassen es die erhaltenen Zusammenhänge zwischen den Variablen zu, statistisch signifikante Korrelationen mit Konfidenzniveaus $p < 0{,}001$ (Fischer-Z-Wert > 3,3) und eine Repräsentativität mit einer Sicherheit von 95 % und Präzision von 7 % (Torres und Paz 2013, S. 11) in allen Gruppen (geschichtet und ungeschichtet) festzustellen (Triola 2000, S. 476).

Die Befragten waren alle volljährig und wurden anhand des Wissensstandes in zwei Gruppen aufgeteilt. Gruppe A sind diejenigen, die konsistente Kenntnisse über Umweltthemen aufwiesen (32 % – 63 Individuen) und Gruppe B (68 % – 134 Individuen) diejenigen, die keine konsistente Kenntnisse aufwiesen.

Der letzte Punkt (Wissenstand) wurde anhand der Genauigkeit und der internen Kohärenz der Antworten, des erreichten Bildungsniveaus und dem Eindruck des Befragers klassifiziert.

In Tab. 36.1 sind die Gesamtergebnisse der linearen Regression, sowie der Beurteilung des Umgangs der Behörden versus der Risikowahrnehmung aller behandelten Themen dargestellt.

Die lineare Korrelation ist das sogenannte Bestimmtheitsmaß oder der Pearson-Koeffizient im Quadrat (Pedro 2008, Kap. 3, S. 8).

Abbildung 36.1 zeigt als Beispiel die Beurteilung des Umgangs der Behörden, die abhängig ist von der Risikowahrnehmung in der Gesamtgruppe, hinsichtlich der Thematik der festen Siedlungsabfälle. In dem dargestellten Blasendiagramm ist die Fläche der Blasen proportional zur Punktmenge (entsprechend der ersten Linie der Tab. 36.1).

In Tab. 36.2 werden die Ergebnisse derselben Einstellung (Beurteilung des Umgangs der Behörden gegenüber der Risikowahrnehmung) für die anhand des Wissensstandes

Tab. 36.1 Beurteilung des Umgangs der Behörden versus Risikowahrnehmung

	Steigung	Ordinatenabschnitt	Lineare Korrelation (r^2)
Feste Siedlungsabfälle	−0.65	8.9	0.69
Abwasser	−0.59	8.6	0.47
Waldschutzgesetz	−0.68	8.7	0.56

Tab. 36.2 Beurteilung des Umgangs der Behörden versus Risikowahrnehmung in durch Wissensstand geschichteten Stichproben. Die Gruppe A ist die Gruppe mit höherem Wissensstand

	Steigung		Ordinatenabschnitt		Lineare Korrelation (r^2)	
	Gruppe A	Gruppe B	Gruppe A	Gruppe B	Gruppe A	Gruppe B
Feste Siedlungsabfälle	−0.41	−0.69	6.3	9.2	0.48	0.72
Abwasser	−0.34	−0.61	5.8	9.1	0.33	0.54
Waldschutzgesetz	−0.40	−0.72	6.0	9.7	0.39	0.59

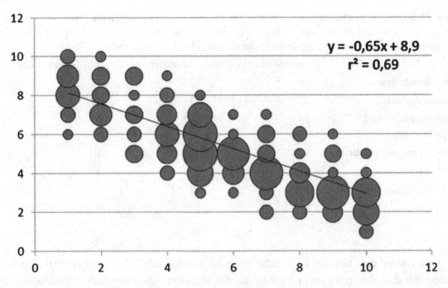

Abb. 36.1 Beurteilung des Umgangs der Behörden vs. Risikowahrnehmung in der Gesamtgruppe hinsichtlich des Falles der festen Siedlungsabfälle. Die Blasenfläche ist proportional zur Punktmenge

Tab. 36.3 Beurteilung der unternehmerischen Verantwortung versus Risikowahrnehmung

	Steigung	Ordinatenabschnitt	Lineare Korrelation (r^2)
Feste Siedlungsabfälle	−0.65	8.4	0.67
Abwasser	−0.53	8.2	0.44
Waldschutzgesetz	−0.62	8.1	0.54

Tab. 36.4 Beurteilung der unternehmerischen Verantwortung versus Risikowahrnehmung in durch Wissensstand geschichteten Stichproben. Die Gruppe A ist die Gruppe mit höherem Wissensstand

	Steigung		Ordinatenabschnitt		Lineare Korrelation (r^2)	
	Gruppe A	Gruppe B	Gruppe A	Gruppe B	Gruppe A	Gruppe B
Feste Siedlungsabfälle	−0.72	−0.40	9.1	6.7	0.68	0.42
Abwasser	−0.66	−0.31	8.9	5.5	0.57	0.47
Waldschutzgesetz	−0.67	−0.52	9.5	6.2	0.76	0.61

in zwei Gruppen geschichtete Stichprobe ersichtlich. Die Gruppe A ist die Gruppe mit höherem Wissensstand.

Tabelle 36.3 zeigt dieselben Einstellungen verbunden mit unternehmerischer Verantwortung gegenüber der Risikowahrnehmung in jeder der drei Situationen, wohingegen die Tab. 36.4 dasselbe für die durch Wissensstand geschichteten Stichproben verdeutlicht. Die Gruppe A ist die Gruppe mit höherem Wissensstand.

Tab. 36.5 Welche Wirtschaftssektoren oder konkrete Industriebereiche haben laut dem Befragten größeren Einfluss auf die Situation (Chemieindustrie, Landwirtschaft, Metallindustrie und Maschinenbau, Automobilzulieferindustrie, Luftfahrtindustrie, etc.)

	Feste Siedlungsabfälle	Abwasser	Waldschutzgesetz
Chemieindustrie	20	22	12
Landwirtschaft	31	24	81
Metallindustrie und Maschinenbau	23	12	1
Automobilzulieferindustrie	12	29	1
Luftfahrtindustrie	8	9	2
Dienstleistungsindustrie	5	2	3
Sonstige	1	2	0

In Bezug auf die Frage Nr. 6 „Welche Wirtschaftssektoren oder konkrete Industriebereiche haben laut dem Befragten mehr Einfluss auf die Situation (Chemieindustrie, Landwirtschaft, Metallindustrie und Maschinenbau, Automobilzulieferindustrie, Luftfahrtindustrie, etc.)" werden die Antworten in Prozentzahlen ausgedrückt in Tab. 36.5 zusammengefasst dargestellt.

36.5 Auswertung und Schlussfolgerung

Man kann aus den vorhergehenden Ergebnissen eine hoch-moderate $(0,33 < r2 < 0,76)$ lineare Beziehung mit in allen Fällen statistisch signifikanter Korrelation $(p > 0,001)$ zwischen der Risikowahrnehmung und der Beurteilung des Umgangs vonseiten der Behörden als auch mit der Beurteilung der unternehmerischen Verantwortung erkennen. Die lineare Annäherung der Daten weist eine negative Steigung auf, das heißt, dass bei höherer Risikowahrnehmung die Beurteilung des Umgangs mit Risiko seitens der Behörden und die Beurteilung der unternehmerischen Verantwortung kleiner sind (Tab. 36.1 und 36.2). Die Abhängigkeit vom Wissensstand (Tab. 36.2 und 36.4) weist auf eine wichtige kulturelle Komponente hin. Die Steigung und Korrelation zwischen der Risikowahrnehmung und der Beurteilung des Umgangs seitens der Behörden ändern sich, sobald die Stichprobe durch Wissensstand geschichtet wird. Bei der Gruppe A (höherer Grad an Wissen) nimmt die Steigung (in absoluten Werten) und ebenfalls die lineare Korrelation ab. Das zeigt, dass die Auffassungsgabe und das bessere Verständnis der Problematik die Tendenz aufweisen diese beiden Werte unabhängig voneinander zu betrachten.

In der Gesamtgruppe weist die unternehmerische Verantwortung dieselbe Tendenz auf, das Verhalten jedoch invertiert sich in den durch Wissensstand geschichteten Gruppen, das heißt, dass die Kurve der Gruppe mit höherem Wissensstand über eine höhere Steigung (in absoluten Werten) und eine höhere lineare Korrelation mit der unternehmerischen Verantwortung verfügt.

Ebenso ist es wichtig darauf hinzuweisen, dass in der Wahrnehmung der Gesellschaft die Chemieindustrie und die Landwirtschaft diejenigen Industrien mit größerer Verantwortung sind (siehe Tab. 36.5). Es fällt auf, dass 81 % der Antworten die Verantwortung der Risiken oder schädlichen Auswirkungen auf den heimischen Wald dem Landwirtschaftssektor zuschreiben (Tab. 36.5).

Somit ist für unseren Kontext zu beobachten, dass sich die Risikowahrnehmung an die Beurteilung des Umgangs von Umweltfragen, der unternehmerischen Umweltverantwortung und dem Wissensstand im Hinblick auf Umweltfragen koppelt. Eine effektive Kommunikation von Umweltrisiken sollte diese Fakten zur eigenen Planung und Ausführung berücksichtigen.

Literatur

Censo (2001) Pirámide poblacional, Córdoba Stadt. INDEC, Argentinien

Evans J (2003) Introducción al análisis de riesgos ambientales, 1. Aufl. Instituto Nacional de Ecología – SEMARNAT, Mexiko

Fjeld RA, Eisenberg NA, Compton KL (2007) Quantitative environmental risk analysis for human health. Wiley, Kanada

Hance BJ, Chess C, Sandman PM (1989) Setting a context for explaining risk. In: Risk analysis, Band 9, Wiley, Kanada, S 113–117

Pedro VM (2008) Estadística aplicada a las ciencias sociales. Universidad pontificia Comillas, Spanien

Peters R, Covello V, MacCallum D (1997) The determinants of trust and credibility in environmental risk communication: an empirical study. In: Risk analysis 17(1):43–54. Wiley, Kanada

Slovic P, Flynn J, Mertz CK, Mullican L (1993) Health-risk perception in Canada, Report no. 93-EHD-170. Department of National Health and Welfare, Ottawa

Torres M, Paz K (2013) Tamaño de una muestra para una investigación de mercado. Boletín electrónico Facultad de Ingeniería. Universidad Rafael Landívar, Guatemala

Triola MF (2000) Estadística elemental, 7. Aufl. Addison Wesley Longman, Mexiko

Beitrag betrieblicher Umweltinformatik für die Industrial Ecology – Analyse von BUIS-Software-Werkzeugen zur Unterstützung von Industriesymbiosen

37

Ralf Isenmann

Zusammenfassung

Der Beitrag zielt auf eine Bestandsaufnahme von Software-Werkzeugen betrieblicher Umweltinformationssysteme (BUIS), die speziell die Entwicklung von Industriesymbiosen unterstützen. Die Grundlage dazu bildet eine Analyse der einschlägigen Fachliteratur in der Industrial Ecology zu BUIS-Software-Werkzeugen, die in der Praxis im Einsatz sind oder entwickelt werden, um die Entwicklung von Industriesymbiosen zu unterstützen. Die Analyse umfasst die Beiträge des Journal of Industrial Ecology (JIE) – die offizielle vollbegutachtete Zeitschrift der International Society for Industrial Ecology (ISIE) – sowie weitere einschlägige Quellen im Zeitraum 1997–2010. Aus der Bestandsaufnahme und dem Inventar an identifizierten Software-Werkzeugen ergeben sich Ansatzpunkte zum Vergleich der spezifisch ausgerichteten BUIS-Software-Werkzeuge. Ferner liefert sie aufschlussreiche Erkenntnisse zu Anforderungen und Entwicklungstendenzen, wie BUIS denn Industriesymbiosen zukünftig noch besser unterstützen können und welche Richtung die Software-Entwicklung dazu einschlagen kann, mit Anregungen für BUIS neuerer Prägung. Industriesymbiosen sind ein weltweites Phänomen mit hunderten Beispielen, weltweit. Insofern bilden sie auch einen interessanten Anwendungsfall für BUIS sowie ein lohnendes Betätigungsfeld für die betriebliche Umweltinformatik insgesamt.

Schlüsselwörter

Betriebliche Umweltinformatik • Betriebliche Umweltinformationssysteme (BUIS) • Industrial Ecology • Industriesymbiose • Software-Werkzeuge

R. Isenmann (✉)
Hochschule für angewandte Wissenschaften München, Lothstr. 34, 80335 München, Deutschland
e-mail: ralf.isenmann@hm.edu

J. Marx Gómez et al. (Hrsg.), *IT-gestütztes Ressourcen- und Energiemanagement*,
DOI: 10.1007/978-3-642-35030-6_37, © Springer-Verlag Berlin Heidelberg 2013

37.1 Einführung: Betriebliche Umweltinformatik und Industrial Ecology

Umweltinformatik und Industrial Ecology repräsentieren aus institutioneller Sicht zwei akademisch getragene Forschungs- und Handlungsfelder, die auf das Leitbild der Nachhaltigkeit ausgerichtet sind.

- Die Aufgabe in der Umweltinformatik ist es, die Informationsverarbeitung zu untersuchen, das Informationsmanagement zu unterstützen und Informationssysteme mit Umwelt- und in entwickelter Form mit Nachhaltigkeitsbezug zu entwerfen, und zwar mit Methoden, Technologien und Werkzeugen der Informatik. Das zugrunde liegende Ziel besteht darin, zum Umweltschutz (Page et al. 1990a, b; Page und Hilty 1995; Rautenstrauch und Patig 2001; Marx Gómez et al. 2009) und letztlich zu einer nachhaltigen Entwicklung (Hilty und Gilgen 2001; Dompke et al. 2004; Hilty et al. 2005; Hilty 2008; Isenmann 2008a) beizutragen. Die betriebliche Umweltinformatik ist der Teilbereich, der sich auf Unternehmen bezieht. Sie ist ausgerichtet auf Konzept, Entwicklung und Nutzung betrieblicher Informationssysteme, auch organisationsübergreifend. In der Praxis deckt sich die Reichweite oft mit den IKT-gestützten Aufgaben eines standardisierten erweiterten Umwelt- und Nachhaltigkeitsmanagement(systems).
- Die Aufgabe in der Industrial Ecology ist es, industrielle Systeme und ihre Verknüpfungen mit dem es umgebenden natürlichen Ökosystem der Natur zu untersuchen, mit dem Ziel einer Annäherung an eine nachhaltige Entwicklung (Isenmann und von Hauff 2007). Nach einer frühen Arbeitsdefinition von White (1994) liegt der Fokus in der Industrial Ecology vor allem in der Analyse der Stoff- und Energieströme in industriell geprägten Produktions- und Konsumprozessen, den Auswirkungen dieser Ströme auf die Natur sowie auf den Einflüssen ökonomischer, politischer, gesetzlich-regulatorischer und sozialer Faktoren auf Ströme, Einsatz und Veränderung natürlicher Ressourcen.

Da die Industrial Ecology u. a. durch ihre disziplinübergreifende Entwicklungsgeschichte eine ausgeprägte systemische Perspektive verfolgt und die engen Grenzen von Einzelakteuren wie z. B. Unternehmen übersteigt, ist die Entwicklung von so genannten „Industriesymbiosen" von Anfang an ein Kernthema des Forschungs- und Handlungsfelds (von Hauff et al. 2012). Solche Industriesymbiosen tragen unterschiedliche Bezeichnungen, so z. B. Eco-Industrial Parks (EIPs), regionale Recycling-Netzwerke, Zero-Emission-Parks, nachhaltige Industrie- und Gewerbegebiete oder nachhaltige Wertschöpfungsketten („sustainable supply-chains"). Ungeachtet der unterschiedlichen Bezeichnung stehen solche Industriesymbiosen für einen (unternehmens-)übergreifenden Ansatz, in dem die eingebundenen Akteure Modelle einer Kreislaufwirtschaft etablieren wollen, also z. B. Stoffe gegenseitig austauschen, die Energieversorgung gemeinschaftlich organisieren und ihren Wasserverbrauch und Abfälle reduzieren wollen, um ihre Wettbewerbsposition zu verbessern. Ferner gehören dazu auch soziale Aspekte, z. B. Einrichtungen wie Kantinen,

Kindergärten und Fuhrparks im Sinne einer Ressourcengemeinschaft zu nutzen. Die Schlüsselprinzipien von Industriesymbiosen sind: Zusammenarbeit, gemeinschaftliche Nutzung von Ressourcen und das Ausschöpfen von Synergiepotenzialen, vor allem begünstigt durch die vergleichsweise enge geographische Nähe, sei es auf lokaler, kommunaler und regionaler Ebene, in einem Cluster oder entlang einer spezifischen Wertschöpfungskette (Chertow 2000, 2007). Die verschiedenen Formen von Industriesymbiosen sind gewöhnlich offen für Akteure aus unterschiedlichen Branchen. Dies hat den Charme, die Verschiedenheit der beteiligten Akteure in produktiver Weise für die betreffende Industriesymbiose nutzen zu können. Solche Industriesymbiosen sind ein weltweites Phänomen mit zahlreichen dokumentierten Beispielen weltweit, darunter alleine in Europa aktuell 121 analysierte Beispiele (Massard et al. 2012).

Während die Industrial Ecology ihren frühen Schwerpunkt in den 1980er Jahren vor allem in einem ingenieurwissenschaftlich-technologischen sowie ressourcen-industrieorientierten Zugang hatte (Ayres und Ayres 1996) und insofern vorwiegend auf physische Phänomene ausgerichtet war, hat das Forschungs- und Handlungsfeld heute erkennbar seinen Zugang erweitert auch auf die immaterielle Welt der „Bits & Bytes", also auf: Daten, Information, Wissen und die wichtige Verbindung mit der Informatik (Isenmann 2008c; Isenmann und Chernykh 2009).

Das Ziel des vorliegenden Beitrags besteht darin, zum State of the Art von solchen BUIS-Software-Werkzeugen beizutragen, die die Entwicklung von Industriesymbiosen unterstützen. Dazu wird ihr möglicher Nutzen beschrieben, und es werden Entwicklungstendenzen identifiziert, wie BUIS zukünftig Industriesymbiosen noch besser unterstützen können und welche Richtung die Software-Entwicklung dazu einschlagen kann. Der Beitrag liefert insofern auch Impulse zur Ausgestaltung von BUIS neuerer Prägung, so wie sie aktuell diskutiert wird (Marx Gómez 2009, 2011).

37.2 BUIS-Software-Werkzeuge zur Unterstützung von Industriesymbiosen

Der Beitrag zur Bestandsaufnahme von Software-Werkzeugen betrieblicher Umweltinformationssysteme (BUIS), die speziell die Entwicklung von Industriesymbiosen unterstützen, baut primär auf einer Literaturanalyse der einschlägigen Fachliteratur in der Industrial Ecology auf. Sie konzentriert sich thematisch auf solche BUIS-Software-Werkzeuge, die in der Praxis im Einsatz sind oder entwickelt werden, um die Entwicklung von Industriesymbiosen zu unterstützen. Die Analyse umfasst dabei die Beiträge im Journal of Industrial Ecology (JIE) – die offizielle vollbegutachtete Zeitschrift der International Society for Industrial Ecology (ISIE) – sowie weitere einschlägige Quellen im Zeitraum 1997–2010.

Empirische Befunde Den Hauptanteil der Analyse liefert eine empirische Untersuchung von Grant et al. (2010) zu umweltbezogenen IKT-Anwendungen für Industriesymbiosen. Dazu analysierten Grant et al. in einem induktiven Ansatz öffentlich verfügbare Fallstudien in der für Industrial Ecology einschlägigen Fachliteratur. Ihr Ziel war es, den aktuellen Stand umweltbezogener IKT-Anwendungen für Industriesymbiosen zu erfassen. Insgesamt identifizierten Grant et al. (2010) 17 umweltbezogene IKT-Anwendungen, die speziell die Entwicklung von Industriesymbiosen unterstützen (Abb. 37.1). Von den insgesamt 17 identifizierten umweltbezogenen IKT-Anwendungen sind bei neun nur vage Hinweise verfügbar, ob sie noch im Einsatz sind, drei sind nicht öffentlich verfügbar, eine im Internet zu bestellen sowie vier noch in der Entwicklung. Auf der Grundlage ihrer Analyse haben Grant et al. (2010) drei zentrale Herausforderungen identifiziert: Usability, Einführung, Training, Schulung und Expertise sowie vergleichsweise hohe Kosten beim Start-up. Über eine Einzelwürdigung der umweltbezogenen IKT-Anwendungen für Industriesymbiosen hinaus haben sie generelle Stärken und Schwächen identifiziert: Demnach liegen die ausgeprägten Stärken der herangezogenen umweltbezogenen IKT-Anwendungen vor allem in

Systems Studied	Geographic Scale	Status	Availability
Knowledge-Based Decision Support System (KBDSS)[a]	Industrial park	Completed	None
Designing Industrial Ecosystems Toolkit (DIET)[b]	Industrial park	Canceled	Public, reportedly unusable, requires MS Office 95
Industrial Materials Exchange Tool (IME)[c]	City	Canceled	None
Dynamic Industrial Materials Exchange Tool (DIME)[d]	Region	Completed	None
MatchMaker![e]	City	Completed	None
Industrial Ecology Planning Tool (IEPT)[f]	Industrial park	Completed	Source code available, requires ArcView GIS
WasteX[g]	Nation	Canceled	None
Industrial Ecosystem Development Project (IEDP)[h]	Region	Canceled	None
Residual Utilization Expert System (RUES)[i]	City/state	Completed	Available to the original project funding organizations, requires Level5 software shell
Institute of Eco-Industrial Analysis Waste Manager (IUWAWM)[j]	Region	Operational	Reporting software—purchase and demo available over the web; analysis and optimization systems under development
Industrie et Synergies Inter-Sectorielles (ISIS) and Presteo[k]	Region	Operational	In use by the developer
SymbioGIS[l]	Region	Operational/ continuous development	In use by the developer
Core Resource for Industrial Symbiosis Practitioners (CRISP)[m]	Nation	Operational	In use by the developer and select partners

Abb. 37.1 Umweltbezogene IKT-Anwendungen für Industriesymbiosen (Grant et al. 2010, S. 744)

der Identifikation möglicher physischer Austauschprozesse im Sinne eines Schließens von Stoffströmen. Gleichwohl, so ihre Einschätzung, zeige sich deutlicher Verbesserungsbedarf im Relationship-Management, bei Anbahnungsprozessen, bei der Bildung vertrauenswürdiger Beziehungen zwischen den Akteure einer Industriesymbiose sowie darin, Kooperationen geschickt durch IKT-Anwendungen zu erleichtern.

Hintergrundkonzepte Den theoretischen Hintergrund für den o. g. induktiven Ansatz in der Industrial Ecology bilden zum einen Konzepte aus dem Wissenmanagement. Ihr Kern liegt vor allem darin, dass in Industriesymbiosen sowohl explizites als auch vor allem implizites Wissen bedeutsam ist. Zwei beispielhafte, aber typische Fragen für Industriesymbiosen:

- Explizites Wissen: Wer weiß was? Das betrifft z. B. Angaben des Mengen- und Wertgerüst aus dem erweiterten umweltbezogenen Rechnungswesen (environmental management accounting), PPS-Daten, Angaben aus ERP-Systemen, zum geistigen Eigentum (intellectual property), zu Marktdaten sowie Angaben bspw. zu Preisen sowie wer Ansprechpartner für bestimmte Reststoffe ist.
- Implizites Wissen: Wer kann komplexe Herausforderungen bewältigen? Dies zielt z. B. auf „Know-how" und „Know-why", so wie sie in arbeitsteiligen Kommunikations- und Problemlösungsprozessen gefordert sind und umfasst bspw. die Anreizsteuerung zur Motivation, sich in Teams, Gruppen, Institutionen usw. zu engagieren, sowie Kompetenzen, die zur erfolgreichen Kooperation und beim Netzwerken benötigt werden.

Neben den zugrunde liegenden Wissensmanagement-Konzepten haben Grant et al. zum anderen ein prozessuales Entwicklungsmodell für Industriesymbiosen entwickelt und herangezogen. Es soll die charakteristischen Aufgaben bei Planung, Aufbau und Betrieb von Industriesymbiosen abbilden. Dazu schlagen Grant et al. (2010, S. 745–747) fünf blockbildende Phasen vor: Identifikation von Chancen (opportunity identification), Chancenbewertung (opportunity assessment), Beseitigung von Hindernisse (barrier removal), Marktdurchdringung und anpassendes Management (commercialisation and adaptive management) sowie Dokumentation, Kontrolle und Public Relations (documentation, review and publication). Diese fünf als charakteristisch angenommenen Phasen dienen Grant et al. (2010) auch dazu, die identifizierten umweltbezogenen IKT-Anwendungen für Industriesymbiosen einzeln auf ihre Stärken und Schwächen entlang der Phasen hin zu untersuchen.

Erklärungsansätze Umweltbezogene IKT-Anwendungen bieten offensichtlich eine Reihe von Vorzügen, um Industriesymbiosen wirksam zu unterstützen. Ein wichtiger Eckpunkt ist vor allem in der möglichen Reduktion von Informations- bzw. Transaktionskosten zu sehen. Gleichwohl bedürfen Industriesymbiosen längerfristiger, auf gegenseitigem Vertrauen aufbauender Beziehungen. Akteure sind in der Regel nur dann bereit, Stoffströme zu schließen und die erforderlichen Infrastrukturinvestitionen zu tätigen, wenn sie sich hin zu einer echten Ressourcengemeinschaft entwickelt haben.

Dieser Prozess erfordert Zeit, vertrauensbildende Maßnahmen und eben auch den Austausch impliziten Wissens.

Die oben skizzierte empirische Untersuchung von Grant et al. (2010) zu umweltbezogenen IKT-Anwendungen für Industriesymbiosen liefert sicherlich kein vollständiges und allumfassendes Bild. Bei der Interpretation sind deshalb Grenzen zu berücksichtigen:

- So ergeben sich offensichtliche methodische Grenzen z. B. durch die Datengrundlage bei der obigen Analyse: Die Untersuchung ist auf die Fachliteratur in der Industrial Ecology und auf die akademisch vollbegutachtete Zeitschrift JIE beschränkt. So ist es ggf. auch zu erklären, dass das mächtige Software-Werkzeug „Umberto" (www. umberto.de) in der Analyse nicht auftaucht.
- Ferner macht (Perl 2006, 2010) deutlich, dass der Implementierung von BUIS, insbesondere in ihrer organisationsübergreifender Art, zahlreiche Hindernisse entgegenstehen, sowohl konzeptioneller als auch praktischer Natur. Insofern ist vielleicht die vergleichsweise geringe Anzahl verfügbarer Software-Werkzeuge zu deuten.
- In eine ähnliche Richtung wie (Perl 2006, 2010) zielen Fiedler und· Gallenkamp (2008) mit ihrem Beitrag zu den Bedingungen virtueller Kommunikation in Kooperationsbeziehungen, so wie sie z. B. in Industriesymbiosen typisch sind. Auf der Grundlage neuerer Ansätze zur Theorie der Informationsreichhaltigkeit (information resp. communication richness theory) erklären sie, dass die Potenziale IKT-gestützter Kommunikation z. B. mittels Software-Werkzeugen, Video- und Teleconferencing-Systemen usw. oftmals doch nicht die erwarteten Wirkungen entfalten, die die technische Informationsreichhaltigkeit eigentlich erwarten ließe. Eine mögliche Ursache liege darin, dass die Nutzer vor allem noch nicht erfahren genug sind, mit den modernen Software-Werkzeugen in geeigneter Weise umzugehen.

Ungeachtet der angedeuteten Grenzen stützen aktuellere Befunde aus der betrieblichen Umweltinformatik, speziell zum State of the Art von BUIS (Junker et al. 2010; Teuteberg und Straßenburg (2009) und die dort angegebene Literatur), die durchaus vorläufige und partielle Bestandsaufnahme von BUIS-Software-Werkzeugen für Industriesymbiosen: In den gebildeten fünf thematischen BUIS-Schwerpunktbereichen hat die Abfallwirtschaft eine vergleichsweise geringe Bedeutung. Konzeptionell sind für BUIS operative und Insellösungen noch weithin dominant. Methodisch fallen Simulation und Referenzmodellierung hinter andere Forschungsmethoden in der Fach-Community zahlenmäßig zurück. Als Zukunftsherausforderung sind insbesondere die Integration von BUIS in ERP-Systeme und andere betriebliche Informationssysteme zu nennen, vor allem die durchgängige Funktionsintegration vom Material Flow Management über ein erweitertes umwelt- bzw. nachhaltigkeitsbezogenes Rechnungswesen bis hin zur differenzierten Berichterstattung (Isenmann und Rautenstrauch 2007) im Sinne eines auch strategisch verankerten Nachhaltigkeitsinformationsmanagement, z. B. mit einer Anbindung über

Balanced-Scorecard-Konzepte. Diese BUIS-spezifische Sichtweise zum State of the Art deckt sich mit den zuvor skizzierten Befunden.

Eine ergänzenden Zugang zum induktiven Ansatz von Grant et al. (2010) haben Isenmann und Chernykh (2009) vorgelegt: Sie regen eine Mehrperspektiven-Klassifizierung an, um die verfügbaren BUIS-Software-Werkzeuge für Industriesymbiosen einzuordnen. Dazu schlagen sie vier weitere Ansätze vor:

- Methoden- und technologiegetriebener Ansatz,
- Informationsverarbeitungsbezogener Ansatz,
- Umweltmanagementspezifischer Ansatz,
- Ansatz orientiert an den Nachhaltigkeitswirkungen.

Der Charme einer solchen Mehrperspektiven-Klassifizierung liegt in der unmittelbaren Anschlussfähigkeit für die betriebliche Umweltinformatik, gelten die vier genannten Ansätze doch als prototypisch für die Umweltinformatik-Literatur und Fach-Community.

37.3 Fazit mit Handlungsempfehlungen für betriebliche Umweltinformatiker und Industrial Ecologists

Die identifizierten BUIS-Software-Werkzeuge und die dokumentierten Fallstudien zu ihrem Einsatz in der Praxis verdeutlichen auf der einen Seite die Dynamik in den vergangenen rund 30 Jahren, die die Entwicklung von BUIS-Software-Werkzeugen – stellvertretend für die betriebliche Umweltinformatik – sowie die Vielzahl an Industriesymbiosen weltweit – stellvertretend für die Industrial Ecology – insgesamt durchlaufen hat. Verbunden mit der wachsenden Bedeutung leistungsfähiger Software-Werkzeuge in der Industrial Ecology insgesamt wird auf der anderen Seite auch erkennbar, dass es noch viel Spielraum zu Verbesserungen gibt, um das Potenzial von BUIS-Software-Werkzeugen zur Unterstützung von Industriesymbiosen tatsächlich voll auszuschöpfen (Isenmann und Chernykh 2009).

Im Sinne eines übergreifenden Anliegens zielt der Beitrag auch darauf, das IKT-getriebene Forschungs- und Handlungsfeld: Betriebliche Umweltinformatik mit dem umweltbezogenen Forschungs- und Handlungsfeld: Industrial Ecology noch besser zu verknüpfen. Obwohl die beiden Forschungs- und Handlungsfelder eine Reihe gemeinsamer Merkmale teilen und eine ähnliche Zielrichtung in Richtung Nachhaltigkeit verfolgen, lassen sich institutionelle Zusammenarbeit und vor allem gemeinsame Aktivitäten in Forschung und Praxis weiter intensivieren (Isenmann 2008b, 2009). Denn die Fortschritte in BUIS, insbesondere in der Entwicklung von BUIS-Software-Werkzeugen, ermöglichen Chancen für eine einzigartige Unterstützung für viele Anwendungen in der Industrial Ecology, insbesondere beim:

- Stoffstrommanagement z. B. mit einem unternehmens- bzw. organisationsübergreifenden Austausch von Materialien, einer gemeinschaftlicher Nutzung von Energie, der intelligenten Nutzung von Wasser sowie der Verwertung von Reststoffen und Abfällen,
- gemeinschaftlichen Nutzen anderer Ressourcen wie z. B. Infrastruktureinrichtungen oder Personal sowie anderen Formen von Sozialkapital und ferner – nicht weniger bedeutsam – von
- Beziehungsmanagement der beteiligten Akteure, der Kontaktanbahnung, der Gemeinschaftsbildung (community building) und der Pflege der (auch virtuellen) Kooperationen, und zwar in verschiedenen rechtlichen Konstellationen, organisatorischen Strukturen und räumlich-geographischen Arrangements.

Über einen offensichtlichen einseitigen Transfer von IKT-Aspekten und BUIS-Bezügen von der betrieblichen Umweltinformatik zur Industrial Ecology hinaus, kann gleichsam auch die betriebliche Umweltinformatik von der Industrial Ecology profitieren:

- So liefern die fachspezifischen Anforderungen und speziellen Bedürfnisse und Präferenzen der Industrial Ecologists, die in Industriesymbiosen mit verschiedenen Rollen und Aufgaben beteiligt sind, wertvolle Impulse für betriebliche Umweltinformatiker. Solche anwendungsspezifischen Impulse erscheinen vor allem auch deshalb für die zukünftige Entwicklung von BUIS anschlussfähig, weil in der Industrial Ecology ein systemischer Zugang verfolgt wird. Dieser begünstigt es, Einzelakteure zielgerichtet miteinander zu verknüpfen. Insellösungen und proprietäre Lösungen, so wie sie in der BUIS-Entwicklungsgeschichte sowie in der Unternehmenspraxis zu beobachten sind, ließen sich mit einem organisationsübergreifenden Zugang vermindern, so zumindest eine plausible Hoffnung.
- Betriebliche Umweltinformatiker, seien sie eher konzeptionell auf BUIS ausgerichtet oder stärker in der Entwicklung von Software-Werkzeugen beheimatet, mögen ferner daran interessiert sein, noch weithin isolierte BUIS in Einzelorganisationen zu verknüpfen zu einer umfassenderen BUIS-Infrastruktur, die eine komplette Industriesymbiose umfasst. Eine solche Industriesymbiose umfassende BUIS-Infrastruktur ermöglicht einen organisationsübergreifenden Austausch umwelt- und nachhaltigkeitsrelevanter Daten, maßgeschneidert auf die spezifischen Informationsbedürfnisse der in Industriesymbiosen eingebundenen Entscheidungsträger. Dazu zählen z. B. Führungskräfte in Unternehmen, Zulieferer, Kunden, lokale Verwaltung, Behörden, Nicht-Regierungs-Organisationen sowie andere Organisationen, die in Industriesymbiosen aktiv eingebunden oder von Industriesymbiosen betroffen sind. Einen konkreten Anwendungsfall hierzu symbolisieren die Überlegungen zu Idee, Konzept und BUIS-gestützten Umsetzung einer Netzwerk- bzw.

interorganisationalen Nachhaltigkeitsberichterstattung, so wie sie aktuell in der betrieblichen Umweltinformatik bearbeitet werden (Solsbach et al. 2009, 2010, 2011).

Danksagung   Der Beitrag geht ursprünglich zurück auf das EU-Forschungsprojekt ICT-ENSURE. ICT-ENSURE ist eine „support action" für die Europäischen Kommission. Sie wurde gefördert und finanziert unter der Nummer 224017 im FP 7, Theme 3, Information and Communication Technologies (ICT) der Europäischen Kommission.

Literatur

Ayres RU, Ayres LW (1996) Industrial ecology. Towards closing the material cycle. Edward Elgar, Cheltenham and Brookfield

Chertow M (2000) Industrial symbiosis: literature and taxonomy. Ann Rev Energy Environ 25:313–337

Chertow M (2007) Uncovering industrial symbiosis. J Ind Ecol 11(1):11–30

Dompke M, von Geibler J, Göhring W, Herget M, Hilty LM, Isenmann R, Kuhndt M, Naumann S, Quack D, Seifert EK (Hrsg) (2004) Memorandum Nachhaltige Informationsgesellschaft. Stuttgart

Fiedler M, Gallenkamp J (2008) Virtualisierung der Kommunikation – Der Beitrag von Informationsreichhaltigkeit für Kooperation. Wirtschaftsinformatik 6:472–481

Grant GB (2007) Knowledge infrastructure for industrial symbiosis: progress in information and communication technology. Yale University. Industrial Environmental Management Center for Industrial Ecology

Grant GB, Saeger TP, Massard G, Nies L (2010) Information and communication technology for industrial symbiosis. J Ind Ecol 14(5):740–753

Hilty LM (2008) Information technology and sustainability. Essays on the relationship between information technology and sustainable development. Book on Demand, Norderstedt

Hilty LM, Gilgen PW (Hrsg) (2001) Sustainability in the information society. 15th international symposium informatics for environmental protection. Zurich 2001. Part 1 and Part 2. Metropolis, Marburg

Hilty LM, Seifert EK, Treibert R (Hrsg) (2005) Information systems for sustainable development. Idea Group Publishing, Hershey

Isenmann R (2008a) Sustainable information society. In: Quigley M (Hrsg) Encyclopedia of information ethics and security. IGI Global, Hershey, S 622–630

Isenmann R (2008c) Setting the boundaries and highlighting the scientific profile of industrial ecology. Inf Technol Environ Eng Special Issue January 1(1):32–39

Isenmann R (2009) Bringing together environmental informatics and industrial ecology. In: Wohlgemuth V, Page B, Voigt K (Hrsg) Environmental informatics and industrial environmental protection. 23rd international conference on informatics for environmental protection, vol 2. Shaker, Aachen, S 221–224

Isenmann R, Chernykh K (2009) Environmental ICT applications for eco-industrial development. In: Wohlgemuth V, Page B, Voigt K (Hrsg) Environmental Informatics and industrial environmental protection. 23rd international conference on informatics for environmental protection, vol 2. Shaker, Aachen, S 231–242

Isenmann R, von Hauff M (Hrsg) (2007) Industrial ecology. Mit Ökologie nachhaltig wirtschaften. Elsevier, München

Isenmann R, Rautenstrauch C (2007) Horizontale und vertikale Integration Betrieblicher Umweltinformationssysteme (BUIS) in Betriebswirtschaftliche Anwendungsszenarien. Umweltwirtschaftsforum 15(2):75–81

Isenmann R (2008b) Environmental informatics and industrial ecology – scientific profiles of two emerging fields striving for sustainability. In: Möller A, Page B, Schreiber M (Hrsg) Environmental informatics and industrial ecology. Shaker, Aachen, S 14–22

Junker H, Marx Gómez J, Lang C (2010) Betriebliche Umweltinformationssysteme. Tagungsband Multikonferenz Wirtschaftsinformatik (MKWI'2010) – Teilkonferenz Betriebliches Nachhaltigkeitsmanagement, Göttingen CD-Proceedings, S 1865–1875

Massard G, Jacquat O, Wagner L, Zürcher D (2012) International survey on eco-innovation parks. Learnings from experiences on the spatial dimension of eco-innovation. Bundesamt für Umwelt BAFU, Swiss conferation

Marx Gómez J (2011) IT-for-Green: Umwelt-, Energie- und Ressourcenmanagement mit BUIS der nächsten Generation. http://www.it-for-green.eu. Zugegriffen: 31. Okt 2012

Marx Gómez J, Rizzoli AE, Mitkas PA, Athanasiadis IN (Hrsg) (2009) Information technologies in environmental engineering (ITEE 2009). Proceedings of the 4th international ICSC symposium Thessaloniki, Greece. Springer, Berlin

Marx Gómez J (2009) Betriebliches Umweltinformationssystem (BUIS). In: Kurbel K, Becker J, Gronau N, Sinz E, Suhl L (Hrsg) Enzyklopädie der Wirtschaftsinformatik – Online Lexikon. Oldenbourg, München

Page B, Hilty LM (1995) Umweltinformatik als Teilgebiet der Angewandten Informatik. In: Page B, Hilty LM (Hrsg) Umweltinformatik. Informatikmethoden für Umweltschutz und Umweltforschung, 2nd edn. Oldenbourg, München und Wien, S 15–31

Page B, Jaeschke A, Pillmann W (1990a) Angewandte Informatik im Umweltschutz. Teil 1. Informatik Spektrum 13:6–16

Page B, Jaeschke A, Pillmann W (1990b) Angewandte Informatik im Umweltschutz. Teil 2. Informatik Spektrum 13:86–97

Perl E (2006) Implementierung von Umweltinformationssystemen. Industrieller Umweltschutz und die Kommunikation von Umweltinformationen in Unternehmen und in Netzwerken. DUV, Wiesbaden

Perl E (2010) Communicating environmental information on a company and inter-organizational level. In: Hallin A, Gustavsson TK (Hrsg) Organizational communication and sustainable development. ICT's for mobility. Information science reference, Hershey, New York, S 115–132

Pillmann W, Geiger W, Voigt K (2006) Survey of environmental informatics in Europe. Environ Model Softw 21(11):1519–1527

Rautenstrauch C, Patig S (Hrsg) (2001) Environmental information systems in industry and administration. Idea Group Publishing, Hershey

Solsbach A, Isenmann R, Marx Gómez J (2010) Network publicity—an approach to sustainability reporting from a network view. In: ISEE 2010—proceedings of the international society for ecological economics 11th Biennial conference: advancing sustainability in a time of crisis, 22–25 Aug 2010, Oldenburg und Bremen, Deutschland. http://www.isee2010.org/. Zugegriffen: 31. Okt 2012

Solsbach A, Marx Gómez J, Isenmann R (2009) Sustainability reporting in networks. In: Wohlgemuth V, Page B, Voigt Kristina K (Hrsg.) Environmental informatics and industrial environmental protection. 23rd international conference on informatics for environmental protection, vol 1. Shaker, Aachen, S 241–245

Solsbach A, Marx Gómez J, Isenmann R (2011) iSTORM—idea and reference architecture approaching inter-organisational sustainability reporting. In: Pillmann W, Schade S, Smits P (Hrsg.) EnviroInfo ISPRA 2011: proceedings of the 25th international conference environmental informatics. Ispra, Italien, 5–7 Oktober 2011, S 639–646

Teuteberg F, Straßenburg J (2009) State of the art and future research in environmental management information systems—a systematic literature review. In: Marx Gómez J, Rizzoli AE, Mitkas PA, Athanasiadis IN (Hrsg.) Information technologies in environmental engineering (ITEE 2009). Springer, Berlin, S 64–77

von Hauff M, Isenmann R, Müller-Christ G (2012) Industrial ecology management. Nachhaltige Entwicklung durch Unternehmensverbünden. Springer-Gabler, Wiesbaden

White R (1994) Preface. In: Allenby BR, Richards DJ (Hrsg.) The greening of industrial ecosystems. National Academy Press, Washington

Versionierung von Nachhaltigkeitsberichten

38

Dilshodbek Kuryazov, Andreas Solsbach und Andreas Winter

Zusammenfassung

Die Nachhaltigkeitsberichterstattung ist ein zentrales Instrument der Umweltkommunikation zur Dokumentation der Leistungen von Unternehmen bezogen auf soziale, ökonomische und ökologische Einflüsse. Nachhaltige Entwicklungen erfordern fortlaufende und kontinuierliche Betrachtungen dieser Einflussfaktoren, da deren Entwicklung und die in Nachhaltigkeitsberichten dargestellten Aktivitäten sich oftmals erst in den folgenden Jahren signifikant auswirken. Eine Versionierung der hierzu genutzten Modelle erlaubt die umfassende Analyse von Nachhaltigkeitsberichten über verschiedene Berichtszeiträume und ermöglicht die Darstellung von Änderungen und Verbesserungen dieser Einflussfaktoren. Dieser Beitrag motiviert und verwendet ein Verfahren zur Versionierung von Nachhaltigkeitsberichten unter Verwendung von metamodell generischer Delta-Speicherung. Hierzu werden Nachhaltigkeitsberichte gemäß eines individuell anpassbaren Metamodells repräsentiert. Unter Rückbezug auf dieses Metamodell werden Operationen zur Beschreibung der versionierten Nachhaltigkeitsberichte definiert und genutzt. Unterschiede werden hierbei als Sequenz von ausführbaren Operationen dargestellt, die es ermöglichen, ältere Versionen aus

D. Kuryazov (✉) · A. Solsbach · A. Winter
Department für Informatik, Carl von Ossietzky Universität Oldenburg,
Ammerländer Heerstr., 114-118, 26129 Oldenburg, Deutschland
e-mail: dilshod.rahmatov@informatik.uni-oldenburg.de

A. Solsbach
e-mail: andreas.solsbach@informatik.uni-oldenburg.de

A. Winter
e-mail: winter@se.uni-oldenburg.de

J. Marx Gómez et al. (Hrsg.), *IT-gestütztes Ressourcen- und Energiemanagement*,
DOI: 10.1007/978-3-642-35030-6_38, © Springer-Verlag Berlin Heidelberg 2013

neueren Nachhaltigkeitsberichten zu erhalten. Es wird skizziert, wie dieser Ansatz zur Versionierung von Nachhaltigkeitsberichten im Rahmen des STORM-Projekts angewendet werden kann.

Schlüsselwörter

Nachhaltigkeitsberichterstattung • Modellversionierung • Delta-Speicherung

38.1 Motivation

Die Nachhaltigkeitsberichterstattung stellt Unternehmen Techniken zur Darstellung ihrer Bemühungen um die Verbesserung sozialer, ökonomischer und ökologischer Einflüsse von Produkten und Produktionsprozessen bereit. Diese Techniken umfassen Verfahren zur Beobachtung, Messung, Nachverfolgung und Dokumentation unternehmerischer Leistungen. Ökologische Aspekte der Nachhaltigkeitsberichte folgen in der Regel standardisierten Leitfäden, wie z. B. der Global Reporting Initiative (Global Reporting Initiative 2000), und beschreiben Indikatoren und Kriterien zu Energie, Biodiversität oder Emissionen. Inzwischen werden diese Daten von Investoren und diversen weiteren Interessengruppen im Zuge der nachhaltigen Unternehmensentwicklung nachgefragt.

Zur Nachhaltigkeitberichterstattung werden Informationsmanagementsysteme eingesetzt, die umfangreiche Analysen aktueller und vergangener Nachhaltigkeitsdaten bereitstellen, und Entscheidungsträger bei der Einschätzung der Auswirkungen zukünftiger Aktivitäten unterstützen. Aktuell zeigt sich, dass Unternehmen Nachhaltigkeitsberichte vermehrt im Internet veröffentlichen (Isenmann und Marx Gòmez 2008). Durch den Einsatz von Web 2.0-Techniken wird ein intensiver Dialog mit personalisierten oder zielgruppengerechten Nachhaltigkeitsberichten unterstützt. Nachhaltigkeitsberichte werden über die Zeit fortgeschrieben bzw. die den Berichten zugrunde liegenden Daten werden aktualisiert. Zur Analyse der Änderungshistorie dieser Daten sind die entsprechenden Berichte und dort dokumentierten Daten zu versionieren. Diese Änderungen müssen jederzeit rückverfolgbar sein, um Änderungsursachen und Zeitpunkte ermitteln und bewerten zu können. Eine gezielte Versionierung dieser Daten ermöglicht die Analyse und Auswertung von Änderungshistorien, um so auch langfristige Einflüsse auf die Nachhaltigkeitsentwicklung zu erkennen und in der Entscheidungsfindung zu berücksichtigen.

Das *Sustainable Online Reporting Model (STORM)* (Solsbach et al. 2011) stellt ein dialogorientiertes Open-Source-System zur öffentlichen und privaten Nachhaltigkeitsberichterstattung bereit. Zur Verwaltung der Berichte werden alle benötigten Informationen in einer relationalen Datenbank gespeichert. Die verschiedenen Berichte sind hierbei in unterschiedlichen Versionen abrufbar. Hierzu werden die geänderten bzw. fortgeschriebenen Daten mit entsprechenden Zeitmarken in die Datenbanktabellen eingepflegt. Die interne Repräsentation von STORM wurde nicht vor dem Hintergrund der effizienten Historisierung von Nachhaltigkeitsberichten erstellt. Hierdurch enthält die Datenbank vielfach redundante Datenbankeinträge, die sich oft nur in wenigen Attributen unterscheiden. Ebenso erfordert die Analyse der Versionshistorien umfangreiche und aufwändige Datenbankabfragen.

Diese Arbeit beschreibt die Anwendung eines *metamodellgenerischen, operationsbasierten Ansatzes* zur gezielten Versionierung von Nachhaltigkeitsmodellen (Kuryazov et al. 2012). Ausgehend von der konzeptionellen Modellierung der Berichte mittels Metamodellierung, werden für alle Modellierungskonzepte (insb. Klassen, Attribute, Assoziationen) standardisierte Operationen zum Anlegen (add), Löschen (delete) und Ändern (change) von Modellelementen bereitgestellt. Modelldifferenzen werden durch Folgen dieser Operationen beschrieben, und erlauben eine kontextsensitive Analyse der Modellunterschiede. Dieser Ansatz ist auf alle durch ein entsprechendes Metamodell definierten Domänen anwendbar.

Der Beitrag ist wie folgt strukturiert: Abschn. 38.2 skizziert das STORM-Projekt und beschreibt das hier genutzte Datenbankschema, das in überarbeiteter Form Ausgangspunkt zur Definition des im Folgenden genutzten Metamodells ist. Im Abschn. 38.3 wird der *metamodellgenerische, operationsbasierte Ansatz* zur Versionierung von Nachhaltigkeitsmodellen beispielhaft dargestellt. Ebenso werden verwandte Arbeiten zur Modellversionierung eingeordnet. Abschließend fasst Abschn. 38.4 die Ergebnisse zur Versionierung von Nachhaltigkeitsberichten zusammen.

38.2 Versionierung im STORM

Das interaktive Nachhaltigkeitsberichtsmanagementsystem STORM (Solsbach et al. 2011) ermöglicht Anwendern, eine Vielzahl von Berichten aufzubereiten und sie im Netz zu veröffentlichen. STORM zielt hier insbesondere auch auf die Einbeziehung relevanter Stakeholder. Hierzu stellt STORM Verfahren zur kontinuierlichen Diskussion der Nachhaltigkeitsmodelle, der Berichte und der hieraus abgeleiteten Entscheidungen u. A. für Kunden, Verbraucher, Lieferanten, Mitarbeiter, Investoren und Aktionäre bereit. STORM kann als modulare, Web 2.0-basierte Referenzimplementierung für die interaktive, Web-basierte Nachhaltigkeitsberichterstattung aufgefasst werden, die an individuelle Anforderungen angepasst werden kann.

Als durchgehendes Beispiel dient in Abb. 38.1, 38.2 und 38.3 ein kleiner Ausschnitt eines Nachhaltigkeitsberichtsmodells, das einer vereinfachten Version des in STORM genutzten Schemas entspricht. Abbildung 38.1 zeigt zwei Versionen des Nachhaltigkeitsberichts „Management approach to environmental responsibility" in unterschiedlichen Zuständen (new und in process). Beide Berichte enthalten weitere Unterkapitel (article), die in Abb. 38.2 konkretisiert werden.

Abbildung 38.2 referenziert zwei Unterkapitel des Nachhaltigkeitsberichts zu *Energy* und *Water*, die ebenfalls in unterschiedlichen Versionen mit unterschiedlichen

id	name	status	date	version	pred	article[a]
1	Management approach to environmental responsibility	in process	11.11.2012	2	2	1,2
2	Management approach to environmental responsibility	new	01.11.2012	1	—	3,4

[a] article verweist auf Tabelle Article in **Abb. 38.2**

Abb. 38.1 Beispiel: Nachhaltigkeitsbericht (Report)

id	title	text	status	date	version	pred	indicator[bc]
1	Energy	Energy consumption is saved by using new energy sources	in process	11.11.2012	2	3	1
2	Water	Reduce water consumption achieved by optimization	in process	15.10.2012	2	4	2
3	Energy	Energy consumption is saved by using new energy sources	new	01.11.2012	1	—	3
4	Water	Reduce water consumption achieved by optimization	new	05.10.2012	1	—	4

[b] indicator verweist auf Tabelle Indikator in **Abb. 38.3**
[c] Artikel können durchaus auf mehrere Indikatoren verweisen

Abb. 38.2 Beispiel: Nachhaltigkeitsbericht (Article)

id	indicator	name	value	date	version	pred
1	EN3	Direct energy consumption in thousand megawatt hours	7.921	11.11.2012	2	3
2	EN8	Total water withdrawal by source in thousand cubic meters	2.220	15.10.2012	2	4
3	EN3	Direct energy consumption in thousand megawatt hours	8.688	01.11.2012	1	-
4	EN8	Total water withdrawal by source in thousand cubic meters	2.440	05.10.2012	1	-

Abb. 38.3 Beispiel: Nachhaltigkeitsbericht (Indicator)

Ursprungsdaten existieren. Diese Unterkapitel verweisen jeweils auf Indikatoren (Indicator) aus Abb. 38.3.

Abbildung 38.3 zeigt verschiedene Indikatoren. Diese Indikatoren beziehen sich im Beispiel auf Umweltfaktoren zum Energie- und Wasserverbrauch. Diese Indikatoren wurden ebenfalls zu verschiedenen Zeitpunkten erhoben. Analysen über die zeitliche Entwicklung dieser Werte ermöglichen es, die Auswirkungen von Nachhaltigkeitsaktivitäten zu erkennen, zu beurteilen und auch im Rahmen fortgeschriebener Nachhaltigkeitsberichte zu dokumentieren.

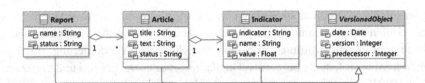

Abb. 38.4 Schema für Nachhaltigkeitsberichte

Die Versionierung dieser Daten erfolgt durch Attribute zur Speicherung des Änderungsdatums (date), der Versionsnummer (version) und der Angabe einer Referenz auf das entsprechende Vorgängerdatum (pred: predecessor). In den beiden hier betrachteten Versionen des Nachhaltigkeitsberichts wurden nur wenige Daten geändert; der größte Teil der abgelegten Informationen blieb unverändert. Letztlich änderten sich nur die Werte der Indikatore EN3 und EN8. Die Änderung dieser Werte führte dann auch zu entsprechenden Anpassungen in der Versionierung. Im Falle umfangreicher Änderungen in einzelnen Versionen, führt dieses – bei Verwendung der aktuell in STORM genutzten Datenrepräsentation zur Versionierung – zu häufig wiederholten und redundanten Daten und zu vermehrten Null-Werten in der STORM Datenbank.

Das in STORM genutzte Datenbank-Schema ist (vereinfacht) in Abb. 38.4 dargestellt. Nachhaltigkeitsberichte (Report) enthalten Kapitel (Article), die Indikatoren (Indicator) enthalten. Alle Instanzen dieser Klassen sind versioniert, so dass sie mit einer Versionsnummer (version), einem Erstellungsdatum (date) und einer Referenz auf das Vorgängerdatum (predecessor) attributiert werden können. Die in STORM derzeit realisierte Datenhaltung ist an das Schema des GRI-Rahmenwerks (G3) der Global Reporting Initiative (2000) angelehnt.

Die Nachhaltigkeitsberichterstattung ist eine kontinuierliche Aktivität, in der über einen langen Zeitraum Daten gesammelt, aktualisiert und analysiert werden. Umfasst die STORM-Datenbank eine umfangreiche Sammlung von Nachhaltigkeitsberichten in sehr vielen Versionen, wird die hier genutzte Datenbank sehr groß und Analysen unnötig aufwendig. Es ist folglich erstrebenswert, sowohl die Speicherung als auch die Analyse der Nachhaltigkeitsdaten effizient zu gestalten. Da aus der Analyse der Entwicklung der Nachhaltigkeitsmodelle zentrale Aussagen über Effekte, und insbesondere über die Erfolge der Beeinflussung der Nachhaltigkeitsparameter abgeleitet werden können, ist auch die Analyse und Visualisierung der Versionshistorie effizient zu gestalten, so dass hier z. B. Effekte auf einzelne Indikatoren oder Indikatorgruppen systematisch und verlustfrei ermittelt werden können.

Arndt et al. (2006) schlagen ein XML-Schema zur Repräsentation von Nachhaltigkeitsberichten basierend auf den GRI-Rahmenwerk Global Reporting Initiative (2000) vor. Hierzu passende XML-Dokumente könnten mittels textbasierter Differenzverfahren z. B. (Berliner 1990) auf Modelldifferenzen überprüft und versioniert werden. Im Vergleich zu textbasierten Versionierungstechniken, bei denen Änderungen vom Inhalt unabhängig repräsentiert werden, erfordert eine effizient analysierbare Datenstruktur zur

Versionierung von Nachhaltigkeitsdaten eine kontextbezogene Repräsentation, die eine gezielte Differenzenbestimmung für einzelne, modellierte Inhalte ermöglicht. Für die Nachhaltigkeitsberichterstattung kann eine modellbasierte Versionierung entlang des Schemas in Abb. 38.4, direkt bezogen auf konkrete Reports, Articles und Indicators erfolgen. Die Versionierung von Nachhaltigkeitsberichten und deren Analyse sollte daher eher analog zu modellbasierten Versionierungsansätzen (vgl. z. B. Kuryazov et al. 2012; Cicchetti et al. 2007; Schmidt und Gloetzner 2008) erfolgen, bei der gezielt die Änderung einzelner Modellierungselemente in ihrem Modellierungskontext abgebildet werden. Die Inhalte der Nachhaltigkeitsberichte werden hierzu als *Nachhaltigkeitsmodell* aufgefasst, das in verschieden Versionen vorliegt. Im Gegensatz zu der bislang in STORM genutzten Versionierung sollte ein solcher modellbasierter Versionierungsansatz redundantes Speichern von Modelldaten vermeiden und lediglich die tatsächlich geänderten Modellelemente repräsentieren.

38.3 Versionierung mit Operatorbasierter Δ-Speicherung

Entsprechend der in Abschn. 38.2 skizzierten Anforderungen an die Versionierung von Nachhaltigkeitsberichten wird im Folgenden ein neuer Ansatz zur Versionierung durch Modelldifferenzen (Δ-Speicherung) vorgestellt (vgl. Kuryazov et al. 2012). Dieser Ansatz kann als *metamodellgenerisch* und *operatorbasiert* klassifiziert werden, d. h. Modellinstanzen, hier Modelle von Nachhaltigkeitsdaten, folgen einem Metamodell, hier einer Überarbeitung des (vereinfachten) STORM-Datenbankschemas, und Modelldifferenzen werden mittels Folgen standardisierter Operationen beschrieben. Diese Folgen von Operationen, die durch Modelltransformationen realisiert werden können, beschreiben lediglich die nötigen Änderungen des Ursprungsmodells zur Erreichung des Zielmodells, so dass Modellinformationen möglichst nicht redundant vorgehalten werden müssen.

Zur Repräsentation von operatorbasierten Modelldifferenzen werden zwei Differenzspeicherungen unterschieden: *Vorwärtsdeltas* beschreiben solche Transformationen, die angewandt auf ein älteres Modell, eine neuere Version errechnen. Umgekehrt wird durch Anwendung eines *Rückwärtsdeltas* aus einer neueren Modellversion eine frühere Version bestimmt. In Modellversionierungssystemen werden üblicherweise Rückwärtsdeltas verwendet, da hier die zumeist genutzte, aktuelle Modellversion direkt vorliegt. Bei einer Speicherung durch Vorwärtsdeltas müsste sie durch Anwendung aller Modelltransformationen aus dem initialen Modell berechnet werden. Der im Folgenden beschriebene Ansatz funktioniert sowohl für Vorwärts- als auch Rückwärtsdeltas, wird aber entlang der Rückwärtsdeltas beschrieben. Um alle Modellversionen bzw. deren Transformationen analog zu repräsentieren, wird auch das der Versionierung zugrunde liegende Ursprungsmodell (d. h. bei Rückwärtsdeltas, die aktuelle Modellversion) als Transformation vom leeren Modell repräsentiert. Modellversionen bestehen daher ausschließlich aus Folgen von Transformationen über dem Metamodell der Modellierungssprache.

   Versionskontrollverfahren wie z. B. RCS (Tichy 1985), CVS (Vesperman 2003), Git
(Loeliger 2009) und Subversion (Collins-Sussman et al. 2004) zielen auf die Verwaltung
textbasierter Dokumente. Zur Differenzenberechnung wird hier diff (Hunt und
McIlroy 1976) oder eine Variante verwendet. Aufgrund der reinen Textorientierung sind
diese Ansätze nur bedingt zur Modellversionierung geeignet. Im Gegensatz zu textbasierten Versionierungsansätzen berücksichtigen modellbasierte Versionierungsansätze die
Modellierungskonzepte durch Rückbezug auf die hier genutzten Metamodelle: Cicchetti,
Di Ruscio, und Pierantonio (2007) charakterisieren ihren Ansatz zwar als *metamodellun-
abhängig*, nutzen aber Differenzmodelle, die durch ein deterministisches Verfahren aus
dem relevanten Metamodell abgeleitet werden. Modelldifferenzen werden hier ebenfalls
durch Operationen dargestellt, die auf ATL-Transformationen (Jouault und Kurtev Arndt
et al. 2006) abgebildet werden. Alanen und Porres (2003) nutzen ebenfalls ein operations-
basiertes Verfahren zum Berechnen, Vereinigen und Mischen von Modelldifferenzen. Ein
Graph-basierter Ansatz zur Verwaltung von Modelldifferenzen wird in SiDiff (Schmidt
und Gloetzner 2008) verwendet. Modelldifferenzen werden hier aus standardisierten
Graphen mit Hilfe geeigneter Graphalgorithmen errechnet. Diese Graphen enthalten
Rückbezüge auf die im Metamodell der Modellierung definierten Typen der einzelnen
Modellierungskonstrukte, so dass auch hiermit eine kontextbezogene Modelldifferenz
vorliegt.

   Generell können Modelländerungen auf drei Basis-Operationen zurückgeführt
werden (vgl. hierzu auch Cicchetti et al. 2007; Schmidt und Gloetzner 2008). Jedes
Modellelement kann *angelegt* (add) oder *gelöscht* (delete) werden, und jede Eigenschaft eines Modellelements kann *geändert* (change) werden. Zur Vereinfachung bei der
Modellerstellung werden die Eigenschaften der Modellelemente beim Anlegen mit den
entsprechenden Werten parametrisiert. Ein generischer Ansatz zur Modellversionierung
muss daher bei vorliegendem Metamodell diese Operatoren für alle Modellkonzepte
des Metamodells und alle dort definierten Attribute inkl. der benötigten Rollen in
Assoziationen bereitstellen.

   Ausgehend vom Metamodell zur Definition der (vereinfachten) STORM-Nachhaltig-
keitsberichte aus Abb. 38.4 skizziert Abb. 38.5 alle Operationen zur Versionierung dieser
Berichte. Diese Operationen sind in Interfaces zusammengefasst, die aus einem gegebenen
Metamodell der zu versionierenden Modelle automatisch generiert werden können. Die

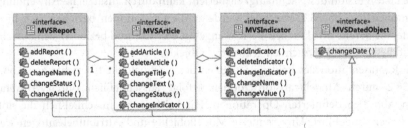

Abb. 38.5 Metamodell der Änderungsoperationen

Interfaces MVSReport, MVSArticle und MVSIndicator zur Versionierung der STORM-Nachhaltigkeitsberichte stellen add und delete-Operationen für Berichte (Report), Kapitel (Article) und Indikatoren (Indicator) sowie change-Operationen der in Abb. 38.4 definierten Attribute bereit. Darüber hinaus wird die Einbettung von Indikatoren in Artikel und die Zusammenfassung von Artikeln zu Berichten unter Berücksichtigung der im Metamodell definierten Sichtbarkeiten auf entsprechende Operatoren abgebildet. Diese Interfaces werden durch die entsprechenden Klassen des Metamodells implementiert, wobei die add-Operationen als Konstruktoren aufgefasst werden.

Im Beispiel werden Änderungen von Werten (unabhängig von der Versionierung) mit dem Änderungsdatum protokolliert, so dass diese Informationen durch ein eigenes Interface MVSDatedObject abgebildet werden. Die Verwaltungsinformationen zu Versionen, die in der Klasse VersionedObject in Abb. 38.4 modelliert sind, werden aufgrund der Deltaspeicherung nicht weiter benötigt (Attribut Predecessor) bzw. in das Versionsdokument verlagert.

Mit Hilfe der in Abb. 38.5 definierten Operationen können alle Änderungen zwischen STORM-Nachhaltigkeitsberichten durch Folgen von Operatoranwendungen dargestellt werden. Diese Operatorfolgen sind auf einem bestehenden Modell ausführbar, so dass die Anwendung einer solchen Operatorfolge auf dieses Modell (bei Rückwärtsdelta-Speicherung) die vorhergehende Modellversion liefert.

Die Implementierung dieser Operationen kann durch jeden beliebigen Modelltransformationsansatz wie z. B. ATL (ATLAS Transformation Language) (Jouault und Kurtev Arndt et al. 2006), AGG (Algebraic Graph Transformation) (Taentzer 2000), oder FUJABA (Nickel et al. 2000) erfolgen. Die aktuelle Implementierung des Ansatzes basiert auf VIATRA 2. Differenzen zwischen STORM-Nachhaltigkeitsberichten werden hierbei auf Aufrufe entsprechender VIATRA-Modelltransformationen abgebildet. Im Rahmen der Bachelor-Arbeit (Bauer 2013) wird derzeit eine Umsetzung mit ATL (Jouault und Kurtev 2006) entwickelt.

Die Abb. 38.6 und 38.7 zeigen die beiden Versionen des STORM-Nachhaltigkeitsberichts aus Abb. 38.1, 38.2 und 38.3 als Modelldifferenzen über die in Abb. 38.5 definierten Operationen. Die aktuelle Version des Nachhaltigkeitsberichts ist als Differenz zum leeren Modell in Abb. 38.6 dargestellt. Mittels entsprechender add-Operationen werden die benötigten Indikatoren (Zeilen 1–6), Kapitel (Zeilen 7–12) und der Nachhaltigkeitsbericht (Zeile 13–15) angelegt.

Die erste Version des Nachhaltigkeitsbericht kann durch zusätzliche Anwendung der Operationen in Abb. 38.7 errechnet werden. Alle Operationen beziehen sich hier auf Objekte, die bereits im aktuellen Bericht angelegt wurden, und beziehen sich ausschließlich auf die Änderung tatsächlich geänderter Objekte.

Die Repräsentation der beiden Versionen der Nachhaltigkeitsberichte aus Abb. 38.1 und 38.2 durch Modelltransformationen erfolgt ausschließlich durch Anwendung von in Abb. 38.5 definierten Operationen. Hierbei werden ausschließlich die nötigen Änderungen aufgeführt. Unveränderte Modellobjekte und Attributbelegungen werden in der Modelldifferenz nicht erwähnt. Durch die direkte Adressierung ist es ferner möglich, direkt die Belegung einzelner Modellkomponenten zu verfolgen. Zur Ermittlung

```
1  Indicator  in1  =  addIndicator("EN3",
2      "Direct  energy  consumption  in  thousand  megawatt  hours",
3      7.921,11.11.2012);
4  Indicator  in2  =  addIndicator("EN8",
5      "Total  water  withdrawal  by  source  in  thousand  cubic  meters",
6      2.220,15.10.2012);
7  Article  ar1  =  addArticle("Energy",
8      "Energy  consumption  is  saved  by  using  new  energy  sources",
9      "in  process",11.11.2012,in1);
10 Article  ar2  =  addArticle("Water",
11     "Reduce  water  consumption  achieved  by  optimization",
12     "in  process",15.10.2012,in3);
13 Report  rp1  =  addReport
14     ("Management  approach  to  environmental  responsibility",
15     "in  process",11.11.2012,(ar1,ar2));
```

Abb. 38.6 Aktuelle Version des Nachhaltigkeitsberichts (Version 2)

```
1  in1.changeValue(8.688);
2  in1.changeDate(01.11.2012);
3  in2.changeValue(2.440);
4  in2.changeDate(05.10.2012);
5  ar1.changeStatus("new");
6  ar1.changeDate(01.11.2012);
7  ar2.changeStatus("new");
8  ar2.changeDate(05.10.2012);
9  rp1.changeStatus("new");
10 rp1.changeDate(01.11.2012);
```

Abb. 38.7 Vorhergehende Version des Nachhaltigkeitsberichts (Version 1)

```
1  Indicator  in1  =  addIndicator("EN3",
2      "Direct  energy  consumption  in  thousand  megawatt  hours",
3      7.921,11.11.2012);
4  in1.changeValue(8.688);
```

Abb. 38.8 Änderungshistorie des Indikators EN3

des Werteverlaufs z. B. des Wertes des Indikators EN3 sind lediglich alle Definitionen des value-Attributs des Objekts in1 zu betrachten (vgl. Abb. 38.8). Änderungshistorien können folglich durch Konkatenation der relevanten Modelldifferenzen und Selektion der interessierenden Modellelemente ermittelt und visuell aufbereitet werden.

38.4 Zusammenfassung

In diesem Papier wurde ein metamodellgenerischer, operatorbasierter Ansatz zur Modellversionierung auf die Versionierung von Nachhaltigkeitsberichten im STORM-Projekt angewandt.

Hierdurch werden Methoden und Techniken zur Speicherung von Modelldifferenzen durch Transformationsfolgen bereitgestellt. Die hierzu nötigen Transformationen können aus dem, dem Modellierungsansatz zugrunde liegenden, Metamodell abgeleitet und mittels Modelltransformationsansätze implementiert werden. Die resultierenden Modelldifferenzen erlauben, im Gegensatz zur textbasierten Differenzenberechnung eine präzise Adressierung der jeweils geänderten Modellelemente und ermöglichen somit auch eine gezielte Analyse der Änderungshistorie der Modellversionen. Hierdurch kann Stakeholdern im Rahmen der Nachhaltigkeitsberichterstattung ein Mittel an die Hand gegeben werden, auch die Auswertung der Nachhaltigkeitsparameter über einen längeren Zeitraum zu überwachen und hieraus Erkenntnisse für weitere Nachhaltigkeitsaktivitäten abzuleiten. Der Grad der Unterstützung bei der Auswertung historischer Nachhaltigkeitsdaten muss aber noch in weiteren prototypischen Implementierungen in STORM validiert werden.

Der hier vorgestellte Ansatz zur Modellversionierung wurde auch für UML-Aktivitätsdiagramme angewandt (Kuryazov et al. 2012). Hierdurch wird die Übertragbarkeit des Ansatzes sowohl hinsichtlich anderer Modellierungssprachen, als auch hinsichtlich der Verwendung weiterer Transformationsansätze motiviert.

Danksagung   Andreas Solsbach wird finanziert durch den Europäischen Fond für regionale Entwicklung im Projekt „IT-for-Green: Environment, Energy and Resource Management with BUIS 2.0" (W/O III 80119242). Dilshodbek Kuryazov ist Stipendiat des Erasmus Mundus TARGET II Programms. Die hier vorgestellte Arbeit ist Teil der *ExploIT Dynamics* Forschungsperspektive der Carl von Ossietzky Universität, Oldenburg.

Literatur

Alanen M, Porres I (2003) Difference and union of models. In: Stevens P, Whittle J, Booch G (Hrsg) UML 2003, Springer, LNCS, 2863:S 2–17

Arndt HK, Isenmann R, Brosowski J, Thiessen I, Marx Gòmez J (2006) Sustainability reporting using the extensible business reporting language (XBRL). In: Tochtermann K, Scharl A (Hrsg) EnviroInfo 2006. Managing Environmental Knowledge, Shaker, S 75–82

Bauer A (2013) Describing changes in Activity Diagrams. Bachelor thesis, University of Oldenburg (im Druck)

Berliner B (1990) CVS II: Parallelizing software development

Cicchetti A, Di Ruscio D, Pierantonio A (2007) A metamodel independent approach to difference representation. Journal of Object Technology 6(9):165–185

Collins-Sussman B, Fitzpatrick BW, Michael PC (2004) Version Control with Subversion. O'Reilly

Global Reporting Initiative (2000) Sustainability Reporting Guidelines, Version 1.3. Tech. rep., Global Strategic Alliances. https://www.globalreporting.org/resourcelibrary/G3.1-Sustainability-Reporting-Guidelines.pdf

Hunt JW, McIlroy MD (1976) An algorithm for differential file comparison. Tech. Rep. CSTR 41, Bell Laboratories, Murray Hill

Isenmann R, Marx Gòmez J (2008) Internetbasierte Nachhaltigkeitsberichterstat- tung: Maßgeschneiderte Stakeholder-Kommunikation mit IT. Schmidt, Berlin

Jouault F, Kurtev I (2006) Transforming models with ATL. In: Models 2005, Workshops. Springer, Berlin, LNCS 3844:128–138

Kuryazov D, Jelschen J, Winter A (2012) Describing Modeling Delta By Model Transformation. Softwaretechnik Trends, International Workshop on Comparison and Versioning of Software Models (CVSM 2012) 32(4)

Loeliger J (2009) Version control with git. O'Reilly

Nickel U, Niere J, Zündorf A (2000) The FUJABA environment. In: Proceedings of the 22nd international conference on Software engineering, ACM, New York, ICSE '00, S 742–745. http://doi.acm.org/10.1145/337180. 337620

Schmidt M, Gloetzner T (2008) Constructing difference tools for models using the SiDiff framework. In: Companion of the 30th international conference on Software engineering, ACM, New York, ICSE Companion '08, S 947–948. http://doi.acm.org/10.1145/1370175.1370201

Solsbach A, Süpke D, vom Wagner Berg B, Marx Gòmez J (2011) Sustainable online reporting model: A web based sustainability reporting software. In: Golinska P, Fertsch M, Marx-Gòmez J (Hrsg) Information Technologies in Environmental Engineering. Springer, Berlin, S 165–177

Taentzer G (2000) AGG: A tool environment for algebraic graph transformation. In: Proceedings of the international workshop on applications of graph transformations with industrial relevance, Springer, London, AGTIVE '99, S 481–488. http://dl.acm.org/citation.cfm ?id=646676.702002

Tichy WF (1985) RSC – A system for version control. Softw Pract Experience 15:637–654. http://dx.doi.org/10.1002/spe. 4380150703

Vesperman J (2003) Essential CVS. O'Reilly

Internetbasierte Nachhaltigkeitsberichterstattung im Kontext des Umwelt-, Energie- und Ressourcenmanagements mit BUIS der nächsten Generation

Andreas Solsbach, Swetlana Lipnitskaya und Sebastian van Vliet

Zusammenfassung

Die Anforderungen an Unternehmen im Hinblick auf das Informationsmanagement werden durch den stetig steigenden Vernetzungsgrad mit Zulieferern bzw. Kunden immer wichtiger für ein erfolgreiches Wirtschaften am Markt. Die Öffentlichkeit fordert die Offenheit und Transparenz im Umgang mit unternehmensbezogenen Umweltinformationen. In der Studie „Umweltbewusstsein in Deutschland Solsbach et al. 2010. Ergebnisse einer repräsentativen Bevölkerungsumfrage" des Umweltbundesamts wird deutlich, dass Umweltschutz an dritter Stelle der wichtigsten Themen in der Öffentlichkeit angesehen wird. Die Nachhaltigkeitsberichterstattung (NBE) als ein Werkzeug der Umweltkommunikation integriert Umweltinformationen, Sozialinformationen und Geschäftsdaten und ist somit für die Schaffung einer erhöhten Transparenz und Glaubwürdigkeit von Unternehmen geeignet. Die vielfältigen Möglichkeiten der Ausgestaltung der NBE zeigen sich bei der Analyse der aktuellen Richtlinien und Standards der verschiedensten Organisationen, die Aktivitäten zu Prinzipien erörtern oder einen Kriterienset besitzen, der den Einfluss auf die sogenannte „Tripple Bottom Line" zeigt. Der folgende Beitrag erläutert den aktuellen Stand des Softwaremoduls „Nachhaltigkeitsberichterstattung und -dialog" im Rahmen des Projektes „IT-for-Green: Umwelt-,

A. Solsbach (✉) · S. Lipnitskaya
Department für Informatik Abt., Wirtschaftsinformatik I/VLBA, Carl von Ossietzky
Universität Oldenburg, Ammerländer Heerstr. 114-118, 26129 Oldenburg, Deutschland
e-mail: andreas.solsbach@uni-oldenburg.de

S. Lipnitskaya
e-mail: swetlana.lipnitskaya@uni-oldenburg.de

S. van Vliet
Universität Oldenburg, Oldenburg, Deutschland
e-mail: sebastian.van.vliet@uni-oldenburg.de

J. Marx Gómez et al. (Hrsg.), *IT-gestütztes Ressourcen- und Energiemanagement*,
DOI: 10.1007/978-3-642-35030-6_39, © Springer-Verlag Berlin Heidelberg 2013

Energie- und Ressourcenmanagement mit BUIS der nächsten Generation". Ferner werden in dem vorliegenden Beitrag primär die Möglichkeiten einer softwarebasierten NBE – als ein integrativer Bestandteil eines Betrieblichen Umweltinformationssystems (BUIS) – vorgestellt und erörtert.

Schlüsselwörter

Nachhaltigkeitsberichterstattung • Betriebliche Umweltinformationssysteme • Serviceorientierter Ansatz • Unternehmenskommunikation • Umwelt

39.1   Einleitung

In der betrieblichen Praxis zeigt sich bei Betrachtung aktueller Initiativen und Richtlinien im Bereich der Umweltkommunikation und insbesondere in der NBE z. B. Global Reporting Initiative (GRI) (2013), dass vor allem die Vernetzung von Unternehmen in der Darstellung der Umwelteinflüsse fokussiert wird.

Dieses wird durch die Weiterentwicklungen im Bereich der Informations- und Kommunikationstechnologien (IKT) entsprechend gefördert, da die im Unternehmen vorhanden Informationen – nicht begrenzt auf die Umweltinformationen – sich in der Qualität und Quantität erhöht haben und von Informationssystemen verwaltet werden müssen.

Die Darstellung des eigenen Einflusses auf die Umwelt in der Form eines Umweltberichtes ist seit den Anfängen in den 80er Jahren in Unternehmen nach Schaltegger und Herzig (2008) gebräuchlich, jedoch ist die NBE gegenüber der Umweltberichterstattung in Deutschland eine freiwillige Berichterstattung. Die Aufnahme innerhalb eines Nachhaltigkeitsindex z. B. weltweit führende Indizes nach der Aachener Stiftung (2012) sind FTSE4Good, Dow Jones Sustainability Index und MSCI World ESG Index.

Die Trends in der NBE zeigen sich in Isenmann und Marx Gómez „Internetbasierte Nachhaltigkeitsberichterstattung" (2008), dem Entwurf der GRI G4 Richtlinien (2012) und Trends der Nachhaltigkeit veröffentlicht vom Bundesministerium für Umwelt, Naturschutz und Reaktorsicherheit (2008). In diesen Quellen sind folgende Themen als Fokus identifiziert worden:

- Klimawandel und Energie/Ressourcenknappheit/Demographischer Wandel/ Süsswassermangel
- Dialog-orientierte Kommunikation (Süpke et al. 2009)
- Grenzen der Nachhaltigkeitsberichterstattung (Bey 2008; Lundie und Lenzen 2008; Solsbach et al. 2010, 2011)
- Transparenz der Informationen/Offenlegung der Lieferketten und deren Einfluss auf soziale, ökonomische und ökologische Aspekte

Die Einführung eines betrieblichen Umweltinformationssystems kann den Informationsfluss im Unternehmen für die Unternehmenskommunikation intern und extern

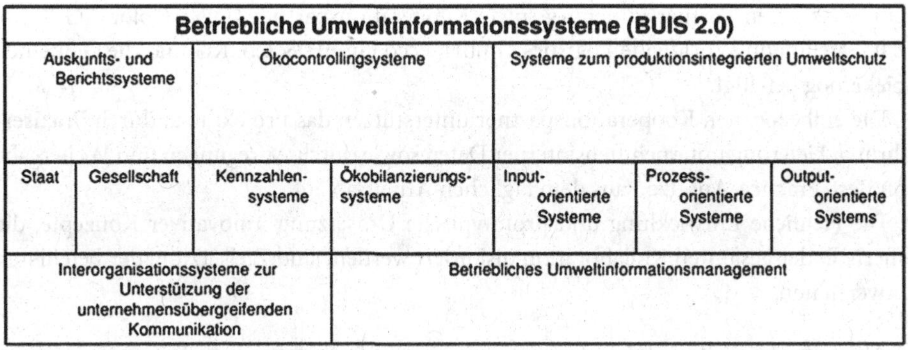

Betriebliche Umweltinformationssysteme (BUIS 2.0)							
Auskunfts- und Berichtssysteme		Ökocontrollingsysteme		Systeme zum produktionsintegrierten Umweltschutz			
Staat	Gesellschaft	Kennzahlen-systeme	Ökobilanzierungs-systeme	Input-orientierte Systeme	Prozess-orientierte Systeme	Output-orientierte Systems
Interorganisationssysteme zur Unterstützung der unternehmensübergreifenden Kommunikation		Betriebliches Umweltinformationsmanagement					

Abb. 39.1 Betriebliche Umweltinformationssysteme (BUIS 2.0) in Anlehnung an (Gómez 2009)

beeinflussen. Dies kann durch die Abstimmung der Formate und der Möglichkeit der semantischen Annotierung der Informationen im Austausch mit Zulieferern und Stakeholdern zustande kommen. Im Rahmen eines BUIS kann der Informationsaustausch zwischen einzelnen unternehmensinternen Standorten und deren Nutzung für einen Nachhaltigkeitsbericht erleichtert werden, da Informationen in einen Kontext über die mitgelieferten Informationen beschrieben werden ohne einen direkten Kontakt mit den Fachanwendern herstellen zu müssen.

Ein BUIS der nächsten Generation folgend Marx Gómez (2009) als BUIS 2.0 bezeichnet ist (siehe Abb. 39.1) im Gegensatz zu einem BUIS nicht auf den produktionsintegrierten Umweltschutz und Ökobilanzierung als Teilaspekt von Ökocontrollingsystemen begrenzt, sondern erweitert BUIS um Kennzahlen und Auskunfts- und Berichtssysteme z. B. mittels einer Software für die NBE. Ein BUIS der nächsten Generation unterstützt durch die Einbindung von Kennzahlensystemen und der unternehmensübergreifenden Kommunikation interessierte Stakeholder in vielfältiger Weise und kann interne sowie externe Interessengruppen adressieren. Der Beitrag zeigt an dieser Stelle den aktuellen Stand im dritten Modul des IT-for-Green Projektes auf, das sich aktuell in der Implementierungsphase befindet.

39.2 IT-for-Green

Das Projekt IT-for-Green: Umwelt-, Energie- und Ressourcenmanagement mit BUIS der nächsten Generation (IT-for-Green) beschreibt eine Kollaboration zwischen verschiedenen Gruppen von Akteuren mit universitären und praktischen Hintergrund. Das Projekt unter der Leitung von Prof. Dr.-Ing. Jorge Marx Gómez (2012) wird über einen Zeitraum von 3,5 Jahren (2011–2014) vom Land Niedersachsen und der Europäischen Union für weitere Forschung gefördert. Innerhalb der Kollaboration sind Forschergruppen aus den Universitäten Oldenburg, Osnabrück und Göttingen, dem assoziierten Partner Lüneburg sowie Kooperationspartner CeWe Color AG & Co. OHG, Hellmann Worldwide Logistics GmbH, ecco GmbH & Co. KG und die Gemeinde Spiekeroog beteiligt.

Die einbezogenen Kooperationspartner unterstützen das Projekt u. a. durch Praxiserfahrung, Lieferung unternehmensinterner Daten sowie durch Anregungen und Weitergabe von Best-Practice-Ansätzen aus dem täglichen Arbeitsablauf

Die fachliche Entwicklung und prototypische Umsetzung innovativer Konzepte, die innerhalb der gesamten Kollaboration diskutiert werden, sind Zielsetzung der beteiligten Universitäten.

- Als primäres Ziel verfolgt das Projekt durch den Einsatz von Informations- und Kommunikationstechnologien ein „Chancen/Risiko-effizientes, strategisches Umweltmanagement zu realisieren und unternehmensinterne Prozesse umweltfreundlicher zu gestalten" folgend Marx Gómez (2012), um resultierend einen nachhaltigeren Unternehmenswert zu ermöglichen.
- Die Stärkung des „European Research and Transfer Network for Environmental Management Information Systems" (ertemis) (2012) durch aktive Teilnahme aus Sicht des Projektes und der Verbreitung der Ergebnisse.

Zur Erfüllung dieses Ziels wird ein BUIS der nächsten Generation entwickelt, welches auf der Integration von drei ineinandergreifenden Software-Modulen basiert, die den gesamten Produktlebenszyklus umfassen:

- Modul „Green IT" beschäftigt sich mit der situationsspezifischen und teilautomatisierten Erfassung des Energiebedarfs der gesamten Versorgungskette eines Rechenzentrums. Auf dieser Grundlage wird die Energieeffizienz der IKT-Infrastruktur gemessen und der Energiebedarf auf die einzelnen Produkte abgebildet, um die damit verbundenen Umweltauswirkungen und Kosten zu erfassen.
- Modul „Green Production & Logistics" ist für die Logistik und nachhaltige Produktentwicklung zuständig und dient zur Erfassung betrieblicher Umweltbelastungen, zur Planung und Steuerung von Umweltschutzmaßnahmen und zur Entscheidungsunterstützung bei der Auswahl von Alternativen. Durch diesen Lösungsansatz wird die Erfassung und exakte Zuordnung von Umweltauswirkungen auf Produktionsprozesse ermöglicht.
- Modul „Nachhaltigkeitsberichterstattung und -dialog" ermöglicht ein teilautomatisiertes und Dialog-orientiertes Reporting im Rahmen des Umweltmanagements. Es unterstützt Unternehmen bei einem ganzheitlichen, inter- und proaktiven Reporting.

Diese drei beschriebenen Module setzen sich aus einer Vielzahl diverser Web Services zusammen, die auf einer Dienst- bzw. Systemplattform – welche die Basis für die Module bildet – zusammengeführt werden. Unternehmen können auf diese Weise komplette Softwaremodule sowie vernetzte, softwaregestützte Dienstleistungen bedarfsorientiert miteinander verknüpfen und flexibel in ihre Softwarelandschaft integrieren.

Dieser Beitrag richtet sich primär an das dritte integrative Softwaremodul „Nachhaltigkeitsberichterstattung und -dialog" (Modul 3). Im Folgenden werden die dazugehörigen konzeptionellen Grundlagen vorgestellt, die eine Basis für die softwaretechnische Realisierung des Moduls bilden.

39.3 Service-orientierte internetbasierte Nachhaltigkeitsbericht-erstattung im Kontext eines BUIS

Innerhalb dieses Abschnitts wird das dritte Modul – Nachhaltigkeitsberichterstattung und -dialog – mit seinen grundlegenden konzeptionellen Inhalten zur Generierung und Publizierung von Nachhaltigkeitsberichten vorgestellt. In Anlehnung an das vorgestellte Konzept werden in Abschn. 39.3.2 softwaretechnische Grundlagen für das Modul aufgeführt und erläutert.

39.3.1 Konzept

Das primäre Ziel von Modul 3 ist die Generierung eines rudimentären Nachhaltigkeitsberichts, der mit vertretbarem Aufwand in die Form eines Printberichts gebracht werden kann. Umweltrelevante Informationen müssen softwareseitig erfasst, verarbeitet und für den Prozess der Generierung der Nachhaltigkeitsberichte in aufbereiteter Form zur Verfügung gestellt werden.

Zur Erfüllung dieses Vorhabens wurden theoretische Untersuchungen und Experteninterviews mit den Kooperationspartnern im Rahmen der Thematik „Nachhaltigkeitsberichterstattung" durchgeführt und die kommunizierten fachlichen Anforderungen gesammelt. Des Weiteren konnten vorhandene Problemfelder identifiziert werden, die Unternehmen den Gesamtprozess der Berichterstattung von der Identifikation und Festlegung relevanter Berichtsinhalte bis hin zur Publizierung eines Berichts erschweren. Beispiele für diese Problemfälle sind:

- Komplexität der Datensammlung bzw. -erfassung aus verschiedenen Fachabteilungen, Standorten oder elektronischen Datenquellen. So können bspw. die Daten unternehmensinterner Standorte in verschiedenen Formaten vorliegen sowie nach unterschiedlichen Standards dokumentiert worden sein. Diese Heterogenität der Daten führt zu einem erhöhten Aufwand bei der Informationszusammenführung für den Bericht.
- Hoher organisatorischer Aufwand bei der Koordination und Kommunikation für den Gesamtprozess der Berichterstattung innerhalb des Unternehmens. So muss bereits im Vorfeld vom berichtenden Unternehmen die Organisationsstruktur für die Berichterstattung festgelegt werden. Hierzu müssen Zuständigkeitsbereiche definiert werden, die den verantwortlichen Personen zugeordnet werden. Zusätzlich

werden relevante Inhalte mit den verschiedenen Datenlieferanten (bspw. Standorte, Fachabteilungen) kommuniziert, die für die Berichterstattung erforderlich sind. Da der Vorgang der Berichterstattung diverse Stellen durchläuft, die von Datenlieferanten über Redakteure für den Bericht bis hin zur Validierung des Berichts reichen, steigt der organisatorische Aufwand generell für jede beteiligte Stelle.

Die aufgeführten Probleme sollen mit Hilfe der entwickelten Ansätze sowie ihrer softwaretechnischen Realisierung im Rahmen von Modul 3 gelöst bzw. reduziert werden. Hierzu wurden aus den identifizierten Problemfeldern folgende Hauptziele hergeleitet, die innerhalb von Modul 3 umgesetzt werden sollen:

- Reduzierung der vorhandenen Komplexität der Datensammlung aufgrund einer zentralisierten Informationserfassung und -verwaltung
- Reduzierung des organisatorischen Aufwands für den gesamten Prozess der Berichterstattung durch die Entwicklung einer Vorgehensweise zur schemaorientierten Berichterstattung mit einem inkludierten Rollen- und Koordinationssystem
- Beschleunigung der Abläufe zur Generierung einer Druckvorstufe des Berichts

In Anlehnung an die aufgeführten Hauptziele wurden sechs thematisch und logisch zusammenhängende Bereiche abgeleitet, die im Folgenden genauer beschrieben werden.

39.3.1.1 Rechte- und Rollensystem

Grundsätzlich wird mit Modul 3 ein Mehrbenutzersystem bereitgestellt, bei dem Nutzer in einem fest definierten Bereich voneinander abgegrenzt ihren Aufgaben nachgehen können. Zur Zugriffssteuerung und -überwachung auf Informationen und Diensten wird ein Rechte- und Rollensystem innerhalb der Systemplattform bereitgestellt. Auf dieser Basis können Rechte zur effizienteren Verwaltung in Rollen zusammengefasst und Nutzern zugeordnet werden. Da die Realisierung der Software als Web-Services erfolgt, wird die plattformseitige Rollen- und Rechtezuordnung innerhalb von Modul 3 genutzt.

39.3.1.2 Unternehmensverwaltung

Ein wesentlicher Bestandteil vom dritten Modul ist die Darstellung und Verwaltung unternehmensinterner Informationen. Die hierarchische Anordnung eines Unternehmens innerhalb von Modul 3 wird wie folgt abgebildet:

- In der obersten Hierarchie-Stufe wird das Unternehmen als Ganzes abgebildet. Dieser Stufe sind wichtige und nachhaltigkeitsrelevante Informationen zum unternehmensspezifischen Profil wie die Strategie, Kennzahlen, Kontaktinformationen zugeordnet. Dem Unternehmen wiederum sollen Standorte als darunter liegende Hierarchie-Stufe zugeordnet werden können.
- Ein Standort wird als Datenlieferant verstanden, der Informationen aus dem jeweiligen Standort an das Unternehmen weiterreicht. Nachhaltigkeitsrelevante Informationen wie

bspw. Kennzahlen werden infolgedessen immer am Standort erhoben und in der obersten Hierarchie-Stufe (dem Unternehmen) zusammengeführt.
- Jedem Standort werden darüber hinaus Nutzer zugeordnet. Dem Unternehmen wird bspw. eine zentral verantwortliche Person zugeteilt, die sich um die Aufbereitung der Daten und das Verfassen des Berichts kümmert. Zu den jeweiligen Standorten sind Personen zugeordnet, die die benötigten Informationen sammeln und über das System dem zentral Verantwortlichen zur Verfügung stellen.
- Die Anzahl Nutzer sowie ihre Rechte und Rollen innerhalb des Standorts und des Unternehmens werden flexibel über das Rechte- und Rollensystem definiert.

39.3.1.3 Aufgabenmanagement

Zum effizienteren Zeit- und Koordinationsmanagement im Rahmen des Berichtswesens können standortspezifisch Aufgaben definiert und einzelnen oder mehreren Personen zugeordnet werden. Diese Tätigkeiten können innerhalb des Aufgabenmanagements neu definiert, verwaltet und bis zu ihrer Erfüllung überwacht werden.

39.3.1.4 Datenverwaltung

Standorte, die in die unternehmensinterne Berichterstattung mit einbezogen werden, müssen die erforderlichen Informationen, bspw. Kennzahlen dem Unternehmen in einer aufbereiteten Form liefern. Hierzu müssen die Kennzahlen mit ihren Inhalten zunächst erfasst und verarbeitet werden. Über die Datenverwaltung können Listen von Kennzahlen standortspezifisch neu definiert, mit Inhalten gefüllt und gepflegt werden.

39.3.1.5 Berichtseditor

Nachdem ein Unternehmen alle relevanten Inhalte für die Berichterstattung identifiziert hat, können die inhaltlichen Aspekte in eine festgelegte Struktur eines Berichts softwareseitig überführt werden. Die Struktur wird im Modul 3 als Schema bezeichnet. Das Schema dient den Berichterstattern als eine Art Vorlage bzw. ein Richtwert und bildet Vorgaben ab, die im Vorfeld festgelegt wurden. Solche Vorgaben reichen vom Inhaltsverzeichnis bis hin zu Kennzahlen, über die berichtet werden soll.

Innerhalb eines Schemas können Berichts-Ebenen definiert werden, die einzelne Kapitel abbilden, die im späteren Bericht verfasst werden. Jede einzelne Berichts-Ebene kann eine unbeschränkte Anzahl an weiteren Unterberichts-Ebenen haben, sodass hierdurch jede mögliche Dokumentenstruktur dargestellt werden kann. Ferner wird auf Grundlage eines vordefinierten und ausgewählten Schemas ein leerer Bericht vom System generiert. Der Bericht enthält dabei alle Ebenen des Schemas als Kapitel, die leer sind und im nächsten Schritt in einem Berichtseditor mit Inhalt gefüllt werden können.

Die Einhaltung der Schema-Struktur ist jedoch nicht zwingend erforderlich, da innerhalb des Berichtseditors die Struktur beliebig verändert werden darf.

Als finaler Schritt bei der Generierung des Berichts ist ein mehrstufiges Freigabekonzept vorgesehen, das der Publizierung vorgelagert ist. Das Freigabekonzept dient der inhaltlichen Validierung des Berichts auf seine Korrektheit und Vollständigkeit durch die hierfür zuständigen Personen.

Abschließend kann ein fertiggestellter Bericht mit einem positiven Ergebnis der Validierung publiziert werden.

39.3.1.6 Stakeholder und Kommunikation

Im Softwaremodul „Nachhaltigkeitsberichterstattung und -dialog" wird für eine zielgruppenorientierte Kommunikation ein anpassbares Austauschformat genutzt. Der generierte Nachhaltigkeitsbericht wird den Berichterstattern in einer strukturierten Form zur Weiterverarbeitung überreicht. Auf dieser Grundlage kann der Bericht in andere Formate, bspw. HTML überführt und den Stakeholdern bedarfsgerecht in einer aufbereiteten Form präsentiert werden.

39.3.2 Architektur

Das BUIS der nächsten Generation ist im Rahmen des Projekts als ein komponentenbasiertes Softwaresystem zu verstehen, welches auf Basis von Diensten (Web-Services) implementiert wird. Mit diesem modularen Lösungsansatz soll ein hoher Grad an Unabhängigkeit zwischen den einzelnen Modulen erreicht und die Wiederverwendbarkeit und Erweiterbarkeit der einzelnen Bausteine und des Gesamtsystems sichergestellt werden.

In diesem Abschnitt wird die Softwareumgebung beschrieben, in die das dritte Modul eingebettet wird. Das Modul besteht vollständig aus Web-Services, die über die Systemplattform zu Workflows kombiniert werden können, wie in Abb. 39.2 dargestellt. Hierbei bilden die einzelnen Workflows unternehmensinterne Geschäftsprozesse ab.

Die komponierten Workflows erlauben zwei Arten der Benutzung:

- Eine direkte Interaktion mit dem Nutzer über einen Webbrowser (HTML)
- Austausch von Informationen der Web-Services untereinander über die Systemplattform

Ferner werden die Web-Services entweder von anderen Services, oder direkt über eine Benutzerschnittstelle von Nutzern aufgerufen. Die direkte Interaktion eines Nutzers mit einem Web-Service wird eine über den Webbrowser zu bedienende Benutzerschnittstelle realisiert. Die direkte Kommunikation der Web-Services untereinander erfolgt über einen Workflowkontext, der als gemeinsamer Datenspeicher fungiert und das Ablegen sowie Herausnehmen von Daten erlaubt.

Abbildung 39.2 illustriert den Workflow-Aufruf (W1), der alle benötigten Dienste für das Modul zur Berichterstattung beinhaltet und ausführt. Im ersten Schritt wird die Informationssammlung und -bereitstellung aus externen Quellen durchgeführt. Nach einer Konsistenzprüfung werden die Informationen in einer internen Datenbank modulseitig persistiert. Zur Extraktion der Daten aus externen Quellen sind XML-basierte Dateien und Datenbankabfragen über SQL als Standardschnittstellen festgelegt worden. Zur Langzeitspeicherung von Informationen sowie deren Bereitstellung für Module ist

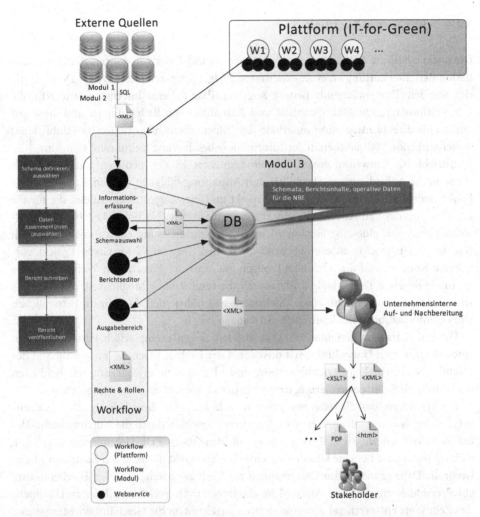

Abb. 39.2 Modul Nachhaltigkeitsberichterstattung und -dialog: Möglicher Workflow-Ablauf

die Plattform an eine Datenbank gekoppelt. Die einzelnen Module können über definierte Schnittstellen auf den zentralen Speicher der Plattform zugreifen, und damit alle Dienste und Ergebnisse aus anderen Modulen des BUIS-Systems für den gegenseitigen Informationsaustausch nutzen.

Aufbauend auf den gesammelten Informationen kann ein entsprechendes XML-basiertes Schema definiert bzw. ein bereits vorhandenes Schema ausgewählt werden, auf dessen Grundlage ein leerer Bericht generiert werden kann. Innerhalb eines Berichtseditors können die einzelnen Bestandteile des Berichts mit Inhalt gefüllt werden. Abschließend kann ein Bericht, der den Stand einer Druckvorstufe erreicht hat, von den Berichterstattern als XML-Datei ausgegeben und gespeichert werden. Auf dieser Grundlage kann die unternehmensinterne Aufbereitung zu einem finalen Printbericht erfolgen.

39.4   Fazit und Ausblick

Die internetbasierte NBE befindet sich in einem Wandel, der von der reinen print-orientierten Berichterstattung zu einer erweiterten Zielgruppen-orientierten Berichterstattung sich wandelt. Der vorliegende Beitrag zeigt auf, dass für eine internetbasierte NBE die Informationslage (Qualität, Quantität und Aktualität) von Bedeutung ist und diese nur durch eine direkte Integration innerhalb der Informationsinfrastruktur im Hinblick auf kostensenkende Maßnahmen in der Informationsbeschaffung zielführend sein kann.

Betriebliche Umweltinformationssysteme müssen in der heutigen Unternehmenssituation die Anforderungen Flexibilität und Anpassungsfähigkeit erfüllen. Entsprechende Funktionalitäten sind im IT-for-Green Projekt und hier dargestellten Modul, die für die Erweiterung der Funktionalität eines internetbasierten Nachhaltigkeitsberichts notwendig sind, um eine Abgrenzung zu einer 1:1 Konvertierung eines print-orientierten Nachhaltigkeitsberichts zu ermöglichen, vorgesehen. Das im IT-for-Green Projekt vorgestellte Konzept und die Architektur zeigen auf, dass der Einsatz von Web-Services als zugrunde liegende Technologie und dadurch die resultierende Möglichkeit Web-Services zu Workflows zu kapseln einen Mehrwert gegenüber den bisherigen betrieblichen Umweltinformationssystemkonzepten aufzeigt.

Die im Beitrag dargestellten Funktionalitäten zeigen exemplarisch Funktionalitäten eines betrieblichen Umweltinformationssystem der nächsten Generation auf anhand des Moduls „Nachhaltigkeitsberichterstattung und -dialog". Die Erweiterungsmöglichkeiten sind durch die Serviceorientierung innerhalb der IT-for-Green Plattform gegeben.

Direkte Ideen der Erweiterung ergeben sich z. B. für eine beliebige Kennzahlenberechnung bzw. die Integration von interaktiven Berichten durch die Nutzung vorhandener Technologien wie sie z. B. von Adobe mit interaktiven PDF-Dokumenten angeboten werden. Interaktive Berichte könnten auf eine Anfrage direkt die aktuellen Zahlen ermitteln, wofür die Datengrundlage im Unternehmen zur Verfügung stehen müsste. Hierbei müsste eine Versionierung und eine Auswahl für die interaktiven Berichte und der zu berichtenden Zeiträume entsprechend den Grundsätzen angelehnt an die Geschäftsberichterstattung erfolgen, da Nachhaltigkeitsberichte vermehrt in Geschäftsberichte integriert werden.

Danksagung Diese Arbeit ist im Rahmen des Projekts "IT-for-Green: Umwelt-, Energie- und Ressourcenmanagement mit BUIS 2.0" entstanden. Das Projekt wird mit Mitteln des Europäischen Fonds für regionale Entwicklung gefördert (Fördernummer W/A III 80119242).

Literatur

Aachener Stiftung Kathy Beys (2012) Lexikon der Nachhaltigkeit. http://www.nachhaltigkeit.info/. Zugegriffen: 31. Okt 2012
Bey C (2008) Beitrag zur Nachhaltigkeitsberichterstattung zum nachhaltigen Unternehmen. In: Isenmann R, Marx Gómez J (Hrsg) Internetbasierte Nachhaltigkeitsberichterstattung. Schmidt, Berlin, S 37–49

Bundesministerium für Umwelt, Naturschutz und Reaktorsicherheit (2008) Megatrends der Nachhaltigkeit: Unternehmensstrategie neu denken. http://www.bmu.de/wirtschaft_und_umwelt/downloads/doc/45276.php. Zugegriffen: 31. Okt 2012

Isenmann R, Marx Gómez J (Hrsg) (2008) Internetbasierte Nachhaltigkeitsberichterstattung: Maßgeschneiderte Stakeholder-Kommunikation mit IT. Schmidt, Berlin

Global Reporting Initiative (2013) https://www.globalreporting.org. Zugegriffen: 06. Feb 2013

Global Reporting Initiative (2012) GRI Second G4 Public Comment Period. https://www.globalreporting.org/SiteCollectionDocuments/G4-Exposure-Draft.pdf. Zugegriffen: 31. Okt 2012

Lundie S, Lenzen M (2008) Quantitative Nachhaltigkeitsberichterstattung ohne Systemgrenzen. In: Isenmann R, Marx Gómez J (Hrsg) Internetbasierte Nachhaltigkeitsberichterstattung. Schmidt, Berlin, S 99–111

Marx Gómez J (2009) Betriebliches Umweltinformationssystem (BUIS). In: Kurbel K, Becker J, Gronau N, Sinz E, Suhl L (Hrsg) Enzyklopädie der Wirtschaftsinformatik – Online Lexikon. Oldenbourg Wissenschaftsverlag, München

Marx Gómez J (2011) IT-for-Green: Umwelt-, Energie- und Ressourcenmanagement mit BUIS der nächsten Generation. http://www.it-for-green.eu. Zugegriffen: 31. Okt 2012

Schaltegger S, Herzig C (2008) Berichterstattung im Lichte der Herausforderung unternehmerischer Nachhaltigkeit. In: Isenmann R, Marx Gómez J (Hrsg) Internetbasierte Nachhaltigkeitsberichterstattung: Maßgeschneiderte Stakeholder-Kommunikation mit IT. Schmidt, Berlin, S 51–64

Süpke D, Marx Gómez J, Isenmann R (2009) Stakeholder Interaction in Sustainability Reporting with Web 2.0. In: Marx Gómez J, Rizzoli AE, Mitkas PA, Athanasiadis IN (Hrsg) Information technologies in environmental engineering (ITEE 2009) – Proceedings of the 4th International ICSC Symposium Thessaloniki, Griechenland. Springer, Berlin, S 387–398

Solsbach A, Marx Gómez J, Isenmann R (2011) iSTORM – Idea and Reference Architecture approaching Inter-Organisational sustainability Reporting. In: Pillmann W, Schade S, Smits P (Hrsg) EnviroInfo ISPRA 2011: Proceedings of the 25th International conference environmental informatics. Ispra, Italien, 5 – 7 Oktober 2011, S 639–646

Solsbach A, Isenmann R, Marx Gómez J (2010) Network publicity – An approach to Sustainability Reporting from a Network View. In: ISEE 2010 – Proceedings of the International Society for Ecological Economics 11th Biennnial conference: Advancing sustainability in a time of crisis, 22 – 25 August 2010, Oldenburg und Bremen, Deutschland. http://www.isee2010.org/ Zugegriffen: 31. Okt 2012

Teuteberg F, Marx Gómez J (2010) European Research and Transfer Network for Environmental Management Information Systems. http://www.ertemis.eu .Zugegriffen: 31. Okt 2012

Einsatz von mobilen Applikationen zur Vermarktung von nachhaltigen Dienstleistungen aus dem Energiesektor

40

Tim Peters, Dirk Peters und Michaela Ehrt

Zusammenfassung

Nachhaltige Dienstleistungen, wie zum Beispiel die Belieferung mit einem Ökostromprodukt, erfordern ein hohes Involvement, um potentielle Kunden vom eigenen Produkt zu überzeugen und bestehende Kunden langfristig zu binden. Es sind daher neue Konzepte nötig, um diese Kunden in geeigneter Form anzusprechen. Die Verbreitung von Smartphones mit neuen technischen Möglichkeiten nimmt immer weiter zu und diese Geräte sind emotional überwiegend positiv belegt. Aus diesem Grund bietet sich die Entwicklung von neuartigen mobilen Applikationen an, die beispielsweise Sachzusammenhänge in der Energiewirtschaft auf eine einfache und spielerische Weise darstellen und gleichzeitig das Problembewusstsein gegenüber komplexen Themen, wie zum Beispiel den Bereichen Ökologie oder Soziales, erhöhen. In diesem Beitrag wird ein erarbeitetes Konzept und die erste prototypische Entwicklung für eine solche mobile Applikation vorgestellt. Inhaltlich sind Konzept und Entwicklung dabei so gestaltet, dass Interessierte durch den spielerischen Umgang mit den Themen der Nachhaltigkeit auf Angebote von Energiedienstleistern aufmerksam gemacht werden. Durch ein Belohnungssystem wird den Nutzern ein Anreiz gegeben, nachhaltige Dienstleistungen in Anspruch zu nehmen. Hierbei spielt auch die Integration in

T. Peters · D. Peters (✉)
Department für Informatik, Abt. Wirtschaftsinformatik I/VLBA, Carl von Ossietzky Universität Oldenburg, Ammerländer Heerstr. 114–118, 26129 Oldenburg, Deutschland
e-mail: tim.peters@uni-oldenburg.de

D. Peters
e-mail: dirk.peters@uni-oldenburg.de

M. Ehrt
NaturWatt GmbH, Oldenburg, Deutschland
e-mail: michaela.ehrt@naturwatt.de

J. Marx Gómez et al. (Hrsg.), *IT-gestütztes Ressourcen- und Energiemanagement*,
DOI: 10.1007/978-3-642-35030-6_40, © Springer-Verlag Berlin Heidelberg 2013

bestehende Customer Relationship Management-Lösungen zur Profilbildung von potentiellen Kunden und deren Bedürfnisse in Bezug auf nachhaltige Dienstleistungen eine besondere Rolle. Um möglichst viele Menschen mit der mobilen Applikation zu erreichen, wird sowohl der spielerische als auch der wissensbasierten Ansatz als Anreiz die Applikation verfolgt. Aus dem Konzept lassen sich zukünftig neuartige Marketinginstrumente für die Praxis ableiten, mit dem sowohl die Kundenbindung in einem Unternehmen als auch die Kundenakquise langfristig verbessert werden können.

Schlüsselwörter

Nachhaltige Dienstleistungen • Mobile Applikationen • Customer Relationship Management • Kundenakquise • Kundenbindung • Kundenbeziehungsmanagement

40.1   Einführung

Die Vermittlung von nachhaltigen Dienstleistungen, wie zum Beispiel die Belieferung eines Kunden mit einem Ökostromprodukt, erfordert seitens der Anbieter ein hohes Investment (vgl. Henseler und Bliemel 2006). Insbesondere die Erreichung von potentiellen Neukunden hat sich in der Vergangenheit als besonders schwierig erwiesen und ist häufig mit hohen Kosten verbunden. Weiterhin kommt erschwerend hinzu, dass vor allem im hartumkämpften Massenmarkt, wie z. B. im Bereich Strom und Gas, bleiben die Kunden häufig nur solange bei einem Anbieter, bis sie ein attraktiveres Angebot finden. Umso wichtiger ist es also, neue Konzepte zu entwickeln, die sich mit einer effektiveren Vermarktung von nachhaltigen Dienstleistungen, wie z. B. im Energiesektor, auseinandersetzen und dabei die Bedürfnisse und Wünsche des Kunden nicht außer Acht lassen.

Ein weiterer Trend, der sich in den letzten Jahren verstärkt beobachten lässt, ist die immer stärker werdende Verbreitung von Smartphones in der Gesellschaft (vgl. Statista 2012). Durch den Fortschritt in der Digitalisierung und die Vielzahl an technischen Möglichkeiten, die sich daraus ergeben, haben diese mobilen „Alleskönner" mittlerweile im geschäftlichen sowie privaten Alltag einen sehr hohen Stellenwert. Zudem oder gerade deswegen sind diese mobilen Endgeräte im Allgemeinen emotional meistens positiv belegt und stehen ihrem Besitzer fast jederzeit und an jedem Ort zur Verfügung (vgl. Turowski und Pousttchi 2003, S. 158). Vor diesem Hintergrund lassen sich fast unzählige Möglichkeiten für neuartige (mobile) Geschäftsmodelle generieren und umsetzen.

Auch wir möchten uns im vorliegenden Beitrag die Vorteile von mobilen Applikationen zunutze machen und ihren Einsatz im Kontext der Vermarktung von nachhaltigen Dienstleistungen analysieren. Nach dieser kurzen Einführung in das Thema (Abschn. 40.1) wird im Folgenden ein Konzept für eine mobile Applikation vorgestellt, welches die spielerische Auseinandersetzung mit den Themen des Umweltschutzes sowie der Nachhaltigkeit am Beispiel der erneuerbaren Energien ermöglicht (Abschn. 40.2). Das

Konzept wurde im Rahmen einer Bachelorarbeit an der Carl von Ossietzky Universität Oldenburg in Zusammenarbeit mit der NaturWatt GmbH, einem bundesweit tätigen Ökostromanbieter mit Sitz in Oldenburg, entwickelt. Dabei wird insbesondere auf die Integration von bestehenden Customer Relationship Management (CRM-)-Systemen mit mobilen Anwendungen eingegangen, wodurch auch die spätere Messung des Erfolgs solcher Applikationen durchführbar ist. Aus dem Konzept lässt sich somit ein Marketinginstrument für die Praxis konstruieren, mit dem die Kundenbindung in einem Unternehmen und auch die Kundenakquise verbessert werden kann. Im Rahmen der Bachelorarbeit wurde das Konzept der mobilen Applikation daher auch prototypisch umgesetzt (Abschn. 40.3). Es kann gezeigt werden, dass mobile Applikationen die Möglichkeit bieten, das Problembewusstsein und den Informationsfluss bezüglich komplexer Themen und Zusammenhänge, wie zum Beispiel im Bereich der nachhaltigen Energiewirtschaft, zu erhöhen. Schließlich wird der Beitrag zusammengefasst und ein Ausblick auf weiterführende Arbeiten gegeben (Abschn. 40.4).

40.2 Konzept der mobilen Applikation

Die mobile Applikation zeichnet sich durch ihren spielerischen Ansatz aus. Dies hat den positiven Effekt, dass die Nutzer Spaß an der Beschäftigung mit dem Thema entwickeln, indem sie die in das Spiel integrierten Rätsel und interaktiven Mini-Spiele zu lösen versuchen. So wird einerseits der Spaß ein Spiel zu spielen mit der Vermittlung von interessanten und komplexen Inhalten, beispielsweise aus der Energiewirtschaft, verbunden. Darüber hinaus ist ein Belohnungssystem Teil dieses Konzepts, welches einen zusätzlichen Anreiz schafft, diese mobile Applikation herunterzuladen und sie zu benutzen.

Das Spiel ist in mehrere kleine Level eingeteilt, in denen vom Benutzer jeweils eine bestimme Aktion ausgeführt oder eine Frage beantwortet werden muss, damit das nächste Level erreicht werden kann. Inhaltlich sind die Levels so aufgebaut, dass diese sich jeweils mit interessanten Inhalten beschäftigen, die für die zu vermarktende nachhaltige Dienstleistung von Bedeutung sind. Nachdem das letzte Level erfolgreich abgeschlossen wurde, erhält der Nutzer eine Belohnung, beispielsweise einen Gutscheincode für die Nutzung der nachhaltigen Dienstleistung.

Im Rahmen der Anfertigung der Bachelorarbeit wurden keine vergleichbaren Ansätze und Konzepte zu dem hier vorgestellten Konzept gefunden. Für dieses Konzept spielt das CRM eine große Rolle. Die Applikation macht auf die nachhaltige und erklärungsbedürftige Dienstleistung und deren Zusammenhänge aufmerksam, in diesem Fall die Energiewirtschaft. Zudem stellt die mobile Applikation ein Marketinginstrument für das CRM dar, dessen Ziel es ist, die Kundenbindung des herausgebenden Unternehmens zu verstärken und die Kundenakquise zu verbessern. Dies geht einher mit einer gesteigerten, positiven Aufmerksamkeit für das Unternehmen. Insbesondere solche Personengruppen, die sich bisher nie oder nur wenig mit einem Stromanbieterwechsel auseinandergesetzt haben, sollen mit diesem innovativen Konzept erreicht werden.

Die mobile Applikation bietet sowohl für Nutzer, als auch für das herausgebende Unternehmen Vorteile. Aus Anbietersicht ist eine Allgegenwärtigkeit dadurch gegeben, dass die Verbreitung und Nutzung von Smartphones inzwischen sehr hoch ist. Das Smartphone ist also für viele potentielle Kunden allgegenwärtig. Aus Kundensicht liegen die zwei mobilen Mehrwerte vor allem in der Ortsunabhängigkeit und Kontextsensitivität. Ortsunabhängigkeit bedeutet hier, dass der Benutzer von überall die Applikation benutzen und sich so durch das Lösen spielerischer Levels eine Belohnung verdienen kann. Die Kontextsensitivität liegt vor, weil die Belohnung, die der Benutzer am Ende erlangen kann, sich danach richtet, ob der Kunde bereits Kunde des herausgebenden Unternehmens ist, oder nicht. Die Belohnung ist also individuell angepasst.

Das Geschäftsmodell dieser Applikation ist im Bereich digitalen, intangiblen Dienstleistungen einzustufen, da hier kein berührbares Produkt vertrieben wird, sondern eine Dienstleistung (vgl. Turowski und Pousttchi 2003, S. 144). Es werden keine direkten Erlöse durch den Verkauf der Applikation generiert, da dies eine zu hohe Hemmschwelle für die Nutzung der Applikation darstellt. Vielmehr dient der Applikation dazu, die potentiellen Kunden zu einem Abschluss von Ökostromverträgen zu leiten.

Insbesondere das entwickelte Anreizsystem ist ein wesentlicher Bestandteil dieses Konzepts. Da mittlerweile unzählige mobile Applikationen in den unterschiedlichen virtuellen Marktplätzen für mobile Applikationen erhältlich sind, ist es wichtig, überzeugende Anreize zu setzen, die dazu verleiten, die Applikation herunterzuladen und aktiv zu benutzen. Dies wird einerseits durch den spielerischen und wissensbasierten Ansatz erreicht. So wird der Spieltrieb gefordert und mit der nützlichen Wissenserweiterung im Bereich des Energiemarktes verbunden, wodurch der Nutzer einerseits Spaß für das Thema entwickelt und andererseits auch etwas lernt. Der dritte Anreiz ist die finanzielle Belohnung am Ende des Spiels. Wenn alle Levels erfolgreich abgeschlossen wurden, hat der Nutzer die Möglichkeit auszuwählen, ob er bereits Kunde des herausgebenden Unternehmens ist oder nicht. Wenn er bereits Kunde ist, wird er aufgefordert seine Daten und seine Kundennummer anzugeben, wodurch er dann eine Gutschrift auf seine nächste Jahresabrechnung erhält. Dies wird vom Kundenservice des Unternehmens überprüft und die Gutschrift individuell hinterlegt. Diese Vorgehensweise ist sinnvoll, da es so nicht notwendig ist, die Applikation an das ERP-System des Unternehmens anzubinden, was Entwicklung und Wartung einer solchen mobilen Applikation deutlich teurer machen würde.

Bei Nutzern, die noch nicht Kunde des Unternehmens sind, wird ein universeller Gutscheincode angegeben der im Antragsformular für die Bestellung von Ökostrom angegeben werden kann. Durch die Angabe des Codes erhält der Nutzer einen bestimmten Bonus für seinen neuen Ökostromvertrag beim herausgebenden Unternehmen. Die Möglichkeit, individuelle Gutscheincodes zu generieren wurde nicht gewählt, obwohl es so möglich ist, dass auch Personen, die die Applikation nicht selbst benutzt haben, den Code einlösen können. Aus der Sicht des herausgebenden Unternehmens ist es aber erstrebenswert, möglichst viele Neukunden zum Wechsel zu bewegen, deswegen würden einzigartige Codes nur dazu führen, dass unter Umständen Akquise-Potenzial ungenutzt bleibt. Jeder Benutzer kann den Gutscheincode bzw. die Gutschrift nur einmalig einlösen.

Bei solchen Konzepten ist es immer wichtig, den Erfolg zu messen. In dieser mobilen Applikation gibt es unterschiedliche Möglichkeiten, um den Erfolg dieses Marketinginstruments für das CRM einzuschätzen. Die wesentlichsten Kennzahlen für den Erfolg sind zum einen die Anzahl der Downloads und zum anderen die Bewertungen der Nutzer. Hierdurch lassen sich Aussagen über die Verbreitung und die Akzeptanz der mobilen Applikation treffen. Zudem kann die Software „Google Analytics" eingebunden werden, die es ermöglicht, Statistiken über das Nutzerverhalten zur Verfügung zu stellen. Wichtige monetäre Kennzahlen sind die Anzahl der beantragten Kunden-Gutschriften und die Anzahl der abgeschlossenen Ökostromverträge unter Angabe des Gutscheincodes. Daraus lässt sich die Conversion-Rate ermitteln.

Bei praktischen Umsetzungen dieses Konzepts müssen einige Dinge beachtet werden. Der Erfolg einer mobilen Applikation hängt unter anderem davon ab, zu welchem Preis diese angeboten, ob sie von anderen weiterempfohlen wird und ob aussagekräftige Screenshots vorhanden sind (vgl. Apprupt 2011) – auch das Design der Applikation und die gute Bedienbarkeit sind wichtige Faktoren (vgl. Tomorrow Focus Media 2012).

40.3 Entwicklung und Umsetzung des Prototyps

Um zu zeigen, dass das entwickelte Konzept tatsächlich anwendbar ist, wurde das Konzept im Rahmen der Bachelorarbeit beispielhaft umgesetzt. Dieser Prototyp wurde für das mobile Betriebssystem Android in der Version 4.1 mit dem API Level 16 beispielhaft für sechs Levels entwickelt.

Der Prototyp beginnt mit einem simulierten Ladebildschirm, der in das Hauptmenü führt. Von dort aus lassen sich weitere Informationen zur Applikation anzeigen oder das Spiel direkt starten.

In Abb. 40.1 ist ein Beispiel für eine Rätselaufgabe zu sehen. Der Nutzer muss diese Frage durch einen Klick auf die richtige Schaltfläche Button beantworten. Wenn er die falsche Antwort auswählt, wird darauf hingewiesen, dass die Antwort falsch war. Die Frage muss solange beantwortet werden, bis sie korrekt ist und damit das nächste Level erreicht werden kann.

In Abb. 40.2 ist ein interaktiver Level dargestellt. Das Ziel ist hier, dass der Nutzer die Wolke, die sich zwischen der Sonne und dem Haus befindet, so zur Seite schiebt, dass die Photovoltaik-Anlage auf dem Dach des Hauses wieder uneingeschränkt Strom produzieren kann und die Beleuchtung im Haus funktioniert.

Wenn der Benutzer alle Levels erfolgreich absolviert hat, gelangt er zum Gewinnerbildschirm, wo er auswählen kann, ob er bereits Kunde des herausgebenden Unternehmen ist oder nicht. Je nach Auswahl kommt er in ein entsprechendes Formular, das mit den Eingaben des Nutzers automatisch Parameter an das E-Mail-Programm übergibt und dieses aufruft. Alle wichtigen Informationen werden automatisch in die E-Mail eingetragen und der Nutzer muss nur noch auf „Senden" klicken, wodurch die Bestätigungs-E-Mail verschickt wird.

Abb. 40.1 Prototyp-Ansicht
„Rätselaufgabe"

Abb. 40.2 Prototyp-Ansicht
„Interaktiver Level"

40.4   Zusammenfassung und Ausblick

Zunächst wurde in diesem Beitrag in das Thema des Einsatzes von mobilen Applikationen zur Vermarktung von nachhaltigen Dienstleistungen aus dem Energiesektor eingeführt (Abschn. 40.1). Dabei wurde insbesondere die Herausforderung in einem Massenmarkt wie dem Strommarkt thematisiert und dabei die Notwendigkeit verdeutlicht, neue und effektive Vermarktungskonzepte zu entwickeln, um Kunden auch in Bereichen der intangiblen und erklärungsbedürftigen Dienstleistungen zu gewinnen und zu binden. Anschließend wurde die grobe Konzeptidee der mobilen Applikation erläutert und das Konzept detailliert vorgestellt (Abschn. 40.2). Der wichtigste Punkt im Konzept war der Nutzen für das CRM, weil es das primäre Ziel der entwickelten Applikation ist, die Kundenbindung zu verstärken und die Kundenakquise zu verbessern. Nach der Vorstellung des Konzepts wurde im Anschluss dann die prototypische Umsetzung dieses Konzepts beschrieben und anhand von Abbildungen veranschaulicht (Abschn. 40.3).

Hinsichtlich der Erweiterungsmöglichkeiten können Design und die Funktionen der einzelnen Levels gegenüber den im Prototyp beispielhaft umgesetzten Levels erweitert und verbessert werden. Weiterhin kann der Spielablauf insofern verändert werden, als dass der Benutzer zu Spielbeginn auswählen kann, ob er zunächst die Rätsel lösen oder die interaktiven Spiele spielen möchte.

Unter Umständen ist auch die Einführung eines Punktesystems sinnvoll, das die Benutzer belohnt, die die Levels besonders schnell lösen. Hier könnte die finanzielle Belohnung entsprechend erhöht werden. Damit ließe sich auch eine Langzeitmotivation erreichen. Um den Kunden des Unternehmens noch mehr zu bieten, könnte die mobile Applikation an das ERP-System des herausgebenden Unternehmens angebunden werden, um so die Möglichkeit zu eröffnen, Kundendaten zu ändern oder die Höhe des Abschlagsbetrags anzupassen.

Das Geschäfts- und Erlösmodell kann insofern geändert werden, dass eine kostenpflichtige Version der Applikation veröffentlicht wird oder es eine Erweiterung speziell für Kunden des Unternehmens gibt. Wenn das Unternehmen möchte, dass nur Personen den Gutscheincode einlösen dürfen, die die mobile Applikation auch heruntergeladen und durchgespielt haben, müsste ein Algorithmus für die Generierung von individuellen, einmalig einlösbaren Gutscheincodes entwickelt und in das ERP-System integriert werden.

Das Konzept kann über den Energiesektor hinaus für andere erklärungsbedürftige Dienstleistungen als Marketinginstrument sinnvoll eingesetzt werden. Im Ergebnis wird die vorgestellte mobile Applikation noch in diesem Jahr durch die NaturWatt GmbH umgesetzt. Infolgedessen wird sich zeigen, welche Relevanz eine solche Applikation für die Vermarktung von nachhaltigen Dienstleistungen aus dem Energiesektor tatsächlich auch in der Praxis hat.

Literatur

Apprupt (2011) App-Nutzung und Kriterien für den App-Download. Studie zur 33. WWW-Benutzer-Analyse W3B, Hamburg

Henseler J, Bliemel W (2006) Das Wechselverhalten von Konsumenten im Strommarkt: Eine empirische Untersuchung direkter und moderierender Effekte. Wiesbaden, S 175ff

Statista (2012) Absatz von Smartphones auf dem Konsumentenmarkt in Deutschland von 2005 bis 2011. http://de.statista.com/statistik/daten/studie/28305/umfrage/absatzzahlen-fuer-pdas-und-smartphones-seit-2005/. Zugegriffen: 10. Feb 2013

Tomorrow Focus Media (2012) Mobiles Internet – zu jeder Zeit und überall. http://www.tomorrow-focus-media.de/uploads/tx_mjstudien/TFM_MobileEffects_2012-02.pdf. Zugegriffen: 14. Feb 2013

Turowski K, Pousttchi K (2003) Mobile Commerce: Grundlagen und Techniken. Springer-Verlag, Berlin Heidelberg

Simulation einer Stadt zur Erzeugung virtueller Sensordaten für Smart City Anwendungen

Marcus Behrendt, Mischa Böhm, Marina Borchers, Mustafa Caylak,
Lena Eylert, Robert Friedrichs, Dennis Höting, Kamil Knefel,
Timo Lottmann, Andreas Rehfeldt, Jens Runge,
Sabrina-Cynthia Schnabel, Stephan Janssen, Daniela Nicklas
und Michael Wurst

M. Behrendt · M. Böhm · M. Borchers · M. Caylak · L. Eylert · R. Friedrichs · D. Höting ·
K. Knefel · T. Lottmann · A. Rehfeldt · J. Runge · S.-C. Schnabel · D. Nicklas (✉)
OFFIS e.V, Carl von Ossietzky Universität Oldenburg, Escherweg 2, 26121 Oldenburg,
Deutschland
e-mail: dnicklas@acm.org, pg-alise@informatik.uni-oldenburg.de

M. Behrendt
e-mail: marcus.behrendt@uni-oldenburg.de

M. Böhm
e-mail: mischa.boehm@uni-oldenburg.de

M. Borchers
e-mail: marina.borchers@uni-oldenburg.de

M. Caylak
e-mail: mustafa.caylak@uni-oldenburg.de

L. Eylert
e-mail: lena.eylert@uni-oldenburg.de

R. Friedrichs
e-mail: ro.friedrichs@uni-oldenburg.de

D. Höting
e-mail: dennis.hoeting@uni-oldenburg.de

K. Knefel
e-mail: kamil.knefel@uni-oldenburg.de

T. Lottmann
e-mail: timo.lottmann@uni-oldenburg.de

A. Rehfeldt
e-mail: andreas.rehfeldt@uni-oldenburg.de

J. Runge
e-mail: jens.runge@uni-oldenburg.de

J. Marx Gómez et al. (Hrsg.), *IT-gestütztes Ressourcen- und Energiemanagement*,
DOI: 10.1007/978-3-642-35030-6_41, © Springer-Verlag Berlin Heidelberg 2013

Zusammenfassung

Smart-City-Anwendungen integrieren Livedaten aus verschiedenen Bereichen – wie Verkehr, Energie oder Umweltfaktoren – um diese für Entscheider, Bürger oder Unternehmen aufbereitet zur Verfügung zu stellen. Für den Test und die Demonstration solcher Anwendungen ist es häufig nicht möglich, bereits auf echte Daten zuzugreifen, da diese noch nicht verfügbar sind - die dazugehörigen Sensoren wurden noch nicht beschafft, installiert oder angebunden. In der Smart-City-Anwendung der Projektgruppe ALISE werden Verkehrs-, Wetter- sowie Energiedaten synthetisch generiert und verarbeitet, um Sensordaten und Auswirkungen von Ereignissen darzustellen. Dadurch soll es ermöglicht werden die Prozesse einer Stadt effizienter, effektiver und vor allem nachhaltiger zu gestalten. Das Gesamtsystem besteht aus einer verteilten Simulation, einem Datenstrommanagementsystem, einer Business Intelligence Lösung und einem Kartendienst. Ein Operation Center und ein Simulation Control Center bilden die Interaktionspunkte des Systems. Die Simulation basiert dabei auf realitätsnahen Sensordaten im Bereich des Verkehrs und des Energieverbrauchs sowie -erzeugung. Die Wettersimulation erfolgt durch eine Mittelwertbildung vergangener Wetteraufzeichnungen oder durch Wiedergabe von unveränderten Messwerten.

Schlüsselwörter

Datenstrommanagement • Erneuerbare Energien • Dezentrale Energieerzeugung • Nachhaltige Stadtentwicklung • Smart City • Echtzeitvisualisierung • Geografische Daten • Simulation • Business Intelligence • Dashboard • Sensordaten

41.1   Motivation

Immer mehr Städte möchten den Herausforderungen der Zukunft begegnen, in dem sie mehr und aktuellere Daten über ihre Lebensbereiche erheben und analysieren. Die logische Verlinkung dieser Informationen wird durch verschiedene Ansätze unterschiedlicher Unternehmen angestrebt, unter Begriffen wie „Smarter Planet" oder „Smarter Neighborhood" (Siemens 2012; Cisco 2012). In der studentischen Projektgruppe ALISE

S.-C. Schnabel
e-mail: sabrina.cynthia.schnabel@uni-oldenburg.de

S. Janssen
OFFIS Institut für Informatik, Oldenburg, Deutschland
e-mail: stephan.jansen@offis.de

M. Wurst
IBM Research, Dublin, Deutschland
e-mail: mwurst@ie.ibm.com

(Advanced Live Integration of Smart City Environments) wurde in Kooperation mit IBM Research Dublin eine Smart-City-Anwendung für die Simulation einer Beispielstadt erstellt. Die „A Smarter Planet"-Initiative von IBM versucht verschiedene Sensordaten zu verknüpfen. Mit Hilfe hochentwickelter Analysemethoden soll in Echtzeit aussagekräftiges Wissen abgeleitet werden, um einen „smarteren" Planeten zu schaffen und Probleme zu lösen, die ohne dieses vernetzte Wissen kaum lösbar wären (IBM 2012). Die Verarbeitung dieser Daten- und Datenstrommengen erfordert leistungsfähige Systeme, die häufig aufgrund nicht ausreichend verfügbarer (synthetischer) Sensordaten nur unzureichend getestet werden können. Um dieses Problem zu umgehen, können spezielle Datengeneratoren wie bspw. BerlinMOD (Behr et al. 2009) oder der „Network-based Generator of Moving Objects" (Brinkhoff 2002) verwendet werden, die synthetische Sensordaten erzeugen, welche in solche Systeme eingespeist werden können. Jedoch ist eine umfassende, ereignisgesteuerte Simulation von Verkehr, Energie und Wetter in den genannten Systemen nicht gegeben. Der Schwerpunkt des studentischen Projektes liegt hierbei auf der Generierung und Visualisierung von synthetischen Sensordaten auf Basis der Simulation einer fiktiven Stadt. Diese umfasst die Bereiche des Verkehrs (wie z. B. den Individual- und den öffentliche Personennahverkehr), des Wetters, der Energieerzeugung und des Energieverbrauches.

Das Alleinstellungsmerkmal ist dabei, dass die Simulation durch Parameter und Ereignisse, wie z. B. spezielle Wetterereignisse, über eine grafische Oberfläche be-einflusst werden kann. Die Auswirkungen dieser Änderungen wirken sich direkt auf die Simulation und somit auch auf die Sensordaten und deren Visualisierung aus.

Damit können Smart-City-Anwendungen bereits bevor echte Sensordaten vorliegen, getestet und demonstriert werden. Auch können zukünftige Szenarien evaluiert werden, um so eine Technologieauswahl für Städte zu unterstützen.

41.2 Nachhaltigkeit

In der Anwendung finden sich viele Simulationsbereiche, die für die Schaffung von nachhaltigen Prozessen in Städten entscheidend sein können. Bei der Simulation des Verkehrs spielen viele Abhängigkeiten, wie z. B. das Wetter und die Uhrzeit, eine wichtige Rolle. Dieses ermöglicht eine detaillierte Simulation, wodurch der Verkehr in Bezug auf Nachhaltigkeit optimiert werden kann. Beispielsweise können Defizite beim öffentlichen Personennahverkehr aufgedeckt werden oder eine faire Verteilung von Ampelgrünzeiten auf die verschiedenen Individualverkehrsteilnehmer getestet werden.

Ein weiterer wichtiger Aspekt der Nachhaltigkeit in der Smart-City-Anwendung ist die Simulation des Energieverbrauchs und der Energieerzeugung. Dezentrale Energieerzeuger, wie eine Solaranlage und eine Windkraftanlage, können in der schlauen Stadt verteilt und simuliert werden. Ebenso wird der Energieverbrauch der gesamten Stadt auf Grundlage von realen Lastkurven simuliert. Anhand von BI-Methoden können die Kennzahlen des Energieverbrauchs und der Energieerzeugung, der Differenz zwischen Energieverbrauch und Energieerzeugung weiter untersucht werden. Dynamische Eingriffe, z. B. durch

Wetterereignisse oder durch das Setzen von weiteren Energieerzeugern, erlauben dabei unterschiedliche Szenarien. In Verbindung mit der Verkehrssimulation können so zukünftig auch Auswirkungen einer steigenden Elektromobilität auf das Stromnetz einer Stadt untersucht werden.

41.3 Architektur

Die Architektur der Smart-City-Anwendung enthält Komponenten zur Generierung (Simulation einer Beispielstadt), Verarbeitung, Speicherung und Visualisierung von Sensordaten (siehe Abb. 41.1). Das Gesamtsystem ist derart gestaltet, dass eine hohe Skalierbarkeit erreicht werden kann, um eine realitätsnahe Simulation zu ermöglichen. Dazu werden einzelne Softwarekomponenten auf unterschiedliche Hardware verteilt. Die Verteilung geschieht sowohl horizontal als auch vertikal. Für die Generierung wird ein eigens erstelltes Simulationsframework verwendet, das simulierte Objekte erzeugen kann. Virtuelle Sensoren erfassen diese Objekte und senden Daten in Form von Datenströmen an ein Datenstrommanagementsystem. Dieses verarbeitet den Datenstrom und speichert gleichzeitig Daten für weitere Data-Mining-Analysen in einer Datenbank. Dadurch können Sensordaten zur Laufzeit in einer Business Intelligence Lösung sowie mit einem Kartendienst visualisiert werden.

Zur Speicherung historischer Daten wird das IBM DB2 Datenbanksystem verwendet. Die Verarbeitung von Datenströmen im Datenstrommanagementsystem wird wahlweise mit dem IBM InfoSphere Streams oder dem Open Source System Odysseus (Appelrath et al. 2012) durchgeführt. Für die Visualisierung wird IBM Cognos genutzt, um Reports zu erzeugen. Des Weiteren kann ein beliebiger Kartendienst, beispielsweise Google Maps oder Open Street Map, eingesetzt werden, um die Simulation und die dazugehörigen Sensordaten auf Karten anzuzeigen. Für die Simulierung der Beispielstadt werden Charakteristika von Echtdaten der Stadt Oldenburg (Oldb) hinzugezogen.

Abb. 41.1 Architektur

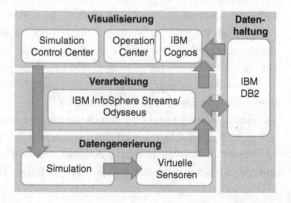

41.4   Benutzungsschnittstellen

Gestartet, beeinflusst sowie überwacht werden die Simulationen durch zwei Web-Anwendungen, das Simulation Control Center und das Operation Center.

Das Simulation Control Center (CC) stellt den Startpunkt der Simulation dar. Hier können entscheidende Parameter gesetzt werden, bevor die eigentliche Simulation gestartet wird (siehe Abb. 41.2). Sobald die Simulation läuft, hat der Nutzer oder die Nutzerin des CC die Möglichkeit, die Simulation durch Ereignisse individuell zu beeinflussen, beispielsweise durch Variation der Objektanzahl oder auftretende Wetterereignisse. Die Auswirkungen dieser Ereignisse werden im Operation Center (OC) visualisiert. Das Modul stellt die wichtigsten Parameter der Simulation und ihrer Objekte übersichtlich dar. Zentral zeigt das OC eine Karte mit den Simulationsobjekten (siehe Abb. 41.3). Außerdem können Detailinformationen der einzelnen Objekte abgefragt werden. Durch die Integration von IBM Cognos werden zudem Reports erstellt. In diesen dynamischen Reports werden relevante Daten aus den einströmenden Sensordaten dargestellt und wichtige Informationen aus der laufenden Simulation gewonnen. Auf deren Grundlagen können sowohl kurzfristige als auch langfristige Entscheidungen für eine schlaue bzw. nachhaltigere Stadt getroffen werden. Mit diesem Gesamtsystem kann somit das Potential von Smart-City-Anwendungen demonstriert werden. Ein weiterer Untersuchungspunkt ist, welche Informationsvorteile beispielsweise von der Integration oder Installation weiterer Sensoren in der Stadt vorliegen können. Ebenso ist es möglich, mit der Simulation eine bisherige Sensordatenverarbeitung auf Skalierbarkeit zu überprüfen.

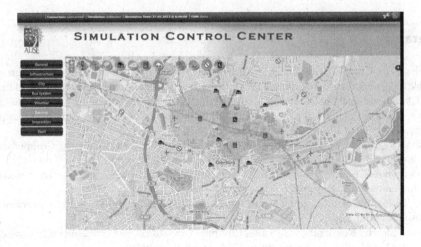

Abb. 41.2 Simulation Control Center

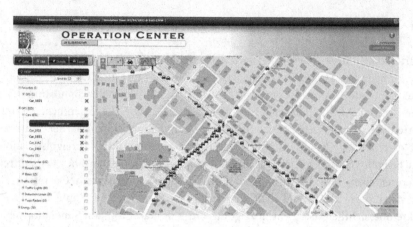

Abb. 41.3 Operation Center

41.5 Zusammenfassung

Dieser Beitrag zeigt einen Überblick über die Hintergründe, den Aufbau und die Architektur einer Smart-City-Anwendung zur Erzeugung, Verarbeitung und Visualisierung von virtuellen Sensordaten. Der Einsatz dieser Anwendung bietet nicht nur den Vorteil sensible Verkehrs-, Wetter- und Energiedaten zu generieren, sondern ermöglicht zusätzlich die Auswirkungen von Ereignissen, wie z. B. starken Niederschlag, zu betrachten. Die daraus abgeleiteten Erkenntnisse können schlechte Prozesse bzw. Defizite der simulierten Stadt aufweisen. Anhand dieser Erkenntnisse kann eine nachhaltige Entwicklung von schlauen Städten bzw. eines Smarter Planet mit Hilfe der IT angestoßen werden.

Literatur

Appelrath H-J, Geesen D, Grawunder M, Michelsen T, Nicklas D (2012) Odysseus a highly customizable framework for creating efficient event stream management systems. In: Proceedings of the 6th ACM International Conference on Distributed Event-Based Systems, New York, USA, S 367–368

Behr T, Düntgen C, Güting R (2009) BerlinMOD: A Benchmark for Moving Object Databases. In: The. VLDB Journal 18(6):1335–1368

Brinkhoff T (2002) A Framework for Generating Network-Based Moving Objects. In: GeoInformatica, Vol. 6, (2), S 153–180

Cisco - Smart+Connected Communities. http://www.cisco.com/web/strategy/smart_connected_communities.html. Zugegriffen: 24. Sept 2012

IBM - Ein Planet der intelligenten Städte. http://www.ibm.com/smarterplanet/de/de/overview/visions/index.html. Zugegriffen: 24. Sept 2012

Siemens - Smarter Neighborhoods Smarter City. http://www.usa.siemens.com/sustainable-cities/pdf/smarter-neighborhoods-smarter-city.pdf. Zugegriffen: 24. Sept 2012

Teil VI

Green Software

UmSys

42

Lukas Schaaf

Zusammenfassung

Neue Umweltgesetzgebung wie z. B. die IED (Industrial Emissions Directive) bedeuten für Betreiber von Industrieanlagen nicht nur einen höheren Dokumentationsaufwand, auch zeitlich werden die Verantwortlichen durch Vor-Ort-Inspektionen der Behörden stark eingebunden. Dies stellt Unternehmen vor die Herausforderung sich organisatorisch und seitig der Datenhaltung flexibel anzupassen. Eigenentwicklungen und starre Software-Tools gehen einher mit entsprechend hohem Anpassungsaufwand, flexible integrierende Systeme häufig mit einer hohen Einstiegsinvestition. Um den deutschen Mittelstand zukunftsfähig und kostengünstig bedienen zu können, bedarf es einer Kombination aus branchenspezifischer Fachlichkeit als Standard und der Flexibilität einer generischen Software. Der Fokus muss hierbei auf einer sinnvollen Abgrenzung zwischen branchen- bzw. fachspezifischen Standards und historisch gewachsenen betrieblichen Daten- bzw. Prozessstrukturen liegen. Dies ermöglicht einerseits eine kostengünstige Software-Anschaffung bzw. –Anpassung, andererseits eine Reduktion des Pflegeaufwands des Rechtskatasters durch Bündelung der branchenspezifischen Auflagen. UMsys 4 Standard (z. B. für die Papierindustrie) erfüllt diese Vorgaben und ermöglicht einen Einstieg in ein System um sämtliche relevanten Daten, Termine, Zuständigkeiten und Dokumente zentral zu verwalten und auf Knopfdruck parat zu haben. Eine Grundvoraussetzung für „Legal Compliance", sowie für die Erfüllung zukünftiger gesetzlicher Vorgaben.

Schlüsselwörter

Software Umweltmanagement • IED (Industrial Emissions Dirctive) • Genehmigungsmanagement • Auflagenverfolgung Legal Compliance

L. Schaaf (✉)
Environment & Management, INPLUS GmbH, Therese-Giehse-Platz 6, 82110 Germering, Deutschland
e-mail: Lukas.Schaaf@inplus.de

J. Marx Gómez et al. (Hrsg.), *IT-gestütztes Ressourcen- und Energiemanagement*,   449
DOI: 10.1007/978-3-642-35030-6_42, © Springer-Verlag Berlin Heidelberg 2013

42.1 Die Umsetzung der EU-Richtlinie über Industrie-emissionen (Industry Emissions Directive IED) stellt einen enormen Dokumentations- und Zeitaufwand dar

Die 2011 in Kraft getretene EU-Richtlinie über Industrieemissionen IED muss innerhalb von zwei Jahren in nationales Recht umgesetzt werden. Dies betrifft ab 2013 Betreiber von Industrieanlagen.

Folgende Änderungen ergeben sich für Anlagenbetreiber:

Ein Bericht über den Ausgangszustand der Anlage muss erstellt werden, bevor diese in Betrieb genommen wird bzw. wenn die Genehmigung für die Anlage erneuert wird. Hierbei ist der Ausgangszustand von Boden- und Grundwasser darzustellen sowie die Verschmutzungsmöglichkeiten, die durch die Anlage entstehen können.

Bei regelmäßigen Umweltinspektionen Vor-Ort, Probeentnahmen und bei der Sammlung von Informationen muss der Anlagenbetreiber die Behörden unterstützen. Ein einheitlicher Umweltinspektionsplan soll eine Bewertungen der wichtigsten Umweltrisiken sowie die räumlichen Geltungsbereiche und die damit erfassten Anlagen enthalten.

Wie kann bei diesen Auflagen der Mehraufwand durch Prozessoptimierung minimiert werden?

- Die automatische Erstellung von Berichten über die angeforderten Informationen auf Knopfdruck erspart eine langwierige Datensammlung.
- Der Aufbau eines Stoffkatasters nach CLP bietet eine Übersicht zu allen verwendeten Stoffen und deren Eigenschaften, ebenfalls auf Knopfdruck.
- Die Ausgabe und Auswertung der Messwerte wird dadurch flexibler und vereinfacht. Im Vergleich mit Emissionsgrenzwerten werden Lücken so schneller identifiziert.
- Durch eine Übersicht des Bearbeitungsstandes von Genehmigungen und Auflagen sowie aller fälligen Prüfungen, können Anlagenbetreiber gezielter reagieren und so einen längeren Überwachungsturnus erwirken.

Aufgrund einer strukturierten Vorbereitung und einer optimierten Verfügbarkeit von Informationen wird der Arbeitsaufwand bei der Umsetzung von IED merklich gemindert. Anlagenbetreiber sind auf Inspektionen, die durch die Umsetzung notwendig werden, mit einer rechtssicheren Dokumentation bestens vorbereitet.

42.2 Die Ausgangssituation der Firmen

Jeder Fachbereich eines Unternehmens oder einer Behörde hat spezielle Anforderungen an ein Software-System, denn die Bedürfnisse nach Informationen unterscheiden sich grundsätzlich.

Hier einige Beispiele:

- Eine *Führungskraft* benötigt die wichtigen Kennzahlen eines Standortes als Report;
- ein *Betriebsleiter* benötigt für seine Industrieanlage CAD-Zeichnungen;
- ein *Instandhalter* betrachtet technische Einrichtungen und zugehörige Termine auf der Zeitachse, d. h. in einem Terminkalender;
- ein *Techniker* benötigt eine umfassende Anlagenhierarchie mit Zusatzinformationen und Dokumenten;
- ein *Sachbearbeiter* in einer Behörde benötigt eine Liste von durchzuführenden Schritten und Informationen zu deren gesetzlicher Einordnung;
- ein Mitarbeiter im *Umweltmanagement* braucht Informationen zu umweltrelevanten Einrichtungen und zu gesetzlichen Anforderungen.

Jeder Mitarbeiter braucht für seine Arbeit eine spezielle Auswahl an Informationen aus vorhandenen Anlagendaten, Dokumenten, Stoffen, verantwortlichen Mitarbeitern, sicherheitsrelevanten und betriebswirtschaftlichen Daten und vielem mehr. Somit kann man es meist nicht umgehen, jeden Fachbereich mit separaten IT-Lösungen zu unterstützen.

Unter dem speziellen fachlichen Blickwinkel betrachtet ist der Nutzen des jeweiligen Systems hoch. Aber mit jedem weiteren fachlich notwendigen System erkauft man sich auch Nachteile:

- Höhere Gesamtkomplexität
- Mehr Aufwand bei der Systembetreuung
- Lange Umstellungszeiten bei der Einführung neuer Oberflächen, Akzeptanzprobleme, Schulungskosten
- Einschränkungen in der IT-Strategie durch die Anforderungen, die das System an die Umgebung stellt
- Redundante Datenhaltung in den separaten Systemen
- Mehr Aufwand, die Daten der verschiedenen Systeme aktuell und konsistent zu halten
- Überblicksinformationen sind über verschiedene Anwendungen verteilt und daher nicht auf einen Blick zu bekommen
- Für den Anwender besteht die Notwendigkeit, sich für verschiedenartige Informationen in unterschiedliche Programme einzuarbeiten

Schleichende Korrosion im Datenbestand In der IT-Landschaft des Unternehmens existiert in der Folge eine Fülle von Daten, die nicht miteinander verknüpft sind, weil sie in verschiedenen Datenbanken gehalten werden. Für die Mitarbeiter bedeutet dies, dass sie unter Umständen dieselben Daten in verschiedene Systeme einpflegen, und dies oft über mehrere Fachabteilungen hinweg.

Dieser hohe Pflegeaufwand birgt die Gefahr, die Datenbetreuung zu vernachlässigen: in der Folge geben die Daten immer weniger den realen Zustand des Unternehmens wieder: die Daten „korrodieren". Die Folgen sind:

- Unsicherheit durch veraltete Entscheidungsgrundlagen
- Informationelle Entkopplung zwischen der operativen und der Management-Ebene
- Falsche Risiko-Einschätzung durch unzureichende Daten
- Gefahr von Konflikten mit gesetzlichen Vorgaben
- Unbemerkte Sicherheitsrisiken
- Erhöhte Kosten durch Versäumnisse

Die Teilsysteme behindern die Arbeit Ein weiterer Nachteil: Da die Informationen meist über mehrere Systeme verteilt sind, muss der Anwender sich die benötigten Daten aus verschiedenen Anwendungen zusammensuchen. Das erfordert von ihm die Einarbeitung in verschiedene Systeme und jedes Mal die Umstellung auf das andere Programm. Flüssiges Arbeiten ist damit fast unmöglich und ein umfassender Überblick schwierig. Das bedeutet:

- Höherer Schulungsaufwand
- Umständliche Datensuche
- Fehlender Arbeitsfluss
- Mangelnde Kontrolle durch fehlenden Überblick

42.3   Die Ausgangssituation der BUIS-Hersteller

Hersteller von Software für das Betriebliche Umweltmanagement lassen sich fachlich grob in zwei Kategorien unterscheiden. Erstens Hersteller von Software für spezielle Teilaufgaben, wie z. B. Gefahrstoffmanagement, Energiedatenerfassung oder Rechtskataster. Zweitens Hersteller von fachlich übergreifenden Systemen um Bereiche wie Arbeitssicherheit und Maintenance zu integrieren.

Eine weitere Unterscheidungsmöglichkeit ist die technische Softwarearchitektur. Dort gibt es zum einen Hersteller von stark standardisierten Lösungen für die Organisation von Pflichten im Betrieb. Zum anderen existieren Hersteller mit generischen Software-Tools die an die speziellen Unternehmensprozesse individuell angepasst werden.

42.4   Die Traum-Lösung: Das „Universal-System"

Ein Großteil der Probleme wäre theoretisch mit einem neuen, allumfassenden System gelöst: Alle Clients greifen über eine universale Anwendung auf dieselbe Datenbank zu, aus der alle Daten geholt und so aufbereitet werden, wie es der jeweilige Anwender gerade braucht.

Realisierbar sind solche „Traumlösungen" bisher nur mit entsprechend hohem Aufwand einhergehend mit großem Budget. Die Inplus GmbH hat mit ihrem Produkt UMsys mehrfach die Einführung eines solch universalen Systems begleitet, z. B. in Chemieparks. Für den Mittelstand sind solche Individual-Lösungen nicht finanzierbar. Die etablierten Prozesse innerhalb der Firmen sind aber oft individuell und lassen sich mit Standard-Produkten nicht darstellen.

Benötigt wird hier ein günstiger Branchen-Standard, der bei Bedarf einfach und flexibel anpassbar ist. Hier setzt die neue Produktlinie UMsys4-Standard an.

Green Big Data – eine Green IT/Green IS Perspektive auf Big Data

Thomas Hansmann, Burkhardt Funk und Peter Niemeyer

Zusammenfassung

Unter dem Stichwort Big Data werden zur Zeit, sowohl in Wissenschaft als auch Praxis,Technologien und Methoden diskutiert, mit denen die Verarbeitung großer, schnell anwachsender, häufig nur schwach strukturierter Datenmengen ermöglicht werden soll, die mit traditionellen Ansätzen, unter anderem aus dem Business Intelligence-Umfeld, nicht, oder nur eingeschränkt analysiert werden können, woraus sich neue, eigenständige Anwendungsgebiete ergeben. Die vorliegende Arbeit hat daher zum Ziel, Zusammenhänge zwischen den technologischen sowie methodischen Konzepten, die im Rahmen der derzeit geführten Big Data-Diskussion eine Rolle spielen, und Green IS zu untersuchen und so eine Grundlage zu legen, um systematisch Erkenntnisse aus dem Umfeld des Big Data-Konzeptes für BUIS nutzbar zu machen. Konkret untersuchen wir in einer Green IT Perspektive, ob bereits ressourceneffiziente Verfahren für Big Data Anwendungen diskutiert werden, und inwieweit Big Data Konzepte zur Gestaltung ressourcenschonender Geschäftsprozesse eingesetzt werden können, wozu wir im Vorfeld relevante Dimensionen des Begriffes Big Data mittels eines deduktiven Ansatzes identifizieren.

Schlüsselwörter

Big Data • Green IT • Green IS • BUIS • EMIS

T. Hansmann · B. Funk (✉) · P. Niemeyer
Leuphana Universität Lüneburg, Scharnhorststr. 1, 21335 Lüneburg, Deutschland
e-mail: funk@uni.leuphana.de

T. Hansmann
e-mail: thomas.hansmann@uni.leuphana.de

P. Niemeyer
e-mail: niemeyer@uni.leuphana.de

J. Marx Gómez et al. (Hrsg.), *IT-gestütztes Ressourcen- und Energiemanagement*,
DOI: 10.1007/978-3-642-35030-6_43, © Springer-Verlag Berlin Heidelberg 2013

43.1   Einleitung

In vielen Anwendungsbereichen ist in den letzten Jahren zu beobachten, dass sich die für Betriebliche Analysen zur Verfügung stehenden Datenquellen verändern. Neben klassische Transaktionsdaten und diverse Stammdaten treten verstärkt Massendaten aus Sensornetzwerken, beispielsweise in Produktionsprozessen oder beim Energiemanagement, oder auch schwach strukturierte Daten die von Geschäftspartnern in Web 2.0 Prozessen und sozialen Netzen generiert werden. Konzepte und Methoden zur Nutzbarmachung dieser neuen Datenquellen werden in Wissenschaft und Praxis unter dem Stichwort *Big Data* diskutiert.

Die vorliegende Arbeit hat zum Ziel, Zusammenhänge zwischen Konzepten, die im Rahmen von Big Data eine Rolle spielen, und BUIS zu untersuchen und so eine Grundlage zu legen, um systematisch Erkenntnisse aus dem Umfeld Big Data für BUIS nutzbar zu machen. Dabei soll einerseits untersucht werden, ob (i) im Big Data Bereich bereits ressourceneffiziente Verfahren für Big Data Anwendungen diskutiert werden, und (ii) inwieweit Big Data Konzepte zur Gestaltung von BUIS eingesetzt werden können. Während die erste Frage also nach einer Green IT Perspektive auf Big Data sucht, beschäftigt sich die zweite Frage mit einer Green IS Perspektive auf Big Data.

Da eine explizite Referenzierung von Big Data Konzepten in Arbeiten, die sich mit Konzeption, Entwicklung und Nutzung von BUIS beschäftigen, aufgrund des erst kürzlich geprägten Begriffes Big Data nicht zu erwarten ist, nutzen wir für die Analyse Topic Models (Blei und Lafferty 2006), eine Methode, die geeignet ist Themenbereiche, sog. Topics, zu identifizieren.

Die Arbeit ist wie folgt strukturiert: nach kurzer Klärung des Begriffes Big Data und Überblick über die darunter verstandenen Konzepte in Abschn. 43.2, untersuchen wir unter Anwendung von Topic Models die thematische Entwicklung der im Bereich Green IS/Green IT in den letzten 5 Jahren publizierten Arbeiten. Hierzu werten wir im Abschn. 43.3 Titel und Abstracts von 1055 Arbeiten aus, die seit 2008 in einem Scopus Journal veröffentlicht worden sind und Schlüsselworte aus dem Bereich Green IT/Green IS/EMIS enthalten. Die vorhandenen Big Data Ansätze in Hinblick auf Green IT werden in Abschn. 43.4, Einsatzpotentiale in Hinblick auf Green IS in Abschn. 43.5 dargestellt.

43.2   Das Konzept Big Data

Anfänglich von der Praxis geprägt, ist Big Data zunehmend Gegenstand wissenschaftlicher Publikationen.

In wissenschaftlichen Datenbanken wie Scopus oder ISI Web of Science steigt die Anzahl der Veröffentlichungen, welche im Titel, Abstract oder Tag den Begriff Big Data erhalten seit dem Jahr 2000 an. Einem anfänglich leichten Anstieg folgt eine starke Erhöhung der Veröffentlichungsanzahl seit dem Jahr 2010. Diese Veröffentlichungen enthalten, ähnlich zu anderen aufstrebenden Forschungsbereichen, nur vereinzelt, differierende Definitionen, was unter anderem in der Mehrdeutigkeit des Begriffes begründet ist. Big Data wird sowohl verwendet, um das kontinuierlich steigende, verfügbare Datenvolumen zu beschreiben, als auch für die Bezeichnung eines gesamten Konzeptes, welches über die Datenmenge hinaus Werkzeuge und Infrastruktur für die Datenanalyse beinhaltet. Demnach erschwert die Breite und Tiefe des Themas die Formulierung einer einheitlichen Definition. Aus der folgenden Übersicht (Tab. 43.1) über bestehende Definitionen, deren Ursprung in Wissenschaft und Praxis liegt, lassen sich charakterisierende Dimensionen des Begriffes Big Data ableiten.

Dumbill (2010), Loukides (2010), Madden (2012) und Manyika et al. (2011) zielen auf die mangelnde Fähigkeit bestehender Technologien ab, die steigende Datenmenge zu verarbeiten. Folglich kann die IT-Infrastruktur als erste Dimension identifiziert werden. Madden (2012) und Laney (2001) ergänzen den Aspekt der Datencharakteristika in Form von Volumen und Struktur. Die nachrangige Berücksichtigung der Datenstruktur ist insofern auffällig, als das die Verarbeitung niedrig strukturierter Daten in der aktuellen Diskussion möglicher Anwendungsbereiche gleichermaßen als Chance für den Erkenntnisgewinn und Herausforderung bezüglich der verwendeten Methodik und Infrastruktur gesehen wird. Der überwiegende Teil der Definitionen charakterisiert das Datenvolumen als Auslöser der Big Data Entwicklung, nicht neuartige technische Möglichkeiten. Darüber hinaus kann, den Definitionen von Dumbill (2010) und Jacobs (2009) folgend, der Aspekt der Methodik, welche im Rahmen der Datenanalyse Anwendung findet, als weitere Dimension identifiziert werden.

Tab. 43.1 Definitionen des Big Data Begriffes

Autor	Definition	Dimension
(Dumbill 2010)	Big data is data that becomes large enough that it cannot be processed using conventional methods.	Datencharakteristika, IT-Infrastruktur, Methodik
(Jacobs 2009)	Data whose size forces us to look beyond the tried-and-true methods that are prevalent at that time.	Datencharakteristika, Methodik
(Laney 2001)	Volume, Variety, Velocity	Datencharakteristika
(Loukides 2010)	Big data is when the size of the data itself becomes part of the problem.(···) At some point, traditional techniques for working with data run out of steam.	Datencharakteristika, IT-Infrastruktur
(Madden 2012)	Data that's too big, too fast, or too hard for existing tools to process.	Datencharakteristika, IT-Infrastruktur
(Manyika et al. 2011)	Big data refers to datasets whose size is beyond the ability of typical database software tools to capture, store, manage, and analyse.	Datencharakteristika, IT-Infrastruktur

Die Konsolidierung der Definitionen zeigt, dass die meisten Autoren Big Data als eine Veränderung der Datencharakteristika hinsichtlich Volumen und Struktur sehen, die zu einer übermäßigen Beanspruchung der bestehenden Infrastruktur sowie den angewendeten Methoden geführt hat. Die in den Definitionen genannten Problemfelder, welche sich aus der den veränderten Datencharakteristika ergeben finden sich, wie in den folgenden Ausarbeitungen zu zeigen ist, ebenso in Anwendungsfällen in der Green IT & IS-Umgebung wieder. Im folgenden Abschnitt wird untersucht, inwieweit das Thema Big Data in direkter oder indirekter Form in Veröffentlichungen dieser Forschungsbereiche der vergangen Jahre aufgegriffen wird.

43.3   Entwicklung thematischer Schwerpunkten in Green IT/IS

Im vorherigen Abschnitt haben wir die charakterisierenden Dimensionen von Big Data mittels eines deduktiven Ansatzes, ausgehend von bestehenden Definitionen, abgeleitet. Die Anwendung des Suchbegriffes „Big Data" in Kombination mit „EMIS", „BUIS", „Green IT" oder „Green IS" führt erwartungsgemäß in wissenschaftlichen Datenbanken wie Scopus zu keinen Suchergebnissen. Im Folgenden wird daher untersucht, inwieweit das Thema Big Data im Bereich Green IS und Green IT inhaltlich mittels der einzelnen erarbeiteten Dimensionen bereits enthalten ist, ohne begrifflich genannt zu werden. Zu diesem Zweck verwenden wir das Konzept Topic Models (Blei und Laffery 2009), das eingesetzt wird, um aus Texten die wesentlichen Themen (Topics) zu extrahieren, die anhand von häufig gemeinsam vorkommenden Wörtern beschrieben werden. Der Ursprung von Topic Models als hierarchische Wahrscheinlichkeitsmodelle liegt im Bereich des maschinellen Lernens. Grundlage der Topic Model Analyse ist eine Menge zu analysierender Texte, in unserem Beispiel die Abstracts wissenschaftlicher Veröffentlichungen.

Die zu identifizierenden Themen (Topics) werden als Wahrscheinlichkeitsverteilung über die Worte der analysierten Texte modelliert. Die Wahrscheinlichkeit ein spezifisches Wort in einem Text vorzufinden, ist abhängig von den in dem jeweiligen Textdokument behandelten Themen. Ein solches Thema wird abkürzend über eine kleine Menge von Worten beschrieben (in unserer Analyse vier Wörter), deren Auftreten in der das Thema repräsentierenden Verteilungsfunktion die höchste Wahrscheinlichkeit haben. In Abb. 43.1 beschreiben insbesondere die Worte 4, 5, 6 und 7 das Thema 1.

Dabei stellen die Werte der Abszisse sämtliche Worte dar, die sich in der Gesamtheit der analysierten Dokumente finden, die Ordinate ordnet jedem Wort eine Auftrittswahrscheinlichkeit zu. Die Wahrscheinlichkeit des Vorfindens eines Wortes w hängt von dem entsprechenden Thema T in dem Dokument mit z_i als latente Variable ab, welche das Ursprungs-Thema des i-ten Wortes bestimmt. Daher gilt $P(w_i) = \sum_{j=1}^{T} P(w_i | z_i = j) P(z_i = j)$. Folglich repräsentiert $P(w|z)$ die Relevanz eines

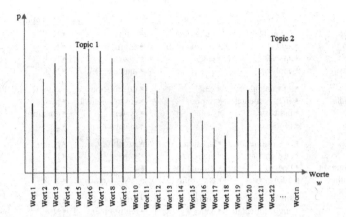

Abb. 43.1 Verteilungsfunktionen der Topic Models

Wortes für ein Thema und $P(z)$ ist das Auftreten des Wortes eines Themas innerhalb des Dokuments.

Für die die Parameterschätzung im Rahmen der Topic Models bestehen mehrere Verfahren, wovon die bekanntesten die Latent Semantic Analysis (LSA) (Landauer und Dumais 1997) sowie die Latent Dirichlet Allocation (LDA) (Blei et al. 2003) sind. Beide Ansätze basieren auf der beschriebenen Verteilungsfunktion über die Worte der Dokumente, im Gegensatz zu der LSA nimmt die LDA an, dass ein Wort in mehr als einem Thema vorkommen kann und demnach ein Dokument auch mehrere Themen beinhalten kann. Für unsere Analyse haben wir uns im Hinblick auf die verschiedenen Dimensionen des Konzeptes Big Data sowie der Vielschichtigkeit von Green IT und Green IS für den LDA-Ansatz entschieden und setzen die Softwarepakete lda (Chang 2012) sowie tm (Feinerer 2011) ein.

Mit dem Ziel eine mögliche Entwicklung des Themas Big Data innerhalb von Veröffentlichungen aus dem Forschungsfeld Green IS und Green IT zu identifizieren, sind die Abstracts der Veröffentlichungen, beginnend im Jahr 2007 bis einschließlich 2012 für jedes Jahr einzeln auf die enthaltenen Themen hin untersucht worden. Mittels der Suchbegriffe „EMIS", „Green IT" oder „Green IS" (Suchfelder: Titel, Abstract und Keywords) wurden in Scopus [www.scopus.com] 1055 wissenschaftliche Artikel für den genannten Zeitraum identifiziert. Die im Vorfeld der Analyse durchgeführte Textaufbereitung beinhaltet die Entfernung von Stop Words (z. B. „and" und „the") sowie die Zurückführung der Worte auf ihren jeweiligen Wortstamm unter Verwendung von Porter's stemming Algorithmus (Porter 1980).

Die Ergebnisse der Topic Models in Abb. 43.2 zeigen die inhaltliche Entwicklung der Forschungsfelder Green IT sowie Green IS für den Zeitraum 2008–2012.

Dabei kann die Entwicklung in zwei Phasen, von 2008 bis einschließlich 2010 sowie 2011–2012 eingeteilt werden. In der ersten Phase fallen neben dem Thema der betrieblichen Umweltinformationssysteme sowie des Energieverbrauches die naturwissenschaftlich

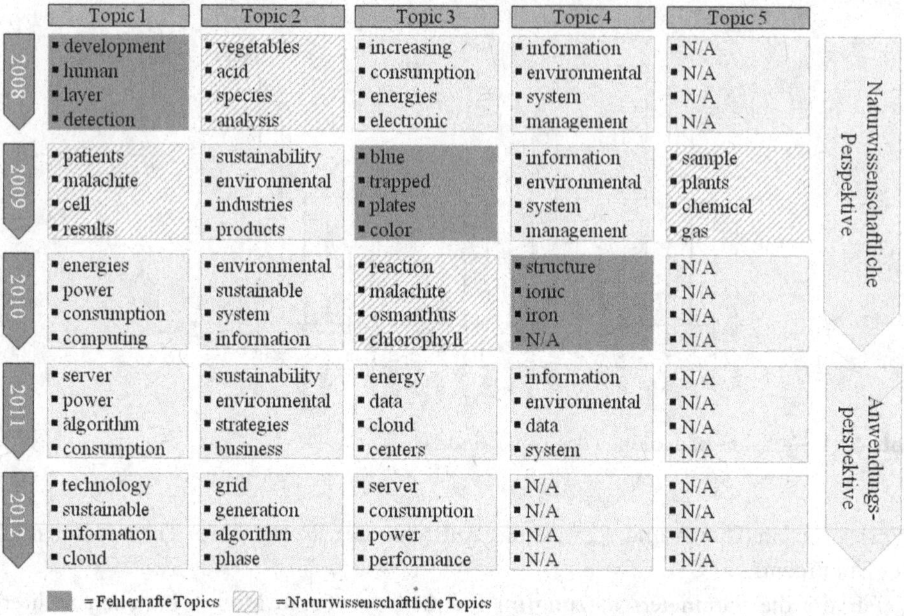

	Topic 1	Topic 2	Topic 3	Topic 4	Topic 5	
2008	development human layer detection	vegetables acid species analysis	increasing consumption energies electronic	information environmental system management	N/A N/A N/A N/A	Naturwissenschaftliche Perspektive
2009	patients malachite cell results	sustainability environmental industries products	blue trapped plates color	information environmental system management	sample plants chemical gas	
2010	energies power consumption computing	environmental sustainable system information	reaction malachite osmanthus chlorophyll	structure ionic iron N/A	N/A N/A N/A N/A	
2011	server power algorithm consumption	sustainability environmental strategies business	energy data cloud centers	information environmental data system	N/A N/A N/A N/A	Anwendungsperspektive
2012	technology sustainable information cloud	grid generation algorithm phase	server consumption power performance	N/A N/A N/A N/A	N/A N/A N/A N/A	

◼ = Fehlerhafte Topics   ▨ = Naturwissenschaftliche Topics

Abb. 43.2 Ergebnisse Topic Models. Die Anzahl der besetzten Topics ist in Abhängigkeit von der im Rahmen der LDA-Anwendung errechneten Likelihood optimiert worden. Fehlerhafte Topics sind auf die teilweise niedrige Anzahl für die Analyse zur Verfügung stehender D Dokumente zurück zu führen (Griffiths und Steyvers 2004)

geprägten Themen auf. Diese Themengebiete, gekennzeichnet durch die schraffierten Felder, finden sich in der zweiten Phase, beginnend im Jahr 2011 nicht wieder, weshalb wir sie in Abb. 43.2 als naturwissenschaftliche Perspektive bezeichnen. Die zweite Phase ist von anwendungsbezogenen Aspekten dominiert. Neben den betrieblichen Umweltinformationssystemen rückt das Thema der IT-Infrastruktur in Kombination mit dem Thema Energieverbrauch zunehmend in den Fokus, wobei sich einzelne Weiterentwicklungen der vergangenen Jahre hinsichtlich der Infrastruktur in Form der Begriffe Cloud und Grid wieder finden. Eine detaillierte Betrachtung der zu diesen Topics beitragenden Dokumente zeigt, dass drei der Veröffentlichungen einen klaren Big Data Bezug aufweisen: (Kaushik und Bhandarkar 2010; Mao et al. 2012; Goiri et al. 2012). Da diese Arbeiten alle auf das Hadoop Framework, einem Ansatz zur parallelisierten Verarbeitung großer Datenmengen, Bezug nehmen, werden wir dieses Framework im folgenden Abschnitt kurz erläutern.

43.4 Hadoop: Eine Green IT Perspektive auf Big Data

Grundlage von Hadoop ist das MapReduce Framework, ursprünglich von Google für die Durchführung paralleler Berechnungen entwickelt. In einem von Google durchgeführten Test von MapReduce wurde 1TB Daten auf 1000 Computern in 68 Sekunden sortiert sowie 1 PB auf 4000 Computern in sechs Stunden (Czajkowski 2008). Neben MapReduce und Hbase beinhaltet Hadoop des Weiteren das Hadoop File System (HDFS), ein auf java basierendes Framework welches für den Betrieb als verteiltes System ausgelegt ist und eine hohe Skalierbarkeit aufweist. HDFS ist ursprünglich für Big Data Anwendungen entwickelt worden, mit Datenvolumina von „gigabytes to terabytes in size" (Borthakur 2008).

HDFS verwendet eine Master-Slave Architektur und nutzt Commodity Hardware unter der Annahme, dass es kontinuierlich zu Hardware-Ausfällen kommt. Die Kombination aus Commodity Hardware mit niedrigen Anschaffungs- und Wartungskosten als Grundlage, der Leistungsfähigkeit des Systems sowie der kontinuierlichen Weiterentwicklung als Open Source Projekt haben zu einer schnellen Verbreitung des Systems geführt. Der Großteil aktueller Big Data Lösungen verschiedener IT-Unternehmen beinhaltet zumindest eine Schnittstelle zu Hadoop oder basiert vollständig darauf.

Fokus der Green IT Veröffentlichungen, welche Hadoop als Forschungsgegenstand haben, ist die Steuerung des Energieverbrauches dieser Anwendung. Kaushik und Bhandarkar (2010) entwickeln eine HDFS Implementierung welche auf die Reduzierung des Energieverbrauches durch eine angepasste Server-Skalierung ausgelegt ist. In einem Testaufbau hat dies zu einer um 26 % reduzierten Energieverbrauch geführt. Ein ähnliches Ziel verfolgen Mao et al. (2012), die eine Hadoop Weiterentwicklung für wissenschaftliche Anwendungen im Umfeld der Bioinformatik vorstellen, welche auf die weitest mögliche Reduzierung des Energieverbrauches ausgelegt ist. Goiri et al. (2012) untersuchen, inwieweit Rechenzentren mit Öko-Strom, welcher in seiner Verfügbarkeit schwankt, betrieben werden können. Zu diesem Zwecke entwickeln sie eine MapReduce Implementierung namens GreenHadoop, welche in Abhängigkeit von der prognostizierten Verfügbarkeit von Öko-Strom die anstehenden MapReduce-Jobs steuert und so den Bedarf an Strom aus nicht regenerativen Quellen reduziert.

Anhand der Erkenntnisse der Topic Models sowie den dazugehörigen Veröffentlichungen kann gezeigt werden, dass das Thema Big Data im Green IT Bereich bereits in Form von Hadoop angekommen ist. In dem Thema Green IS findet sich bisher der Aspekt Big Data nicht wieder. Aus diesem Grund wird im folgenden Abschnitt am Beispiel der automatisierten Ermittlung von Produkt Umweltwirkungen aufgezeigt, welchen Beitrag Kompetenzen aus dem Big Data Umfeld zukünftig zu einer Prozessverbesserung im Green IS-Umfeld beitragen können.

43.5 Green IS Perspektive auf Big Data

Aus der Green IS Perspektive stellt sich die Frage, inwiefern Big Data Methoden zur Etablierung eines ökologisch orientierten Nachhaltigkeitsmanagements beitragen können. Nach unserer Literaturanalyse in Abschn. 43.3 liegen bislang keine Studien vor, die sich mit den Einsatzpotentialen von Big Data im BUIS-Umfeld beschäftigen. Als ersten Schritt in diese Richtung zeigen wir im Folgenden am Beispiel eines klassischen BUIS-Prozesses, der automatisierten Ermittlung von Produkt Umweltwirkungen, exemplarisch

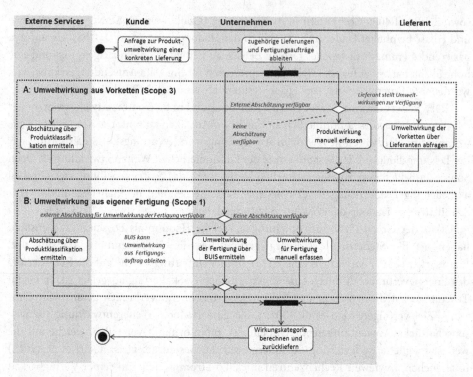

Abb. 43.3 Aktivitätsdiagramm: Bearbeitung einer Kundenanfrage zur Berechnung der Produkt-umweltwirkung. Zunächst werden zu einem spezifizierten Produkt die zugehörigen Lieferungen und Fertigungsprozesse ermittelt. Im Bereich A wird ausgehend von den Lieferungen die Umweltwirkung der Vorketten, im Bereich B die Umweltwirkung der eigenen Fertigungsprozesse abgeschätzt

Datenquellen auf, die zu einer deutlichen Prozessverbesserung beitragen können und deren Nutzbarmachung mit Big Data Konzepten ermöglicht, bzw. stark vereinfacht wird.

Um die Umweltwirkung eines Produktes zu ermitteln werden nach ISO 14040 die im gesamten Lebenszyklus des Produktes – hier von der Rohstoffentnahme bis zur Auslieferung (cradle to gate) – angefallenen Umweltwirkungen aggregiert. Hierzu erfolgt eine Aufstellung aller zugehörigen Inputs (Ressourcenverbräuche) und Outputs (Emissionen) im Produktlebenszyklus, die sogenannte Sachbilanz, die dann in Hinblick auf relevante Wirkungskategorien bewertet wird. Ein prominenter Ansatz hierzu ist der Product Carbon Footprint, der die Sachbilanz in Hinblick auf die Wirkungskategorie *Klimawirkung* bewertet und als Menge wirkungsgleicher CO_2- Gase darstellt (Weidema et al. 2008).

Ein Prozess zur automatisierten Ermittlung von Produktumweltwirkungen ist in Abb. 43.3 dargestellt (vgl. Funk und Niemeyer 2010). Ausgehend von einer Kundenanfrage zu einem Produkt wird zunächst auf Basis von Transaktionsdaten im ERP System ermittelt, (i) welche unternehmensinternen Fertigungs- und Transportvorgänge, und (ii) welche externen Beschaffungsvorgänge zur Erstellung des Produktes beigetragen haben.

Im nächsten Schritt (in Abb. 43.3 mit B gekennzeichnet) werden die Sachbilanzen für die unternehmensinternen Prozesse ermittelt, die dem Produkt zuzurechnen sind. Parallel dazu werden die entsprechenden externen Sachbilanzen ermittelt bzw. abgeschätzt, die aus vorangegangenen Wertschöpfungsstufen resultieren (in Abb. 43.3 mit A gekennzeichnet). Schließlich werden die Ergebnisse aggregiert, bezüglich der ausgewählten Wirkungskategorie bewertet und zusammen mit der Sachbilanz an den Kunden zurückgeliefert.

Zur Ermittlung der unternehmensintern anfallenden Umweltwirkungen müssen die Fertigungsprozesse analysiert werden. Bei komplexen Prozessen werden hierzu Stoffstrommodelle zu den betroffenen Fertigungsprozessen erzeugt, etwa in Form von Petri-Netzen (Möller 2000). Die Erstellung solcher Modelle ist mit einem hohen manuellen Aufwand verbunden, der häufig nur dann in Kauf genommen wird, wenn regulative Rahmenbedingungen dieses fordern. Mit Eventlogs aus ERP-Systemen und Sensordaten aus den Fertigungsbereichen stehen umfangreich Big Data-Datenquellen zur Verfügung, mit denen die Erfassung von Stoffstromnetzen teilweise automatisiert werden kann. Die hierzu erforderlichen Methoden und Tools werden zurzeit im Rahmen der Process Mining Initiative entwickelt (van der Aalst 2012). Mit Process Mining Ansätzen ist es heute möglich, Geschäftsprozessmodelle aus Eventdaten zu generieren. Um die Methoden zur Generierung von Stoffstromnetzen einsetzen zu können müssen neben den klassischen Eventdaten auch Sensordaten aus dem Fertigungsbereich ausgewertet werden, aus denen etwa Emissionen und Energieverbrauche einzelner Fertigungseinheiten extrahiert werden können.

Auch bei der Ermittlung der in vorangehenden Wertschöpfungsstufen angefallenen Umweltwirkungen können neue Datenquellen nutzbar gemacht werden. Da die Lieferanten nur in seltenen Fällen entsprechende Informationen zur Verfügung stellen, müssen externe Umweltwirkungen in der Regel geschätzt werden. Eine Vielzahl nationaler und kontinentaler Umweltdatenbanken (z. B. Ecoinvent) stellen hierzu historische LCA-Datensätze zur Verfügung. Eine automatisierte Nutzbarmachung dieser Daten ist aus folgenden Gründen schwierig: (i) es gibt keine universellen Produktklassifikationen, über die Unternehmen Umweltwirkungen (Sachbilanzen) von Umweltdatenbanken abfragen können. Bei Umweltdatenbanken wie Ecoinvent liegen historische Ökobilanzen zu einer Reihe von Zwischenprodukten, Endprodukten und Dienstleistungen vor. Zur Identifikation ist eine semantische Lücke zwischen dem innerbetrieblichen Begriffssystem zur Bezeichnung von Produkten, und dem der Umweltdatenbanken zu überwinden. Ist ein geeigneter Datensatz schließlich gefunden, so liegen (ii) die benötigten Informationen überwiegend in schwach strukturierter Form vor. Der in diesem Bereich führende Standard Ecospold enthält wesentliche Informationen in Textfeldern. Ursächlich für dieses Problem ist der von der LCA-Community bewusst angestrebte Methoden-Pluralismus, der mit einer hohen Standardisierung nicht in Einklang zu bringen ist (Frischknecht 2005).

Beide oben diskutierte Problemfelder sind auch im Big Data Kontext relevant: die Zuordnung externer Informationen zu internen Objekten ist bei der Auswertung schwach strukturierter, externer Daten grundsätzlich erforderlich (etwa bei der Analyse von Blogs oder Tweets zur Bewertung von operativen Risiken), die Analyse von Texten in Hinblick auf enthaltene numerische Angaben und Einheiten ist ein Grundproblem der Textanalyse.

Die Diskussion zeigt, dass vor allem die Auswertung von Sensordaten und schwach strukturierten externen Daten, sowie die dazu entwickelten Methoden an vielen Stellen neue oder verbesserte Möglichkeiten zur ressourcenschonenden Gestaltung betrieblicher Prozesse erwarten lassen.

43.6 Zusammenfassung

In dem vorliegenden Beitrag haben wir untersucht, inwieweit in der aktuellen Big Data Diskussion Ansätze zur ressourcenschonenden Infrastrukturen verfolgt werden, und Big Data Konzepte für die Weiterentwicklung von BUIS nutzbar gemacht werden können. Über eine Topic Model Analyse von über 1000 einschlägigen Scopus-Veröffentlichungen haben wir die thematische Entwicklung der Green IS/IT Literatur von 2008–2012 analysiert. Konkret haben wir drei Veröffentlichungen identifiziert, die explizit Big Data Konzepte thematisieren und sich alle auf das Hadoop Framework beziehen, das einen vielversprechenden Ansatzpunkt für Green IT Betrachtungen im Big Data Kontext bildet. Da wir keine Veröffentlichungen zum Einsatz von Big Data Konzepten in BUIS finden konnten, haben wir exemplarisch Szenarien skizziert, über die Big Data Datenquellen für die Verbesserung bestehender Prozesse nutzbar gemacht werden können.

Literatur

Blei D, Ng A, Jordan M (2003) Latent dirichlet allocation. J Mach Learn Res 3:993–1022

Blei DM, Lafferty JD (2006) Dynamic topic models. In: Proceedings of the 23rd international conference on Machine learning – ICML'06, ACM Press, New York, S 113–120

Blei DM, Lafferty JD (2009) Topic models. In: Srivastava A, Sahami M Text mining: classification, clustering, and applications, Chapman & Hall, Boca Raton, S 71–93

Borthakur D (2008) HDFS architecture guide. http://hadoop.apache.org/docs/r1.0.4/hdfs_design.pdf. Zugegriffen: 17. Nov 2012

Chang J (2012) lda: Collapsed gibbs sampling methods for topic models (R Paket). http://cran.r-project.org/web/packages/lda/. Zugegriffen: 4. Sept 2012

Czajkowski G (2008) Sorting 1PB with MapReduce. http://googleblog.blogspot.de/2008/11/sorting-1pb-with-mapreduce.html. Zugegriffen: 30. Juli 2012

Dumbill E (2010) The SMAQ stack for big data. http://strata.oreilly.com/2012/01/what-is-big-data.html. Zugegriffen: 11. März 2012

Feinerer I (2011) Tm: Text mining package (R Paket). http://cran.r-project.org/web/packages/tm/index.html. Zugegriffen: 4. Sept 2012

Frischknecht R (2005) Notions on the design and use of an ideal regional or global LCA database. Int J Life Cycle Assess 11(S1):40–48

Funk B, Niemeyer P (2010) Abbildung von Umweltwirkungen in betrieblichen Informationssystemen. HMD 274:37–46

Goiri IN, Le K, Nguyen TD, Guitart J, Torres J, Bianchini R (2012) Green-Hadoop: leveraging green energy in data-processing frameworks. In: Proceedings of the 7th ACM european conference on Computer Systems – EuroSys'12, ACM Press, New York, S 57

Griffiths T, Steyvers M (2004) Finding scientific topics. Proc Nat Acad Sci U.S.A. 101:5228–5235

Jacobs A (2009) The pathologies of big data. Commun ACM 52(8):36

Kaushik R, Bhandarkar M (2010) GreenHDFS: Towards an energy-conserving storage-efficient, hybrid hadoop compute cluster. In: Proceedings of the 2010 international conference on power aware computing and systems, S 1–9

Landauer TK, Dumais ST (1997) A solution to Plato's problem: The latent semantic analysis theory of acquisition, induction, and representation of knowledge. Psychol Rev 104(2):211–240

Laney D (2001) 3D Data management: controlling data volume, velocity, and variety. February 2001, META Group. http://blogs.gartner.com/doug-laney/files/2012/01/ad949-3D-Data-Management-Controlling-Data-Volume-Velocity-and-Variety.pdf. Zugegriffen: 24. April 2012

Loukides M (2010) What is data science? http://radar.oreilly.com/2010/06/what-is-data-science.html. Zugegriffen: 28. Sept 2012

Madden S (2012) From databases to big data. IEEE Comput 16(3):4–6

Manyika J, Chui M, Brown B, Bughin J, Dobbs R, Roxburgh C, Byers AH (2011) Big data: The next frontier for innovation, competition, and productivity. McKinsey Global Institute. http://www.mckinsey.com/Insights/MGI/Research/Technology_and_Innovation/Big_data_The_next_frontier_for_innovation. Zugegriffen: 11. Februar 2012

Mao Y, Wu W, Zhang H, Luo L (2012) GreenPipe: A hadoop based workflow system on energy-efficient clouds. In: 2012 IEEE 26th international parallel and distributed processing symposium workshops & PhD forum, IEEE, S 2211–2219

Möller A (2000) Grundlagen stoffstrombasierter betrieblicher umweltinformationssysteme. Projektverlag, Bochum

Porter M (1980) An algorithm for suffix stripping. Program 14(3):130–137

van der Aalst WMP (2012) Process mining. Commun ACM 55(8):76–83

Weidema BP, Thrane M, Christensen P, Schmidt J, Lokke S (2008) Carbon footprint: A catalyst for life cycle assessment? J Ind Ecol 12(1):3–6

Software-Unterstützung zur Verbesserung der Energieeffizienz in Unternehmen

Astrid Beckers und Christoph Roenick

Zusammenfassung

Angesichts des stark steigenden Verbrauchs von Energie und Ressourcen mit hohen Schadstoffeinträgen in Wasser, Luft und Boden nimmt auch der Druck zum wirtschaftlichen und verantwortlichen Umgang mit den globalen Ressourcen zu. Entscheider treten ein in eine zunehmend komplexe Welt aus miteinander vernetzten Ressourcenflüssen und der Entscheidungsstrukturen zu ihrem Einsatz. Die menschliche intellektuelle Auffassungsgabe wäre bei der Bestimmung der jeweils bestmöglichen Lösung überfordert, selbst wenn man vollständige Informationen über alle Einzelkomponenten und ihre Wechselwirkungen hätte. Die Potenziale zur Kosteneinsparung oder Gewinnerhöhung mit damit verbundener Steigerung der Energie- und Ressourceneffizienz sind in energieintensiven Unternehmen meist hoch, aber nur schwer im Gesamtzusammenspiel quantifizierbar und durch exakte Entscheidungen nachweislich optimal umsetzbar. Der optimale Weg lässt sich als mathematische Lösung gewinnen, indem die vernetzten Strukturen von Energiemärkten, Beschaffungsverträgen, eigener Erzeugung, Speichern, Produktionsprozessen und Endproduktmärkten abgebildet und mittels Softwarelösungen optimiert werden. Diese Optimierungslösungen bringen mathematische Präzision in die Entscheidungsfindung ein, was Transparenz und Akzeptanz der Entscheidungen deutlich verbessert. Die durch eine Einsatzoptimierung erzielbaren wirtschaftlichen und ökologischen Gesamteffekte machen den Einsatz von Lösungen zur Ressourcenoptimierung zunehmend auch in kleinen Unternehmen

A. Beckers (✉) · C. Roenick
KISTERS AG, Charlottenburger Allee 5, 52068 Aachen, Deutschland
e-mail: astrid.beckers@kisters.de

C. Roenick
e-mail: christoph.roenick@kisters.de

J. Marx Gómez et al. (Hrsg.), *IT-gestütztes Ressourcen- und Energiemanagement*,
DOI: 10.1007/978-3-642-35030-6_44, © Springer-Verlag Berlin Heidelberg 2013

wirtschaftlich interessant, zumal die Energiebezugspreise mittelfristig steigen und optimale transparente Einsatzentscheidungen fordern. Gerade die drastischen Steigerungen im Bereich der Energiekosten zwingen darüber hinaus zur Suche nach internen betrieblichen Ineffizienzen und Einsparpotenzialen. Voraussetzung zur Ermittlung der Energieeffizienz ist ein Energiemanagementsystem gemäß DIN EN ISO 50001. Wird zusätzlich die Stromsteuerermäßigung für produzierendes Gewerbe genutzt, ist ein eingeführtes Energiemanagement notwendige Voraussetzung, um Strom und Gas zu einem ermäßigten Steuersatz zu beziehen.

Schlüsselwörter

Software • Energieeffizienz • Ressourcenoptimierung

44.1　Potenziale des Einsatzes von Optimierungssoftware

Die Erfahrung vieler durchgeführter Projekte zeigt, dass optimierte Entscheidungen bis zu 10 % der Energiebeschaffungskosten einsparen. Damit nutzt eine softwaregestützte Ressourceneinsatzoptimierung nicht nur großen sondern auch kleinen und mittleren Unternehmen der energieintensiven Industrie. Die Einsparungen lassen sich in einer vorgeschalteten Analysephase als Return of Investment (ROI) einer maßgeschneiderten Optimierungslösung abschätzen. Üblicherweise besitzen Optimierungen einen *extrem kurzem ROI* (< 1 Jahr).

Die durch eine Einsatzoptimierung erzielbaren wirtschaftlichen und ökologischen Gesamteffekte machen den Einsatz von Softwarelösungen auch über die Energiethematik hinaus wirtschaftlich interessant. Die Ansätze und Methoden, die in den letzten Jahren in der Energieeinsatzoptimierung entwickelt wurden, sind sehr gut auf das allgemeine Ressourcenmanagement übertragbar.

44.2　Software-Lösungen für Energiemanagement und höhere Energieeffizienz

44.2.1　BelVis ResOpt: Energie- und Ressourcenoptimierung

BelVis ResOpt ist die Optimierungssoftware für alle Unternehmen mit Energierelevanz. Die Software legt Strukturen, Ressourcenströme, Portfolien und Systeme optimal aus und plant den Einsatz der Energieressourcen mit den Zielen

- Kostenreduzierung, Gewinnerhöhung
- Schonung von Ressourcenströmen
- Vermeidung von Emissionen
- Verbesserung des Betriebsergebnisses

Die Vielzahl von Energiequellen und -verbrauchern, Ressourcenströmen und Transportwegen, Anlagen und technischen Einheiten, Bezugs- und Lieferverträgen, rechtlichen und kommerziellen Rahmenbedingungen, kurz-, mittel- und langfristigen Wirkungen in abweichenden Richtungen – diese komplexe Systemwelt kann in BelVis ResOpt abgebildet und optimiert werden. Zudem hilft die Software bei der Bestimmung optimaler Anlagenstrukturen, Portfolien, Planungsprozesse und Vertragsstrukturen. Typische Ergebnisse sind gesteigerte Betriebseffizienz, höhere Wertschöpfung aus dem eigenen System und Portfolio und bestmögliche, sichere und schnelle Entscheidungen bezüglich Betriebsführung, Einsatzplanung von Ressourcen und Verträgen sowie Planung der Handelsaktivitäten.

Mögliche Einsatzbereiche für Optimierungssoftware sind heute

- Optimierung in Hüttenwesen, Chemieindustrie und weiterer energieintensiver Industrie
- Optimierung industrieller Energieversorger (Gewerbeparks, Arealnetzbetreiber)
- Online-Einsatzoptimierung von GuD-Anlagen (Gas und Dampf) und Blockheizkraftwerken
- Einsatzoptimierung wärmegeführter Erzeugungsanlagen
- Einsatzoptimierung einer Energiebeschaffung im Querverbund
- Optimierung von Gas-Assets (Speicheroptimierung), Portfoliooptimierung Gas
- Asseteinsatzoptimierung von Kraftwerken
- Virtuelle Kraftwerke

Weitere Einsatzbereiche zum Beispiel in den Bereichen des Minenwesens und der Wasserkraftgewinnung in Verbindung mit großen Pumpwerken sind derzeit in der Erprobungsphase.

44.2.2 Energie-Monitoring-Box: Mobiles Energiemanagement

Für Unternehmen, die Ihre Energieeffizienz und die damit zusammenhängenden Kennzahlen im ersten Schritt auf eigene Faust ermitteln wollen, obwohl sie keine eigenen Zählvorrichtungen besitzen, ist die Energie-Monitoring-Box eine Lösung. Darin befindet sich alles, was für ein professionelles Energiemanagement benötigt wird. Das mobile Komplettsystem zur Messung und Auswertung der Stromflüsse ist aus dem Stand heraus ohne Installationsaufwand für die Software bzw. die Messtechnik einsatzbereit und ermöglicht sehr genaue Messungen und eine Datenerfassung in Echtzeit. Die Energie-Monitoring-Box enthält u. a. das ProCoS-System (siehe unten) und eignet sich so zur Umsetzung eines Energiemanagementsystems gemäß DIN EN 50001. Features wie Visualisierung und Auswertung der Energieflüsse (mit Sankey-Diagrammen), Erstellung von Prognosen, Bilanzierungen und Berichten sind integriert.

44.2.3 ProCoS: Energiemanagement und Energieeffizienz

Das Leitsystem ProCoS eignet sich für Energiedatenerfassung, Infrastrukturüberwachung und Energiemanagement. Damit lässt sich problemlos die datentechnische Grundlage zur Umsetzung eines Energiemanagementsystems gemäß DIN EN 50001 schaffen, mit dem Ziel der Reduzierung von EEG-Abgaben und dem Erhalt von Stromsteuerermäßigungen. Seit 2012 ist ProCoS zertifiziert durch den TÜV SÜD und entspricht den definierten Anforderungen des TÜV SÜD Standards „Zertifiziertes Energiemanagement", z. B. die Implementierung einer Plausibilitätsprüfung, das Anzeigen von Lastgängen und Energieverbrauchstrends sowie die Meldung von Aktual- und Grenzwerten. Mit dem ProCoS Einsatz reduziert sich für den Anwender der Aufwand für die notwendige Zertifizierung für den oben genannten Kostenerlass, weil oft bereits mit dem Nachweis, dass ein Unternehmen ein zertifiziertes Energiemanagementsystem einsetzt, wesentliche Prüfungskriterien der DIN EN 50001 als erfüllt betrachtet werden. Ende 2012 wurde ProCoS beim Bundesamt für Wirtschaft und Ausfuhrkontrolle (BAFA) in die Software-Liste der geförderten Produkte für das Energiedatenmanagement aufgenommen.

Sicherheitsarchitekturen für Geoinformationsdienste am Beispiel „mobiles Makeln"

45

Nico Scheithauer, Hermann Strack, Thomas Spangenberg und Hardy Punkdt

Zusammenfassung

Die Arbeit untersucht am Beispiel "Mobiles Immobilienmakeln" Fragestellungen zur Konzeption der gesicherten Ankopplung mobiler Anwendungen im Bereich betrieblicher Informationssysteme mit integrierten Umweltdaten und entsprechenden Geo-Diensten mit entsprechender Werthaltigkeit und Sensitivität für betriebliche Prozesse und deren Informationsverarbeitung. Die Integration der Mobilität schafft zusätzliche Möglichkeiten für Geschäftsprozesse und deren Akteure und wegen der Sensitivität auch zusätzliche Sicherheitsanforderungen. Zur Lösung werden hier entsprechende Sicherheitsarchitektur-Strukturen und Anwendungskonzepte für betriebliche Informationssysteme mit Umweltbezug am Beispiel des mobilen Makelns entwickelt. Der Fokus liegt dabei einerseits auf der möglichst schnittstellen-transparenten (mobilen) Integration ortsabhängiger Zugriffsautorisierungen und -Kontrollen in betrieblichen Informationssystemen mit Umweltbezug auf Basis entsprechender Profilierungen internationaler Web Service Security Standards wie SAML. Andererseits werden auf dieser Basis Möglichkeiten zur Übertragung und Erweiterung der Ergebnisse auf weitere Anwendungs- und Prozess-Szenarien

N. Scheithauer (✉) · H. Strack · T. Spangenberg · H. Punkdt
Hochschule Harz, Hochschule für angewandte Wissenschaften (FH), Friedrichstr. 57–59, 38855 Wernigerode, Deutschland
e-mail: nscheithauer@hs-harz.de

H. Strack
e-mail: hstrack@hs-harz.de

T. Spangenberg
e-mail: tspangenberg@hs-harz.de

H. Punkdt
e-mail: hpundt@hs-harz.de

J. Marx Gómez et al. (Hrsg.), *IT-gestütztes Ressourcen- und Energiemanagement*,
DOI: 10.1007/978-3-642-35030-6_45, © Springer-Verlag Berlin Heidelberg 2013

untersucht. Angepasst an die Randbedingungen der gesicherten Integration mobiler Dienste-Zugriffe von Kunden auf betriebliche Informationssysteme mit Umweltbezug und mit integrierten Geo-Diensten von Anbietern werden Architekturstrukturen für mobile Zugangsautorisierungen mit Delegationen für Kunden auf die Anbietersysteme entwickelt, basierend auf SAML.

Schlüsselwörter

Green Logistics • Green Software • OGC Standards • Geographical Information Systems (GIS) • Security • OSCI • XML-Signature • Location Based Services (LBS) • Web Service Security (WSS) • Security Assertion Markup Language (SAML) • Service Oriented Architecture (SOA)

45.1 Einleitung

Am Beispiel des Szenario "Mobiles Immobilienmakeln" werden in dieser Arbeit Fragestellungen zur Konzeption der gesicherten Ankopplung mobiler Anwendungen im Bereich betrieblicher Informationssysteme mit integrierten Umweltdaten und entsprechenden Geo-Diensten untersucht. Mobile Geo-Dienste ermöglichen dabei nicht nur im Umweltbereich neue Interaktionsformen von Akteuren in Geschäfts- und Verwaltungsprozessen. Sie dienen u. a. standort-bezogenen Datenerhebungen und -attributierungen, die im Rahmen betrieblicher Prozesse von Bedeutung sein können, was jedoch bei ihrer Weiterverarbeitung Fragen aufwirft, welche die Datensensitivität betreffen. Der sich aktuell vollziehende Übergang zu standardisierten Schnittstellen im Bereich der zu integrierenden Geo-Dienste (z. B. OGC-Standards oder, auf nationaler Ebene, das AAA-Modell im Bereich der Geobasisdaten), bringt dabei neue Herausforderungen für die sichere Geo-Dienste-Integration mit sich; dies gilt besonders dann, wenn es sich um sensitive Szenarien im Rahmen von betrieblichen Informationssystemen handelt. In Bezug auf den Standardisierungsprozess werden skalierbare Sicherheitsstandards noch zu wenig berücksichtigt.

Es stellt sich die Frage, wie für bestehende Geo-Dienste, GI-Architekturen und zugeordnete Prozessabläufe für betriebliche Umweltinformationssysteme, z. B. in einem erweitertem Immobilien-Maklersystem mit neuen Interaktions- und Diensteformen für beteiligte Akteure (wie Makler, Gutachter und Kunden), hinsichtlich der Einbeziehung von Umweltdaten bei der Erfassung, Bewertung und Präsentation einer Immobilie, Sicherheits-Integrationen transparent und standardisiert vorgenommen werden können. Mobile Dienste schaffen zusätzliche Möglichkeiten neue Ausgestaltungen von Geschäftsprozessen, etwa durch die Integration weiterer Akteure (z. B. Gutachter, Vorbesitzer, Nachbarn); dies erfordert wegen der Sensitivität der Informationen, zusätzliche Sicherheitsanforderungen auf der Ebene des elektronischen Geschäftsprozess- und Workflowmanagements.

Auf dem Wege zu adäquat integrierbaren Lösungen werden entsprechende Sicherheitsarchitektur-Strukturen und prozessorientierte Sicherheits-Anwendungskonzepte für betriebliche Informationssysteme mit Umweltbezug am Beispiel des mobilen Makelns entwickelt. Der Fokus liegt auf der möglichst schnittstellen-transparenten Integration ortsabhängiger Zugriffsautorisierungen und –kontrollen, dies erfolgt auf Basis entsprechender Profilierungen internationaler Web Service Security Standards wie SAML, dies eröffnet Möglichkeiten zur Übertragung und Erweiterung der Ergebnisse auf weitere Anwendungsszenarien, auch mit zusätzlichen Akteuren.

Auf der prozessorientierten Ebene ist bei der Ankopplung von GI-Systemen/Service-Anbietern bei anderen geschäftlichen GIS-Anwendern (z. B. für Vermessungsingenieure oder hier exemplarisch für Makler), bisher nur der Online-Zugriff für die vorher offline bei den zuständigen Ämtern authentisierten und autorisierten $C2B^2$-eCommerce-Dienstleister selbst möglich. Was bislang nicht realisiert ist, ist jedoch der Online-Zugriff für die wechselnden Online-Kunden dieser C2B-eCommerce-Dienstleister (etwa Makler).

Aus der Erkenntnis dieses Defizits entstand der konzeptionelle Ansatz eines Prozess- und Architekturmodells für entsprechende C2B-eCommerce-Anbieter und deren Kunden, die spezielle Sicherheitsanforderungen bezüglich derartiger mobiler Szenarien haben, dies betrifft beispielsweise Delegationen von Zugriffsmöglichkeiten auf GI-Services durch die C2B-Anbieter an deren Kunden. Im Folgenden wird dies am Szenario eines C2B-Anbieters für Immobilien-Makeln untersucht, kurz als „mobiles Makeln" bezeichnet. Das Szenario beschreibt ein innovatives Geschäftsmodell eines Immobilien-Maklers, welcher Daten einer Immobile und zugehörige Umweltdaten für seine Kunden mobil zugänglich macht, dies soll unter Integration von (delegierten) Zugriffen auf amtliche GI-Systeme/Services geschehen, bei denen der Makler authentisiert und autorisiert ist. Im Vordergrund des Szenario „mobiles Makeln" steht die Beziehung zwischen Kunde und Makler. Sie greifen auf den GIS-Dienstleister unter dem Gesichtspunkt der gesicherten, authentisierten, sowie autorisierten Dienstleistungen zurück.

45.2   Mobile Geodienste und deren Sicherheitsanforderungen

45.2.1 Szenarien und Motivation

Betriebliche Informationssysteme und Dienste mit Umweltbezug, hier am Beispiel des Szenario „Mobiles Makeln" vorgestellt, dienen zunächst hauptsächlich der betriebsinternen Informations- und Prozessverarbeitung. Sie können durch Online-Dienste-Erweiterungen zur Unterstützung von mobilen eCommerce-Geschäftsprozessmodellen mit entsprechenden Mehrwerten im C2B-Kontext herangezogen werden. Bisherige Arbeiten zeigen sicherheitstechnische Defizite bei elektronischen Diensten für mobile Szenarien. So führen fehlende mobile Autorisierungen und Authentifizierungen für standortbezogene Dienste (sogenannte "Location Based Services" (LBS)) dazu, dass diese leicht missbraucht werden können. Der Fokus in der Arbeit hier liegt dabei auf Sicherheitskonzepten und -lösungen für das C2B-Fallbeispiel des gesicherten „mobilen Makeln mit Delegation", für welches hier eine erweiterte Sicherheitsarchitektur mit Makler-Kunden-Policies (für Datenschutz und Sicherheit) vorgestellt wird, welche auch delegierte Zugriffe auf amtliche Kartensysteme zulässt. Beteiligt an dem Szenario sind der Immobilien-Makler und die Verwalter der amtlichen Kartensysteme sowie die Kunden des Immobilienmaklers.

Basisszenario „Mobiles Immobilien-Makeln" (MobImM): Ein Immobilien/Grundstücks-Makler möchte seine Dienstleistungen mittels mobiler Services elektronisieren und dabei mit Mehrwerten zur Verbreiterung seines potentiellen Kundenkreises und seiner Dienstleistungen bzw. des Geschäftsmodells versehen. Wichtige Gesichtspunkte sind für den Makler einerseits erweiterte und differenzierbare elektronische Dienstleistungen, ggf. nach entsprechenden Nutzungs-, Rollen- und Gebührenmodellen, (MobImM-EXTEND) und andererseits seine Immobilieninformationen und Dienste vertrauenswürdig anzubieten und gegen Missbrauch zu schützen (MobImM-PROTECT), (z. B. entgangene Courtage durch unberechtigte Weitergabe von Immobilieninformationen). Im Folgenden werden für die Bereiche MobImM-EXTEND und MobImM-PROTECT entsprechende Szenarien- und Sicherheits-Anforderungen vorgestellt, zu welchen dann zugehörige Sicherheitsarchitekturen und Umsetzungen mittels Sicherheits-Standards, -Funktionen und -Komponenten entwickelt werden.

MobImM-EXTEND: E1: Immobilieninformationen sollen differenzierbar nach Granularitäten für verschiedene Nutzer-, Nutzungs-, Rollen- und Gebührenmodelle angeboten werden. Dabei sollen für die mobile Nutzung entsprechende Standortinformationen des Nutzers einbezogen werden (ggf. relativ zum jeweiligen Immobilienstandort).

E2: Neben "abrufenden/lesenden" Nutzungsformen der elektronischen Maklerdienste für "klassische" Maklerkunden/rollen sollen auch "partizipierende/schreibende" Nutzungsformen und Rollen Berücksichtigung finden, bei denen zusätzliche Hinweise, Bewertungen und Informationen insbesondere hinsichtlich Umfeld- und Umwelt-Daten durch entsprechende Rollen (z. B. Gutachter, Referenzgeber, Nachbarn) nachvollziehbar und nachweisbar an den Immobiliendaten des Maklers angebracht werden.

E3: Um die Datengrundlage für den Makler in Diensten für seine Kunden anreichern zu können, werden authentisierte und autorisierte Maklerzugänge zu weiteren Systemen (amtlichen oder privaten) nach Prinzipien der minimalen Rechtevergabe (Need-to-know/use) spezifisch beschränkt und gefiltert an Kunden-Dienste weitergereicht, per Sub-Delegation von Makler-Teilrechten für den ausgewählten Kunden-Dienst.

MobImM-PROTECT: P1 – Authentifizierung und Autorisierung:
Zur Erleichterung der Vorregistrierung von (mobilen) Kunden für Makler-Dienstezugänge soll diese mit vertrauenswürdiger Authentisierung auch remote, insbesondere mobil, erfolgen können. Diese Registrierung/Authentisierung ist wiederum sicherheitstechnische Voraussetzung für differenzierte Autorisierungsschemata, auch für hinsichtlich des Makler-Content

partizipierende/schreibende Nutzungsformen und Rollen, (z. B. für zusätzliche Bewertungs-
einträge zu Immobilien) (etwa durch Gutachter, Vorbesitzer, Nachbarn etc.).

P2 – elektronische Signaturen:
Bei Eintragung/Anreicherung der vorhandenen Makler-Daten um weitere Zusatzdaten
(z. B. Bewertungen oder Gutachten von entsprechenden Rollen), sollten zur Integri-
täts- und Authentizitätssicherung der Daten entsprechende elektronische Signaturen auf
diesen Daten eingebracht werden. Weitere Schutzprofile wie Urheberrechtsschutz und
gesicherte Datenpersonalisierung für Kunden können durch Einsatz digitaler Wasserzei-
chen ermöglicht werden.

P3 – Standortbasierter Karten- und Dienstezugriff:
Der mobile Zugang zu spezifischen Immobiliendaten soll bei Bedarf zusätzlich von der
Standortnähe des Abrufenden zum Immobilienobjekt abhängig gemacht werden können
(als Autorisierungsparameter), um nur wirklich interessierten Kunden weitere Details zur
Immobilie offen zu legen.

P4 – Delegationstechnik und Kartenverschneidung (Merging/Overlay-Methoden):
Für das sichere Zusammenführen mehrerer Geodatenquellen stellen sich verschiedene
Sicherheitsaufgaben: zum einen Zugriffskontrollen, Authentisierung und Autorisierung,
dieses auch mittels Delegationen von Zugriffsrechten auf Fremdsysteme, zum anderen
des Zusammenführen (oder Mergen) verschiedener Kartendaten/Layer mittels Overlay-
Methoden und gesicherter Nachweise von Datenquelle/Autor.

45.2.2 Architektur – und Sicherheits -Anforderungen

Für die Szenarien- und Sicherheitsanforderungen aus Abschn. 45.2.1 werden nun
Architektur- und Sicherheitsarchitektur-Anforderungen abgeleitet. Für eine entsprechende Integration von amtlichen Karten und Geoinformationsdiensten sowie
von rollenbasierten Kunden-Makler-Zugriffskontrollsystemen ergeben sich folgende
Anforderungen:

- Architektur-Typ-1: Schalen-Architektur (Shell-Architektur), (vgl. Henning et al. 2011):
  Um Legacy-Systeme mit Sicherheitsdefiziten (z. B. GIS) zusätzlich schützen zu können und dabei gleichzeitig die Legacy-Schnittstellen interoperabel beibehalten zu
  können, werden entsprechende Sicherheitsfunktionen im Rahmen des Schalen-
  Architekturmodells in der „System-Peripherie" transparent ergänzt ohne Syste-
  meingriffe in das Legacy-System selbst (nicht nur als bekannte „Firewall-Ergänzungen",
  sondern auch z. B. durch Integration von kryptografischen Sicherheitsfunktionen
  hier im Folgenden mittels Web Service Security untersucht). In (Henning et al.
  2011) werden Schalen- und BuiltIn-Architektur samt Umsetzungen am Beispiel der
  Sicherheitsintegration für Hochschulmanagement-Systeme entwickelt.
- Architektur-Typ-2: BuiltIn-Architektur, (vgl. Henning et al. 2011): Hier werden
  direkt Sicherheitsfunktionen und -komponenten in die bestehende Architektur und

deren Schnittstellen integriert.Legacy-Systeme könnten durch diese Eingriffe zu bisherigen Systemschnittstellen inkompatibel werden.

- Architektur mit Policy-Schnittstellen:
  Die Architektur muss Policy-Definitionen für Zugriffskontrollen und rollenbasierte Zugänge samt Makler-Kunden-Attribute (wie Standort-Einschränkungen) ermöglichen, auch für „eCollaboration" und „schreibende" Nutzungsformen.
- Offenheit für GI-Kopplungen:
  Offenheit für die Ankopplung verschiedener anderer kartenbasierter GI-Systeme, d. h. verteilter Datenquellen (z. B. Behörden, Unternehmen oder community-basierten Systemen wie OpenStreetMap).

Bezüglich der Kombination von Maklersystemen und amtlichen Geodatenquellen für die oben definierten Sub-Szenarien des Szenario „MobImM" ergeben sich erweiterte mobile Sicherheitsanforderungen:

MobImM-EXTEND:

S1. Vertraulichkeit der Immobilieninformationen:
Verhindern der Offenlegung von sensiblen Geodaten für nicht autorisierte Kunden (z. B.: Vorbesitzer oder spezielle amtliche Gutachten über Land oder Gebäude).

S2. Integrität der Immobilieninformationen:
Gewährleistung, dass nur autorisierte Änderungen vorgenommen werden können.

S3 Authentizität und Autorisierung der Makler-Dienstezugänge für Kunden:
Nachweisbarkeit und Kontrolle von Identität und Berechtigungen von Zugreifenden, (z. B. für autorisierte Karten-Editoren/ bei Gestalter. Rollenbasierte Zugriffskontrollen auch bei Delegation).

S4. Verbindlichkeit/Nichtabstreitbarkeit:
Nachweisbare Zustellung von (integren) Geodaten an autorisierte Kunden/Zugreifende.

MobImM-PROTECT:

- PS1: Auf eID-Standards basierende Online-Authentisierungen:
  z. B.: neuer Ausweis nPA (OASIS 2005) mit eID und Datenschutz auf SAML-Basis
- PS2: Daten-Integrität/Authentizität via elektronische Signaturen (u. a. nach SigG[1]).
- PS3: Web Service Security (WSS) für Authentisierungen und Autorisierungen:
  Für gesicherte Location-Based-Services werden Techniken benötigt, die eine anbieterübergreifende Definition von Authentifizierungs- und Autorisierungsinformationen (wie bei WSS) auch im Delegationsfall ermöglichen.
- PS4. Absicherung für LBS:
  Absicherung gegen Manipulierbarkeit von standortbezogenen Daten/Diensten.

---

[1] SigG:Signatur-Gesetz regelt die Rahmenbedingungen für rechtsverbindliche (sogenannte qualifizierte/akkreditierte) elektronische Signaturen in Deutschland.

- PS5. Absicherung der Analyse von Geodaten verschiedener Akteure/Quellen: Bei Verschneidung von Geodaten unterschiedlicher Herkunft, sind die anbieter- und standortbezogenen Autorisierungs-Credentials zu berücksichtigen.

Die hier definierten Anforderungen werden im Folgenden als notwendige Randbedingungen für die Strukturierung der Architektur- und Sicherheitsintegrationen beachtet.

45.3   Sicherheitsarchitekturen und Integration gesicherter Dienste

Für eine zielorientierte Umsetzung der in 45.2.2 definierten Architekturanforderungen werden hier entsprechende Architektur-, Dienste- und Prozess-Integrationen erarbeitet.

Das AAA-Datenmodell[2] ist hier zunächst der zentrale Ansatzpunkt für die Integration von GIS-Zugriffen auf amtliche Karten. Das AAA-Modell sieht verschiedene Funktionen für das Eintragen, Abrufen und Speichern von Geodaten vor (AdV 2008). Das vom Open Geospatial Consortium (OGC) standardisierte Format GML (Geographic Markup Language), welches auf XML basiert, dient hier als Transportmedium. Eines der zentralen Elemente des GML-Formates ist das sogenannte Feature-Element, es erlaubt eine freie Definition eigener Objekte der realen Welt. Für den Datenaustausch zwischen den Systemen kommt die normbasierte Austauschschnittstelle (NAS) zur Anwendung, welche verschiedene Operationen (Sperrung, Reservierung, Benutzung) unterstützt. Aufgrund des XML-basierten Aufbaus von GML sind bestimmte Analysemöglichkeiten sowie die Integration von Daten aus unterschiedlichen Quellen möglich. Die Sicherheitsfunktionen (XML-Encryption, XML-Signature) für GML-Daten können nun vor dem Hintergrund von Abschn. 45.2 entsprechend dem Schalenarchitektur-Zugang integriert werden (Melzer 2010).

45.3.1 Sicherheitsarchitekturen, -funktionen und Standards

Bereits in Vorgängerprojekten wurden Sicherheitsarchitekturen im Bereich eGovernment und eBusiness entwickelt (Strack und Karich 2006, 2007; Henning et al. 2011). Grundstein der Integrationen sind Internet-Security-Standards wie „Secure Webservices" und eGovernment-Standards für nachweisbare und datenschutzkonforme Nachrichten- und Dokumenten-Zustellungen (KoSIT). Der komponentenbasierte Ansatz solcher eGovernment-Sicherheitsstandards ermöglicht eine flexible Integration in bestehende Architekturen und Prozesse. Vor diesem Hintergrund wird hier der Transfer von Sicherheitsstrukturen für den Bereich Geo-Dienste/GIS vorgeschlagen mit den

---

[2] AFIS-ALKIS-ATKIS: Zusammenschluss amtlicher Kartensysteme (Festpunkt-, Liegenschaftskataster-, Topographisch-Kartographisches-Informationssystem).

Sicherheits-Integrationsvarianten (wie in 1.2 bereits definiert) Shell-Architekturen bzw. BuiltIn-Architekturen (vgl. Henning et al. 2011; Scheithauer et al. 2012).

45.4 Sicherheitsarchitektur für MobImM-Zugriffskontrollen mit Delegation

Im Folgenden wird am Beispiel des MobImM („mobiles Makeln") die Integration entsprechender (mobiler) Autorisierungen mit Delegation dargelegt. Ziel ist es für mobile Szenarien gesicherte Autorisierungsmechanismen für mobile Kundenzugriffe auf Makler- bzw. amtliche Geodaten (z. B. ATKIS) und diese mit Metainformationen für den jeweiligen Kartenausschnitt über einen Geo-Umweltdaten-Server mittels Secure Webservice-Schnittstellen zu verbinden und auf Makler-Seite rollenbasiert bereitzustellen. Entsprechend der Architekturanforderungen werden für Authentisierungen und Autorisierungen für die im Folgenden vorgeschlagenen Abläufe, Infrastrukturen und Funktionen Bereitstellungen entsprechender Funktionalität auf SAML-Basis angenommen (z. B. per eID-Infrastruktur für den neuen Ausweis nPA (BMI 2011; Henning et al. 2011)).

Die Maklersysteme/Dienste sollen u. a. amtliche Geodaten aus den Systemen AFIS, ALKIS, ATKIS integrieren können. Dabei sollen integrierte Zugriffsdelegationen zur entsprechenden Durchleitung von Kundenzugriffen über Maklersysteme auf z. B. amtliche Systeme/Dienste Policy-konform ermöglicht werden. Die nachstehende Abb. 45.1 zeigt die entsprechende Architekturübersicht des Szenario „mobiles Makeln".

Die in Abschn. 44.2.2 vorgeschlagenen Sicherheitsanforderungen werden im Folgenden für die mobile Autorisierung mittels SAML-Token beispielhaft umgesetzt. SAML-Token sind XML-basierte Statements für Authentisierungen und Autorisierungen, diese enthalten „Bescheinigungen" eines „Issuer", des Herausgebers, welche einen Satz von Zusicherungen, den Assertions, wiedergeben. Assertions postulieren mittels sogenannter Attribute bestimmte Eigenschaften, die einer Entität oder einem Subjekt vom Issuer zugeschrieben bzw. bescheinigt werden, z. B. für das „mobile Makeln"-Szenario entsprechende Umweltattribute für den Standort einer Immobile. Für die externe Nachweisbarkeit und Authentisierung können diese SAML-Assertions mit einer Signatur per XML-Signature versehen werden (OASIS 2004a, b).

Ein Immobilien-Makler kann auf dieser Grundlage Sub-Delegations-Token nur für eine bestimmte Dauer für einen Kunden ausstellen. In Authentication Statements können weiter mittels signierter GPS-Referenzen standortbezogene Umweltattribute bescheinigt werden. Vorteile bei der Verwendung von derartigen domänen-übergreifenden SAML-Token sind z. B. vorregistrierte Nutzer einer Identity-Federation sich über einen Account-Linking-Mechanismus nicht erneut authentifizieren müssen (Single Sign On) und für verschiedene Anwendungsdomänen der gleiche (vertrauenswürdige) eID-Service genutzt werden kann. Analog können Autorisierungen auf dieser Basis entsprechend festgelegt werden, mit benutzerbezogenen Rechten für bestimmte Ressourcen.

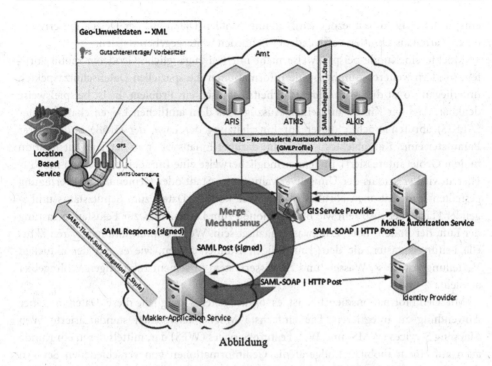

Abbildung

Abb. 45.1 Sicherheitsarchitektur für „Mobiles Makeln" mittels SAML-Standard

45.4.1 Integration des Anwendungsszenarios in die Sicherheitsarchitektur

Für das Szenario „mobiles Makeln" werden nun Policy-konforme Zugriffskonfigurationen mit Delegationen auf SAML-Basis entwickelt, dazu sind zwei Autorisierungs-Subszenarien zu unterscheiden. Zunächst eine 1-stufige Autorisierung für die Rechte-Vergabe an Kunden auf die Maklersysteme. Im zweiten Fall ein mehrstufiges Rechte-Vergabesystem für die amtlichen Karten für Makler und deren Kunden, wobei zunächst von der zuständigen Behörde entsprechende Rechte für Zugriffe auf Geodaten bzw. Kartenausschnitte an den Makler erteilt werden müssen.[3]

Der Makler kann daraufhin via temporärer Sub-Delegationen mit Einschränkungen seine Zugriffsrechte an authentisierte Kauf-Kunden für entsprechende Immobilien-bezogene Geodaten und -dienste weiterreichen. Auf diese Weise könnten Kunden auch mobil auf Kartenmaterial zugreifen. Das rollenbasierte Makler-Kundensystem kann über Webservice-Schnittstellen mit den behördlichen Systemen und Diensten verbunden werden. Gesteuert über entsprechende Makler-Dienst-, -Gebühren- und Rollen-Profile können dabei verschiedene Nutzungsprofile umgesetzt werden. Zum Beispiel können bei

---

[3] Das zuständige Amt erteilt dem Makler den Nachweis für die Verkaufsimmobilie.

entsprechenden umweltbezogenen Nutzungsprofilen Daten aus per Delegation erreichbaren Kartenausschnitten verschiedener Behörden weitergegeben werden.

Möchte ein Kunde beispielsweise nicht nur frei zugängliche Geodaten mobil abrufen, sondern weitere, raumbezogene Informationen die speziellen Datenschutzaspekten unterliegen, so ist dies vor allem sicherheitstechnisch ein Problem. Es ist beispielsweise denkbar, dass der Kunde zum einen Auszüge aus dem amtlichen Liegenschaftskataster (ALKIS) abrufen möchte, die er zur Einschätzung der Lage, der Größe und anderer Parameter eines Kaufobjektes heranzieht; darüber hinaus ist er an der Umweltsituation in dem Gebiet interessiert , in dem er möglicherweise eine Immobilie erwerben möchte. Hierzu wird er seitens der Umweltverwaltung der Stadt oder Gemeinde zur Verfügung gestellten Informationen abrufen wollen, dies können Daten zum Schutzstatus umliegender Flächen ebenso sein wie Informationen zum Lärmschutz, zur Feinstaubbelastung der Luft, der Boden- oder Trinkwasserqualität sein. Weitere Informationen wären aktuelle Leitungskataster, die dem kaufwilligen Kunden zeigen, wie es mit der aktuellen Verteilung von Gas-, Wasser- und Abwassersystem in seinem zukünftigen Wohngebiet aussieht.

Mit Geoinformationsdiensten ist es ohne weiteres möglich, diese Daten in einer Anwendung zu integrieren. Die einfachste Möglichkeit stellen standardisierte Web Mapping Services (WMS) und Web Feature Services (WFS) dar, mittels deren ein Kunde auch auf einem mobilen Endgerät die Geoinformationen von verschiedenen Servern abrufen und in einer nativen mobilen Applikation oder browseroptimierten Anwendung ansehen kann. Dabei kann er die einzelnen Datenschichten (Layer) übereinanderlegen (overlay), sodass eine integrierte Sicht möglich ist (z. B. Liegenschaftsdaten als Basislayer mit überlagerten Umwelt- und Leitungsnetzdaten). Fortgeschrittene Techniken würden es erlauben, einfache Analysen durchzuführen, die dem Kunden spezielle Fragen beantworten, beispielsweise bezüglich der Entfernung der Immobilie zu Supermärkten, Schulen, Kindergärten, Bushaltestellen, Bahnhöfen, etc. oder zu Fragen wie der räumlichen Streuung der im vorhergehenden Sommer im Stadtzentrum als zu hoch eingestuften Feinstaub- oder Ozonbelastung.

Der eigentliche Flaschenhals, und gleichzeitig der erste Schritt, bei derartigen Szenarien ist jedoch der Zugriff auf die Geodaten selbst. WMS und WFS stellen dabei funktionsfähige, standardisierte Komponenten dar; das Problem ist jedoch die fehlende freie Zugänglichkeit. Diese besteht verständlicherweise nur für authentisierte Personen, in erster Linie zunächst Behörden- bzw. Firmenmitarbeiter, die diese Daten erfassen und verwalten, dies betrifft u. a. Liegenschaftsdaten, Umweltdaten, digitale Bebauungspläne, wenn diese noch nicht das gesamte Planfeststellungsverfahren durchlaufen haben, u.v.m. Die oben erläuterten Sicherheitsmechanismen stellen nun eine Möglichkeit dar, authentisierten Nutzern unter Beachtung definierter Kriterien Zugang zu diesen Daten zu verschaffen und damit gleichzeitig jeglichen Missbrauch zu verhindern. Für den Kunden ergäbe sich aus einem Szenario „mobiles Makeln" unter Verwendung der beschriebenen Technologien eine wesentlich breitere, insbesondere um relevante Geodaten erweiterte Informationsplattform und dem Makler selbst ein signifikanter Mehrwert.

45.4.2 Schlussfolgerungen zu Sicherheitsintegrationen

Die Umsetzungen beider Sub-Szenarien MobImM-PROTECT und MobImM-EXTEND arbeiten mit SAML-Autorisierungstoken, welche ein Sicherheitsmodul der Architektur darstellen. Diese Berechtigungen für die (lesende) Verwendung der Kartenausschnitte, für Nutzer aus berechtigtem Interesse (z. B. für Kauf-Kunden), werden von der Behörde (z. B. bzgl. Liegenschaftsdaten (ALKIS) oder Geobasisdaten (ATKIS)) signiert, um Integrität und Authentizität zu gewährleisten. Für das Behörden Sub-Szenario erhält der Kauf-Kunde des Maklers ein temporäres SAML-Delegations-Token, dass zum einen den Verweis auf das amtssignierte Makler-Token beinhaltet und zum anderen die vom Makler signierte Sub-Delegation. Enthalten müssen die Identität des Kauf-Kunden, des Objektes mit zugehörigen Koordinaten, sowie der Zugriffszeitraum und die Datenschutzauflagen. Das Mehr-Kunden-Szenario des Maklers wird durch die Sicherheitsfunktionen der SAML-Technologie direkt abgedeckt, zum einen durch personalisierte und signierte Identifier im SAML-Token und zum anderen durch die nur temporäre Gültigkeit solcher Assertions, welche bei der Ausstellung solchen SAML-Delegations-Token mit angegeben werden müssen.

Für die entsprechende Zugriffskontrolle für GI-Systeme in mobilen Szenarien sollen nun zusätzliche standortbezogene Zugriffskontrollattribute berücksichtigt werden z. B. nur Kartenausschnitte vom Maklerkunden eingesehen werden welche zum einen von der Behörde für den Makler freigegeben wurden und zum anderen vom Makler temporär für diesen Kunden, je nach Makler-Policy (Standort-Attribute, Gebühren-Modell für Makler-Kunden) ebenso freigegeben wurden. Die Manipulation solcher Standort-Attribute/Parameter muss durch geeignete Funktionalität der Sicherheitsarchitektur unterbunden werden, z. B. sind folgende Sicherheitsfunktionalitäten möglich:

- Die Kunden-Standortparameter werden hinreichend lange überwacht, d. h. Standortsprünge werden nicht zugelassen (Architektur/Dienste-Ebene).
- Der Standort muss vom Nutzer über ein zusätzliches Sicherheitstoken bestätigt werden (z. B. auf Nutzerebene mittels nPA über NFC[4] am SmartPhone).

Derartige standortbezogene Attribute werden Client-seitig vom mobilen System des Kunden in Form von SAML-Token mit den integrierten Live-GPS-Koordinaten des Immobilienortes via entsprechender GI-Services mitgesendet. Für das Szenario können folgende Autorisierungstoken (SAML-Token) damit unterschieden werden:

- Delegationsticket vom Makler für den Kauf-Kunden des Maklers – mit Attributen der nachzuweisenden Zusatzdaten des Kunden

---

[4] Near Field Communication, ein Standard für die kontaktlose Übertragung von Chipkarten (wie nPA) oder SmartPhones.

- Makler-Token vom zuständigen Amt für Geodaten (für den Makler) – z. B.
  Vermessungs-, Umwelt-, Hoch- bzw. Tiefbauamt.

Für die Auswertung der SAML-Token bei Autorisierungen sind zusätzliche Inhalte wie
die eID, Ablaufdatum und eine Referenz auf den jeweiligen abgefragten Kartenausschnitt
über Standort-Dienste notwendig.

45.5 Resümee

Fokus des Beitrages ist das Szenario „mobiles Makeln" mit Anforderungen zur gesicherten Ankopplung von standortbezogenen Dienste-Zugriffen durch Kunden auf betriebliche
Informationssysteme des Maklers, auch unter Berücksichtigung verbindlich nachweisba-
rer Umweltattribute. Sicherheitstechnisch zu lösen sind dabei weiter delegierte Zugriffe des
Makler-Kunden auf integrierte externe GIS-Services des Maklers, für die zunächst nur der
Makler autorisiert ist. Zur Lösung werden SAML-basierte Sicherheitsarchitekturstrukturen
untersucht, sodass auch Mehr-Akteur-Szenarien umsetzbar sind. Ziele sind hier die
Unterstützung von Authentisierungen und Autorisierungen mit entsprechenden rol-
lenbasierten Zugriffskontrollen/Diensten für Geoinformationsdienste wie WMS und
WFS mit integrierter Delegation. Zur Umsetzung entsprechender gesicherter Zugriffe
mit Delegation auf Umweltdaten, unter Anbindung externer Datenquellen in mobilen
Szenarien werden Integrationen entsprechender Sicherheitsfunktionen (u. a. auf SAML-
und Web Services Security-Basis) vorgeschlagen und derzeit prototypisch implementiert.
Der Einsatz solcher Web-Service-Security-Standards in diesem Szenario motiviert für
nachfolgende Arbeiten die Untersuchung der Übertragbarkeit des Vorgehens auf andere
mobile Szenarien und anderen Prozessen in betrieblichen Umweltkontexten und deren
Sicherheit.

Literatur

Arbeitsgemeinschaft der Vermessungsverwaltungen der Länder der Bundesrepublik Deutschland
(AdV) (2008) Dokument zur Modellierung der Geoinformationen des amtlichen
Vermessungswesen (GeoInfoDok)
Bundesministerium des Innern (BMI) (2011) Neuer Personalausweis – eID-Server und eID-Ser-
vice, Berlin, www.ccepa.de
Henning M, Kußmann P, Strack H (2011) eCampus-Services & -Infrastrukturen – eGovernment-
Komponenten- und Service-orientierte elektronische Campusverwaltung mit verbesserter
Sicherheit. In: Tagungsband 12. Nachwuchswissenschaftlerkonferenz Mitteldeutschland,
Hochschule Harz, Wernigerode, 2011
Melzer I (2010) Service-orientierte Architekturen mit Web Services. Spektrum Verlag, Heidelberg
OASIS (2004a) Web service reliable messaging TC WS-reliability 1.1, OASIS standard.
http://docs.oasis-open.org/wsrm/ws-reliability/v1.1/wsrm-ws_reliability-1.1-spec-os.pdf.
Zugegriffen: 15. Nov 2004

OASIS (2004b) WEB service security SOAP message security 1.0 (WS-Security 200401). http://docs.oasis-open.org/wss/2004/01/oasis-200401-wss-soap-message-security-1.0.pdf. Zugegriffen: März 2004

OASIS (2005) Metadata fort the OASIS security assertion markup language (SAML), OASIS standard. http://docs.oasis-open.org/security/saml/v2.0/saml-metadata-2.0-os.pdf. Zugegriffen: 15. März 2005

Scheithauer N, Strack H, Spangenberg T, Pundt H (2012) Entwicklung sicherheitstechnischer Architekturen für Geoinformations-Dienste, Geoinformatik 2012, Braunschweig

Strack H, Karich Ch (2006) BeGovSAH – Begleitforschung zur Umsetzung des eGovernment-Aktionsplans in Sachsen-Anhalt. In: Dittmann J (Hrsg) Tagungsband „Sicherheit 2006, Sicherheit – Schutz und Zuverlässigkeit, Beiträge der 3. Jahrestagung des Fachbereichs Sicherheit der Gesellschaft für Informatik e.v.(GI), Bd 77. Springer, Magdeburg

Strack H, Karich Ch (2007) A distributed architecture for the management of transcripts of records and student mobility data within the Bologna process framework. In: Proceedings of EUNIS 2007 conference, Universities of Grenoble and University P.M. Curie of Paris, France

Entwicklung eines Reifegradmodells für das IT-gestützte Energiemanagement

Christian Manthey und Thomas Pietsch

Zusammenfassung

Die Reifegradmodellierung ist ein in Praxis und Wissenschaft anerkanntes Instrument, das in jüngster auch Zeit im Zusammenhang mit nachhaltiger IKT diskutiert wird. Parallel dazu ist der Durchdringungsgrad betrieblicher Umweltinformationssysteme im betrieblichen Alltag überschaubar, die BUI bleibt nach wie vor mit verschiedenen Problemen konfrontiert. Daher soll der Versuch unternommen werden, über die Entwicklung eines Reifegradmodells für das IT-gestützte Umweltmanagement die Anreize für Unternehmen zu erhöhen und so BUIS vermehrt zum Einsatz zu bringen. Ziel dabei ist es, das Umweltmanagement langfristig von einem eher passiven, wenig integrierten und oftmals als kostspielig angesehenen Status hin zu einem strategischen Instrument zu entwickeln, dessen Potential mit Hilfe des Reifegradmodells systematisiert ausgeschöpft werden kann. Die Entwicklung von Reifegradmodellen wird mit Hilfe eines Vorgehensmodells skizziert. Da die Entwicklung eines Reifegradmodells für das Umweltmanagement im Allgemeinen ein sehr umfangreiches Unterfangen darstellt, wird im Anschluss daran die Anwendung zunächst auf den konkreten Fall des Energiemanagements beschränkt und die geplante Umsetzung innerhalb eines Unternehmensnetzwerks skizziert.

Schlüsselwörter

Reifegradmodelle • Geschäftsprozesse • Energiemanagement

C. Manthey (✉)
IMBC GmbH, Chausseestraße 84, 10115 Berlin, Deutschland
e-mail: christian.manthey@imbc.de

T. Pietsch
SG Wirtschaftsinformatik, HTW Berlin, Treskowallee 8, 10318 Berlin, Deutschland
e-mail: thomas.pietsch@htw-berlin.de

J. Marx Gómez et al. (Hrsg.), *IT-gestütztes Ressourcen- und Energiemanagement*,
DOI: 10.1007/978-3-642-35030-6_46, © Springer-Verlag Berlin Heidelberg 2013

46.1 Einleitung

46.1.1 Aktuelle Herausforderungen der BUI

Bisweilen wird beklagt, dass die bisherigen Erfolge der Betrieblichen Umweltinformatik (BUI) eher gering ausfallen und die Kombinationsmöglichkeiten des ökologischen und ökonomischen Erfolgs und noch nicht im betrieblichen Alltag angekommen sind (Junker 2010). Ein wichtiger Grund für die mangelnde Umsetzung mag sein, dass belastbare Untersuchungen zu Kosten und Nutzen solcher Systeme bisher noch ausstehen (Teuteberg und Straußberg 2009). Eine breite Akzeptanz der Betrieblichen Umweltinformationssysteme in der betrieblichen Praxis bleibt somit nach wie vor aus (Teuteberg und Marx-Gomez 2010).

Auch das Thema Ganzheitlichkeit, d. h. die Integration der sozialen Aspekte bedarf mehr Aufmerksamkeit (Junker 2010). So wird konstatiert, dass es „im Informationsmanagement nach wie vor an einer theoretischen und konzeptionellen Grundlage zur Nachhaltigkeit fehlt" und es weiterhin „meist noch an klaren Strategien und Managementkonzepten fehlt, aus denen sich ein entsprechendes Nachhaltigkeitsmanagement für die gesamte IT-Wertschöpfungskette ableiten lässt" (Erek 2012).

Mit etwas konkreterem Bezug auf Betriebliche Umweltinformationssysteme (BUIS) wird an anderer Stelle festgehalten, dass diese bisher mit überraschend wenig Interesse für die strategische Ebene betrieblichen Handelns entwickelt wurden (Möller und Schaltegger 2012, S. 313). Das Schlagwort „Integration" ist daher auch in Bezug auf die Einbettung von Umweltinformationen in die organisatorischen Abläufe jenseits der operativen Ebene zu verstehen. Die Kombination von BUIS und ERP Systeme steckt derzeit nach wie vor noch in ihren Anfängen.

Einen zusammengefasst unbefriedigenden Zustand, dass BUIS erstens kaum von einem ganzheitlichen Ansatz geprägt sind, zweitens zu oft einen proaktiven Charakter vermissen lassen und drittens zu wenig nach dem Transfer in die unternehmerische Praxis gefragt wird, beklagen (Junker et al. 2010, S. 1045).

Wenigstens für zwei der zuletzt genannten „Missstände" soll der Versuch unternommen werden, mit Hilfe eines hier vorgestellten Ansatzes mögliche Lösungswege aufzuzeigen: Erstens wird in einem sehr praxisbezogenen Vorhaben versucht, anwendungsbezogenes Wissen aus dem Bereich der BUI in kleine und mittelständische Unternehmen (KMU) zu transferieren. Zweitens wird in einem ersten Schritt wird es den beteiligten Unternehmen ermöglicht, den Energieverbrauch der eigenen Produktionsprozesse zu analysieren. In den weitergehenden Schritten zeigt sich der proaktive Charakter des vorgestellten Ansatzes: Anvisiert wird die Entwicklung eines systematisierten Ansatzes, mit dessen Hilfe die Unternehmen eigenständig Handlungspotential ableiten können, das zum Erreichen des „nächsten Levels" auf dem Weg zu mehr Energieeffizienz umzusetzen ist. Um der dritten Säule der Nachhaltigkeit ein notwendiges Mindestmaß an Beachtung zu schenken, soll zumindest der Begriff der

„ökologischen Nachhaltigkeit" Verwendung finden, wenn über die Ziele des Vorhabens gesprochen wird. Die tatsächliche Integration der dritten Dimension kann an dieser Stelle noch nicht gewährleistet werden.

46.1.2 Geschäftsprozesse im Fokus der BUI

Vermehrt wird in den vergangenen Jahren in der englischsprachigen Literatur auch das Thema Green Information Systems („Green IS") diskutiert. Ein wesentlicher Aspekt der Diskussion ist auch das „Green Business Process Management" (Green BPM) (vom Brocke et al. 2012). „Ökologische Nachhaltigkeit als eine zusätzliche Dimension in das Geschäftsprozessmanagement aufzunehmen", ist somit als eine weitere Herausforderung anzusehen, mit der sich die Betriebliche Umweltinformatik konfrontiert sieht (Loos et al. 2011, 245).

Ein „wesentlicher Forschungsbereich der Wirtschaftsinformatik" ist es in der Zukunft zu untersuchen, welche „Rolle, die Prozessveränderungen bei der Transformation zu organisationaler Nachhaltigkeit spielen" (Loos et al. 2011, 246). Die BUI könnte sich somit nicht als direkter „Heilsbringer" verstehen, sondern indirekt über die von ihr angestoßenen Prozessveränderungen für einen bewussteren Umgang mit natürlichen Ressourcen im betrieblichen Alltag sorgen (Abb. 46.1).

Auch getrieben von der Veröffentlichung der Norm ISO 50001 wird aktuell in der Praxis der Bereich Energiemanagement als äußerst relevanter Teilbereich des Umweltmanagements angesehen. Für die Geschäftsprozesse des Energiemanagements soll ein genauerer Blick auf das Unterstützungspotential der Informationsverarbeitung geworfen werden. Die Möglichkeiten des BPM zu nutzen, einen systematisierten Ansatz für die Integration von BUI-spezifischen Themen in den betrieblichen Alltag von KMU zu entwickeln und auf ein Reifegradmodell für das IT-gestützte Energiemanagement hinzuarbeiten, sind die dabei zu bewältigenden Herausforderungen.

Abb. 46.1 Die Rolle von BPM in IS-gestützten Nachhaltigkeitsinitiativen (Loos et al. 2011, 246)

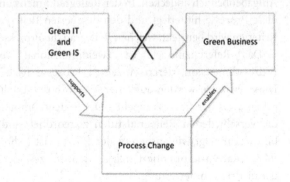

46.2 Geschäftsprozesse und Reifegradmodellierung

46.2.1 Prozessassessments mit Reifegradmodellen

Anforderungen von Kunden, Konkurrenzdruck oder Durchführungsbestimmungen gesetzgebender Verfahren zwingen Unternehmen seit einigen Jahren zu ständigen Prozessverbesserungen, mit dem Ziel, Produkte in kürzerer Zeit, zu geringeren Kosten oder in besserer Qualität zu produzieren. Seit einiger Zeit sind neben diesen ökonomischen Faktoren auch ökologische Aspekte wichtig geworden, denn Unternehmen müssen ihre Prozesse zunehmend auch in dieser Hinsicht bestmöglich gestalten.

Neben den klassischen Instrumenten der Geschäftsprozessmodellierung, –analyse und Optimierung hat sich seit einiger Zeit die Reifegradermittlung der Prozesse als sehr nützliches Werkzeug erwiesen. Sie bewertet die Leistungsfähigkeit von Prozessen durch ein strukturiertes, transparentes Vorgehen und dient so zur Standortbestimmung. Im Prozess-Assessment untersuchen Assessoren gezielt ausgewählte Prozesse anhand vorgegebener Kriterien. In Bezug auf die ökologische Nachhaltigkeit ist das u.a. ein effizienter Energieverbrauch.

Das Ergebnis ist die Einstufung eines Prozesses auf einem Reifegradniveau einer vorab definierten Skala. Neben der Erkenntnis, wo das Unternehmen mit seinen Prozessen hinsichtlich der betrachteten Umweltkriterien steht, sind die Ergebnisse der Bewertung die Grundlage für eine anschließende Prozessverbesserung. Um die Prozesse auf ein höheres Reifegradniveau zu bringen, muss die Reduzierung von Emissionen und die Schonung von Ressourcen somit aktiv und gezielt vorangetrieben werden.

Die Durchführung der Reifegradermittlung orientiert sich an internationalen Standards zur Bewertung (Assessment) von Unternehmensprozessen wie z. B. CMMI (Capability Maturity Model Integration) oder SPICE (Software Process Improvement and Capability Evaluation). Dazu werden die im Unternehmen gelebten Prozesse gegen ein Prozessmodell (Referenzmodell) geprüft, wobei sich das Modell in eine Prozess- und eine Reifegraddimension teilt.

Die Prozessdimension definiert alle Prozesse, die innerhalb des Untersuchungsbereiches existieren. Jedem Prozess sind Aktivitäten und Arbeitsprodukte (Inputs und Outputs) zugeordnet. Die definierten Prozesse werden in Prozesskategorien eingeteilt, die jeweils einen Aufgabenbereich abdecken. In der Reifegraddimension werden die Bewertungskriterien für diese Prozesse hinterlegt und den definierten Reifegradstufen zugeordnet. Anhand dieser Kriterien wird beurteilt, welchen Reifegrad die Prozesse jeweils erreichen (siehe Abb. 46.2).

Das Referenzmodell ist zweidimensional aufgebaut. Es besteht aus einer Prozessdimension, deren einzelnen Prozesse nach Prozesskategorien gegliedert sind. Diese Prozesse werden auf einer Y-Achse dargestellt. In dieser Dimension wird angegeben „was der Prozess macht". Die Reifegraddimension definiert die Prozessattribute, die verschiedenen Reifegradstufen zugeordnet sind. Sie wird auf der X-Achse abgebildet und zeigt wie ausgereift der Prozess ist (Abb. 46.3). Die Gesamtbewertung einer Prozesskategorie orientiert sich an dem Prozess der untersuchten Prozesskategorie mit der niedrigsten Bewertung.

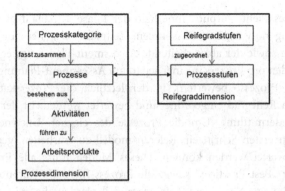

Abb. 46.2 Prinzip und Dimensionen des Referenzmodells

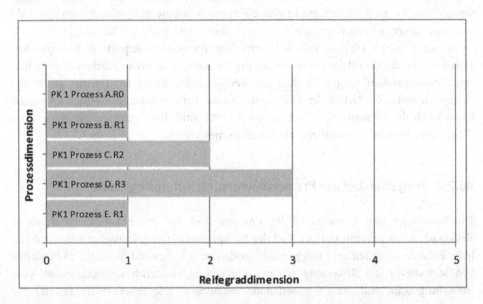

Abb. 46.3 Graphische Darstellung der Prozessreife einer Prozesskategorie (PK1)

Um dieses Ergebnis zu erreichen, sind fünf Phasen zu durchlaufen, die den Prozess der Reifegradermittlung charakterisieren. Jede Phase wiederum ist in eine Abfolge von Schritten unterteilt, die zum jeweiligen Phasenergebnis führen. In der Phase 1 (Rollen festlegen) sind die Beteiligten an der Reifegradermittlung zu identifizieren und die durch sie besetzten Rollen festzulegen.

Phase 2 (Projekt initiieren) bildet das Fundament für die spätere Reifegradermittlung. Hier sind alle Informationen zu ermitteln, die für die Planung benötigt werden. Die darin zu durchlaufenden Schritte reichen vom Einholen der Basis-Daten zur Organisation, über das Sicherstellen von Zutritten und Zugriffen bis zum Festlegen des angestrebten Assessment-Outputs. Innerhalb der Phase 3 (Ablauf planen) werden alle zur Durchführung notwendigen Ressourcen, Zeitpläne, Datenerhebungsmechanismen und -instrumente sowie der abzuarbeitende Assessment-Plan festgelegt. Die Ergebnisse dieser Phase werden pro Prozess in einer separaten Assessment-Planung dokumentiert.

Die Phase 4 (Prozesse bewerten), in der letztlich die Prozesskategorien und die Prozesse in einen Reifegrad eingeordnet und bewertet werden, ist der zeitaufwändigste Teil der Reifegradermittlung. Um die Prozesse des eigenen Unternehmens bewerten zu können, ist im ersten Schritt ein Referenzmodell zu erarbeiten, gegen das die eigenen Prozesse bewertet werden können. Dieses Modell muss alle Prozesse mit einer Beschreibung der „Best Practices" sowie alle Prozess-In- und -Outputs für den idealen Soll-Zustand enthalten. Nach dem Referenzmodell werden die existierenden Prozesse des eigenen Unternehmens erhoben, dokumentiert und so aufbereitet, dass sie gegen die Referenzprozesse des Soll-Modells geprüft werden können. Bevor die Prozesse bewertet werden können, sind die Reifegradstufen, die Prozessattribute sowie eine Bewertungsskala zur Bewertung der Prozessattribute festzulegen (siehe dazu auch Abschn. 46.2.2).

In der Phase 5 (Report erstellen) wird das Assessment-Reporting durchgeführt. Dabei werde alle ermittelten Assessment-Ergebnisse in Form von Stärken, Schwächen und Prozessprofilen dargestellt. Mit der Fertigstellung dieser Dokumente endet die Reifegradermittlung. Neben der Erkenntnis, wo das Unternehmen mit seinen Prozessen hinsichtlich der ökologischen Nachhaltigkeit steht, sind die Ergebnisse der Bewertung die Grundlage für eine anschließende Prozessverbesserung.

46.2.2 Vorgehen bei der Prozessbewertung mit Reifegraden

Die Bewertung und Einordnung der Prozesse und der Prozesskategorien in einen Reifegrad ist der zeitaufwändigste Teil der Reifegradermittlung. Zunächst müssen sämtliche Prozesse ermittelt und kategorisiert sowie der Soll-Zustand hinreichend beschrieben sein. Bevor die Bewertung erfolgen kann, sind zusätzlich Reifegradstufen, eine Bewertungsskala und die Prozessattribute festzulegen. Die Prozessattribute sind die Grundlage jeder Bewertung.

Die Reifegradstufen (Fähigkeitsstufen) charakterisieren die Leistungsfähigkeit der Prozesse (Tab. 46.1). Sie sind aufeinander aufbauend konzipiert, d. h. eine höhere Stufe setzt die vollständige Erreichung der vorangegangenen Stufe voraus (kumulativ). Die Erfahrung mit Reifegradmodellen wie CMMI oder SPICE haben gezeigt, dass vier bis sechs Reifengradstufen für die folgende Reifegradermittlung sehr gut funktionieren. Weniger Stufen führen zu einer schwer abgrenzbaren Einschätzung für eine Stufe und mehr als 6 Stufen erhöhen den Aufwand durch die Definition von deutlich mehr Kriterien für die Abgrenzung der Stufen. Somit kann empfohlen werden, die folgenden 6 Stufen vorzusehen.

Mit Prozessattributen werden die Reifengradstufen unterteilt und verfeinert, um sie genauer zu beschreiben und bewerten zu können. Diese Einteilung wird standardisiert

Tab. 46.1 Definierte Reifegradstufen

Stufe	Name	Beschreibung
0	Unvollständig	Der Prozess ist nicht implementiert oder er erfüllt seinen Zweck nicht.
1	Durchgeführt	Der Prozess erfüllt seinen Zweck.
2	Gemanagt	Die Prozessausführung wird zusätzlich geplant und gesteuert.
3	Etabliert	Die Ausführung des Prozesses ist standardisiert.
4	Vorhersagbar	Der Prozess ist quantitativ verstanden und kontrolliert.
5	Optimierend	Der Prozess wird kontinuierlich verfeinert und verbessert.

Tab. 46.2 Definierte Prozessattribute

PA-ID	Attributname	Beschreibung
PA 1.1	Prozessdurchführung	PA 1.1 bewertet, ob der Zweck und die Prozessergebnisse erreicht werden.
PA 2.1	Management der Prozessdurchführung	PA 2.1 bewertet, ob die Prozessdurchführung gemanagt wird.
PA 2.2	Management der Arbeitsprodukte	PA 2.2 bewertet, in welchem Ausmaß die erstellten Arbeitsprodukte des Prozesses verwaltet werden.
PA 3.1	Prozessdefinition	PA 3.1 bewertet, inwieweit ein Standardprozess gepflegt wird, um den Einsatz eines definiertes Prozesses zu unterstützen.
PA 3.2	Prozessanwendung	PA 3.2 bewertet, inwieweit ein Standardprozess als definierter Prozess eingesetzt wird.
PA 4.1	Prozessmessung	PA 4.1 bewertet inwieweit Messergebnisse verwendet werden, um sicherzustellen, dass die Durchführung des Prozesses die definierten Vorgaben erreicht.
PA 4.2	Prozesssteuerung	PA 4.2 bewertet die Analyse und Steuerungsmechanismen für die Prozesskennzahlen (z. B. die Kennzahlen liegen in einem bestimmten Bereich)
PA 5.1	Prozessinnovation	PA 5.1 bewertet das Management von Prozessänderungen, die sich aus der Analyse von Prozessdaten und durch Innovationen ergeben, und die durch Kennzahlen für die Prozessverbesserung gesteuert ist.
PA 5.2	Prozessoptimierung	PA 5.2 bewertet das Management von Prozessänderungen in Bezug auf die Auswirkungen (z. B. Ressourcen, Zielerreichung).

und ist für jede Reifegradermittlung identisch. Den Reifengradstufen eins bis fünf sind neun Attribute zugeordnet. Der Stufe eins ist ein Prozessattribut (PA 1.1), den Stufen zwei bis fünf sind jeweils zwei Prozessattributen (z. B. Stufe 2 – PA 2.1, PA 2.2) zugeordnet. Tab. 46.2 zeigt die vorgenommene Einteilung.

Zur Bewertung der oben genannten Prozessattribute wird eine im Prozess-Assessment bewährte 4-Punkte-Skala eingesetzt. Jeder der vier Skalenpunkte entspricht einem Prozentbereich. Zur Identifikation wird jedem Punkt auf der Skala ein Kürzel N, P, L oder F zugewiesen. Die nachfolgende Tab. 46.3 verdeutlicht das Ergebnis.

Um bei der Bewertung vergleichbare und wiederholbare Ergebnisse zu erzielen, unterteilen sich die Prozessattribute in einzelne bewertbare Praktiken. Für die Bewertung von Stufe 1 des Reifegrades werden die in der Prozessbeschreibung definierten Basispraktiken abgeglichen. Ab der Stufe 2 sind allgemeingültige Praktiken zu prüfen, die für alle Prozesse gleichermaßen anwendbar sind. Dazu müssen die Praktiken mit ihren Bewertungskriterien standardisiert, tabellarisch aufgelistet und für jede Reifegradermittlung identisch sein.

Die einzelnen Praktiken eines Prozesses werden dann mittels der 4-Punkte-Skala bewertet. Der Durchschnittswert aller bewerteten Praktiken entspricht dem Bewertungsergebnis des jeweiligen Prozessattributes eines Prozesses. Dieser prozentuale Wert wird anhand der 4-Punkte-Skala seinem entsprechenden Kürzel zugeordnet.

Die Einordnung in einer der 4 Stufen erfolgt nach Ermessen des Assessors auf der Grundlage der Prozessreife der geprüften Praktiken. Damit hat der Assessor einen Handlungsspielraum, denn die Einschätzung ob eine Praktik zu 85 % oder 87 % erfüllt ist, entscheidet der Assessor in der Regel vor dem Hintergrund seiner Erfahrungen. Die Ursache dafür liegt u. a. in den nicht in jedem Detail spezifizierten Praktiken einer Prozessbeschreibung. Sehr ausführliche Prozessbeschreibungen sollten dieses Problem zwar weitestgehend ausschließen, die Praxis zeigt jedoch, dass ein Handlungsspielraum vielfach hilfreich ist.

Tab. 46.3 4-Punkte Skala (ISO/IEC 15504)

Kürzel	Bezeichnung	Prozent	Status	Beschreibung
N	not achieved	0–15%	nicht erfüllt	Es gibt keinen Nachweis für die Erreichung eines definierten Prozessattributes.
P	partially achieved	16–50%	teilweise erfüllt	Es gibt einen Teilnachweis für Erreichung eines definierten Prozessattributes.
L	largely achieved	51–85%	überwiegend erfüllt	Es gibt einen signifikanten Teilnachweis für Erreichung eines definierten Prozessattributes.
F	fully achieved	86–100%	vollständig erfüllt	Es gibt einen vollständigen Teilnachweis für Erreichung eines definierten Prozessattributes.

46.3   Entwicklung eines Reifegradmodell für das IT-gestützte Energiemanagement

46.3.1 Allgemeines Vorgehensmodell zur Entwicklung von Reifegradmodellen

Es existiert bereits eine Vielzahl unterschiedlicher Reifegradmodelle, deren Eignung speziell auf einen bestimmten Anwendungsbereich bezogen ist. Für sehr ähnliche einzelne Anwendungsbereiche existieren jedoch auch mehrere Reifegradmodelle, was z. T. den Eindruck einer gewissen Beliebigkeit bei der Entwicklung von Reifegradmodellen erweckt (Becker et al. 2009, 250). Um einer solchen Fehlentwicklung vorzubeugen, wird an angegebener Stelle ein Vorgehensmodell für die Entwicklung von Reifegradmodellen für das IT-Management entwickelt. Das Vorgehen gliedert sich dabei in sieben Teilschritte:

1. Problemdefinition
2. Vergleich bestehender Reifegradmodelle
3. Festlegung der Entwicklungsstrategie
4. Iterative Reifegradmodellentwicklung
5. Konzeption von Transfer und Evaluation
6. Implementierung der Transfermittel
7. Durchführung der Evaluation

Für die Phase der Problemdefinition wird gefordert, den adressierten Bereich sowie die Zielgruppen des Reifegradmodells zu benennen und den Bedarf eines neuen Reifegradmodells nachzuweisen.

Der Vergleich bestehender Modelle kann wichtige Inputs für das neu zu entwickelnde Modell liefern, indem auf das bisher Vorhandene aufgebaut wird. So können die wiederverwendbaren Teile bestehender Modelle genutzt und erkennbare Schwächen für die anvisierte Anwendung umgangen werden. Wie die bisherigen Modellansätze kombiniert werden oder ob eine komplette Neuentwicklung angestrebt wird, ist in der Entwicklungsstrategie festzulegen. Den Kern der eigentlichen Entwicklung bildet Schritt 4. Die grundlegende Architektur und Dimensionierung des Modells – wie im Abschn. 46.2 beschrieben – bilden hier die wesentlichen Aufgaben des wichtigsten Teilschritts der Modellentwicklung, dessen Ergebnisse immer wieder überprüft und weiterentwickelt werden müssen. Nach erfolgreicher Entwicklung sind die Ergebnisse sowohl dem wissenschaftlichen als auch dem praxisorientierten Publikum zur Verfügung zu stellen und über geeignete Transfermittel (Handbücher, Checklisten) zu unterstützen. Die Phase der Evaluation sieht vor, den vorgesehenen Nutzen des Reifegradmodells zu überprüfen und sein Wirkungspotential zu eruieren.

46.3.2 Derzeitige Diskussion zu Reifegradmodellen mit Bezug zur BUI

Über eine kleine Auswahl der aktuellen Literatur sollen an dieser Stelle derzeitige Trends und Forschungsrichtungen aufgezeigt werden, die sich innerhalb des Themengebiets der BUI bewegen und somit für die weitere Entwicklung und Verbreitung von BUIS wichtige Impulse setzen können. Gerade in jüngster Zeit sind einige Publikationen erschienen, die sich in der Schnittmenge von Geschäftsprozessmanagement und Reifegradmodellierung intensiv mit dem Thema Nachhaltigkeit und IT auseinandersetzen.

So wird z. B. in Curry und Donnellan (2012) ein Rahmenwerk zur Bestimmung des Reifegrads einer an den Kriterien der Nachhaltigkeit ausgerichteten IKT (Sustainable ICT-CMF) vorgestellt. Allerdings scheint hier der Schwerpunkt eher auf einer technischen Ebene („Green IT") zu liegen und weniger auf der Integration von Software („Green IS") in die betrieblichen Abläufe. Allerdings bietet die Beurteilung der Leistungsfähigkeit in vier verschiedenen Kategorien (Strategie und Planung, Prozessmanagement, Unternehmenskultur sowie Führung/Steuerung) möglicherweise auch einen sinnvollen Ansatz, um den Einsatz von BUIS in Unternehmen systematisch zu analysieren und auf ein wirkungsvolleres Level zu bringen.

Auch Cleven et al. 2012 fokussieren in Ihrem Beitrag auf Nachhaltigkeitsaspekte und stellen die Leistungsfähigkeit der Geschäftsprozesse in den Mittelpunkt ihrer Untersuchung. Ihr „Process Performance Management" Modell erlaubt es, den Reifegrad der unternehmerischen Nachhaltigkeit zu messen und zu managen. Reifegradmodelle werden als Hilfsmittel beschrieben, mit denen die organisatorische Leistungsfähigkeit systematisch dokumentiert und verbessert werden kann.

Morelli et al. 2012 beschreiben eine „nachhhaltige Unternehmens-Fitness durch Messung des IT-Unterstützungspotentials in Geschäftsprozess-Reifegradmodellen". Hier werden verschiedene Reifegradmodelle für Geschäftsprozesse verglichen und dahingehend überprüft, ob IT-Unterstützungsgrad „in adäquater Form" berücksichtigt werden.

Stolze et al. (2011) halten in ihrem Beitrag fest, dass „ein umfassendes Modell für die Bestimmung der ökologischen, ökonomischen und sozialen Nachhaltigkeit der IT momentan noch keine Verbreitung gefunden hat" und legen einen „Grundstein" für ein integriertes Reifegradmodell für nachhaltige IT.

46.3.3 Bedarf eines Reifegradmodells für das IT-gestützte Energiemanagement

Der bisherige Vergleich bestehender Modelle erweckt den Eindruck, dass für den Bereich der „Green IS", also im Bereich der BUIS keine adäquaten Reifegradmodelle vorzufinden sind. In einem praxisnahen Projekt wird in Kooperation mit KMU eine branchenspezifische Software entwickelt, die das Energiemanagement in Betrieben definierter Branchen unterstützen soll. Ein Reifegradmodell erscheint an dieser Stelle als sinnvolle

Ergänzung, um auch über das Projekt hinaus weiteres Optimierungspotential systematisch erschließbar zu machen, die Integration des Energiemanagements (oder auch anderer Aspekte des betrieblichen Umweltmanagements) in die IT-Systemlandschaft des Unternehmens voranzutreiben und beispielhaft zu verdeutlichen, wie den zuvor beschriebenen Herausforderungen der BUI entgegengetreten werden kann.

46.4   Ergebnis und Ausblick

Nach ersten Recherchen konnte in der publizierten Literatur kein Reifegradmodell zum Thema IT-gestütztes Energiemanagement ausfindig gemacht werden. Ebenso sind keine vergleichbaren Modelle für eine ganzheitliche Betrachtung für das IT-gestützten Umweltmanagement zu finden. Lediglich im Bereich der „Green IT" und des nachhaltigen IT-Managements sind grundlegende Beiträge zur wissenschaftlichen Diskussion erhältlich (Erek 2012).

Für die Erstellung eines Reifegradmodells für das IT-gestützte Energiemanagement kann auf ein wissenschaftlich fundiertes Vorgehensmodell zurückgegriffen werden (Becker et al. 2009). Als einer der ersten Schritte ist dabei die Notwendigkeit der Neuentwicklung eines Reifegradmodells über den Vergleich bestehender Reifegradmodelle zu begründen. Dieser Prozess befindet sich derzeit in Bearbeitung. Die nachfolgende Festlegung einer Entwicklungsstrategie sowie der iterative Entwicklungsprozess des finalen Reiferadmodells soll in Kooperation mit mehreren Unternehmensnetzwerken durchgeführt werden. Die späteren Phasen des Vorgehensmodells sehen Transfer und die Evaluation der Ergebnisse vor.

In Vorgriff auf einen eingehenden Vergleich bestehender Reifegradmodelle und die späteren Phasen der Modellentwicklung der gegebenen Problemstellung, soll an dieser Stelle bereits ein vorläufiger Entwurf zur Definition verschiedener Reifegradlevel vorgestellt werden. Der Horizont des IT-gestützten Energiemanagements streckt sich dabei von Level 0 (nicht existent) bis zu einem möglichen Level 5 (optimiert). In Anlehnung an das Capability Maturity Model (CMM), auf dessen Reifegrade sich auch Becker et al. mit ihrem IT Performance Measurement Maturity Model (ITPM[3]) stützen, werden die Reifegradstufen von 0 bis 6 bezeichnet (Becker et al. 2009, S. 258). Die für das Energiemanagement beispielhaft dargestellten Reifegrade können der Tab. 46.4 entnommen werden. Sie stellen eine erste Diskussionsgrundlage dar.

Das Modell bietet verschiedene Möglichkeiten zur Erweiterung und Verfeinerung. So können für verschiedene Aufgabenbereiche des Energiemanagements (z. B. Monitoring und Controlling des Energieverbrauchs, normkonforme Maßnahmenplanung, etc.) ebenfalls detaillierte Reifegradlevel für das IT-gestützte Management beschrieben werden. Weiterhin sind für die Reiferadlevel auf der Ebene der Prozessattribute und deren Erfüllungsgrade sinnvolle Definitionen zu finden.

Grundsätzlich ist ein solcher Ansatz auf sämtliche Aspekte des IT-gestützten Umweltmanagements, d. h. den gesamten Aufgabenbereich Betrieblicher Umweltinformationssysteme anwendbar. Über einen entsprechend erweiterten Ansatz der vorgestellten Methodik ist es somit denkbar, systematisch aufzuzeigen, wie eine kontinuierlich erweiterte Durchdringung

Tab. 46.4 Reifegradlevel für IT-gestütztes Energiemanagement

Reifegrad	Beschreibung
Nicht existent	Energiemanagement wird innerhalb des Betriebs weder als Aufgabe noch als Chance wahrgenommen Die Möglichkeiten der IT als Hilfsmittel werden nicht erkannt
Initial	Erste Messungen zum Monitoring des Energieverbrauchs durchgeführt Tabellenkalkulation als Hilfsmittel zur Erfassung des Energieverbrauchs Einzelne Maßnahmen durchgeführt
Wiederholbar	Es existieren Vorlagen zur wiederholten Messung und Dokumentation des Energieverbrauchs Vorlagen erleichtern z. B. das Erstellen von Diagrammen zur Analyse des Energieverbrauchs
Definiert	Energiepolitik des Managements bezieht IS-Landschaft mit ein Klare Verantwortlichkeiten mit zyklisch wiederkehrenden Aufgaben der einzelnen Akteure Vollständige Implementierung im Sinne der ISO 50001 Maßnahmen werden systematisch festgelegt
Gemanagt	Aus den bisherigen Messungen und Tätigkeiten im Bereich Energiemanagement werden neue Aufgaben im Sinne eines KVP abgeleitet. Softwarelösungen im Sinne eines BUIS kommen zum Einsatz (IT-gestütztes) Benchmarking als Input für Optimierungsmaßnahmen
Optimiert/integriert/IT-gestützt	Der KVP wird durch ein proaktives Management und eine in die IT-Landschaft des Unternehmens integrierte Software unterstützt Sensortechnologie liefert konstante Daten an Systemlandschaft Integration in Softwarelandschaft, z. B. ERP-Systeme

der betrieblichen IT-Landschaft mit Umweltinformationen vorzunehmen ist. Ein Modell, das diesen Weg in einzelnen, operationalisierbaren Schritten aufzeigt, kann somit zur Lösung aktueller Herausforderungen der BUI beitragen.

Danksagung Das Projekt ReMo Green und die darin entstandenen Ergebnisse wurden mit Mitteln des EFRE (Europäischer Fond für regionale Entwicklung) gefördert. Die Autoren bedanken sich bei der Senatsverwaltung Berlin und dem EFRE für die Unterstützung.

Literatur

Becker J, Knackstedt R, Pöppelbuß J (2009) Entwicklung von Reifegradmodellen für das IT-Management - Vorgehensmodell und praktische Anwendung. Wirtschaftsinformatik 51(3):249–260

Cleven A, Winter R, Wortmann F (2012) Managing Process Performance to Enable Corporate Sustainability: A Capability Maturity Model. In: vom Brocke J et al (Hrsg) Green Business Process Management. Berlin, S 111–129

Curry E, Donnelan B (2012) Understanding the Maturity of Sustainable ICT. In: vom Brocke J et al (Hrsg) Green Business Process Management. Berlin, S 203–216

Erek K (2012) Nachhaltiges Informationsmanagement. Gestaltungsansätze und Handlungsempfehlungen für IT-Organisationen, Dissertation, Berlin 2012

Junker H (2010) Die Beliebigkeit betrieblicher Umweltinformationssysteme – eine Polemik. In: Cremers G (Hrsg) Integration of environmental information in europe. EnviroInfo 2010, Aachen, Köln Bonn, S 232–247

Junker H, Marx Gómez J, Lang CV (2010) Betriebliche Umweltinformationssysteme. MKWI 2010, Göttingen, S 1045–1062

Loos P, Nebel W, Marx Gómez J, Hasan H, Watson RT, Vom Brocke J, Seidel S, Recker J (2011) Green IT: Ein Thema für die Wirtschaftsinformatik? Wirtschaftsinformatik 53(4):239–247

Morelli F, Buscemi R, Wiedeking W (2012) Nachhaltige Unternehmens-Fitness durch Messung des IT-Unterstützungspotenzials in Geschäftsprozess-Reifegradmodellen. In: Barton et al (Hrsg) Herausforderungen an die Wirtschaftsinformatik: Beiträge der Fachtagung »Management und IT« im Rahmen der 25. Jahrestagung des Arbeitskreises Wirtschaftsinformatik an Fachhochschulen (AKWI), S 189

Möller A, Schaltegger S (2012) Die Sustainability Balanced Scorecard als Integrationsrahmen für BUIS. In: Tschandl M, Posch, A (Hrsg) Integriertes Umweltcontrolling. Wiesbaden, S 293–317

Stolze C, Rah N, Thomas O (2011) Entwicklung eines integrativen Reifegradmodells für nachhaltige IT. Beitrag auf der Informatik 2011, online verfügbar

Teuteberg F, Marx Gómez J (2010) Green Computing & Sustainability. Status Quo und Herausforderungen für betriebliche Umweltinformationssysteme der nächsten Generation. HMD Praxis der Wirtschaftsinformatik 47(274): 6–17

Teuteberg F, Straußberg J (2009) State of the art and future research in Environmental management Information Systems a systematic literature review. In: Information technologies in environmental engineering: proceedings of the 4th international ICSC symposium, thessaloniki

Vom Brocke J, Seidel S, Recker J (2012) Green Business Process Management – Towards the Sustainable Enterprise. Berlin

Entwicklung eines Open Source basierten Baukastens zur Identifikation von Ressourceneffizienzpotentialen in produzierenden KMU

47

Volker Wohlgemuth, Tobias Ziep, Peter Krehahn und Lars Schiemann

Zusammenfassung

Dieser Beitrag beschreibt die Zielstellung und Konzeption eines Open Source basierten Baukastens zur Identifikation von Ressourceneffizienzpotentialen in produzierenden KMU, welcher im Projekt OpenResKit von der Berliner Senatsverwaltung für Wirtschaft, Technologie und Forschung gefördert wird. Das Projekt läuft bis Ende Februar 2014 und basiert auf den Erfahrungen und Ergebnissen der vorher durchgeführten Projekte EMPORER, MOEBIUS und RESEFI. Die Idee ist es, praktisches Wissen und Leitlinien in Form von Softwarebausteinen direkt nutzbar zu machen. Das Kernstück ist eine zentrale Serversoftware, die als Datenquelle und -senke fungiert und einzelne Softwarebausteine aufnehmen kann, die ein gewisses Domänenmodell abbilden. Das Gegenstück zum zentralen Software-teil sind einzelne, einfache, problemspezifische Softwaretools, die je nach Anwendungsfall für mobile Plattformen z. B. zur Datensammlung oder als Desktop-Applikation für einfache Analysen oder für die Administration entwickelt werden. Die Präsentation der einzelnen Softwarebausteine mit der dahinterstehenden Methodik auf einem Webportal und die Möglichkeit

V. Wohlgemuth (✉) · T. Ziep · P. Krehahn · L. Schiemann
Studiengang Betriebliche Umweltinformatik, Hochschule für Technik und Wirtschaft Berlin,
Fachbereich 2 – Ingenieurswissenschaften II, Wilhelminenhofstraße 75a, 12459 Berlin,
Deutschland
e-mail: volker.wohlgemuth@htw-berlin.de

T. Ziep
e-mail: tobias.ziep@htw-berlin.de

P. Krehahn
e-mail: peter.krehahn@htw-berlin.de

L. Schiemann
e-mail: lars.schiemann@htw-berlin.de

J. Marx Gómez et al. (Hrsg.), *IT-gestütztes Ressourcen- und Energiemanagement*,
DOI: 10.1007/978-3-642-35030-6_47, © Springer-Verlag Berlin Heidelberg 2013

der Kommunikation mit Mitgliedern aller Anspruchsgruppen sollen helfen, eine Ressourceneffizienzkompetenz im Unternehmen aufzubauen.

Schlüsselwort

Ressourceneffizienz • Softwarebaukasten • Open-Source

47.1 Motivation und Zielstellung

Kleine und mittlere Unternehmen (im Folgenden KMU) bieten aufgrund ihrer Anzahl insgesamt ein riesiges Potential zur Steigerung der Ressourceneffizienz in Deutschland (VDI Zentrum Ressourceneffizienz GmbH 2011, S. 4). Es ist dabei jedoch erforderlich, jedes Unternehmen individuell zu analysieren und daraus unternehmensspezifische Maßnahmen zur Effizienzsteigerung abzuleiten. Aus diesem Grund scheiterten bisherige Anstrengungen, Ressourceneffizienzfragestellungen in KMU nachhaltig zu verankern, da bisher nur allgemeine Leitfäden als Hilfestellung gegeben wurden und der individuelle Beratungsaufwand als zu hoch eingeschätzt wird (VDI Zentrum Ressourceneffizienz GmbH 2011, S. 22). Es besteht die Notwendigkeit, methodisches Wissen im Unternehmen aufzubauen, um einen kontinuierlichen Verbesserungsprozess in bestehende Geschäftsprozesse zu integrieren, da der Ressourceneffizienz im Allgemeinem ein hoher Stellenwert zugemessen wird (Erhardt und Pastewski 2010, S. 15).

Um der finanziellen und personellen Situation in KMU gerecht zu werden, ist es ferner erforderlich, die Einstiegshürden zur Betrachtung von Ressourceneffizienzfragestellungen möglichst gering zu halten. Diese Hürden sind nach Bullinger & Beucker (Bullinger und Beucker 2000):

- Hohe Investitionskosten,
- großer zeitlicher Aufwand zum Einstieg in die Thematik und ein
- großer Datenbedarf/Aufwand der Datenerhebung/Datenaufbereitung.

Die Idee des in diesem Beitrag beschriebenen Forschungsprojektes OpenResKit ist es, praktisches Wissen und Leitlinien zur Ressourceneffizienzproblematik in Form von wiederverwendbaren und erweiterbaren Softwarebausteinen bereitzustellen, die von den KMU individuell angepasst werden können. Um dies zu ermöglichen, sollen die konzipierten und entwickelten Bausteine unter einer Open-Source-Lizenz veröffentlicht werden. Dadurch sollen außerdem die hohen Investitionskosten für Verbesserungen im Bereich der Ressourceneffizienz reduziert werden.

Die Präsentation der einzelnen Softwarebausteine mit der dahinterstehenden Methodik auf einem Webportal und die Möglichkeit der Kommunikation mit Mitgliedern aller Anspruchsgruppen soll helfen, eine Ressourceneffizienzkompetenz im Unternehmen aufzubauen, um vorhandene Maßnahmen und Methoden aus anderen Branchen für das Unternehmen bewerten und gegebenenfalls umsetzen zu können. Dabei wird auf Erfahrungen und Ergebnisse der Projekte MOEBIUS (Wohlgemuth et al. 2012 und

Wohlgemuth et al. 2010) und RESEFI (Zabel et al. 2010) aufgebaut. In MOEBIUS standen Fragestellungen rund um die mobile Unterstützung der Datenaufnahme im betrieblichen Umweltschutz im Vordergrund, wobei RESEFI die Identifikation und Aufbereitung von Wissen zum Thema Ressourceneffizienz in KMU allgemein fokussierte. Die gesammelten Erfahrungen sollen nun in einem ganzheitlichen Ansatz zusammengefasst und als erweiterbares Softwarebaukastensystem nachhaltig bereitgestellt werden. Dabei wird jedoch nicht der Anspruch erhoben, ein betriebliches Umweltinformationssystem der „nächsten" Generation zu schaffen, sondern durch kleine, erweiterbare, nützliche Softwaretools die oben gennannten Hemmnisse für KMU abzubauen, sich mit dem Thema Ressourceneffizienz zu beschäftigen.

Es ist in der Regel noch Stand der Technik, dass umweltrelevante Informationen in KMU in nicht digitaler Form vorliegen. KMU erfassen ihre Daten, insbesondere wenn Zählerstände bestimmter Stoffströme (Wasser, Gas, Energie, Druckluft etc.) verarbeitet werden müssen, mit Stift und Papier und digitalisieren diese im Anschluss zur weiteren Nutzung in Tabellenkalkulationsprogrammen (Demir et al. 2008). Dieser in der Praxis auftretende Medienbruch stellt insbesondere für KMU ein gewichtiges Hemmnis zur Identifikation von stofflichen und energetischen Verbesserungspotenzialen dar.

47.2   Konzeption

Im Projekt OpenResKit soll ein Open Source basierter Softwarebaukasten entstehen, der die Steigerung der Ressourceneffizienz in KMU unterstützen soll. Ziel ist es, einem KMU Methoden und Softwarewerkzeuge an die Hand zu geben, mit denen es die Transparenz von Produktionsprozessen erhöhen, entsprechende Prozessdaten strukturiert erheben und die Prozesse auf dieser Basis plan- und steuerbar machen kann. Es wäre dazu wünschenswert, in jedem Unternehmen die Stelle eines „Ressourcenmanagers" zu schaffen, der dieses Angebot intensiv nutzen kann.

Zu diesem Zweck soll Wissen rund um das Thema Ressourceneffizienz aufbereitet und über unterschiedliche Medien vermittelt bzw. unmittelbar nutzbar gemacht werden. Eine zentrale Rolle spielen dabei einfache Softwarewerkzeuge, die den Nutzer bei Einzelproblemen unterstützen und zusätzlich dazu beitragen, eine strukturierte Datengrundlage für weitergehende Untersuchungen zu legen. Diese aufwändig erhobenen und aufbereiteten Daten sollen dann über frei konfigurierbare Schnittstellen sowohl in komplexer Fachsoftware (wie z. B. Simulationssystemen) als auch in einfacher Standardsoftware (z. B. MS Office, Stoffstromvisualisierung) weiter genutzt werden können. Um einen optimalen praktischen Bezug zu gewährleisten, wird eng mit produktions- und ressourcenintensiven Berliner KMU zusammengearbeitet.

OpenResKit baut dabei auf die drei zentralen Säulen Wissen, Software und Schnittstellen auf (vgl. Abb. 47.1), die miteinander verknüpft einen vielfältigen Fundus an Werkzeugen und leicht konsumierbares Wissen zum Thema Ressourceneffizienz bieten. Ein großer Vorteil ist die Skalierbarkeit des Ansatzes, der sowohl Einsteiger mit einfachsten Tools anspricht, als auch Fortgeschrittenen die Möglichkeit bietet, komplexere Analysen wie z. B. Simulationen durchzuführen.

Abb. 47.1 Säulen des Projektes
OpenResKit

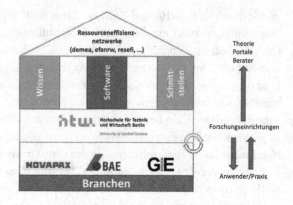

47.2.1 Wissen

Die Grundlage aller Tools sind wissenschaftlich belegte und erprobte Methoden, die nachvollziehbar präsentiert werden sollen. Ferner soll ein Vorgehensmodell entwickelt werden, dass als Ausgangspunkt und schrittweise Anleitung für KMU mit unterschiedlichen Wissensständen zum Thema Ressourceneffizienz dienen soll. Wenn es erforderlich ist, soll eine spezielle Hilfe die Komplexität der Methoden und der Software für den Endnutzer reduzieren. Innerhalb des OpenResKit-Projektes soll auch eine „klassische" Wissenskomponente zum Einsatz kommen, um das Auffinden für bestimmte Fragestellungen relevanter Bausteine und die Nutzung des Softwarebaukastens insgesamt zu vereinfachen. Als Grundlage für die Wissenskomponente werden die Erfahrungen des vorangegangenen Projektes RESEFI (Zabel et al. 2010) genutzt und ein Webportal für KMU geschaffen, das Wissen und Anwendungsmöglichkeiten rund um das Thema Ressourceneffizienz bündelt respektive aufzeigt. Rund um die Softwarebausteine werden KMU dort Handlungsempfehlungen für einfache Fragestellungen hinsichtlich der Ressourceneffizienz zur Verfügung gestellt. Das Portal hat ebenfalls das Ziel, einen Erfahrungsaustausch rund um Ressourceneffizienzmaßnahmen von KMU untereinander anzuregen.

47.2.2 Software

Die Software ist die zentrale Säule, da sie die operativen Tätigkeiten wie Transparenzsteigerung, Planung und Datenerhebung des „Ressourcenmanagers" in einem vollständig digitalen Workflow entlang des Vorgehensmodells unterstützen soll.

Kernstück ist eine zentrale Serversoftware (siehe Abb. 47.2 OpenResKit-Hub), die als Datenquelle und -senke fungiert und einzelne Softwarebausteine aufnehmen kann, die ein gewisses Domänenmodell abbilden. Diese zentrale Software bietet eine standardisierte Webschnittstelle zum bidirektionalen Datenaustausch mit verschiedenartigen Clients. Da Ressourceneffizienzanalysen zwangsläufig unternehmensspezifisch sind und

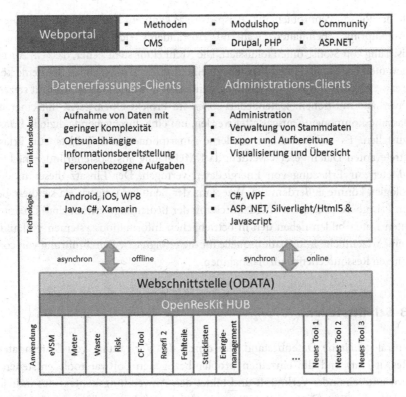

Abb. 47.2 Softwarearchitektur des Projektes OpenResKit

dadurch in anderen Unternehmen andere Tools benötigt werden, muss die Softwarearchitektur für alle Plattformen flexibel kombinier- und erweiterbar sein. Es liegen hierzu bereits Erfahrungen und kann auf die Ergebnisse mehrerer vergangener Projekte zurückgreifen, in denen modulare Softwarearchitekturen entwickelt und verwendet wurden (EMPORER Wohlgemuth et al. 2009): MOEBIUS,[1] EcoFactory.[2]

Das Gegenstück zum zentralen Softwareteil sind einzelne, einfache, problemspezifische Softwaretools, die je nach Anwendungsfall für mobile Plattformen z. B. zur Datensammlung oder als Desktop-Applikation für einfache Analysen oder für die Administration entwickelt werden. Diese Softwaretools machen die Methoden aus der Säule „Wissen" unmittelbar digital nutzbar.

Die Softwarebausteine stellen Methoden und Verfahren zur Identifikation von Ressourceneffizienzpotenzialen bereit, sollen jedoch nicht mit Funktionalitäten überfrachtet sein. Die einfache Bedienbarkeit und eine geringe Komplexität der einzelnen Bausteine stehen im Vordergrund. Die Softwarebausteine beschränken sich dazu auf abgegrenzte

---

[1] http://moebius.htw-berlin.de – Projektwebseite MOEBIUS.

[2] http://ecofactory.f2.htw-berlin.de – Projektwebseite EcoFactory.

Aspekte der Ressourcenproblematik. Beispielsweise kann ein Baustein die Erstellung eines Carbon-Footprints[3] beinhalten, während ein anderer sich auf die Erfassung und Visualisierung von Stoffströmen fokussiert. Die Architektur stellt sicher, dass ein Austausch von relevanten Daten von einem Baustein zu einem anderen möglich ist. Bausteine können andere erweitern bzw. nutzen und somit existente Daten in einen neuen Kontext setzen.

Sachverhalte mit hohem Datenbedarf sollen im Projekt OpenResKit mit einer mobilen Erfassungskomponente ausgestattet werden, um eine durchgehende digitale Erfassung sicherzustellen. Es soll dabei auf moderne Smartphones und Tablets zur Erfassung umweltrelevanten Daten gesetzt werden, da KMU häufig aus Kostengründen nicht über Smart-Meter zur Erfassung von Energiedaten verfügen. Der Einsatz dieser modernen Technologien könnte außerdem die Akzeptanz der Benutzer steigern, da sie diese bereits aus dem Privatbereich kennen und dadurch mit der Bedienung vertraut sind. Die umweltrelevanten Daten bilden neben den in betrieblichen Informationssystemen vorhandenen Daten eine wesentliche Informationsquelle für die erfolgreiche Durchführung von computergestützten Ressourceneffizienzmaßnahmen.

47.2.3 Schnittstellen

Der zentral gehaltene Datenbestand, der durch die Verwaltung von Stammdaten im OpenResKit-Hub und die einzelnen problembezogenen Softwaretools entstehen soll, ist intern untereinander verknüpft und bildet den Anwendungskontext des individuellen Betriebs ab. Diese Daten sollen über verschiedene Schnittstellenformate in anderen Programmen nutzbar gemacht werden, um diese be- bzw. weiterverarbeiten zu können. Dabei sollen sowohl einfache Verarbeitungsschritte wie Visualisierung und Aggregation als auch komplexere Aufgaben wie die Simulationen von Produktionssystemen unterstützt werden. Durch die Nutzung einer erweiterbaren Schnittstellentechnologie ist die Anbindung an weitere Systeme denkbar (z. B. BUIS/ERP).

47.3 Technische Umsetzung

47.3.1 OpenResKit HUB

In den Projekten EcoFactory, RESEFI und MOEBIUS wurde das von der HTW in Teilen mitentwickelte, erweiterbare Softwarerahmenwerk EMPINIA[4] als Grundlage für Plug-In basierte Softwareentwicklungen verwendet. Dieses ist jedoch vor Allem für die

---

[3] CO_2-Fußabddruck – Die Gesamtmenge an CO_2 (bzw. CO_2-Äquivalenten) die von einer Organisation, einem Produkt, einem Ereignis oder einer Person verursacht wird .

[4] The EMPINIA Platform, http://www.empinia.org/

Entwicklung von Desktopsoftware ausgelegt und bietet eine enge Verzahnung von Benutzungsoberfläche und Datenschicht. Zur Umsetzung einer Client-/Server-Architektur wie im Projekt OpenResKit angestrebt, ist es jedoch nicht optimal geeignet. Der im vorherigen Abschnitt erwähnte OpenResKit-Hub soll eine modular erweiterbare Domänenschicht zur Datenhaltung und -verteilung ohne eigene Benutzungsoberfläche zur Verfügung stellen. Um diese Funktionalität abbilden zu können, wurden zuerst verschiedene Lösungen zur Persistierung von Daten und zur dynamischen Erweiterbarkeit zur Programmlaufzeit untersucht und in Kombination miteinander ausprobiert. Die größte Herausforderung stellte hier die Umsetzung eines sich zur Programmlaufzeit dynamisch anpassenden Domänenmodells (Datenmodells) dar. Beim Hinzufügen und Entfernen von Modulen ändert sich die Struktur der zu speichernden Daten und die Applikation muss mit einer entsprechenden Migration bzw. Schemaänderung darauf reagieren. Dies resultiert aus der Nutzung einer SQL Datenbank zur Persistierung. Nach dem aktuellen Stand der Untersuchung erweisen sich die folgenden Komponenten im kombinierten Einsatz als geeignet:

Managed Extensibility Framework (MEF) Das MEF ist eine Bibliothek zur einfachen Entwicklung erweiterbarer Anwendungen. Mit der bereitgestellten Funktionalität kann eine Anwendung zur Laufzeit entsprechende Erweiterungen auffinden und ohne Konfiguration verwenden.[5]

So wird es möglich, unbekannte, nicht als Quellcode vorliegende Erweiterungen einzubinden. Das Konzept ähnelt dem eines Dependency Injection Frameworks mit dem Fokus auf die Anbindung von noch unbekannter Funktionalität.

Microsoft Entity Framework (EF) Das EF ist eine „Objekt-Relationale Mapping" – Bibliothek (ORM). Mit ihrer Hilfe können C# Klassenstrukturen in ein relationales Datenbankmodell umgewandelt und entsprechende Objekte persistiert werden. Das EF bietet eine Abstraktionsschicht, die eine direkte Interaktion mit der Datenbank überflüssig macht. Das EF kann ohne viel Aufwand als Datenlieferant für einen OData WCF-Service dienen, da es direkt von Microsoft bereitgestellt und langfristig unterstützt wird.[6]

Microsoft WCF Data Service Die Domänenobjekte werden unter Nutzung eines WCF-Services (Windows Communication Foundation) zum Abruf zur Verfügung gestellt. Über eine Webschnittstelle kann so lesend und schreibend auf Domänenobjekte zugegriffen werden. Dabei kommt OData[7] V3 als Übertragungsprotokoll zum Einsatz.[8]

---

[5] http://mef.codeplex.com/ - Managed Extensibility Framework.

[6] http://msdn.com/data/ef - ADO.Net - Entity Framework.

[7] http://www.odata.org/

[8] http://msdn.microsoft.com/de-de/library/vstudio/cc668792.aspx

Die genutzten Bibliotheken basieren auf Microsoft.Net Technologie und sind unter der Microsoft Public License verfügbar.

47.3.2 OpenResKit Clients

Aufgrund der Client-Server-Architektur und der standardisierten OData-Schnittstelle wird durch den Server keine bestimmte Technologie für die Clients vorgeschrieben. Im MOEBIUS Projekt wurde die Erfahrung gemacht, dass je nach Aufgabe rollenspezifische Anwendungen zum Einsatz kommen sollten. Es wird daher in funktionsreiche Administrations-Clients und einfachere Datenerfassungs-Clients unterschieden.

Als Benutzungsoberfläche für die Verwaltung und Auswertung der im OpenResKit HUB gespeicherten Daten bietet sich ebenfalls eine Technologie aus der.Net Welt an. Der Vorteil wäre hier die direkte Wiederverwendbarkeit der Domänenschicht, deren Objekte über die OData Schnittstelle ausgetauscht werden. Auch hierbei müssen unterschiedliche Frameworks untersucht werden, die die Gestaltung von grafischen Benutzungsoberflächen vereinfachen. Um eine gewisse Aktualität zu gewährleisten, werden nur Frameworks untersucht, die auf dem Grafikframework WPF (Windows Presentation Foundation[9]) von Microsoft basieren.

Zur Umsetzung der mobilen Anwendungen zur Datenerfassung werden momentan unterschiedliche Möglichkeiten untersucht und besonders die Unterstützung verschiedener mobiler Plattformen fokussiert. Da es sich hier um relativ einfache Tools mit einem engen Fokus handelt, sind die Anforderungen an Funktionalität und Performance eher gering. Hier ergeben sich die folgenden Ansätze:

PhoneGap Das Open-Source- Framework PhoneGap ermöglicht die Entwicklung von mobilen Anwendungen für 7 verschiedene Plattformen. Dabei werden mit HTML5 und JavaScript lokale ausgeführte „Webanwendungen" erstellt, die in einem gekapselten Webbrowser dargestellt werden. Da es sich hierbei nicht um native Anwendungen handelt, gibt es Nachteile bei der Verwendung der Gerätehardware (z. B. Kamera) und dem Look & Feel der Anwendung.[10]

Xamarin Xamarin ist ein kommerzielles Framework zur mobilen Anwendungsentwicklung in.Net. Es werden die drei wichtigsten Plattformen (Windows Phone, iOS, Android) unterstützt. Bei der Anwendungsentwicklung kann je nach Entwurf ein gewisser Teil des geschriebenen Codes wiederverwendet werden. Die Benutzungsoberflächen müssen für jede Plattform gesondert implementiert sein. Dabei kann auf entsprechende Besonderheiten Rücksicht genommen werden.[11]

---

[9] http://msdn.microsoft.com/de-de/library/vstudio/ms754130.aspx

[10] http://phonegap.com/ - PhoneGap.

[11] http://xamarin.com/ - Xamarin.

Native Anwendungen Bei der nativen Entwicklung müsste für jede Plattform und jeden Anwendungsfall eine eigene Anwendung mit einer anderen Programmiersprache implementiert werden. Da im Projekt nicht genügend Ressourcen vorhanden sind, müsste eine mobile Plattform ausgewählt werden.

47.4 Nächste Schritte und Ausblick

Die Nachfrage nach Software im Bereich der Ressourceneffizienz ist nach den Erfahrungen der Autoren sehr hoch. Gerade im Bereich der einfachen Tools zur wiederholten Anwendung von wissenschaftlichen Methoden zur Analyse, Erfassung und Bewertung gezielter Aspekte der Ressourceneffizienz im Unternehmen, besteht ein großes Potenzial, da erhältliche Standardlösungen überwiegend in einer für KMU funktional und preislich überdimensionierten Form vorliegen. Die im Projekt entstehenden Softwarewerkzeuge werden zunächst auf die Bedürfnisse eines Unternehmens zugeschnitten. Sie sind aber so ausgelegt, dass sie sich auch auf andere Unternehmen – zumindest auf Unternehmen derselben Branche – übertragen lassen.

Die Nutzung der Webplattform hat eine ganz wesentliche Funktion bei der Ergebnisverbreitung und Präsentation. Den KMU soll durch sehr einfache Anwendungsbeispiele der Weg zur Erschließung der Ressourceneffizienz besonders leicht gemacht werden.

Die Webplattform dient auch der Aktivierung einer Gemeinschaft von Softwareentwicklern, welche für KMU Ressourceneffizienzprobleme softwaretechnisch umsetzen sollen. Die Effekte wirken sich gleich zweifach aus. Zum einen sollen KMU bei ihrem Lernprozess unterstützt werden, der ihnen hilft das Werkzeug Ressourceneffizienz erfolgreich zu nutzen. Zum anderen schafft die Gemeinschaft der Programmierer durch eine Nutzung von Synergieeffekten eine preiswertere Bereitstellung von Instrumenten (Software), die durch den Lernbereich auch noch besser von den KMU verstanden werden können. Durch diese angedachte Bildung einer aktiven Netzgemeinschaft sind die wirtschaftlichen Erfolgsaussichten besonders günstig. Hier ist auch die Abgrenzung zu bestehenden Ressourceneffizienzportalen zu unterstreichen. Es besteht kein vordergründiges Interesse Beratungsleistungen zu vermarkten. KMU sollen Hilfe zur Selbsthilfe in Form von Softwarewerkzeugen, aufbereitetem methodischem Wissen und einem Diskussionsforum erhalten. Die Webplattform soll nach dem Projektende weiter vom Studiengang Betriebliche Umweltinformatik der HTW Berlin betrieben und gepflegt werden. Die Software wird nach Projektende von der geWISSEN UG gepflegt und bei entsprechendem Interesse weiterentwickelt.

Ein weiterer Nutzen liegt in der fortlaufenden Unterstützung der Ressourceneffizienz-Initiative, welche als Leitbild von der Bundesregierung maßgeblich geprägt wurde.

Zusätzlich werden den bestehenden Ressourceneffizienzportalen praxisnahe Evaluationen ihrer Methoden im Rahmen von Veröffentlichungen zurückgeliefert. Die Etablierung eines Ressourcenmanagers kann weiterhin als Best-Practice Ansatz kommuniziert werden, um möglichst viele Nachahmer zu mobilisieren.

Danksagung Dieses Projekt wird von der Berliner Senatsverwaltung für Wirtschaft, Technologie und Forschung (SenWTF) mit Mitteln aus dem Europäischen Fonds für regionale Entwicklung (EFRE) gefördert. Die Autoren danken für die Unterstützung.

Senatsverwaltung
für Wirtschaft, Technologie
und Forschung

Literatur

Bullinger H, Beucker S (2000) Stoffstrommanagement und Betriebliche Umweltinformationssysteme (BUIS) liefern neue Impulse für das Umweltcontrolling. In: Stoffstrommanagement Erfolgsfaktor für den betrieblichen Umweltschutz. Fraunhofer IRB-Verlag, Stuttgart, S 1–18

Demir S, Lotter M, Wohlgemuth V (2008) Durchführung einer Stoffstromanalyse als Ausgangspunkt für eine Potenzialanalyse mit den Schwerpunkten Material- und Energieeffizienz bei der PanTrac GmbH. In: Konzepte, Anwendungen, Realisierungen und Entwicklungstendenzen betrieblicher Umweltinformationssysteme (BUIS). Shaker Verlag, Aachen, S 213–228

Erhardt R, Pastewski N (2010) Relevanz der Ressourceneffizienz für Unternehmen des produzierenden Gewerbes. Fraunhofer Verlag, Stuttgart

VDI Zentrum Ressourceneffizienz GmbH (2011) Umsetzung von Ressourceneffizienz-Maßnahmen in KMU und ihre Treiber Berlin. VDI Zentrum Ressourceneffizienz GmbH

Wohlgemuth V, Krehahn P, Ziep T (2010) Mobile Anwendungen als Datenquelle für das Stoffstrommanagement. In: Informatik 2010 – Proceedings Gesellschaft für Informatik, Bonn, S 306–313

Wohlgemuth V, Krehahn P, Ziep T (2012) Potenziale des mobile Computings zur Prozessautomatisierung bei der Datenerfassung im Stoffstrommanagement. In: Wohlgemuth V, Lang C V, Marx Gómez J (Hrsg) Konzepte, Anwendungen und Entwicklungstendenzen von betrieblichen Umweltinformationssystemen (BUIS). Shaker, Aachen, S 43–52

Wohlgemuth V, Schnackenbeck T, Mäusbacher M, Panic D (2009) Conceptual Design and Implementation of a Toolkit Platform for the Development of EMIS based on the Open Source Plugin-Framework Empinia. In: Environmental Informatics and Industrial Environmental Protection: Concepts, Methods and Tools. Shaker Verlag, Aachen, S 149–154

Zabel M, Schiemann L, Wohlgemuth V (2010) Netzwerk und internetbasierte Plattform zur Ressourceneffizienz als Lern- und Anwendungsmittel. In: EnviroInfo2010: Integration of Environmental Information in Europe. Shaker Verlag, Aachen, S 393–401

IT-Unterstützung für eine zukunftsorientierte Nachhaltigkeitsstrategie

48

Daniel Süpke und Manfred Heil

Zusammenfassung

Der Anspruch an ein umfassendes Nachhaltigkeitsmanagement bietet Unternehmen viele Chancen, stellt diese jedoch auch vor komplexe Herausforderungen. IT-Unterstützung im Unternehmen kann dazu beitragen, bestehende Prozesse zu erleichtern und freigewordene Kapazitäten zu nutzen, um von einem reaktiven zu einem aktiven Nachhaltigkeitsmanagement zu wechseln, welches eine tatsächliche Verbesserung der Unternehmensstruktur und nachhaltigen Performance ermöglicht.

Schlüsselwörter

Nachhaltigkeit • CSR • Stakeholder • Dialog • IT • Software

Der Anspruch an ein umfassendes Nachhaltigkeitsmanagement bietet Unternehmen viele Chancen, stellt diese jedoch auch .vor komplexe Herausforderungen. IT-Unterstützung im Unternehmen kann dazu beitragen, bestehende Prozesse zu erleichtern und freigewordene Kapazitäten zu nutzen, um von einem reaktiven zu einem aktiven Nachhaltigkeitsmanagement zu wechseln, welches eine tatsächliche Verbesserung der Unternehmensstruktur und nachhaltigen Performance ermöglicht. Dabei sollten Unternehmen eine umfassende Strategie wählen, um die im Bereich BUIS üblichen Insellösungen zu vermeiden und so ein integriertes, effizientes Management von Anfang an im Blick zu haben. Drei Kernelemente (Stakeholdereinbindung, Strategie-Erweiterungen und Prozessumsetzung) werden in diesem Kurzbeitrag

D. Süpke (✉) · M. Heil
WeSustain GmbH, Poststraße 19, 21614 Buxtehude, Deutschland
e-mail: daniel.suepke@wesustain.com

M. Heil
e-mail: manfred.heil@wesustain.com

J. Marx Gómez et al. (Hrsg.), *IT-gestütztes Ressourcen- und Energiemanagement*,
DOI: 10.1007/978-3-642-35030-6_48, © Springer-Verlag Berlin Heidelberg 2013

beleuchtet. Die Einbindung von Stakeholdern ist essentiell, um relevante Themen innerhalb des großen Themenkomplexes zu entdecken. Um nicht nur zu berichten, sondern innerhalb der identifizierten Themen auch Verbesserungen zu erreichen, werden Strategie-Erweiterungen und ihre Umsetzung in IT-gestützten Prozessen beleuchtet. IT kann hierzu insbesondere genutzt werden, um verschiedene Teilbereiche aus Controlling, Zielidentifizierung und Kennzahlen miteinander in Beziehung zu stellen und sowohl strategisch als auch operativ in Workflows zu steuern.

Der Anspruch an ein umfassendes Nachhaltigkeitsmanagement bietet Unternehmen viele Chancen, stellt diese jedoch auch vor Herausforderungen. IT-Unterstützung im Unternehmen kann dazu beitragen, bestehende Prozesse zu erleichtern und freigewordene Kapazitäten zu nutzen, um von einem reaktiven zu einem aktiven Nachhaltigkeitsmanagement zu wechseln, welches eine tatsächliche Verbesserung der Unternehmensstruktur und nachhaltigen Performance ermöglicht. Dabei sollten Unternehmen eine umfassende Strategie wählen, um die im Bereich Betrieblicher Umweltinformationssysteme (BUIS) verbreiteten Insellösungen zu vermeiden und so ein integriertes, effizientes Management von Anfang an im Blick zu haben. Drei Kernelemente (Stakeholdereinbindung, Strategie-Erweiterungen und Prozessumsetzung) werden in diesem Kurzbeitrag beleuchtet.

Der Anspruch an ein umfassendes Nachhaltigkeitsmanagement bietet Unternehmen viele Chancen, stellt diese jedoch auch vor Herausforderungen. Mittlerweile stellt sich dabei für große Unternehmen längst nicht mehr die Frage, ob diese Nachhaltigkeitsaspekte in ihrer Unternehmensausrichtung berücksichtigen, sondern vielmehr, ob diese auch zu tatsächlichen Ergebnissen führen.

Neben den klar vorhandenen Marketing-Anreizen ergeben sich weitere Potentiale, u.a. Verringerung des Ressourcenverbrauchs, Bewusstseinsschaffung im Unternehmen etc. In der Praxis hingegen zeigt sich, dass die Mitarbeiter, die mit dem Nachhaltigkeitsmanagement des Unternehmens betreut sind, bereits durch die reine Erstellung des Nachhaltigkeitsberichts vollständig gebunden sind. Dies liegt hauptsächlich darin begründet, dass zum einen Standards wie Global Reporting Initiative (GRI), Carbon Disclosure Project, usw. eine hohe Anzahl zum Teil komplexer Kennzahlen erfordern, zum anderen setzt sich der allgemeine BUIS-Trend fort, dass hauptsächlich Excel-Dateien genutzt werden, mit allen damit vorhandenen Nachteilen wie mangelnder Auditierbarkeit, Versionierung etc.

IT-Unterstützung im Unternehmen kann dazu beitragen, bestehende Prozesse zu erleichtern und freigewordene Kapazitäten zu nutzen, um von einem reaktiven zu einem aktiven Nachhaltigkeitsmanagement zu wechseln (vgl. Braun 2003), welches eine tatsächliche Verbesserung der Unternehmensstruktur und nachhaltigen Performance ermöglicht. Dabei sollten Unternehmen eine umfassende Strategie wählen, um die im Bereich BUIS üblichen Insellösungen zu vermeiden und so ein integriertes, effizientes Management von Anfang an im Blick zu haben. Dazu empfiehlt es sich, drei Kernbereiche zu berücksichtigen (Abb. 48.1):

1. Stakeholder einbinden: Die aktive Einbeziehung von Stakeholdern ist zunehmend ein zentrales Element der Nachhaltigkeitskommunikation von Unternehmen.

Abb. 48.1 Potentiale von
IT-Unterstützung für das
Nachhaltigkeitsmanagement

GRI Version 4 empfiehlt, in der Berichterstattung einen Fokus auf die für das Unternehmen wichtigsten Daten zu legen, die in Zusammenarbeit mit externen und internen Anspruchsgruppen ermittelt werden sollen (GRI 2012). IT kann hierbei helfen, Umfragen und kontinuierlichen Dialog (Süpke 2012) zu gestalten, um so etwa automatisiert Materialitätsmatrizen bereitzustellen, die Kernthemen identifizieren.

2. Unter Berücksichtigung des Stakeholder-Feedbacks sollte ein Unternehmen seine Strategie ständig erweitern und anpassen (analog zu Verbesserungskreisläufen wie etwa in den Umweltmanagementstandards ISO14001 oder EMAS). IT kann hier insbesondere in der Erfassung und Analyse des Ist-Zustandes sowie dem Entwurf von Szenarien helfen.

3. Dritter Kernbereich ist die Umsetzung von Prozessen, basierend auf den Ergebnissen der Strategie-Erweiterungen. Die Umsetzung sollte durch ständigen Stakeholderdialog sowie Controlling relevanter Steuerungskennzahlen geprüft werden. Hierzu bieten sich Techniken wie Balanced Scorecards an, in denen öffentliche und interne Ziele im Unternehmen verfolgt und priorisiert werden.

Ein Nachhaltigkeitsbericht alleine stellt für Unternehmen kein Alleinstellungsmerkmal mehr da. Inzwischen wird zunehmend die tatsächliche Umsetzung der Nachhaltigkeit im Unternehmen und die Ausrichtung auf die Kerngruppen relevant. Unternehmen wie Daimler nutzen dazu beispielsweise direkt auf ihrer Startseite eine globale Umfrage, um die von Stakeholdern identifizierten relevantesten Themen als Grundlage für ihre Nachhaltigkeitsstrategie zu nutzen. Die Ergebnisse dieser Umfrage können innerhalb einer integrierten Software genutzt werden, um z. B. relevante Bereiche innerhalb des strategischen und operativen Controllings hervorzuheben und dezentrale Workflows strategisch zu definieren und operativ zu steuern. Vielfach ist es momentan in Unternehmen hingegen noch so, dass alle Ressourcen der Nachhaltigkeitsverantwortlichen für die reine Berichterstattung gebündelt werden, während eine tatsächliche Verbesserung oft erst ermöglicht wird, wenn eine IT-gestützte Steuerung und Automatisierung der Prozesse eingeführt wird.

Festzuhalten bleibt aber auch, dass die beste IT-Unterstützung nur funktionieren kann, wenn die Rückendeckung vom Management gegeben ist. Dieses kann schneller von den Vorteilen einer nachhaltigen Unternehmensführung überzeugt werden, wenn Prozesse im Unternehmen effizient, überprüfbar und zentral durch integrierte Software-Unterstützung auf Grundlage von Forschung und Praxiserfahrung verbessert werden kann.

Literatur

Braun B (2003) Unternehmen zwischen ökologischen und ökonomischen Zielen: Konzepte, Akteure und Chancen des industriellen Umweltmanagements aus wirtschaftsgeographischer Sicht. LIT, Münster

GRI (2012) G4 Developments. https://www.globalreporting.org/reporting/latest-guidelines/g4-developments/Pages/default.aspx. Zugegriffen: 30. November 2012

Süpke D (2012) Referenzarchitektur zur dialogbasierten Nachhaltigkeitsberichterstattung im Web 2.0. Shaker, Aachen

Ein Framework für eine unternehmensinterne nachhaltige Entwicklung

49

Am Beispiel von Lieferantenauswahl und Bewertung

Andreas Messler und Nils Giesen

Zusammenfassung

Die Betrachtung nachhaltiger Kriterien in Planungsprozessen in Kombination mit einer kontrollierten und wirtschaftlichen Handlungsweise gewinnt mehr und mehr an Bedeutung. Für Unternehmen bedeutet dies, dass neben klassischen ökonomischen, auch ökologische und soziale Folgen von Entscheidungen in die Entscheidungsfindung einbezogen werden. Idealerweise sollten Unternehmen in einer Art und Weise wirtschaftlich agieren, die es nachfolgenden Generationen ermöglicht die eigenen Bedürfnisse im gleichen Maße zu erfüllen, wie es heutigen Generationen möglich ist. Unternehmen sind dabei mit externen Anforderungen – durch Stake Holdern, NGO oder der Öffentlichkeit – konfrontiert, welche die internen Aktivitäten und Abläufe in eine nachhaltig orientierte Weise transformieren wollen. Neben traditionellen Anwendungsfeldern, die sich primär Effizienz- und Effektivitätssteigerungen der Produktion widmen, sind die Beziehungen zu Unternehmenspartnern über die Versorgungskette ein kritischer und wichtiger Bezugspunkt für eine unternehmensinterne nachhaltige Entwicklung. In diesem Paper wird ein möglicher Anwendungsfall für IT-basierte Verfahren der Entscheidungsunterstützung vorgestellt, der die Beziehung und die Auswahl von Lieferanten in den Mittelpunkt der Betrachtung stellt und beispielhaft für die Möglichkeiten IT-basierter Methoden und Verfahren für die Förderung nachhaltiger Planungen im Unternehmen steht.

A. Messler (✉) · N. Giesen
Department für Informatik Abt. Wirtschaftsinformatik I/VLBA,
Carl von Ossietzky Universität Oldenburg, Ammerländer Heerstr. 114–118,
26129 Oldenburg, Deutschland
e-mail: andreas.messler@uni-oldenburg.de

N. Giesen
e-mail: nils.giesen@uni-oldenburg.de

J. Marx Gómez et al. (Hrsg.), *IT-gestütztes Ressourcen- und Energiemanagement*,
DOI: 10.1007/978-3-642-35030-6_49, © Springer-Verlag Berlin Heidelberg 2013

Schlüsselwörter

Nachhaltige Entwicklung • Betriebliche Informationssysteme • Entscheidungsunterstützung • Strategische FIS • Umwelt FIS • Lieferantenbewertung • Lieferantenmanagement

49.1 Motivation

Für viele, insbesondere für kleine und mittelständische, Unternehmen wird die
Betrachtung nachhaltiger Kriterien in Verbindung mit einer kontrollierbaren und wirtschaftlichen Handlungsweise ein geschäfts- und erfolgsrelevantes Kriterium (vgl. Schulze
et al. 2002). Dies beschränkt sich nicht nur auf große Konzerne oder Unternehmen,
die bereits durch Umweltmanagementsysteme wie EMAS oder ISO 14001 eine aktive
Vorgehensweise bei der Bewertung ihrer eigenen Handlungen vorgenommen haben. Für
Unternehmen bedeutet dies, dass neben klassischen ökonomischen, auch ökologische
und soziale Folgen von Entscheidungen in eine unternehmerische Entscheidungsfindung
einbezogen werden. Bei der Umsetzung einer gesamtunternehmerischen nachhaltigen
Handlungsweise wird auf Ebene der Operationalisierung neben der Gewährleistung ökonomischer Nachhaltigkeit auch die gleichwertige Betrachtung sozialer und ökologischer
Kriterien gefordert (vgl. Loew et al. 2004).

So gewinnt auch die Betrachtung nachhaltiger Kriterien in Planungsprozessen in
Kombination einer mit kontrollierten und wirtschaftlichen Handlungsweise mehr und
mehr an Bedeutung. Die externen Anforderungen, die von Stake Holdern, NGOs oder
Interessengruppen aus der Öffentlichkeit an die Unternehmen gestellt werden, erfordern direkte oder indirekte Transformationen der internen Aktivitäten und Abläufe
der Unternehmen. Auch wenn Unternehmen idealerweise in einer Art und Weise agieren sollten, die es nachfolgenden Generationen ermöglicht die eigenen Bedürfnisse im
gleichen Maße zu erfüllen, wie es heutigen Generationen möglich ist, so sind für viele
Produkte und Dienstleistungen nicht nur einzelne Unternehmen getrennt zu betrachten, sondern auch Abhängigkeiten und Beziehungen auf der Supply Chain der Produkte
und Dienstleistungen gewinnen an Bedeutung. Eine wichtige Aufgabe liegt dabei in der
Bewertung und Auswahl von Lieferanten und der Implementierung eines nachhaltigen
Lieferantenmanagement (Fröhlich 2009).

Neben einer individuellen Bewertung der Lieferanten, welche oft auf Basis von
Selbstauskünften basiert, können für viele ökologische und soziale Kriterien auch über-
greifende Indikatoren auf regionaler oder nationaler Basis genutzt werden, um objekti-
vere Bewertungskriterien zu nutzen.

Innerhalb dieses Beitrags soll ein Ansatz zur Lieferantenbewertung vorgestellt werden,
der sich in ein umfassendes Konzept zur unternehmerischen Entscheidungsunterstützung
einbettet. Dabei dienen die gewählten Methoden primär zur Information und
Grobauswahl. Eine automatisierte und dynamische Auswahl von Lieferanten wird explizit

nicht betrachtet, da dies dem Aspekt der planerischen Handlung wiederspricht. So motiviert sich die vorgestellte Vorgehensweise auch aus der potentiellen Vorgehensweise bei einer Standortauswahl, welche bezüglich Lieferanten zwar bei Weitem nicht identische, aber doch vergleichbare Kriterien zugrunde legt. Im folgenden Abschnitt wird der für das Verständnis des Ansatzes zur Lieferantenbewertung notwendige Rahmen beschrieben und die relevanten Vorarbeiten für eine methodische Sammlung von Methoden für unternehmensinterne nachhaltige Entwicklung aufgezeigt.

49.2   Vorarbeiten

Für die nachhaltige Bewertung unternehmerischer Handlungen bedarf es einer einsehbaren und nachvollziehbaren Auswahl an Entscheidungskriterien, welche sich am sinnvollsten durch Indikatoren abbilden lassen. Auf Basis entsprechender Indikatoren lassen sich verschiedene IT-basierte Ansätze zur strukturierten nachhaltigen Planung und Governance für Unternehmen anwenden (vgl. Giesen und Zuscke 2011). Mögliche Anwendungsfälle für solche planerischen Entscheidungen können zum einen durch direkte Einflüsse in einem regionalen Wirkungsraum definiert werden, wie es beispielsweise bei der Planung von Vorhaben wie dem Bau einer Autobahn, der Wahl eines Gebietes für ein Gewerbegebiet oder der Entscheidung für einen neuen Unternehmensstandort notwendig ist (vgl. Giesen et al. (2010). Um ein generelles und umfänglich anwendbares Konzept für IT-basierte Methoden der unternehmensinternen Nachhaltigkeit integrieren zu können (Giesen et al. 2009), bedarf es ebenfalls der Betrachtung unternehmensinterner Abläufe und Entscheidungen unter der Betrachtung der oben erwähnten Kriterien. Dazu wurde an der Carl von Ossietzky Universität Oldenburg eine Projektgruppe zur Konzeption und Implementierung eines solchen Frameworks gebildet, mit der Zielsetzung, eine prototypische Anwendung zu entwickeln.

Der „SINISTER" (strategic instrument for developing a sustainable enterprise) genannte Ansatz berücksichtigt dabei mehrere Kernbereiche moderner Unternehmen, ohne eine direkte Zuordnung von branchenspezifischen Spezifika vorzunehmen. Ziel war dabei eine flexible Anwendungsplattform zu erhalten, die für verschiedene Dienstleistungs- oder Produktionsprozesse anwendbar ist. Schwerpunkte in den Bereichen wurden auf die allgemeine Unterstützung in strategischen Entscheidungsprozessen, die Betrachtung nachhaltiger Wertschöpfungsketten sowie die Untersuchung und Anzeige der Effizienz von Produktionsprozessen gelegt. Auf funktionaler Ebene unterstützt die Plattform dabei sowohl durch die Bereitstellung von GIS-Funktionalität als auch generische Bausteine zur Entscheidungsunterstützung, Berichterstattung und visuellen Analyse. Die Anknüpfung an bestehende Anwendungslandschaften soll durch eine adaptive Daten- und Systemintegration erfolgen. Die aktuelle Entwicklung der Anwendung SINISTER wird im folgenden Abschnitt anhand einer Vertiefung und Erweiterung der Funktionalität für die Standortplanung beschrieben.

49.3 Lieferantenbeziehungen unter Berücksichtigung der Nachhaltigkeit

Ziel des Untersuchungsgegenstands ist die konzeptionelle Entwicklung und praktische Umsetzung einer Anwendungsfunktion in SINISTER. Als Basis dient die im Rahmen einer Projektgruppe entwickelte Anwendungsfunktion „Standortplanung", die Entscheider dabei unterstützen soll, basierend auf Daten über die Grundsteuer und den Gewerbesteuerhebesatz auf Landkreisebene, einen neuen Standort zu finden. Kritisch anzumerken ist, dass in der Anwendungsfunktion:

- Die ökologische und die soziale Dimension nicht berücksichtigt werden,
- Die Bewertung sich nur auf Deutschland bezieht und
- Keine Empfehlung über den zu wählenden Landkreis bzw. Standort abgegeben wird.

Die Kritikpunkte geben Anlass, in die Funktion der Standortplanung alle Nachhaltigkeitsdimensionen einzubeziehen, den örtlichen Fokus von national auf international zu erweitern und als Ergebnis eine klare Empfehlung abzugeben. Des Weiteren ist es notwendig, neben der Standortplanung auch die Beschaffung zu betrachten, weil Unternehmen nicht nur selbst im Ausland produzieren, sondern auch Lieferanten aus dem Ausland als Beschaffungsquellen nutzen können.

Zahlreiche Berichte über menschenunwürdige Arbeitsbedingungen und mangelhaften Umweltschutz in bestimmten Nationen zeigen, dass vor allem im Bereich der Beschaffung ökonomische Aspekte, z. B. bei der Wahl von Lieferanten, immer noch einen sehr dominanten Stellenwert haben (Koch 2010).

Umfragen haben gezeigt, dass ein Großteil der Bevölkerung der Meinung ist, dass wirtschaftliches Wachstum und Nachhaltigkeit miteinander vereinbar sind und dass der Schutz der Umwelt wichtiger ist als ein Zuwachs von materiellem Wohlstand (Bertelsmann Stiftung 2012). Hinsichtlich dieser Einstellung der Stake Holder ist es für Unternehmen wichtig darauf zu achten, dass die angebotenen Produkte und Dienstleistungen die Umwelt und die Gesellschaft so gering wie möglich belasten.

Die vom Institut für ökologische Wirtschaftsforschung (IÖW) und future e.V. jährlich veröffentlichten Bewertungen von Nachhaltigkeitsberichten deutscher Unternehmen kritisieren wiederholt und über alle Branchen hinweg, dass im Bereich der Lieferkettenverantwortung die Aussagen über die Umsetzung und Einhaltung von Umwelt- und Sozialstandards nur einen geringen Detaillierungsgrad aufweisen (IÖW/future 2011). Dies könnte auf Schwachstellen im Bereich der Lieferkettenverantwortung und somit auf Handlungsbedarf hindeuten.

Der Einsatz von Umwelt- und Sozialstandards, sowohl im Unternehmen als auch bei den direkten Lieferanten, gewährleistet nicht, dass die gesamte Lieferkette frei ist von Menschenrechtsverletzungen, menschenunwürdigen Arbeitsbedingungen und Umweltverschmutzung.

Lieferanten bewegen sich in der Regel im rechtlichen, politischen und kulturellen Rahmen ihres Herkunftslandes, d. h. dass die Arbeitsbedingungen, Löhne, sozialen

Sicherungssysteme, usw. mindestens nur so gut sind, wie es dieser Rahmen erlaubt bzw. vorgibt.

Die Idee ist, bei der Standort-/Lieferantenauswahl die Rahmenbedingungen in den Staaten zu berücksichtigen, wobei Indikatoren und Indizes (Kennzahlen), die aus verschiedenen Perspektiven die Verhältnisse in den einzelnen Staaten widerspiegeln, als Basis dienen sollen. In Verbindung mit einer Methode zur Entscheidungsunterstützung soll dem Entscheider eine Rangfolge von zu wählenden Nationen ausgegeben werden, die bspw. als Vorgabe für den Einkauf dienen soll.

Die Kennzahlen sollen thematisch alle Nachhaltigkeitsdimensionen abdecken, sodass nicht nur ökonomische (bspw. Lohnniveau, Steuern, Subventionen), sondern auch ökologische und soziale Aspekte (Umweltpolitik, Menschenrechte, Gesundheit, Arbeitsbedingungen) in die Bewertung einbezogen werden. Für die Auswahl geeigneter Kennzahlen sollen bereits etablierte Konzepte zur Umsetzung von Nachhaltigkeit in Unternehmen (bspw. ISO 26000, UN Global Compact, OECD-Leitsätze für multinationale Unternehmen) als Vorlage dienen.

Als Standardeinstellung sollen die Kennzahlen, die als Bewertungskriterien fungieren, im Sinne einer nachhaltigen Entwicklung gleich gewichtet werden. Es soll jedoch zusätzlich die Möglichkeit bestehen, den Kriterien eine frei wählbare Gewichtung zuzuweisen, damit verschiedene Szenarien erstellt werden können.

Des Weiteren soll eine generische Bewertung der aktuellen Standort-/Lieferantenstruktur auf einer strategischen Ebene ermöglicht werden, sodass bspw. Aussagen darüber getroffen werden können, ob die Materialen eines Produkts besser aus Land A oder aus Land B bezogen werden sollten.

Ziel ist es, den vom Benutzer geforderten Konfigurations- bzw. Einarbeitungsaufwand so gering wie möglich zu halten, mit geringem zeitlichen Aufwand zu einem nachvollziehbaren Ergebnis zu kommen und das Ergebnis geeignet darzustellen. Zur Bewertung der Länder soll eine multikriterielle Entscheidungsmethode (PROMETHEE, ELECTRE, AHP, TOPSIS, Nutzwertanalyse) zum Einsatz kommen.

Probleme stellen grundsätzlich die strukturelle Heterogenität der Informationen sowie die verschiedenen Arten der Veröffentlichung dar. Die Weltbank stellt bspw. einen Webservice zur Verfügung, die UN gibt Daten in Form von Tabellen heraus, die sich exportieren lassen. Germanwatch veröffentlicht Informationen in Form von PDF-Dateien.

Es handelt sich hierbei um einen generischen Ansatz, der die Wahl von Lieferanten bzw. Standorten, unabhängig vom Produkt, der Branche oder der Unternehmensgröße, in eine nachhaltige Richtung lenken soll. In einem ersten Schritt soll gezeigt werden, dass diese Idee in einer Anwendung umgesetzt werden kann.

49.4 Fazit und Ausblick

Die Betrachtung und Bewertung von Lieferanten zur Optimierung des eigenen Beitrages für eine nachhaltige Entwicklung ist ein relevanter Aspekt für unternehmensinterne Planungsaufgaben. Oft genug sind die verfügbaren Informationen über

Lieferanten allerdings auf ökonomische Indikatoren beschränkt oder sind mit subjektiven und selbstverantworteten Kriterien versetzt. Daher ist das Konzept nationale und internationale Kriterien auf Staatenbasis für eine erste Entscheidungsebene als Grundlage zu verwenden eine sinnvolle Alternative zu langwierigen, detaillierten Einzelfallentscheidungen. Die Vermengung der Funktionsbereiche, Standortwahl und Lieferantenbewertung spiegelt dabei auch die für eine Beschaffungsstrategie wichtige Fragestellung des Make or Buy wieder, welche ebenfalls durch dieses Konzept mit dem Konzept einer nachhaltigen Entwicklung verbunden wird. Durch die Integration in ein bestehendes Framework können bereits vorhandene Komponenten problemlos genutzt werden, welches die grundständige Funktionalität durch visuelle (bspw. die Anzeige der Bewertung einzelnen Länder auf einer Weltkarte) und funktionelle (bspw. Generierung eines PDF-Berichts zur Weitergabe, Nutzung von Webservices zur Integration und Weitergabe von Daten) Aspekte erweitert.

Literatur

Bertelsmann Stiftung (2012) Umfrage: Bürger wollen kein Wachstum um jeden Preis. http://www. bertelsmann-stiftung.de/cps/rde/xchg/bst/hs.xsl/nachrichten_113236.html. Zugegriffen: 10. Sept 2012

Fröhlich E (2009) Nachhaltigkeit und Corporate Social Responsibility in der Supply Chain–Eine Einführung. Marketing für Wissen 44(2009):10

Giesen N, Hashemi Farzad T, Marx Gómez J (2009) A component based approach for overall Environmental Management Information Systems (EMIS) integration and implementation. In: Wohlgemuth, V, Page B, Voigt K (Hrsg) EnviroInfo 2009 - Environmental Informatics and Industrial Environmental Protection: Concepts, Methods and Tools; Shaker, Aachen. bd.2, S 155–160

Giesen N et al (2010) ProPlaNET – Web 2.0 based Sustainable Project Planning. In: Greve K, Cremers AB (Hrsg) EnviroInfo (2010) Integration of Environmental Information in Europe. Shaker, Aachen, S 436–445

Giesen N, Zuscke N (2011)Cataloging and structuring of IT-based methods for the support of sustainable planning and goverance in enterprises.In: Pillmann W, Schade S, Smits P (Hrsg) EnviroInfo ISPRA 2011 – Proceedings of the 25th International Conference Environmental Informatics, 5th – 7th October. Ispra, Italy, Shaker Verlag, Aachen

IÖW/future (2011) Das IÖW/future-Ranking der Nachhaltigkeitsberichte 2011: Ergebnisse und Trends. http://www.ranking-nachhaltigkeitsberichte.de/data/ranking/user_upload/pdf/IOEW-future-Ranking_2011_Grossunternehmen_Ergebnisbericht.pdf. Zugegriffen: 19. Okt 2012

Koch H (2010) Vorwurf der Ausbeutung: Juristen reichen Hungerlohn-Klage gegen Lidl ein. In: Spiegel Online. http://www.spiegel.de/wirtschaft/unternehmen/vorwurf-der-ausbeutung-juristen-reichenhungerlohn-klage-gegen-lidl-ein-a-687643.html. Zugegriffen: 02. Dez 2012

Loew, Thomas et al (2004) Bedeutung der internationalen CSR-Diskussion für Nachhaltigkeit und die sich daraus ergebenden Anforderungen an Unternehmen mit Fokus Berichterstattung: Endbericht. future eV

Schulz, Werner, et al (2002) Oekoradar.de–auf dem Weg zum Nachhaltigen Wirtschaften. Globale Klimaerwärmung und Ernährungssicherung–Hohenheimer Umwelttagung, 34, 71–86

PortalU als zentraler Zugangspunkt für behördliche Umweltinformationen in Deutschland

50

Franz Schenk und Fred Kruse

Zusammenfassung

Das Umweltportal Deutschland (PortalU) ist der zentrale Zugangspunkt zu behördlichen Umweltinformationen von Bund und Ländern. Es wird kooperativ betrieben vom Bund und allen 16 Ländern auf Basis einer Verwaltungsvereinbarung. PortalU basiert auf einer Kooperation aller Umweltverwaltungen von Bund und den Ländern in Form einer Verwaltungsvereinbarung. Die Internet-Anwendung PortalU wurde im Jahr 2006 für den öffentlichen Zugang freigeschaltet: Seit diesem Zeitpunkt wurde sowohl die Software als auch das inhaltliche Angebot von PortalU beständig ausgebaut. Heute umfasst das Angebot mehr als drei Millionen Webseiten und mehr als fünfhunderttausend Datensätze in Datenbanken von fast fünfhundert unterschiedlichen Anbietern, die sich aus Behörden von Bund und Ländern, aber auch aus einzelnen Kommunen zusammensetzen. PortalU ist als Information Brokering System aufgebaut und basiert technisch auf der Software InGrid. Die Vielfalt der Software-Komponenten erlaubt die Einbindung verschiedenster Arten von Datenquellen, welche in der Suche in PortalU gleichwertig berücksichtigt werden können. Die Informationsvielfalt ist dadurch sehr groß und umfasst die ganze Bandbreite von unstrukturierten hin zu hochstrukturierten Informationen. Über das Portal wird den Nutzern die Möglichkeit gegeben, über eine einfache Suche von diesem Informationsangebot Gebrauch zu machen.

F. Schenk (✉) · F. Kruse
Koordinierungsstelle PortalU, Nieders. Ministerium für Umwelt, Energie und Klimaschutz,
Archivstraße 2, 30169 Hannover, Deutschland
e-mail: franz.schenk@portalu.de

F. Kruse
e-mail: fred.kruse@portalu.de

J. Marx Gómez et al. (Hrsg.), *IT-gestütztes Ressourcen- und Energiemanagement*,
DOI: 10.1007/978-3-642-35030-6_50, © Springer-Verlag Berlin Heidelberg 2013

50.1   Einleitung

Das Umweltportal Deutschland (PortalU) ist der zentrale Zugangspunkt zu behördlichen Umweltinformationen von Bund und Ländern. Es wird kooperativ betrieben vom Bund und allen 16 Ländern auf Basis einer Verwaltungsvereinbarung.

Die Internet-Anwendung PortalU wurde im Jahr 2006 für den öffentlichen Zugang freigeschaltet (Vögele et al. 2006). Seit diesem Zeitpunkt wurde sowohl die Software als auch das inhaltliche Angebot von PortalU beständig ausgebaut. Heute umfasst das Angebot mehr als drei Millionen Webseiten und mehr als fünfhunderttausend Datensätze in Datenbanken von fast fünfhundert unterschiedlichen Anbietern, die sich aus Behörden von Bund und Ländern, aber auch aus einzelnen Kommunen zusammensetzen.

Für den Nutzer gibt es unterschiedliche Zugänge zu den Inhalten von PortalU. Suchanfragen werden unter Berücksichtigung aller Informationsquellen beantwortet, es gibt aber auch thematisch strukturierte und vorsortierte Angebote, in denen Webseiten, Kartenmaterial, Messwertseiten sowie Mitteilungen aus Presse- und Öffentlichkeitsarbeit der Bundes- und Landesbehörden zusammengetragen sind. Für den umweltinteressierten Bürger wird weiterhin die Möglichkeit geboten, in einer Chronik umweltrelevanter Ereignisse zu stöbern.

Mit diesem breit gefächerten Angebot trägt PortalU in entscheidendem Maße zur Erfüllung der Umweltinformationsgesetze (UIGe) des Bundes und der Länder wie auch der EU-Richtlinie 2003/4/EG über den Zugang der Öffentlichkeit zu Umweltinformationen bei. Insbesondere die aktive Verbreitung von Umweltinformationen in Deutschland, sowie die Unterrichtung des Bürgers über umweltrelevante Zusammenhänge und Ereignisse wird durch das Portal unterstützt.

PortalU ist aber auch zur Unterstützung von Fachleuten aus Verwaltung, Wirtschaft und Wissenschaft konzipiert. Über die Metadatenkomponente von PortalU, dem InGrid-Catalog (IGC), werden Informationen über die umweltrelevanten Datenbestände von Bund und Ländern verwaltet. Über diese Kataloge können Daten, wie zum Beispiel Literatur oder Karten, gefunden und visualisiert werden. Die Metadaten sind einerseits über die Portal-Recherche zugänglich, können andererseits aber auch über standardisierte Schnittstellen durchsucht werden. Auf diesem Weg sind die Metadaten der Umweltverwaltung auch innerhalb der Geodateninfrastrukturen Deutschlands (GDI-DE) sowie Europas (INSPIRE = Infrastructure for Spatial Information in the European Community) integriert. Der IGC erfüllt dabei alle Vorgaben der Richtlinie 2007/2/EG zur Schaffung einer Geodateninfrastruktur in der Europäischen Gemeinschaft (INSPIRE) und der mit ihr verbundenen Verordnungen.

Damit leistet PortalU nicht nur einen Beitrag zur Umsetzung der Umweltinformationsgesetze von Bund und Ländern, sondern ist gleichzeitig der zentrale Knotenpunkt der deutschen Umweltverwaltung für INSPIRE und die GDI-DE.

50.2   Technische Grundlage

Technische Grundlage für PortalU ist die Software InGrid (Kruse et al. 2006). Die Software wurde in den Jahren 2005 und 2006 erstellt und wird seitdem kontinuierlich weiterentwickelt, sodass der funktionale Umfang der Software bis heute stetig gewachsen ist.

InGrid wird nicht nur für den Aufbau und Betrieb von PortalU verwandt, sondern darüber hinaus auch zum Aufbau regionaler Umweltportale. Bisher wurden das *SachsenPortalU*, das Umweltportal Rheinland-Pfalz, das Niedersächsische Umweltportal, das Kommunale Umweltportal Niedersachsen, das *PortalU Saarland* sowie das Hamburger Umweltportal mit InGrid aufgebaut. Mit Hilfe des InGrid-Metadatenkatalogs werden in Hamburg und Sachsen-Anhalt ressortübergreifende Metadatensysteme entstehen.

50.2.1 Aufbau der Software InGrid

Die Software InGrid ist als modulares, dezentral organisiertes (peer-to-peer) Information Brokering System konzipiert. Kernkomponente ist daher der Informationsbus (iBus), welcher Suchanfragen entgegennimmt und an alle angeschlossenen Datenquellen weiterreicht. Die Ergebnisse der einzelnen Datenquellen werden vom iBus zusammengeführt, nach einem einheitlichen Ranking-Verfahren geordnet und schließlich in einer Suchergebnisliste zurückgeliefert. Anfragen an den iBus können durch eine Suchmaske im Portal gestellt werden. Darüber hinaus existieren eine OpenSearch-Schnittstelle[1] sowie eine CatalogueServiceWeb (CSW)[2] Anfrageschnittstelle für Metadaten. Der Webseitenindex wird mit einer Volltextsuchmaschine erstellt. Auch für die anderen Informationsquellen werden eigene Indizes aufgebaut. Diese Indizes verbleiben im Regelfall bei den Datenanbietern. Sie werden über sogenannte iPlugs gekapselt und darüber an den zentralen iBus angeschlossen. (siehe Abb. 50.1).

50.2.2 Informationsquellen

Über PortalU sind sehr unterschiedliche Informationsquellen recherchierbar. Die Bandbreite reicht von hochstrukturierten Datenquellen wie relationalen Datenbanken hin zu völlig unstrukturierten Datenquellen wie Webseiten. Dieser Heterogenität folgend gibt es eine Reihe unterschiedlicher Datenquellenadaptoren (iPlugs), die im Folgenden beschrieben werden.

---

[1] http://www.opensearch.org/Specifications/OpenSearch/1.1
[2] http://www.opengeospatial.org/standards/cat

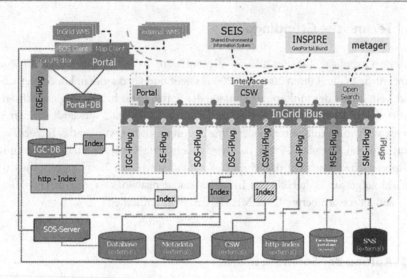

Abb. 50.1 Software-Architektur InGrid

50.2.2.1 SE-iPlug

Das Suchmaschinen-iPlug (SE-iPlug) ist eine Volltextsuchmaschine basierend auf den Projekten Nutch[3] und Lucene[4] der Apache Software Foundation. Diese Suchmaschine erfasst und indexiert die Webseiten aus den Domänen der deutschen Umweltverwaltung. Der Suchraum wird mithilfe einer speziellen Anwendung definiert, welche es den Fachnutzern erlaubt, die Einstiegspunkte und Grenzen der relevanten Domänen zu spezifizieren.

50.2.2.2 DSC-iPlug

DataSourceClients (DSCs) bilden die Hauptgruppe der Datenquellenadaptoren. Ihnen ist gemein, daß sie Informationen aus (semi-) strukturierten Daten in das InGrid-Schema abbilden. Die Datenquellen selbst sind aber von recht unterschiedlicher Natur.

Der klassische Typ des DSC-iPlugs bindet relationale Datenbanken über JDBC an das Informationssystem an. Ein skriptbasiertes Mapping transformiert die Daten in das InGrid-Schema. Einen Sonderfall dieses iPlugs stellt das *IGC-iPlug* zur Indexierung der InGrid-Metadatenkataloge dar. Es ist mit einem vorkonfigurierten Mapping speziell für das Schema einer InGrid-Katalog-Datenbank ausgestattet.

Semistrukturierte Daten können mit dem XML-iPlug indexiert werden. Die Quelldaten liegen in Form von XML-Dokumenten oder XML-Datenbanken vor (wobei derzeit nur Tamino unterstützt wird). Über ein graphisches oder ein skriptbasiertes

---

[3] http://nutch.apache.org/

[4] http://lucene.apache.org/

Mapping lassen sich XPath-Ausdrücke spezifizieren, mit denen diejenigen XML-Elemente ausgewählt werden, welche für den Index berücksichtigt werden sollen.

Als weitere Datenquellen können WFS-Dienste, Access-Datenbanken oder Excel-Dokumente über spezielle DSCs indexiert und als Informationsquellen eingebunden werden.

50.2.2.3 OS-iPlug und OS-Server

Mit dem OS-iPlug können OpenSearch-Schnittstellen an das Informationssystem angebunden werden. Über das OS-iPlug werden insbesondere externe Suchmaschinen angeschlossen. Die Suchergebnislisten dieser Suchmaschinen können in die vom iBus zu erstellenden Ergebnisse eingereiht werden. Dabei ist aber in der Regel ein kompliziertes Anpassungsverfahren für die durch unterschiedliche Heuristiken ermittelten Scores notwendig.

Das OS-iPlug benötigt keine eigenen Abbildungsvorschriften, da das Mapping der Quelldaten bereits in der OpenSearch-Schnittstelle stattfindet. In InGrid gibt es jedoch zusätzlich den OpenSearch-Server als Softwarekomponente. Mit diesem OS-Server läßt sich ein DSC realisieren, welcher die Daten der Informationsquelle abbildet und über eine OS-Schnittstelle bereitstellt.

50.2.2.4 Die Kartenkomponente

Die Software InGrid verfügt über eine Kartenkomponente, welche Web Map Services (WMS)[5] gemäß den Spezifikationen des OpenGeospatialConsortiums (OGC) visualisiert. Die Kartenkomponente entspricht den Anforderungen, die sich aus den Durchführungsbestimmungen zu INSPIRE Darstellungsdiensten ergeben. Über die Kartenkomponente können Karten aus verschiedenen Themengebieten oder Anbieterkreisen kombiniert werden.

Technisch beruht die Kartenkomponente von InGrid auf den OpenSource-Projekten OpenLayers[6] und GeoExt.[7] Die Komponente ist vollständig in das Portalframework von InGrid integriert, sodass über den InGrid-Catalog (siehe unten) oder über externe Kataloge (CSW) nachgewiesene WMS per Mausklick visualisiert werden können.

50.2.2.5 CSW-iPlug

Mit dem CSW-iPlug ist der Zugriff auf externe Metadaten-Kataloge, welche der Schnittstellendefinition für CSW (ISO-Anwendungsprofil 1.0) genügen, ermöglicht. Die Daten werden aus den Quellkatalogen ausgelesen und in einen lokalen Lucene Index überführt. Dadurch ist zum einen die von den anderen iPlugs bekannte hochperformante Suche möglich, zum anderen kann die Relevanz der Ergebnisse nach dem gleichen Verfahren ermittelt werden wie auch bei anderen an InGrid angeschlossenen Datenquellen.

---

[5] http://www.opengeospatial.org/standards/wms
[6] http://openlayers.org/
[7] http://www.geoext.org/

50.2.2.6 Der InGrid-Metadatenkatalog

Der InGrid-Metadatenkatalog (IGC) ist als Nachfolger des Umweltdatenkatalogs (UDK) das Ergebnis einer fast zwanzigjährigen kontinuierlichen Entwicklung. Er besteht aus dem Webfrontend (InGrid-Editor) zur Erfassung und Pflege der Metadaten sowie einem Datenbank-Backend (InGrid-Catalogue).

Der IGC ist nicht nur ISO 19115- und ISO 19119-konform (Kruse und Schenk 2011), sondern erfüllt auch die darüber hinausgehenden Anforderungen der INSPIRE-Durchführungsbestimmung zu Metadaten (EU 2008) und die Konventionen innerhalb der GDI-DE. Die Recherche nach Metadaten ist vollständig und für den Nutzer transparent in die Gesamtrecherche nach Umweltinformationen integriert.

Der InGrid-Editor ist, im Gegensatz zu vielen ISO-konformen Metadateneditoren, speziell auf die Bedürfnisse von Fachnutzern des Umweltressorts zugeschnitten. Anstelle einer unübersichtlichen Abbildung der ISO-Klassen-Hierarchie wird dem Nutzer ein bedarfsorientiertes, flaches Formular von notwendigen Feldern präsentiert, in dem die Pflichtfelder im Vordergrund stehen. Darüber hinaus können Katalogprofile einfach verändert und erweitert werden, um die jeweilige Installation auf die Bedürfnisse der Nutzer anzupassen.

Adressen werden im IGE separat verwaltet und mit den Metadatenobjekten unter Zuordnung einer ISO-konformen Rolle verlinkt. Eine einfach bedienbare Nutzerverwaltung macht den IGE clientfähig und bietet die Möglichkeit der übersichtlichen Vergabe von Schreibrechten auf Objekte bzw. Teilbereiche eines Katalogs.

Mit einer Wiedervorlagefunktion und der Möglichkeit, die Freigabe erfasster und veränderter Metadaten über eine zentrale Stelle zu leiten, ist der IGE dafür konzipiert, die Aktualität und Qualität der Metadatenverwaltung zu gewährleisten.

50.3　Informationsangebot

Der Informationsmix in PortalU ist sehr vielfältig und umfangreich. Allein das Angebot an umweltrelevanten Webseiten umfasst mehr als drei Millionen Seiten, welche in Teilindizes mehrerer Suchmaschinen hinterlegt sind (Kruse und Schenk 2012). Derzeit werden vier externe Suchmaschinen über OpenSearch-iPlugs angeschlossen, hinzu kommt eine eigene Suchmaschineninstallation. Am Aufbau und der Pflege dieses zentralen Webindex wirken Fachnutzer aus allen an der Kooperation beteiligten deutschen Umweltbehörden mit. Diese geben die Bereiche der behördlichen Internetangebote an, welche umweltrelevante Inhalte beinhalten. Derzeit sind Einstiegspunkte zu über 500 umweltrelevanten Domänen spezifiziert. Darüber hinaus sind 1700 Einzelseiten zu 21 Umweltthemen gemeldet, welche kontinuierlich gepflegt werden. Mit diesen Einzelseiten werden thematisch strukturierte Informationsangebote im Portal angeboten.

Zusätzlich gibt es ein breit aufgestelltes Verzeichnis von Kartendiensten der kooperierenden Umweltbehörden (Kruse et al. 2012). Es sind mehr als 180 Karten gemeldet, welche nach Themen sowie nach ihrer administrativen Herkunft sortiert angeboten werden.

Aktuelle Informationen aus den Behörden werden in Form von über 40 RSS-Feeds geliefert, welche auf der Startseite des Portals einen schnellen Überblick zu tagesaktuellen Ereignissen liefern. Einen weiteren zeitlich orientierten Aspekt über Umweltinformationen liefert die Umweltchronik. Bei jedem Aufruf der Startseite wird ein vergangenes Umweltereignis präsentiert, zudem ist die Möglichkeit gegeben, in der zugrunde liegenden Chronik zu recherchieren.

Schließlich gibt es mit über 13000 Metadatensätzen einen großen Fundus an Informationen über Projekte, Literatur, Informationssysteme und Umweltdaten sowie Adressen von Ansprechpartnern. Diese Metadaten kommen aus insgesamt 16 Installationen des IGC sowie aus 11 weiteren Metadatenkatalogen, welche über CSW-iPlugs integriert sind.

Über die angeschlossene Umweltforschungsdatenbank (UFORDAT) und die Umweltliteraturdatenbank (ULIDAT) gibt es außerdem ein sehr großes Angebot an weiterführenden Informationen.

Alle Informationen werden bei der einfachen Standardsuche gleichermaßen berücksichtigt, für eine Sortierung der Ergebnisliste steht dem Nutzer eine Facettierung nach Ergebnistypen zur Verfügung. Mit einer Expertensuche existieren darüber hinaus sehr vielfältige Möglichkeiten, gezielt nach Informationen zu recherchieren.

50.4   Zusammenfassung und Aussicht

Das Umweltinformationssystem PortalU bietet Zugang zu vielen behördlichen Umweltinformationen. PortalU basiert auf einer Kooperation aller Umweltverwaltungen von Bund und den Ländern in Form einer Verwaltungsvereinbarung. PortalU ist als Information Brokering System aufgebaut und basiert technisch auf der Software InGrid. Die Vielfalt der Software-Komponenten erlaubt die Einbindung verschiedenster Arten von Datenquellen, welche in der Suche in PortalU gleichwertig berücksichtigt werden können. Die Informationsvielfalt ist dadurch sehr groß und umfasst die ganze Bandbreite von unstrukturierten hin zu hochstrukturierten Informationen. Über das Portal hat der Nutzer die Möglichkeit, mittels einer einfachen Suche als zentralen Zugangspunkt von diesem Informationsangebot Gebrauch zu machen.

Als Weiterentwicklungen des Portals ist die Einführung einer weiteren Facette „Literatur" im Gespräch, um die umfänglichen Daten aus Literaturdatenbanken wie z. B. der Umweltliteratur-Datenbank des Umweltbundesamtes (ULIDAT) oder des BfN (DNL-Online) für den Nutzer direkter und einfacher zugänglich zu machen. Ebenso ist eine Ertüchtigung der Metadaten-Komponente für ein verstärktes Engagement im Open Data Prozess von Bund und Ländern in der Planung. Nicht zuletzt wird über eine Erweiterung der Visualisierungskomponente diskutiert, um die Möglichkeit der Darstellungen von Messdaten-Zeitreihen zu schaffen, die über eine OGC-konforme Sensor Observation Service (SOS) Schnittstelle geliefert werden.

Literatur

Kruse F, Klenke M, Lehmann H, Riegel H (2006) Easy Access to Evnironmental Information - EnviroInfo 2006. 20th International Conference on Informatics for Environmental Protection. Graz

Kruse F, Klenke M, Lehmann H, Riegel T, Vögele T (2006) InGrid 1.0 - The Nuts and Bolts of PortalU. 20th International Conference on Informatics for Environmental Protection, Graz

Kruse F, Schenk F (2011) InGrid - The development of a metadata editor in the context of INSPIRE. 25. Internationales Symposium Informatik für den Umweltschutz. Ispra/Italy

Kruse F, Schenk F (2012) Estimating the Number of Web Pages of the Einvironmental Admnistration in Germany. 26th International Conference on Informatics for Environmental Protection, Dessau

Kruse F, Schenk F, Haß S (2012) The Influence of the INSPIRE Process on Creation and Maintenance of Metadata about Environmental Information. INSPIRE conference 2012 - Sharing environmental information, sharing innovation, Istanbul

Handlungsbedarf beim Recycling von Rotorblättern aus Windkraftanlagen: Ableitung von Entscheidungsgrundlagen

51

Henning Albers

Zusammenfassung

Am Ende des Lebenszyklusses einer Windkraftanlage steht die Entsorgung mit den Prozessen der Verwertung oder der Beseitigung an. Für die meisten Baugruppen, wie beispielsweise elektronische Komponenten oder Stahl und Beton aus dem Turm, gibt es etablierte Rücknahme- und Recyclingsysteme. Aber wie sieht es mit den Glasfaserverstärkten Kunststoffen der Rotorblätter und aus dem Gondelgehäuse aus? Hier gibt es bislang nur wenige Möglichkeiten eines Recyclings. Die Berücksichtigung der Entsorgung schon in der Produktentwicklung erfolgt zur Zeit als Strategie innerhalb des Lebenszykluss in der Regel eher nicht. Vor diesem Hintergrund wird in dem vorliegenden Paper der Handlungsbedarf beim Recycling von Rotorblättern dargestellt und Entscheidungsgrundlagen abgeleitet. Der Stand des Wissens wird anhand von vier grundsätzlichen Fragen des Aufbaus und Betriebs von Recyclingprozessen und –technologien, die in Bezug auf das GFK-Recycling beantwortet werden, erläutert. Sie dienen als Entscheidungsgrundlage für das weitere Vorgehen beim GFK-Recycling. Abschließend werden die offenen Fragen und Bedarfe herausgearbeitet, mit denen sich die Windbranche, auch aufgrund des steigenden Materialaufkommens, zukünftig beschäftigen muss.

Schlüsselwörter

Windenergie • Rotorblattrecycling • Rotorblatt

H. Albers (✉)
Hochschule Bremen, Neustadtswall 30, 28199 Bremen, Deutschland
e-mail: henning.albers@hs-bremen.de

J. Marx Gómez et al. (Hrsg.), *IT-gestütztes Ressourcen- und Energiemanagement*,
DOI: 10.1007/978-3-642-35030-6_51, © Springer-Verlag Berlin Heidelberg 2013

51.1   Einleitung

Im Rahmen der Einführung von neuen Technologien wird heutzutage angestrebt, auch das Umgehen mit den Technologien am Ende ihres Lebenszykluses mit zu betrachten und von Anfang an zum Beispiel in die Produktentwicklung einfließen zu lassen. Es ist aber immer wieder festzustellen, dass wesentliche Fragestellungen nicht ausreichend beantwortet sind. Ein Beispiel dafür ist das Umgehen mit ausgedienten Rotorblättern und Gondeln von Windenergieanlagen. Diese Hauptbaugruppen müssen als Abfall entsorgt werden oder zu „Second-Life-Produkten" aufgearbeitet werden. Die bisherigen Ansätze sowohl in der organisatorischen Umsetzung als auch beim technischen Umgang mit diesem Abfall sind in vielen Fällen nicht systematisch angegangen worden und haben sich manchmal eher „der Not gehorchend" entwickelt. Es bestehen große Unsicherheiten über die Verantwortlichkeiten, den Umgang und die technischen Möglichkeiten, insbesondere der Recyclingmöglichkeiten dieser Baugruppen aus Glasfaserverstärkten Kunststoffen (GFK).

51.2   Stand des Wissens

Beim Aufbau und dem Betrieb von Recyclingprozessen und -technologien sind insbesondere folgende Fragen zu beantworten, die als Entscheidungsgrundlagen anzusehen sind:

1. Welche Ziele, Aufgaben und Verantwortlichen haben die einzelnen Beteiligten in der Prozesskette?
2. Welche Abfälle aus welchen Bauteilen fallen zu welchen Zeiten in welchen Massenströmen und Qualitäten am Ende des Lebenszyklusses an?
3. Welche Recyclingwege mit welchen Technologien müssen zur Verfügung stehen?
4. Welche Märkte und Einsatzzwecke stehen für die Recyclate zur Verfügung?

Bei der Frage 1 bestehen derzeit noch große Unsicherheiten. Der Gesetzgeber hat bisher die im Kreislaufwirtschaftsgesetz (KrWG) vorgesehene Möglichkeit, die Produktverantwortung gemäß §23 durch Rechtsverordnung zu bestimmen (BUND 2012), nicht wahrgenommen. Da die Windparks in der Regel auf eine Lebenszeit von 20 Jahren ausgelegt sind, ist das Entsorgungsproblem in der Regel noch nicht akut und wird in den anstehenden Einzelfällen gerne zwischen Rotorblattherstellern, Windanlagenbauern und Windparkeigentümern hin und her geschoben. Aus der Beantwortung von Frage 2 ist aber zu ersehen, dass der Handlungsdruck zur Regelung von Frage 1 ansteigen wird.

Zur Beantwortung von Frage 2 sind Abschätzungen über die Lebensdauer der Windenergieanlagen vorgenommen worden. Dabei ist aber zu berücksichtigen, dass es zusätzliche Randbedingungen zu einzubeziehen gilt: der Abbau von Altanlagen vor Ablauf des vorgesehenen Lebensalters und der Ersatz durch leistungsfähigere Anlagen im Rahmen des Repowerings, die Aufarbeitung von Altanlagen und der Einsatz als „Second-Life"-Anlage.

Aus Abb. 51.1 ist klar zu erkennen, dass die Materialmassen aus Rotorblättern auch bei Berücksichtigung dieser Faktoren bis zum Ende des Jahrzehnts klar ansteigen werden. Die Stoffströme werden allerdings, verglichen mit anderen Abfallströmen, gering ausfallen.

Frage 3 lässt sich derzeit zwar generell beantworten. Abbildung 51.2 zeigt eine Reihe von möglichen Handlungsalternativen auf. Die energetische Verwertung oder die thermische Beseitigung in Müllverbrennungsanlagen ist eine gängige Option für kleinere Massenströme. Die stoffliche Verwertung kombiniert mit der energetischen Verwertung

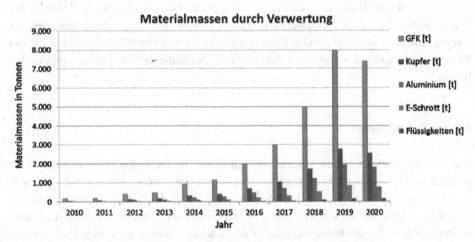

Abb. 51.1 Massenabschätzung von Rotorblättern aus Windenergieanlagen (Albers et al. 2012)

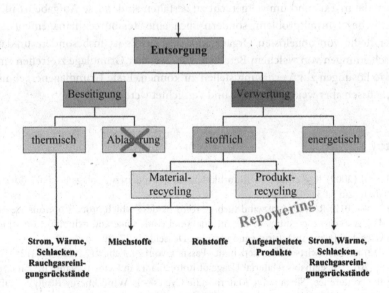

Abb. 51.2 Entsorgungsoptionen für GFK-Abfälle aus Rotorblättern (Albers et al. 2012, verändert)

in Zementfabriken erscheint derzeit als die am weitesten ausgereifteste technische Lösung (Hinrichs 2012).

Weitere stoffliche Verwertungsoptionen konnten sich bisher nicht durchsetzen. Es ist bisher nicht eindeutig geklärt, ob die Begründungen eher in technischen Problemen oder in den Marktmechanismen zu finden sind (Albers et al. 2012).

Die Beantwortung der Fragen 2 und 3 erscheint im Moment als vordringlich, da die Ergebnisse als zwingend notwendige Grundlagen zur Lösung der Fragen 1 und 4 einzuschätzen ist. Dazu sind belastbare Daten zu der Materialzusammensetzung der Anlagen von den Herstellern erforderlich. Materialpässe und Produktdatenblätter könnten hier eine wertvolle Hilfe sein. Außerdem müssen die Daten zum Auf- und Abbau der Windenergieanlagen um Komponenten ergänzt werden, die qualifizierte Aussagen zur Verwertung bzw. Beseitigung von Bauteilen einerseits und zur Wiederverwendung von Bauteilen oder ganzen Anlagen im Rahmen von „Second-Life"-Aktivitäten andererseits liefern.

51.3   Potenziale

Die Windenergiebranche als Anbieter von „grünen" Technologien muss sich die Frage gefallen lassen, wie materialeffizient sie ihre eigenen Produkte gestaltet hat und welche Recyclingoptionen sie für ihre Produkte am Ende des Lebenszyklusses anbietet. Die oben aufgeworfenen vier Hauptfragen sind bisher nicht zusammenhängend beantwortet worden. Da die Massenströme in den nächsten Jahren aber ansteigen werden, besteht Handlungsbedarf zur Entwicklung und Implementierung von „Best-Practice"-Lösungen, die markt- und umweltgerecht zu gestalten sind. Diese Aufgabe ist nicht nur ein technisches Umweltproblem, sondern auch eine Ressourcenmanagement-Aufgabe mit einer Reihe von ungelösten Organisationsfragen. Es ist insbesondere unklar, welche Entscheidungen von welchem Beteiligten auf welcher Grundlage zu treffen sind, um optimierte Lösungen zur Verfügung stellen zu können. Erste Grundlagenergebnisse liegen vor, müssen aber weiter detailliert und verdichtet werden.

Literatur

Albers H et al (2009) Recycling von Rotorblättern aus Windenergieanlagen – Fakt oder Fiktion DEWI-Magazin 34:32–41

Albers H et al (2012) Recycling of wind turbine rotor blades –which process options are available In: AMI Ltd. (ed) Proceedings of the international conference and exhibition on wind blade composites design, manufacturing and markets, Düsseldorf, 27–29 Nov 2012

BUND (2012) Kreislaufwirtschaftsgesetz in der Fassung vom 24. Feb 2012 BGBl. I S 212

Hinrichs St (2012) Sustainable Material Usage of Rotor Blades in Cement Plants In: Paper presented at the conference "Sustainable Material Life Cycles – Is Wind Energy Really Sustainable?" Hanse-Wissenschaftskolleg, Delmenhorst, 19–20 Juni 2012

Strategische und seltene Metalle in E-Schrott – Erschließung des Wertstoffpotenzials durch optimierte Erfassung und Aufbereitung

Kerstin Kuchta

Zusammenfassung

Mit der zunehmenden Diskussion um knappe metallische Rohstoffe, steigt das akademische und industrielle Interesse an der Erfassung und Verwertung von Elektro- und Elektronikaltgeräten. Da diese Geräte gleichzeitig den am stärksten zunehmenden Abfallstrom in Europa repräsentieren, wurden bereits umfangreiche Maßnahmen zur Erfassung und Getrennthaltung initiiert und die Steigerung der Erfassungsmengen auch auf europäischer Ebene verbindlich festgeschrieben. Der zunehmende Einsatz von strategischen Metallen in Elektronikgeräten führt dazu, dass in Elektronikaltgeräten viele der kritischen metallischen Rohstoffe in einer höheren Konzentration enthalten sind, als die natürlichen Vorkommen. Vor diesem Hintergrund sollen nach den Basismetallen (Eisen, Kupfer, Aluminium) und den Edelmetallen (Gold, Silber, Palladium) vor allem auch die seltenen Erdmetalle (z. B. Neodym) aus dem Abfallstrom „E-Schrott" wiedergewonnen werden. Hierzu ist neben effizienten und umweltverträglichen Techniken auch ein innovatives Datenhandling und eine Steuerung bzw. Kontrolle der Stoffströme in „Echtzeit" erforderlich. Im Folgenden wird das Rohstoffpotenzial von Elektroschrott in Bezug auf die Mengenrelevanz sowie die Rohstoffrelevanz am Beispiel von Laptops und Mobiltelefonen sowie Bildschirmgeräten dargestellt und die Aspekte einer optimierten Erfassung und innovativer Aufbereitungsverfahren werden skizziert.

Schlüsselwörter

Recycling • Elektroschrott • Seltene Erdmetalle

K. Kuchta (✉)
Umwelttechnik und Energiewirtschaft, TU Hamburg-Harburg, Harburger Schloßstraße 36, 21079 Hamburg, Deutschland
e-mail: kuchta@tuhh.de

J. Marx Gómez et al. (Hrsg.), *IT-gestütztes Ressourcen- und Energiemanagement*,
DOI: 10.1007/978-3-642-35030-6_52, © Springer-Verlag Berlin Heidelberg 2013

52.1 Einleitung

In Deutschland werden jährlich ca. 1,8 Mio. Mg Elektrogeräte verkauft, entsprechend 22 kg pro Einwohner und Jahr. Der Absatz von elektrischen Geräten wächst dabei ebenso verlässlich, wie deren Entsorgungsmengen. Damit sind Elektro- und Elektronikaltgeräte der am schnellsten ansteigende Abfallstrom der EU. Gleichzeitig sind Elektronikaltgeräte das „Urbanerz" der Zukunft, welches zur Deckung des steigenden Bedarfs an seltenen Metallen, d. h. seltenen Erdmetallen, Edelmetallen und strategischen Industriemineralien, genutzt werden muss, denn elektronische und elektrische Geräte enthalten neben Eisen, Kupfer und Aluminium eine Vielzahl von seltenen Metallen, wie Edelmetalle (z. B. Gold, Silber, Palladium), strategische Metalle (z. B. Indium, Tantal oder Niob) und seltenen Erdmetallen (z. B. Neodym, Yttrium, Lanthan).

Die Europäische Union stufte 2010 die Rohstoffversorgung von 14 Metallen als kritisch ein, da sie nur in wenigen Regionen der Erde zu gewinnen sind, ihre Gewinnung mit Risiken verbunden ist und sie nicht durch andere Stoffe substituiert werden können. Insbesondere die kritischen seltenen Erden (Lanthanoide) finden heute breite Anwendung in Elektronikgeräten. Zum Beispiel zur Gewährleistung hoher Luminesenz (Energiesparlampen, LCD), starker Magneten (Festplatten, Windräder), spezieller Metall-Legierungen, langlebigen Batterien (Brennstoffzelle, NiMH-Batterie), speziellen Gläsern (Additive zur Färbung, UV-Adsorption), Schleifmittel, Keramiken oder leistungsstarken Katalysatoren. Die seltenen Metalle werden aktuell zu 97 % in China gewonnen, entsprechend 120.000 Mg/a, und unterliegen strengen Ausfuhrbegrenzungen.

Der Abbau seltener Erden und die Gewinnung der einzelnen Metalle belastet die Umwelt nachhaltig. In der Aufbereitung der Erden werden umweltbelastende Substanzen, wie Schwermetalle, Fluorverbindungen oder Säuren ein- und freigesetzt und oftmals nicht recycelt oder umweltverträglich entsorgt.

Da die Konzentration der seltenen Metalle in elektrischen Bauteilen bereits oftmals erheblich höher ist, als in mineralischen Vorkommen und der Mengenstrom Elektroschrott schneller wächst als jede andere Abfallart, kann Elektronikschrott eine alternative Ressource zur Deckung des technischen Bedarfs dieser seltenen Metalle darstellen.

52.2 Mengenpotenziale und Erfassungssysteme in Deutschland

Die erste europäische Richtlinie zur Verwertung von E-Schrott (Waste Electrical and Electronic Equipment Directive WEEE) forderte europaweit eine Sammelmenge von 4 kg pro Einwohner und Jahr. In den Jahren 2006–2008 wurde in Deutschland durchschnittlich knapp die doppelte Menge aus privaten Haushalten eingesammelt.

In der Literatur finden sich Angaben zum jährlichen E-Schrott-Aufkommen, die im Bereich von 1,1–1,8 Mio. Mg liegen, was etwa 13–22 kg/E entspricht. Die Schätzung über 1,8 Mio. Mg stammt aus dem Jahr 1998 vom Bundesverband Sekundärrohstoffe

Abb. 52.1 Absatzzahlen ausgewählter Gerätearten innerhalb 2004-2011 in Deutschland (Hewelt et al. 2012; nach Bitkom 2011)

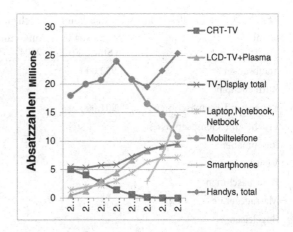

und Entsorgung e.V. (Müller und Giegrich 2005), wobei davon 1,1 Mio. Mg auf private Haushalte und 0,7 Mio. Mg auf den industriellen und gewerblichen Bereich entfielen. Für das Jahr 2003 bezifferte das Institut für Energie- und Umweltforschung IFEU den Mengenanfall, basierend auf eigenen Hochrechnungen, zu etwa 1,33 Mio. Mg (Müller und Giegrich 2005). Chancerel berechnete 2010 aus weiteren Literaturangaben der Jahre 1992–2005 ein Aufkommen, welche zu einem pro Kopf-Aufkommen von 3,5–12,3 kg pro Jahr führt (Chancerel 2010). Die Wiederverwendung von ausgemusterten Geräten über den Gebrauchtmarkt sowie deren häufige längerfristige Lagerung im Haushalt vor der endgültigen Entsorgung führen in diesen Schätzungen jedoch zu erheblichen Unsicherheiten.

Das Mengenpotenzial für E-Schrott ergibt sich vorrangig aus der technisch möglichen Lebensdauer von Geräten und Komponenten im Vergleich zu ihrer tatsächlichen Nutzungsdauer im Markt. Die Potenzialentwicklung von Konsumgütern hängt stark von der Geräteart ab, wie die nachfolgende Abb. 52.1 zeigt.

52.2.1 Potenzial für Haushaltskleingeräte

Das Potenzial und die Verteilung der Haushaltskleingeräte auf einzelne Gerätearten wurde zum Beispiel von Ohlig in 2004 und IFEU in 2005 eingehend untersucht (Müller und Giegrich 2005; Ohlig 2004). Die folgende Tab. 52.1 zeigt das jeweils prognostizierte Aufkommen an Haushaltsaltgeräten.

Die folgende Tab. 52.2 zeigt die typische Zusammensetzung von ausgewählten Elektronikaltgeräten.

Die wertgebenden Bestandteile Eisen und Nichteisenmetalle bestimmen in der Regel die Verwertbarkeit von Elektroschrott, so dass bereits heute die erfassten Mengen über Großshredderanlagen und weitergehende Aufbereitungsverfahren einer hochwertigen Verwertung zugeführt werden. Die Rückgewinnung von seltenen Metallen aus gemischtem E-Schrott erfolgt bisher nicht.

Tab. 52.1 Potenzielles Elektroschrottaufkommen nach Geräten

Gerät	Prognostiziertes Aufkommen in Stück/a (Ohlig 2004)	Prognostiziertes Aufkommen in Mg/a (IFEU 2005)
Staubsauger	5.932.000	45.746
Büroleuchten		37.346
Kaffee- und Teemaschinen	3.201.000	18.363
Frucht- und Gemüsepressen		13.172
Rasenmäher		11.940
Ventilatoren		11.486
Bohrmaschinen		10.523
Massagegeräte		7.385
Bügeleisen		6.395
Toaster	5.027.000	5.434
Nähmaschinen		5.220
Haartrockner	5.307.000	3.788
Wanduhren/ Wecker		5.454
Mikrowelle	2.752.000	
Rasierer	3.748.000	
Mixer	4.994.000	

Tab. 52.2 Rohstoffe in Elektro-Kleingeräten (Walter 2005), Angaben in Gew.%

Gerätename	Eisen-Metalle	Nichteisen-Metalle
Staubsauger	35	13
Wasserkocher	10	0
Bügeleisen	21	27

52.2.2 Erfassungssysteme

Aktuell werden Elektro- und Elektronikaltgeräte gemäß dem Gesetz über das Inverkehrbringen, die Rücknahme und die umweltverträgliche Entsorgung von Elektro- und Elektronikgeräten (ElektroG) im Bringsystem auf Recyclinghöfen erfasst und zur Verfügung gestellt. Während die Rückgewinnung von Eisen- und Buntmetallen sowie von einzelnen Edelmetallen bereits erfolgreich betrieben wird, erfolgt eine gezielte Rückgewinnung von seltenen Erdmetallen und strategischen Mineralien in der Regel nicht.

Gemäß Europäischer Kommission werden derzeit ca. 85 % des anfallenden Elektronikschrotts gesammelt; bezogen auf die gesammelte Anzahl der zur Entsorgung anstehenden Geräte entspricht dies 65 %. Nachweislich wird jedoch nicht die gesamte Menge an Altgeräten den herstellerfinanzierten Sammelsystemen zugeführt. Tatsächlich werden lediglich 33 % der Altgeräte offiziell gesammelt, gemeldet und behandelt, während zwei Drittel der erfassten Menge ohne oder nur mit teilweisem Recycling der Metalle entsorgt wird.

Aktuelle Hausmüllanalysen zeigen, dass 0,5–3 % des anfallenden Restmülls (schwarze Tonne) aus Elektronikaltgeräten und –bauteilen besteht. Die Tendenz hierbei ist zunehmend, sodass bundesweit alternative haushaltsnahe Erfassungssysteme, z. B. Orange Box, Blue Box, Red Box oder eine gemeinsame Erfassung mit der Papiertonne etc., entwickelt und getestet werden.

Mit der Novellierung des Kreislaufwirtschaftsgesetzes können Elektronikaltgeräte auch in der sogenannten „Wertstofftonne", gemeinsam mit anderen recycelbaren Materialien, Verpackungsabfälle und stoffgleichen Nichtverpackungen, erfasst werden. Diese gemeinsame Erfassung birgt die Chance, dass ein größerer Anteil der Elektronikaltgeräte erfasst wird und effizient aufbereitet werden kann. Damit stellt sich jedoch die Herausforderung, die Elektronikaltgeräte aus dem erfassten Wertstoffgemisch effizient zu separieren und ein seltenes Erdenmetall- bzw. ein Edelmetall-Konzentrat zur weiteren Verwertung zu erzeugen. Geeignete Prozesse und Verfahren sind bisher nicht entwickelt, erprobt oder angepasst worden, da vor allem die Qualitätsanforderungen und die Einbindung möglicher Metallkonzentrate in den Wirtschaftskreislauf ungeklärt sind.

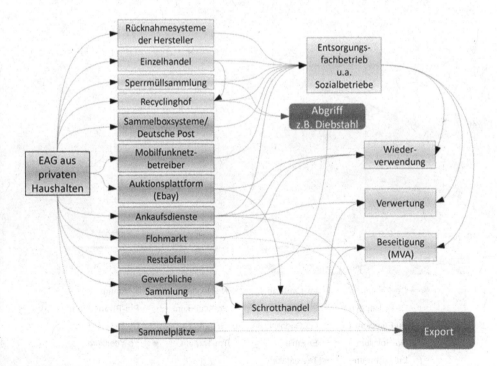

Abb. 52.2 Zusammenfassende Übersicht der möglichen Entsorgungswege (Hewelt et al. 2012)

Die folgende Abb. 52.2 stellt zusammenfassend die möglichen Entsorgungspfade von E-Geräten zusammen.

Die dargestellte Komplexität der Stoffströme und die teilweise lückenhafte Erfassung von Geräte und Materialdaten, begründet die Notwendigkeit leistungsstarker IT gestützten Instrumente zur Überwachung, Steuerung und Bilanzierung dieser Abfallströme.

52.3 Seltene Erdmetalle in E-Geräten

Elektronische Produktgruppen und Bauteile, die relevante Mengen seltener Erdmetalle enthalten, sind zum Beispiel Permanentmagnete in Elektromotoren oder Festplatten (Neodym), Batterien und Kondensatoren (Lanthan, Lithium), Leuchtmittel (LED) oder LCDs (Indium, Gallium, Europium, Terbium). Die folgende Abb. 52.3 verdeutlicht, dass die industrielle Nachfrage nach seltenen Metallen weiter signifikant ansteigt.

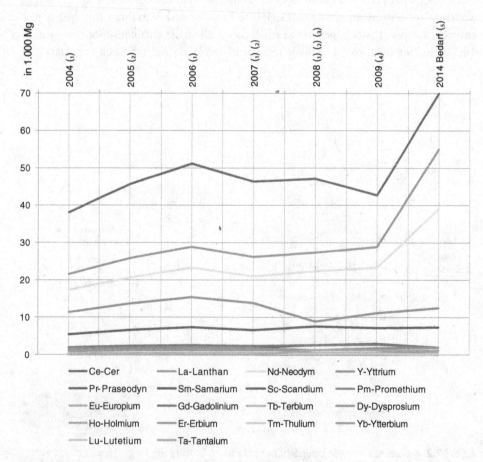

Abb. 52.3 Prognosen der Bedarfsentwicklung für Seltene Erdmetalle

Eine flächendeckende Rückgewinnung dieser Metalle erfolgt bisher nicht, was insbesondere dem gerade erst wachsenden Problembewusstsein, der großen Verdünnung und den fehlenden Aufbereitungstechnologien geschuldet ist. In der Konsequenz müssen Technologien und Verfahren zur Erzeugung eines Konzentrats der seltenen Erdmetalle aus Elektronikaltgeräten entwickelt werden, um im zweiten Schritt eine angepasste Erfassung sicherzustellen und die effiziente Rückgewinnung der kritischen Metalle gewährleisten zu können.

Unter Verwendung von Daten aus (1, 2) USGS Minerals Commidity Summaries; (3) vbw Vereinigung der Bayerischen Wirtschaft; (4) Mittelwerte aus USGS Minerals Yearbook, Institut für Zukunftsstudien IZT, Fraunhofer ISI; (5) Kingsnorth Imcoa 2009.

Im Bereich der Magnetproduktion gibt es erste Ansätze, zumindest die Rückstände der Produktion direkt zu verwerten sowie gezielt Magnete aus Elektromotoren zurückzugewinnen. Für andere seltene Erdmetalle und strategische Metalle gibt es bisher in Deutschland keine gezielten Recyclingverfahren. Zur Verwertung der Bunt- und Edelmetalle liegen erprobte Verfahren vor, welche insbesondere in Bezug auf den Durchsatz und die Jahreskapazität ausgebaut werden müssen.

Ressourcenpotenzial Die folgende Abb. 52.4 zeigt die typische Zusammensetzung von E-Schrott der verschiedenen Sammelgruppen (aus VDI Richtlinie 2343 2012). Dabei steht Sammelgruppe 1 (SG 1) für Haushaltsgroßgeräte, Sammelgruppe 2 (SG 2) für Kühlgeräte, in der Sammelgruppe 3 sind It-Geräte und Unterhaltungselektronik zusammengefasst, Sammelgruppe 4 sind Leuchtmittel und Sammelgruppe 5 fasst die Haushaltskleingeräte zusammen.

Ressourcenrelevante Displayarten Die Absatzzahlen der Informations- und Kommunikations-Geräte von 2005 bis 2011 zeigen die Marktanteile und Volumina verschiedener Displaytechnologien für Fernseher, Notebooks, Monitore und Smartphones. Generell ist eine steigende oder konstante Absatzmenge zu verzeichnen und Flüssigkristalldisplay

Bestandteile	Sammel-gruppe 1	Sammel-gruppe 2	Sammelgruppe 3		Sammel-gruppe 4	Sammel-gruppe 5
			ohne Bildschirme	nur Bildschirme		
Eisen und Stahl	60 bis 75	60 bis 70	30 bis 40	5 bis 15	1	25 bis 40
NE-Metalle und NE-Verbunde, Edelstahl	10 bis 15	3 bis 5	10 bis 15	2 bis 5	1	5 bis10
Kunststoffe	8 bis 12	15 bis 20	30 bis 50	20 bis 30	1 bis 5	30 bis 65
Bestückte Leiterplatten inkl. Edelmetalle	< 1	< 1	3 bis 8	1 bis 5	–	< 5
Schadstoffe	< 1	< 2	< 1	< 1	< 1	< 1
Glas	5 bis 10	< 1	< 2	60	> 90	< 2
Sonstiges (Inertes, Holz etc.)	1 bis 10	< 5	10 bis 20	5		1 bis 4

Abb. 52.4 E-Schrottzusammensetzung nach VDI 2343 (Massenanteil in %)

(LCD), alternativ Plasmadisplays sowie die alte Technik der Kathodenstrahlröhren (CRT)-Displays dominieren den Abfall.

Flüssigkristalldisplays benötigen eine externe Hintergrundbeleuchtung, da die Flüssigkristalle nicht selbstleuchtend sind. Zu den gängigsten Modellen gehören die Kaltkathoden-Fluoreszenzlampe (CCFL) und die Leuchtdiode (LED). Neben den Seltenen Erden, die als Leuchtstoffe der Hintergrundbeleuchtung verwendet werden, kann der Halbleiterchip der LED Indium und Gallium enthalten. Für die beiden Elektroden wird u. a. Indium-Zinnoxid als Beschichtung eingesetzt, da diese zum einem elektrisch leitend und zum anderen transparent ist. Eine Alternative zu Indium in der Elektrodenbeschichtung ist Antimon. Beim CRT-Displays, welche ebenfalls selbstleuchtend sind, werden die Elektroden zwischen Kathode und Anode zu einem Strahl gebündelt, der auf die Leuchtschicht prallt. Eine transparente Elektrode wird nicht im CRT-Display benötigt. Die Leuchtstoffe im Plasma- und CRT-Display sind u. a. mit Seltenen Erden dotiert. Bei OLED-Display, besteht die Leuchtschicht aus organischen Halbleitern, wie Polymeren. Es liegen keine Angaben über den Einsatz von Seltenen Erden in OLED-Displays vor. Die folgende Tab. 52.3 zeigt eine Zusammenstellung der Inhaltsstoffe typischer Displaygeräte.

Von den vier betrachteten Displaytechnologien findet das Flüssigkristalldisplay (LCD) heute die größte Anwendungsbreite und hohe Absatzmenge. Zusätzlich bieten LCD-PC-Monitore, Fernsehgeräte und Laptops durch ihren Gehalt von 44 % Metall wie Eisen und Aluminium, 36,5 % Kunststoffe, unter anderem hochwertige Kunststoffe wie Acrylglas und ABS und durch den Einsatz von bis zu 11 % Elektronik ein hohes Wertstoffpotential (Tesar und Öhlinger 2012; Böni und Widmer 2011) .

Die auf Grund der Absatzmengen gewählten Flüssigkristalldisplay (LCD) sind in Bezug auf den absatzbezogenen Gehalt von Seltenen Erden, Indium, Gallium, den

Tab. 52.3 Zusammensetzung LCD-Geräten (Tesar & Öhlinger 2012)

Zusammensetzung	LCD PC Monitor		LCD PC Monitor		Laptop Monitor	
	[%]	[kg]	[%]	[kg]	[%]	[kg]
Metalle	39	1,7	44	6,6	35	0,9
Kabel	2,5	0,1	1,5	0,3	1	0,05
Glas	–	–	14	2,1	–	–
Kunststoff	36,5	1,5	18,5	2,8	14,5	0,4
Leiterplatten	8,5	0,4	11	1,6	6,5	0,2
LCD Anzeigen	9,5	0,4	6	0,9	18,5	0,5
Batterien / Akku	–	–	–	–	19,5	0,5
Hintergrundbeleuchtung	1	0,1	1	0,1	1	0,05
Abfall	3	0,1	4	0,6	4	0,1
Total	100	4,3	100	15,0	100	2,7

Platinmetallen, Tantal und Kobalt untersucht und bewertet worden. Die folgende Tab. 52.4 zeigt das Ergebnis dieser Betrachtung. Zu beachten ist, dass hier verschiedene Annahmen getroffen wurden, welche im Detail den Literaturen von Voigt und Hobohm (2012) zu entnehmen sind.

Tabelle 52.4 Absatzbezogene Gehalte an kritischen Rohstoffen, eigene Darstellung nach (Voigt und Hobohm 2012)

	Notebook Absatz: 7,12 Mio. Potenzial [kg]	Monitor Absatz: 2,6 Mio. Potenzial [kg]	Fernseher Absatz: 8,83 Mio. Potenzial [kg]	Smartphone Absatz: 14,55 Mio. Potenzial [kg]	Einsatzgebiet
Indium	288,375	207,474	2.264,064	5,109	Displaybeschichtung, Halbleiterchip
Gallium	11,280	3,870	24,224	1,872	Halbleiterchip
Yttrium	11,410	26,665	451,500	1,843	Leuchtstoff
Europium	0,432	1,790	31,910	0,035	Leuchtstoff
Lanthan	0,008	1,432	26,410	0	Leuchtstoff (CCFL)
Cer	0,711	1,210	18,963	0,115	Leuchtstoff
Terbium	0,003	0,490	8,934	0	Leuchtstoff (CCFL)
Gadolinium	5,290	1,894	13,820	0,864	Leuchtstoff
Neodym	15.214,730	k.A.	16.773,200	727,35	Permanentmagnet
Praseodym	1.951,700	k.A.	11.123,280	145,47	Schwingspulenbetätiger, Permanentmagnet
Dysprosium	427,380	k.A.	k.A.	k.A.	Schwingspulenbetätiger
Platin	2,849	k.A.	k.A.	4,946	Festplattenscheibe
Palladium	277,797	104,160	388,432	160,020	Leiterplatine (Kontakte)
Tantal	8.547,600	k.A.	k.A.	k.A.	Leiterplatine (Kondensatoren)
Cobalt	462.995,000	k.A.	k.A.	91.646,100	Lithium-Ionen-Akkus
Gesamt	489.734,565	348,985	31.124,737	92.693,724	

Im Ergebnis haben Notebooks unter Berücksichtigung von Kobalt aus den Akkumulatoren und Tantal aus den Kondensatoren, mit knapp 490.000 kg das größte Wertstoffpotenzial für Technologiemetalle. Den Notebooks folgen die Smartphones mit etwa 93.000 kg, auch dies liegt im hohen Kobalt-Gehalt begründet.

Geräteabhängiges Wertstoffpotenzial Für den Vergleich der Elektrogeräte wurden das absatzbezogene und wirtschaftliche Wertstoffpotenzial abgeschätzt. Diese Potenziale geben einen ersten Eindruck, welche Elektrogeräte aktuell den höchsten Gehalt an Technologiemetallen wie Indium, Gallium, Seltenen Erden, Platinmetalle, Tantal und Kobalt besitzt und welchen wirtschaftlichen Wert diese Metalle erzielen können.

Das absatzbezogene Wertstoffpotenzial bildet sich aus der Summe der einzelnen kritischen Rohstoffgehalte der Bauteile bezogen auf die jeweilige Absatzmenge des Elektrogerätes 2011 in Deutschland. Für das wirtschaftliche Wertstoffpotenzial wird der Preis (Stand: April 2012) der Primärrohstoffe einbezogen. Dabei muss beachtet werden, dass die schwankenden Preise zu abweichenden Ergebnissen für das wirtschaftliche Wertstoffpotenzial führen können. In der folgenden Abb. 52.5 sind die Ergebnisse des Vergleichs der Wertstoffpotenziale dargestellt.

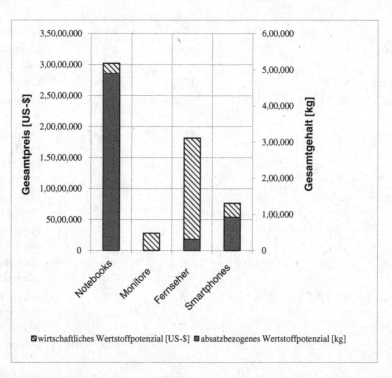

Abb. 52.5 Vergleich der Wertstoffpotenziale (Voigt und Hobohm 2012)

Der Vergleich zeigt, dass Notebooks einen hohen Gehalt an Technologiemetallen aufweisen und vor allem als alternative Rohstoffquelle für die Seltenen Erden in den Permanentmagneten, Indium und Kobalt genutzt werden können.

52.4   Fazit

Viele seltene Metalle werden heute für die Produktion von Elektro- und Elektronikgeräten eingesetzt. Da es sich um einen schnell wachsenden Verbrauchssektor handelt, müssen zeitnah Konzepte zur Rückgewinnung der Rohstoffe entwickelt werden. Vor allem Elektrokleingeräte, wie Mobiltelefone, Labtops oder Displaygeräte besitzen ein hohes Wertstoffpotenzial, da sie eine hohe Metallkonzentration, bezogen auf ihre Gesamtmasse aufweisen. Derzeit führt die unzureichende Erfassung und zum Teil fehlende Aufbereitung zu einem signifikanten Verlust an Ressourcen. Analysen zeigen, dass bis zu 60 % der Elektrokleingeräte nicht ordnungsgemäß entsorgt werden und dass einzelne Metalle mit Hilfe der bestehenden Techniken gar nicht rückgewonnen werden können.

Insgesamt liegen die technischen und organisatorischen Herausforderungen in der Komplexität der Materialzusammensetzung und der Verzögerung des Rücklaufs der Geräte in die Sammelsysteme, bzw. der ungenügenden Erfassung begründet. Hier sollen innovative IT-Tools helfen, die Stoffströme optimaler zu steuern und den Gesamtprozess zu überwachen. Zusätzlich müssen die verknüpften Umweltentlastung und ggf. auch Umweltbelastungen herausgearbeitet werden und die Grundlage für umweltpolitische Entscheidungen bilden.

Literatur

Angerer G, Marscheider-Weidemann FL (2009) Rohstoffe für Zukunftstechnologien. ISI, IZT. Fraunhofer IRB Verlag, Stuttgart
Avalon Rare Metals (2011) http://avalonraremetals.com/. Zugegriffen: Jan 2013
Bitkom (2011) Bundesverband Informationswirtschaft, Telekommunikation und neue Medien e.V. http://www.bitkom.org/de/presse/8477_70631.aspx. Zugegriffen: 25. Juni 2007, von Presseinformationen: Böni & Widmer, Entsorgung von Flachbildschirmen in der Schweiz, 2011. http://www.swicorecycling.ch/downloads/497/343887/swico_schlussbericht_d_300dpi.pdf
Chancerel (2010) Chancerel, Perrine: Substance ow analysis of the recycling of small waste electrical and electronic equipment. Institut für Technischen Umweltschutz. http://opus.kobv.de/tub erlin/volltexte/2010/2590/pdf/chancerel_perrine.pdf. Zugegriffen: 13. Juli 2012
Kingsnorth, Dudley, IMCOA (2009) Meeting demand in 2014
Hewelt, Hobohm, Kuchta (2012) Untersuchung der Sammelstrukturen von Elektroaltgeräten in Hamburg. Projektarbeit, TU Hamburg Harburg, Institut für Umwelttechnik und Energiewirtschaft
Müller B, Giegrich J (2005) Beitrag der Abfallwirtschaft zur nachhaltigen Entwicklung in Deutschland – Fallbeispiel Elektro- und Elektronikaltgeräte. 6, Umweltbundesamt – Institut

für Energie- und Umweltforschung (IFEU), Heidelberg. http://www.bmu.de/files/abfallwirtsch aft/downloads/application/pdf/ifeu_abfallw_elektro.pdf. Zugegriffen: 27. Apr 2012

Ohlig B (2004) Kreislauforientierte Entsorgungslogistik am Beispiel von Elektro- und Elektronikaltgeräten. Studienarbeit an der FH Mannheim.GRIN Verlag GmbH, München

VDI Richtlinie 2343 (2012) Recycling elektrischer und elektronischer Geräte, Blatt Aufbereitung, Stand 2012. Beuth-Verlag, Berlin

Tesar M, Öhlinger A (2012) Flachbildschirmaltgeräte. Report, Umweltbudesamt, Wien

USGS (2009) Mineral commedity summeries United States geological survey. Reston 2004, 2006, 2009

Vereinigung der Bayerischen Wirtschaft vbw (2009) Keine Zukunft ohne Rohstoffe. München

Voigt C, Hobohm J (2012) Identifikation von ressourcenrelevanten Displays. Bachelorarbeit, TU Hamburg Harburg, Institut für Umwelttechnik und Energiewirtschaft

Walter G (2005) Recycling von Elektro- und Elektronikaltgeräten: Strategische Planung von Stoffstrom-Netzwerken für kleine und mittelständische Unternehmen. Deutscher Universitätsverlag, S 30

Strategische Ressourcen in der Windenergie

Alexandra Pehlken und Rosa Garcia Sanchez

Zusammenfassung

In der Windenergie werden strategische Metalle eingesetzt, wie beispielsweise in den Permanentmagneten eines Generators mit Dysprosium, Neodym und Terbium. Aber auch die Metalle Chrom, Mangan, Molybdän und Niob werden typischerweise als rostfreier Stahl vom Typ 316 und als Edelstahl vom Typ18NiCrMo7 in dem Maschinenhaus einer Windkraftanlage eingesetzt. In anderen Legierungen sind diese Metalle ebenfalls zu finden. Die für den weltweiten Ausbau der Windenergie (plus 2800 GW Anlagenkapazität) erforderlichen Rohstoffe können zum Großteil nicht aus den vorhandenen Rohstoffreserven bereitgestellt werden, ausgenommen Molybdän und Dysprosium. Die Erschließung von weiteren Ressourcen oder die Rückgewinnung von Rohstoffen aus dem Altmetallkreislauf bekommt daher eine hohe Bedeutung. Die Möglichkeit des Ressourcenausbaus ist bei den Metallen Chrom, Mangan oder Niob ausreichend gegeben. Bei den Metallen, die für Permanentmagnete benötigt werden, gibt es jedoch bisher einen vollständigen Verlust dieser Rohstoffe. Von allen untersuchten Metallen zeigen die für Permanentmagnete wichtigen Rohstoffe Dysprosium und Terbium die stärksten Anzeichen für mögliche Versorgungsengpässe bis zum Jahr 2050. Die Verlässlichkeit der Daten basiert auf der Zugänglichkeit von etablierten Datenbanken, die bisher in der Windenergie noch nicht existieren. Der Aufbau eines Informationsmodells sollte mit einer neuen Technologie verbunden sein, um die Nachhaltigkeit sicherzustellen. Der

A. Pehlken (✉)
COAST –Zentrum für Umwelt- und Nachhaltigkeitsforschung, Universität Oldenburg, Postfach 2503, 26111 Oldenburg, Deutschland
e-mail: alexandra.pehlken@uni-oldenburg.de

R. G. Sanchez
BIBA – Bremer Institut für Produktion und Logistik GmbH, Universität Bremen, Bremen, Deutschland
e-mail: gar@biba.uni-bremen.de

J. Marx Gómez et al. (Hrsg.), *IT-gestütztes Ressourcen- und Energiemanagement*,
DOI: 10.1007/978-3-642-35030-6_53, © Springer-Verlag Berlin Heidelberg 2013

Artikel beschäftigt sich mit den Herausforderungen im Zusammenhang der strategischen Ressourcen in der Windenergie und den zukünftigen Chancen bzw. Risiken.

Schlüsselwörter

Strategische Metalle • Windenergie • Rohstoff • Permanentmagnet • Onshore • Offshore

53.1 Einleitung

Für die Anwendung einer Technologie ist die Verfügbarkeit der benötigten Rohstoffe von hoher Bedeutung. Nicht nur die fossilen Energieträger sind in ihrer Verfügbarkeit begrenzt, sondern auch viele mineralische und metallische Rohstoffe. Es können eine Vielzahl an Elementen identifiziert werden, die in ihrer Verfügbarkeit als kritisch eingestuft wurden. Doch wie sieht es bei den Rohstoffen einer Windkraftanlage aus?

Die Windenergie wird als eine unbegrenzt nutzbare Energiequelle gehandelt, wenn fossile Energieträger schon lange versiegt sind. Mit Blick auf die Lage am Rohstoffmarkt wird in diesem Artikel untersucht, welche der strategischen Rohstoffe in der Windenergie Anwendung finden und wie hoch der Verbrauch pro generierte Einheit Strom ist.

53.2 Strategische Ressourcen in der Windenergie

Im Vergleich von 2009 zu 2012 wird der Anteil der neuinstallierten Anlagen mit weniger als 2,5 MW von 91 Prozent voraussichtlich auf 62 Prozent weltweit sinken. Im Gegensatz dazu steigt der Anteil von Anlagen mit 2,5–5 MW wahrscheinlich von 9 Prozent auf 38 Prozent im Jahr 2012 (U.S. Department 2011). Bei diesen Anlagen ist der Trend zu beobachten, dass vermehrt strategische Metalle in Form von Permanentmagneten eingesetzt werden (Michel 2010), wodurch die Hersteller u. a. bei langsam drehenden Windkraftanlagen die Größe und das Gewicht der Generatoren reduzieren wollen.

Bei der Betrachtung der verwendeten Rohstoffmengen in der Windenergie, sind Angaben zu strategischen Metallen vor allem in Permanentmagnet-Generatoren zu finden. In einem solchen Magnet werden unter anderem die Rohstoffe Eisen (Fe), Neodym (Nd), Dysprosium (Dy) und gelegentlich kleinere Mengen von Praseodym (Pr), Bor (B) und Terbium (Tb) verwendet (Murphy and Spitz 2011). Da die Angaben über die verwendeten Anteile in der Literatur variieren, werden diese in Tab. 53.1 zusammengefasst und ein Mittelwert abgeleitet. Dieser ist notwendig, damit in den nachfolgenden Untersuchungen einheitliche Werte zu den benötigten Rohstoffmengen ermittelt werden können.

Die Permanentmagnete können sowohl in den Synchrongeneratoren mit als auch ohne Getriebe verwendet werden. Bei Windkraftanlagen ohne Getriebe schwanken die Angaben in der Literatur zwischen 533,5 kg und 850 kg pro Megawatt, weshalb für die weiteren Betrachtungen ein Mittelwert gebildet wird (Tab. 53.2).

Tab. 53.1 Zusammensetzung Permanentmagnet (Buchert et al. 2011, Kooroshy et al. 2011)

Quelle	Fe	Nd	Dy	B	Tb
Öko-Institut (Buchert et al. 2011)	65 %	30 %[a]	3 %	1 %	<1 %[b]
Shin Etsu Chemical (Kooroshy et al. 2011)	66 %	29 %	3 %	1 %	k.A.
Great Western Minerals Group (Kooroshy et al. 2011)	68 %	31 %	1 %	k.A.	
Technology Metals Research (Kooroshy et al. 2011)	69 %	28 %	2 %	1 %	k.A.
Avalon Rare Metals (Kooroshy et al. 2011)	k.A.	30 %	k.A.	k.A.	k.A.
Durchschnittliche Zusammensetzung	67 %	29 %	2,67 %	1 %	<1 %

[a] Enthält eine unspezifizierte Menge Praseodym
[b] Errechnet aus der Differenz von 100 Prozent abzüglich der Summe der anderen Metalle

Tab. 53.2 Permanentmagnete in kg pro MW bei getriebelosen Windkraftanlagen (Buchert et al. 2011; Kooroshy et al. 2011; U.S. Department 2011)

Quelle	Kg PM / MW
Öko-Institut (Buchert et al. 2011)	533,50[a]
U.S. Department of Energy (2011)	600,00
Shin Etsu Chemical (Kooroshy et al. 2011)	625,00
Great Western Minerals Group (Kooroshy et al. 2011)	670,00
Technology Metals Research (Kooroshy et al. 2011)	800,00
Avalon Rare Metals (Kooroshy et al. 2011)	850,00
Durchschnittliche Menge PM [kg] pro MW	679,75

[a] Errechnet aus dem Mittelwert zwischen Minimum 400kg und Maximum 667 kg PM/MW

Mithilfe dieses Wertes von 679,75 kg Permanentmagnet pro Megawatt Anlagenleistung und der vorher bestimmten durchschnittlichen Zusammensetzung können die benötigten Mengen Dysprosium, Neodym und Terbium für eine getriebelose, langsam drehende Windkraftanlage mit Permanentmagneten abgeleitet werden, wie in Tab. 53.3 dargestellt.

Aber auch in Anlagen mit Getriebe sind kleine Permanentmagnete vorzufinden. Diese enthalten bis zu 30 kg Seltene Erden pro Megawatt (Buchert 2011). Wird die ermittelte durchschnittliche Zusammensetzung von Permanentmagneten einer Hochrechnung zugrunde gelegt, so ergibt sich daraus ein Permanentmagnetgewicht von 88,24 kg pro Megawatt inklusive Eisen. Im weiteren Verlauf der Arbeit erfolgt die Hochrechnung der benötigten Mengen strategischer Rohstoffe nur auf Basis der Marktanteile von getriebelosen Anlagen.

Nach dem Joint Research Centre enthalten Windkraftanlagen zusätzlich die strategischen Metalle Chrom, Mangan, Molybdän und Niob (Kooroshy et al. 2011). Diese

Tab. 53.3 Strategische Metalle in Permanentmagnet-Generatoren einer WKA

Strategisches Metall	Kg / MW
Dysprosium Dy	18,15 kg
Neodym Nd	198,83 kg
Terbium Tb	0,54 kg

Tab. 53.4 Strategische Metalle einer Windkraftanlage in Stahlbauteilen (Kooroshy et al. 2011)

Strategisches Metall	Menge pro Megawatt Anlagenleistung
Chrom (Cr)	902,40 kg
Mangan (Mn)	80,50 kg
Molybdän (Mo)	136,60 kg
Niob (Nb)	663,40 kg

Metalle werden beispielsweise als rostfreier Stahl vom Typ 316 und als Edelstahl 18NiCrMo7 im Maschinenhaus eingesetzt (Kooroshy et al. 2011).

Stahl vom Typ 316 zeichnet sich durch gute Beständigkeit gegen Rost aus, weshalb er häufig in Anlagen im küstennahen Bereich eingesetzt wird. Typische Anwendungsfelder von 18NiCrMo7 sind Lager, Wellen, Zahnräder, Passstifte, Gewindespindeln oder Hydraulikkomponenten (Kooroshy et al. 2011).

Da keine Einschränkung auf getriebelose Anlagen gemacht wurde, werden diese strategischen Metalle bei sämtlichen Windkraftanlagen angerechnet, während sich die Mengen von Neodym, Dysprosium und Terbium auf die Marktanteile von getriebelosen Anlagen beziehen. Eine Übersicht der möglichen Metallanteile verdeutlicht Tab. 53.4. Daraus folgt, dass die Problematik der Rohstoffverknappung von strategischen Metallen die gesamte Windkraftbranche betreffen kann. Nicht nur der Generator zur Stromerzeugung enthält die begehrten Rohstoffe, auch viele weitere wichtige Komponenten des Triebstranges wie Zahnräder der Getriebe oder Lager sind betroffen.

Diese Problematik wird bei vielen Windkraftanlagenherstellern unterschätzt, da sie häufig nur die Permanentmagnete mit strategischen Metallen in Verbindung bringen. Diese Fehleinschätzung kann daher kommen, dass viele Komponenten als Zuliefererteile eingekauft werden und damit der Herstellungsprozess und die verwendeten Rohstoffe nicht bekannt sind.

53.3 Entwicklung der Windenergie bis 2050

Eine mögliche Entwicklung der Windenergie stellt die Basis dar, um die benötigten Rohstoffmengen bis zum Jahr 2050 zu ermitteln. Prognosen basieren unter anderem auf den Untersuchungen der European Wind Energy Assoziation (EWEA) und dem Global Wind Energy Council (GWEC) (EWEA 2011).

EWEA ist ein Zusammenschluss verschiedener Hersteller und Zulieferer aus der Windindustrie, aber auch Forschungsinstitute, Stromversorger sowie Finanz- und Versicherungsgesellschaften zählen zu den Mitgliedern.

GWEC ist ein globales Forum der Windindustrie und hat das Ziel, Windenergie in der Öffentlichkeit zu etablieren und zur führenden Energiequelle auszubauen .

Die prognostizierten Windenergieentwicklungen werden mit Blick auf die durch Rohstoffknappheit erzeugten Grenzen auf ihre Machbarkeit hin überprüft.

Die in der EU installierte Windkraftkapazität betrug im Jahr 2010 insgesamt 84,3 Gigawatt (GW), wobei der Offshore-Anteil nur bei 2,94 GW lag. Weltweit war zu diesem Zeitpunkt eine Kapazität von 197 GW umgesetzt worden, wovon nur 3,05 GW in Offshore-Windparks erzeugt wurde (Arapogianni und Moccia 2011).

Betrachtet man die mögliche Entwicklung in der EU (Tab. 53.5), geht die EWEA bis zum Jahr 2050 von einer installierten Anlagenleistung von 735 GW aus und will damit 50 Prozent des europäischen Strombedarfs decken (Arapogianni und Moccia 2011).

Veranschaulicht wird die Entwicklung in Abb. 53.1, welche das Onshore- und Offshore-Segment gegenüberstellt.

Tab. 53.5 Entwicklung der Windkraftanlagenkapazität in der EU lt. EWEA (Arapogianni und Moccia 2011)

Jahr	Onshore-Kapazität [GW]	Offshore-Kapazität [GW]	Gesamtkapazität [GW]
2007	55,39	1,11	56,50
2008	63,22	1,48	64,70
2009	73,04	2,06	75,10
2010	81,36	2,94	84,30
2020	190,00	40,00	230,00
2030	250,00	150,00	400,00
2050	275,00	460,00	735,00

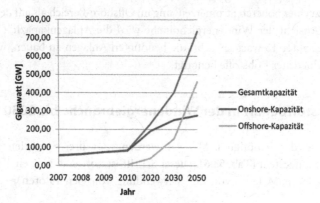

Abb. 53.1 Entwicklung der europäischen Windenergie (U.S. Department of Energy)

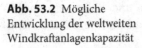

Abb. 53.2 Mögliche
Entwicklung der weltweiten
Windkraftanlagenkapazität

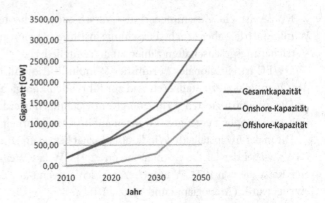

Laut dieser Prognose soll sich der Anteil der Onshore-Anlagenkapazität zwischen den Jahren 2010 und 2050 ungefähr verdreifachen, während der Anteil der Offshore-Anlagenkapazität um den Faktor 160 steigen soll. Die Offshore-Anlagen werden jedoch erst in knapp 25 Jahren mehr Strom erzeugen als das Onshore-Segment.

Eine Studie der GWEC geht für die weltweite Entwicklung der Windenergie von einer installierten Windkraftanlagenkapazität von 3000 GW im Jahr 2050 aus.

Ausgehend von einem weltweiten Wachstum von ähnlichen Steigerungsraten analog zum europäischen Offshore- und Onshore-Segment, erhält man die in Abb. 53.2 dargestellte Entwicklung. Grundlage für diese Entwicklung bildet die momentan installierte Windkraftanlagenkapazität von 197 GW mit einem Offshore-Anteil von 3,05 GW (Arapogianni und Moccia 2011). Wird die europäische Wachstumsrate in den Jahren 2010–2050 um 38,5 Prozent erhöht, so erhält man die von der GWEC prognostizierte Windkraftanlagenkapazität von 3000 GW.

Laut dieser Prognose müsste sich der Anteil der Onshore-Anlagenkapazität zwischen den Jahren 2010 und 2050 ungefähr um den Faktor 9 erhöhen, während der Anteil der Offshore-Anlagenkapazität um den Faktor 415 steigen müsste, damit die Prognose der GWEC erreicht würde. Im Gegensatz zur europäischen Entwicklung kommt es weltweit jedoch nicht zu einer höheren Stromerzeugung im Offshore-Bereich als auf dem Festland.

Nach der Ansicht der Windenergiebranche wird die Anlagenkapazität bis zum Jahr 2050 um den Faktor 15 wachsen. Um die benötigten Anlagen zu bauen, werden riesige Mengen verschiedener Rohstoffe benötigt.

53.4   Rohstoffbedarf in der Windenergiebranche bis 2050

Zur Ermittlung der benötigten Mengen werden nun drei Szenarien zur weiteren Untersuchung aufgestellt (Tab. 53.6). Dieser Schritt ist notwendig, da ein Teil der gefundenen strategischen Metalle[1] von der Verwendung von Generatoren mit Permanent-

---

[1] Neodym, Dysprosium und Terbium

magneten abhängig ist. In den verschiedenen Szenarien werden die Marktanteile der Magnete variiert.

Grundlage für die Szenarien bildet der aktuelle Trend zur steigenden Anzahl von PM-Generatoren in der Windenergie. Ausgangspunkt dieses Trendszenarios liegt darin, dass Windkraftanlagen mit Permanentmagneten einen gleich großen Marktanteil wie permanentmagnetlose Anlagen in der Windenergie erreichen werden.

Ein negatives und positives Extremszenario bilden die Entwicklung für und gegen eine Marktverbreitung von PM-Generatoren ab. Im negativen Extremszenario wirkt sich die Verknappung der strategischen Metalle negativ auf die Wirtschaftlichkeit der PMGeneratoren aus, wodurch sie sich nur bei sehr großen Anlagen durchsetzen können. Da solche Anlagen im Offshore-Segment besser zu realisieren sind, beträgt hier der Anteil immerhin 20 Prozent, während er auf dem Festland auf die Hälfte des aktuellen Marktanteils sinkt.

Im positiven Extremszenario spielt die Verknappung keine Rolle und PM-Generatoren setzen sich fast vollständig durch. Lediglich bei privatbetriebenen Windkraftanlagen auf dem Festland sind noch 20 Prozent der Anlagen ohne Permanentmagnet ausgestattet. Hier spielt eine hohe Leistung eine geringere Rolle und die günstigeren Anlagen können sich einen kleinen Marktanteil sichern.

Die erforderlichen Rohstoffmengen können anhand der prognostizierten Windkraftanlagenkapazität bis zum Jahr 2050 errechnet werden. Während sich die Rohstoffmengen der Metalle Chrom, Mangan, Molybdän und Niob auf den gesamten weltweiten Kapazitätszuwachs beziehen, werden die restlichen strategischen Metalle nur anteilig anhand der verschiedenen Szenarien berechnet. Eine Übersicht über die Kapazitätssteigerungen ist in der nachfolgenden Tab. 53.7 dargestellt.

Tab. 53.6 Übersicht der Zukunftsszenarien

Szenario	Anteil PM-Generatoren	
	Onshore	Offshore
Negatives Extremszenario	5 %	20 %
Trendszenario	50 %	50 %
Positives Extremszenario	80 %	100 %

Tab. 53.7 Weltweite WKA-Kapazitätssteigerungen bis 2050, in Gigawatt [GW]

Jahr	Onshore-Kapazität	Steigerung seit 2010	Offshore-Kapazität	Steigerung seit 2010	Gesamt-kapazität
2010	193,95	–	3,05	–	197,00
2020	627,35	433,40	57,36	54,31	684,70
2030	1143,26	515,91	297,90	240,54	1441,16
2050	1741,75	598,50	1265,27	967,37	3007,03

Tab. 53.8 Rohstoffbedarf Cr, Mo, Mn und Nb ab 2010

Jahr	Rohstoffbedarf Chrom [t]	Rohstoffbedarf Mangan [t]	Rohstoffbedarf Molybdän [t]	Rohstoffbedarf Niob [t]
2020	440.104,44	39.260,20	66.620,42	323.543,09
2030	682.622,12	60.894,37	103.331,32	501.830,14
2050	1.413.041,52	126.052,57	213.897,91	1.038.798,48
Summe	2.535.768,08	226.207,14	383.849,65	1.864.171,71

Tab. 53.9 Rohstoffbedarf Dy, Nd und Tb ab 2010

Jahr	Metall	Rohstoffbedarf nach Szenario 1 [t]	Rohstoffbedarf nach Szenario 2 [t]	Rohstoffbedarf nach Szenario 3 [t]
2020	Dysprosium	590,45	4.425,92	7.278,61
	Neodym	6.468,25	48.485,13	79.735,87
	Terbium	590,45	4.425,92	7.278,61
2030	Dysprosium	1.341,35	6.864,80	11.856,84
	Neodym	14.694,29	75.202,66	129.889,61
	Terbium	1.341,35	6.864,80	11.856,84
2050	Dysprosium	4.054,71	14.210,27	26.248,01
	Neodym	44.418,58	155.671,01	287.542,25
	Terbium	4.054,71	14.210,27	26.248,01

Auf Basis dieser Entwicklung, kombiniert mit den erforderlichen Rohstoffmengen, ergeben sich für die strategischen Metalle Chrom, Mangan, Molybdän und Niob ein Bedarf von kumuliert knapp fünf Millionen Tonnen bis zum Jahr 2050. Eine detaillierte Übersicht ist in Tab. 53.8 dargestellt.

Diese strategischen Metalle, welche für rostfreien Stahl und Edelstahl benötigt werden, sind in der gesamten Windenergiebranche verbreitet. Der größte Bedarf besteht bei Chrom mit 2,54 Mio. Tonnen, gefolgt von Niob mit 1,86 Mio. Tonnen. Im Vergleich zu diesen Metallen werden nur 0,38 Mio. Tonnen Molybdän und 0,23 Mio. Tonnen Mangan bis zum Jahr 2050 benötigt.

Bei den strategischen Metallen, die für die Herstellung von Permanentmagneten benötigt werden, errechnen sich die erforderlichen Rohstoffmengen auf Grundlage der festgelegten Szenarien (Tab. 53.9). Im ersten Szenario ergibt sich ein Gesamtbedarf an Dysprosium, Neodym und Terbium von ungefähr 77.600 Tonnen bei einem Permanentmagnet-Generatoren-Anteil von 25 Prozent in der Windenergie. Im Szenario 2 vervierfacht sich der Gesamtbedarf auf fast 330.000 Tonnen (PM-Anteil 50 Prozent) und erreicht im Szenario 3 mit 588.000 Tonnen seinen Spitzenwert (PM-Anteil 90 Prozent).

53.5   Zusammenfassung und Ausblick

Die Untersuchungen zeigen, dass auch die Windenergie Engpässe auf der Ressourcen-bereitstellung erleben kann. So werden beispielsweise bei dem strategischen Metall Chrom die Reserven bis zum Jahr 2030 abgebaut sein, jedoch gibt es ausreichend Ressourcen, um für weitere 480 Jahre Chrom zu fördern. Daher führt dieses Metall bezogen auf die Ressourcenvorkommen zu keinem Hindernis für den Ausbau der Windenergie.

Die Versorgungssituation von Niob und Mangan ist ebenfalls als positiv zu beurteilen. Obwohl die Reserven bei einer gesteigerten Förderungsrate bis 2040 verbraucht sein werden, gibt es bei diesen Metallen Ressourcen, die für mindestens weitere 4000 Jahre reichen würden. Sofern diese erschlossen werden können, stellen diese Metalle aus Sicht der Versorgungslage auch keinen Engpass für die Windenergie dar.

Bei dem Metall Molybdän ist die Versorgungslage angespannter als bei den bisherigen Metallen, insgesamt aber als unbedenklich zu beurteilen. Bis zum Jahr 2050 werden zwar die weltweiten Reserven erschöpft sein, bei einer Erschließung der Ressourcen könnte der maximale Förderzeitraum um weitere 55 Jahre erhöht werden. Diese Tatsache stellt daher keinen möglichen Engpass für die Windenergie bis zum Jahr 2050 dar.

Bei den Metallen der Seltenen Erden ist die Versorgungslage als kritisch einzustufen, da die Erkenntnisse über die vorhandenen Ressourcen noch unsicher sind. Dysprosium kann maximal bis 2030, Terbium bis 2060 und Neodym bis 2080 gefördert werden. Hier müssen insbesondere die strategischen Metalle Dysprosium und Terbium weiter betrachtet werden, da deren Abbaumengen die Windenergie limitieren. Nur durch geeignete Substitute oder ausreichend hohe Recyclingmengen können Versorgungsengpässe verhindert werden. Anzumerken ist jedoch, dass die Beurteilung anhand prognostizierter Werte durchgeführt wurde, die wahrscheinlich höher ausfallen, da zur Ermittlung nur die geringsten Metallgehalte genommen wurden. Seltene Erden liegen zudem nie alleine in einer Lagerstätte vor und sind daher immer als Koppelproduktion mit anderen Elementen verbunden. Daher ist der Fokus allein auf ein bestimmtes Selten Erde Element nicht möglich. Zudem ist das Recycling von Seltenen Erden nur bei Neodym bisher im Forschungsstadium. Alle anderen Elemente werden bisher nachrangig betrachtet.

Bei den übrigen strategischen Metallen ist eine Weiterbetrachtung nicht zwingend notwendig, da ausreichend Ressourcen zur Ergänzung der ungenügenden Reserven bis zum Jahr 2050 und darüber hinaus vorhanden sind.

Auch in der Sekundärproduktion von strategischen Metallen wird es sicherlich noch deutliche Verbesserungen geben. Diese Veränderung ist angesichts der steigenden Rohstoffpreise von Dysprosium, Neodym und anderer strategischer Metalle undenkbar.

Wie sich die Thematik der strategischen Metalle zukünftig entwickeln wird, ist ungewiss. Neben politischen Faktoren und der Entdeckung neuer Rohstoffressourcen spielt hier auch die technologische Entwicklung eine große Rolle. Metalle, die heute noch als unbedeutend eingestuft werden, können in Verbindung mit neuen Technologien einen wichtigen Stellenwert in unserer Gesellschaft bekommen. Der Bedarf eines Informationsmodells, das die Ressourcenverfügbarkeit betrachtet ist als sehr hoch einzustufen. Leider ist es aufgrund mangelnder öffentlich zugänglicher Datenbanken noch erheblich erschwert ein verlässliches Informationsmodell aufzubauen.

Danksagung Ich danke meinem Diplom-Studenten Matthias Kleine an der Universität Bremen für seine wertvolle Mithilfe an dieser Arbeit.

Literatur

Arapogianni A, Moccia J (2011) pure power: wind energy targets for 2020 and 2030. www.ew ea.org/fileadmin/ewea_documents/documents/publications/reports/Pure_Power_III.pdf. Zugegriffen: 21. Feb 2012

Buchert M (2011) Rare Earths: a bottleneck for future wind turbine technologies? www.oeko.de/oe kodoc/1296/2011-421-en.pdf. Zugegriffen: 21. Jan 2012

Buchert M, Dittrich S, Liu R, Merz C, Schüler D (2011) Study on rare earths and their recycling. www.oeko.de. Zugegriffen: 15. Jan 2012

EWEA (2011) UpWind: Design limits and solutions for very large wind turbines – a 20 MW turbine is feasible. www.ewea.org/fileadmin/ewea_documents/documents/upwind/21895_UpW ind_Report_low_web.pdf. Zugegriffen: 21. Feb 2012

Kooroshy J, Kara H, Moss R, Willis P, Tzimas E (2011) Critical metals in strategic energy technologies – assessing rare metals as supply-chain bottlenecks in low-carbon energy technologies. http://setis.ec.europa.eu/newsroom-items-folder/copy_of_jrc-report-on-critical-metals-in-strategic-energy-technologies/at_download/Document. Zugegriffen: 13. Jan 2012

Michel S (2010) Vogel Business Media: Permanentmagnete im Trend. www.windkraftkonstruktion. vogel.de/triebstrang/articles/289412/. Zugegriffen: 21. Feb 2012

Murphy & Spitz Research (2011) Position zu Neodym und Windkraftanlagen. www.murphya ndspitz.de/fileadmin/user_upload/Dateien/Murphy%26SpitzResearchNeodym062011.pdf. Zugegriffen: 13. Feb 2012

U.S. Department of Energy (2011) Critical materials strategy.energy.gov/sites/prod/files/DOE_CMS2011_FINAL_Full.pdf. Zugegriffen: 13. Feb 2012

Teil VIII

Workshop Energy Aware Software-Engineering and Development (EASED@BUIS)

Entwicklung und Klassifikation energiebewusster und energieeffizienter Software

54

Christian Bunse, Stefan Naumann und Andreas Winter

Zusammenfassung

Der Energieverbrauch von Computer-Systemen unterliegt einem kontinuierlichem Wachstum. Bereits 2006 sagte das statistische Amt der Europäischen Union voraus, dass im Jahr 2020 bis zu 20 % des weltweiten Energiebedarfs auf Informationstechnik zurückzuführen sein wird. Aktuelle Forschungsarbeiten zeigen, dass neben der eingesetzten Hardware insbesondere auch die ausgeführte Software ein wichtiger Einflussfaktor auf den Energiebedarf der Informationstechnik ist. Dieses Papier beschäftigt sich mit dem Themenkomplex *Energiebewusste und energieeffiziente Software* und zeigt dessen Bandbreite auf. Das Papier zielt hierbei auf einen allgemeinen Überblick zur Energieeffizienz in der Softwaretechnik und versucht eine erste Begriffseingrenzung. Einen besonderen Schwerpunkt nehmen hierbei die Themenkomplexe ein, welche im Rahmen des 2. Internationalen Workshops „Energy Aware Software-Engineering and Development (EASED@BUIS)", der im Rahmen der BUIS-Tage 2013 durchgeführt wird, diskutiert werden. Herausforderungen bei der Betrachtung der Energieeffizienz aus Sicht der Softwaretechnik sind insbesondere in der Messung und Abschätzung des durch Software verursachten Energiebedarfs zu sehen. Darüber hinaus interessieren Methoden und Verfahren zur Erstellung energieeffizienter Software, zur Optimierung

C. Bunse
Fachhochschule Stralsund, Stralsund, Deutschland
e-mail: Christian.Bunse@fh-stralsund.de

S. Naumann
Hochschule Trier, Trier, Deutschland
e-mail: s.naumann@umwelt-campus.de

A. Winter (✉)
Department für Informatik, Software Engineering, Carl von Ossietzky Universität Oldenburg,
Ammerländer Heerstr. 114–118, 26129 Oldenburg, Deutschland
e-mail: winter@se.uni-oldenburg.de

J. Marx Gómez et al. (Hrsg.), *IT-gestütztes Ressourcen- und Energiemanagement*,
DOI: 10.1007/978-3-642-35030-6_54, © Springer-Verlag Berlin Heidelberg 2013

des Software-induzierten Energieaufwands sowie zur energetischen Zertifizierung und Klassifizierung von Software-Applikationen.

Schlüsselwörter

Software Engineering • Informationssysteme • Energiebedarf • Softwarebausteine

54.1 Einleitung

Mobile und eingebettete Geräte sind ein wichtiger und dynamischer Trend der Informations- und Kommunikationstechnologie (IKT). Die fortschreitende Verkleinerung von Geräten und deren zunehmend flexiblere Nutzung und Programmierung erleichtert ihre inzwischen ubiquitäre Präsenz. Ein limitierender Faktor bei der Verbreitung von IKT ist deren begrenzte Verfügbarkeit von Ressourcen, insbesondere im Bereich der Energieversorgung, bei gleichzeitig hohen bzw. steigenden Leistungsanforderungen. Somit besteht ein starker Zusammenhang zwischen erreichbarer Gerätelaufzeit und Effektivität der bereitgestellten Dienste. Geeignete effiziente Energie-Spartechniken, die direkt auf die Optimierung des Energieverbrauchs der Softwarekomponenten mobiler IKT zielen, können zur Erhöhung von Gerätelaufzeiten beitragen. Aber auch über mobile und eingebettete Systeme hinaus besteht aus ökologischer und ökonomischer Perspektive der Bedarf, energiebewusste Software zu entwickeln, um den ökologischen Fußabdruck der IKT zu verringern.

Software dient dazu, bestimmte Aufgaben zu erfüllen. Dabei unterscheiden sich die dazu verwendeten Hardware-Komponenten teilweise gravierend hinsichtlich ihres Energiebedarfs. Üblicherweise optimieren IKT-Systeme ihren Energiebedarf durch eine Anpassung der Hardware-Nutzung, zum Beispiel durch Reduktion der CPU-Taktrate oder durch geeignete Nutzung von Virtualisierungen.

Neben solchen Ansätzen ist es jedoch auch möglich, den Energiebedarf mittels Adaption der Software selbst zu optimieren. Ansätze hierzu umfassen die Nutzung sog. Ressourcen-Substitutionsstrategien zur Einsparung mittels Austausch/Substitution von Service-Providern, die Optimierung der Software selbst oder die Ausnutzung von Informationen über das (erwartete) Benutzerverhalten. Allerdings sind die exakten Zusammenhänge von Energie, Performanz, Kosten und anderen Metriken noch weitgehend unbekannt, sodass Erfolge und Verbesserungsoptionen solcher Maßnahmen nur schwer nachweisbar sind. Hier entsteht ein neues Forschungsfeld hinsichtlich der Messung und Klassifizierung von Software-Energiebedarfen sowie der Entwicklung von Verfahren zur Verbesserung der Energieeffizienz. Aktuelle Themenkomplexe hierbei sind insbesondere:

- Entwicklung von Verfahren zur Messung und Abschätzung von Energie-Bedarfen von bzw. für Softwarekomponenten
- Ableitung von Energiemodellen zur Abbildung des Energiebedarfs von Software-Systemen und deren Spezifikation

- Entwicklung von standardisierten Energie-Benchmarks zur wiederhol- und vergleichbaren Messung des Energiebedarfs von Software-Systemen
- Bereitstellung von Methoden und Verfahren zur Entwicklung energiebewusster und -effizienter Software-Systeme
- Entwicklung von Techniken zur Erkennung von „Energieverschwendung" durch Software-Komponenten
- Definition von Klassifikations- oder Zertifizierungsschemata für energiebewusste Software
- Entwicklung von Strategien zur Optimierung des Software-Energiebedarfs
- Vorstellung von Mechanismen der energieeffizienten Kommunikation
- Entwicklung energiebewusster, -effizienter Software und Green Design Patterns

Im Folgenden wird zunächst der Begriff *energiebewusste Software* eingegrenzt (Abschn. 54.2). In Abschn. 54.3 wird detaillierter auf den Bereich des Messens der Energiebedarfe von Softwaresystemen eingegangen. Hierauf aufbauend werden die Integration von Energieaspekten in Software-Entwicklungstechniken, -methoden und -werkzeuge (Abschn. 54.4) sowie die Nutzung dieser Ansätze zur Vorhersage und Optimierung (vgl. Abschn. 54.5) betrachtet. Zertifizierungs- und Klassifikationsschemata werden in Abschn. 54.6 kurz diskutiert, während Abschn. 54.7 die Ergebnisse zusammenfasst und diese in den Kontext des *2. Workshops "Energy Aware Software-Engineering and Development (EASED@BUIS)"* einbettet.

54.2   Energiebewusste Software

Für das Forschungsfeld der energiebewussten und -effizienten Software (energy-aware and energy efficient software) gibt es bislang keine einheitlich akzeptierte Definition. Aus der Perspektive einer nachhaltigen Informationstechnik lassen sich zwei Gebiete unterscheiden: *Green IT* bezeichnet die *„Entwicklung und Anwendung von Verfahren zur Bewertung, Analyse und Steigerung der Energieeffizienz von IT-Systemen"*,[1] beispielsweise durch sparsame Hardware, Virtualisierungen und Softwareoptimierungen. Unter *Green by IT* oder *IT2Green* werden Lösungen der Informatik verstanden, welche in anderen Bereichen zu höherer Energieeffizienz und mehr Nachhaltigkeit führen. Hierunter fallen bspw. Betriebliche Umweltinformationssysteme, Algorithmen zur Minimierung von Transportstrecken im Logistikbereich etc.

Energiebewusste Software ist dem Bereich Green IT zuzuordnen. Hierunter wird Software verstanden, die neben klassischen Benchmarks wie Laufzeit, CPU- und Speicherbedarf auch explizit den durch die Software induzierten Energieverbrauch in den Fokus nimmt. Dabei ist zu beachten, dass der Energieverbrauch von Software unmittelbar

---

[1] http://www.informatik.uni-oldenburg.de/48646.html

von den Nutzungsszenarien der Software und von der Interaktion mit umgebender Soft- und Hardware (bspw. Betriebssystem und Software-gesteuerte Hardwarekomponenten) abhängig ist.

Energiebewusste Software bezeichnet im Folgenden Software,

- deren Energieverbrauch anhand nachvollziehbarer und wiederholbarer Kriterien gemessen und nachvollziehbar dargestellt werden kann,
- die bereits während der Software-Entwicklung und in der Software-Evolution vor dem Hintergrund der Energieeffizienz erstellt und weiterentwickelt wird, und
- deren Energiebedarf, soweit möglich, fortlaufend während des Betriebs und der Evolution verringert wird.

54.3   Messung von Software-Energiebedarfen

Forschungsergebnisse (Bunse und Höpfner 2010; Bunse et al. 2011; Höpfner und Bunse 2010b) zeigen eine eindeutige Korrelation zwischen der auf einem System ausgeführten Software und dem Energiebedarf dieses Systems. Im Umkehrschluss ist es somit möglich, durch Modifikation der Software eine Reduktion des Energiebedarfs zu erreichen. Grundlage jeglicher Arbeiten ist dabei die präzise und verlässliche Messung des Energiebedarfs von Software. Dies erfordert ein Instrumentarium bzw. Messinstrumente für die Erhebung und Evaluierung der Energiebedarfe und das Erreichen von Optimierungszielen. Messungen müssen dabei zeitnah erfolgen, eindeutig einer Software bzw. deren Komponenten zuzuordnen sein und, wenn auch nicht in absoluten Zahlen, plattformübergreifend und für vergleichbare Software-Produktfamilien (z. B. für unterschiedliche Webbrowser oder Textverarbeitungssysteme) wiederholbar sein (Höpfner et al. 2012).

Die systematische Erfassung bzw. Messung von Energiebedarfen erfolgt indirekt über die Erfassung von Spannungswerten (Höpfner und Bunse 2010a). Mit Hilfe der Ohmschen und Kirchhoffschen Gesetzen kann dann der Energiebedarf (j) durch Berechnung der Fläche unter Integral der Messdaten ermittelt werden. Spannungswerte können dabei auf zwei verschiedenen Wegen gewonnen werden (vgl. auch (Josefiok 2012)):

1. Anwendung von Messverfahren aus der Elektrotechnik, bei der Spannungswerte direkt an der entsprechenden Hardware-Komponente abgenommen werden (offline-Messung). Vorteile eines derartigen Vorgehens sind hohe Messfrequenzen (im usec Bereich) sowie die Möglichkeit, die Bedarfe einzelner Hardware-Komponenten direkt zu ermitteln. Nachteile sind hohe Kosten, die isolierte Betrachtung einzelner Geräte und die Schwierigkeit Bedarfe Software-Artefakten zuzuordnen. Ebenso erfordern diese Messungen ggf. ein Öffnen der zu vermessenden Hardware (z B. bei durchgängig verschweißten Mobiltelefonen).
2. Alternativ bieten moderne Betriebssysteme (z. B. Android) die Möglichkeit mittels Software (online-Messung) Werte wie beispielsweise den Ladezustand der Batterie oder

die Höhe des aktuell entnommenen Stroms zu ermitteln. Dies erlaubt die Entwicklung von kostengünstigen Messverfahren, die über eine Vielzahl von Systemen hinweg genutzt werden können. Allerdings sind die erfassten Werte häufig Näherungswerte, die oft nur im Minutentakt ermittelt werden. Teilweise sind Rückschlüsse auf einzelne Verbraucher wie etwa Display oder Speicher nicht zu ziehen. Diese „Software-gestützten Messverfahren" basieren oft auf Energiemodellen, die – vom Hardware-Hersteller geliefert – Verbrauchsdaten einzelner Hardware-Komponenten abbilden. Aus diesen Daten und den häufig feingranular messbaren Nutzungsdauer der Komponenten lassen sich bei passenden Energiemodellen häufig hinreichende Abschätzungen des Energiebedarfs ableiten.

Auf ausgewählten Plattformen hat sich gezeigt, dass die Ergebnisse beider Messansätze durchaus vergleichbar sind (Höpfner et al. 2012). Weiterhin stellt sich im Rahmen des Themenkomplexes Energiebedarf von Software die Frage nach der notwendigen Granularität und Präzision von Messdaten. Werden Daten im Mikrosekunden-Takt und hoher Genauigkeit tatsächlich benötigt oder reicht die Ermittlung von Energieklassen bzw. Größenordnungen? Die Antwort hierauf wird bedingt durch den späteren Einsatzzweck sowie den Abstraktionsgrad der Betrachtung (Statement, Komponente, System, etc.).

54.4   Entwicklung energiebewusster Software

Die konkrete Messung bzw. die Abschätzung von Energiebedarfen ist Grundlage der Entwicklung energieeffizienter Softwaresysteme. Zusätzlich werden Techniken, Methoden und Werkzeuge benötigt, die die Entwicklung aktiv unterstützen. Dies reicht von der Spezifikation Energie-bezogener Anforderungen, über die Modellierung von Bedarfen und Verbräuchen, die Verwendung von Entwurfsmustern zur Energie-effizienten Entwicklung, energieeffizienter Programmiersprachen und Compilern bis hin zur Definition und automatischen Erfassung des Energiebedarfs im Rahmen systematischer Testverfahren. Eine zentrale Anforderung ist es hierbei auch, den Software-Entwicklern ein umfassendes Bewusstsein für das *Qualitätskriterium Energieeffizienz* zu vermitteln.

 Zu klären sind auch die Eigenschaften von Software-Systemen, die den Energiebedarf bestimmen und wie dies bereits in den frühen Phasen der Entwicklung, aber auch während der Software-Evolution berücksichtigt wird. Ein Ansatz ist hierbei die Nutzung von Zustandsautomaten. Der Hardware-zentrierte Ansatz von (Nieberg et al. 2003) ordnet jeder Komponente eine Menge möglicher Zustände zu und modelliert deren Beziehungen mit Hilfe einer Zustandsübergangsmatrix. Zusätzlich wird jedem Zustand ein Leistungsverbrauch und jedem Zustandswechsel ein Energieverbrauch zugeordnet. Durch Bestimmung der Zeit, in der sich eine Komponente in einem Zustand befindet, wird die Bestimmung des Energieverbrauchs ermöglicht. Eine Weiterentwicklung zur Modellierung der Energiebedarfe von Software sind die sog. Power State Machines

(Domis 2006). Diese nutzen eine Erweiterung der UML zur Spezifikation und betten diese in die KobrA-Methode ein (Atkinson et al. 2007). Damit können Energieaspekte durchgängig in Analyse und Entwurf betrachtet werden.

54.5 Optimierung des Energiebedarfs von Software

Während hardwareseitig der Energiebedarf eines Systems mittels Schlafmodi, Drosselung der CPU-Leistung, etc. gesteuert und reduziert wird, befindet sich die Forschung zur Optimierung von Software hinsichtlich Energiebedarfs im Anfangsstadium. Erste Arbeiten zeigen, dass der Energiebedarf sowohl beim Entwurf, bei der Implementierung und Weiterentwicklung als auch beim Einsatz von Software berücksichtigt werden muss. (Bunse und Höpfner 2010; Bunse et al. 2011) fanden heraus, dass unterschiedliche Implementierungsalternativen von Algorithmen auch in ihrem Energieverbrauch variieren. Interessanterweise sind demnach Energieverbrauch und Performanz nicht per se korreliert. Der Grund hierfür ist, dass mittels Software realisierte Algorithmen die zur Verfügung stehende Hardware nutzen und alternative Implementierungen dies auf unterschiedliche Weise tun. Rekursive Algorithmen (z. B. Mergesort) sind deutlich speicherintensiver als nicht rekursive Alternativen (z. B. Insertionsort). Beide Varianten lösen dasselbe Problem (Sortieren einer Liste von Werten). Folglich kann die Nutzung der Ressource Speicher substituiert werden. Speicherzugriffe benötigen deutlich mehr Energie als CPU-Berechnungen (Höfner und Bunse 2010b), d. h. mithilfe von Ressourcensubstitution kann Energie eingespart werden. (Bunse und Höpfner 2008; Veijalainen et al. 2004) fanden heraus, dass im Vergleich zum einfachen Übertragen von Daten über ein Netzwerk (Ressource Netzwerkkarte) eine vorherige Kompression um einen Faktor größer als 10 % und anschließende Dekompression der Daten den Energiebedarf reduziert. Laut Kansal und Zhao (2008) gilt Ähnliches beim Speichern von Daten auf Festplatten.

Somit besteht ein komplexes Beziehungsgeflecht zwischen den verschiedenen Qualitätsfaktoren. Die isolierte Optimierung eines Faktors kann sich negativ auf andere Faktoren auswirken. So haben Experimente (Bunse und Höpfner 2008) gezeigt, dass die Verbesserung der Performanz eines Systems sich negativ auf Speicher- und Energiebedarf auswirken kann. Optimierung bewegt sich daher stets in einem von den Faktoren aufgespannten Polyeder und die Auswahl der günstigsten Alternative erfordert eine Abwägung der Faktoren gegeneinander.

Die Optimierung des Energie-Bedarfs mit softwaretechnischen Mitteln kann auf verschiedene Art erfolgen (Jelschen et al. 2012). Da der Gesamt-Energiebedarf von IKT-Systemen von den jeweiligen Energiezuständen der einzelnen Hardwarekomponenten abhängt (Shearer 2007), kann z. B. durch die Berücksichtigung von Nutzerprofilen, die mittels Software-Instrumentierung ermitteln wurden, mögliches Benutzerverhalten prognostiziert werden und so das Betriebssystem über mögliches Herunterschalten einzelner Komponenten informiert werden (vgl. z. B. (Amur et al. 2012)). Ist bekannt, dass eine Berechnung nicht schnellst-möglich erfolgen muss, kann hier auch wahlweise, per

Strategy-Pattern, auf energetisch günstigere Verfahren umgeschaltet werden. Dieses kann auch den Wechsel zwischen alternativen Hardware-Sensoren (z. B. Positionsberechnung über WLan statt GPS; wenn möglich) umfassen. In ähnlicher Weise können auch in bestimmten Situationen energetisch teure Hardware-Sensoren durch semantisch äquivalente Software-Sensoren ersetzt werden. Software-Reengineering-Techniken stellen Verfahren bereit, die Qualität von Softwaresystemen zu verbessern, ohne deren Funktionalität zu verändern (Chikofsky und Cross 1990). Die Identifizierung und Beseitigung von energetisch ineffizienten Code-Fragmenten kann mittels Refactoring (Fowler 1999) erfolgen. Gottschalk et al. (2012) beschreiben hierzu *Energy Code Smells* sowie einen Graph-basierten Ansatz zur Energie-Effizienz steigernden Code-Transformation.

54.6   Zertifizierung und Klassifikation

Um energiebewusstere Software am Markt durchsetzen zu können und den Akteuren die Möglichkeit zu geben, verschiedene Softwarelösungen hinsichtlich ihrer Energieeffizienz zu vergleichen, sind valide Kriterien und Zertifizierungen notwendig. Bisher sind diese nur im Bereich Hardware (bspw. TCO, Energy Star, Blauer Engel für Rechenzentren etc.) verfügbar; im Bereich der Software gibt es erste Ansätze zur Bewertung der Ökologie von Websites (bspw. http://www.co2stats.com/ oder (Naumann et al. 2008)) und auch hinsichtlich des Stromverbrauchs von Anwendungen auf Desktop PCs and Servers (Dick et al. 2011) oder der Energieeffizienz von Apps (Wilke et al. 2012a). Grundlagen zur Zertifizierung von Software-Applikationen werden im CoolSoft-Projekt (Wilke et al. 2012b) erarbeitet.

Ein verbreitetes und neutral geprüftes Siegel ist bislang nicht verfügbar. Die Ursache dürfte nicht nur im mangelnden Interesse von Herstellern und Nutzern liegen, sondern vor allem in der bereits beschriebenen Schwierigkeit, den Energieverbrauch wiederholbar zu messen. Software oder auch Softwarekomponenten können nur im Kontext von Standard-Nutzungsverfahren hinsichtlich ihrer Energieeffizienz beurteilt werden. Bei „klassischen" Algorithmen (bspw. Sortierverfahren) und auch Systemen wie Datenbanken gibt es hierzu etablierte Benchmarking-Ansätze. Bei Anwendungssoftware ist dies schwieriger, zumal zum einen das gleiche Softwareprodukt in verschiedenen Versionen, zum anderen unterschiedliche Software mit gleichem Aufgabentypus verglichen werden kann. Ein Vergleich mit dem Auto zeigt, dass hier bspw. der Literverbrauch pro 100 km eine typische Metrik ist, aber dennoch unterschiedliche Fahrzeugklassen im Regelfall nur innerhalb ihrer Gruppe verglichen werden (wer rühmt sich schon damit, dass sein Hybrid-Fahrzeug weniger verbraucht als ein 40-Tonner). Bei Software ist dies aufgrund der zahlreiche Anwendungsgebiete erheblich aufwändiger.

Aus Sicht möglicher Klassifikationen Nachhaltiger Software bietet z. B. das GREENSOFT-Modell einen Referenzrahmen (Naumann et al. 2011). Das GREENSOFT-Modell umfasst vier Teile: Im Software-Lebenszyklus werden nachhaltige Aspekte entlang des gesamten Software-Lebenszyklus betrachtet. Für die Bewertung der Nachhaltigkeit eines

Softwareprodukts werden Kriterien und Metriken vorgeschlagen. Ein Vorgehensmodell umfasst Kriterien zur Entwicklung, Anschaffung und Nutzung von Software. Ergänzend werden Handlungsempfehlungen und Werkzeuge zur Unterstützung der unterschiedlichen Akteure integriert.

Für die Analyse und anschließende Energie-Effizienz-Klassifikation kann wieder auf statische und dynamische Verfahren des Software-Reverse-Engineering zurückgegriffen werden (Jelschen et al. 2012). Statische Analysen, die zum Teil auch zur Erkennung von Energy Code Smells genutzt werden, liefern Aussagen über die aktuelle Code-Qualität hinsichtlich des effizienten Energiebedarfs. Dynamische Analysen erlauben die Betrachtung konkreter Nutzungsszenarien, und dem hiermit verbundenen Energiebedarf. Um eine belastbare und auch vergleichende Klassifizierung der Energieeffizienz von Softwaresystemen zu erreichen, ist methodische Unterstützung zur Erstellung umfassender Kriterienkataloge, die mit Reverse-Engineering-Techniken überprüft werden können, zu entwickeln.

54.7   Zusammenfassung und Ausblick

Energiebedarfe, insbesondere im Bereich der IKT, wachsen kontinuierlich, was aus ökologischen und ökonomischen Gründen Maßnahmen zur Verringerung von Energiebedarfen erfordert. Der Energiebedarf von IKT wird dabei nicht allein durch die zugrundeliegende Hardware bestimmt. Die in diesem Artikel vorgestellten Arbeiten zeigen eine signifikante Korrelation zwischen Energiebedarf einerseits und ausgeführter Software andererseits. Es scheint demnach möglich, durch Adaption von Software den Energiebedarf eines Systems positiv beeinflussen zu können. Grundlage hierfür ist die Existenz eines präzisen Instrumentariums zur Messung der durch Software induzierten Energiebedarfe. Neben „klassischen" Messverfahren aus der Elektrotechnik gewinnen hier Software-basierte Verfahren an Bedeutung.

Aufbauend auf der Messung von Energiebedarfen zum Baselining und zur Evaluation von Optimierungen stellt insbesondere die Integration des Energiebegriffs in Methoden der Softwaretechnik eine Herausforderung dar. Die Spezifikation von Energiebedarfen in frühen Phasen und die Integration des Energiebegriffs in dynamische Modelle (z. B. Zustandsautomaten) sind ein erster Schritt zur ingenieurmäßigen Entwicklung energiebewusster Systeme. Darauf aufbauend können dann Muster zur Kapselung sog. „Best-Practices", Programmiersprachen und Compiler oder Testverfahren und entwickelt werden.

Parallel zu den vorgenannten Themen ist ein weiterer wichtiger Schwerpunkt die Klassifizierung und Zertifizierung von Energiebedarfen. Analog zu Energieeffizienzklassen wird Nutzern so die Auswahl Energie-effizienter (Software-) Systeme ermöglicht.

Offene Fragen sind dabei in allen Teilgebieten zu finden. Insbesondere sind Punkte wie die Standardisierung von Messansätzen, die Entwicklung von Energie-Benchmarks sowie Verfahren zur Klassifikation (Energie-Label oder Energiekomplexitätsmaße anlog zur Big-O-Notation, Verfahren zur Spezifikation von Energie-Charakteristika sowie die Kapselung von Wissen in Form von Pattern oder Anti-Pattern) und Ansätze zur Selbstadaption sowie Energie-bewussten Compilern bzw. virtuelle Maschinen zu nennen.

Die Workshopreihe „*Energy Aware Software-Engineering and Development*" zielt auf die intensive Diskussion und Lösung der zuvor skizzierten Herausforderungen der softwaretechnischen Betrachtung der Energieeffizienz von Informationstechnik. Der zweite Workshop[2] findet im Rahmen der BIUS-Tage 2013 in Oldenburg statt und beschäftigt sich in erster Linie mit Verfahren und Techniken zur Messung des Energiebedarfs von Softwaresystemen, Ansätzen zur Definition standardisierter Nutzungsszenarien als Grundlage dynamischer Energiebedarfsmessungen und Ansätzen zur Erstellung ausreichend präziser Energiemodelle als Grundlage für online Messungen.

Danksagung   Die Ausrichtung des 2. Workshops „*Energy Aware Software-Engineering and Development*" in Oldenburg wäre ohne die großartige Unterstützung durch die Organisatoren der BUIS-Tage nicht möglich. Besonderer Dank gebührt daher Jorge Marx Gómez, Barbara Rapp, Andreas Solsbach und dem Team der BUIS-Tage für die große Flexibilität, unseren kleinen Workshop in die BUIS-Tage zu integrieren.

Literatur

Amur H, Nathuji R, Ghosh M, Schwan K, Lee HHS (2012) IdlePower: Applicationaware management of processor idle states. In: first workshop on managed many-core systems (MMCS, in conjunction with HPDC). Boston, June 2008. http://www.cc.gatech.edu/~hamur3/mmcs08_angsl.pdf

Atkinson C, Bostan P, Brenner D, Falcone G, Gutheil M, O H, Juhasz M, Stoll D (2007) Modeling components and component-based systems in KobrA. In: The common component modeling example: comparing software component models. Result from the Dagstuhl research seminar for CoCoME, August 1–3, 2007. LNCS, Springer, Berlin/Heidelberg

Bunse C, Höpfner H (2008) Resource substitution with components – optimizing energy consumption. In: Cordeiro J, Shishkov B, Ranchordas AK, Helfert M (eds) Proc. of the 3rd international conference on software and data technologie, 5–8 Juli 2008. INSTICC press, Porto, Portugal, pp 28–35

Bunse C, Höpfner H (2010) Energieeffiziente Software-Systeme. In: Halang WA, Holleczek P (eds) Eingebettete Systeme – Proc. of the real-time 2010 workshop (Echtzeit 2010), 18–19. November 2010, Boppard. Informatik aktuell. Springer, Berlin/Heidelberg

Bunse C, Höpfner H, Roychoudhury S, Mansour E (2011) Energy efficient data sorting using standard sorting algorithms. In: Cordeiro J, Ranchordas A, Shishkov B (Hrsg) Software and Data Technologies, CCIS, Bd 50. Springer, Berlin/Heidelberg, S 247–260

Chikofsky EJ, Cross JH (1990) Reverse engineering and design recovery: A taxonomy. IEEE Softw, 13–17

Dick M, Kern E, Drangmeister J, Naumann S, Johann T (2011) Measurement and rating of software-induced energy consumption of desktop pcs and servers. In: Pillmann W, Schade S, Smits P (eds) Innovations in sharing environmental observations and information. Proceedings of the 25th international conference EnviroInfo October 5–7, 2011. Ispra Italy, pp 290–299

---

[2] http://www.se.uni-oldenburg.de/eased2013

Domis D (2006) Komponentenbasierte Energiemodellierung am Beispiel eines Ambient Intelligent Systems. Diplomarbeit, TU Kaiserslautern

Fowler M (ed) (1999) Refactoring, improving the design of existing code. Addison-Wesley

Gottschalk M, Josefiok M, Jelschen J, Winter A (2012) Removing energy code smells with reengineering services. In: Goltz U, Magnor M, Appelrath HJ, Matthies HK, Balke WT, Wolf L (eds) Beitragsband der 42. Jahrestagung der Gesellschaft für Informatik e.V. (GI), Bonner Köllen Verlag, 208:441–455

Höpfner H, Bunse C (2010a) Energy aware data management on AVR micro controller based systems. ACM SIGSOFT SE Notes 35(3)

Höpfner H, Bunse C (2010b) Towards an energy-consumption based complexity classification for resource substitution strategies. In: Balke WT, Lofi C (eds) Proc. of the 22. workshop on foundations of databases, ceur workshop proceeding, vol 581

Höpfner H, Schirmer M, Bunse C (2012) On measuring smartphones' software energy requirements. In: Proceedings of the 7th International Conference On Software Paradigm Trends, ICSOFT 2012. Rome, Italy, July 24–27

Jelschen J, Gottschalk M, Josefiok M, Pitu C, Winter A (2012) Towards applying reengineering services to energy-efficient applications. In: Ferenc R, Mens T, Cleve A (eds) Proceedings of the 16th conference on software maintenance and reengineering, IEEE

Josefiok M (2012) Energy-Abstraction Layer. Masterthesis, Carl von Ossietzky Universität, Oldenburg

Kansal A, Zhao F (2008) Fine-grained energy profiling for power-aware application design. ACM SIGMETRICS Perform Eval Rev 36:26–31

Naumann D, Dick M, Kern E, Johann T (2011) The GREENSOFT model: A reference model for green and sustainable software and its engineering. SUSCOM (Sustainable Computing: Informatics and Systems) (1–4):294–304

Naumann S, S Gresk S, Schäfer K (2008) How green is the web? Visualizing the power quality of websites. In: Möller A, Page B, Schreiber M (eds) EnviroInfo 2008. Environmental informatics and industrial ecology, 22nd international conference on environmental informatics. Aachen, pp 62–65

Nieberg T, Dulman S, Havinga P, van Hoesel L, Wu J (2003) Ambient intelligence. Impact on embedded system design ambient intelligence: collaborative algorithms for communication in wireless sensor networks. Kluwer Academic Publishers, Dordrecht

Shearer F (ed) (2007) Power management in mobile devices. Newnes

Veijalainen J, Ojanen E, Haq MA, Vahteala VP, Matsumoto M (2004) Energy consumption tradeoffs for compressed wireless data at a mobile terminal. IEICE transactions on communications E87-B, 1123–1130

Wilke C, Richly S, Piechnick C, Götz S, Püschel G, Aßmann U (2012a) Comparing mobile applications' energy consumption. Tech. Rep. TUD-Fl12-10. Technische Universität Dresden

Wilke C, Richly S, Püschel G, Piechnick C, Götz S, Aßmann U (2012b) Energy labels for mobile applications. In: Proceedings des 1. Workshop zur Entwicklung energiebewusster Software (EEbS 2012)